U0088455

半導體元件物理與製作技術　第三版

Semiconductor Devices Physics and Technology THIRD EDITION

施敏、李明逵・原著

曾俊元・譯著

目　錄

前言

本書在介紹現代半導體元件的物理原理和其先進的製造技術。它可以作為應用物理、電機電子工程和材料科學領域的大學部學生的教材，也可以作為工程師和科學家們需要知道最新元件和技術發展時的參考。

第三版更新的部分

- 我們修正並更新了 35% 的教材，增加了許多章節討論近年來較重要的題目，如互補式金氧半影像感測器（CMOS image sensors）、鰭式場效電晶體（FinFET）、第三代太陽能電池（3rd generation solar cells）與原子層沉積（atomic layer deposition）。此外，我們刪除或減少了一些較不重要的章節，以維持本書的長度。

- 由於金氧半場效電晶體（MOSFET）對於電子產品的應用愈來愈重要，因此，我們對金氧半場效電晶體與其相關元件的論述增加了兩個章節。此外，在通訊與能源材料方面，我們對光元件的論述亦增加了兩個章節。

- 為了改善每個主題的易讀性，含有研究所程度之數學或物理觀念的章節被移到本書最後的附錄之中。

章節主旨

- 首先，第零章對主要半導體元件和關鍵技術的發展作一個簡短的歷史回顧。接著，本書分為三個部分：

- 第一部份（第一、二章）描述半導體的基本特性和它的傳導過程，尤其著重在矽和砷化鎵兩種最重要的半導體材料上。第一部份的觀念將在本書中接下來的部分被用到。了解這些觀念需要有現代物理和微積分的基本知識。

- 第二部分（第三到十章）討論所有主要半導體元件的物理和特性。首先討論對大部分半導體元件而言最關鍵的 *p-n* 接面，接下來討論雙載子和場效元件，最後討論微波、量子效應、熱載子和光電元件。

- 第三部份（第十一到十五章）介紹從晶體成長到雜質摻雜各種製程技術。我們介紹了製作元件時的各個主要步驟，包含理論和實際層面，並特別強調其在積體電路上之應用。

主要特色

每一章包含下列特色：

- 每章開頭介紹內容主旨，並列出學習目標。
- 第三版包含了許多範例，希望藉著特定問題，加強基礎的觀念。
- 每章最後有總結，闡述重要的觀念，並幫助學生在做家庭作業前複習該章內容。
- 本書有 250 多個家庭作業問題。單數題的解答列在本書後面的附錄 L 中。

課程設計選擇

第三版對課程設計提供了極大的彈性。本書涵括了足夠的材料，可以提供一整年的元件物理及製程技術課程，以每週三堂課兩個學期的課程為例，可以在第一學期教授第零至七章、第二學期教授第八至十五章。對三季的課程而言，則可以將課程分為第零至五章、第六至十章和第十一至十五章三部分。

一個兩季的課程則可以在第一季時教第零至五章，第二季時教師可以有數種選擇。例如：選第六與十二至十五章來專門介紹金氧半電晶體和它的製程技術；或選擇六至十章來介紹所有主要的元件。對一季的半導體元件製程課程而言，教師可以選擇第 0.2 節和第十一至十五章。

一個一學期的課程可以用第零至七章來教授基礎半導體物理和元件；或用第零至三、七至十章來教微波和光電元件；如果學生已經對半導體有一些初步的認識，第零、五、六、十一至十五章可以用來教授次微米金氧半場效電晶體的物理和製程技術。當然還有很多其他的課程設計可以隨教學進度和教師的選擇而定。

致謝

　　在修訂本書時，承蒙許多人給我寶貴的協助。首先我要對國家奈米元件實驗室和中山大學的同仁表達感謝，沒有他們幫忙，此書便無法付梓。我（作者之一，施敏院士）想要感謝中華民國的鈺創科技，因為鈺創科技的講座提供了寫這本書的環境。

　　我們從許多人的意見中獲益良多，他們分別是：國立臺灣海洋大學的張忠誠教授；長庚大學的張連璧教授和賴朝松教授；聯華電子的 Dr. O. Cheng 和 Mr. T. Kao；台灣積體電路公司的 Dr. S. C. Chang 和 Dr. Y. L. Wang；國立中山大學的張鼎張教授；交通大學的趙天生教授、林鴻志教授、劉柏村教授和汪大暉教授；東海大學的龔正教授；清華大學的黃智方教授和吳孟奇教授；國立高雄大學的葉文冠教授和黃建榮教授；國立台灣大學的胡振國教授、劉致為教授和彭隆瀚教授；國立中央大學的洪志旺教授、國立成功大學的許渭州教授和劉文超教授；中興大學的江雨龍教授和武東星教授；中正大學的王欽戊教授。全訓科技公司的 Dr. C.L. Wu；以及原相科技公司的 Dr. Y.H. Yang。

　　令我們受惠良多的還有協助我編排草稿的 N. Erdos 先生。其他出版品的圖片都在版權所有者的同意下使用，即使所有的圖片都再經過調整和重繪，我們仍然感激他們慷慨的允許。在 John Wiley and Sons 出版社中，我們想謝謝 G.Telecki 和 W.Zobrist 兩位先生。他們鼓勵我們進行這個再版計畫。我們想要感謝 ko-Hui （李明逵教授的女兒）準備了作業的問題和解答。最後，也想要分別謝謝我們的妻子，王令儀女士（施敏院士的妻子）和 Amada Lee 女士（李明逵教授的妻子）。他們在著書的過程中一直持續的支持與協助我們。

施敏　　　李明逵

台灣新竹　　台灣高雄

2010 年八月

譯序

　　本書的第一版與第二版由施敏教授所著，分別由美國 Wiley 公司於 1969 與 2002 年出版，於第三版時，李明逵教授加入共同修訂，於 2012 年出版。本書在介紹現代半導體元件的物理原理和其先進的製造技術，被引用的次數超過兩萬四千次，為科技文獻之冠。我國積體電路工業蓬勃發展，在專業晶圓代工已佔上全球領先地位，而專業積體電路設計的規模已達全球第二位，未來的繼續發展有賴大量的工程師和科學家投入，人才的培育迫不急待，本書的需求不言而喻。

　　有幸應施教授的邀請，將其英文書譯成中文，以嘉惠學子，並對高科技在國內生根，貢獻心力。在交大碩博士班同學黃駿揚、蔡宗霖、陳智浩、黃崇祐、何宗翰、江政鴻、何彥廷、林俊安等協助下，終能如期完稿。另外，我要感謝幫我排版和校稿的交通大學出版社的程惠芳小姐。

曾俊元

謹識於台灣新竹

2013 年 4 月

第零章　簡介

身為一個應用物理、電機工程、電子工程或材料科學領域的學生，你可能會自問為什麼要學習半導體元件。理由很簡單：因為電子工業是世界上規模最大的工業，而半導體元件正是此工業的基礎。另外，要更深入了解電子學的相關課程，對半導體元件擁有基本的知識是必要的，這知識也可以使你對奠基於電子技術的資訊時代有所貢獻。

具體而言，本章包括了以下幾個主題：

- 半導體元件中四種最基礎的結構（building block）。
- 十八種重要的半導體元件，以及它們在電子應用上所扮演的角色。
- 二十三種重要的半導體技術，以及它們在元件製程中所扮演的角色。
- 朝向高密度、快速、低功率損耗和非揮發性（nonvolatility）的技術趨勢。

0.1　半導體元件

圖 1 顯示了半導體電子工業過去三十年的銷售額，以及到西元 2020 年為止的預期銷售額，全球國民生產總值（GWP，gross world product）及汽車、鋼鐵和半導體工業的銷售額也一併列在圖中[1,2]。我們發現從 1998 年開始，電子工業的銷售額已超過汽車工業的銷售額。如果這種趨勢持續下去，電子工業的銷售額將於 2020 年達到二兆美元，並佔全球國民生產總額的百分之三。可預期的是，在二十一世紀電子工業仍然是世界上最大的工業。身為電子工業的核心的半導體工業，在 2010 年超越鋼鐵工業，並且將於 2020 年時佔電子工業銷售額的百分之二十五。

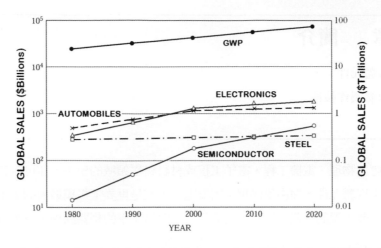

圖 1　1980 年至 2010 年之全球國民生產總值（GWP）及電子、汽車、半導體和鋼鐵工業的銷售量，並延伸此曲線到 2020 年止[1,2]。

0.1.1　元件的基礎結構

半導體元件已經被研究超過 135 年[3]，到目前為止有 18 種主要元件，包含 140 種各式各樣的相關元件[4]。這些所有的元件均可由少數幾種基本元件結構所組成。

　　圖 2a 是金半（metal-semiconductor）界面（interface）的示意圖，此種界面由金屬和半導體兩種材質緊密接觸所形成。這種基礎結構早在西元 1874 年即被拿來研究，可說是半導體元件研究之濫觴。它可以拿來當作整流接觸（rectifying contact），使電流只能由單一方向流過；或者也可以用來作歐姆接觸（ohmic contact），使電流可以雙向通過，且落在接觸上的電壓差小至可忽略。此種界面可以用來形成很多有用的元件，例如利用整流接觸當作*閘極***（*gate*）、歐姆接觸當作*汲極*（*drain*）和*源極*（*source*），即形成一個*金半場效電晶體*（*MESFET*，metal-semiconductor field-effect transistor），這種電晶體是一種很重要的微波元件（microwave device）。

---

*本章中用斜體字表示的名詞將在本書的第二部分中詳加解釋。

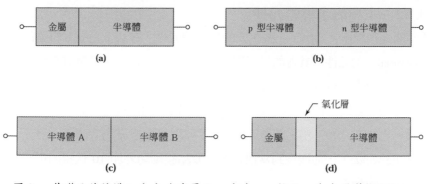

圖 2　基礎元件結構：（a）金半界面，（b）*p-n* 接面，（c）異質接面和（d）金氧半結構。

　　第二種基礎結構是 *p-n 接面*（junction），如圖 2b，是一種由 *p 型*（有帶正電的載子）和 *n 型*（有帶負電的載子）半導體接觸形成的接面。*p-n 接面*是大部分半導體元件的關鍵基礎結構，其理論也可說是半導體元件物裡的基礎。如果我們結合兩個 *p-n 接面*，亦即加上另一個 *p 型*半導體，就可以形成一個 *p-n-p 雙載子電晶體*（*p-n-p* bipolar transistor），這是一種在 1947 年發明的電晶體，它為半導體工業帶來了空前的衝擊。而如果我們結合三個 *p-n* 接面就可以形成 *p-n-p-n* 結構，這是一種切換元件（switching device）叫作*閘流體*（thyristor）。

　　第三種基礎結構是異質界面（heterojunction interface），如圖 2c 所示，這是由兩種不同材質的半導體接觸形成的界面，例如我們可以用*砷化鎵*（GaAs）和*砷化鋁*（AlAs）接觸來形成一個異質界面。異質界面是快速元件和光電元件的關鍵構成要素。

　　圖 2d 顯示的是金屬－氧化層－半導體（金氧半）（metal-oxide- semiconductor，MOS）結構，這種結構可以視為是金屬－氧化層界面和氧化層－半導體界面的結合。用金氧半結構當作閘極、再用兩個 *p-n 接面*分別當作汲極和源極，就可以製作出*金氧半場效電晶體*（metal-oxide-semiconductor field-effect transistor， MOSFET）。對先進的積體電路而言，要將上萬個元件整合在一個*積體電路*（integrated circuit）晶方（chip，或譯晶粒）中，金氧半場效電晶體是最重要的元件。

0.1.2　主要的半導體元件

表 1 依時間先後順序，列出了一些主要的半導體元件，在右上角有 b 符號的是兩端點（two-terminal）的元件，其他的是三端點或四端點的元件 [3]。最早有系統的研究半導體元件（金半接觸（metal-semiconductor contact））的是布朗（Braun）[5]，他在 1874 年發現金屬和金屬硫化物（如銅鐵礦 copper pyrite）的接觸電阻與外加電壓的大小及方向有關。之後在 1907 年，朗德（Round）發現了電激發光效應（即發光二極體，*light-emitting diode*），他觀察到當他在碳化矽晶體兩端外加 10 伏特的電壓時，晶體會發出淡黃色的光 [6]。

在 1947 年，巴丁（Bardeen）和布萊登（Brattain）[7] 發明了點接觸（point-contact）電晶體。接著在 1949 年，蕭克利（Shockley）[8] 發表了關於 *p-n 接面*和雙載子電晶體的經典論文。圖 3 就是有史以來的第一顆電晶體，在三角形石英晶體底部的兩個點接觸是由相隔 50 微米（1 微米等於 10^{-4} 公分）的金箔線壓到半導體表面做成的，所用的半導體材質為鍺（Ge）。當一個順向偏壓（forward biased，即相對於第三個端點加正電壓），而另一個逆向偏壓 （reverse biased）時，可以觀察到把輸入信號放大的 *電晶體行為*（transistor action）。雙載子電晶體是一個關鍵的半導體元件，它把人類文明帶進了現代電子紀元。

表 1　主要半導體元件

西元	半導體元件[a]	作者／發明者	參考資料
1874	金半接觸[b]	Braun	5
1907	發光二極體（LED）[b]	Round	6
1947	雙載子電晶體（BJT）	Bardeen、 Brattain 及 Shockley	7
1949	*p-n* 接面[b]	Shockley	8

[a]MOSFET，金氧半場效電晶體；MESFET，金半場效電晶體；MODFET，調變摻雜場效電晶體。
[b]表示此元件為兩端點（two-terminal）元件，其餘為三端點或四端點元件。

1952	閘流體（Thyristor）	Ebers	9
1954	太陽電池（solar cell）[b]	Chapin、 Fuller 及 Pearson	10
1957	異質接面雙載子電晶體（HBT）	Kroemer	11
1958	穿隧二極體（Tunnel Diode）[b]	Esaki	12
1960	金氧半場效電晶體（MOSFET）	Kahng 及 Atalla	13
1962	雷射[b]	Hall et al	15
1963	異質結構雷射[b]	Kroemer，Alferov 及 Kazarinov	16，17
1963	轉移電子二極體（TED）[b]	Gunn	18
1965	衝渡二極體（IMPATT Diode）[b]	Johnston、Deloach 及 Cohen	19
1966	金半場效電晶體（MESFET）	Mead	20
1967	非揮發性半導體記憶體（NVSM）	Kahng 及施敏	21
1970	電荷耦合元件（CCD）	Boyle 及 Smith	23
1974	共振穿隧二極體[b]	張立綱、Esaki 及 Tsu	24
1980	調變摻雜場效電晶體（MODFET）	Mimura 等人	25
2004	5-奈米 金氧半場效電晶體	Yang 等人	14

在 1952 年，伊伯斯（Ebers）[9] 為應用廣泛的切換元件閘流體（thyristor）提出了一個基本的模型。以矽（silicon）*p-n 接面*製成的*太陽電池*（solar cell）則在 1954 年被闞平（Chapin）等人[10] 初次發表。太陽電池是目前獲得太陽能最主要的技術之一，因為它可以將太陽光直接轉換成電能，而且非常的符合環保要求。在 1957 年，克羅馬（Kroemer）提出了異質接面雙載子電晶體（HBT，heterojunction bipolar transistor）來改善電晶體的特性[11]，這種元件有可能成為最快速的半導體元件。1958 年江崎（Esaki）觀察到重摻雜（heavily doped）的*p-n 接面*具有負電阻的特性，此發現造成*穿隧二極體*（tunnel diode，或譯穿透二極體）的問世[12]。穿隧二極體以及所謂的穿隧現象（tunneling phenomenon，或譯穿透現象）對薄膜間的歐姆接觸或載子傳輸有很大的貢獻。

圖 3　　第一個電晶體[7]（相片由貝爾實驗室提供）。

　　對先進的積體電路而言，最重要的元件是在 1960 年由姜（Kahng）及亞特拉（Atalla）[13] 發表的金氧半場效電晶體。圖 4 就是第一個用高溫氧化矽基板（substrate）做成的元件，它的閘極長度（gate length）是 25 微米（μm）、閘極氧化層（gate oxide）厚度是 100 奈米（nm，1 奈米= 10^{-7} 公分），兩個小洞是源極和汲極的接觸孔（contact hole），而最上面瘦長形的區域是由金屬光罩（metal mask）定義出來的鋁閘極（aluminum gate）。雖然目前金氧半場效電晶體已經微縮（scaled down）到深次微米（deep-submicron）的範圍，但是當初第一個金氧半場效電晶體所採用的矽基板和高溫氧化層，仍然是目前最常用的組合。金氧半場效電晶體和與其相關的積體電路更佔有半導體市場的 90%。最近，一個通道長度只有 15 奈米的超小型金氧半場效電晶體已經被發表了 [14]，它將可以被應用在最先進的、含有超過一兆個元件的積體電路晶方上。

　　1962 年霍爾（Hall）等人 [15] 第一次用半導體做出了雷射（laser），到 1963 年克羅馬（Kroemer）[16]、阿法羅（Alferov）和卡查雷挪（Kazarinov）[17] 發表了異質結構雷射（heterostructure laser）。這些發表奠定了現代雷射二極體的基礎，使雷射可以在室溫下連續操作。雷射二極體已被廣泛應用到數位光碟、光纖（optical fiber）通訊、雷射影印和偵測空氣污染等方面。

接下來三年，三種重要的微波元件相繼被發明製造出來。第一種是岡（Gunn）[18]在 1963 年提出的*轉移電子二極體*（*transferred-electron diode，TED*），又稱為岡二極體（Gunn diode），這種元件被廣泛應用到如偵測系統（detection system）、遙控（remote control）和微波測試儀器（microwave test instrument）。第二種元件是姜士敦（Johnston）[19] 等人發現的*衝渡二極體*（*IMPATT diode*），衝渡二極體是在所有半導體元件中，在微波頻率下產生最高功率的連續波（continuous wave，CW），它被應用到雷達系統（radar system）和警報系統上。第三種元件就是金半場效電晶體（MESFET）[20]，它在 1966 年時被密德（Mead）提出，並成為單石微波積體電路（monolithic microwave integrated circuit，MMIC）的關鍵元件。

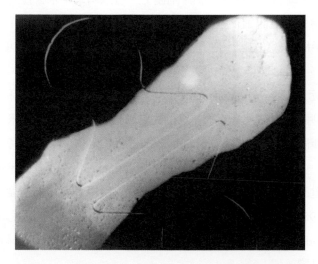

圖 4　第一個金氧半場效電晶體[13]（相片由貝爾實驗室提供）。

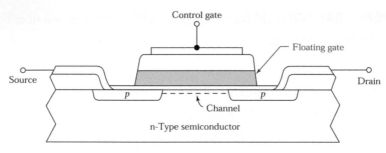

圖 5　第一個浮停閘非揮發性半導體記憶體之示意圖 [21]。

1967 年時姜（Kahng）和施敏 [21] 發明另一個重要的半導體記憶元件，它是一種非揮發性半導體記憶體（nonvolatile semiconductor memory，NVSM），可以在電源關掉以後仍然保有儲存的資訊長達 10 到 100 年。圖 5 是第一個非揮發性半導體記憶體的示意圖，雖然它跟金氧半場效電晶體很相似，但是最大的不同在於它多了一個*浮停閘*（floating gate，或譯浮動閘極、懸浮閘極），可以用來半永久性的儲存電荷。非揮發性半導體記憶體使資訊儲存技術發生了重大的改革，並且提升所有電子產品的發展，尤其是像手機、數位相機、筆記型電腦與全球定位系統之類的可攜式電子系統。

電荷耦合元件（charge-coupled device，CCD）是波義爾（Boyle）和史密斯（Smith）[23] 在 1970 年發明的，它被大量的用在手提式錄影機（video camera）和光檢測系統上。共振式穿隧二極體（RTD，resonant tunneling diode）[24] 則在 1974 年時被張立綱等人第一次發表出來，它是大部分量子效應（quantum-effect）元件的基礎。量子效應元件因為可以在特定電路功能下，大量的減少元件數量，所以具有超高密度、超高速及更強的功能。在 1980 年，Minura[25] 等人發明了*調變摻雜場效電晶體*（*MODFET*，modulation-doped field-effect transistor），如果選擇適當的異質接面材料，這將會是最快速的場效電晶體。

從 1947 年發明雙載子電晶體以來，各式各樣的新半導體元件藉著更先進的技術、更新的材料和更深入的理論被發明出來。在本書的第二部分，我們將詳述所有列在表 1 的元件，也希望藉著本書，讀者能對其他沒有涵括進來或甚至目前尚未發明的元件有所了解。

0.2 半導體製作技術
0.2.1 關鍵半導體技術

很多重要的半導體技術其實是由幾百年前就發明的製程技術延伸而來。例如 1798 年就已經發明了微影（lithography）製程 [26]，只是當初影像圖形是從石片轉移過來的。在這一節裡，我們將敘述首次應用到半導體製程或是針對半導體元件製造而研發出的各種技術的里程碑。

表二列出了一些依時間先後順序的關鍵半導體技術。在 1918 年柴可拉斯基（Czochralski）[27] 發明了一種液態－固態單晶成長的技術，這種柴氏長晶法如今被廣泛應用於矽晶體的成長。另一種由布理吉曼（Bridgman）[28] 於 1925 年所開發的成長技術，已經被廣泛的使用在有關砷化鎵與其相關的化合物半導體晶體上。雖然早在 1940 年代起，矽半導體的材料特性就已引起廣泛的研究，但有關化合物半導體特性的研究卻被忽略了很久，直到 1952 年魏可（Welker）[29] 發現砷化鎵和其他的三五族化合物（Ⅲ-Ⅴ compound）也是半導體材料，並以實驗證明這些材料的半導體特性。從此之後，相關這些化合物半導體的技術和元件才陸續被深入研究。

對半導體製程而言，摻質（dopant）的擴散（diffusion）是很重要的一種現象，基本的擴散理論在 1855 年時由飛克（Fick）[30] 提出。利用擴散技術來改變矽的傳導係數的想法則在 1952 年范恩（Pfann）[31] 的一個專利中提及。到了 1957 年，安卓斯（Andrus）[32] 首次將微影技術應用在半導體元件的製作上。他利用一種感光而且抗蝕刻的聚合物（即光阻），來做圖形的轉移。微影對半導體工業來說是一個關鍵性的技術，半導體工業可以持續的成長，要歸功於不斷改善的微影技術；而就經濟層面來考量，微影也扮演一個很重要的角色，因為在目前積體電路的製造成本中，微影成本就佔了超過 35%。

表 2　關鍵半導體技術

西元	技術	作者／發明者	參考資料
1918	柴可拉斯基法	Czochralski	27
1925	布理吉曼晶體成長	Bridgman	28
1952	三五族化合物	Welker	29
1952	擴散	Pfann	31
1957	微影光阻	Andrus	32
1957	氧化層光罩	Frosch 及 Derrick	33
1957	化學氣相沉積磊晶成長	Sheftal、Kokorish 及 Krasilov	34
1958	離子佈植	Shockley	35
1959	混合型積體電路	Kilby	36
1959	單石積體電路	Noyce	37
1960	平坦化製程	Hoerni	38
1963	互補式金氧半場效電晶體	Wanlass 及 薩支唐	39
1967	動態隨機存取記憶體	Dennard	40
1969	複晶矽自我對準閘極	Kerwin、Klein 及 Sarace	41
1969	金屬有機化學氣相沉積	Manasevit 及 Simpson	42
1971	乾式蝕刻（Dry etching）	Irving、Lemons 及 Bobos	43
1971	分子束磊晶	卓以和	44
1971	微處理器 （4004）	Hoff 等人	45
1981	原子層沉積	Suntola	46
1982	塹渠（trench）隔離	Rung、Momose 及 Nagakubo	47
1989	化學機械研磨	Davari 等人	48
1993	銅接線	Paraszczak 等人	49
2001	三維整合	Banerjee 等人	50
2003	浸沒式微影	Owa 及 Nagasaka	51

氧化層光罩方式（oxide masking method）在 1957 年由弗洛區（Frosch）和德利克（Derrick）[33] 提出，他們發現氧化層可以防止大部分雜質的擴散穿透。同年雪弗塔（Sheftal）[34] 等人提出用化學氣相沉積（CVD，chemical vapor deposition）磊晶成長（epitaxial growth）的技術，磊晶成長的字源來自於希臘字 epi（即 on，上方）和 taxis（arrangement，安排），它用來描述一種可以在具有晶格（lattice）結構的晶體表面上，成長出一層半導體晶體薄膜的技術，這種技術對改善元件特性或製造新穎結構元件而言，非常的重要。

1958 年，蕭克利（Shockley）[35] 提出了離子佈植（ion implantation）技術來摻雜半導體，這種技術可以精確的控制摻雜原子的數目。擴散和離子佈植兩種技術可以相輔相成，用來產生雜質的摻雜。例如：擴散可以用在高溫的深接面（deep-junction）製程中，而離子佈植則可以在低溫製程中，形成淺接面（shallow-junction）的摻雜區域。

積體電路的雛型在 1959 年由科比（Kilby）[36] 提出，它包含了一個雙載子電晶體、三個電阻和一個電容，所有的元件都由鍺做成，而且由接線相連成一個混合的電路。1959 年諾依斯（Noyce）[37] 提出一個在單一半導體基板上做成的積體電路，如圖 6 所示；這有史第一個單石（monolithic）積體電路包含了六個元件組成的正反器（flip-flop）電路，其中鋁導線是利用微影技術將整個氧化層表面上的蒸鍍鋁蝕刻而成。這項發明奠定了日後微電子工業的快速成長。

平面（planar）製程則在 1960 年由荷尼（Hoerni）[38] 提出，在這項技術中，先在整個半導體表面形成一氧化層，再藉著微影蝕刻製程，將部分的氧化層移除，並留下一個窗口（window）；然後將雜質透過窗口，摻雜到半導體表面，並形成 *p-n* 接面。

隨著積體電路的複雜度增加，我們由 *NMOS*（*n* 通道 MOSFET）技術轉移到 *CMOS*（互補式 MOSFET）技術，亦即將 NMOS 和 *PMOS*（*p* 通道 MOSFET）組合，形成邏輯元件（logic element）。CMOS 的觀念在 1963 年由萬雷斯（Wanlass）和薩支唐

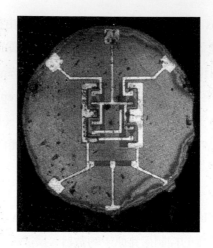

圖 6　　第一個單石積體電路 [37] （相片由 G. Moore 博士提供）。

（Sah） [39] 提出，它的優點乃在邏輯電路應用時，CMOS 只有在邏輯狀態轉換時（例如從 0 到 1），才會產生大電流；而在穩定狀態時，只有極小的電流流過，如此可以大幅減少邏輯電路的功率耗損。對先進積體電路而言，CMOS 技術是最主要的技術。

在 1967 年，丹納（Dennard） [40] 發明了一項極重要、由兩個元件組成之電路，即*動態隨機存取記憶體*（DRAM，dynamic random access memory）。這種記憶體包含了一個 MOSFET 和一個儲存電荷的電容，其中 MOSFET 作為使電容充電或放電的開關。雖然動態隨機存取記憶體具揮發性而且會消耗相當大的功率，但我們可以預期的是，在資料被暫時性的保存住直到該資料被歸類到長時間的儲存單元中，它仍然是重要的工作記憶體且持續地被使用在大多數的電子系統上（例如：在非揮發性半導體記憶體上）。

為了改善元件的特性，柯文（Kerwin） [41] 等人在 1969 年提出了複晶矽自我對準閘極製程，這個製程不但改善元件的可靠度，還降低寄生電容。同樣在 1969 年，有機金屬化學氣相沉積技術（MOCVD，metalorganic chemical vapor deposition）被門納賽維（Manasevit）和辛浦生（Simpson） [42] 發展出來，對化合物半導體例如砷化鎵而言，這是一種非常重要的磊晶技術。

當元件的尺寸變小，為了增加圖形轉移的可靠度，乾式蝕刻（dry etching）的技術被發展出來，取代濕式蝕刻。這種技術一開始是 1971 年時由爾文（Irving）等人 [43] 用 CF4-O2 混合氣體來蝕刻矽晶圓（wafer）。另一項重要的技術，即分子束磊晶（MBE，molecular beam epitaxy）－在同年由卓以和（Cho）[44] 發展出來，這種技術可以近乎完美的控制原子的排列，所以也可以控制磊晶層在垂直方向的組成和摻雜濃度。這項技術也帶來許多光元件和量子元件的發明。

在 1971 年，第一個微處理器（microprocessor）被霍夫（Hoff）等人 [45] 製造出來，他們將一個簡單電腦的中央處理單元（CPU，central processing unit）放在一個晶方上，這就是圖 7 所示的四位元微處理器（Intel 4004），其晶方大小是 0.3 公分 × 0.4 公分，並且包含了 2300 個 MOSFET 且可操作在 0.1MIPS（million instructions per second）。它是由 p 型通道複晶矽閘極製程做成，設計規範（design rule）是 8 微米。這個微處理器的功能可與 1960 年代早期 IBM 價值三十萬美元的電腦分庭抗禮，而這些早期的電腦需要一個書桌大小的中央處理單元。這是半導體工業上一個重大的突破，直到現在微處理器仍構成了這個工業最大的一部分。

從 1980 年代早期起，為達到元件尺寸縮小之需求，很多新的技術陸續被發展出來。其中桑托拉（Suntola）在 1981 年所提出一項重要的技術：原子層沉積（ALD）被發展在奈米級介電層薄膜的沉積上 [46]。這種沉積技術利用連續且一次沉積一層的方式，將化學先驅物接觸在欲沉積的表面上。藉此方式，沉積的薄膜厚度可以被精準的控制在原子尺度大小下。

塹渠式隔離技術是由朗（Rung）[46] 等人在 1982 年所提出，用以隔絕 CMOS 元件。目前這方法幾已取代所有其他的隔離技術。而 1989 年達閥利（Davari）[47] 等人提出了化學機械研磨方法，以得到各層介電層（dielectric layer）的全面平坦化（global planarization），這是多層金屬鍍膜（multilevel metallization）的關鍵技術。

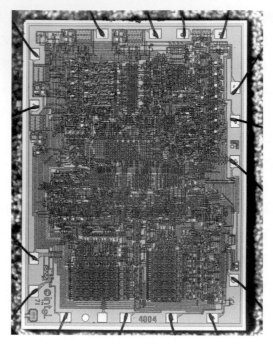

圖 7　　第一個微處理機 [45]（相片由 Intel 公司提供）。

　　在次微米元件中，一種很有名的故障機制即電子遷移（electromigration），是當電流通過導線時，使導線的金屬離子遷移的情形；雖然鋁已經自 1960 年代早期起就被用做導線材料，它在大電流下卻有很嚴重的電子遷移情形。1993 年帕拉查克（Paraszczak）等人 [48] 提出了當尺寸長度小到 100 奈米時，以銅導線取代鋁導線的想法。

　　藉由增加組成零件的密度與提升製造技術將能幫助系統單晶片（SOC）的實現，其中系統單晶片為一種將完整的電子系統全部整合在單一顆晶片上的晶片。班納吉（Banerjee）[50] 於 2001 年提出了利用系統單晶片整合而成一個三維度（3-D）的系統，並且藉此提升系統的效能。

為了延續光學微影技術能到達奈米尺度，歐瓦（Owa）等人於 2003 年 [51] 提出了
經由添加水於曝光鏡片與晶圓表面之間的浸沒式微影技術。它藉由等效的液體折射係
數來提升解析度，並且使最小特徵尺寸達到 45 奈米。在本書的第三部分，我們將考
慮所有列在表 2 中的技術。

0.2.2 技術趨勢

從進入微電子紀元之後，積體電路的最小線寬或特徵長度（feature length）就以每年
13% 的速率縮小 [52]；在這個速率下，2020 年時最小特徵長度會縮小到 10 奈米。圖 8
顯示從 1978 年開始到 2010 年並延伸到 2020 年，第一個被開發出來元件的最小特徵
長度對年分所做的趨勢圖，並且該圖預測到 2020 年的趨勢。由於最小特徵長度被縮
小到小於 100 奈米，因此我們在 2002 年進入到奈米電子世代。

元件微小化的結果，可以降低每種電路功能的單位成本（unit cost），例如：對
持續推進新世代的動態隨機存取記憶體而言，每個記憶體位元的成本每兩年就減少了
一半。當元件的尺寸縮小時，本質切換時間（intrinsic switching time）也隨之減少。
元件速度從 1959 年以來，加快了一萬倍，變快的速度也擴展了積體電路的功能性生
產速率（functional throughput rate）。未來數位積體電路將可以每秒一兆位元的速率，
進行資料處理和數值分析。當元件變的越小，所消耗的功率也越小，所以元件微小化
也可以降低每次切換操作所需的能量，從 1959 年至今每個邏輯閘（logic gate）的能
量耗損已經減少了超過一千萬倍。

圖 9 為過去 30 年來第一個被開發出來的產品的實際的記憶體密度對年代所做的
趨勢圖，顯示出實際的記憶體密度對年代呈現指數成長。我們可以從圖中發現，從 1978
到 2000 年，動態隨機存取記憶體的密度每 18 個月就增加兩倍。在 2000 年之後，動
態隨機存取記憶體的密度便呈現成長緩慢的趨勢。另一方面，非揮發性半導體記憶體
的密度仍然維持與原本動態隨機存取記憶體密度成長速率，其密度每 18 個月就增加
兩倍。在這種趨勢下，我們可以預期在 2015 年左右，非揮發性半導體記憶體的密度
將會超過十兆位元（10^{12} 位元）。

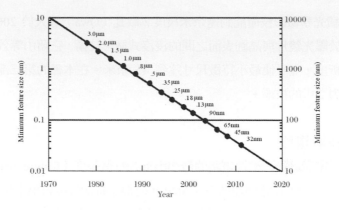

圖 8　最小特徵長度以對數遞減方式對年代作圖。[52]

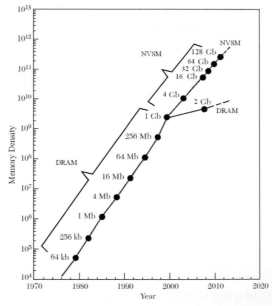

圖 9　動態隨機存取記憶體密度在 SIA（半導體產業協會，Semiconductor Industry Association）藍圖上呈現指數成長 [52]。

　　圖 10 顯示微處理機運算能力隨時間的指數增加，同樣也是每 18 個月增加兩倍的速率。目前一個奔騰（Pentium）系列的個人電腦具有比 1960 年代晚期的超級電腦克萊一型（CRAY 1）更好的運算能力，但它的體積卻小了一萬倍；如果這個趨勢繼續下去，我們預期 10^7 MIP（million instructions per second）的微處理器將在 2015 年問世。

　　圖 11 是不同技術先驅（technology driver）的市場成長曲線[53]。在現代電子紀元初期（1950-1970），雙載子接面電晶體是技術的先驅；從 1970 到 1990 年，因為個人電腦和先進電子系統的快速成長，動態隨機存取記憶體和以金氧半場效電晶體為主的微處理器扮演了技術先驅的角色；1990 年以後，因攜帶式電子系統的快速成長，使非揮發性半導體記憶體已成為技術先驅。

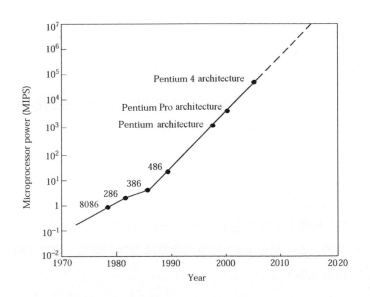

圖 10　　微處理機運算能力每年呈指數增加。

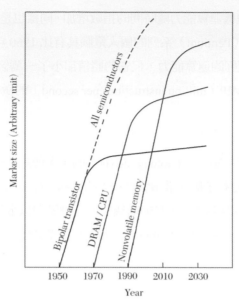

圖 11　不同技術先驅的成長曲線 [53]。

總結

雖然半導體元件領域是較新的學習領域*,它對我們的社會和全球的經濟卻有巨大的影響,這是因為半導體元件是世界上最大的工業－電子工業之基石。

　　本章介紹了主要半導體元件的歷史回顧:從 1874 年第一個金半接觸的研究,到 2004 年 [5] 奈米超小型金氧半場效電晶體的製造。其中最重要的是 1947 年雙載子電晶體的發明,它將人類帶進了現代電子紀元;1960 年提出的金氧半場效電晶體則成為積體電路中最重要的元件;還有 1967 年發明的非揮發性記憶體,它從 1990 年以後就成為電子工業的技術先驅。

---

*從 19 世紀早期開始,人們就已經開始研究半導體元件和材料,但是其實很多相關傳統元件材料的研究開始的更早,例如早在西元前 1200 年,即距今超過 3000 年前,人類便已經開始研究鋼鐵了。

　　我們也描述了二十個關鍵的半導體技術。許多技術的起源可以追溯到 18 世紀末和 19 世紀初。其中最重要的是 1957 年發明的微影光阻，建立了半導體元件圖形轉移製程的基礎；1959 年積體電路的發明，促成微電子工業的快速成長；1967 年動態隨機存取記憶體和 1971 年微處理機的發明構成了半導體工業的兩大支柱。

　　有鉅量的文獻在闡述半導體元件物理和技術 [54]，目前這個領域有超過 50 萬篇的論文被發表。在本書中，每個章節討論一個主要的元件或一個關鍵技術，對其來龍去脈交代清楚，且前後一致，因此讀者並不須依賴早期文獻。然而，在每章的結尾，我們也選擇一些重要的論文，作為讀者參考或作進一步研讀之用。

參考文獻

1. *2009 Semiconductor Industry Report,* Ind. Technol. Res. Inst., Hsinchu, Taiwan, 2009.

2. Data from IC Insights, 2009.

3. Most of the classic device papers are collected in S. M. Sze, Ed., *Semiconductor Devices : Pioneering Papers*, World Scientific, Singapore, 1991.

4. K. K. Ng, *Complete Guide to Semiconductor Devices*, 2nd Ed., Wiley Interscience, New York, 2002.

5. F. Braun, "Uber die Stromleitung durch Schwefelmetalle," *Ann. Phys. Chem.*, **153**, 556 (1874).

6. H. J. Round, "A Note On Carborundum," *Electron World*, **19**, 309 (1907).

7. J. Bardeen and W. H. Brattain, " The Transistor, a Semiconductor Triode," *Phys. Rev.*, **71**, 230 (1948).

8. W. Shockley, "The Theory of *p-n* Junction in Semiconductors and *p-n* Junction Transistors," *Bell Syst. Tech. J.*, **28**,435 (1949).

9. J. J. Ebers, "Four Terminal *p-n-p-n* Transistors," *Proc. IRE*, **40**, 1361 (1952).

10. D. M. Chapin, C. S. Fuller, and G. L. Pearson, " A New Silicon *p-n* Junction

Photocell for Converting Solar Radiation into Electrical Power," *J. Appl. Phys.*, **25**, 676 (1954).

11. H. Kroemer, "Theory of a Wide-Gap Emitter for Transistors, " *Proc. IRE*, **45**, 1535 (1957).

12. L. Esaki, "New Phenomenon in Narrow Germanium *p-n* Junctions," *Phys. Rev.*, **109**, 603 (1958).

13. D. Kahng and M. M. Atalla, "Silicon-Silicon Dioxide Surface Device," in *IRE Device Research Conference*, Pittsburgh, 1960. (The paper can be found in Ref.3).

14. F. L. Yang et al., "5 nm Gate Nanowire FinFET," *Symp. VLSI Tech.*, June 15, 2004.

15. R. N. Hall, et al., "Coherent Light Emission from GaAs Junctions, " *Phys. Rev. Lett.*, **9**, 366 (1962).

16. H. Kroemer, "A Proposed Class of Heterojunction Injection Lasers," Proc. IEEE, **51**, 1782 (1963).

17. I. Alferov and R. F. Kazarinov, "Semiconductor Laser with Electrical Pumping," U.S.S.R. Patent No. 181737 (1963).

18. J. B. Gunn, "Microwave Oscillations of Current in III-V Semiconductors," *Solid State Commun.*, **1**, 88 (1963).

19. R. L. Johnston, B. C. DeLoach, Jr., and B.G. Cohen, "A Silicon Diode Microwave Oscillator," *Bell Syst. Tech. J.*, **44**, 369 (1965).

20. C. A. Mead, "Schottky Barrier Gate Field Effect Transistor," *Proc. IEEE,* **54**, 307 (1966).

21. D. Kahng and S. M. Sze, "A Floating Gate and Its Application to Memory Devices," *Bell Syst. Tech. J.* **46,**1283 (1967).

22. C. Y. Lu and H. Kuan, "Nonvolatile Semiconductor Memory Revolutionizing Information Storage, " *IEEE Nanotechnology Mag.*, **3**, 4, (2009).

23. W. S. Boyle and G. E. Smith, "Charge Coupled Semiconductor Devices," *Bell Syst. Tech. J.* **49,**587 (1970).

24. L. L. Chang , L. Esaki, and R. Tsu, "Resonant Tunneling in Semiconductor Double

Barriers," *Appl. Phys. Lett.* **24**, 593 (1974).

25. T. Mimura, et al., "A New Field-Effect Transistor with Selectively Doped GaAs/n-Al$_x$Ga$_{1-x}$ As Heterojunction, " *Jpn. J. Appl. Phys.* **19**, L225 (1980).

26. M. Hepher, "The Photoresist Story," *J. Photo, Sci,* **12**, 181 (1964).

27. J. Czochralski, "Ein neues Verfahren zur Messung der Kristallisationsgeschwindigkeit der Metalle," Z. *Phys. Chem.*, **92**, 219 (1918).

28. P. W. Bridgman, "Certain Physical Properties of Single Crystals of Tungsten, Antimony, Bismuth, Tellurium, Cadmium, Zinc, and Tin," *Proc, Amer. Acad. Arts Sci.* **60**, 303 (1925).

29. H. Welker, "Über Neue Halbleitende Verbindungen," *Z. Naturforsch,* **7a**, 744 (1952).

30. A. Fick, "Ueber Diffusion," *Ann. Phys. Lpz.* **170**, 59 (1855).

31. W. G. Pfann, "Semiconductor Signal Translating Device," U. S. Patent 2, 597,028 (1952).

32. J. Andrus, "Fabrication of Semiconductor Devices," U. S. Patent 3,122,817, (filed 1957; granted 1964).

33. C. J. Frosch and L. Derrick, "Surface Protection and Selective Masking During Diffusion in Silicon," *J. Electrochemical Society,* **104**, 547 (1957).

34. N. N. Sheftal, N. P. Kokorish, and A. V. Krasilov, "Growth of Single-Crystal Layers of Silicon and Germanium from the Vapor Phase," *Bull. Acad. Sci, U.S.S.R., Phys. Ser.* **21**, 140 (1957).

35. W. Shockley, "Forming Semiconductor Device by Ionic Bombardment," U. S. Patent 2,787, 564. (1958).

36. J. S. Kilby, "Invention of the Integrated Circuit," *IEEE Trans, Electron Devices*, **ED-23**, 648 (1976), U.S. Patent 3, 138, 743 (filed 1959, granted 1964).

37. R. N. Noyce, "Semiconductor Device-and-Lead Structure, " U. S. Patent 2,981,877 (filed 1959, granted 1961).

38. J. A. Hoerni, "Planar Silicon Transistors and Diodes," *IRE Int. Ele. Dev. Meeting*, Washington D.C. (1960).

39. F. M. Wanlass and C. T. Sah, "Nanowatt Logics Using Field-Effect Metal-Oxide Semiconductor Triodes, " *Tech. Dig. IEEE Int. Solid- State Circuit Conf.*, p. 32, (1963).

40. R. M. Dennard, "Field Effect Transistor Memory, " U. S. Patent 3, 387,286, (filed 1967, granted 1968).

41. R. E. Kerwin, D. L. Klein, and J. C. Sarace, "Method for Making MIS Structure," U. S. Patent 3, 475, 234 (1969).

42. H. M. Manasevit and W. I. Simpson "The Use of Metal-Organic in the Preparation of Semiconductor Materials, I. Epitaxial Gallium-V Compounds," *J. Electrochem. Soc.* **116**, 1725 (1969).

43. S. M. Irving, K. E. Lemons, and G. E. Bobos, "Gas Plasma Vapor Etching Process," U. S. Patent 3,615,956 (1971).

44. A. Y. Cho, "Film Deposition by Molecular Beam Technique," *J. Vac, Sci, Technol.,* **8**,S 31 (1971).

45. The inventors of the microprocessor are M. E. Hoff, F. Faggin, S. Mazor, and M.Shima. For a profile of M. E. Hoff, see *Portraits in Silicon* by R. Slater, p. 175, MIT Press, Cambridge, 1987.

46. T. Suntola, "Atomic Layer Epitaxy", *Tech. Digest of ICVGE-5*, San Diego, 1981.

47. R. Rung, H. Momose, and Y. Nagakubo, "Deep Trench Isolated CMOS Devices," *Tech. Dig. IEEE Int. Electron Devices Meet.*, p.237 (1982).

48. B. Davari, et al., "A New Planarization Technique, Using a Combination of RIE and Chemcial Mechanical Polish (CMP)," *Tech. Dig. IEEE Int. Electron Devices Meet.*, p. 61 (1989).

49. J. Paraszczak, et al, "High Performance Dielectrics and Processes for ULSI Interconnection Technologies," *Tech. Dig. IEEE Int. Electron Devices Meet.* p.261 (1993).

50. K. Banerjee et al., "3-D ICs: A Novel Chip Design for Improving Deep-Submicrometer Interconnect Performance and System-on-Chip Integration,"

Proc. IEEE, **89**, 602, (2001).

51. S. Owa and H. Nagasaka, "Immersion Lithography; Its Potential Performance and Issues," *Proc. SPIE*, 5040, 724-33, (2003)

52. *The International Technology Roadmap for Semiconducto*r, Semiconductor Ind. Asso., San Jose, 1999.

53. F. Masuoka, "Flash Memory Technology," *Proc. Int. Electron Devices Mater. Symp.*, 83, Hsinchu, Taiwan (1996).

54. From INSPEC database, National Chaio Tung University, Hsinchu, Taiwan, 2000.

第一部分　半導體物理

第一章　熱平衡時的能帶及載子濃度

在本章中我們將探討半導體的一些基本特性。首先討論的是關於固體中原子排列的晶體結構。然後介紹有關半導體中，共價鍵（covalent bond）及能帶的觀念，這些都與半導體的傳導相關。最後我們將討論熱平衡狀態下的載子濃度的觀念。這些觀念也會用在本書中各個章節。

具體而言，本章包括了以下幾個主題：

- 元素（element）與化合物（compound）半導體及其基本特性。
- 鑽石結構（diamond structure）及其相關的晶體平面。
- 能隙（bandgap）及其在電傳導係數的影響。
- 本質（intrinsic）載子濃度及溫度對它的影響。
- 費米能階（Fermi level）及載子濃度對它的影響。

1.1 半導體材料

固態材料可分為三類－即絕緣體（insulator）、半導體（semiconductor）及導體
（conductor）。圖 1 列出這三類中一些重要材料的電傳導係數（electrical conductivities）
σ（及對應電阻係數 $\rho = 1/\sigma$）[*]的範圍。絕緣體如融凝石英及玻璃有很低的傳導係數，
大約介於 10^{-18} 到 10^{-8} S/cm 之間；而導體如鋁及銀有較高的傳導係數，一般介於 10^4
到 10^6 S/cm[**]之間。半導體的傳導係數則介於絕緣體及導體之間。它易受溫度、照光、
磁場及微量雜質原子的影響（一般而言，1 公斤的半導體材料中，約有 1 微克到 1 克
的雜質原子）。這種對傳導係數的高靈敏度特性使半導體成為各種電子應用中最重要
的材料之一。

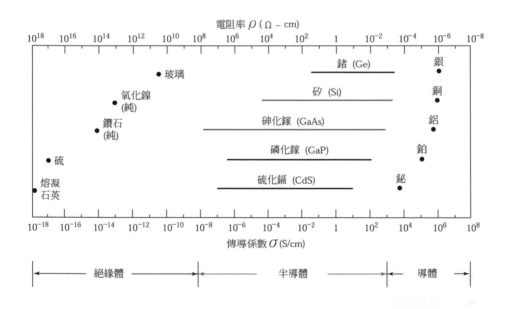

圖 1　絕緣體、半導體及導體的典型傳導係數範圍。

---

[*]在附錄 A 中的符號表中
[**]附錄 B 為國際單位系統

1.1.1 元素（Element）半導體

有關半導體材料的研究開始於十九世紀初[1]。多年以來許多半導體已被研究過。表 1 列出週期表中有關半導體元素的部分。由單一種原子所組成的元素（element）半導體如矽（Si）及鍺（Ge），存在週期表的第四族（IV 族）中。在 1950 年代初期，鍺曾是最主要的半導體材料。但自 1960 年初期以來，矽已取代鍺成為重要的半導體材料。現今我們使用矽的主要的原因，乃是因為矽元件在室溫下有較佳的特性，且高品質的矽氧化層可經由熱成長的方式產生。經濟上的考量也是原因之一。可用於製造元件等級的矽材料，遠比其他半導體材料價格低廉。存在矽土及矽酸鹽中的矽含量佔地表的百分之二十五，僅次於氧。到目前為止，矽可說是週期表中被研究最多的元素；矽的技術是所有半導體技術中最先進的。

表 1　週期表中與半導體相關的部分

週期	欄位 II	III	IV	V	VI
2		B 硼	C 碳	N 氮	O 氧
3	Mg 鎂	Al 鋁	Si 矽	P 磷	S 硫
4	Zn 鋅	Ga 鎵	Ge 鍺	As 砷	Se 硒
5	Cd 鎘	In 銦	Sn 錫	Sb 銻	Te 碲
6	Hg 汞		Pb 鉛		

1.1.2 化合物（Compound）半導體

近年來一些化合物半導體已被應用於各種元件中。表 2 列出重要的化合物半導體及兩種元素半導體[2]。二元化合物（binary compound）半導體是由週期表中的兩種元素組成。例如三五族（III-V 族）元素化合物半導體砷化鎵（gallium arsenide，GaAs）是由第三族（III 族）元素鎵（gallium，Ga）及第五族（V 族）元素砷（arsenic，As）所組成。

　　除了二元化合物半導體外，三元（ternary compound）及四元化合物（quaternary compound）半導體也各有其特別用途。由Ⅲ族元素鋁（Al）和鎵（Ga）及 V 族元素砷（As）所組成的合金半導體砷化鎵鋁（$Al_xGa_{x-1}As$）即是一種三元化合物半導體，而具有 $A_xB_{1-x}C_yD_{1-y}$ 形式的四元化合物半導體則可由許多二元及三元化合物半導體組成。例如合金半導體磷化砷銦鎵（$Ga_xIn_{1-x}As_yP_{1-y}$）是由磷化鎵（GaP），磷化銦（InP），砷化銦（InAs）及砷化鎵（GaAs）所組成。與元素半導體相比，製作單晶體形式的化合物半導體通常需要較複雜的程序。

表2　半導體材料 [2]

一般 分類	半導體	
	符號	名稱
元素	Si	矽
	Ge	鍺
二元半導體		
IV-IV--------------------------	SiC	碳化矽
III-V--------------------------	AlP	磷化鋁
	AlAs	砷化鋁
	AlSb	銻化鋁
	GaN	氮化鎵
	GaP	磷化鎵
	GaAs	砷化鎵
	GaSb	銻化鎵
	InP	磷化銦
	InAs	砷化銦
	InSb	銻化銦
II-VI--------------------------	ZnO	氧化鋅
	ZnS	硫化鋅
	ZnSe	硒化鋅
	ZnTe	碲化鋅

	CdS	硫化鎘
	CdSe	硒化鎘
	CdTe	碲化鎘
	HgS	硫化汞
IV-VI------------------------	PbS	硫化鉛
	PbSe	硒化鉛
	PbTe	碲化鉛
三元化合物	$Al_xGa_{1-x}As$	砷化鎵鋁
	$Al_xIn_{1-x}As$	砷化銦鋁
	$GaAs_{1-x}P_x$	磷化砷鎵
	$Ga_xIn_{1-x}As$	砷化銦鎵
	$Ga_xIn_{1-x}P$	磷化銦鎵
四元化合物	$Al_xGa_{1-x}As_ySb_{1-y}$	銻化砷鎵鋁
	$Ga_xIn_{1-x}As_{1-y}P_y$	磷化砷銦鎵

許多化合物半導體具有與矽不同的電和光特性。這些半導體，特別是砷化鎵（GaAs），主要用於高速電子及光電的應用。雖然化合物半導體的技術不如矽半導體技術成熟，但矽半導體技術的快速進步，也同時帶動化合物半導體技術的成長。在本書中我們主要介紹的是矽及砷化鎵的元件物理及製造技術。有關矽與砷化鎵的晶體成長將在第 11 章做詳細的探討。

1.2 基本晶體結構

我們將探討的半導體材料是單晶體，它是以三度空間的週期性排列著。晶體中週期性排列的原子稱為晶格（lattice）。在晶體中原子並不會偏離固定的位置太遠。當原子熱振動時，仍以此為中心位置作微幅振動。對一半導體而言，通常會以一個單胞（unit cell）來代表整個晶格；將此單胞向晶體的四面八方連續延伸，即可產生整個晶格。

1.2.1 單胞

圖 2 是一個廣義的基本三度空間單胞。此單胞與晶格的關係可以三個向量 *a*、*b* 及 *c* 來表示，它們彼此之間不需正交，而且在長度上不一定相同。每個三度空間晶體中的等效晶格點可以下面的向量組表示：

$$R = ma + nb + pc \tag{1}$$

其中 m、n 及 p 是整數。

　　圖 3 是一些基本的立方晶體單胞。圖 3a 是一個簡單立方（simple cubic，sc）晶體；在立方晶格的每一個角落，都有一個原子，且每個原子都有六個等距的最鄰近原子。長度 a 稱為晶格常數。在週期表中只有釙（polonium）屬於簡單立方晶格。圖 3b 是一個體心立方晶體（body-centered cubic，bcc），除了角落的八個原子外，在晶體中心還有一個原子。在體心立方晶格中，每一個原子有八個最鄰近原子。鈉（sodium）及鎢（tungsten）屬於體心立方結構。圖 3c 是面心立方晶體（face-centered cubic，fcc），除了八個角落的原子外，另外還有六個原子在六個面中心。在此結構中，每個原子有十二個最鄰近原子。很多元素具有面心立方結構，包括鋁（aluminum），銅（copper），金（gold）及鉑（platinum）。

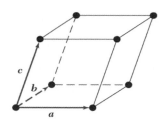

圖 2　　廣義的基本單胞。

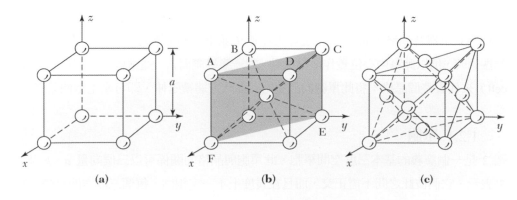

圖 3　　三個立方晶體單胞（a）簡單立方，（b）體心立方，（c）面心立方。

範例 1

假使我們將硬圓球放入一體心立方晶格中，並使中心圓球與立方體八個角落的圓球緊密接觸，試算出這些硬圓球佔此體心立方單胞的空間比率。

解

在體心立方單胞中，每個角落的圓球與鄰近的八個單胞共用；因此每個單胞各有 8 個 1/8 個角落圓球、及 1 個中心圓球。因此可得：

　　　每單胞中的圓球（原子）數為 ＝（1/8）× 8（角落）＋ 1（中心）＝ 2；

　　　相鄰兩原子距離（沿圖 3b 中的對角線 AE）為 ＝ a /2；

　　　每個圓球半徑 ＝ a /4；

　　　每個圓球體積 ＝ 4π/3 ×（a /4）3 ＝ πa3 /16；且

　　　單胞中所能填的最大空間比率 ＝ 圓球數 × 每個圓球體積 ／ 每個單胞總體積

$$= 2(\pi a^3 \sqrt{3} / 16) / a^3 = \pi \sqrt{3} / 8 \approx 0.68$$

因此整個體心立方單胞約有 68% 為圓球所佔據，約 32%的體積是空的。

1.2.2 鑽石結構

元素半導體如矽和鍺的晶體結構是鑽石晶格結構，如圖 4a 所示。此種結構也屬於面心立方晶體家族，而且可被視為兩個相互貫穿的面心立方副晶格，此兩個副晶格偏移的距離為立方體體對角線的 1/4（即 a /4 的長度）。此兩個副晶格中的兩組原子雖然在化學上相同，但以晶格觀點來看卻不同。由圖 4a 可以看出，假如一角落原子在體對角線方向上有一個最鄰近原子，則在相反方向並無。因此需要兩組這樣的原子才能構成一個單胞。從另一個觀點，一個鑽石晶格單胞也可視為一個四面體；其中每個原子具有分別位在四個角落的四個等距最鄰近原子（參考圖 4a 中，由粗黑線所連接的圓球體）。

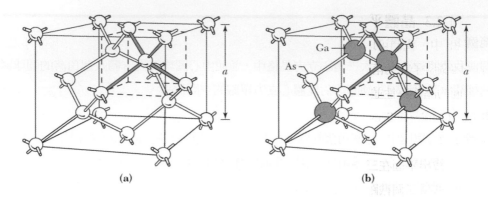

圖 4 （a）鑽石晶格，（b）閃鋅晶格。

　　大部分的 III-V 族化合物半導體（如 GaAs）擁有閃鋅晶格（zincblende lattice），如圖 4b 所示。它與鑽石晶格的結構類似，只是兩個相互貫穿面心立方副晶格中的組成原子不同，其中一個面心立方副晶格為 III 族原子（Ga），另一個為 V 族原子（As）。本書後的附錄 F 有重要元素和二元化合物半導體的晶格常數及其他特性的總覽。

範例 2

矽在 300K 時的晶格常數為 5.43Å。請計算出每立方公分體積中的矽原子個數及室溫下的矽原子密度。

解

每個單胞中有八個原子。因此

　　$8/a^3 = 8/(5.43 \times 10^{-8})^3 = 5 \times 10^{22}$ 原子/立方公分（atoms/cm^3）；且

　　密度 ＝ 每立方公分中的原子個數 × 原子量/亞佛加厥常數（Avogadro constant）

　　＝ 5×10^{22}（原子/立方公分）× 28.09（克/莫耳（g/mol））/ 6.02×10^{23}（原子/莫耳（atoms/mol））＝ 2.33 克/立方公分（g/cm^3）

1.2.3 晶體平面及密勒指數

在圖 3b 中，我們可以發現在 ABCD 平面中有四個原子，而在 ACEF 平面中有五個原子（四個原子在角落且一個原子在中心），這兩個平面的原子空間不同。因此沿著不同平面的晶體特性並不同，且電性及其他元件特性與晶體方向有著重要的關連。密勒指數[3]（Miller indices）是界定一晶體中不同平面的簡便方法。這些指數可由下列步驟決定：

1. 找出平面在三卡氏座標軸上的截距值（以晶格常數為計量單位）。
2. 取這三個截距值倒數，並將其化簡成最簡單整數比。
3. 將此結果以括號（hkl）表示，即為單一平面的密勒指數。

範例 3

如圖 5 所示，平面在沿著三個軸的方向有三個截距 a，3a，2a。取這些截距的倒數可得 1，1/3 及 1/2。這三個數的最簡單整數比為 6，2 及 3（每個分數乘 6 所得）。因此這個平面可以表示為（623）平面。

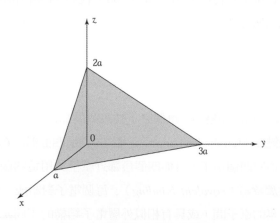

圖 5 （623）方向的晶體面。

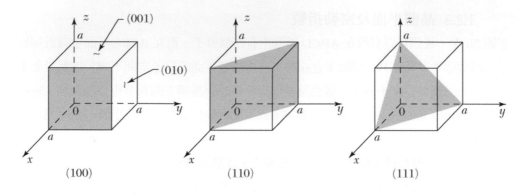

圖6　立方晶體中一些重要平面的密勒指數。

圖6所示為一立方晶體中重要平面的密勒指數[*]。以下是一些其他規定：

1. （$\overline{hkl}$）：代表在 x 軸上截距為負的平面，如（$\overline{1}00$）。

2. {hkl}：代表相等對稱的平面群－如在立方對稱平面中，可以{100}表示（100），（010），（001），（$\overline{1}00$），（$0\overline{1}0$），（$00\overline{1}$）六個平面。

3. [hkl]：代表一晶體的方向，如 [100] 表示 x 軸方向。[100] 方向的定義為垂直於（100）平面的方向，而 [111] 則為垂直於（111）平面的方向。

4. <hkl>：代表等效方向的所有方向組－如 <100> 代表 [100]，[010]，[001]，[$\overline{1}$00]，[$0\overline{1}0$]，[$00\overline{1}$]六個等效方向的族群。

1.3　共價鍵

如 1.2 節所述，在鑽石結構晶格中，每個原子被四個最鄰近原子所包圍。圖 7a 是一個鑽石晶格的四面體鍵結（tetrahedron bond）。圖 7b 則是四面體的二度空間鍵結簡圖。每個原子在外圍軌道有四個電子，且與四個最鄰近原子共用這四個價電子。這種共用電子的結構稱為*共價鍵結*（*covalent bonding*）；每個電子對組成一個共價鍵。共價鍵結產生在兩相同元素的原子間，或具有相似外層電子結構的不同元素原子之間，每個

---

[*]在第五章中，我們將解釋為何<100>方向適合用於矽金氧半場效電晶體（MOSFETs）。

電子存在每個原子核的時間相同。然而這些電子大部分的時間是存在兩原子核間。原子核對電子的吸引力使得兩個原子結合在一起。

以閃鋅礦（zincblende）晶格結晶的砷化鎵也有四面體鍵。砷化鎵中的主要鍵結力也是來自共價鍵，然而在砷化鎵中存在微量離子鍵結力，即 Ga^+ 離子與其四個鄰近 As^- 離子，或 As^- 離子與其四個鄰近 Ga^+ 離子間的靜電吸引力。以電性觀點來說，這表示每對鍵結電子存在於 As 原子的時間比在 Ga 原子中稍長。

低溫時，電子分別被束縛在其四面體晶格中；因此無法做傳導。但在高溫時，熱振動可以打斷共價鍵。當一個鍵結被打斷或部分被打斷時，所產生的自由電子可以參與電流的傳導。圖 8a 描繪出當一個矽中價電子變成自由電子的情形。而一個自由電子產生時，會在原處產生一個空缺。此空缺可由鄰近的一個電子填滿，而產生空缺位置的移動，如圖 8b 中由位置 A 到位置 B 的移動。因此我們可以把這個空缺想像成一種如電子般的粒子。這個虛構的粒子稱為*電洞*（*hole*）。它帶正電，而且在電場中的移動方向與電子相反。電子與電洞構成總和電流。電洞的概念類似液體中的氣泡，雖然實際上是液體的移動，但可簡單看成氣泡在反方向移動。

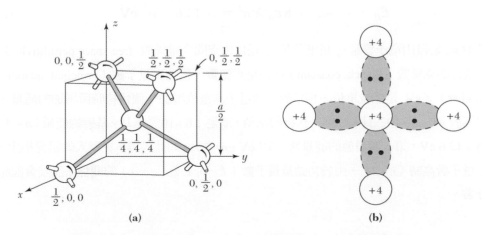

圖 7 　（a）四面體鍵結，及（b）四面體鍵結的二度空間示意圖。

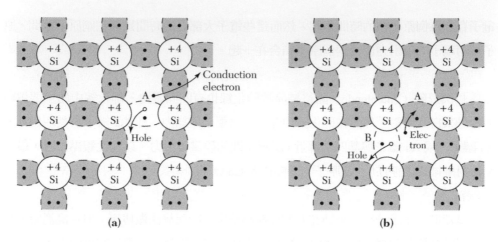

圖 8　本質矽的基本鍵結表示圖（a）在位置 A 的斷鍵，形成一個傳導電子及一個電洞，
　　　（b）在位置 B 的斷鍵。

1.4　能帶

1.4.1　孤立原子的能階

對一孤立原子而言，電子可有分離的能階。如孤立氫原子的能階可使用波耳能階模型[4]：

$$E_H = - m_0 q^4 / 8 \varepsilon_0^2 h^2 n^2 = - 13.6 / n^2 \text{ eV} \tag{2}$$

其中 m_0 是自由電子質量，q 是電荷量，ε_0 是自由空間介電係數（free-space permittivity），h 是普朗克常數（Planck constant），n 是正整數，稱為主量子數（principal quantum number）。eV 是能量單位，相當於一個電子其電位增加一個伏特時所增加的能量。它等於 q（1.6×10^{-19} 庫倫）與一伏特的乘積，或是 1.6×10^{-19} 焦耳。基態的能量（$n = 1$）為 -13.6 eV，第一激發態的能量為 -3.4 eV（$n = 2$），如此等等。更深入的研究指出，主量子數高時（$n = 2$），由於角動量量子數（$\ell = 0, 1, 2, ..., n-1$）的關係，能階會因而分裂。

　　我們先考慮兩個相同原子。當彼此距離很遠時，對同一個主量子數（如 $n = 1$）而言，其所允許的能階為一雙簡併（doubly degenerate）能階所組成，亦即兩個原子具有相同的能量。但當兩個原子接近時，由於兩原子間的交互作用，會使得雙簡併能階一分為二。此分裂的發生是根據包利不相容原理：不可能同時讓具相同能量的兩個電子處在一系統中。當有 N 個原子形成一個固體，不同原子外層電子的軌道重疊且交互作用。此交互作用，包括其中任意兩原子間的吸引力及排斥力；因此就如同只有兩個原子時的情形般，將造成能階的移動。然而有別於只有兩個能階，此時能階將分裂成 N 個分離但接近的能階。當 N 很大時，將形成一連續的能帶。此 N 個能階可延伸幾個 eV，視晶體內原子的間距而定。而這些電子將不再屬於它們自身的原子，而是屬於整個晶格。圖 9 描述此效應，其中參數 a 代表平衡狀態下晶體原子的間距。

半導體中實際能帶的分裂更為複雜。圖 10 為擁有 14 個電子的孤立矽原子。其中十個電子佔據深層能階，它們的電子軌道半徑比晶體中的原子間距小的多。其餘四個價電子的鍵結相當微弱，且可以參與化學作用。因為兩個內層被完全佔據，且與原子核緊密束縛，因此我們只需考慮殼層（$n = 3$ 能階）的價電子。每個原子的 3s 副殼層（即 $n = 3$，且 $\ell = 0$）有兩個允許的量子態位。此副殼層在 T = 0 K 時將有兩個價電子。而 3p（即 $n = 3$，且 $\ell = 1$）副殼層則有六個允許的量子態位。對個別矽原子而言，此副殼層擁有剩下的兩個價電子。

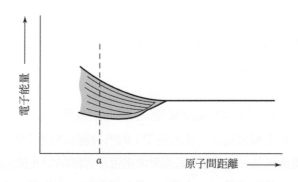

圖 9　一簡併態位分裂成可允許能量帶。

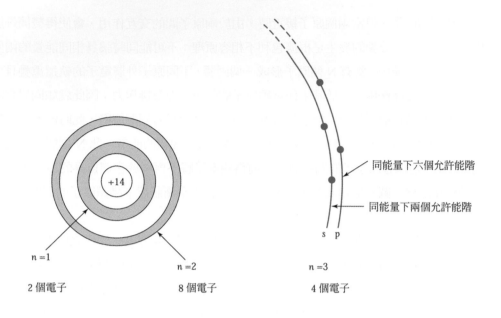

同能量下六個允許能階

同能量下兩個允許能階

s p

n = 1　　　　　　　n = 2　　　　　　　n = 3

2 個電子　　　　　　8 個電子　　　　　　4 個電子

圖 10　一孤立矽原子的圖示。

　　圖 11 是 N 個孤立矽原子形成一矽晶體的示意圖。當原子與原子間的距離縮短時，N 個矽原子的 3s 及 3p 副殼層將彼此交互作用及重疊成能帶。當 3s 與 3p 形成一個單一能帶後，它們將包含 8N 個量子態位。在平衡狀態下，原子間距將處在具有最小總能量的情況，此時能帶將再度分裂，使得每個原子在較低能帶有 4N 個量子態位，而在較高能帶有 4N 個量子態位。

　　在絕對零度時，電子佔據最低能量態位，因此在較低能帶（即價電帶）的所有態位將被電子填滿，而在較高能帶（即導電帶）的所有態位將是空的。導電帶的底部稱為 E_C，價電帶的頂部稱為 E_V。導電帶底部與價電帶頂部間的禁止能隙（forbidden energy gap）寬（E_C-E_V）為能隙能量 Eg，如圖 11 最左邊所示。在物理意義上，Eg 表示將半導體的一個鍵結打斷，釋放一個電子到導電帶，而在價電帶中留下一個電洞所需之能量。

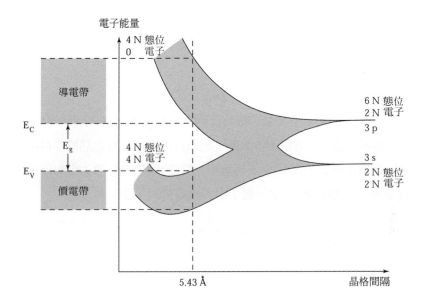

圖 11 孤立原子聚集形成鑽石晶格晶體的能帶形成圖。

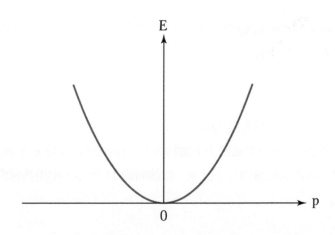

圖 12 一自由電子的能量 (E) 對動量 (p) 之拋物曲線圖。

1.4.2 能量－動量圖

一自由電子的能量 E 為

$$E = \frac{p^2}{2m_0} \tag{3}$$

其中 p 為動量，m_0 表自由電子質量。假如我們畫 E 對 p 圖，將得到如圖 12 所示的拋物線圖。在半導體晶體中，導電帶中的電子類似自由電子，可在晶體中自由移動。但因為原子核的週期性位能，式（3）不再適用。假使我們將式（3）中的自由電子質量換成有效質量 m_n（下標符號 n 表示電子中的負電荷），即

$$E = \frac{p^2}{2m_n} \tag{4}$$

則式（3）仍可使用。

電子有效質量視半導體的特性而定。假使有一如式（4）所示的能量與動量關係式，由 E 對 p 的二次微分可以得到有效質量

$$m_n \equiv \left(\frac{d^2 E}{dp^2} \right)^{-1} \tag{5}$$

因此假如拋物線的曲度越窄，對應的二次微分越大，則有效質量越小。電洞也可用類似的方法表示（其中有效質量為 m_p，下標符號 p 表示電洞為正電荷）。有效質量的觀念非常有用，因為它使電子與電洞可以被視為如同古典力學中的帶電粒子。

圖 13 為一特殊半導體的簡化能量與動量關係，其中導電帶（上拋物線）中電子有效質量 $m_n = 0.25\ m_0$，而價電帶（下拋物線）中電洞有效質量 $m_p = m_0$。請注意電子能量往上計量，而電洞能量則往下計量。如前面圖 11 所示，兩拋物線間在 $p = 0$ 時的間距為能隙 E_g。

矽及砷化鎵的實際能量與動量關係式（也稱為能帶圖）更為複雜，不難想像在三度空間座標當中，能量與動量的關係圖呈現出一個複雜的曲面。而圖 14 顯示出矽與砷化鎵當中，兩個特定的晶體方向能帶圖。以大多數的晶格為例，在不同方向上呈現

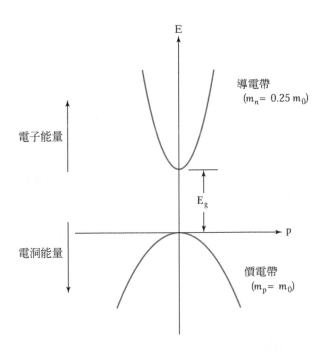

圖 13　一特定 $m_n = 0.25\, m_0$ 且 $m_p = m_0$ 的半導體能量與動量示意圖。

不同的週期排列，因此，能量與動量的關係圖在不同的週期方向上，亦呈現不同的關係。以鑽石晶格結構或閃鋅礦晶格結構為例，他們價電帶的最大值與導電帶的最小值分別處在 $p=0$ 或者沿著這兩種向其中之一的地方上。如果當導電帶的最小值發生在 $p=0$ 的地方，那就代表在此晶格當中，電子在任意晶格方向上的有效質量皆相同，換句話說，此電子的運動特性不隨著不同的晶格方向改變而有所差異。另一方面，如果導電代的最小值發生在 $p \neq 0$ 的地方，那這就代表此電子的運動特性在任意晶格方向上的有效質量皆不相同。一般而言，極性（具有部分離子鍵結）半導體的導電帶最小值傾向發生在 $p=0$ 的地方，而且它與晶格結構和離子鍵結的比率有關。

　　我們可以注意到圖 14 的一般特徵與圖 13 類似。首先，討論價電帶的特性比導電帶來的容易。因為鑽石晶格結構與閃鋅礦晶格結構具有類似的構造，因此對大部分的半導體而言，電洞在共價鍵中移動具有相似的特性。在導電帶底部與價電帶頂部之

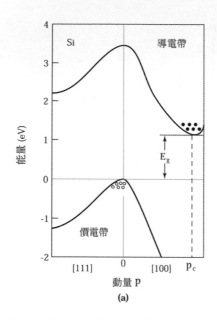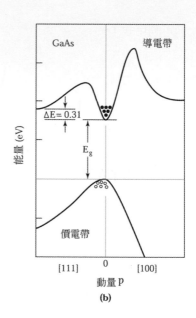

圖 14　矽及砷化鎵的能帶結構。圓圈（○）表示價電帶中的電洞，而黑點（●）表示
為導電帶中的電子。

間有一能隙 E_g。其次，在導電帶最低處與價電帶頂部附近，E–p 曲線幾乎可視為拋物線。對矽而言（圖 14a），價電帶的最大值發生在 $p = 0$ 處，但導電帶的最小值則發生在沿 [100]方向的 $p = p_c$ 處。因此當電子從矽的價電帶頂部轉換到導電帶最低點時，不僅需要能量改換（$\geq E_g$），也須一些動量改換（$\geq p_c$）。

對砷化鎵而言（圖 14b）中價電帶最大值與導電帶最小值發生在相同動量處（$p = 0$）。因此當電子從價電帶轉換到導電帶時，不須要動量改換。

砷化鎵被稱為*直接半導體*（*direct semiconductor*）因為電子從價電帶轉換到導電帶時，它不須要動量轉換。反之，矽則被稱為*間接半導體*（*indirect semicomductor*），因為矽中的電子在能帶間轉移時，須要動量轉換。直接與間接能隙結構的差異對發光二極體與雷射等應用相當重要。這些元件需要直接半導體產生以有效產生光子（參考第 9 章與第 10 章）。

我們可利用式（5）從圖 14 中求得有效質量。舉例來說，對有一非常窄的導電帶拋物線的砷化鎵，其電子的有效質量為 0.063 m_0，而對有一較寬導電帶拋物線的矽，其電子的有效質量為 0.19 m_0。

1.4.3 金屬、半導體及絕緣體的傳導

圖 1 中金屬、半導體及絕緣體電導的巨大差異，可用它們的能帶來作定性上的解釋。我們可以發現，電子在最高能帶或最高兩能帶的佔有率決定此固體的導電性。圖 15 為金屬、半導體及絕緣體三種固體的能帶圖。

金屬

金屬的特性（也稱為導體）包括很低的電阻係數，且導電帶不是部分填滿（如銅（Cu））就是與價電帶重疊（如鋅（Zn）或鉛（Pb）），所以根本沒有能隙存在，如圖 15a 所示。因此部分填滿帶最高處的電子，或價電帶頂部的電子在獲得動能時（例如從一外加電場），可移動到下一個較高能階。對金屬而言，因為接近佔滿電子的能量態位處尚有許多空乏能量態位，因此只要有一個微小的外加電場，電子就可自由移動，故導體可以輕易傳導電流。

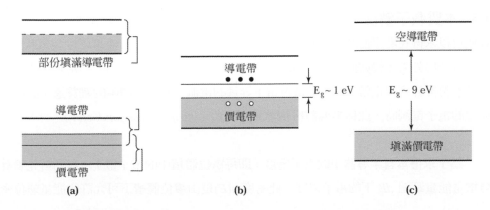

圖 15 三種材料的能帶表示圖（a）兩種可能性的導體（上半圖所示的導電帶部分填滿，或下半圖所示的能帶重疊），（b）半導體，（c）絕緣體。

絕緣體

絕緣體如二氧化矽（SiO$_2$），其價電帶電子在鄰近原子間形成強鍵結。這些鍵很難打斷，因此在室溫或接近室溫時，並無自由電子參與傳導。如圖 15c 的能帶圖所示，絕緣體的特徵是有很大的能隙。在圖中可以發現電子完全佔滿價電帶中所有的能階，而導電帶中所有的能階則是空的。熱能*或外加電場能量並不足以使價電帶最頂端的電子激升到導電帶。因此，雖然絕緣體的導電帶有許多空缺態位可以接受電子，但實際上幾乎沒有電子可以佔據導電帶上的態位，所以對電傳導係數的整體貢獻很小，造成很大的電阻。因此二氧化矽是絕緣體；無法傳導電流。

半導體

現在考慮一個有較小能隙（約為 1eV）的材料（如圖 15b）。此種材料稱為半導體。在 T = 0 K 時，所有電子都位在價電帶，而導電帶中並無電子，因此半導體在低溫時是不良導體。在室溫及正常氣壓下，矽的 E_g 值為 1.12 eV，而砷化鎵為 1.42 eV。因此在室溫下，熱能 kT 佔 E_g 的相當比例，因此有相當數量的電子可經由熱激發，從價電帶提昇到導電帶。因為導電帶中有許多空乏態位，故只要小量的外加電位，就可輕易移動這些電子，產生可觀的電流。

1.5 本質載子濃度

我們可以求得在熱平衡狀態下的載子濃度，此狀態即是在一給定溫度下的穩定狀態，且並無任何外來干擾如照光、壓力或電場。在一給定溫度下，連續的熱擾動造成電子從價電帶提昇到導電帶，而在價電帶留下等量的電洞。當半導體中的雜質遠小於由熱產生的電子電洞時，此種半導體稱為*本質半導體*（*intrinsic semiconductor*）。

為了求得本質半導體中的電子密度（即每單位體積中的電子數），我們首先須計算增量能量範圍 dE 下的電子密度。此密度 $n(E)$ 是由單位體積下可允許的能量態位密

---

*熱能的數量級為 kT。 在室溫時，kT 為 0.026 eV，遠小於絕緣體的能隙。

度 $N(E)^{**}$ 與電子佔據此能量範圍的機率 $F(E)$ 的乘積得出。因此價電帶中的電子密度可將 $N(E)F(E)$ 由導電帶底端（為簡單起見，將 E_C 起始位置視為 0）積分到頂端 E_{top}：

$$n = \int_0^{E_{top}} n(E)dE = \int_0^{E_{top}} N(E)F(E)dE \tag{6}$$

其中 n 之單位是 cm^{-3}，$N(E)$ 則為（cm^3-eV）$^{-1}$。

一個電子佔據能量 E 的態位之機率可由費米－狄拉克分佈函數（Fermi-Dirac distribution function），也稱為費米分佈函數（Fermi distribution function）得出

$$\boxed{F(E) = \frac{1}{1 + e^{(E-E_F)/kT}}} \tag{7}$$

其中 k 是波茲曼常數（Boltzmann constant），T 是以凱氏（Kelvin）為單位的絕對溫度，E_F 是費米能階（Fermi level）的能量。費米能量是電子佔有率為 1/2 時的能量。

圖 16 是不同溫度時的費米分佈。由圖可以發現 $F(E)$ 在費米能量 E_F 附近成對稱分佈。在能量高於或低於費米能量 $3kT$ 時，式（7）的指數部分會分別大於 20 或小於 0.05，費米分佈函數因此可以近似成下列簡單式：

$$F(E) \cong e^{-(E-E_F)/kT} \quad 於 \quad (E-E_F) > 3kT \tag{8a}$$

和

$$F(E) \cong 1 - e^{-(E-E_F)/kT} \quad 於 \quad (E-E_F) < 3kT \tag{8b}$$

式(8b)可以看作是電洞佔據位於能量為 E 態位的機率。

** 態位密度 $N(E)$ 在附錄 H 推導。

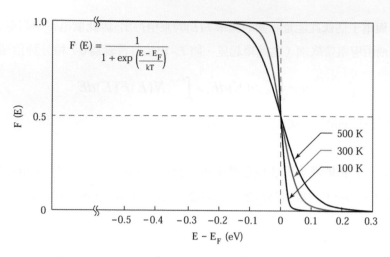

$$F(E) = \frac{1}{1 + \exp\left(\frac{E - E_F}{kT}\right)}$$

圖 16　不同溫度下費米分佈函數 $F(E)$ 對 $(E - E_F)$ 圖。

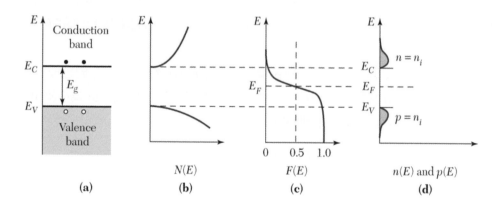

圖 17　本質半導體（a）能帶圖，（b）態位密度，（c）費米分佈函數，（d）載子濃度。

　　圖 17 由左到右所描繪的是能帶圖、態位密度 $N(E)$、費米分佈函數，以及本質半導體的載子濃度。其中態位密度 $N(E)$ 在一給定的有效電子質量下，隨 $\sqrt{E}$ 改變。利用式（6），可由圖 17 求得到載子濃度；亦即由圖 17b 中的 $N(E)$ 與圖 17c 中的 $F(E)$ 的乘積即可得到圖 17d 中的 $n(E)$ 對 E 曲線（上半部的曲線）。圖 17d 上半部陰影區域面積相當於電子密度。

在導電帶中存在大量的可允許態位。然而，對本質半導體而言，並沒有太多的電子存在導電帶中，因此，一個電子佔據其中一個態位的機率很小；同理，在價電帶當中存在大量的可允許態位，換句話說，大部分的態位被電子佔據。因此，在價電帶中，一個電子佔據其中一個態位機率幾乎等於 1。而只有少數未被電子佔據的態位存在於價電帶中，也就是電洞。從圖 16 可以發現，在絕對溫度為零度（$T = 0\,K$）時，所有電子處在價電帶當中，而且在導電帶中並沒有存在任何電子。我們將電子處在態位的機率為 0.5 時定義為費米能階（E_F），由此可見，費米能階處在價電帶與導電帶中間的位置上。另一方面，在有限的溫度下，我們可以得到處在導電帶當中的電子總數，剛好等於處在價電帶當中的電洞數目，而且在費米能階（E_F）附近呈現互相對稱的費米分布（Fermi distribution）。換句話說，如果處在導電帶的態位密度等於價電帶的態位密度時，為了獲得相等數量的電子濃度與電洞濃度，那費米能階必須落在能隙的中間位置處。因此，我們可以說在本質半導體當中，費米能階的位置不隨溫度的差異而改變。由此可見，費米能階的位置落在接近能隙的中間處。將附錄 H 中最後一個方程式與式（8a）代入式（6）可得[*]

$$n = \frac{2}{\sqrt{\pi}} N_C (kT)^{-3/2} \int_0^\infty E^{1/2} \exp\left[-(E - E_F)/kT\right] dE \tag{9}$$

其中　　　　對 Si 而言　　　　$N_C \equiv 12(2\pi m_n kT/h^2)^{3/2}$ (10a)

對 GaAs 而言　　　　$\equiv 2(2\pi m_n kT/h^2)^{3/2}$ (10b)

假如我們令 $x \equiv E/kT$，式（9）變成

$$n = \frac{2}{\sqrt{\pi}} N_C \exp(E_F/kT) \int_0^\infty x^{1/2} e^{-x} dx \tag{11}$$

式（11）中的積分為標準形式且等於 $\sqrt{\pi}/2$。因此式（11）變成

$$n = N_C \exp(E_F/kT) \tag{12}$$

---

[*]當$(E-E_c) \gg kT$ 時，$F(E)$會變得很小，因此我們可以用∞代替 E_{top}。

假如我們將導電帶底部定為 E_C 而不是 $E = 0$，將得到導電帶的電子密度為：

$$n = N_C \exp[-(E_C - E_F)/kT] \tag{13}$$

式（10）所定義的 N_C 是導電帶中的*等效態位密度*（*effective density of states*）。在室溫下（300K），對矽而言 N_C 為 2.86×10^{19} cm^{-3}；對砷化鎵則為 4.7×10^{17} cm^{-3}。

同樣的，我們可以求得價電帶中的電洞密度 p 為

$$p = N_V \exp[-(E_F - E_V)/kT] \tag{14}$$

且
$$N_V \equiv 2 \, (2\pi m_p kT/h^2)^{3/2} \tag{15}$$

其中 N_V 是矽和砷化鎵*價電帶中的等效態位密度*（*effective density of states in the valence band*）。在室溫下，對矽而言 N_V 為 2.66×10^{19} cm^{-3} 對砷化鎵則為 7.0×10^{18} cm^{-3}。

對本質半導體而言，導電帶中每單位體積的電子數與價電帶中每單位體積的電洞數相同，換言之，$n = p = n_i$，n_i 稱為*本質載子密度*（*intrinsic carrier density*）。電子與電洞的這種關係如圖 17d 所示。值得注意的是價電帶與導電帶中的陰影面積是相同的。

藉由式（13）與式（14）的相等，可求得本質半導體的費米能階：

$$E_F = E_i = (E_C + E_V)/2 + (kT/2) \ln(N_V/N_C) \tag{16}$$

在室溫下，第二項比能隙小得多。因此，本質半導體的本質費米能階（intrinsic Fermi level）E_i 一般相當靠近能隙的中央。

$$np = n_i^2 \tag{17}$$

$$n_i^2 = N_C N_V \exp(-E_g/kT) \tag{18}$$

和
$$n_i = \sqrt{N_C N_V} \exp(-E_g/2kT) \tag{19}$$

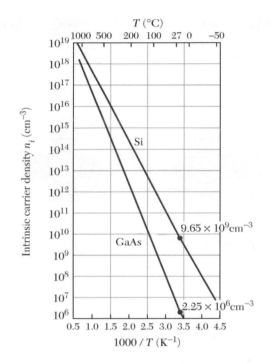

圖 18　以溫度倒數為函數的矽及砷化鎵中本質載子密度 [5-7]。

其中 $E_g \equiv E_C - E_V$。圖 18 為矽及砷化鎵的 n_i 對於溫度的相依性 [5]。室溫（300 K）時，對矽 [6] 而言 n_i 為 $9.65 \times 10^9 \, cm^{-3}$ 且對砷化鎵 [7] 而言為 $2.25 \times 10^6 \, cm^{-3}$。正如所預期的，能隙越大本質載子密度越小。

1.6　施體與受體

當半導體被摻雜入雜質時，半導體變成 *外質的*（*extrinsic*），而且引入雜質能階。圖 19a 圖示一個矽原子被一個帶有五個價電子的砷原子所取代（或替補）。此砷原子與四個鄰近矽原子形成共價鍵。而其第五個電子對主要的砷原子而言有相當小的束縛能，且能在適當溫度下「游離」成為傳導電子。通常我們說此電子被施與給導電帶。砷原子因此被稱為 *施體*（*donor*）且由於負電載子的增加，矽變成 *n* 型。同樣的，圖 19b 顯示當一個帶有三個價電子的硼取代矽原子時，須要藉接受一個額外的電子，在硼的

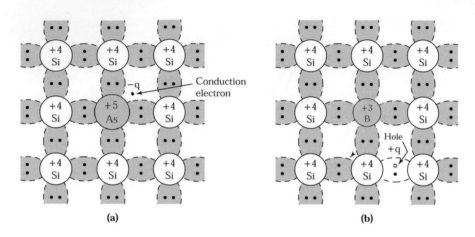

圖 19　（a）帶有施體（砷）的 n 型矽，及（b）帶有受體（硼）的 p 型矽的鍵結示意圖。

四周形成四個共價鍵，也因而在價電帶中形成一個帶正電的洞（hole）。此即為 p 型半導體，而硼原子則被稱為*受體*（*acceptor*）。

　　這些被摻雜的雜質產生了不完美的晶格，並且打亂了晶格的完美週期排列特性，因此，之前所討論的能階無法存在於能隙中的情況將不再遵守。換句話說，這些摻雜的雜質將在能隙中產生一個或者多個能階。

　　我們可以使用如式（2）的氫原子模型來計算施體的*游離能*（*ionization energy*）E_D，並以電子有效質量 m_n 取代 m_0，及考慮半導體介電係數 ε 得到下式：

$$E_D = \left(\frac{\varepsilon_O}{\varepsilon_S}\right)^2 \left(\frac{m_n}{m_O}\right) E_H \tag{20}$$

　　從導電帶邊緣量起的施體游離能可由式（20）計算出在矽中為 0.025eV 而在砷化鎵中為 0.007 eV。受體游離能階的氫原子計算與施體中的相似。未填滿價電帶可以視為填滿的帶外加一個在帶負電受體中央力場的洞。由價電帶邊緣量起的游離能，對矽及砷化鎵都是 0.05 eV。

此簡單的氫原子模型並無法精確地解釋游離能，尤其是對半導體中的深層雜質能階（即游離能≥3kT）。然而，它可用來大略推算淺層雜質能階的游離能的數量級。圖 20 是對含不同雜質的矽及砷化鎵所量得的游離能大小[8]。值得一提的是，單一原子有可能形成許多能階；例如，氧在矽的禁止能隙中即可形成兩個施體能階及兩個受體能階。

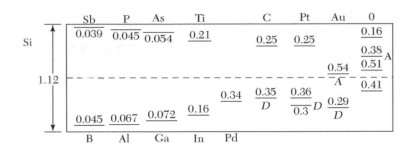

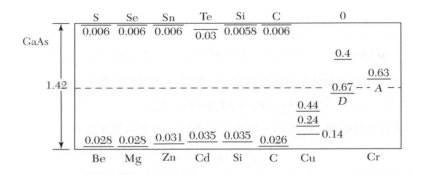

圖 20　不同雜質在矽及砷化鎵中所量得之游離能（以 eV 表示）。比能隙中間低的能階是從價電帶頂端量得，且除了標示 D 的為施體能階外，其他的都為受體能階。比能隙中間高的能階是從導電帶底端量得，且除了標示 A 的受體能階外，其他的都為施體能階[8]。

1.6.1 非簡併半導體

在之前的討論中，我們假設電子或電洞的濃度分別遠低於導電帶或價電帶中有效態位密度。換言之，費米能階 E_F 至少比 E_V 高 3kT，或比 E_C 低 3kT。對於這種情形，半導體稱為*非簡併*（*nondegenerate*）半導體。

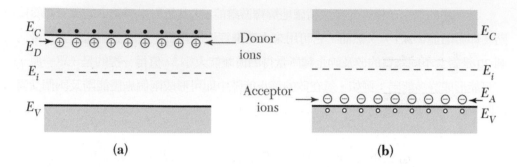

(a)　　　　　　　　　　　　　　(b)

圖 21　（a）施體離子，（b）受體離子的外質半導體能帶表示圖。

通常對矽及砷化鎵中的淺層受體而言，室溫下即有足夠的熱能，供給游離所有施體雜質所需的能量 E_D，因此可在導電帶中提供等量的電子數。這種情形稱為完全游離。在完全游離的情形下，電子密度為：

$$n = N_D \tag{21}$$

其中 N_D 是施體濃度。圖 21a 顯示完全游離的情形，其中施體能階 E_D 大小由導電帶底端量起；且可移動的電子及不可移動的施體離子二者濃度相同。由式（13）及（21），我們得到以有效態位密度 N_C 及施體濃度 N_D 所表示之費米能階：

$$E_C - E_F = kT \ln (N_C / N_D) \tag{22}$$

同樣的，淺層受體如圖 21b 所示，假設完全游離，則電洞濃度為：

$$p = N_A \tag{23}$$

其中 N_A 是受體濃度。由式（14）及（23）可求得相對的費米能階：

$$E_F - E_V = kT \ln (N_V / N_A) \tag{24}$$

由式（22）可看出施體濃度越高，能量差（$E_C - E_F$）越小，即費米能階往導電帶底部移近。同樣的，受體濃度越高，費米能階往價電帶頂端移近。圖 22 顯示如何求得載子濃度的步驟，此圖與圖 17 所示相似。然而，費米能階較接近導電帶底部，且電子濃度（即上半部陰影區域）比電洞濃度（下半部陰影區域）高出許多。

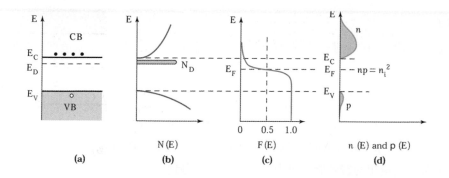

圖 22　*n* 型半導體（a）能帶圖，（b）態位密度，（c）費米分佈函數，
（d）載子濃度。　注意 $np = n_i^2$。

　　以本質載子濃度 n_i 及本質費米能階 E_i 來表示電子及電洞密度是很有用的，因為 E_i 常被用為討論外質半導體時的參考能階。從式（13）我們可得：

$$n = N_C \, exp \, [- (E_C - E_F) \, / \, kT \,]$$

$$= N_C \exp \, [- (E_C - E_i) \, / \, kT \,] \exp \, [(E_F - E_i) \, / \, kT \,]$$

或
$$\boxed{n = n_i \exp\left[(E_F - E_i)/ kT\right]} \tag{25}$$

同樣地，

$$\boxed{p = n_i \exp\left[(E_i - E_F)/ kT\right]} \tag{26}$$

注意式（25）及（26）中的 *n* 及 *p* 乘積等於 n_i^2。此結果與式（17）中的本質半導體一樣。式（17）稱為*質量作用定律*（*mass-action law*），在熱平衡傳導下對於本質與外質半導體都適用。在一外質半導體中，費米能階不是往導電帶底部移動（對 *n* 型半導體而言），就是往價電帶頂端移動（對 *p* 型半導體而言）。因此不是由 *n* 型就是由 *p* 型的載子來主導，但在一給定溫下兩種載子的乘積將保持定值。

範例 4

一矽晶錠摻雜入 10^{16} 砷原子／立方公分，求室溫下（300K）的載子濃度與費米能階。

解

在 300 K 時，我們可以假設雜質原子完全游離。因此得到

$$n \approx N_D = 10^{16} \text{ cm}^{-3}$$

由式（17）， $p \approx n_i^2 / N_D = (9.65 \times 10^9)^2 / 10^{16} = 9.3 \times 10^3 \text{ cm}^{-3}$

從導電帶底端量起的費米能階可由方程式（22）得到：

$$E_C - E_F = kT \ln \left(N_C \middle/ N_D \right)$$

$$= 0.0259 \ln \left(2.86 \times 10^{19} / 10^{10} \right) = 0.205 \text{ eV}$$

從本質費米能階量起的費米能階可由式（25）得到：

$$E_F - E_i = kT \ln \left(n \middle/ n_i \right) \approx kT \ln \left(N_D \middle/ n_i \right)$$

$$= 0.0259 \ln (10^{16} / 9.65 \times 10^9) = 0.358 \text{ eV}$$

這些結果描繪在圖 23 中。

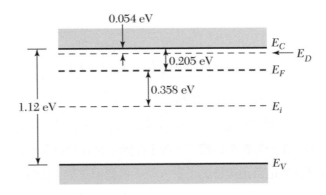

圖 23　顯示費米能階 E_F 及本質費米能階 E_i 的能帶圖。

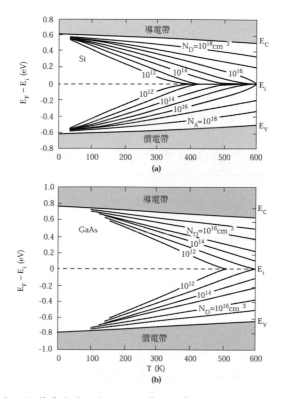

圖 24　以溫度及雜質濃度為函數的矽及砷化鎵費米能階。能隙對溫度的相依性也
　　　顯示於圖中[9]。

　　若施體與受體雜質兩者同時存在，則由較高濃度的雜質決定半導體的傳導型態。
費米能階須自行調整以保持電中性，即總負電荷（電子和游離化受體）必須等於總正
電荷（電洞和游離化施體）。在完全游離的情況下，我們得到

$$n + N_A = p + N_D \tag{27}$$

解式（17）及（27）可得到 n 型半導體平衡的電子和電洞濃度：

$$n_n = \frac{1}{2}\left[N_D - N_A + \sqrt{(N_D - N_A)^2 + 4n_i^2} \right] \tag{28}$$

$$p_n = n_i^2 / n_n \tag{29}$$

其中下標符號 n 表示 n 型半導體。因為電子是主要載子，所以稱為*多數載子*（*majority carrier*）。在 n 型半導體中的電洞稱為*少數載子*（*minority carrier*）。同樣的，我們可以得到在 p 型半導體中的電洞濃度（多數載子）和電子濃度（少數載子）：

$$p_p = \frac{1}{2}\left[N_A - N_D + \sqrt{(N_D - N_A)^2 + 4n_i^2} \right] \tag{30}$$

$$n_p = n_i^2 / n_p \tag{31}$$

下標符號 p 表示 p 型半導體。

　　一般而言，淨雜質濃度 $N_D - N_A$ 的大小比本質載子濃度 n_i 大；因此以上的關係式可以簡化成：

$$n_n \approx N_D - N_A \quad 若 \quad N_D > N_A \tag{32}$$

$$p_p \approx N_A - N_D \quad 若 \quad N_A > N_D \tag{33}$$

從式（28）到（31）以及式（13）和（14），可以算出在一給定受體或施體濃度下的費米能階對溫度函數圖。圖 24 為對矽 [9] 及砷化鎵計算所得的圖。在此圖中，我們還將隨溫度改變的能隙變化，列入考量（見習題 7）。注意當溫度上升時，費米能階接近本質能階，亦即半導體變成本質化。

　　圖 25 顯示當施體濃度 $N_D = 10^{15}\ cm^{-3}$ 下，矽的電子濃度對溫度之函數關係圖。在低溫時，晶體中的熱能不足以游離所有存在的施體雜質。有些電子被凍結（freeze）在施體能階中，因此電子濃度少於施體濃度。當溫度上升時，完全游離的情形即可達成（即 $n_n = N_D$）。當溫度繼續上升時，電子濃度基本上在一段長的溫度範圍內維持定值，此為外質區。然而，當溫度再進一步上升時，便達到本質載子濃度與施體濃度相符之點。超過此溫度後，半導體便變成為本質。半導體變成本質時的溫度是由雜質濃度及能隙值而定，並可由圖 18 中將雜質濃度定為 n_i 而得。

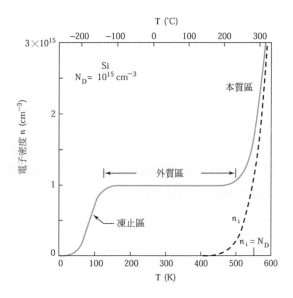

圖 25　以溫度為函數且施體濃度為 10^{15} cm^{-3} 的矽樣本的電子密度。

1.6.2 簡併半導體

當摻雜濃度等於或高於相對的有效態位密度時，我們不能再使用式（8）的近似值，而須對式（6）的電子密度作數值積分。對於非常重摻雜的 n 型或 p 型半導體，E_F 將高於 E_C，或低於 E_V。此種半導體稱為簡併（degenerate，或譯退化）半導體。

關於高摻雜的另一個重點是能隙變窄效應（bandgap narrowing effect），即高雜質濃度造成能隙變小。室溫下矽的能隙減小值 $\triangle E_g$ 為：

$$\Delta E_g = 22\left(\frac{N}{10^{18}}\right)^{1/2} \qquad \text{meV}, \tag{34}$$

其中摻雜的單位為 cm^{-3}。例如，當 $N_D \leqq 10^{18}$ cm^{-3} 時，$\triangle E_g \leqq 0.022$ eV，比原來能隙值的 2% 小。然而，當 $N_D \geqq N_C = 2.86 \times 10^{19}$ cm^{-3} 時，$\triangle E_g \geqq 0.12$ eV，已佔 E_g 相當大的比例。

總結

在本章一開始，我們列出一些重要的半導體材料。半導體特性受晶體結構相當程度的影響。我們定義密勒指數來描述晶體表面及晶體方向。有關半導體晶體成長的描述可參閱第十一章。

我們也討論了半導體的原子鍵結、及電子的能量與動量關係式及其與電性的關係。能帶圖可用於瞭解為何有些材料是電流的良導體，而有些則非。我們也詳述改變溫度或雜質量可大幅改變半導體的傳導係數。

參考文獻

1. R. A. Smith, *Semiconductors*, 2nd ed., Cambridge Univ. Press, London, 1979.

2. R. F. Pierret, *Semiconductor Device Fundamentals*, Addison Wesley, Boston, MA, 1996.

3. C. Kittel, *Introduction to Solid State Physics*, 6th ed., Wiley, New York, 1986.

4. D. Halliday and R. Resnick, *Fundamentals of Physics*, 2nd ed., Wiley, New York, 1981.

5. C. D. Thurmond, "The Standard Thermodynamic Function of the Formation of Electrons and Holes in Ge, Si, GaAs, and GaP, " *J. Electrochem. Soc.*, **122**, 1133（1975）.

6. P. P. Altermatt, et al., "The Influence of a New Bandgap Narrowing Model on Measurement of the Intrinsic Carrier Density in Crystalline Silicon," *Tech. Dig., 11th Int. Photovolatic Sci. Eng. Conf.*, Sapporo, p. 719（1999）.

7. J. S. Blackmore, "Semiconducting and Other Major Properties of Gallium Arsenide," *J. Appl. Phys.*, **53**, 123-181（1982）.

8. S. M. Sze and K. K. Ng, *Physics of Semiconductors Devices*, 3rd ed., Wiley Interscience, Hoboken, 2007.

9. A. S. Grove, *Physics and Technology of Semiconductor Devices*, Wiley, New York, 1967.

習題（*指較難習題）

1.2 節　基本晶體結構

1. （a）矽中兩最鄰近原子的距離是多少？（b）找出矽中（100），（110）及（111）三平面上每平方公分的原子數。

2. 找出簡單立方晶體、面心立方晶體及鑽石晶格中的單位晶胞體積內最大填充比率。

3. 假如一平面在沿著三個卡氏座標方向有 2a，3a，及 4a 三個截距，其中 a 為晶格常數，找出此平面的密勒指標。

4. 假如我們將鑽石晶格中的原子投影到底部，原子的高度並以晶格常數為單位表示，如下圖所示。找出圖中三原子（X, Y, Z）的高度。

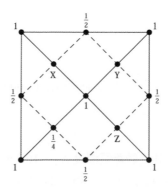

5. 證明體心立方晶格的晶格常數 a 為 a = 4r/3$^{1/2}$，其中 r 為晶胞半徑。

6. （a）計算砷化鎵的密度（砷化鎵的晶格常數為 5.65Å，且砷及鎵的原子量分別為 69.72 及 74.92 克／莫耳）。（b）一砷化鎵樣本摻雜錫。假如錫替代了晶格中鎵的位置，將形成施體或受體？為什麼？此半導體是 n 型或 p 型？

1.4 節　能帶

7. 矽及砷化鎵的能隙隨溫度變化可表示為 $E_g(T) = E_g(0) - \alpha T^2 / (T + \beta)$，其中對矽而言，$E_g(0) = 1.17$ eV，$\alpha = 4.73 \times 10^{-4}$ eV/K，且 $\beta = 636$ K；且對砷化鎵而言 $E_g(0) = 1.519$ eV，$\alpha = 5.405 \times 10^{-4}$ eV/ K，且 $\beta = 204$ K。找出矽及砷化鎵在 100 K 及 600 K 時的能隙。

8. 假設傳導帶中能量 E 表示為 $E(1+\alpha E) = p^2/(2m_0)$，其中 α 為一常數，m0 為電子靜止，p 為動量。找出有效質量的表示式？

1.5 節 本質載子濃度

9. 試導出方程式（14）。（提示：價電帶中被一電洞佔據的態位機率為 $[1 - F(E)]$。）

10. 在室溫下（300 K），矽在價電帶中的有效態位密度為 2.66×10^{19} cm^{-3}；而砷化鎵為 7×10^{18} cm^{-3}。找出對應的電洞有效質量。並與自由電子質量比較。

11. 計算矽在液態氮溫度（77 K），室溫（300 K），及 100℃ 下的 E_i 位置（令 m_p =1.0 m_0 且 m_n = 0.19 m_0）。將 E_i 假設在禁止能隙中央是否合理？

12. 求出在 300 K 時一非簡併 n 型半導體導電帶中電子的動能。

13. （a）對速度為 10^7 cm/s 的自由電子其德布羅依（de Broglie）波長為何？（b）在砷化鎵中，導電帶電子的有效質量為 0.063 m_0。假如它們有相同的速度，找出對應的德布羅依波長。

14. 一摻雜 10^{17} 硼原子／立方公分的矽晶圓。找出在 200 K 時的載子濃度與費米能階。

1.6 節 施體與受體

15. 一矽樣本在 T = 300K 時其受體雜質濃度 $N_A = 10^{16}$ cm^{-3}。試求出需要加入多少施體雜質原子，方可使其成為 n 型且費米能量低於導電帶邊緣 0.20 eV。

16. 畫出在 77 K、300 K 及 600 K 時摻雜 10^{16} 砷原子／立方公分的矽的簡化平能帶圖。標示出費米能階並以本質費米能階作為能量參考。

17. 假設一矽樣品的費米能階位在傳導帶下方 0.2 eV 處，計算：(i)電子密度與電洞密度，與(ii)摻雜濃度。假設矽的能隙為 1.12 eV，溫度為 300 K，與傳導帶得等效態位密度為 2.86×10^{19} cm^{-3}。

18. 一摻雜 10^{16} cm^{-3} 硼原子與 8×10^{16} cm^{-3} 砷原子的矽樣品。計算在 300 K 下的費米能階，假設所有的摻雜原子完全解離。$n_i = 9.65 \times 10^9$ 與 $E_i \sim E_g/2$.

19. 一被施體濃度 N_A 摻雜的 p 型矽，其能階靠近價電帶邊緣。為了得到完美補償的半導體，一確定型態且能階位於本質能階處的施體雜質被摻雜到該樣品中。假設簡單費米能階統計分布（simple Fermi-level statics）可應用於本情況，請問施體的濃度為多少？此外，當施體雜質被摻雜後，該樣品處於完美補償的狀態，請問所有被游離的雜質總數目為何？

20. 假設完全游離的情形下，計算室溫下當矽摻雜 10^{15}、10^{17}、10^{19} 磷原子/立方公分情形下的費米能階。由求出的費米能階，檢驗在各種摻雜下完全游離的假設是否適當。假設游離的施體是 $n = N_D[1 - F(E_D)] = \dfrac{N_D}{1 + \exp[(E_F - E_D)/kT]}$

21. 對一摻雜 10^{16}cm^{-3} 磷施體雜質且一施體能階在 $E_D = 0.045\text{eV}$ 的 n 型矽樣本而言，找出在 77 K 時中性施體密度對游離施體密度的比例，此時費米能階低於導電帶底部 0.0459 eV。游離施體的表示式可見問題 20。

第二章　載子傳輸現象

在本章中，我們將研究半導體元件中的各種傳輸現象。這些傳輸的過程包含了載子的漂移（drift）、擴散（diffusion）、復合（recombination）、產生（generation）、熱離子發射（thermionic emission）、空間電荷效應（space charge effect）、穿隧（tunneling，或譯穿透）及衝擊離子化（impact ionization）等種種現象。我們會考慮在電場及載子濃度梯度的影響下，半導體中帶電載子（電子或電洞）的運動情形。我們也將討論非平衡狀況下，載子濃度乘積 pn 不同於平衡值 n_i^2 的觀念。接下來我們會考慮經由產生與復合過程，而回到平衡狀況的情形。隨後我們將推導半導體元件運作的基本支配方程式，其中包括電流密度方程式及連續方程式。再緊接著的，則是熱離子發射、穿隧過程及空間電荷效應的討論。最後本章將對高電場效應做一簡短討論，來作為結束，其中包括了速度飽和及衝擊離子化現象。

具體而言，本章包括了以下幾個主題：

● 　電流密度方程式以及其中所含的漂移與擴散成分。

● 　連續方程式以及其中所含的產生與復合成分。

● 　其他的傳輸現象，包括熱離子發射、穿隧、空間電荷效應、轉移電子效應及衝擊離子化。

● 量測重要半導體參數的方法，如電阻係數、移動率、多數載子濃度及少數
載子生命期（lifetime，或譯活期）。

2.1 載子漂移

2.1.1 移動率

考慮在熱平衡狀態下，一個施體（donor）濃度均勻分佈的 n 型半導體樣本。誠如第一章所討論，由於半導體導電帶（conduction band）中的傳導電子並不與任何的特殊晶格或施體位置結合，因此基本上它們是屬於自由粒子；但晶體中晶格（lattice）的影響須併入傳導電子的有效質量中，因而與自由電子的質量有些微的差異。在熱平衡狀態下，一個傳導電子的平均熱能可由能量的平均分配理論得到，亦即每自由度的能量為 $1/2 \, kT$ 單位，其中 k 為波茲曼常數（Boltzmann's constant），T 為絕對溫度。電子在半導體中有三個自由度；亦即它們可在三度空間活動。因此，電子的動能為：

$$\frac{1}{2} m_n v_{th}^2 = \frac{3}{2} kT \tag{1}$$

其中 m_n 為電子的有效質量，而 v_{th} 為平均熱速度。在室溫下（300K），式（1）中的電子熱速度在矽及砷化鎵中約為 10^7 cm/s。

由上可知，在半導體中的電子會在所有的方向作快速的移動。如圖 1a 所示，單一電子的熱運動可視為與晶格原子、雜質（impurity）原子及其它散射中心（scattering centers）碰撞所引發的一連串隨機散射。在足夠長的時間下，電子的隨機運動將導致單一電子的淨位移為零。碰撞間平均的距離稱之為 *平均自由徑* （*mean free path*），碰撞間平均的時間則稱之為 *平均自由時間* （*mean free time*）τ_c。平均自由徑的典型值為 10^{-5} cm，平均自由時間 τ_c 則約為 1 飛秒（ps）（亦即 $10^{-5}/v_{th} \cong 10^{-12}$ 秒）。

我們可以利用在各次碰撞間之自由飛行期間所施以電子的動量（力×時間），等同於電子在同時間內所獲得的動量關係，來得到漂移速度 v_n。由於穩態（steady state）下所有在碰撞間所獲得的動量，都會在碰撞時損失於晶格上，因此這個等式是正確的。當施加於電子的動量為 $-q\mathcal{E}\tau_c$，且獲得的動量為 $m_n v_n$ 時，我們可得到：

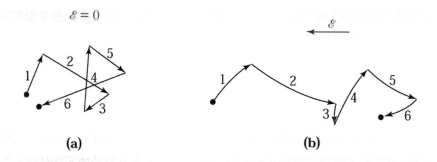

圖 1　在半導體中一個電子的圖示路徑。(a) 隨機熱運動，(b) 隨機熱運動及施加電場所產生的結合運動。

$$-q\mathcal{E}\tau_c = m_n \upsilon_n \tag{2}$$

或

$$\upsilon_n = -\left(q\tau_c \middle/ m_n \right)\mathcal{E} \tag{2a}$$

式（2a）說明了電子漂移速度正比於所施加的電場，而比例因子則視平均自由時間與有效質量而定。這個比例因子稱為*電子移動率*（*electron mobility*）μ_n，其單位為平方公分／伏特－秒（cm^2/V-s）。或是

$$\mu_n \equiv \frac{q\tau_c}{m_n} \tag{3}$$

因此

$$\boxed{\upsilon_n = -\mu_n\mathcal{E}} \tag{4}$$

對於載子傳輸而言，移動率（mobility，或譯遷移率）是一個重要的參數，因為它描述了施加電場影響電子運動的強度。對價電帶（valence band）中的電洞而言，相似的表示法可寫為：

$$\boxed{\upsilon_p = -\mu_p\mathcal{E}} \tag{5}$$

其中 v_p 為電洞的漂移速度,而 μ_p 為電洞移動率。由於電洞的漂移方向和電場相同,因此式(5)中的負號被移除。

在式(3)中,移動率直接與碰撞間的平均自由時間相關,而平均自由時間則決定於各種散射的機制。其中最重要的兩個機制為晶格散射(lattice scattering)及雜質散射(impurity scattering)。晶格散射導因於在任何高於絕對零度下,晶格原子的熱振動。這些振動擾亂了晶格的週期電位,並且准許能量在載子與晶格間作轉移。既然晶格振動隨溫度增加而增加,在高溫下晶格散射自然變得顯著,也因此移動率隨著溫度的增加而減少。理論分析[1]顯示晶格散射所造成的移動率 μ_L 將隨 $T^{-3/2}$ 的比例方式減少。

雜質散射為當一個帶電載子行經一個游離的摻質雜質(施體或受體)時所引起。由於庫侖力(coulomb force)的交互作用,帶電載子的路徑會因此受到偏移。雜質散射的機率視游離雜質的總濃度而定,也就是帶負電及帶正電離子的濃度總和。然而,與晶格散射不同的是,雜質散射在較高的溫度下變得較不重要。因為在較高的溫度下,載子移動較快,它們在雜質原子附近停留的時間較短,有效的散射也因此而減少。由雜質散射所造成的移動率 μ_I 理論上可視為隨著 $T^{3/2}/N_T$ 而變化,而其中 N_T 為總雜質濃度[2]。

在單位時間($1/\tau_c$)內,碰撞發生的次數是由各種散射機制所引起的碰撞次數的總和:

$$\frac{1}{\tau_c} = \frac{1}{\tau_{c,\text{晶格}}} + \frac{1}{\tau_{c,\text{雜質}}} \tag{6}$$

或

$$\frac{1}{\mu} = \frac{1}{\mu_L} + \frac{1}{\mu_I} \tag{6a}$$

圖 2 所示為所量測到的以溫度為函數的電子移動率,其中是以矽為例,並列舉五種不同施體濃度[3]。內插圖則顯示理論上由晶格及雜質散射所造成的移動率對溫度的

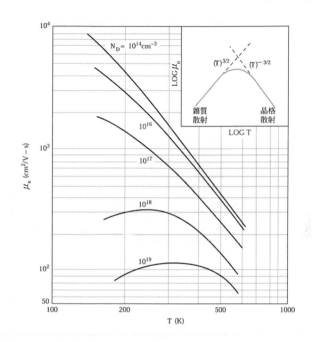

圖2 在矽中,各種施體濃度下電子移動率對溫度的變化情形。內插圖所示
為理論上電子移動率的溫度依存性。

依存性。對低摻雜濃度的樣本而言(例如摻雜濃度為 10^{14} cm^{-3}),晶格散射為主要機制,移動率隨溫度的增加而減少。對高摻雜濃度的樣本而言,雜質散射的效應在低溫下最為顯著,而移動率隨溫度的增加而增加,這可由雜質濃度為 10^{19} cm^{-3} 的樣本中看出。就一個給定的溫度而言,移動率隨雜質濃度的增加而減少,此乃由於雜質散射增加的緣故。

圖3 所示為室溫下,矽及砷化鎵中所量測到的以雜質濃度為函數的移動率及擴散率 [3]。移動率在低雜質濃度下到達一最大值,這與晶格散射所造成的限制相符合。電子及電洞的移動率皆隨著雜質濃度的增加而減少,並於最後在高濃度下達到一個最小值。也需要注意的是,電子的移動率大於電洞的移動率,而較大的電子移動率主要是由於電子較小的有效質量。

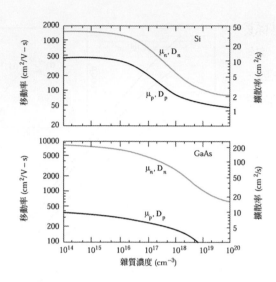

圖 3　在 300K 時，Si 及 GaAs 中移動率及擴散率以雜質濃度為函數的變化情形 [3]。

範例 1

計算在 300K 下，一具有移動率 1000 cm²/V-s 的電子的平均自由時間；並計算平均自由徑。計算中假設 $m_n = 0.26\ m_0$。

解

從式（3），可得平均自由時間為：

$$\tau_c = \frac{m_n \mu_n}{q} = \frac{(0.26 \times 0.91 \times 10^{-30}\ \text{kg}) \times (1000 \times 10^{-4}\ \text{m}^2/\text{V-s})}{1.6 \times 10^{-19}\ \text{C}}$$

$$= 1.48 \times 10^{-13}\ \text{s} = 0.148\ \text{ps}$$

從式(1)，可得當 $m_n = 0.26\ m_0$ 時，電子熱速度為 2.28×10^7 cm/s

平均自由徑則為：

$$l = \upsilon_{th}\tau_c = (3kT/m_n)^{1/2}\tau_c = (2.28 \times 10^7\ \text{cm/s})(1.48 \times 10^{-13}\ \text{s})$$

$$= 3.37 \times 10^{-6}\ \text{cm} = 33.7\ \text{nm}$$

2.1.2 **電阻係數**

我們現在將考慮一均勻半導體材料中的傳導。圖 4a 所示，為一 *n* 型半導體及其在熱平衡狀態下的能帶圖。圖 4b 所示，則為當一偏壓施加在右端時所對應的能帶圖。我們假設左端及右端的接觸面均為歐姆接觸（ohmic contact），亦即每個接觸面的電壓降可被忽略（歐姆接觸的性質將在第七章中討論）。如前面所述，當一電場 E 施加於一半導體上，每一個電子將會在電場中受到一個 $-q\mathcal{E}$ 的力。這個力等於負電位能梯度，也就是：

$$-q\mathcal{E} = -（電子電位能的梯度） = -\frac{dE_C}{dx} \tag{7}$$

回憶第一章中所提到的導電帶底部 E_C 相當於電子的電位能。既然我們只對電位能梯度有興趣，因此可以利用能帶圖中平行於 E_C 的任何部分（例如圖 4b 中所示之 E_F，E_i 或 E_V）。為方便起見，我們選用本質費米能階（intrinsic Fermi level）E_i，因為在第三章中考慮到正負接面（*p-n* 接面）時，也將使用到 E_i。因此，從式（7）可得：

$$\mathcal{E} = \frac{1}{q}\frac{dE_C}{dx} = \frac{1}{q}\frac{dE_i}{dx} \tag{8}$$

我們可以定義一個相關量 ψ 作為*靜電位*（*electrostatic potential*），而其負梯度等於電場：

$$\mathcal{E} \equiv -\frac{d\psi}{dx} \tag{9}$$

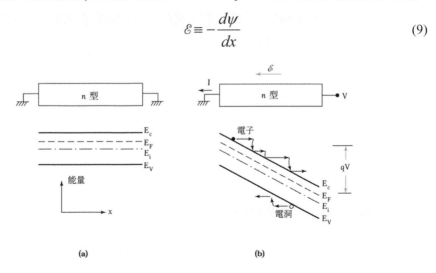

(a)　　　　　　　　　**(b)**

圖 4　一個 *n* 型半導體中的傳導過程。（a）熱平衡時，（b）偏壓情形下。

比較式（8）及（9）可得：

$$\psi = -\frac{E_i}{q} \tag{10}$$

所得的結果提供了一個靜電位與電子電位能間的關係。對一個均質半導體而言，如圖 4b 所示，電位能與 E_i 隨著距離作線性的降低，因此電場在負 x 方向為一常數。而它的大小則等於外加電壓除以樣本長度。

如圖 4b 所示，在導電帶的電子移動至右邊，而動能則相當於其與能帶邊緣（例如對電子而言為 E_C）的距離。當一個電子經歷一次碰撞，它將損失部分甚至所有的動能給晶格，並且回到熱平衡時的狀態。之後，因為電場的影響，該電子又將開始向右移動，且相同的過程將一直重複許多次。電洞的傳導亦可想像為類似的方式，不過兩者方向相反。

在外加電場的影響下，載子的傳輸會產生電流，稱之為 *漂移電流*（*drift current*）。如圖 5 所示，考慮一個半導體樣本，其截面積為 A，長度為 L，且電子的載子濃度為 n /cm^3。假設我們現在施加一電場 $\mathcal{E}$ 至樣本上。流經樣本中的電子電流密度 J_n 便等於每單位體積中的所有 n 個電子的單位電子電荷（$-q$）與電子速度乘積的總和：

$$J_n = \frac{I_n}{A} = \sum_{i=1}^{n}(-qv_i) = -qnv_n = qn\mu_n\mathcal{E} \tag{11}$$

其中 I_n 為電子電流。上式中我們利用了式（4）中 v_n 與 $\mathcal{E}$ 的關係。

相似的論點亦可應用至電洞；藉由將電洞所帶之電荷轉變為正，我們可得：

$$J_p = qpv_p = qp\mu_p\mathcal{E} \tag{12}$$

因外加電場而流經半導體樣本中的總電流可寫為電子及電洞電流的總和：

$$J = J_n + J_p = (qn\mu_n + qp\mu_p)\mathcal{E} \tag{13}$$

在括號中的量稱之為 *傳導係數*（*conductivity*）。

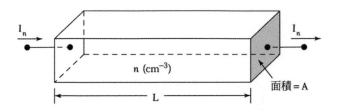

圖 5 在一個均勻摻雜，且長為 L，截面積為 A 的半導體棒中電流的傳導。

$$\sigma = q(n\mu_n + p\mu_p) \tag{14}$$

其中電子及電洞對傳導係數的貢獻是相加的。

對應的半導體電阻係數則為 σ 的倒數：

$$\rho \equiv \frac{1}{\sigma} = \frac{1}{q(n\mu_n + p\mu_p)} \tag{15}$$

一般說來，外質（extrinsic）半導體中，式（13）或（14）中只有一個成分是顯著的，這是因為兩者的載子密度有好幾次方的差異。因此式（15）對 n 型半導體而言，可簡化為（因為 $n \gg p$）：

$$\rho = \frac{1}{qn\mu_n} \tag{15a}$$

對 n 型半導體而言，可簡化為（因為 $n \gg$ p）：

$$\rho = \frac{1}{qp\mu_p} \tag{15b}$$

對 p 型半導體而言，可簡化為（因為 $p \gg n$）。

量測電阻係數最常用的方法為四點探針法（four-point probe），如圖 6 所示。其中探針間的距離相等。一個從定電流源來的小電流 I，流經靠外側的兩個探針；而於內側的兩個探針間，量測其電壓值 V。就一個薄的半導體樣本而言，若其厚度為 W，且 W 遠小於樣本直徑 d，其電阻係數為：

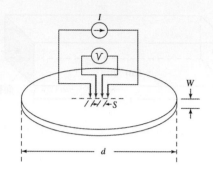

圖 6 利用四點探針法做電阻係數的量測[3]。

$$\rho = \frac{V}{I} \cdot W \cdot CF \qquad \Omega\text{-}cm \tag{16}$$

其中 CF 表示「校正因子（correction factor）」。校正因子視 d/s 之比例而定，其中 s 為探針的間距。當 $d/s > 20$，校正因數趨近於 4.54。

圖 7 所示為室溫下，矽及砷化鎵中所量測到的電阻係數與雜質濃度的函數關係[3]。在此溫度，且就低雜質濃度而言，所有位於淺能階的施體（例如 Si 中的 As 及 P）或受體（例如 Si 中的 B）雜質將會被游離。在這些狀況下，載子濃度等於雜質濃度。假設電阻係數已知，我們即可從這些曲線獲得半導體的雜質濃度，反之亦然。

範例 2

一 n 型矽摻入 10^{16} 原子／立方公分（atoms/cm^3）的磷，求其在室溫下的電阻係數。

解

在室溫下，我們假設所有的施體皆被游離，因此：

$$n \approx N_D = 10^{16} \quad cm^{-3}$$

從圖 7，我們可求得 $\rho \cong 0.5\,\Omega\text{-}cm$。我們亦可由式（15a），計算電阻係數：

$$\rho = \frac{1}{qn\mu_n} = \frac{1}{1.6 \times 10^{-19} \times 10^{16} \times 1300} = 0.48 \quad \Omega\text{-}cm$$

移動率 μ_n 由圖 3 中獲得。

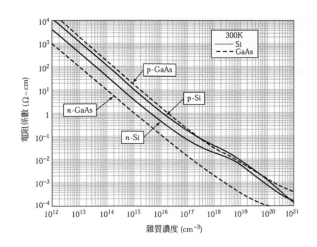

圖 7 對 Si 及 GaAs 而言，電阻係數對雜質濃度之變化情形 [3]。

2.1.3 霍爾效應（Hall Effect）

在一個半導體中，載子的濃度可能不同於雜質的濃度，此乃因游離化的雜質密度乃是視溫度以及雜質能階而定。而直接量測載子濃度最常使用的方法為霍爾效應。霍爾量測也是能夠展現出電洞以帶電載子方式存在的最令人信服的方法之一，因為量測本身即可直接判別出載子的型態。圖 8 顯示一個沿 x 軸方向施加的電場，及一個沿 z 軸方向施加的磁場。現考慮一個 p 型半導體樣本。由於磁場作用產生的勞倫茲力（Lorentz force）$qv \times \mathbf{B}$（$= qv_x B_z$），將會對在 x 方向流動的電洞施以一個平均向上的力，這向上導引的電流將造成電洞在樣品上方堆積，並因而產生一個向下的電場 $\mathscr{E}_y$。既然在穩態下沿 y 方向不會有淨電流，因此沿 y 軸方向的電場會與勞倫茲力平衡，也就是：

$$q\mathscr{E}_y = qv_x B_z \tag{17}$$

或

$$\mathscr{E}_y = v_x B_z \tag{18}$$

一旦電場 $\mathscr{E}_y$ 變得與 $v_x B_z$ 相等，電洞在 x 方向漂移時就不會經歷到一個沿 y 方向的淨力。

此電場的建立即為熟知的*霍爾效應*（*Hall effect*）。式（18）中的電場稱之為*霍爾電場*（*Hall field*），而端電壓 $V_H = \mathcal{E}_y W$ （圖8）稱之為*霍爾電壓*（*Hall voltage*）。以式（12）代入電洞的漂移速度，則式（18）中的霍爾電場 $\mathcal{E}_y$ 變為：

$$\mathcal{E}_y = \left(\frac{J_p}{qp}\right)B_z = R_H J_p B_z \tag{19}$$

其中

$$R_H \equiv \frac{1}{qp} \tag{20}$$

霍爾電場 $\mathcal{E}_y$ 正比於電流密度與磁場的乘積。其比例常數 R_H 為*霍爾係數*（*Hall coefficient*）。對 n 型半導體而言，亦可獲得類似的結果，但其霍爾係數為負：

$$R_H = -\frac{1}{qn} \tag{21}$$

對一已知的電流及磁場，霍爾電壓的量測產生：

$$p = \frac{1}{qR_H} = \frac{J_p B_z}{q\mathcal{E}_y} = \frac{(I/A)B_z}{q(V_H/W)} = \frac{IB_z W}{qV_H A} \tag{22}$$

其中方程式右手邊的所有量皆可被測量出。因此，載子濃度及載子型態均可直接從霍爾量測中獲得。

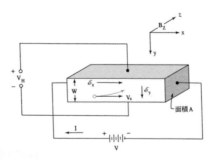

圖8　利用霍爾效應量測載子濃度的基本裝置。

範例 3

一矽樣本摻入 10^{16} 磷 atoms/cm^3，若樣本的 $W = 500$ 微米（μm），$A = 2.5 \times 10^{-3}$ cm^2，$I = 1$ 毫安培（mA），$B_z = 10^{-4}$ 韋伯／平方公分（Wb/cm^2），求其霍爾電壓。

解

霍爾係數為：

$$R_H = -\frac{1}{qn} = -\frac{1}{1.6 \times 10^{-19} \times 10^{16}} = -625 \quad 立方公分/庫侖（cm^3/C）$$

霍爾電壓為：

$$
\begin{aligned}
V_H &= \mathcal{E}_y W = \left(R_H \frac{I}{A} B_z \right) W \\
&= \left(-625 \cdot \frac{10^{-3}}{2.5 \times 10^{-3}} \cdot 10^{-4} \right) 500 \times 10^{-4} \\
&= -1.25 \quad \text{mV}
\end{aligned}
$$

2.2 載子擴散

2.2.1 擴散過程

在前個段落中我們考慮到漂移電流，也就是外加電場時載子的傳輸。在半導體材料中，若載子的濃度有一個空間上的變化，則另一個重要的電流成分便會存在。這些載子傾向於從高濃度的區域移往低濃度的區域，而這個電流成分即稱之為*擴散電流*（*diffusion current*）。

為了要瞭解擴散過程，讓我們假設電子密度隨 x 方向而變化，如圖 9 所示。由於半導體處於均溫下，所以電子的平均熱能不會隨 x 而變，而只有密度 $n(x)$ 的改變而已。在此我們將考慮每單位時間及單位面積中跨過在 $x = 0$ 的平面的電子數目。由於非處絕對零度，電子會做隨機的熱運動，而其中熱速度為 υ_{th}，平均自由徑為 l。（注意 υ_{th} 為 x 方向的熱速度， $l = \upsilon_{th}\tau_c$，其中 τ_c 為平均自由時間）。電子在 $x = -l$，即在左邊距離中心一個平均自由徑的位置，其向左或向右移動的機率相等，並且在一個平均自

由時間 τ_c 內，有一半的電子將會移動跨過 $x = 0$ 平面。因此電子從左邊跨過 $x = 0$ 平面的單位面積電子流平均速率 F_1 為：

$$F_1 = \frac{\frac{1}{2}n(-l) \cdot l}{\tau_c} = \frac{1}{2}n(-l) \cdot \upsilon_{th} \tag{23}$$

同樣地，電子在 $x = l$ 從右邊跨過 $x = 0$ 平面的單位面積電子流平均速率 F_2 為：

$$F_2 = \frac{1}{2}n(l) \cdot \upsilon_{th} \tag{24}$$

因此從左至右，載子流的淨速率為：

$$F = F_1 - F_2 = \frac{1}{2}\upsilon_{th}[n(-l) - n(l)] \tag{25}$$

藉由取泰勒級數展開式中的前兩項，並在 $x = \pm l$ 處的密度作近似，我們可獲得：

$$F = \frac{1}{2}\upsilon_{th}\left\{ \left[n(0) - l\frac{dn}{dx} \right] - \left[n(0) + l\frac{dn}{dx} \right] \right\}$$
$$= -\upsilon_{th}l\frac{dn}{dx} \equiv -D_n\frac{dn}{dx} \tag{26}$$

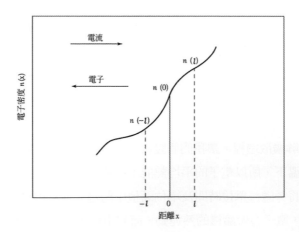

圖 9　電子濃度對距離的變化情形，其中 l 為平均自由徑。箭號所示為電子流及電流的方向。

其中 $D_n \equiv \upsilon_{th}l$ 稱之為*擴散係數*（*diffusion coefficient* 或 *diffusivity*）。因為每一個電子帶電$-q$，因此載子流動遂產生一電流：

$$J_n = -qF = qD_n \frac{dn}{dx} \tag{27}$$

擴散電流正比於電子密度在空間上的導數。而擴散電流是由於載子在一個濃度梯度下的隨機熱運動所造成。若電子密度隨 x 而增加，梯度為正，電子將朝向負 x 方向擴散。此時電流為正，並和電子流動的方向相反，如圖 9 所示。

範例 4

假設 $T = 300$K，一個 n 型半導體中，電子濃度在 0.1 cm 的距離中從 1×10^{18} 至 7×10^{17} cm^{-3} 作線性變化，計算擴散電流密度。假設電子擴散係數 $D_n = 22.5$ cm^2/s。

解

擴散電流密度為：

$$J_{n,\,\text{diff}} = qD_n \frac{dn}{dx} \approx qD_n \frac{\Delta n}{\Delta x}$$

$$= (1.6 \times 10^{-19})(22.5)\left(\frac{1 \times 10^{18} - 7 \times 10^{17}}{0.1}\right) = 10.8 \quad \text{A/cm}^2$$

2.2.2 愛因斯坦關係式（Einstein Relation）

式（27）可利用能量均分的理論寫成一個更有用的型式，就一維空間情形，我們可寫為：

$$\frac{1}{2}m_n\upsilon_{th}^2 = \frac{1}{2}kT \tag{28}$$

從式（3）、（26）及（28），並利用 $l = \upsilon_{th}\tau_c$ 的關係式，我們可獲得：

$$D_n = \upsilon_{th}l = \upsilon_{th}(\upsilon_{th}\tau_c) = \upsilon_{th}^2\left(\frac{\mu_n m_n}{q}\right) = \left(\frac{kT}{m_n}\right)\left(\frac{\mu_n m_n}{q}\right) \tag{29}$$

或

$$D_n = \left(\frac{kT}{q}\right)\mu_n \tag{30}$$

式（30）即稱之為*愛因斯坦關係式*（*Einstein relation*）。它把敘述半導體中藉由擴散及漂移的載子傳輸之兩個重要常數（擴散係數及移動率）關聯起來。愛因斯坦關係式亦可應用於 D_p 及 μ_p 之間的關係。矽及砷化鎵的擴散係數值則示於圖 3 中。

範例 5

少數載子（電洞）於某一點注入一個均質的 n 型半導體樣本中。施予一個 50 V/cm 的電場橫跨其樣本，且電場在 100 μs 內將這些少數載子移動 1 cm 之距離。求少數載子的漂移速度及擴散係數。溫度為 300K

解

$$\upsilon_p = \frac{1\ \text{cm}}{100 \times 10^{-6}\ \text{s}} = 10^4 \quad \text{cm/s}$$

$$\mu_p = \frac{\upsilon_p}{\mathcal{E}} = \frac{10^4}{50} = 200 \quad \text{cm}^2/\text{V-s}$$

$$D_p = \frac{kT}{q}\mu_p = 0.0259 \times 200 = 5.18 \quad \text{cm}^2/\text{s}$$

2.2.3　電流密度方程式

當濃度梯度與電場同時存在時，漂移電流及擴散電流均會流動。在任何點的總電流密度即為漂移及擴散成分的總和：

$$J_n = q\mu_n n\mathcal{E} + qD_n\frac{dn}{dx} \tag{31}$$

其中 $\mathcal{E}$ 為 x 方向的電場。

電洞流亦可獲得一相似的表示法：

$$J_p = q\mu_p p\mathcal{E} - qD_p\frac{dp}{dx} \tag{32}$$

我們在式（32）中採用負號，這是因為對於一個正的電洞梯度而言，電洞將會朝負 x 方向擴散。這個擴散導致一個同樣朝負 x 方向流動之電洞流。總和式（31）及（32）可得總傳導電流密度：

$$J_{cond} = J_n + J_p$$

(33)

這三個表示式（式（31）–（33））組成電流密度方程式。這些方程式對於分析在低電場狀態下的元件操作非常重要。然而在很高的電場狀態下，$\mu_n \mathcal{E}$ 及 $\mu_p \mathcal{E}$ 兩項應該以飽和速度 v_s 替代，這將在 2.7 節中討論。

2.3 產生與復合過程

在熱平衡下，關係式 $pn = n_i^2$ 是成立的。假如超量載子（excess carriers）導入一半導體中，以致於 $pn > n_i^2$，此時我們將有一個 *非平衡狀態*（*nonequilibrium situation*）。導入超量載子的過程，稱之為 *載子注入*（*carrier injection*）。大部分的半導體元件是藉由創造出超出熱平衡時之帶電載子數來運作。我們可以藉由光激發，或將 *p-n* 接面順向偏壓來導入超量載子。（將在第三章中討論）。

當熱平衡狀態受到擾亂時（亦即 $pn \neq n_i^2$），會出現一些使系統回復平衡（亦即 $pn = n_i^2$）的過程。在超量載子注入的情形下，回復平衡的機制是將注入的少數載子與多數載子復合。視復合過程的本質而定，復合過程所釋放出的能量，可以光子型式放射出，或是對晶格產生熱而消耗掉。當一個光子被放射出，此過程稱之為輻射復合（radiative recombination），反之則稱之為非輻射復合。

復合現象可分類為直接及間接過程。直接復合，亦稱為 *帶至帶復合*（band-to-band recombination），通常在直接能隙（direct bandgap）的半導體中較為顯著，例如砷化鎵；而經由能隙（bandgap）復合中心的間接復合則在間接能隙的半導體中較為顯著，例如矽。

2.3.1　**直接復合**（Direct Recombination）

考慮一個在熱平衡狀態下的直接能隙半導體如：砷化鎵(GaAs)。以能帶圖的觀點而言，熱能使得一個價電子向上轉移至導電帶，而留下一個電洞在價電帶。這個過程稱之為載子產生（carrier generation），並以產生速率 G_{th}（每 cm^3 每秒產生的電子－電洞對數目）表示之，如圖 10a 所示。當一個電子從導電帶向下轉移至價電帶，一個電子－電洞對則消失。這種反向的過程稱之為復合（recombination），並以復合速率 R_{th} 表示之，亦如圖 10a 所示。在熱平衡狀態下，產生速率 G_{th} 必須等於復合速率 R_{th}，所以載子濃度維持常數，且維持 $pn=n_i^2$ 的狀況。

　　當超量載子被導入一個直接能隙半導體中時，電子與電洞直接復合的機率高，這是因為導電帶的底部與價電帶的頂端具有相同的動量，因此在能隙間的轉移時，無須額外的動量。直接復合速率 R 應正比於導電帶中含有的電子數目，及價電帶中含有的電洞數目；也就是：

$$R = \beta\, np \tag{34}$$

其中 β 為比例常數。誠如之前所討論的，在熱平衡下復合速率必定與產生速率保持平衡，因此，對一 n 型半導體而言，我們可以得到：

$$G_{th} = R_{th} = \beta\, n_{no} p_{no} \tag{35}$$

在這個載子濃度的表示法中，第一個下標是指半導體的型態，而下標 o 則表示為平衡量。n_{no} 及 p_{no} 分別表示在熱平衡下，n 型半導體中的電子及電洞密度。當我們在半導

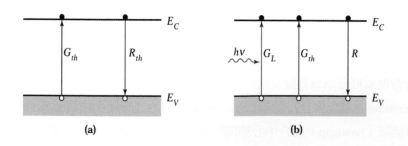

圖 10　電子－電洞對的直接產生與復合。（a）熱平衡時，（b）照光下。

體上照光，使它以 G_L 的速率產生電子－電洞對（圖 10b），載子濃度將大於平衡時的值。因而復合與產生速率變為：

$$R = \beta n_n p_n = \beta(n_{no} + \Delta n)(p_{no} + \Delta p) \tag{36}$$

$$G = G_L + G_{th} \tag{37}$$

其中 Δn 及 Δp 為超量載子濃度

$$\Delta n = n_n - n_{no} \tag{38a}$$

$$\Delta p = p_n - p_{no} \tag{38b}$$

且 $\Delta n = \Delta p$，以維持整體電中性。

電洞濃度改變的淨速率為：

$$\frac{dp_n}{dt} = G - R = G_L + G_{th} - R \tag{39}$$

在穩態下，$dp_n / dt = 0$。從式（39）我們可得：

$$G_L = R - G_{th} \equiv U \tag{40}$$

其中 U 為淨復合速率。將式（35）及（36）代入式（40），產生：

$$U = \beta(n_{no} + p_{no} + \Delta p)\Delta p \tag{41}$$

就低階注入而言，Δp，$p_{no} << n_{no}$，式（41）簡化為：

$$U \cong \beta n_{no}\Delta p = \frac{p_n - p_{no}}{\dfrac{1}{\beta\, n_{no}}} \tag{42}$$

因此，淨復合速率正比於超量少數載子濃度。顯然地，在熱平衡下，$U = 0$。比例常數 $1/\beta\, n_{no}$ 稱之為超量少數載子的 *生命期*（*lifetime*，τ_p，或譯 *活期*）。或

$$U = \frac{p_n - p_{no}}{\tau_p} \tag{43}$$

其中

$$\tau_p \equiv \frac{1}{\beta\, n_{no}} \tag{44}$$

生命期的物理意義可藉由元件在瞬間移去光源後的暫態響應（transient response）做最好的說明。考慮一個 n 型樣本，如圖 11a 所示，光照射其上，且整個樣本中以一個產生速率 G_L 均勻地產生電子－電洞對。與時間相關的表示法如式（39）所示。在穩態下，從式（40）及（43）可得：

$$G_L = U = \frac{p_n - p_{no}}{\tau_p} \tag{45}$$

$$p_n = p_{no} + \tau_p G_L \tag{45a}$$

$$\Delta n = \Delta p = \tau_p G_L \tag{45b}$$

假如在一任意時間，例如 $t = 0$，光突然關掉，則邊界條件由式（45a），可得 $p_n(t = 0) = p_{no} + \tau_p G_L$。與時間相關的式（39）成為：

$$\frac{dp_n}{dt} = G_{th} - R = -U = -\frac{p_n - p_{no}}{\tau_p} \tag{46}$$

且其解為：

$$p_n(t) = p_{no} + \tau_p G_L \exp\left(-t/\tau_p\right) \tag{47}$$

　　圖 11b 顯示 p_n 隨時間的變化。其中少數載子與多數載子復合，且以一個和式（44）中所定義的生命期相關的時間常數 τ_p 成指數衰退。注意 $p_n(t \rightarrow \infty) = p_{no}$。

　　此情形闡明了使用光導方法來量測載子生命期的主要觀念。圖 11c 顯示一個圖示的裝置。經由光脈波照射，整個樣本中均勻產生超量載子，因而造成傳導係數瞬間增加。而傳導係數的增加，可藉由當一個定電流通過樣本，樣本兩端電壓將降低，而顯示出來。傳導係數的衰退可由示波器上觀察得知，而且是一個超量少數載子生命期的量測方式。

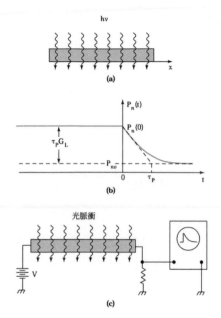

圖 11 光激發載子的衰減情形。(a)n 型樣本在恆量的照光下,(b)少數載子(電洞)隨時間的衰減情形,(c)量測少數載子生命期的圖示裝置。

範例 6

光照射在一個 $n_{no} = 10^{14}$ cm^{-3} 的砷化鎵樣本上,且每微秒產生 10^{13} 電子－電洞對／立方公分。若 $\tau_n = \tau_p = 2$ μs,求少數載子濃度的變化。

解

照光前

$$p_{no} = n_i^2 / n_{no} = (9.65 \times 10^9)^2 / 10^{14} \approx 9.31 \times 10^5 \quad \text{cm}^{-3}$$

照光後

$$p_n = p_{no} + \tau_p G_L = 9.31 \times 10^5 + 2 \times 10^{-6} \times \frac{10^{13}}{1 \times 10^{-6}} \approx 2 \times 10^{13} \quad \text{cm}^{-3}$$

$$\Delta p = \tau_p G_L = 2 \times 10^{13} \quad \text{cm}^{-3}$$

2.3.2 準費米能階

在光的照射下半導體會有過量載子的產生，電子與電洞濃度會高於在平衡時的濃度，$pn > n_i^2$。費米能階 E_F 只在平衡時沒有任何過量載子時具有意義。準費米能階 E_{Fn} 及 E_{Fp} 被用來表示在非平衡態下電子及電洞的濃度且被定義為如以下的方程式：

$$n = n_i e^{(E_{Fn}-E_i)/kT} \tag{48}$$

$$p = n_i e^{(E_i-E_{Fp})/kT} \tag{49}$$

範例 7

光照射在一個 $n_{no} = 10^{16}$ cm^{-3} 的砷化鎵樣本上，且每微秒產生 10^{13} 電子－電洞對／立方公分。若 $\tau_n = \tau_p = 2$ ns，求室溫下的準費米能階。

解

照光前

$$n_{po} = 10^{16} \quad \text{cm}^{-3}$$

$$p_{no} = n_i^2 / n_{no} = (2.25 \times 10^6)^2 / 10^{16} \approx 5.06 \times 10^{-4} \quad \text{cm}^{-3}$$

本質費米能階為 0.575eV

照光後，電子及電洞濃度為：

$$n_n = n_{no} + \tau_n G_L = 10^{16} + 2 \times 10^{-9} \times \frac{10^{13}}{1 \times 10^{-6}} \approx 10^{16} \quad \text{cm}^{-3}$$

$$p_n = p_{no} + \tau_p G_L = 9.31 \times 10^3 + 2 \times 10^{-9} \times \frac{10^{13}}{1 \times 10^{-6}} \approx 2 \times 10^{10} \quad \text{cm}^{-3}$$

室溫下準費米能階由式(48)及(49)獲得：

$$E_{Fn} - E_i = kT \ln(n_n/n_i) = 0.0259 \ln(10^{16} / 2.25 \times 10^6) = 0.575 \quad \text{eV}$$

$$E_i - E_{Fp} = kT \ln(p_n/n_i) = 0.0259 \ln(2 \times 10^{16} / 2.25 \times 10^6) = 0.235 \ \text{eV}$$

結果顯示於圖 12 從範例中,明顯地激發可導致少數載子具有很大比例的改變而多數載子濃度幾乎不變。準費米能階的分隔是一種與平衡時偏差的直接量測,對於看出元件中不同位置主要載子及少數載子濃度的不同是非常有用的。

2.3.3 間接復合(Indirect Recombination)

對間接能隙半導體而言,例如矽,直接復合過程極不可能發生,因為在導電帶底部的電子對於價電帶頂端的電洞有非零的晶格動量(參考第一章)。若沒有一個同時發生的晶格交互反應,一個直接轉移要同時維持能量及動量守恆是不可能的。因此經由禁止能隙(forbidden energy gap)[4]中的區部能態所做的間接轉移便為此類半導體中主要的復合過程,而這些態位則扮演著導電帶及價電帶間的踏腳石。

圖 13 顯示,經由中間能階態位(亦稱為復合中心,recombination center)發生於復合過程中的各種轉移。在此我們描述四個基本轉移發生前後,復合中心的帶電情形。圖中的箭號指出電子在某一特定過程中的轉移方向。此圖示只針對單一能階的復合中心,且假設當此能階未被電子佔據時,為中性;若被電子佔據,則帶負電。在間接復合中,復合速率的推導較為複雜。詳細的推導過程可參見附錄 I,所得復合速率為[4]:

$$U = \frac{v_{th}\sigma_n\sigma_p N_t\left(p_n n_n - n_i^2\right)}{\sigma_p[p_n + n_i e^{(E_i - E_t)/kT}] + \sigma_n[n_n + n_i e^{(E_t - E_i)/kT}]} \tag{50}$$

其中 v_{th} 為式(1)中載子的熱速度,N_t 是半導體中復合中心的濃度,而 σ_n 為電子的捕獲截面(capture cross section)。σ_n 的量用來描述復合中心捕獲一個電子的效率,也是電子須移至離該復合中心多近的距離才會被捕獲的一個度量法。σ_p 為電洞的捕獲截面。E_t 則是復合中心的能階。

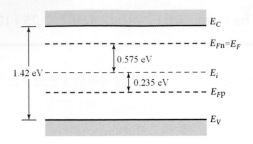

圖 12 能帶圖呈現出準費米能階。

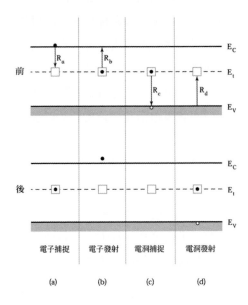

圖 13 在熱平衡下間接產生－復合過程。

藉由假設電子與電洞具有相同的捕獲截面，也就是 $\sigma_n = \sigma_p = \sigma_o$，我們可將 U 對 E_t 依存性的一般表示法予以簡化。式（50）則變為：

$$U = v_{th}\sigma_o N_t \frac{\left(p_n n_n - n_i^2\right)}{p_n + n_n + 2n_i \cosh\left(\dfrac{E_t - E_i}{kT}\right)} \qquad (51)$$

一個 n 型半導體中，在低階注入情形下，$n_n \gg p_n$，則復合速率可寫為：

$$U \approx \upsilon_{th}\sigma_o N_t \frac{p_n - p_{no}}{1 + \left(\dfrac{2n_i}{n_{no}}\right)\cosh\left(\dfrac{E_t - E_i}{kT}\right)} = \frac{p_n - p_{no}}{\tau_p} \tag{52}$$

間接復合的復合速率可同樣以式（43）表示，不過τ_p的值則視復合中心在能隙中的位置而定。

2.3.4　表面復合（Surface Recombination）

圖14顯示半導體表面的鍵結[5]。由於晶體結構在表面突然的中斷，因此在表面區域產生了許多局部的能態或是產生－復合中心（generation-recombination center）。這些稱之為*表面態位*（*surface state*）的能態，會大幅增加在表面區域的復合速率。表面復合的動態機制與之前所考慮的本體（bulk）部分之復合中心相似。在表面上*每單位面積*及單位時間內載子復合的總數，可以類似式（50）的型式表示之。在低階注入狀態，且在表面電子濃度等於本體內多數載子濃度的極限情況下，每單位面積及單位時間內載子在表面的復合總數可簡化為：

$$U_s \cong \upsilon_{th}\sigma_p N_{st}(p_s - p_{no}) \tag{53}$$

其中p_s表示在表面的電洞濃度，而N_{st}為表面區域內每單位面積的復合中心密度。既然$\upsilon_{th}\sigma_p N_{st}$乘積的單位為公分／秒，故稱其為*低階注入表面復合速度*（*low-injection surface recombination velocity*）S_{lr}：

$$S_{lr} \equiv \upsilon_{th}\sigma_p N_{st} \tag{54}$$

2.4　連續方程式

在前些節中，我們已經考慮個別的效應，例如由於電場所產生的漂移，由於濃度梯度而產生的擴散，及經由中間能階復合中心的載子復合。我們現在將考慮半導體物質內當漂移、擴散及復合同時發生時的總和效應。這個支配的方程式稱之為*連續方程式*（*continuity equation*）。

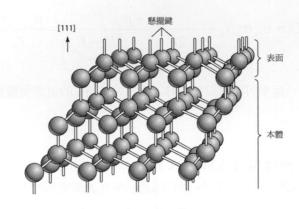

圖 14　乾淨半導體表面上鍵結的圖示。鍵結為非等向性，且不同於本體內部的鍵結[5]。

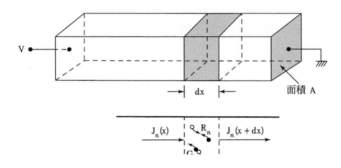

圖 15　厚度為 dx 之無限小薄片中的電流流量及產生－復合過程。

　　為了導出電子的一維連續方程式，考慮一個位在 x 的極小薄片，厚度為 dx，如圖 15 所示。而薄片內的電子數會因為*淨*電流流入薄片，及薄片內*淨*載子產生而增加。整個電子增加的速率為四個成分的代數和：即在 x 處流入薄片的電子數目，減去在 $x + dx$ 處流出的電子數目，加上其中電子產生的速率，減去薄片內與電洞的復合速率。

　　前兩個成分可將薄片每一邊的電流除以電子的帶電量而得到，而產生及復合速率則分別以 G_n 及 R_n 表示之。薄片內所有電子數目的變化速率則為：

$$\frac{\partial n}{\partial t} A dx = \left[\frac{J_n(x)A}{-q} - \frac{J_n(x+dx)A}{-q} \right] + (G_n - R_n) A dx \tag{55}$$

其中 A 為截面積，而 Adx 為薄片的體積。對於在 $x+dx$ 處的電流以泰勒級數展開表示，則：

$$J_n(x+dx) = J_n(x) + \frac{\partial J_n}{\partial x} dx + ... \tag{56}$$

我們因此獲得電子的基本*連續方程式*：

$$\frac{\partial n}{\partial t} = \frac{1}{q} \frac{\partial J_n}{\partial x} + (G_n - R_n) \tag{57}$$

對電洞亦可導出類似的連續方程式，不過式（57）右邊第一項的符號必須改變，因為電洞的電荷為正：

$$\frac{\partial p}{\partial t} = -\frac{1}{q} \frac{\partial J_p}{\partial x} + (G_p - R_p) \tag{58}$$

我們可將式（31）及（32）的電流表示法和式（43）的復合表示法，代入式（57）及（58）中。對一維的低階注入情形，少數載子（亦即 p 型半導體中的 n_p，或 n 型半導體中的 p_n）的連續方程式為：

$$\frac{\partial n_p}{\partial t} = n_p \mu_n \frac{\partial \mathcal{E}}{\partial x} + \mu_n \mathcal{E} \frac{\partial n_p}{\partial x} + D_n \frac{\partial^2 n_p}{\partial x^2} + G_n - \frac{n_p - n_{po}}{\tau_n} \tag{59}$$

$$\frac{\partial p_n}{\partial t} = -p_n \mu_p \frac{\partial \mathcal{E}}{\partial x} - \mu_p \mathcal{E} \frac{\partial p_n}{\partial x} + D_p \frac{\partial^2 p_n}{\partial x^2} + G_p - \frac{p_n - p_{no}}{\tau_p} \tag{60}$$

除了連續方程式外，波松方程式（Poisson's equation）

$$\frac{d\mathcal{E}}{dx} = \frac{\rho_s}{\varepsilon_s} \tag{61}$$

必須滿足，其中 ε_s 為半導體的介電係數，而 ρ_s 為空間電荷密度，又空間電荷密度為帶電載子密度及游離雜質濃度的代數和，即 $q(p - n + N_D^+ - N_A^-)$。

原則上，式（59）至（61），加上適當的邊界條件只有一個唯一解。由於這組方程式的代數式十分複雜，大部分情形在求解前，都會將方程式以物理上的近似加以簡化。我們將針對三個重要的情形來解連續方程式。

2.4.1　單邊穩態注入

圖 16a 顯示，一個 n 型半導體由於照光，而使得超量載子由單邊注入的情形。假設光的穿透很小而可忽略（亦即假設對 $x > 0$ 而言，場及產生為零）。在穩態下，表面附近存有一濃度梯度。由式（60），半導體內少數載子的微分方程式為：

$$\frac{\partial p_n}{\partial t} = 0 = D_p \frac{\partial^2 p_n}{\partial x^2} - \frac{p_n - p_{no}}{\tau_p} \tag{62}$$

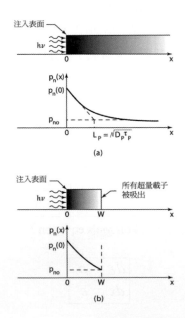

圖 16　穩態下載子從一端注入。（a）半無限樣本，（b）厚度為 W 的樣本。

邊界條件為 $p_n(x = 0) = p_n(0) =$ 常數值，且 $p_n(x \to \infty) = p_{no}$。$p_n(x)$ 的解為：

$$p_n(x) = p_{no} + [p_n(0) - p_{no}]e^{-x/L_p} \tag{63}$$

長度 L_p 等於 $\sqrt{D_p \tau_p}$，稱之為*擴散長度*（*diffusion length*）。圖 16a 顯示少數載子密度的變化情形，而它以一個特徵長度 L_p 做衰減。

假如我們改變圖 16b 中的第二個邊界條件，使得在 $x = W$ 處的所有超量載子都被吸出，也就是 $p_n(W) = p_{no}$，則我們可以對式（62）獲得一個新解：

$$p_n(x) = p_{no} + [p_n(0) - p_{no}] \left[\frac{\sinh\left(\dfrac{W - x}{L_p}\right)}{\sinh\left(\dfrac{W}{L_p}\right)} \right] \tag{64}$$

在 $x = W$ 處的電流密度為式（32）中令 $\mathcal{E} = 0$ 的擴散電流表示法：

$$J_p = -qD_p \left. \frac{\partial p_n}{\partial x} \right|_W = q[p_n(0) - p_{no}] \frac{D_p}{L_p} \frac{1}{\sinh(W/L_p)} \tag{65}$$

2.4.2 表面的少數載子

照光下，當表面復合在半導體樣本的一端發生時（圖 17），從半導體本體流至表面的電洞電流密度為 qU_s。在此例子中，假設樣本均勻照光，且載子均勻產生。表面復合將導致在表面具有較低的載子濃度。這個電洞濃度的梯度產生了一個等於表面復合電流的擴散電流密度。因此在 $x = 0$ 的邊界條件為：

$$qD_p \left. \frac{dp_n}{dx} \right|_{x=0} = qU_s = qS_{lr}[p_n(0) - p_{no}] \tag{66}$$

在 $x = \infty$ 的邊界條件可由式（45a）中得知。在穩態下，微分方程式為：

$$\frac{\partial p_n}{\partial t} = 0 = D_p \frac{\partial^2 p_n}{\partial x^2} + G_L - \frac{p_n - p_{no}}{\tau_p} \tag{67}$$

以上述的邊界條件求得之方程式解為[6]：

$$p_n(x) = p_{no} + \tau_p G_L \left(1 - \frac{\tau_p S_{lr} e^{-x/L_p}}{L_p + \tau_p S_{lr}} \right) \tag{68}$$

圖17為對一個有限的 S_{lr} 值，此方程式的圖示。當 $S_{lr} \to 0$，則 $p_n(x) \to p_{no} + \tau_p G_L$，如同前面所獲得（式（45a））。當 $S_{lr} \to \infty$，則：

$$p_n(x) = p_{no} + \tau_p G_L (1 - e^{-x/L_p}) \tag{69}$$

從式（69），我們可知表面的少數載子密度趨近它的熱平衡值 p_{no}。

2.4.3　海恩－蕭克利實驗

半導體物理中經典實驗之一，即證明少數載子的漂移及擴散。它最先由海恩（J. R. Haynes）及蕭克利（W. Shockley）所做出[7]；而這個實驗允許少數載子移動率 μ 及擴散係數 D 的獨立量測。海恩－蕭克利實驗的基本裝置如圖18a所示。當一個局部化的脈衝在半導體中產生過量少數載子後，此脈衝的傳輸方程式可利用式(60)，且令 $G_p = 0$ 及 $\partial \mathcal{E} / \partial x = 0$ 來表示：

$$\frac{\partial p_n}{\partial t} = -\mu_p \mathcal{E} \, \frac{\partial p_n}{\partial x} + D_p \frac{\partial^2 p_n}{\partial x^2} - \frac{p_n - p_{no}}{\tau_p} \tag{70}$$

假如沒有電場施於樣本上 $\mathcal{E} = 0$，則其解為：

$$p_n(x, t) = \frac{N}{\sqrt{4\pi D_p t}} \exp\left(-\frac{x^2}{4 D_p t} - \frac{t}{\tau_p} \right) + p_{no} \tag{71}$$

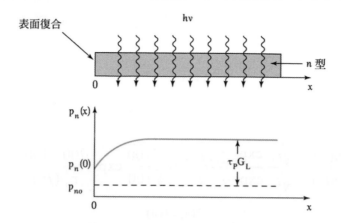

圖 17　在 $x = 0$ 處的表面復合。表面附近少數載子的分佈受到表面復合速度的影響[6]。

其中 N 為每單位面積電子或電洞產生的數目。圖 18b 顯示當載子從注入點擴散出去，並一路復合時的解。

若一個電場施於樣本上，其解亦為式（71）的型式，不過須將 x 替換為 $x - \mu_p \mathcal{E} t$（圖 18c）。因此，整「包」的超量載子皆以漂移速度 $\mu_p \mathcal{E}$ 往樣本負方向的末端移動。同時載子向外擴散並復合，就如同未加電場一般。根據已知的樣本長度與使用的示波器，則漂移電場、施加的電脈衝與所偵測脈衝波之間的時間延遲（兩者皆以移動率表示 $\mu_p = L/\mathcal{E}t$）即可被計算出。

範例 8

在海恩－蕭克利實驗中，在 $t_1 = 100 \ \mu s$ 及 $t_2 = 200 \ \mu s$ 時少數載子的最大幅度差了 5 倍。計算少數載子的生命期。

解

當施加一電場時，少數載子的分佈為：

$$\Delta p \equiv p_n - p_{no} = \frac{N}{\sqrt{4\pi D_p t}} \exp\left(-\frac{(x - \mu_p \mathcal{E} t)^2}{4 D_p t} - \frac{t}{\tau_p}\right)$$

在最大幅度

$$\Delta p = \frac{N}{\sqrt{4\pi D_p t}} \exp\left(-\frac{t}{\tau_p}\right)$$

因此

$$\frac{\Delta p(t_1)}{\Delta p(t_2)} = \frac{\sqrt{t_2}}{\sqrt{t_1}} \frac{\exp(-t_1/\tau_p)}{\exp(-t_2/\tau_p)} = \sqrt{\frac{200}{100}} \exp\left(\frac{200-100}{\tau_p \ (\mu s)}\right) = 5$$

$$\therefore \quad \tau_p = \frac{200 - 100}{\ln(5/\sqrt{2})} = 79 \quad \mu s$$

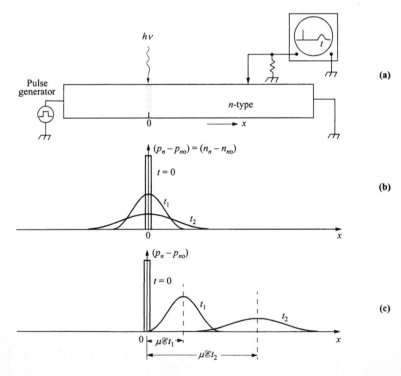

圖 18　海恩－蕭克利實驗。(a)實驗裝置，(b)無施加電場下之載子分佈，
(c)施加電場下之載子分佈[7]。

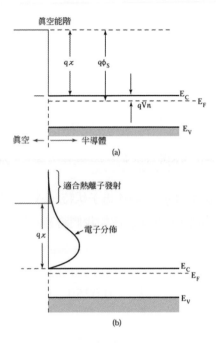

圖 19　（a）孤立 n 型半導體的能帶圖，（b）熱離子發射過程。

2.5　熱離子發射過程

在前些章節中，我們已考慮半導體本體內部載子傳輸的現象。在半導體表面，由於表面區域的懸擺鍵，載子可能透過復合中心復合。此外，假如載子具有足夠的能量，它們可能會被「熱離子式地（thermionically）」發射至真空能階。這稱之為*熱離子發射過程（thermionic emission process）*。

圖 19a 顯示，一個孤立的 n 型半導體的能帶圖。電子親和力 $q\chi$ 為半導體中導電帶邊緣與真空能階（vacuum level）間的能量差；而功函數 $q\phi_s$ 則為半導體中費米能階與真空能階間的能量差。由圖 19b，顯而易見的，假如一個電子的能量超過 $q\chi$，它就可以被熱離子式地發射至真空能階。

能量高於 $q\chi$ 的電子密度可藉由類似在導電帶電子密度的表示法來獲得（第一章的式 (6)及 (13)），不過積分的下限為 $q\chi$，而非 E_C：

$$n_{th} = \int_{q\chi}^{\infty} n(E)dE = N_C \exp\left[-\frac{q(\chi + V_n)}{kT}\right] \tag{72}$$

其中 N_C 為在導電帶中等效的態位密度，而 V_n 為導電帶底部與費米能階間的差值。

範例 9

一 n 型矽樣本，具有電子親和力 $q\chi = 4.05$ 電子伏特（eV），及 $qV_n = 0.2$ eV，計算出室溫下被熱離子式地發射的電子密度 n_{th}。假如我們將等效的 $q\chi$ 降至 0.6 eV，n_{th} 為何？

解

$$n_{th}\,(4.05\text{ eV}) = 2.86\times10^{19}\exp\left(-\frac{4.05+0.2}{0.0259}\right) = 2.86\times10^{19}\exp\left(-164\right)$$

$$\cong 10^{-52} \approx 0$$

$$n_{th}\,(0.6\text{ eV}) = 2.86\times10^{19}\exp\left(-\frac{0.8}{0.0259}\right) = 2.86\times10^{19}\exp\left(-30.9\right)$$

$$= 1\times10^{6}\text{ cm}^{-3}$$

從以上的例子，我們可以看出在 300 K 時，就 $q\chi = 4.05$ eV 而言，並沒有電子發射至真空能階。然而，假如我們將等效的電子親和力降至 0.6 eV，就會有大量的電子被熱離子式地發射。熱離子發射過程對於第七章中所考慮的金屬－半導體接觸尤其重要。

2.6 穿隧過程

圖 20a 顯示，當兩個孤立的半導體樣本彼此接近時的能帶圖。它們之間的距離為 d，且能障高度（barrier height）qV_0 等於電子親和力 $q\chi$。假如距離夠小，既使電子的能量遠小於能障高度，在左邊半導體中的電子亦可能會傳輸過能障，並移至右邊的半導體。這個過程與*量子穿隧現象*（*quantum tunneling phenomenon*）有關。

　　基於圖 20a 我們於圖 20b 中重新畫出一維的能障圖。我們首先考慮一個粒子（例如電子）穿過這個能障的傳送（或穿隧）係數（transmission coefficient）。在對應的古典情況下，假如粒子的能量 E 小於能障高度 qV_0，則粒子一定會被反射。然而在量子的情況下，粒子有一定的機率可傳送或「穿隧」這個能障。

粒子（例如一個導電電子）在 $qV(x) = 0$ 區域中之行為可由薛丁格方程式（Schrödinger equation，或譯水丁格方程式）來描述：

$$-\frac{\hbar^2}{2m_n}\frac{d^2\psi}{dx^2} = E\psi \tag{73}$$

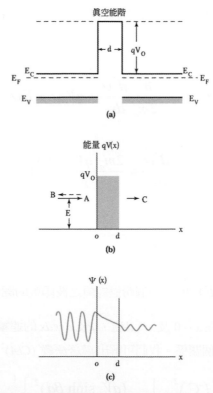

圖 20　（a）距離為 d 的兩個孤立半導體的能帶圖；（b）一維能障；
　　　　（c）波函數傳輸過能障的圖示法。

或

$$\frac{d^2\psi}{dx^2} = -\frac{2m_n E}{\hbar^2}\psi \tag{74}$$

其中為 m_n 有效質量，為 $\hbar$ 約化普朗克常數（reduced Planck constant），E 為動能，而 ψ 為粒子的波函數（wave function）。其解為：

$$\psi(x) = Ae^{jkx} + Be^{-jkx} \qquad x \leq 0 \tag{75}$$

$$\psi(x) = Ce^{jkx} \qquad\qquad x \geq d \tag{76}$$

其中 $k \equiv \sqrt{2m_n E / \hbar^2}$。對於 $x \leq 0$，我們有一個入射粒子波函數（振幅為 A）及一個反射的波函數（振幅為 B）；對於 $x \geq d$，我們有一個傳送的波函數（振幅為 C）。

在位能障裡，波動方程式為：

$$-\frac{\hbar^2}{2m_n}\frac{d^2\psi}{dx^2} + qV_o\psi = E\psi \tag{77}$$

或

$$\frac{d^2\psi}{dx^2} = \frac{2m_n(qV_o - E)}{\hbar^2}\psi \tag{78}$$

對於 $E < qV_o$ 其解為

$$\psi(x) = Fe^{\beta x} + Ge^{-\beta x} \tag{79}$$

其中 $\beta \equiv \sqrt{2m_n(qV_o - E)/\hbar^2}$。一個跨過能障之波函數的圖例表示法如圖 20c 所示。

根據邊界條件的需求，在 $x = 0$ 及 $x = d$ 處，ψ 及 $d\psi/dx$ 的連續性提供了五個係數（A、B、C、F 及 G）間的四個關係。我們可解出*傳送係數* $(C/A)^2$：

$$\left(\frac{C}{A}\right)^2 = \left[1 + \frac{(qV_o \sinh \beta d)^2}{4E(qV_o - E)}\right]^{-1} \tag{80}$$

傳送係數隨著 E 的減小而做單調遞減。當 $\beta d \gg 1$，傳送係數變得十分小，且隨以下而變：

$$\left(\frac{C}{A}\right)^2 \sim \exp(-2\beta d) = \exp\left[-2d\sqrt{2m_n(qV_o - E)/\hbar^2}\right] \tag{81}$$

為得到有限的傳送係數，我們需要一個小的穿隧距離 d，一個低的能障 qV_o，和一個小的有效質量。這些結果將用於第八章中的穿隧二極體。

2.7 空間電荷效應

在半導體中，游離化的雜質濃度（N_D^+ 和 N_A^-）與載子濃度（n 和 p）決定了空間電荷（space charge），

$$\rho = q(p - n + N_D^+ - N_A^-) \tag{82}$$

在半導體中性區中，因為 $n = N_D^+$ 和 $p = N_A^-$，因此空間電荷密度為零。如果我們將電子注射入 n 型半導體中（$N_D^+ \gg N_A^- \approx p \approx 0$），則電子濃度 n 將會遠大於 N_D^+，因此空間電荷密度將不再為 0（即 $\rho \approx -qn$）。這些被注入的載子密度將形成空間電荷密度（space charge density），並且，經由波松方程式（Poisson's equation），這些空間電荷將決定周圍的電場分佈。這就是空間電荷效應（space-charge effect）。

當空間電荷效應存在時，如果此時的電流由所注入載子的漂移成份所主導，那此電流就稱為空間電荷限制電流（space-charge-limited current）。圖 21a 顯示能帶圖電子注入的情況，漂移電流為

$$J = qn\nu \tag{83}$$

空間電荷決定於被注入的載子（假設 $n \gg N_D^+$，$p \approx N_A^- \approx 0$），造成波松方程式形式為

$$\frac{d\mathcal{E}}{dx} = \left|\frac{\rho}{\varepsilon_s}\right| = \frac{qn}{\varepsilon_s} \tag{84}$$

在定移動率區域

$$v = \mu \mathcal{E} \tag{85}$$

將式(83)及(85)代入式(84)

$$\frac{d\mathcal{E}}{dx} = \frac{J}{\varepsilon_s \mu \mathcal{E}} \tag{86}$$

或是

$$\mathcal{E} \, d\mathcal{E} = \frac{J}{\varepsilon_s \mu} dx \tag{87}$$

將式(87)依據邊界條件在 $x = 0$ 處 $E = 0$（假設 $\delta \to 0$）做積分得

$$\mathcal{E}^2 = \frac{2J}{\varepsilon_s \mu} x \tag{88}$$

則

$$|\mathcal{E}| = \frac{dV}{dx} = \sqrt{\frac{2Jx}{\varepsilon_s \mu}} \tag{89}$$

或

$$dV = \sqrt{\frac{2J}{\varepsilon_s \mu}} \sqrt{x} dx \tag{90}$$

將式(90)依據邊界條件在 $x = L$ 處 $V = V$ 做積分得

$$V = \frac{2}{3} \left(\frac{2J}{\varepsilon_s \mu} \right)^{1/2} L^{3/2} \tag{91}$$

從式(91)我們獲得

$$J = \frac{9\varepsilon_s \mu V^2}{8L^3} \sim V^2 \tag{92}$$

因此，在定移動率區域，空間電荷限制電流正比於施加電壓的平方（圖 21b）。

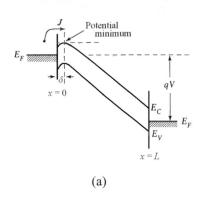
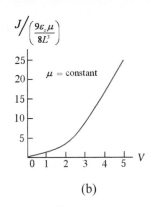

(a)   (b)

圖 21　空間電荷效應（a）能帶圖電子注入的情況（b）在移動率為定值的區域空間當中，
空間電荷限制電流正比於所施加電壓的平方。

在速度飽和區域，式(83)變成 $J = qnv_s$，v_s 為飽和速度。將 $qn = J/v_s$ 代入式(84)且使用
相同邊界條件，我們得到空間電荷限制電流

$$J = \frac{2\varepsilon_s v_s}{L^2} V \sim V \tag{93}$$

因此，在速度飽和區域，電流隨著所施加的電壓呈線性地變化。

2.8　高電場效應

在低電場下，漂移速度線性正比於所施加的電場。此時我們假設碰撞間的時間間隔 τ_c
與施加的電場相互獨立。只要漂移速度遠小於載子的熱速度，此即為一合理的假設，
而矽中載子的熱速度在室溫下約為 10^7 cm/s。

　　當漂移速度趨近於熱速度時，它與電場間的依存性便開始背離 2.1 節中之線性關
係。圖 22 顯示，在矽中量測到的電子與電洞漂移速度與電場的函數關係。很明顯地，
最初漂移速度與電場間的依存性是線性的，這相當於固定的移動率。當電場持續增
加，漂移速度的增加率趨緩。在足夠大的電場時，漂移速度趨近於一個飽和速度。實
驗結果可由下列經驗式來加以近似[8]。

$$v_n, v_p = \frac{v_s}{[1 + (\mathcal{E}_o/\mathcal{E})^\gamma]^{1/\gamma}}$$
(94)

其中 v_s 為飽和速度（對矽而言，在 300 K 為 10^7 cm/s），$\mathcal{E}_o$ 為一常數；在高純度的矽材料裡，對電子而言，此常數等於 7×10^3 V/cm，而對電洞而言，此常數等於 2×10^4 V/cm；且對電子而言，γ 為 2，對電洞而言，γ 為 1。對於非常短通道的場效電晶體（FET），在高電場下速度的飽和特別可能發生，即使在一般的電壓下，亦可在通道中形成高電場。此效應將在第五章及第六章中討論。

n 型砷化鎵中的高電場傳輸與矽大不相同[9]。圖 23 顯示，對 n 型及 p 型砷化鎵所量測的漂移速度對電場之關係。矽的量測結果也顯示於此對數－對數圖中，以供比較。注意就 n 型砷化鎵而言，漂移速度達到一最大值後，隨著電場的進一步增加，不增反減。此現象乃由於砷化鎵的能帶結構，它允許傳導電子從高移動率的能量最小值（稱之為谷），轉移至低移動率、較高能量的衛星谷中；亦即如同前面第一章圖 14 中所示，電子沿著[111]方向，從中央谷中轉移至衛星谷中，這個稱為電子轉移效應（transferred-electron effect）。

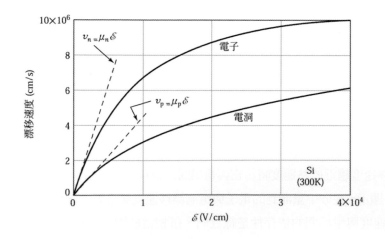

圖 22　Si 中漂移速度對電場的變化情形[8]。

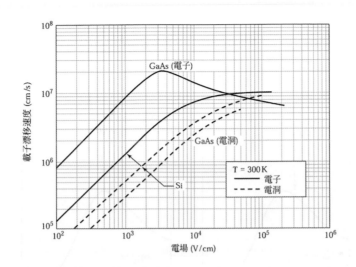

圖 23　Si 及 GaAs 中漂移速度對電場的變化情形。注意對 n 型 GaAs 而言，有一個區域為負的微分移動率[8,9]。

　　為了要瞭解此現象，考慮 n 型砷化鎵的簡易雙谷模型，如圖 24 所示。雙谷間能量的分隔為 $\Delta E = 0.31$ eV。下谷的電子有效質量表示為 m_1，電子移動率表示為 μ_1，而電子密度表示為 n_1，上谷的相對應量則分別表示為 m_2、μ_2 及 n_2，而整個電子濃度為 $n = n_1 + n_2$。n 型砷化鎵的穩態傳導係數可寫為：

$$\sigma = q(\mu_1 n_1 + \mu_2 n_2) = qn\overline{\mu} \tag{95}$$

其中平均移動率為：

$$\overline{\mu} \equiv (\mu_1 n_1 + \mu_2 n_2)/(n_1 + n_2) \tag{96}$$

漂移速度則為：

$$v_n = \overline{\mu}\,\mathcal{E} \tag{97}$$

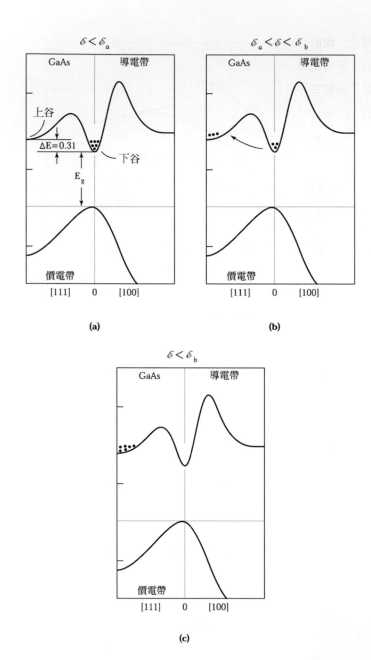

圖 24　對雙谷半導體而言，各種電場情形下電子的分佈情形，
　　　(a) $\mathcal{E}<\mathcal{E}_a$ (b) $\mathcal{E}_a<\mathcal{E}<\mathcal{E}_b$ (c) $\mathcal{E}>\mathcal{E}_b$。

為了簡單化，我們將對圖 24 中各種範圍電場下的電子濃度做以下指定。在圖 24a 中，電場很低，所有電子停留在下谷中。在圖 24b 中，電場較高，部分電子從電場得到足夠的能量，而移至上谷中。在圖 24c 中，電場高到足以使所有電子移至上谷中。因此我們得到：

$$n_1 \cong n \qquad \text{及} \qquad n_2 \cong 0 \qquad\qquad \text{對於 } 0 < \mathcal{E} < \mathcal{E}_a$$
$$n_1 + n_2 \cong n \qquad\qquad\qquad\qquad \text{對於 } \mathcal{E}_a < \mathcal{E} < \mathcal{E}_b \qquad (98)$$
$$n_1 \cong 0 \qquad \text{及} \qquad n_2 \cong n \qquad\qquad \text{對於 } \mathcal{E} > \mathcal{E}_b$$

利用這些關係，有效的漂移速度有下列近似值：

$$v_n \cong \mu_1 \mathcal{E} \qquad\qquad\qquad\qquad \text{對於 } 0 < \mathcal{E} < \mathcal{E}_a$$

$$v_n \cong \mu_2 \mathcal{E} \qquad\qquad\qquad\qquad \text{對於 } \mathcal{E} > \mathcal{E}_b \qquad (99)$$

假如 $\mu_1 \mathcal{E}_a$ 大於 $\mu_2 \mathcal{E}_b$，如同圖 25 所示，會有一個區域使得在 $\mathcal{E}_a$ 及 $\mathcal{E}_b$ 間漂移速度隨電場的增加而減少。由於在 n 型砷化鎵中的這種漂移速度特徵，這種材料常被利用在第八章中所討論的微波轉移電子元件（transferred-electron device）中。

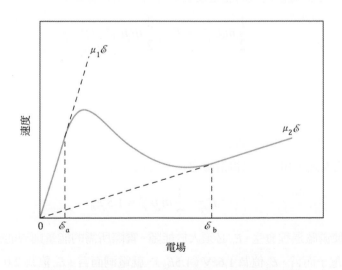

圖 25　雙谷半導體的一個可能的速度－電場特徵。

當半導體中的電場增加到超過某一定值，載子將得到足夠的動能來藉由*雪崩過程*（*avalanche process*），產生電子－電洞對（electron-hole pairs），如圖 26 中所示。考慮一個在導電帶中的電子（標示為 1），假設電場夠高，此電子可在與價電子碰撞之前獲得動能。處在導電帶中的高能量電子，可將自己部分的動能轉移給價電子，使該價電子向上轉移跳躍到導電帶，產生一個電子－電洞對（標示為 2 及 2′）。同樣地，產生的電子－電洞對在電場中開始加速，並與其他價電子發生碰撞，如圖中所示。接著，它們將產生其他電子－電洞對（例如 3 及 3′，4 及 4′），以此類推。這個過程稱之為雪崩過程，亦稱為*衝擊離子化*（*impact ionization*）過程。此過程將導致 *p-n* 接面的崩潰，將在第三章中討論。

為瞭解所牽涉到游離能（ionization energy）之一些概念，讓我們考慮導致 2-2′ 現的過程，如圖 26 所示。在碰撞之前，快速移動的電子（1 號）具有動能 $1/2 m_1 v_s{}^2$ 及動量 $m_1 v_s$，其中 m_1 為有效質量，且 v_s 為飽和速度。碰撞之後，有三個載子：原本的電子加上一個電子－電洞對（2 號 及 2′ 號）。我們假設三個載子有同樣的有效質量、同樣的動能及同樣的動量，則總動能為 $3/2 m_1 v_f{}^2$，而總動量為 $3\ m_1 v_f$，其中 v_f 為碰撞後的速度。為了使碰撞前後的能量及動量守恆，我們需要：

$$\frac{1}{2} m_1 v_s{}^2 = E_g + \frac{3}{2} m_1 v_f{}^2 \tag{100}$$

且

$$m_1 v_s = 3\, m_1 v_f \tag{101}$$

其中在式（100）中，能量 E_g 為能隙，且相當於產生一個電子－電洞對所需最小能量。將式（101）代入式（100），可得游離過程所需之動能：

$$E_o = \frac{1}{2} m_1 v_s{}^2 = 1.5\, E_g \tag{102}$$

明顯地，為了使游離過程發生，E_o 必須大於能隙。實際所需的能量則視能帶結構而定。以矽為例，就電子而言，E_o 值為 1.6eV（$1.5 E_g$），就電洞而言，E_o 值為 2.0 eV（$1.8 E_g$）。

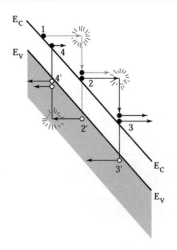

圖 26　雪崩過程之能帶圖。

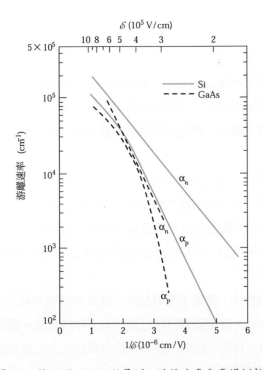

圖 27　對 Si 及 GaAs 所量測之游離速率與電場倒數的關係[9]。

一個電子在每單位行經距離所產生的電子－電洞對數目，稱之為電子的*游離速率*（*ionization rate*）α_n。同樣地，α_p為電洞的游離速率。對矽及砷化鎵所量測到的游離速率如圖 27 所示[9]。注意 α_n 及 α_p 皆與電場有很強的相關性。對於一個相當大的游離速率（例如 10^4 cm^{-1}），就矽而言，其相對應的電場為 $\geq 3 \times 10^5$ V/cm；而就砷化鎵而言，對應的電場則為 $\geq 4 \times 10^5$ V/cm。由雪崩過程造成的電子－電洞對產生速率 G_A 為：

$$G_A = \frac{1}{q}\left(\alpha_n |J_n| + \alpha_p |J_p|\right) \tag{103}$$

其中 J_n 及 J_p 分別為電子及電洞電流密度。此表示法可使用於元件操作在雪崩情況下的連續方程式。

總結

在半導體元件中有各種傳輸過程產生作用。這些包含漂移、擴散、產生、復合、熱離子發射、穿隧、空間電荷效應及衝擊離子化。

其中一個主要的傳輸過程為在一個電場影響下的載子漂移。在低電場下，漂移速度正比於電場。這個比例常數稱之為移動率。而另外一個主要的傳輸過程為在載子濃度梯度影響下的載子擴散。總電流為漂移及擴散成分的總和。

在一個半導體中的超量載子會導致一個非平衡狀態。大部分的半導體元件都操作在非平衡狀態。載子可藉由各種方法產生，例如將 *p-n* 接面順向偏壓、入射光、及衝擊離子化。回復平衡的機制為超量少數載子藉由直接帶對帶復合或經由禁止能隙中的區部能態與多數載子復合。帶電載子改變速率的支配方程式為連續方程式。

其它的傳輸過程中，熱離子發射發生在當表面區域的載子獲得足夠的能量，而發射至真空能階；而另一個穿隧過程則是基於量子穿隧現象，縱使電子能量低於能障高度，仍可跨過能障而傳輸。此外，在半導體中當被注入的載子沒有被游離的雜質所補償則有空間電荷限制電流。

當電場變得更高，漂移速度將背離它與施加電場的線性關係，並趨近一飽和速度。此效應在第五章及第六章中所討論的短通道場效電晶體時特別重要。在 n 型砷化鎵中漂移速度達到最大直接隨著電場增加而下降，這是因為電子轉移效應，且此材料被用在第八章所討論的微波元件中。當電場超過某一定值，載子將獲得足夠的動能，透過庫倫作用力來產生電子－電洞對。此效應在研究 p-n 接面時特別重要。高電場將加速這些新產生的電子－電洞對，而這些新的電子－電洞對又與晶格碰撞，而產生更多電子－電洞對。當這個被稱為衝擊離子化或雪崩的過程持續進行，p-n 接面將因而崩潰，並傳導一個大電流。接面的崩潰將於第三章中討論。

參考文獻

1.　R. A. Smith, *Semiconductors*, 2nd ed., Cambridge Univ. Press, London, 1979.

2.　 J. L. Moll, *Physics of Semiconductors*, McGraw-Hill, New York, 1964.

3.　W. F. Beadle, J. C. C. Tsai, and R. D. Plummer, Eds., *Quick Reference Manual for Semiconductor Engineers*, Wiley, New York, 1985.

4.　(a) R. N. Hall, " Electron–Hole Recombination in Germanium," *Phys. Rev.*, **87**, 387 (1952); (b) W. Shockley and W. T. Read, " Statistics of Recombination of Holes and Electrons," *Phys. Rev.*, **87**, 835(1952).

5.　M. Prutton, Surface Physics, 2nd ed., Clarendon, Oxford, 1983. A. S. Grove, *Physics and Technology of Semiconductor Devices*, Wiley, New York, 1967.

6.　J. R. Haynes and W. Shockley, " The Mobility and Life of Injected Holes and Electrons in Germanium," *Phys. Rev.*, **81**, 835 (1951).

7.　D. M. Caughey and R. E. Thomas, " Carrier Mobilities in Silicon Empirically Related to Doping and Field," *Proc. IEEE*, **55**, 2192(1967).

8.　S. M. Sze and K. K.Ng, *Physics of Semiconductor Devices*, 3rd Ed., Wiley Interscience, Hoboken, 2007.

9.　T. S. Moss, Ed., Handbook on Semiconductors, Vol. 1-4, North-Holland, Amsterdam, 1980.

習題（*指較難習題）

2.1 節　載子漂移

1. 求出本質 Si 及本質 GaAs 在 300K 時的電阻係數。

2. 已知半導體電子移動率在 300K 為 1300 cm^2/Vs。如果電子等效質量為 $0.26 \times 9.1 \times 10^{-31}$ Kg，計算平均自由徑、擴散常數以及熱速度。

3. 對於以下每一個雜質濃度，求在 300K 時矽樣本的電子及電洞濃度、移動率及電阻係數：（a）5×10^{15} 硼原子/cm^3；（b）2×10^{16} 硼原子/cm^3 及 1.5×10^{16} 砷原子/cm^3；（c）5×10^{15} 硼原子/cm^3、10^{17} 砷原子/cm^3 及 10^{17} 鎵原子/cm^3。

4. 在一半導體中存在兩個散射機制。若只有第一種機制顯現，移動率為 250 cm^2/V 若只有第二種機制顯現，移動率為 500 cm^2/V-s。求當兩種散射機制同時存在時之移動率。

5. 對於一未摻雜可得以下資料：$n_i = 10^{10}/cm^3$，T=300K，$N_c = 3 \times 10^{19}/cm^3$ 以及 $N_v = 2.5 \times 10^{19}/cm^3$，$m_e = 9.1 \times 10^{-32}$ Kg 決定(a)價帶中電洞等效質量，(b)半導體的能隙，(c)費米能階相對於導帶多少 Ev，(d)電動熱速度

6. 給定一個未知摻雜的矽樣本，霍爾量測提供了以下的訊息：$W = 0.05cm$，$A = 1.6 \times 10^{-3}$ cm^2（參考圖 8），$I = 2.5mA$，且磁場為 30 nT（1 特斯拉（T）= 10^{-4} Wb/cm^2）。若量測出之霍爾電壓為+10 mV，求半導體樣本的霍爾係數、導體型態、多數載子濃度、電阻係數及移動率。

7. 利用一個四點探針（探針間距為 0.5 mm）來量測一個 p 型矽樣本的電阻係數。若樣本的直徑為 200 mm，厚度為 50 μm，求其電阻係數。其中接觸電流為 1 mA，內側兩探針間所量測到的電壓值為 10 mV。

8. 對一個半導體而言，其具有一固定的移動率比 $b \equiv \mu_n/\mu_p > 1$，且與雜質濃度無關，求其最大的電阻係數ρ_m，並以本質電阻係數ρ_i 及移動率比表示之。

9. 一個半導體摻雜了濃度為 N_D（$N_D >> n_i$）的雜質，且具有一電阻 R_1。同一個半導體之後又摻雜了一個未知量的受體 N_A（$N_A >> N_D$），而產生了一個 $0.5R_1$ 的電阻。若 $D_n/D_p = 50$，求 N_A 並以 N_D 表示之。

10. 考慮一塊長度為 L 且均勻長方形截面的半導體。在平衡下沒有施加偏壓／電壓，沒有額外的磁場控制，也沒有額外施加的輻射／光源。在半導體兩端可以有電位

差存在嗎？如果有的話是在什麼條件下呢？

2.2 節　載子擴散

11. 一個本質矽樣本從一端摻雜了施體，而使得 $N_D = N_o \exp(-ax)$。（a）在 $N_D \gg n_i$ 的範圍中，求在平衡狀態下內建電場 $\mathcal{E}(x)$ 的表示法。（b）計算出當 $a = 1 \ \mu m^{-1}$ 時的 $\mathcal{E}(x)$。

12. 一個厚度為 L 的 n 型 Si 薄片被不均勻地摻雜了磷施體，其中濃度分佈給定為 $N_D(x) = N_o + (N_L - N_o)(x/L)$。當樣本在熱及電平衡狀態下而不顧移動率及擴散係數隨位置的變化，前後表面間電位能差異的公式為何？對一個固定的擴散係數及移動率，在距前表面 x 的平面上的平衡電場公式為何？

2.3 節　產生及復合過程

13. 一 n 型矽在穩態照光下，其 $G_L = 10^{16} \ cm^{-3}s^{-1}$，$N_D = 10^{15} \ cm^{-3}$，且 $\tau_n = \tau_p = 10 \ \mu s$ 計算電子及電洞的濃度。

14. 一 n 型矽樣本具有 2×10^{16} 砷原子/cm^3，$2 \times 10^{15}/cm^3$ 之本體復合中心，及 $10^{10}/cm^2$ 之表面復合中心。（a）求在低注入情況下的本體少數載子生命期、擴散長度及表面復合速度。σ_p 及 σ_s 的值分別為 5×10^{-15} 及 $2 \times 10^{-16} \ cm^2$。（b）若樣本照光，且均勻地吸收光線，而產生 10^{17} 電子－電洞對/cm^2-s，則表面的電洞濃度為何？

15. 在一 n 型矽樣本（$N_D = 10^{17} cm^{-3}$）過量電洞濃度在 x = 0 到 x = 2μm 從 $5 \times 10^{14} cm^{-3}$ 線性衰減到 0。在樣本中如果少數載子生命期為 10^{-4} 秒，電洞移動率 $640 cm^2/V/s$，截面一致為 $10^{-4} cm^2$ 求(1)樣本中過量電洞的總數以及(2)在樣本中電洞復合的全速率。

16. 假定一 n 型半導體均勻地照光，而造成一均勻的超量產生速率 G。證明在穩態下，半導體傳導係數的改變為：$\Delta\sigma = q(\mu_n + \mu_p)\tau_p G$

2.4 節　連續方程式

17. 一半導體中的總電流不變，且為電子漂移電流及電洞擴散電流所組成。電子濃度不變，且等於 $10^{16} \ cm^{-3}$。電洞濃度為：

$$p(x) = 10^{15} \exp\left(\frac{-x}{L}\right) \text{ cm}^{-3} \qquad (x \geq 0)$$

其中 $L = 12$ μm。電洞擴散係數 $D_p = 12$ cm^2/s，且電子移動率 $\mu_n = 1000$ cm^2/V-s 總電流密度 $J = 4.8$ A/cm^2。計算：（a）電洞擴散電流密度對 x 的變化情形，（b）電子電流密度對 x 的變化情形，及（c）電場對 x 的變化情形。

18. 在矽樣本中如果在 x = 0 處電子濃度為 10^{16}cm^{-3},在 x = 1 μm 處濃度掉到 0，計算其產生的擴散電流密度。同時在另一塊均勻摻雜 N$_D$ = 10^{16}cm^{-3} 的 n 型半導體中需維持多大電場才能產生相同的電流密度。假設矽中電子移動率 1500cm^2/V/s，且在室溫（=300K）條件下。

*19. 一 n 型半導體具有超量載子電洞 10^{14} cm^{-3}，其本體材料內之本體少數載子生命期為 10^{-6} s，且在表面上的少數載子生命期為 10^{-7} s。假定無施加電場，且令 $D_p = 10$ cm^2/s。求半導體穩態超量載子濃度對離表面（x =0）距離的函數關係。

20. a)一個金屬功函數 $\phi_m = 4.2$ V，沉積在一個電子親和力 $\chi = 4.0$ V，且 $E_g = 1.12$eV 的 n 型矽上。當金屬中的電子移入半導體時，所看到的電位能障高度為何？ b)在問題 20a 中，如果載子生命期為 50μs 以及 W= 0.1mm，計算當注入電流藉由擴散到達另一表面的部分（$D = 50$cm^2/s）。

21. 超量載子產生於一厚度為 $W (= 0.1$ mm) 之 n 型矽薄片的一個表面上（視為 x=0）。未施加電場，並於另一表面上（x = W）取出以維持 $p_n (W) = p_{no}$。若載子生命期為 50 μs，且擴散常數為 50 cm^2/s，計算到達另一表面的注入電流部分。

2.5 節　熱離子發射過程

22. 一個金屬功函數 $\phi_m = 4.2$ V，沉積在一個電子親和力 $\chi = 4.0$ V，且 $E_g = 1.12$eV 的 n 型矽上。當金屬中的電子移入半導體時，所看到的電位能障高度為何？

23. 考慮一個金屬功函數為 ϕ_m 的鎢燈絲置於一個高真空的腔體中。假如一電流通過此燈絲並足以使其變熱，證明擁有足夠熱能的電子將會逃脫至真空中，且造成的熱離子電流密度為：

$$J = A^\circ T^2 \exp\left(\frac{-q\phi_m}{kT}\right)$$

其中 A° 為 $4\pi qmk^2 / h^3$ 且 m 為自由電子質量。定積分

$$\int_{-\infty}^{\infty} e^{-ax^2} dx = \left(\frac{\pi}{a}\right)^{\frac{1}{2}} 。$$

2.6 節　穿隧過程

24. 考慮一個具有 2 eV 能量的電子撞擊在一個具有 20 eV 且寬為 3Å 的電位能障，其穿隧機率為何？

25. 對一個能量為 2.2eV 的電子撞擊在一個具有 6.0 eV 且厚為 10^{-10} 公尺的電位能障，估計其傳送係數。若能障厚度改為 10^{-9} 公尺，試重複計算之。

2.8 節　高電場效應

26. 假定矽中的一個傳導電子（$\mu_n = 1350$ cm^2/V-s）具有熱能 kT，並與其平均熱速度相關，其中 $E_{th} = m_0 v_{th}^2/2$。這個電子被置於 100 V/cm 的電場中。證明在此情況下，相較於其熱速度，電子的漂移速度是很小的。若電場改為 10^4 V/cm，使用相同的 μ_n 值，試再重做一次。最後請解說在此較高的電場下實際的移動率效應。

27. 利用圖 23 中矽及砷化鎵的速度－電場關係，求出電子在下列電場下，於這些物質中移動 1 μm 距離所需的穿巡時間。其中電場分別為（a）1 kV/cm 及（b）50 kV/cm。

第二部分　半導體元件

第三章　正－負接面

在前面章節，我們已討論均勻半導體中之載子濃度和傳輸現象。在本章，我們接著討論單晶半導體材料中，p-型和n-型所形成的 p-n 接面（p-n junction）的行為。

    p-n 接面在現代電子應用及瞭解其他半導體元件上扮演重要角色。它在整流、開關以及其他電子電路的操作上被廣泛應用。它也是雙載子電晶體（bipolar transistor），閘流體（thyristor）（第四章）和金氧半場效電晶體（MOSFETs）（第五章及第六章）的重要構成組件。在給予適當的偏壓條件或曝露在光線下，p-n 接面也可做為微波（microwave）（第八章）或光（photonic）元件（第九章及第十章）。

    我們也將考慮另一相關的元件－異質接面（heterojunction），它是由兩種不同的半導體所形成之接面。它具有很多傳統 p-n 接面所無法輕易獲得的獨特性。異質接面是構成異質接面雙載子電晶體（heterojunction bipolar transistor）（第四章），調變摻雜場效電晶體（modulation doped field-effect transistor）（第七章），量子效應元件

（quantum-effect device）（第八章），和光元件（第九章）的重要模組。

具體而言，本章包括了以下幾個主題：

- 在熱平衡狀態下 *p-n* 接面的能帶圖。
- 在偏壓下，接面空乏層（depletion layer）之行為。
- 電流在 *p-n* 接面的傳輸，及產生（generation）及復合（recombination）過程之影響。
- *p-n* 接面的儲存電荷，及其對暫態行為（transient behavior）的影響。
- *p-n* 接面的雪崩倍增（avalanche multiplication），及其對最大逆向電壓的影響。
- 異質接面及其基本特性。

3.1 熱平衡狀態

平面化技術（planar technology）被廣泛地應用在現今的 *p-n* 接面與積體電路（IC）製程中。其中，平面化技術包含了氧化（oxidation）、微影（lithography）、離子佈植（ion implantation）和金屬鍍膜（metallization）等步驟。它們將會在第十一章到第十五章中討論。

p-n 接面最重要的特性是具有整流性，即它只容許電流輕易流經單一方向。圖 1 顯示一典型矽 *p-n* 接面的電流－電壓的特性。當我們對 *p-n* 接面施以「順向偏壓」（正電壓在 *p* 側），隨著電壓的增加，電流會快速增加。然而，當我們施以「逆向偏壓」（reverse bias），剛開始時，幾乎沒有任何電流。隨著逆向偏壓的增加，電流仍然很小，直到一臨界電壓後電流才突然增加。這種電流突然增加的現象稱為接面崩潰（junction breakdown）。外加的順向電壓通常小於 1V，但是逆向臨界電壓或崩潰電壓（breakdown voltage）可以從幾伏變化到幾千伏，視摻雜濃度和其他元件參數而定。

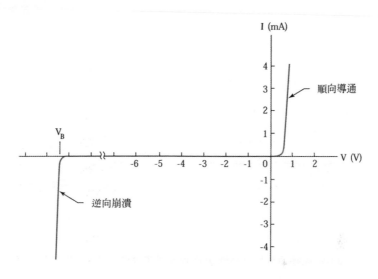

圖 1　典型矽 *p-n* 接面電流－電壓特性。

3.1.1　能帶圖

在圖 2a 我們看到接面形成之前，兩個均勻摻雜且彼此分離的 *p* 型和 *n* 型半導體材料。注意費米能階（Fermi level，E_F）在 *p* 型材料中接近價電帶邊緣，而在 *n* 型材料中則接近導電帶（conduction band）邊緣。*p* 型材料包含大量濃度的電洞，而僅有少量電子，但是 *n* 型材料剛好相反。

　　當 *p* 型和 *n* 型半導體緊密結合時，接面上存在的大濃度梯度造成載子擴散。在 *p* 側的電洞擴散進入 *n* 側，而 *n* 側的電子擴散進入 *p* 側。當電洞持續離開 *p* 側，在接面附近的部分負受體（acceptor）離子（N_A^-）未能夠受到補償，此乃因受體被固定在半導體晶格，而電洞則可移動。相同的，在接面附近的部分正施體（donor）離子（N_D^+）在電子離開 *n* 側時，未能得到補償。

　　因此，負的空間電荷（space charge）在接近接面 *p* 側形成，而正的空間電荷在接近接面 *n* 側形成。此空間電荷區域產生了一電場，其方向是由正空間電荷指向負空間電荷，如圖 2b 上半部所示。

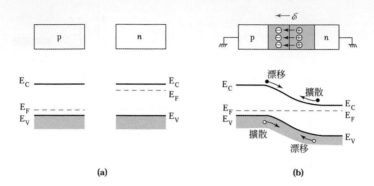

圖2 （a）形成接面前均勻摻雜 p 型和 n 型半導體，（b）熱平衡時，在空乏區的電場及 p-n 接面的能帶圖。

　　對個別的帶電載子而言，電場的方向和擴散（diffusion）電流的方向相反。圖 2b 下方顯示，電洞擴散電流由左至右流動，而電場引起的電洞漂移電流由右至左移動。電子擴散電流由左至右流動，而電子漂移電流移動的方向剛好相反。應注意由於帶負電之故，電子由右至左擴散，恰與電流方向相反。

3.1.2　平衡態費米能階

在熱平衡時，也就是在一給定溫度，沒有任何外加刺激的穩態條件之下，流經接面的電子和電洞電流淨值為零。因此，對於每一種載子，電場造成的漂移電流必須與濃度梯度造成的擴散電流完全抵銷。由第二章的式（32），

$$J_p = J_p(\text{漂移}) + J_p(\text{擴散})$$

$$= q\mu_p p\mathcal{E} - qD_p \frac{dp}{dx}$$

$$= q\mu_p p\left(\frac{1}{q}\frac{dE_i}{dx}\right) - kT\mu_p \frac{dp}{dx} = 0 \qquad (1)$$

其中我們對電場用了第二章的式（8）和愛因斯坦關係式（Einstein relation）$D_p = (kT/q)$ μ_p。將電洞濃度的關係式

$$p = n_i e^{(E_i - E_F)/kT} \tag{2}$$

和其導數

$$\frac{dp}{dx} = \frac{p}{kT}\left(\frac{dE_i}{dx} - \frac{dE_F}{dx}\right) \tag{3}$$

帶入式（1），得到淨電洞電流密度為

$$J_p = \mu_p p \frac{dE_F}{dx} = 0 \tag{4}$$

或

$$\frac{dE_F}{dx} = 0 \tag{5}$$

相同的，我們得到淨電子電流密度為

$$J_n = J_n(\text{漂移}) + J_n(\text{擴散})$$

$$= q\mu_n n \mathcal{E} + qD_n \frac{dn}{dx}$$

$$= \mu_n n \frac{dE_F}{dx} = 0 \tag{6}$$

或

$$\frac{dE_F}{dx} = 0$$

因此，對淨電子和電洞電流密度為零的情況，整個樣本上的費米能階必須是常數（亦即與 x 無關），如圖 2b 所繪的能帶圖。

在熱平衡下，定值費米能階導致在接面形成特殊的空間電荷分佈。我們分別在圖 3a 及 3b，再次表示一維的 p-n 接面和對應的熱平衡能帶圖。此一特殊空間電荷分佈和靜電位（electrostatic potential）ψ 之關係可由波松方程式（Poisson's equation）得到：

$$\frac{d^2\psi}{dx^2} \equiv -\frac{d\mathcal{E}}{dx} = -\frac{\rho_s}{\varepsilon_s} = -\frac{q}{\varepsilon_s}\left(N_D - N_A + p - n\right) \tag{7}$$

在此我們假設所有的施體和受體皆已游離化。

在遠離冶金接面（metallurgical junction）的區域，電荷保持中性，且總空間電荷密度為零。對這些中性區域，我們可將式（7）簡化為

$$\frac{d^2\psi}{dx^2} = 0 \tag{8}$$

和

$$N_D - N_A + p - n = 0 \tag{9}$$

對於 p 型中性區，我們假設 $N_D = 0$ 和 $p \gg n\circ p$ 型中性區相對於費米能階的靜電位，在圖 3b 標示為 ψ_p，可以由設定式（9）中 $N_D = n = 0$ 及將結果（$p = N_A$）代入式（2）而得：

$$\psi_p \equiv -\frac{1}{q}\left(E_i - E_F\right)\Big|_{x \leq -x_p} = -\frac{kT}{q}\ln\left(\frac{N_A}{n_i}\right) \tag{10}$$

相同的，我們可得 n 型中性區相對於費米能階的靜電位：

$$\psi_n \equiv -\frac{1}{q}\left(E_i - E_F\right)\Big|_{x \geq x_n} = \frac{kT}{q}\ln\left(\frac{N_D}{n_i}\right) \tag{11}$$

在熱平衡時，p 側和 n 側中性區的總靜電位差被稱為*內建電位*（built-in potential）V_{bi}：

$$V_{bi} = \psi_n - \psi_p = \frac{kT}{q}\ln\left(\frac{N_A N_D}{n_i^2}\right) \tag{12}$$

3.1.3 空間電荷

由中性區移向接面，我們會遇到一窄小的過渡區，如圖 3c 所示。在此雜質離子的空間電荷部分被移動載子補償。超越了過渡區域，我們進入移動載子密度為零的完全空乏區。這個區域稱為*空乏區*（*depletion region*；也叫做空間電荷區

（space-charge region））。對於一般矽和砷化鎵的 *p-n* 接面，其各自過渡區的寬度遠比空乏區的寬度要小。因此，我們可以忽略過渡區，而以長方形分佈來表示空乏區，如圖 3d 所示，其中 x_P 和 x_n 分別代表 *p* 側和 *n* 側，在 $p = n = 0$ 時的完全空乏層寬度（depletion layer width）。式（7）成為

$$\frac{d^2\psi}{dx^2} = \frac{q}{\varepsilon_s}(N_A - N_D)$$

(13)

由式（10）和式（11）計算，在不同摻雜濃度時，矽和砷化鎵之$|\psi_p|$和ψ_n值大小，如圖 4 所示。對於一給定的摻雜濃度，因為砷化鎵有較小的本質濃度 n_i，其靜電位較高。

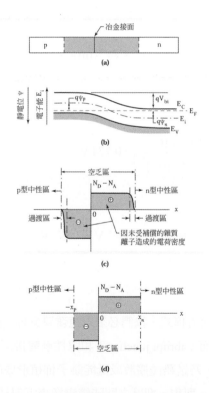

圖 3 （a）在冶金接面有陡摻雜變化的 *p-n* 接面，（b）在熱平衡下陡接面的能帶圖，（c）空間電荷分佈，（d）空間電荷分佈的長方形近似。

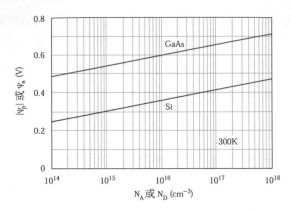

圖 4　矽（Si）和砷化鎵（GaAs）的 p 側和 n 側陡接面的靜電位和雜質濃度的函數關係。

範例 1

計算一矽 *p-n* 接面的內建電位，在 300K，其 $N_A = 10^{18}$ cm^{-3} 和 $N_D = 10^{15}$ cm^{-3}。

解

由式（12），我們得到

$$V_{bi} = (0.0259)\ln\left[\frac{10^{18} \times 10^{15}}{\left(9.65 \times 10^{9}\right)^{2}}\right] = 0.774 \text{ V}$$

並由圖 4，

$$V_{bi} = \psi_n + \left|\psi_p\right| = 0.30 \text{ V} + 0.47 \text{ V} = 0.77 \text{ V}$$

3.2 空乏區

為求解式（13）的波松方程式，我們必須知道雜質分佈。在本節中，我們將考慮兩種重要的例子，即陡接面（abrupt junction）和線性漸變接面（linearly graded junction）。圖 5a 顯示一*陡接面*，乃是藉淺擴散或低能離子佈植形成的 *p-n* 接面。接面的雜質分佈可以用摻雜濃度在 *n* 型和 *p* 型區之間陡峭變換來近似。圖 5b 顯示一*線性漸變接面*。對於深擴散或高能離子佈植，雜質側圖可以被近似成線性漸變接面，亦即雜質分佈在接面呈線性變化。我們將會考慮這兩種接面的空乏區。

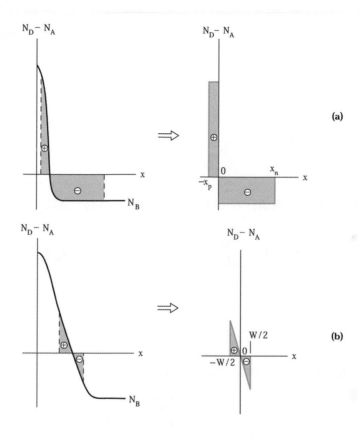

圖 5　摻雜側圖的近似。(a) 陡接面，(b) 線性漸變接面。

3.2.1　陡接面

陡接面的空間電荷分佈如圖 6a 所示。在空乏區域，自由載子完全空乏，所以式（13）波松方程式可簡化為

$$\frac{d^2\psi}{dx^2} = +\frac{qN_A}{\varepsilon_s} \qquad 於 \quad -x_p \leq x < 0 \tag{14a}$$

$$\frac{d^2\psi}{dx^2} = -\frac{qN_D}{\varepsilon_s} \qquad 於 \quad 0 < x \leq x_n \tag{14b}$$

半導體的總空間電荷中性（charge neutrality）要求 p 側每單位面積總負空間電荷必須精準的和 n 側每單位面積總正空間電荷相同：

$$N_A x_p = N_D x_n \tag{15}$$

總空乏層寬度 W 即為

$$W = x_p + x_n \tag{16}$$

顯示在圖 6b 的電場由積分式（14a）和式（14b）得到，其結果為

$$\mathscr{E}(x) = -\frac{d\psi}{dx} = -\frac{qN_A(x+x_p)}{\varepsilon_s} \quad \text{於} \quad -x_p \leq x < 0 \tag{17a}$$

和

$$\mathscr{E}(x) = -\mathscr{E}_m + \frac{qN_D x}{\varepsilon_s} = \frac{qN_D}{\varepsilon_s}(x - x_n) \quad \text{於} \quad 0 < x \leq x_n \tag{17b}$$

其中 $\mathscr{E}_m$ 是存在 $x=0$ 處的最大電場，可表示為

$$\mathscr{E}_m = \frac{qN_D x_n}{\varepsilon_s} = \frac{qN_A x_p}{\varepsilon_s} \tag{18}$$

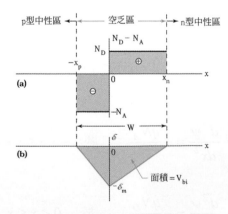

圖 6 （a）在熱平衡時，空乏區內的空間電荷分佈，（b）電場分佈。陰影面積為內建電位。

將式（17a）和式（17b）對空乏區積分，可得到總電位變化，此即內建電位（built-in potential）V_{bi}：

$$V_{bi} = -\int_{-x_p}^{x_n} (x)\,dx = -\int_{-x_p}^{0} (x)\,dx\Big|_{p側} - \int_{0}^{x_n} (x)\,dx\Big|_{n側}$$

$$= \frac{qN_A x_p^2}{2\varepsilon_s} + \frac{qN_D x_n^2}{2\varepsilon_s} = \frac{1}{2}\,\mathscr{E}_m W \tag{19}$$

因此，在圖 6b 的電場三角形面積即為內建電位。

結合式（15）至式（19）得到以內建電位為函數的總空乏層寬度。

$$W = \sqrt{\frac{2\varepsilon_s}{q}\left(\frac{N_A + N_D}{N_A N_D}\right)V_{bi}} \tag{20}$$

當陡接面一側的雜質濃度遠較另一側高，稱為*單側陡接面*（one-sided abrupt junction）（圖 7a）。圖 7b 顯示單側陡 p^+-n 接面的空間電荷分佈，其中 $N_A \gg N_D$。在這個例子，p 側空乏層寬度較 n 側小很多（也就是 $x_p \ll x_n$），W 的表示式可以簡化為

$$W \cong x_n = \sqrt{\frac{2\varepsilon_s V_{bi}}{qN_D}} \tag{21}$$

電場分佈的表示式和式（17b）相同：

$$\mathscr{E}(x) = -\mathscr{E}_m + \frac{qN_B x}{\varepsilon_s} \tag{22}$$

其中 N_B 是輕摻雜的本體（bulk）濃度（意指，p^+-n 接面的 N_D）。電場在 $x=W$ 處降為零。因此

$$\mathscr{E}_m = \frac{qN_B W}{\varepsilon_s} \tag{23}$$

和

$$\mathcal{E}\left(x\right) = \frac{qN_B}{\varepsilon_s}\left(-W + x\right) = -\mathcal{E}_m\left(1 - \frac{x}{W}\right) \tag{24}$$

如圖 7c 所示。

再一次積分波松方程式，可得到電位分佈

$$\psi\left(x\right) = -\int_0^x \mathcal{E}\ dx = \mathcal{E}_m\left(x - \frac{x^2}{2W}\right) + 常數 \tag{25}$$

以 p 型中性區作參考零電位，或 $\psi(0) = 0$，並且使用式（19），可得

$$\psi(x) = \frac{V_{bi}x}{W}\left(2 - \frac{x}{W}\right) \tag{26}$$

電位分佈如圖 7d 所示。

範例 2

一矽單側陡接面，其 $N_A = 10^{19}$ cm^{-3} 和 $N_D = 10^{16}$ cm^{-3}，計算在零偏壓時的空乏層寬度和最大電場（$T = 300$ K）。

解

由式（12）、（21）和（23），我們得到

$$V_{bi} = 0.0259\ln\left[\frac{10^{19} \times 10^{16}}{\left(9.65 \times 10^9\right)^2}\right] = 0.895 \text{ V}$$

$$W \cong \sqrt{\frac{2\varepsilon_s V_{bi}}{qN_D}} = 3.41 \times 10^{-5} \text{ cm} = 0.341 \text{ μm}$$

$$\mathcal{E}_m = \frac{qN_B W}{\varepsilon_s} = 0.52 \times 10^4 \text{ V/cm}$$

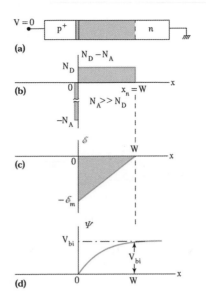

圖 7　（a）在熱平衡時，單側陡接面（其中 $N_A \gg N_D$），（b）空間電荷分佈，
　　　（c）電場分佈，（d）隨距離改變的電位分佈，其中 V_{bi} 為內建電位。

　　前面的討論是對於在一熱平衡沒有外加偏壓的 *p-n* 接面。再次顯示於圖 8a，其平衡能帶圖顯示橫跨接面的總靜電位為 V_{bi}。從 *p* 側到 *n* 側其對應的電位能差為 qV_{bi}。假如我們在 *p* 側加一相對於 *n* 側的正電壓 V_F，*p-n* 接面成為順向偏壓，如圖 8b 所示。跨過接面的總靜電位減少 V_F，亦即成為 $V_{bi}-V_F$。因此，順向偏壓降低空乏層寬度。

　　反之，如圖 8c 所示，如果我們在 *n* 側加上相對於 *p* 側的正電壓 V_R，*p-n* 接面成為逆向偏壓，且跨過接面的總靜電位增加了 V_R，亦即成為 $V_{bi}+V_R$。在此我們發現逆向偏壓會增加空乏層寬度。將這些電壓值代入式（21），得到單側陡接面空乏層寬度對外加電壓之函數：

$$W = \sqrt{\frac{2\varepsilon_s \left(V_{bi}-V\right)}{qN_B}} \tag{27}$$

其中 N_B 是輕摻雜的本體濃度，對於順向偏壓，V 是正值，對於逆向偏壓，V 是負值。要注意空乏區寬度 W 是隨跨過接面的總靜電位差的平方根變化。

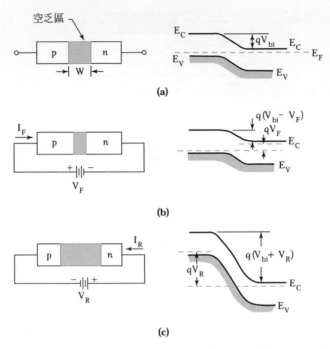

圖 8　不同偏壓條件下，*p-n* 接面的空乏層寬度和能帶表示圖。（a）熱平衡狀態下，
（b）順向偏壓狀態下，（c）逆向偏壓狀態下。

3.2.2　**線性漸變接面**

我們首先考慮熱平衡的情形。線性漸變接面的雜質分佈如圖 9a 所示。波松方程式在
此為

$$\frac{d^2\psi}{dx^2} = \frac{-d\mathcal{E}}{dx} = \frac{-\rho_s}{\varepsilon_s} = \frac{-q}{\varepsilon_s} ax \qquad -\frac{W}{2} \le x \le \frac{W}{2} \tag{28}$$

其中 *a* 是雜質梯度（單位是 cm^{-4}），且 *W* 為空乏層寬度。

　　我們已經假設移動載子在空乏區是可忽略的。用電場在 ±*W*/2 處為零的的邊界條
件，藉由積分式（28）一次，我們得到電場分佈如圖 9b 所示

$$\mathcal{E}(x) = -\frac{qa}{\varepsilon_s}\left[\frac{(W/2)^2 - x^2}{2}\right] \tag{29}$$

在 $x = 0$ 處的最大電場為

$$\mathcal{E}_m = \frac{qaW^2}{8\varepsilon_s} \qquad (29a)$$

再一次積分式（28），可同時得到電位分佈和其對應的能帶圖，分別如圖 9c 和 9d 所示。內建電位和空乏層寬度為

$$V_{bi} = \frac{qaW^3}{12\varepsilon_s} \qquad (30)$$

和

$$W = \left(\frac{12\varepsilon_s V_{bi}}{qa} \right)^{1/3} \qquad (31)$$

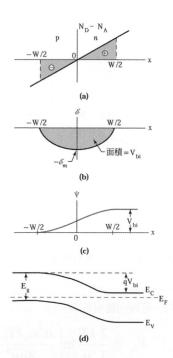

圖 9　在熱平衡下，線性漸變接面。（a）雜質分佈，（b）電場分佈，（c）電位分佈，（d）能帶圖。

因為在空乏區邊緣（$-W/2$ 和 $W/2$）的雜質濃度一樣，且都等於 $aW/2$，所以線性漸變接面的內建電位可以類似式（12）的形式表示[1]

$$V_{bi} = \frac{kT}{q} \ln\left[\frac{(aW/2)(aW/2)}{n_i^2}\right] = \frac{2kT}{q} \ln\left(\frac{aW}{2n_i}\right) \tag{32}$$

用式（31）和式（32）消去 W，來得到此超越函數（transcendental equation）的解，得到內建電位為 a 的函數。矽和砷化鎵線性漸變接面的結果如圖 10 所示。

當順向偏壓或逆向偏壓施加在線性漸變接面時，空乏層的寬度變化和能帶圖會和圖 8 所示的陡接面相似。但空乏層寬度將隨 $(V_{bi} - V)^{1/3}$ 變化，其中對順向偏壓，V 為正值；對逆向偏壓，V 為負值。

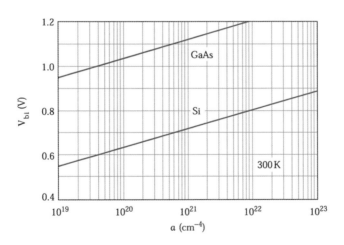

圖 10　Si 和 GaAs 線性漸變接面的內建電位和雜質梯度的函數關係。

---

[1]。 基於精確的數值技巧，可得內建電位為

$$V_{bi} = \frac{2}{3}\frac{kT}{q}\ln\left(\frac{a^2 \varepsilon_s kT/q}{8qn_i^3}\right)$$

對一給定雜質梯度，V_{bi} 比由式（32）計算得到的值大約小 0.05 到 0.1 V。

範例 3

對於一雜質梯度為 $10^{20}\,\mathrm{cm}^{-4}$ 的矽線性漸變接面。計算最大電場和內建電壓（T= 300 K）：

解

為了解出如式(32)的複雜方程式，我們可以利用簡單的數值方法來得到內建電位(V_{bi})及空乏區寬度(W)。藉由式(31)與合理的 V_{bi} 值(如：0.3V)，我們可以計算出 W 為 $0.619\,\mu m$。接著，將 W 及 a 代入式(32)可獲得 V_{bi} 為 0.657V。此 V_{bi} 值代入式(31)可獲得一個新的 W，然後計算一個新的 V_{bi}。經由多次計算的結果顯示在下列表格。由此，我們可以得到最後的 V_{bi} 為 0.671V 與 W 為 $0.809\,\mu m$。

試驗	1	2	3	4	5
$V_{bi}(V)$	0.3	0.657	0.670	0.671	0.671
$W\,(\mu m)$	0.619	0.804	0.809	0.809	0.809

$$\mathscr{E}_m = \frac{qaW^2}{8\varepsilon_s} = \frac{1.6\times10^{-19}\times10^{20}\times\left(0.809\times10^{-4}\right)^2}{8\times11.9\times8.85\times10^{-14}} = 1.24\times10^{-4}\,\mathrm{V/cm}$$

3.3 空乏電容

單位面積接面空乏層電容（depletion layer capacitance）的定義為 $C_j = dQ/dV$，其中 dQ 是外加電壓變化 dV 時，單位面積空乏層電荷的增量。[2]

圖 11 表示任意雜質分佈之 *p-n* 接面的空乏電容。實線代表電壓加在 *n* 側時對應的電荷和電場分佈。如果電壓增加 dV 的量，電荷和電場分佈會擴張到虛線的區域。

---

[2]此電容也被稱為轉換區電容（transition region capacitance）。

在圖 11b 中，空乏區兩側兩個電荷分佈曲線間的著色區域相當於電荷增量 dQ。n 側或 p 側的空間電荷增量相等，而其電荷極性相反，因此總體電荷仍然維持中性。電荷增量 dQ 造成電場增加 $d\mathcal{E} = dQ/\varepsilon_s$（由波松方程式）。圖 11c 的陰影區域表示其對應的外加電壓增量 dV，大約為 $Wd\mathcal{E}$，也等於 WdQ/ε_s。因此，單位面積的空乏電容為

$$C_j \equiv \frac{dQ}{dV} = \frac{dQ}{W\dfrac{dQ}{\varepsilon_s}} = \frac{\varepsilon_s}{W} \tag{33}$$

或

$$\boxed{C_j = \frac{\varepsilon_s}{W} \qquad 法拉／平方公分（F/cm^2）} \tag{33a}$$

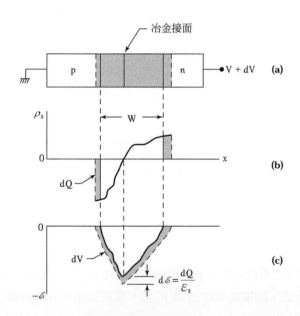

圖 11　（a）逆向偏壓下，任意雜質側圖的 *p-n* 接面，（b）空間電荷分佈隨外加偏壓變換之改變，（c）相對應的電場分佈變化。

3.3.1 電容－電壓特性

式（33）的每單位面積的空乏電容和平行板電容的標準表示式相同，其中兩平板的距離代表空乏層的寬度。此方程式對任意雜質分佈都適用。

在推導式（33）時，我們假設只有在空乏區變化的空間電荷對電容值有貢獻。這對逆向偏壓的狀態當然是很好的假設。然而對順向偏壓而言，大量電流可以流過接面，相當於中性區有大量的移動載子。這些隨著偏壓增加的移動載子增量變化會促成額外一項電容，稱為擴散電容（diffusion capacitance），將於 3.5 節討論。

對一單側陡接面，我們由式（27）和（33）得到

$$C_j = \frac{\varepsilon_s}{W} = \sqrt{\frac{q\varepsilon_s N_B}{2(V_{bi} - V)}} \tag{34}$$

或

$$\boxed{\frac{1}{C_j^{\,2}} = \frac{2(V_{bi} - V)}{q\varepsilon_s N_B}} \tag{35}$$

明顯的由式（35），對單側陡接面而言，將 $1/C_j^2$ 對 V 作圖，可以得到一直線。其斜率為基板的雜質濃度 N_B，而截距（在 $1/C_j^2 = 0$）為 V_{bi}。

範例 4

對一矽單側陡接面，其中 $N_A = 2 \times 10^{19}$ cm^{-3} 和 $N_D = 8 \times 10^{15}$ cm^{-3}，計算零偏壓和逆向偏壓 4 V 時的接面電容（junction capacitance）（$T = 300$ K）。

解

從式（12），（27）和（34），我們得到在零偏壓：

$$V_{bi} = 0.0259 \ln \frac{2 \times 10^{19} \times 8 \times 10^{15}}{\left(9.65 \times 10^9\right)^2} = 0.906 \text{ V}$$

$$W\big|_{V=0} \cong \sqrt{\frac{2\varepsilon_s V_{bi}}{qN_D}} = \sqrt{\frac{2 \times 11.9 \times 8.85 \times 10^{-14} \times 0.906}{1.6 \times 10^{-19} \times 8 \times 10^{15}}} = 3.86 \times 10^{-5} \text{ cm} = 0.386 \text{ μm}$$

$$C_j\big|_{V=0} = \frac{\varepsilon_s}{W\big|_{V=0}} = \sqrt{\frac{q\varepsilon_s N_B}{2V_{bi}}} = 2.728 \times 10^{-8} \text{ F/cm}^2$$

從式（27）和（34），我們得到在逆向偏壓 4 V：

$$W\big|_{V=-4} \cong \sqrt{\frac{2\varepsilon_s(V_{bi}-V)}{qN_D}} = \sqrt{\frac{2 \times 11.9 \times 8.85 \times 10^{-14} \times (0.906+4)}{1.6 \times 10^{-19} \times 8 \times 10^{15}}}$$

$$= 8.99 \times 10^{-5} \text{ cm} = 0.899 \text{ μm}$$

$$C_j\big|_{V=-4} = \frac{\varepsilon_s}{W\big|_{V=-4}} = \sqrt{\frac{q\varepsilon_s N_B}{2(V_{bi}-V)}} = 1.172 \times 10^{-8} \text{ F/cm}^2$$

3.3.2　雜質分佈估算

電容－電壓的特性可用來估算任意雜質的分佈。我們考慮 p^+-n 接面的例子，其 n 側的摻雜側圖（profile）如圖 12a 所示。如前所述，對於外加電壓增量 dV，空乏層電荷的單位面積電荷的增量 dQ 為 $qN(W)$ dW（即圖 12b 之陰影區域）。其對應的外加電壓變化為（圖 12c 的陰影區域）

$$dV \cong (d\mathcal{E})\ W = \left(\frac{dQ}{\varepsilon_s}\right)W = \frac{qN(W)\ d\ W^2}{2\varepsilon_s} \tag{36}$$

而 W 以式（33）代入，我們得到在空乏區邊緣的雜質濃度表示式為：

$$N(W) = \frac{2}{q\varepsilon_s}\left[\frac{1}{d(1/C_j^{\ 2})/dV}\right] \tag{37}$$

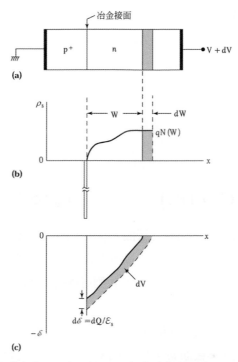

圖 12 （a）任意雜質分佈的 p^+-n 接面，（b）在輕摻雜側，因外加偏壓改變之空間電荷改變，（c）相對應的電場分佈變化。

因此，我們可以測量每單位面積的電容值和逆向偏壓的關係，並對 $1/C_j^2$ 和 V 的關係作圖。由圖形的斜率，也就是 $d(1/C_j^2)/dV$，可得到 $N(W)$。同時，W 可由式（33）得到。一連串這樣的計算可以產生一完整的雜質側圖。這方法稱為量測雜質側圖之 C-V 法。

對於一線性漸變接面，空乏層電容由式（31）和（33）得到：

$$C_j = \frac{\varepsilon_s}{W} = \left[\frac{qa\varepsilon_s^2}{12(V_{bi} - V)} \right]^{1/3} \qquad \text{F/cm}^2 \qquad (38)$$

對於此種接面，我們可將 $1/C^3$ 對 V 作圖，而由斜率和截距分別得到雜質梯度和 V_{bi}。

3.3.3 變容器

許多電路應用使用 p-n 接面在逆向偏壓時電壓變化的特性。被設計用來達成此一目的 p-n 接面稱為變容器（$varactor$），即為可變電容器（variable reactor）的縮寫。如同前面推導的結果（式(34)陡接面式(38)線性漸變接面），逆向偏壓空乏電容為

$$C_j \propto \left(V_{bi} + V_R\right)^{-n} \tag{39}$$

或

$$C_j \propto \left(V_R\right)^{-n} \quad 於 \quad V_R \gg V_{bi} \tag{39a}$$

其中對線性漸變接面 $n = {}^1\!/_3$，而對陡接面 $n = {}^1\!/_2$。因此，就 C 的電壓靈敏度（即 C 對 V_R 的變化）而言，陡接面比線性漸變接面來的大。藉由使用指數 n（式（39））大於 ${}^1\!/_2$ 的超陡接面（hyperabrupt junction），我們可以進一步的增加電壓靈敏度。

圖 13 顯示三個 p^+-n 的摻雜側圖，其施體分佈 $N_D(x)$ 可表為 $B(x/x_0)^m$，其中 B 和 x_0 是常數，而對線性漸變接面 $m = 1$，對陡接面 $m = 0$，對超陡接面 $m \cong 3/2$。超陡接面側圖可由第十一章所討論的磊晶成長（epitaxial growth）技術製備。為了得到電容－電壓關係，我們求解下列的方程式：

$$\frac{d^2\psi}{dx^2} = -B\left(\frac{x}{x_0}\right)^m \tag{40}$$

選取適當的邊界條件對式（40）積分兩次，得到空乏層寬度和逆向偏壓的相依關係，就如同推導陡接面及線性漸變接面：

$$W \propto \left(V_R\right)^{1/(m+2)} \tag{41}$$

因此

$$C_j = \frac{\varepsilon_s}{W} \propto \left(V_R\right)^{-1/(m+2)} \tag{42}$$

比較式（42）和式（39a）得到 $n = 1/(m+2)$。對於 $n > {}^1\!/_2$ 之超陡接面，m 須是負值。

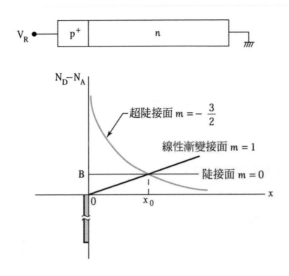

圖 13 超陡接面、單側陡接面和單側線性漸變接面的雜質側圖。

藉由選取不同的 *m* 值，可以得到很大的 C_j 對 V_R 變化範圍，來作各種特殊應用。一個有趣的範例，如圖 13 所示，為 *m* = −3/2 的例子。在這個例子中，*n* = 2。當此變容器被接到一震盪電路的電感 *L*，其震盪頻率隨著加到變容器的電壓呈線性的變化：

$$\omega_r = \frac{1}{\sqrt{LC_j}} \propto \frac{1}{\sqrt{V_R^{-n}}} = V_R \qquad \text{於 } n=2 \qquad (43)$$

3.4 電流－電壓特性

外加在 *p-n* 接面的電壓將會打亂電子和電洞的擴散及漂移電流間的均衡。如圖 14a 中間所示，在順向偏壓時，外加電壓減低跨過空乏區的靜電位。在 *n* 側導電帶中有更多高能量尾巴的電子有足夠的能量克服較小的能障然後從 *n* 側擴散到 *p* 側，如第一章中圖 22d 所顯示。相同地，*p* 側價電帶中的電洞克服了較小的能障擴散到 *n* 側。因此，少數載子注入的現象發生，亦即電子注入 *p* 側，而電洞注入 *n* 側。在逆向偏壓之下，外加的電壓增加了跨過空乏區的靜電位，如圖 14b 中間所示。如此將大大的減少擴散電流。對於漂移電流來說，儘管能障改變，電流幾乎是一樣的。因為在 p 或是 n 側低濃度的少數電子或電洞，在進入過渡區後會漂移到 n 或是 p 側，而漂移電流主要決定於少數載子的數目，且這些少數載子幾乎以它們的飽和速度來行進。漂移電流以及擴散電流同時存在於空乏區中，使得較難推導出電流方程式。因此，我們只藉由在空乏區外部的擴散電流來推導出電流方程式。在本節中，我們首先考慮理想的電流－電壓特性。然後討論因為產生（generation）和復合（recombination）及其他效應而導致偏離理想特性的情況。

3.4.1 理想特性

我們在推導理想電流－電壓特性時，將基於以下的假設：（a）空乏區為陡邊界，且假設在邊界之外，半導體為電中性。（b）在邊界的載子密度和跨過接面的靜電位差有關。（c）低注入（low injection）情況，亦即注入的少數載子密度遠小於多數載子密度；（換句話說，在中性區的邊界上，多數載子的密度因加上偏壓而改變的量可忽略）。（d）在空乏區內並無產生（generation） 和復合（recombination）電流，且電子和電洞電流在整個空乏區內為常數。至於偏離理想假設的情況，將在下節討論。

在熱平衡時，中性區的多數載子濃度大致與摻雜濃度相等。我們用下標 n 和 p 來表示半導體型態，下標 o 表示熱平衡狀態。因此，n_{no} 和 n_{po} 分別為在 n 和 p 側的平衡電子密度。式（12）內建電位表示式可重新寫為

$$V_{bi} = \frac{kT}{q} \ln \frac{p_{po} n_{no}}{n_i^2} = \frac{kT}{q} \ln \frac{n_{no}}{n_{po}} \tag{44}$$

其中上式應用了質量作用定律（mass action law） $p_{po} n_{po} = n_i^2$。重新整理式（44），得到

$$n_{no} = n_{po} e^{q V_{bi}/kT} \tag{45}$$

同理，我們得到

$$p_{po} = p_{no} e^{q V_{bi}/kT} \tag{46}$$

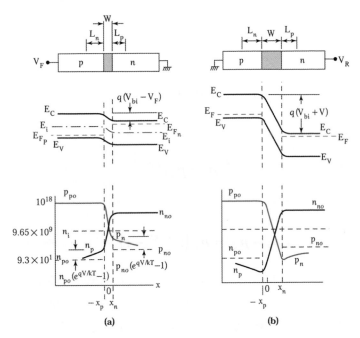

圖 14 空乏區，能帶圖和載子分佈。（a）順向偏壓，（b）逆向偏壓。

從式（45）和（46），我們注意到在空乏區的兩個邊界上，電子和電洞密度與熱平衡時之靜電位差 V_{bi} 有關。由我們第二個假設，我們預期在外加電壓改變靜電位差時，仍然保持相同的關係式。

　　當加上一順向偏壓，靜電位差減為 $V_{bi} - V_F$；但是當加上一逆向偏壓，靜電位差增為 $V_{bi} + V_R$。因此，式（45）被修正為

$$n_n = n_p e^{q(V_{bi}-V)/kT} \tag{47}$$

其中 n_n 和 n_p 分別是在 n 和 p 側空乏區邊界的非平衡態電子密度。在順向偏壓時，V 為正值，而在逆向偏壓時，V 為負值。在低注入情況下，注入的少數載子密度遠比多數載子密度要少，因此，$n_n \cong n_{no}$。將此條件以及式（45）代入式（47），得到在 p 側空乏區邊界（$x \cong x_p$）的電子密度：

$$n_p = n_{po} e^{qV/kT} \tag{48}$$

或

$$n_p - n_{po} = n_{po}\left(e^{qV/kT} - 1\right) \tag{48a}$$

同理，我們得到

$$p_n = p_{no} e^{qV/kT} \tag{49}$$

或

$$p_n - p_{no} = p_{no}\left(e^{qV/kT} - 1\right) \tag{49a}$$

在 n 型的邊界 $x = x_n$。圖 14 顯示 p-n 接面在順向和逆向偏壓時的能帶圖和載子濃度。注意在順向偏壓下，邊界（x_p 和 x_n）的少數載子密度實際上比平衡時要大；但在逆向偏壓下，少數載子密度比平衡時要小。式（48）和（49）定義了在空乏區邊界的的少數載子密度。這些方程式對理想電流電壓特性而言是最重要的邊界條件。在空乏區中，載子分佈的斜率隨著順向偏壓而減少，如圖 14 所示。這是由於載子從較窄的空乏寬度快速掃過。

在我們理想化的假設之下，空乏區內沒有電流產生；所有的電流來自中性區。n 型中性區域沒有電場，因此穩態連續方程式（steady-state continuity equation）簡化為

$$\frac{d^2 p_n}{dx^2} - \frac{p_n - p_{no}}{D_p \tau_p} = 0 \tag{50}$$

以式（49）和 $p_n (x = \infty) = p_{no}$ 為邊界條件，式（50）的解為

$$p_n - p_{no} = p_{no}\left(e^{qV/kT} - 1\right) e^{-(x-x_n)/L_p} \tag{51}$$

其中 L_p 等於 $\sqrt{D_p\tau_p}$ ，為 n 區電洞（少數載子）的擴散長度（diffusion length）。

在 $x = x_n$ ，

$$J_p(x_n) = -qD_p\frac{dp_n}{dx}\Bigg|_{x_n} = \frac{qD_pp_{no}}{L_p}\left(e^{qV/kT}-1\right) \tag{52}$$

相同的，我們得到在 p 型中性區

$$n_p - n_{po} = n_{po}\left(e^{qV/kT}-1\right)e^{(x+x_p)/L_n} \tag{53}$$

和

$$J_n(-x_p) = qD_n\frac{dn_p}{dx}\Bigg|_{-x_p} = \frac{qD_nn_{po}}{L_n}\left(e^{qV/kT}-1\right) \tag{54}$$

其中 L_n 等於 $\sqrt{D_n\tau_n}$ ，是電子的擴散長度。少數載子密度（式（51）和（53））如圖 15 中間所示。

圖中說明少數載子離開邊界時，注入的少數載子會和多數載子復合。電子和電洞電流如圖 15 底部所示。在邊界的電子和電洞電流分別由式（52）和（54）得到。在 n 區，電洞擴散電流以擴散長度 L_p 呈指數型態衰減；而在 p 區，電子擴散電流以擴散長度 L_n 呈指數型態衰減。

通過元件的總電流為常數，且為式（52）和（54）的總合：

$$\boxed{J = J_p(x_n) + J_n(-x_p) = J_s\left(e^{qV/kT}-1\right)} \tag{55}$$

$$\boxed{J_s \equiv \frac{qD_pp_{no}}{L_p} + \frac{qD_nn_{po}}{L_n}} \tag{55a}$$

其中 J_s 是飽和電流密度（saturation current density）。式（55）為*理想二極體方程式*[1]
（*ideal diode equation*）。圖 16a 和 16b 分別為以直角座標（Cartesian，或譯卡氏座標）

和半對數圖（semilog plot）表示之理想電流－電壓特性。在 p 側加上正偏壓為正方向，且 $V \geq 3kT/q$ 時，電流增加率為常數，如圖 16b 所示。在 300K， 電流每改變 10 倍時，對一個理想二極體的電壓改變量為 60 mV（= 2.3 kT/q）。在反方向時，電流密度在 $-J_s$ 飽和。

p^+-n 接面全部電流為

$$J \equiv \frac{qD_p p_{no}}{L_p} \left(e^{qV/kT} - 1\right) = \frac{qD_p}{L_p} N_V \left(e^{[qV-(E_F-E_V)]/kT} - 1\right) \tag{55b}$$

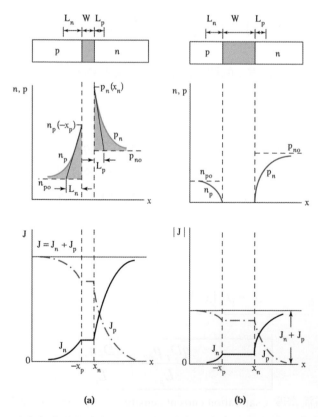

(a)　　　　　　　　　　(b)

圖 15　注入的少數載子分佈與電子和電洞電流。（a）順向偏壓，（b）逆向偏壓。
此圖顯示理想電流。對於實際元件，電流在空間電荷層並非定值。

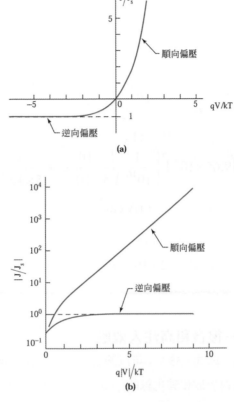

圖 16 理想電流–電壓特性。（a）直角座標圖，（b）半對數圖。

如果順向偏壓小於$(E_F-E_V)/q$電流會是小的。如果順向偏壓稍為大於$(E_F-E_V)/q$則電流會急遽的增加。這個切入電壓以電子伏特來看，會稍微低於能隙值，如圖 1 中所示。基本上切入電壓隨著能隙而增加。

範例 5

計算矽 p-n 接面二極體的理想逆向飽和電流，其截面積為 2×10^{-4} cm^2。二極體的參數是

$N_A = 5 \times 10^{16}$ cm^{-3}，$N_D = 10^{16}$ cm^{-3}，$n_i = 9.65 \times 10^9$ cm^{-3}

$D_n = 21$ 平方公分/秒 (cm^2/s)，$D_p = 10$ cm^2/s，$\tau_p = \tau_n = 5 \times 10^{-7}$ s

解

由式（55a）和 $L_p = \sqrt{D_p \tau_p}$，我們得到

$$J_s = \frac{qD_p p_{n0}}{L_p} + \frac{qD_n n_{p0}}{L_n} = qn_i^2 \left(\frac{1}{N_D}\sqrt{\frac{D_p}{\tau_p}} + \frac{1}{N_A}\sqrt{\frac{D_n}{\tau_n}} \right)$$

$$= 1.6 \times 10^{-19} \times \left(9.65 \times 10^9 \right)^2 \left(\frac{1}{10^{16}}\sqrt{\frac{10}{5 \times 10^{-7}}} + \frac{1}{5 \times 10^{16}}\sqrt{\frac{21}{5 \times 10^{-7}}} \right)$$

$$= 8.58 \times 10^{-12} \text{ 安培/平方公分 } (\text{A/cm}^2)$$

由截面積 $A = 2 \times 10^{-4} \text{ cm}^2$，我們得到

$$I_s = A \times J_s = 2 \times 10^{-4} \times 8.58 \times 10^{-12} = 1.72 \times 10^{-15} \text{ A}$$

3.4.2　產生－復合和高注入效應

理想的二極體方程式，即式（55），可以適當的描述鍺 *p-n* 接面在低電流密度時的電流－電壓特性。然而對於矽和砷化鎵的 *p-n* 接面，理想方程式只能大致吻合，此乃因在空乏區內有載子的產生或復合存在。

　　首先考慮逆向偏壓條件。在逆向偏壓之下，空乏區內的載子濃度遠低於平衡濃度。第二章所討論的主要產生和復合過程，為經由能隙中產生－復合中心 (generation-recombination center) 所發射的電子和電洞。其捕捉過程並不重要，因為捕捉速率和自由載子的濃度成正比，因此在逆向偏壓的空乏區非常小。

　　這兩種發射過程藉由交替的發射電子和電洞而操作在穩態下。電子－電洞對的產生率可以由第二章的式（50）得到，在 $p_n < n_i$ 及 $n_n < n_i$ 的情況下：

$$G = -U = \left[\frac{\sigma_p \sigma_n \upsilon_{th} N_t}{\sigma_n \exp\left(\dfrac{E_t - E_i}{kT}\right) + \sigma_p \exp\left(\dfrac{E_i - E_t}{kT}\right)} \right] n_i$$

$$\equiv \frac{n_i}{\tau_g} \tag{56}$$

其中 τ_g 為產生生命期（generation lifetime，或譯產生活期），是中括號裡的表示式之倒數。我們可由此表示式，得到關於電子－電洞產生的重要結論。讓我們考慮一簡單的例子，其中 $\sigma_n = \sigma_p = \sigma_o$。對於這個例子，式（56）簡化成

$$G = \frac{\sigma_o \upsilon_{th} N_t n_i}{2 \cosh\left(\dfrac{E_t - E_i}{kT}\right)} \tag{57}$$

在 $E_t = E_i$ 時，其產生率（generation rate）達到最大值，且隨 E_t 由能隙的中間向兩邊偏離時，其產生率呈指數下降。因此，只有那些能階 E_t 靠近本質費米能階的產生中心，對產生率才有顯著的貢獻。

在空乏區的產生電流（generation current）為

$$J_{gen} = \int_0^W qGdx \cong qGW = \frac{qn_iW}{\tau_g} \tag{58}$$

其中 W 為空乏層寬度。p^+-n 接面的總逆向電流，也就是於 $N_A >> N_D$ 和 $V_R > 3kT/q$ 的情況之下，可以被近似為在中性區的擴散電流和空乏區的產生電流之總和：

$$J_R \cong q\sqrt{\frac{D_p}{\tau_p}}\frac{n_i^2}{N_D} + \frac{qn_iW}{\tau_g} \tag{59}$$

對於具大 n_i 值的半導體，例如鍺，在室溫下擴散電流佔優勢，且逆向電流符合理想二極體方程式。但是如果 n_i 很小，如矽和砷化鎵，在空乏區的產生電流佔優勢。

範例 6

考慮在範例 5 的矽 *p-n* 接面二極體，且假設 $\tau_g = \tau_p = \tau_n$，計算在 4V 的逆向偏壓時，其產生電流的密度。

解

由式（20），我們得到

$$
W = \sqrt{\frac{2\varepsilon_s}{q}\left(\frac{N_A + N_D}{N_A N_D}\right)\left(V_{bi} + V\right)} = \sqrt{\frac{2\varepsilon_s}{q}\left(\frac{N_A + N_D}{N_A N_D}\right)\left(\frac{kT}{q}\ln\frac{N_A N_D}{n_i^2} + V\right)}
$$

$$
= \sqrt{\frac{2\times 11.9\times 8.85\times 10^{-14}}{1.6\times 10^{-19}}\left(\frac{5\times 10^{16} + 10^{16}}{5\times 10^{16}\times 10^{16}}\right)\left(0.0259\ln\frac{5\times 10^{16}\times 10^{16}}{(9.65\times 10^9)^2} + V\right)}
$$

$$
= 3.97\times\sqrt{0.758 + V}\times 10^{-5}\ \text{cm}
$$

因此產生電流密度為

$$
J_{gen} = \frac{qn_iW}{\tau_g} = \frac{1.6\times 10^{-19}\times 9.65\times 10^9}{5\times 10^{-7}}\times 3.97\times\sqrt{0.758 + V}\times 10^{-5}\ \text{A/cm}^2
$$

$$
= 1.22\times\sqrt{0.758 + V}\times 10^{-7}\ \text{A/cm}^2
$$

假如我們外加一 4 V 的逆向偏壓，其產生電流密度為 2.66×10^{-7} A/cm²。

在順向偏壓之下，電子和電洞的濃度皆超過平衡值。載子會嘗試藉由復合回到平衡值。因此，在空乏區內主要的產生－復合過程為捕捉過程。由式（49），我們得到

$$
p_n n_n \cong p_{no}n_{no}e^{qV/kT} = n_i^2 e^{qV/kT} \tag{60}
$$

將式（60）代入第二章的式（50），且假設 $\sigma_n = \sigma_p = \sigma_o$，可得

$$
U = \frac{\sigma_o \upsilon_{th} N_t n_i^2\left(e^{qV/kT} - 1\right)}{n_n + p_n + 2n_i\cosh\dfrac{E_i - E_t}{kT}} \tag{61}
$$

不論是復合或產生，最有效的中心皆位在接近 E_i 的地方。舉實際的例子來說，金和銅在矽產生有效的產生-復合中心，金的 $E_t - E_i$ 為 0.02eV ，而銅為 -0.02 eV。在砷化鎵中，鉻（chromium）產生一有效的中心，其 $E_t - E_i$ 值為 0.08 eV。

式（61）在 $E_t = E_i$ 的條件下，可以被簡化成：

$$U = \sigma_o \upsilon_{th} N_t \frac{n_i^2 \left(e^{qV/kT} - 1\right)}{n_n + p_n + 2n_i} \tag{62}$$

對於一給定的順向偏壓，其中分母 $n_n + p_n + 2n_i$ 是一最小值，即電子和電洞濃度的總合 $n_n + p_n$ 為最小值時，則 U 在空乏區內某處達到其最大值。由式（60）知這些濃度的乘積為定值，由 $d(p_n + n_n) = 0$ 的條件推導出

$$dp_n = -dn_n = \frac{p_n n_n}{p_n^2} dp_n \tag{63}$$

或

$$p_n = n_n \tag{64}$$

為最小值的情況。此條件存在於空乏區內某處，其 E_i 恰位於 E_{Fp} 和 E_{Fn} 之中間，如圖 14a 中間所示。在此其載子濃度為

$$p_n = n_n = n_i e^{qV/2kT} \tag{65}$$

因此

$$U_{\max} = \sigma_o \upsilon_{th} N_t \frac{n_i^2 \left(e^{qV/kT} - 1\right)}{2n_i \left(e^{qV/2kT} + 1\right)} \tag{66}$$

對於 $V > 3kT/q$

$$U_{\max} \cong \frac{1}{2} \sigma_o \upsilon_{th} N_t n_i e^{qV/2kT} \tag{67}$$

因此復合電流（recombination current）為

$$J_{rec} = \int_0^W qU dx \cong \frac{qW}{2} \sigma_o \upsilon_{th} N_t n_i e^{qV/2kT} = \frac{qWn_i}{2\tau_r} e^{qV/2kT} \tag{68}$$

其中 τ_r 等於 $1/(\sigma_o \upsilon_{th} N_t)$ 為有效復合生命期（effective recombination lifetime）。總順向電流可以被近似為式（55）和（68）的總和。對 $p_{no} >> n_{po}$ 和 $V > 3kT/q$ 我們得到

$$J_F = q\sqrt{\frac{D_p}{\tau_p}} \frac{n_i^2}{N_D} e^{qV/kT} + \frac{qWn_i}{2\tau_r} e^{qV/2kT} \tag{69}$$

一般而言，實驗結果可以被表示成

$$J_F \approx \exp\left(\frac{qV}{\eta kT}\right) \tag{70}$$

其中 η 稱為 *理想因子*（*ideality factor*）。當理想擴散電流佔優勢時，η 等於 1；但是當復合電流佔優勢時，η 等於 2。當兩者電流相差不多時，η 介於 1 和 2 之間。

圖 17 顯示室溫下矽和砷化鎵 *p-n* 接面量測的順向特性[2]。在低電流位階時，復合電流佔優勢，η 等於 2。在較高的電流位階時，擴散電流佔優勢，η 接近 1。

在更高的電流位階，我們注意到電流偏離 $\eta = 1$ 的理想情況，且其隨順向電壓增加的速率較為緩慢。此現象和兩種效應有關：串聯電阻（series resistance）和高注入效應。我們先討論串聯電阻效應。在低及中電流位階，其跨過中性區的 *IR* 電壓降通常比 kT/q（在 300 K 時為 26 mV）小，其中 *I* 為順向電流，*R* 為串聯電阻。例如，對於 *R*=1.5ohms 的矽二極體，*IR* 電壓降在 1 mA 時僅有 1.5 mV。然而，在 100 mA 時，*IR* 電壓降變成 0.15 V，比 kT/q 大 6 倍。此 *IR* 電壓降降低跨過空乏區的偏壓；因此，電流變成

$$I \cong I_s \exp\left[\frac{q(V-IR)}{kT}\right] = \frac{I_s \exp(qV/kT)}{\exp\left[\frac{q(IR)}{kT}\right]} \tag{71}$$

而理想擴散電流降低一個因子 $\exp[q(IR)/kT]$。

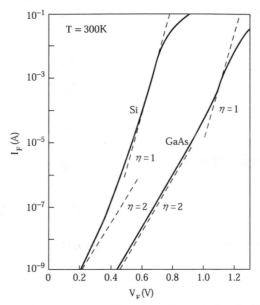

圖 17　300 K Si 和 GaAs 二極體[2] 的順向電流－電壓特性比較。虛線表示不同理想
係數的 η 斜率。

　　在高電流密度的情況，注入的少數載子密度和多數載子濃度二者相當，亦即在
接面的 n 側 $p_n\,(x = x_n) \cong n_n$。此即為高注入條件。將高注入的條件代入式（60），我
們得到 $p_n\,(x = x_n) \cong n_i \exp\,(qV/2kT)$。利用此做為一個邊界條件，電流大約變成和
$\exp(qV/2kT)$ 成正比。因此，在高注入情況下，電流增加率較緩慢。

3.4.3　溫度效應

操作溫度對元件性能有很深的影響。在順向和逆向偏壓情況之下，擴散和復合－產
生電流的大小和溫度有強烈的關係。我們先考慮順向偏壓的情況。電洞擴散電流和
復合電流的比值可寫成

$$\frac{I_{擴散}}{I_{復合}} = 2\,\frac{n_i}{N_D}\,\frac{L_p}{W}\,\frac{\tau_r}{\tau_p}\,e^{qV/2kT} \approx \exp\left(-\frac{E_g - qV}{2kT}\right) \tag{72}$$

此比值和溫度及半導體能隙有關。圖 18a 顯示矽二極體的順向偏壓特性和溫度之關係。在室溫及小的順向偏壓，復合電流通常佔優勢，然而在較高的順向偏壓時，擴散電流通常佔優勢。給定一順向偏壓，隨著溫度增加，擴散電流增加速率較復合電流為快。因此，在溫度升高時，理想二極體方程式將吻合一較寬的順向偏壓範圍。

對於一擴散電流佔優勢的單側 p^+-n 接面，飽和電流密度 J_s（式（55a））和溫度的關係為

$$J_s \cong \frac{qD_p p_{no}}{L_p} \approx n_i^2 \approx \exp\left(-\frac{E_g}{kT}\right) \tag{73}$$

因此，由 J_s 對 $1/T$ 的斜率得到的活化能相當於能隙 E_g。
對於 p^+-n 接面，在逆向偏壓情況，擴散電流和產生電流的比值為

$$\frac{I_{擴散}}{I_{產生}} = \frac{n_i L_p}{N_D W} \frac{\tau_g}{\tau_p} \tag{74}$$

此比值和本質載子密度（intrinsic carrier density）n_i 成正比。當溫度增加時，最終擴散電流會佔優勢。圖 18b 顯示溫度對矽二極體逆向特性的影響。在低溫時，產生電

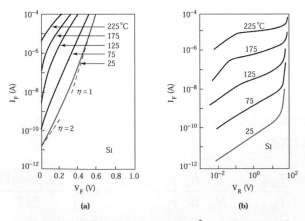

圖 18　Si 二極體電流－電壓特性和溫度的關係[2]。（a）順向偏壓，（b）逆向偏壓。

流佔優勢，且對於陡接面（也就是 $W \sim \sqrt{V_R}$），逆向電流隨 $\sqrt{V_R}$ 變化，這和式（58）一致。當溫度上升超過 175℃，在 $V_R \geq 3kT/q$ 時，電流顯示有飽和的趨勢，此時擴散電流佔優勢。

3.5 儲存電荷與暫態行為

在順向偏壓下，電子由 n 區被注入到 p 區，而電洞由 p 區被注入到 n 區。少數載子一旦越過接面注入，就和多數載子復合，且以距離呈指數式的衰退，如圖 15a 所示。這些少數載子的分佈導致在 p-n 接面上電流流動及電荷儲存。我們將考慮電荷儲存，及其對接面電容影響，和偏壓突然改變導致的 p-n 接面的暫態行為。

3.5.1 少數載子的儲存

被注入的少數載子儲存在 n 型中性區，其每單位面積電荷可由對在中性區額外的電洞積分獲得，如圖 15a 中間的陰影面積所示，使用式（51）：

$$Q_p = q \int_{x_n}^{\infty} \left(p_n - p_{no} \right) dx$$

$$= q \int_{x_n}^{\infty} p_{no} \left(e^{qV/kT} - 1 \right) e^{-(x-x_n)/L_p} dx$$

$$= qL_p p_{no} \left(e^{qV/kT} - 1 \right) \tag{75}$$

L_p 為電洞擴散在復合前的平均距離。被儲存的電荷可視為電洞從空乏區邊界擴散的平均距離 L_p 所儲存的少數載子數量、擴散長度及在空乏區邊界的電荷密度有關。類似的式子可以表示在 p 型中性區的儲存電子。我們可以注入電流來表示儲存的電荷。由式（52）和（75），我們得到

$$\boxed{Q_p = \frac{L_p^{\,2}}{D_p} J_p\left(x_n\right) = \tau_p J_p\left(x_n\right)} \tag{76}$$

電洞在 n 側的平均生命期為 τ_p，因此，儲存的電荷 Q_p 一定會每 τ_p 秒補充一次。式（76）說明儲存電荷量與電流和少數載子生命期有關。

範例 7

對於一為理想矽 p^+-n 陡接面，其 $N_D = 8 \times 10^{15}$ cm^{-3}，計算當外加 1V 順向偏壓時，儲存在 n 型中性區中每單位面積的少數載子。電洞的擴散長度是 5 μm。

解

由式（75），我們得到

$$Q_p = qL_p p_{no}\left(e^{qV/kT} - 1\right)$$

$$= 1.6 \times 10^{-19} \times 5 \times 10^{-4} \text{ cm} \times \frac{\left(9.65 \times 10^9\right)^2}{8 \times 10^{15}} \times \left(e^{\frac{1}{0.0259}} - 1\right)$$

$$= 4.69 \times 10^{-2} \text{ 庫侖／平方公分（C/cm}^2)$$

3.5.2　擴散電容

當接面為逆向偏壓的時候，前面討論的空乏層電容為主要的接面電容。當接面為順向偏壓時，中性區儲存電荷的重新排列對接面電容有顯著的額外貢獻。這稱為*擴散電容*（*diffusion capacitance*），標示為 C_d，這個名稱由理想二極體的例子而來，因其少數載子藉由擴散穿越中性區。

因儲存在 n 型中性區的電洞所形成的擴散電容，可將定義 $C_d = AdQ_p/dV$ 代入式（75）得到：

$$C_d = \frac{Aq^2 L_p p_{no}}{kT} e^{qV/kT} \tag{77}$$

其中 A 為元件橫截面積。我們也可將 p 型中性區所儲存的電子貢獻加入 C_d。

然而對於 p^+-n 接面而言，$n_{po} << p_{no}$，儲存電子對 C_d 的貢獻並不重要。在逆向偏壓之下（亦即 V 為負值），因為少數載子儲存可忽略，式（77）顯示 C_d 並不重要。

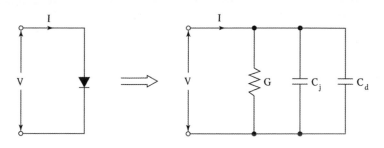

圖 19 　*p-n* 接面的小信號等效電路。

　　在許多應用中，我們較愛用等效電路來表示 *p-n* 接面。除了擴散電容 C_d 和空乏電容 C_j，我們必須加入電導來說明電流流經元件的情形。在理想二極體中，電導可由式（55）獲得：

$$G = \frac{AdJ}{dV} = \frac{qA}{kT} J_s e^{qV/kT} = \frac{qA}{kT}(J + J_s) \cong \frac{qI}{kT} \tag{78}$$

二極體的等效電路如圖 19，其中 C_j 代表總空乏電容（亦即式（33）的結果乘上元件面積 A）。於靜止偏壓（亦即直流 *dc*）的二極體在外加一低電壓正弦激發（sinusoidal excitation）下，圖 19 所示的電路已提供了足夠的精確度。因此，我們稱它為二極體的小信號等效電路。

3.5.3　暫態行為

在開關應用上，順向到逆向偏壓的轉變必須近乎陡變，且暫態時間（transient time）必須很短。圖 20a 顯示，順向電流 I_F 流經 *p-n* 接面的簡單電路。當時間 $t = 0$，開關 S 突然轉到右邊，且一起始逆向電流 $I_R \cong V/R$ 開始流動。暫態時間 t_{off}，如圖 20b 所繪，是電流降低到只有 10%的起始逆向電流 I_R 所需的時間。

　　暫態時間可以估計如下。在順向偏壓條件下，p^+-*n* 接面的 *n* 區所儲存少數載子可由式（76）得到：

$$Q_p = \tau_p J_p = \tau_p \frac{I_F}{A} \tag{79}$$

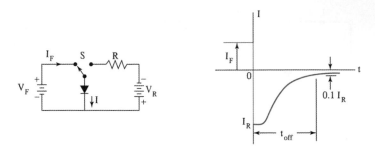

圖 20　*p-n* 接面的暫態行為。（a）基本開關電路，（b）由順向偏壓切換至逆向偏壓，電流的暫態反應。

其中 I_F 為總順向電流，A 為元件面積。如果關閉週期的平均電流為 $I_{R,\,ave}$ ，關閉時間（turn-off time）是移除總儲存電荷 Q_p 所需的時間：

$$t_{off} \cong \frac{Q_p A}{I_{R,ave}} = \tau_p \left(\frac{I_F}{I_{R,ave}} \right) \tag{80}$$

因此關閉時間和順向及逆向電流的比值、以及少數載子生命期有關。圖 21 顯示，考慮與時間有關的少數載子擴散問題，而得到更精確的關閉時間 [3]。對於快速開關元件，我們必須降低少數載子的生命期。因此，我們通常引用那些靠近能隙中央復合－產生中心的能階，例如金摻雜入矽中。

3.6　接面崩潰

當一足夠大的逆向電壓加在 *p-n* 接面，接面崩潰而且會導通一非常大的電流。雖然這種崩潰過程先天上並非是破壞性，但其最大電流必須被外部電路限制，以避免接面過熱。兩種重要的崩潰機制為穿隧效應（tunneling effect；或譯穿透）和雪崩倍增（avalanche multiplication）。我們將簡略的討論第一種機制，然後詳細的討論雪崩倍增，因為對大部分的二極體而言，雪崩崩潰限制逆向偏壓的上限。雪崩崩潰也限制了雙載子電晶體（bipolar transistor）的集極電壓（第四章），和金氧半場效電晶體的汲極電壓（第五章及第六章）。此外，雪崩倍增機制可用來產生微波功率，如衝渡二極體（IMPATT diode）（第八章）和檢測光信號，如雪崩型光檢測器（avalanche photodetector）（第十章）。

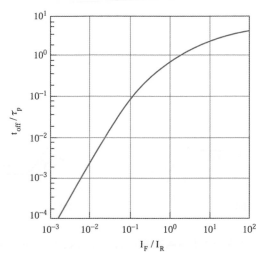

圖 21　規一化的暫態時間對順向電流和逆向電流比值的關係[3]。

3.6.1　穿隧效應

當一逆向高電場加在一 *p-n* 接面時，價電子可以由價電帶移動到導電帶，如圖 22a 所示。這種電子穿透能隙的過程稱為穿隧（tunneling）。

穿隧的過程於第二章討論。穿隧只發生在電場很高的時候。對矽和砷化鎵，其典型電場大約為 10^6 V/cm 或更高。為了得到如此高的電場，*p* 和 *n* 區的摻雜濃度必須相當高（$> 5 \times 10^{17}$ cm^{-3}）。對於矽和砷化鎵接面，崩潰電壓約小於 $4E_g/q$ 時，其中 E_g 為能隙，其崩潰機制導因於穿隧效應。崩潰電壓超過 $6E_g/q$，其崩潰機制導因於雪崩倍增。當電壓在 $4E_g/q$ 和 $6E_g/q$ 之間，崩潰則為雪崩倍增和穿隧二者混合[4]。

3.6.2　雪崩倍增

雪崩倍增的過程如圖 22b 所繪。*p-n* 接面處在逆向偏壓下。此 *p-n* 接面例如為 p^+-*n* 單側陡接面，其摻雜濃度為 $N_D \cong 10^{17}$ cm^{-3} 或更少。這張圖基本上和第二章的圖 26 一樣。在空乏區因熱產生的電子（標示 1），由電場得到動能。如果電場足夠大，電子可以獲得足夠的動能，以致於當和原子產生撞擊時，可以破壞晶格鍵結，產生電子電洞對（2 和 2'）。這些新產生的電子和電洞，可由電場獲得動能，並產生添加的電

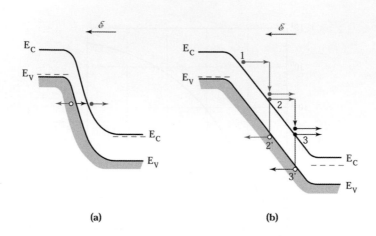

圖 22　在接面崩潰條件下的能帶圖。（a）穿隧效應，（b）雪崩倍增。

子－電洞對（譬如 3 和 3'）。這些過程生生不息，連續產生新的電子－電洞對。這種過程稱為*雪崩倍增*（*avalanche multiplication*）。

　　為了推導崩潰條件，我們假設電流 I_{no} 由一寬度 W 的空乏區左側注入，如圖 23 所示。假如在空乏區內的電場高到可以讓雪崩倍增開始，通過空乏區時電子電流 I_n 隨距離增加，並在 W 處達到 $M_n I_{no}$，其中 M_n 為倍增因子（multiplication factor），定義為

$$M_n \equiv \frac{I_n(W)}{I_{no}} \tag{81}$$

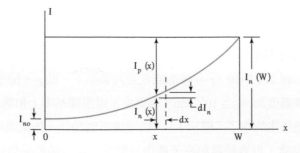

圖 23　在倍增的入射電流下的 *p-n* 接面空乏區。

相同的，電洞電流 I_p 從 $x = W$ 增加到 $x = 0$。總電流 $I = (I_p + I_n)$ 在穩態為常數。在 x 處的電子電流增量等於距離為 dx，電子－電洞對每秒產生的數目：

$$d\left(\frac{I_n}{q}\right) = \left(\frac{I_n}{q}\right)(\alpha_n dx) + \left(\frac{I_p}{q}\right)(\alpha_p dx) \tag{82}$$

　　或

$$\frac{dI_n}{dx} + (\alpha_p - \alpha_n)I_n = \alpha_p I \tag{82a}$$

其中 α_n 和 α_p 分別為電子和電洞游離速率（ionization rate）。假如我們使用簡化的假設 $\alpha_n = \alpha_p = \alpha$，則式（82a）的解為

$$\frac{I_n(W) - I_n(0)}{I} = \int_0^W \alpha dx \tag{83}$$

由式（81）和（83），我們得到

$$1 - \frac{1}{M_n} = \int_0^W \alpha dx \tag{83a}$$

雪崩崩潰電壓（avalanche breakdown voltage）定義為當 M_n 接近無限大的電壓。因此，崩潰條件是

$$\boxed{\int_0^W \alpha dx = 1} \tag{84}$$

由上述的崩潰條件，以及和電場有關的游離速率，我們可以計算雪崩倍增發生時的臨界電場（也就是崩潰時的最大電場）。使用量測得的 α_n 和 α_p（在第二章的圖 27），可求得矽和砷化鎵單側陡接面的臨界電場 E_c，其與基板雜質濃度的函數關係如圖 24 所示。圖中亦同時標示出穿隧效應的臨界電場。很明顯的，穿隧只發生在高摻雜濃度的半導體。

　　在臨界電場決定之後，我們可以計算崩潰電壓。如前面討論，空乏區的電壓由波松方程式的解來決定：

$$\boxed{V_B\,(\text{崩潰電壓}) = \frac{\mathcal{E}_c W}{2} = \frac{\varepsilon_s \mathcal{E}_c{}^2}{2q}(N_B)^{-1}} \tag{85}$$

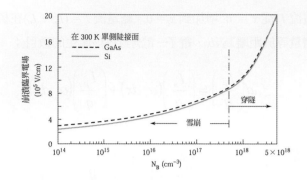

圖 24　Si 和 GaAs 單側陡接面的崩潰臨界電場和背景摻雜的關係[5]。

對於單側陡接面而言，以及

$$V_B = \frac{2\,\mathcal{E}_c W}{3} = \frac{4\mathcal{E}_c^{\,3/2}}{3}\left(\frac{2\varepsilon_s}{q}\right)^{1/2}(a)^{-1/2} \tag{86}$$

對於線性漸變接面，其中 N_B 是輕摻雜側的背景濃度，ε_s 是半導體介電係數，a 為雜質梯度。因為臨界電場對於 N_B 或 a 為一緩慢變化的函數，以一階近似來說，陡接面之崩潰電壓隨著 N_B^{-1} 變化，而線性漸變接面之崩潰電壓則隨著 $a^{-1/2}$ 變化。

　　圖 25 顯示矽和砷化鎵接面的雪崩崩潰電壓之計算值[5]。在高摻雜濃度、或高雜質梯度的段－點線（在其右）表示穿隧效應的開始。對於一給定 N_B 或 a，砷化鎵有比矽較高的崩潰電壓，主要是因為其有較大的能隙。能隙越大，臨界電場就必須越大，才能在碰撞間獲得足夠的動能。如式（85）和（86）所示，較大的臨界電場造成較大的崩潰電壓。

　　圖 26 的內插圖顯示一擴散接面的空間電荷分佈，在表面為線性漸變，而在半導體內部則為固定摻雜。其崩潰電壓介於前述陡接面和線性漸變接面兩個極端之間[6]。對於大 a 和低 N_B，擴散接面的崩潰電壓可由圖 26 底部線段的陡接面得到，而對於小 a 和高 N_B，V_B 可由圖 26 標示為平行線的線性漸變接面的結果得到。

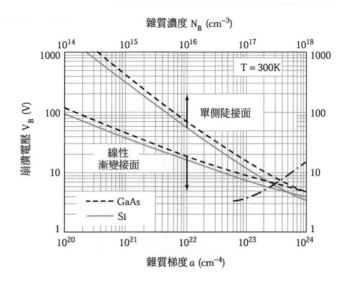

圖 25 Si 和 GaAs 接面，在單側陡接面雪崩崩潰電壓和雜質濃度的關係，及在線性漸變接面雪崩崩潰電壓和雜質梯度的關係。段一點線代表穿隧機制發生起始點[5]。

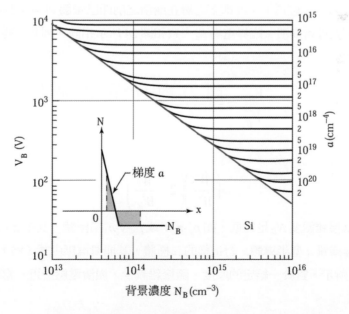

圖 26 擴散接面的崩潰電壓。內插圖表空間電荷分佈[6]。

範例 8

計算矽單側 p^+-n 陡接面的崩潰電壓，其 $N_D = 5 \times 10^{16}$ cm^{-3}。

解

由圖 24，我們得到矽單側陡接面的臨界電場大約為 5.7×10^5 V/cm。然後由式（85），我們得到

$$V_B \,(\text{崩潰電壓}) = \frac{\mathcal{E}_c W}{2} = \frac{\varepsilon_s \mathcal{E}_c^{\,2}}{2q}\left(N_B\right)^{-1}$$

$$= \frac{11.9 \times 8.85 \times 10^{-14} \times \left(5.7 \times 10^5\right)^2}{2 \times 1.6 \times 10^{-19}}\left(5 \times 10^{16}\right)^{-1}$$

$$= 21.4 \text{ V}$$

在圖 25 和 26，我們假設半導體層厚度夠厚，可以提供在崩潰時逆向偏壓空乏層的寬度 W_m。如果半導體厚度 W 小於 W_m，如圖 27 內插圖所示，元件會碰穿 （punch through；或譯貫穿／碰透）；亦即空乏層在崩潰之前即已碰觸到 n-n^+ 界面。持續增加逆向偏壓則元件會崩潰。臨界電場 $\mathcal{E}_c$ 大致和圖 24 所示相同。因此，碰穿二極體的崩潰電壓 V_B' 為

$$\frac{V_B'}{V_B} = \frac{\text{圖 27 內插圖的陰影區域}}{\mathcal{E}_c \left(W_m\right)/2}$$

$$= \left(\frac{W}{W_m}\right)\left(2 - \frac{W}{W_m}\right) \tag{87}$$

碰穿發生在當摻雜濃度 N_B 足夠低，如 p^+-π-n^+ 或 p^+-ν-n^+ 二極體，其中 π 代表輕摻雜 p 型和 ν 表示輕摻雜 n 型半導體。對這樣的二極體，其崩潰電壓由式（85）和（87）計算，如圖 27 所示。對於一給定的厚度，隨摻雜減少，崩潰電壓接近一常數。

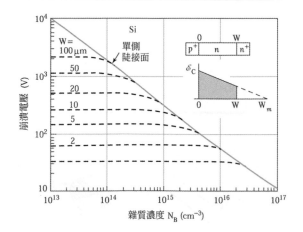

圖 27　p^+-π-n^+ 和 p^+-ν-n^+ 接面的崩潰電壓。W 為 p 型輕摻雜(π)或 n 型輕
摻雜(ν)區的厚度。

範例 9

對於 GaAs p^+-n 單側陡接面，其 N_D=8×10^{14} cm^{-3}，計算發生崩潰時，空乏區的寬度。
如果接面的 n 型區減少至 20 μm，計算其崩潰電壓。

解

由圖 25，我們可以找到崩潰電壓（V_B）大約在 500V，此值要比內建電位（V_{bi}）大的
多。且由式（27），我們得到

$$W = \sqrt{\frac{2\varepsilon_s\left(V_{bi} - V\right)}{qN_B}} \cong \sqrt{\frac{2 \times 12.4 \times 8.85 \times 10^{-14} \times 500}{1.6 \times 10^{-19} \times 8 \times 10^{14}}} = 2.93 \times 10^{-3}$$

$$= 29.3 \text{ μm}$$

當 n 型區減少至 20 μm，碰穿將會先發生。由式（87），我們可以得到

$$\frac{V_B'}{V_B} = \frac{\text{圖 27 內插圖的陰影區域}}{\left(\mathscr{E}_c W_m\right)/2} = \left(\frac{W}{W_m}\right)\left(2 - \frac{W}{W_m}\right)$$

$$V_B' = V_B\left(\frac{W}{W_m}\right)\left(2 - \frac{W}{W_m}\right) = 500 \times \left(\frac{20}{29.3}\right)\left(2 - \frac{20}{29.3}\right) = 449 \text{ V}$$

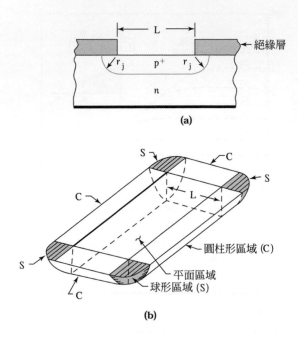

圖 28　（a）平面擴散製程在接近擴散阻擋層邊緣所形成的接面曲率，r_j 為曲率半徑，（b）圓柱和球形區域經由長方形阻擋層擴散形成。

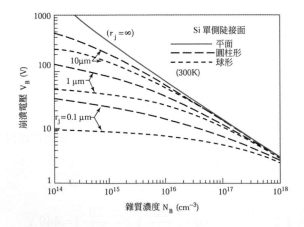

圖 29　有圓柱和球形接面形狀的單側陡摻雜側圖，其崩潰電壓和雜質濃度的關係[7]，其中 r_j 為曲率半徑，如圖 28 所示。

另一對崩潰電壓的重要考量為接面曲率效應（curvature effect）[7]。當一 p-n 接面藉由半導體上絕緣層窗口擴散形成時，雜質將往下和兩側擴散（參考第十四章）。 因此，接面存在有邊緣幾乎是圓柱形的平面或（平坦）區域，如圖 28a 所示。如果擴散阻擋層包含尖銳角，接面的角落將得到如圖 28b 的近似球形。因為球形或圓柱的區域有較高的電場強度，所以這些區域就決定了接面雪崩崩潰的電壓。矽單側陡接面的計算結果如圖 29 所示。實線代表前面討論的平面接面（plane junction）。注意，若接面半徑 r_j 變小，崩潰電壓將急遽降低，尤其是對低雜質濃度的球形接面更為顯著。

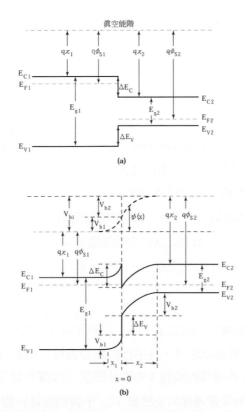

圖 30　（a）兩個孤立半導體的能帶圖，（b）熱平衡下，理想 n-p 異質接面的能帶圖。

3.7 異質接面

異質接面定義為用兩個不同半導體所組成之接面。圖 30a 顯示，在形成異質接面前，兩塊孤立的半導體與其能帶圖。假設這兩個半導體有不同的能隙 E_g、介電係數（dielectric permittivity）ε_s、功函數（work function）$q\phi_s$、和電子親和力（electron affinity）$q\chi$。功函數定義為將一電子由費米能階 E_F 移到材料外（真空能階，vacuum level）所需的能量。電子親和力定義為將一電子由導電帶 E_c 底部，移到真空能階所需的能量。兩半導體導電帶邊緣的能量差為 ΔE_C，而價電帶邊緣的能量差表示為 ΔE_V。由圖 30a，ΔE_C 和 ΔE_V 可表為

$$\Delta E_C = q(\chi_2 - \chi_1) \tag{88a}$$

和

$$\Delta E_V = E_{g1} + q\chi_1 - \left(E_{g2} + q\chi_2\right) = \Delta E_g - \Delta E_C \tag{88b}$$

其中 ΔE_g 是能帶差，且 $\Delta E_g = E_{g1} - E_{g2}$。

圖 30b 顯示此二半導體形成理想陡異質接面的平衡能帶圖[8]。在此圖，假設此二不同半導體之界面（interface）存在可忽略的陷阱（trap）或產生－復合中心。注意此假設只在兩個晶格常數（lattice constant）很接近的半導體形成異質接面時才成立。因此我們必須選擇晶格接近的材料來符合此假設[θ]。例如，對異質接面而言，$Al_xGa_{1-x}As$ 材料（x 從 0 到 1）為最重要的材料。當 $x = 0$，即為 GaAs，其能隙為 1.42 eV，且其晶格常數在 300 K 為 5.6533 Å。當 $x = 1$，即為砷化鋁（AlAs），其能隙為 2.17 eV，且其晶格常數為 5.6605 Å。$Al_xGa_{1-x}As$ 的能隙隨著 x 增大；然而晶格常數幾乎保持定值。即使在 $x = 0$ 和 $x = 1$ 的極端例子，晶格常數失配（lattice constant mismatch）只有 0.1%。

構建能帶圖有兩個基本的要求：(a) 在熱平衡下，界面兩端的費米能階必須相同，且 (b) 真空能階必須連續，且平行於能帶邊緣。由於這些要求，只要能隙 E_g 和電子親和力 $q\chi$ 皆非摻雜的函數（亦即非簡併，或譯非退化半導體），則導電帶邊緣的不連續 ΔE_C 和價電帶邊緣的不連續 ΔE_V 不會被摻雜影響。總內建電位 V_{bi} 可以

[θ]晶格失配（lattice-mismatched）磊晶，也稱為形變層（strained-layer，或譯應變層）磊晶，會在 11.6 節討論。

表為

$$V_{bi} = V_{b1} + V_{b2} \tag{89}$$

其中 V_{b1} 和 V_{b2} 為在熱平衡時，半導體 1 和 2 的靜電位。

在異質界面上電位及 *自由載子通量密度*（定義為自由載子流經單位面積的速率）為連續的條件下，我們可以利用傳統的空乏區近似方法，由波松方程式推導空乏寬度和電容。其中一個邊界條件為電位移連續，也就是 $\varepsilon_1 \mathcal{E}_1 = \varepsilon_2 \mathcal{E}_2$，其中 $\mathcal{E}_1$ 和 $\mathcal{E}_2$ 分別為半導體 1 和 2 在界面（$x=0$）處的電場。V_{b1} 和 V_{b2} 為

$$V_{b1} = \frac{\varepsilon_2 N_2 \left(V_{bi} - V\right)}{\varepsilon_1 N_1 + \varepsilon_2 N_2} \tag{90a}$$

$$V_{b2} = \frac{\varepsilon_1 N_1 \left(V_{bi} - V\right)}{\varepsilon_1 N_1 + \varepsilon_2 N_2} \tag{90b}$$

其中 N_1 和 N_2 分別為半導體 1 和 2 的摻雜濃度。空乏區寬度 x_1 和 x_2 為

$$x_1 = \sqrt{\frac{2\varepsilon_1\varepsilon_2 N_2 \left(V_{bi} - V\right)}{qN_1 \left(\varepsilon_1 N_1 + \varepsilon_2 N_2\right)}} \tag{91a}$$

和

$$x_2 = \sqrt{\frac{2\varepsilon_1\varepsilon_2 N_1 \left(V_{bi} - V\right)}{qN_2 \left(\varepsilon_1 N_1 + \varepsilon_2 N_2\right)}} \tag{91b}$$

範例 10

考慮一理想陡異質接面，其內建電位為 1.6 V。在半導體 1 和 2 的雜質濃度為 1×10^{16} 施體/立方公分和 3×10^{19} 受體/立方公分，且介電常數（dielectric constant）分別為 12 和 13。找出在熱平衡時，個別材料的靜電位和空乏寬度。

解

由式（90），在熱平衡時（或 V = 0），異質接面的靜電位為

$$V_{b1} = \frac{13 \times \left(3 \times 10^{19}\right) \times 1.6}{12 \times \left(1 \times 10^{16}\right) + 13 \times \left(3 \times 10^{19}\right)} = 1.6 \text{ V}$$

以及

$$V_{b2} = \frac{12 \times \left(1 \times 10^{16}\right) \times 1.6}{12 \times \left(1 \times 10^{16}\right) + 13 \times \left(3 \times 10^{19}\right)} = 4.9 \times 10^{-4} \text{ V}$$

空乏寬度可由式（91）計算：

$$x_1 = \sqrt{\frac{2 \times 12 \times 13 \times \left(8.85 \times 10^{-14}\right) \times \left(3 \times 10^{19}\right) \times 1.6}{\left(1.6 \times 10^{-19}\right) \times \left(1 \times 10^{16}\right) \times \left(12 \cdot 1 \times 10^{16} + 13 \cdot 3 \times 10^{19}\right)}} = 4.608 \times 10^{-5} \text{ cm}$$

$$x_2 = \sqrt{\frac{2 \times 12 \times 13 \times \left(8.85 \times 10^{-14}\right) \times \left(1 \times 10^{16}\right) \times 1.6}{\left(1.6 \times 10^{-19}\right) \times \left(3 \times 10^{19}\right) \times \left(12 \cdot 1 \times 10^{16} + 13 \cdot 3 \times 10^{19}\right)}} = 1.536 \times 10^{-8} \text{ cm} .$$

我們可知大多數的內建電位跨在有較低摻雜濃度的半導體，其空乏寬度也較寬。

總結

p-n 接面經由 *p* 型和 *n* 型半導體緊密接觸而形成。*p-n* 接面，除了做為元件的許多應用外，它也是其他半導體元件的基本構成方塊。因此，瞭解接面的原理提供了瞭解其他半導體元件的基礎。

當 *p-n* 接面形成後，在 *p* 側有未被補償的負離子（N_A^-）及在 *n* 側有未被補償的正離子（N_D^+）。因此，空乏區（即移動載子的空乏）在接面處形成。這個區域產生電場。在熱平衡時，電場造成的漂移電流，恰好被接面兩側活動載子濃度梯度所造成的擴散電流抵銷。當一相對於 *n* 側為正的電壓，加在 *p* 側時，大的電流會流過接面。然而，當加上負電壓時，幾乎沒有電流流過。這種「整流」（rectifying）的行為是 *p-n* 接面最重要的特性。

利用在第一章及第二章所提出的基本公式，我們發展出理想 *p-n* 接面靜態和動態的行為。我們對空乏區、空乏電容和 *p-n* 接面的理想電流－電壓特性推導其表示式。然而，實際的元件會因為空乏區載子的產生和復合、順偏時的高注入、和串聯電阻效應而偏離理想特性。有關計算這些偏離理想特性效應之理論和方法已被詳細的討論。我們也考慮其他影響 *p-n* 接面的因子，譬如少數載子儲存、擴散電容和在高頻及切換應用的暫態行為。

　　p-n 接面操作的一個限制因素為接面崩潰，尤其是因為雪崩倍增導致者。當一足夠大的逆向電壓加在 *p-n* 接面時，接面崩潰，且導通非常大的電流。因此，崩潰電壓使得 *p-n* 接面的逆向偏壓有一上限。我們也推導了 *p-n* 接面的崩潰條件，並顯示元件結構和摻雜對崩潰電壓的影響。

　　另一相關的元件是由兩個不同半導體形成的異質接面。我們推導了其靜電位和空乏寬度的表示式。當兩個半導體完全相同時，這些表示式可以簡化成傳統的 *p-n* 接面。

參考文獻

1.　　W. Shockley, *Electrons and Holes in Semiconductors*, Van Nostrand, Princeton, NJ, 1950.

2.　　S. Grove, *Physics and Technology of Semiconductor Devices*, Wiley, New York, 1967.

3.　　R. H. Kingston, "Switching Time in Junction Diodes and Junction Transistors," *Proc. IRE*, **42**, 829 (1954).

4.　　J. L. Moll, *Physics of Semiconductors,* McGraw-Hill, New York, 1964.

5.　　S. M. Sze and G. Gibbons, "Avalanche Breakdown Voltages of Abrupt and Linearly Graded *p-n* Junctions in Ge, Si, GaAs and GaP," *Appl. Phys. Lett.*, **8**, 111 (1966).

6.　　S. K. Ghandhi, *Semiconductor Power Devices*, Wiley, New York, 1977.

7.　　S. M. Sze and G. Gibbons, "Effect of Junction Curvature on Breakdown Voltages in Semiconductors," *Solid State Electron.,* **9**, 831 (1966).

8.　　H. Kroemer, "Critique of Two Recent Theories of Heterojunction Lineups," *IEEE Electron Device Lett.*, **EDL-4**, 259 (1983).

習題 （*指較難習題）

3.2 節 空乏區

1. 一陡 *p-n* 接面摻雜濃度為 $N_A = 2 \times 10^{18}$/cc, $N_D = 2 \times 10^{15}$/cc 以及截面積為 10^{-4}sq.cm。利用空乏區近似，計算出 V_{bi}、x_n、x_p，以及最大電場。利用 $V_T = 25.8$mV, $n_i = 1.45 \times 10^{10}$/cc, $\varepsilon_{si} = 11.9 \times 8.85 \times 10^{-14}$F/cm。

*2. 一擴散的 *p-n* 矽接面在 *p* 側為線性漸變接面，其 $a = 10^{19}$ cm^{-4}，而 *n* 側均勻摻雜為 3×10^{14}cm^{-3}。如果在零偏壓時，*p* 側空乏層寬度為 0.8 μm，找出在零偏壓時的總空乏層寬度，內建電位和最大電場。

*3. 繪出在習題 1 的 *p-n* 矽接面電位分佈。

4. 對於一理想 *p-n* 矽陡接面，其 $N_A = 10^{17}$ cm^{-3}，$N_D = 10^{15}$ cm^{-3}，（a）計算在 250，300，350，400，450 和 500 K 時的 V_{bi} ；並畫出 V_{bi} 和 *T* 的關係。（b）用能帶圖來評論所求得的結果。（c）找出 *T* = 300 K，零偏壓時空乏層寬度和最大電場。

5. 決定符合下列 *p-n* 矽接面規格的 *n* 型摻雜濃度： $N_A = 10^{18}$ cm^{-3}，且在 $V_R = 30$ V， $E_{max} = 4 \times 10^5$ V/cm，T = 300 K。

6. 一陡矽 *p-n* 接面（$n_i = 10^{10}$cm^{-3}）由一 *p* 型區含有 10^{16}cm^{-3} 受體與一 n 型區含有 5×10^{16} cm^{-3} 施體所組成。(a)計算此 *p-n* 接面的內建電位, (b)計算空乏區的總寬度如果所施加的偏壓 V_a 為 0, 0.5 以及-2.5V, (c)計算在 0, 0.5 以及-2.5V 時的最大電場，以及(c)計算在 0, 0.5 以及-2.5V 下，n 型區空乏區所跨過的電位。

3.3 節 空乏電容

*7. 一陡 *p-n* 接面在輕摻雜 *n* 側的摻雜濃度為 10^{15}，10^{16} 或 10^{17} cm^{-3} 而重摻雜 *p* 側為 10^{19} cm^{-3}。求出一系列的 $1/C^2$ 對 *V* 的曲線，其中 *V* 的範圍從–4 V 到 0 V，以 0.5 V 為間距。對於這些曲線的斜率及電壓軸的截距提出註釋。

8. 對於一面積為 7.9×10^{-3}cm^2 的逆偏單側 p^+-*n* 矽接面空乏電容可獲得以下資訊。假設介電常數為 $11.7\varepsilon_0$, T = 300°K。計算施體的摻雜分佈圖 $N_D(x)$。

9. 300 K 單側 p^+-*n* 矽接面摻雜 $N_A = 10^{19}$cm^{-3}。設計接面使得在 $V_R = 4.0$ V 時，$C_j = 0.85$ pF。

3.4 節 電流-電壓特性

10. 假設習題 3 的 p-n 接面包含了 10^{15} cm^{-3} 的產生-復合中心，位於矽本質費米能階之上 0.02 eV ， 其 $\sigma_n = \sigma_p = 10^{-15}$ cm^2。假如 $V_{th} \cong 10^7$ cm/s，計算在–0.5 V 的產生-復合電流。

11. 在 p-n 接面的 I-V 特性曲線中可看到在劇烈的電流增加區域後，接著顯示出和緩的斜率。什麼可能的原因造成特性曲線顯示出這兩種區域。

12. 在 T = 300 K，計算理想 p-n 接面二極體在逆向電流達到 95 個百分比的逆向飽和電流值時，需要外加的逆向電壓。

13. 一理想 p-n 矽接面，$N_D = 10^{18}$ cm^{-3}，$N_A = 10^{16}$ cm^{-3}，$\tau_p = \tau_n = 10^{-6}$ s，且元件面積為 1.2×10^{-5} cm^2。（a）計算在 300 K 飽和電流理論值。（b）計算在±0.7 V 時的順向和逆向電流。

14. 一 p-n 接面二極體，如果光束打在二極體的整個空間電荷區內，使得光產生的電子-電洞對立刻被內建電場分開，則用來做為光偵測器會更有效率。在 300° K 對於一矽二極體，$N_D = 10^{18}$/cc 以及 $N_A = 10^{16}$/cc，計算需施加多少偏壓才能與寬為 2μm 的光束相配合。假設 $\varepsilon_{si} = 11.8 \varepsilon_0$ 且 $n_i = 1.5 \times 10^{10}$/cc。

15. 一 p^+-n 矽接面在 300 K 有下列參數：$\tau_p = \tau_g = 10^{-6}$ s，$N_D = 10^{15}$ cm^{-3}，$N_A = 10^{19}$ cm^{-3}。（a）繪出擴散電流密度，J_{gen}，及總電流密度對外加逆向電壓的關係（b）用 $N_D = 10^{17}$ cm^{-3} 重複以上的結果。

16. 在習題 13 中，假設接面兩側的寬度比其少數載子擴散長度大很多。計算在 300 K，順向電流 1 mA 時的外加電壓。

3.5 節 儲存電荷和暫態行為

17. 對一理想陡 p^+-n 矽接面，其 $N_D = 10^{16}$ cm^{-3}，當順向偏壓 1 V 時，找出 n 型中性區每單位面積儲存的少數載子。中性區的長度為 1 μm，且電洞擴散長度為 5 μm。

3.6 節 接面崩潰

18. 一 p^+-n 矽單側陡接面，其 $N_D = 10^{15}$ cm^{-3}，找出在崩潰時的空乏層寬度。如果 n

區減少至 5 μm， 計算崩潰電壓，並將結果和圖 27 比較。

19. 設計一 p^+-n 矽陡接面二極體，其逆向崩潰電壓為 130 V，且順向偏壓電流在 V_a = 0.7 V 時為 2.2 mA。假設 τ_{po} = 10^{-7} s。

20. 在 300 K，考慮一 p-n 矽接面，其線性摻雜側圖在 2 μm 的距離，由 N_A = 10^{18} cm^{-3} 變化到 N_D = 10^{18} cm^{-3}。計算崩潰電壓。

21. 假如砷化鎵 α_n=α_p = 10^{14} (E/4 × 10^5)^6 cm^{-1}，其中 E 的單位為 V/cm，找出崩潰電壓在（a）p-i-n 二極體，其本質層寬度為 10 μm；（b）p^+-n 接面其輕摻雜側摻雜為 2 × 10^{16} cm^{-3}。

3.7 節　異質接面

22. 在範例 10 的理想異質接面，當外加電壓為 0.5 V 和–5 V 時，找出個別材料的靜電位和空乏寬度。

23. 在室溫下，一 n 型 GaAs/ p 型 Al$_{0.3}$Ga$_{0.7}$As 異質接面， ΔE_C = 0.21eV。在熱平衡時，兩邊雜質濃度為 5 × 10^{15} cm^{-3}，找出其總空乏寬度。(提示：Al$_x$Ga$_{1-x}$As 的能隙為 $E_g(x)$ = 1.424 + 1.247x eV，且介電常數為 12.4–3.12x。對於 0 < x < 0.4 的 Al$_x$Ga$_{1-x}$As ，假設其 N_C 和 N_V 相同)。

第四章 雙載子電晶體及其相關元件

電晶體（transistor，為*轉換電阻器 transfer resistor* 之縮寫）是一個多重接面之半導體元件。通常電晶體會與其他電路元件整合在一起，以獲得電壓、電流或是信號功率增益。雙載子電晶體（bipolar transistor），或稱雙載子接面電晶體（bipolar junction transistor，BJT），是最重要的半導體元件之一，在高速電路、類比電路、功率放大方面被廣泛的應用。雙載子元件是一種電子與電洞皆參與傳導過程之半導體元件，與將在五、六和七章討論，只由一種載子參與傳導之場效元件不同。

雙載子電晶體是由貝爾實驗室 [1]（Bell Laboratory）的一個研究團隊在 1947 年所發明，第一個電晶體是將兩條具尖銳端點的金屬線與鍺基板（germanium substrate）形成點接觸（point contact），請參閱第零章之圖 3；以今日的水準來看，此第一顆電晶體雖非常簡陋，但它卻改變了整個電子工業及人類的生活方式。

現代的雙載子電晶體，鍺基板已由矽（silicon）取代，點接觸亦由兩個相鄰的耦合 p-n 接面（coupled p-n junction）所取代，成為 p-n-或 n-p-n 的結構。在此章節我們將討論耦合接面的電晶體動作，並由耦合接面各元件的少數載子分佈，推導出電晶體的靜態特性。我們也將討論電晶體的頻率響應和切換行為。此外，我們也簡單的討論異質接面雙載子電晶體，其中一個或二個 p-n 接面是由不同的半導體材料所形成。

在本章最後將介紹一與雙載子元件相關，名為閘流體（thyristor）之元件，基本的閘流體具有三個緊密相鄰的耦合接面，形成 *p-n-p-n* 之結構 [2]，此元件具有雙穩態（bistable）的特性，且可在高阻抗「關」與低阻抗「開」之兩狀態間切換。閘流體的名稱是由其中充滿氣體且具有類似雙穩態的 *氣體閘流管*（*gas thyratron*）而來。而由於雙穩態（開與關）及在此雙穩態下之低消耗功率特性，使得閘流體適合很多的應用。我們將討論閘流體以及一些相關開關元件的操作原理。此外，而各種閘流體的形式及其應用也將有簡單的介紹。

具體而言，本章包括了以下幾個主題：

● 雙載子電晶體的電流增益和操作模式。

● 雙載子電晶體的截止頻率（cutoff frequency）與切換時間（switching time）。

● 異質接面電晶體的優點。

● 閘流體與相關雙載子元件的功率處理能力。

4.1 電晶體之行為

圖 1 為單一 *p-n-p* 雙載子電晶體的透視圖，此電晶體的形成一開始是以 *p* 型半導體為基板，利用熱擴散穿過氧化層的窗口進入 *p* 型基板上形成一 *n* 型區域，再於此 *n* 型區域以擴散的方式形成一重摻雜之 *p*⁺ 型區域，然後透過氧化層的窗口，*p*⁺ 與 *n* 型區域以及下方的 *p* 型區域形成金屬接觸，詳細的電晶體製程將於後面的章節討論。

圖 1 中的虛線之間為理想的一維結構 *p-n-p* 雙載子電晶體。雙載子電晶體一般具有三段分別摻雜的區域和兩個 *p-n* 接面。重摻雜的 *p*⁺ 區域稱為 *射極*（*emitter*，圖中的符號 *E*）；中間較窄的 *n* 型區域，其雜質濃度中等，稱為 *基極*（*base*，符號為 *B*），基極的寬度小於少數載子的擴散長度（diffusion length）；輕摻雜的 *p* 型區域稱為 *集極*（*collector*，符號為 *C*）。各區域內的摻雜濃度假設為均勻分佈，請注意 *p-n* 接面的概念可直接應用在電晶體內的接面上。

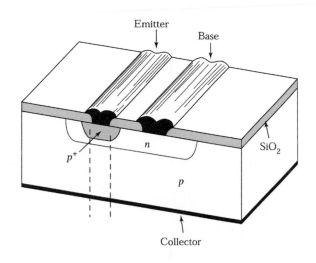

圖 1　*p-n-p* 雙載子矽電晶體透視圖。

　　圖 2b 顯示出一個 *p-n-p* 電晶體的電路符號，圖中亦顯示了各電流成分和電壓極性，箭頭表示電晶體在一般操作情況（或稱*主動模式*，*active mode*）下各電流的方向，而「＋」、「－」符號表示電壓的極性，我們亦可藉由在電壓符號旁雙下標的方式，來表示電壓的極性。在主動模式下，射基接面為順向偏壓（$V_{EB} > 0$），而基集接面為逆向偏壓（$V_{CB} < 0$）。根據克西荷夫電路定律（Kirchhoff's circuit law），在此三端點元件中，只有二獨立電流；若任二電流為已知，第三端點電流即可求得。

　　n-p-n 雙載子電晶體的結構與 *p-n-p* 雙載子電晶體是互補的，圖 2c 與圖 2d 分別是理想 *n-p-n* 電晶體的結構與電路符號。將 *p-n-p* 雙載子電晶體結構中之 *p* 換成 *n*、*n* 換成 *p*，即為 *n-p-n* 雙載子電晶體的結構，因此電流方向與電壓極性也都相反。在以下小節中，我們將仔細討論 *p-n-p* 雙載子電晶體，因為其少數載子（電洞）的流動方向與電流方向相同，可更直覺的瞭解電荷運動的機制，一旦瞭解了 *p-n-p* 電晶體，我們只要將極性和傳導型態調換，即可描述 *n-p-n* 電晶體。

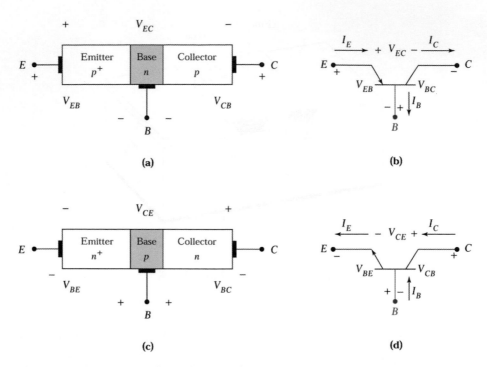

圖 2　(a) 理想一維 *p-n-p* 雙載子電晶體示意圖，(b) *p-n-p* 雙載子電晶體的電路符號，
　　　(c) 理想一維 *n-p-n* 雙載子電晶體示意圖，(d) *n-p-n* 雙載子電晶體的電路符號。

4.1.1　主動模式操作

圖 3a 是一熱平衡狀態（thermal equilibrium）下的理想 *p-n-p* 電晶體，即其三端點接在一起，或者三端點都接地，彩色區域表示靠近兩接面的空乏區。圖 3b 顯示三段摻雜區域之雜質密度，其中射極的摻雜遠大於集極，然而基極的摻雜比射極低，但高於集極摻雜。圖 3c 表示出兩空乏區中對應的電場強度分佈。

　　圖 3d 是電晶體的能帶圖，它只是將熱平衡狀態下的 *p-n* 接面能帶直接延伸，應用到兩個緊密耦合的 p^+-*n* 接面與 *n-p* 接面。在第三章中得到的 *p-n* 接面結果可以直接用在射基接面與基集接面上，當熱平衡時，淨電流值為零，因此各區域中的費米能階為一常數。

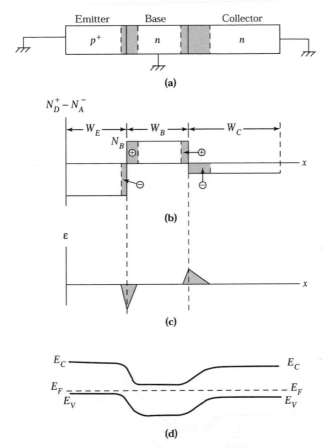

圖 3　（a）所有端點接地的 p-n-p 電晶體（熱平衡狀態），（b）陡雜質分佈電晶體的摻雜側圖，（c）電場分佈，（d）熱平衡狀態下的能帶圖。

　　圖 4 是當圖 3 所示之電晶體操作在主動模式下相對應的情形。圖 4a 將電晶體連接成*共基組態*（*common-base configuration*）放大器，即基極為輸入與輸出電路所共用[3]。圖 4b 與圖 4c 分別表示偏壓狀態下，電荷密度與電場強度分佈的情形。請注意與圖 3 的熱平衡狀態下比較，射基接面的空乏層寬度變窄，而集基接面空乏層變寬。

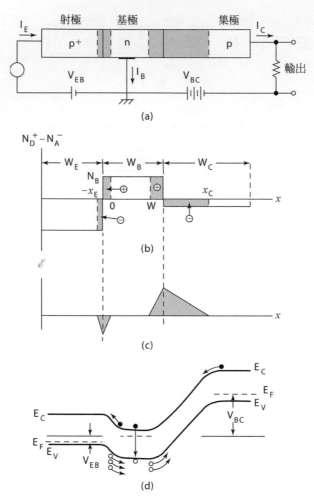

圖 4　(a) 圖 3 的電晶體操作在主動模式 [3]，(b) 摻雜側圖分佈和加偏壓狀態下
的空乏區，(c) 電場分佈，(d) 能帶圖。

　　圖 4d 是電晶體操作在主動模式下的相對應能帶圖，因為射基接面為順向偏壓，
電洞由 p^+ 射極注入基極，而電子由基極被注入射極。在理想的二極體狀況，空乏區
將不會有產生－復合（generation-recombination）電流，所以這兩個電流成分構成了全
部的射極電流；而集基接面是處在逆向偏壓的狀態，因此將有一微小的逆向飽和電流

流過此接面。但是當基極寬度足夠小時，由射極注入基極的電洞便能夠經由擴散，通過基極，而到達基集接面的空乏區邊緣，然後「浮上」射極（類似氣泡的效果）。此種傳輸機制便是注射載子的「*射極*」，以及收集鄰近接面注射過來之載子的「*集極*」名稱的由來。如果大部分入射的電洞都沒有與基極中的電子復合，而到達集極，則集極的電洞電流將非常的接近射極電洞電流。

因此由鄰近的射極接面注入的載子可在逆向偏壓的集極接面造成大電流，這就是*電晶體動作*（*transistor action*），而且只有當此二接面實體上夠接近時才會如上述的方式交互作用，因此此二接面被稱為*交互作用p-n接面*（*interacting p-n junctions*）。相反的，如果此二個 *p-n* 接面距離太遠，所有入射的電洞將在基極中與電子復合，而無法到達基集接面，則將失去電晶體動作，此時 *p-n-p* 的結構就只是單純兩個背對背連接的二極體。

4.1.2　電流增益

圖 5 中顯示出一理想的 *p-n-p* 電晶體偏壓在主動模式下的各電流成分，注意我們假設此時空乏區中並無產生－復合電流。在設計良好的電晶體中，由射極注入的電洞將構成最大的電流成分 I_{Ep}。大部分的入射電洞將會到達集極接面，而造成 I_{Cp}。基極的電流成分有三個，分別以 I_{BB}、I_{En} 以及 I_{Cn} 表示；其中 I_{BB} 代表基極所必須供應以替補與入射電洞復合的電子（即 $I_{BB} = I_{Ep} - I_{Cp}$），I_{En} 是由基極注入射極的電子所產生，是屬於不想要的電流成分，在稍後章節將會詳述其理由；I_{En} 可利用射極重摻雜（4.2 節）或異質接面（4.5 節）來減少；I_{Cn} 代表基集接面附近因熱所產生、由集極流往基極的電子。如圖中箭頭所示，電子流的方向與電流方向相反。

電晶體各端點的電流可由上述各個電流成分來表示：

$$I_E = I_{Ep} + I_{En} \tag{1}$$

$$I_C = I_{Cp} + I_{Cn} \tag{2}$$

$$I_B = I_E - I_C = I_{En} + (I_{Ep} - I_{Cp}) - I_{Cn} \tag{3}$$

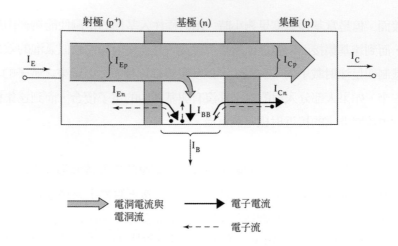

圖5　*p-n-p* 電晶體在主動模式下的各電流成分。電子流方向與電流方向相反。

雙載子電晶體特性中有一項重要的參數，稱為*共基電流增益*α_0（*common-base current gain*），其定義為：

$$\alpha_0 \equiv \frac{I_{Cp}}{I_E} \tag{4}$$

將式（1）代入式（4）可得

$$\alpha_0 = \frac{I_{Cp}}{I_{Ep} + I_{En}} = \left(\frac{I_{Ep}}{I_{Ep} + I_{En}}\right)\left(\frac{I_{Cp}}{I_{Ep}}\right) \tag{5}$$

式（5）等號右邊第一項稱為*射極效率* γ（*emitter efficiency*），是入射電洞電流與總射極電流的比：

$$\gamma \equiv \frac{I_{Ep}}{I_E} = \frac{I_{Ep}}{I_{Ep} + I_{En}} \tag{6}$$

第二項稱為*基極傳輸因子* α_T（*base transport factor*），是到達集極的電洞電流量與由射極入射的電洞電流量的比：

$$\alpha_T \equiv \frac{I_{Cp}}{I_{Ep}} \tag{7}$$

所以式（5）可以寫成：

$$\boxed{\alpha_0 = \gamma\alpha_T}$$

(8)

在設計良好的電晶體中，I_{En} 遠比 I_{Ep} 小，且 I_{Cp} 與 I_{Ep} 非常接近，γ 與 α_T 都趨近於 1，因此 α_0 也幾近於 1。

集極電流可用 α_0 表示，將式（6）、（7）代入式（2）即可表示出集極電流為：

$$I_C = I_{Cp} + I_{Cn} = \alpha_T I_{Ep} + I_{Cn} = \gamma\alpha_T\left(\frac{I_{Ep}}{\gamma}\right) + I_{Cn} = \alpha_0 I_E + I_{Cn}$$

(9)

其中 I_{Cn} 是射極開路時（意即 $I_E = 0$），集基極間的電流記為 I_{CBO}，前兩個下標（CB）表示在該二端點間量測電流（或電壓），第三個下標（O）表示第三端點（射極）與第二端點間的狀態，在目前的例子 I_{CBO} 代表當射基接面開路時，集基極之間的漏電流。共基組態下的集極電流可表示為：

$$I_C = \alpha_0 I_E + I_{CBO}$$

(10)

範例 1

已知在一理想 *p-n-p* 電晶體中，各電流成分如下：$I_{Ep} = 3$ mA、$I_{En} = 0.01$ mA、$I_{Cp} = 2.99$ mA、$I_{Cn} = 0.001$ mA。請求出下列各值：（a）射極效率 γ，（b）基極傳輸因子 α_T，（c）共基電流增益 α_0，（d）I_{CBO}。

解

(a) 由式（6），射極效率為

$$\gamma = \frac{I_{Ep}}{I_{Ep} + I_{En}} = \frac{3}{3 + 0.01} = 0.9967$$

(b) 基極傳輸因子可以由式（7）得到：

$$\alpha_T = \frac{I_{Cp}}{I_{Ep}} = \frac{2.99}{3} = 0.9967$$

(c) 根據式（8），共基電流增益為：

$$\alpha_0 = \gamma\alpha_T = 0.9967 \times 0.9967 = 0.9933$$

(d)
$$I_E = I_{Ep} + I_{En} = 3 + 0.01 = 3.01 \text{ mA}$$
$$I_C = I_{Cp} + I_{Cn} = 2.99 + 0.001 = 2.991 \text{ mA}$$

由式（10）可得

$$I_{CBO} = I_C - \alpha_0 I_E = 2.991 - 0.9933 \times 3.01 = 0.001 \text{ mA}$$

4.2　雙載子電晶體之靜態特性

在本節中，我們將探討理想電晶體的靜態電流－電壓特性，推導各端點電流方程式。電流方程式是以各區域的少數載子濃度為基礎，因此可以摻雜、少數載子生命期（minority carrier lifetime，或譯少數載子活期）等半導體參數表示之。

4.2.1　各區域中的載子分佈

為了推導出理想電晶體的電流－電壓表示式，我們做了下列五點假設：

1. 元件中各區域為均勻摻雜。
2. 基極中的電洞漂移電流和集極飽和電流可以忽略。
3. 載子注入屬於低階注入（low-level injection）。
4. 空乏區中沒有產生－復合電流。
5. 元件中無串聯電組。

　　基本上，我們假設在順向偏壓的狀況下電洞由射極注入基極，然後這些電洞再以擴散的方法穿過基極到達集極接面，一旦我們確定了少數載子的分佈（n 區域中的電洞），就可以由少數載子的濃度梯度（minority carrier gradient）得出電流。

基極區域

圖 4c 顯示跨過接面空乏區的電場強度分佈，在中性基極區域中的少數載子分佈可由無電場的穩態連續方程式（steady-state continuity equation）表示之：

$$D_p \left(\frac{d^2 p_n}{dx^2} \right) - \frac{p_n - p_{no}}{\tau_p} = 0 \tag{11}$$

其中 D_p 和 τ_p 分別表示少數載子的擴散常數（diffusion constant）和生命期。式（11）的一般解為：

$$p_n(x) = p_n + C_1 e^{x/L_p} + C_2 e^{-x/L_p} \tag{12}$$

其中 $L_p = \sqrt{D_p \tau_p}$ 為電洞的擴散長度（diffusion length），常數 C_1 和 C_2 可由主動模式下的邊界條件決定：

$$p_n(0) = p_{no} \, e^{qV_{EB}/kT} \tag{13a}$$

和

$$p_n(W) = 0 \tag{13b}$$

其中 p_{no} 是熱平衡狀態下基極中的少數載子濃度，可由 $p_{no} = n_i^2/N_B$ 決定，N_B 表示基極中均勻的施體（donor）濃度。第一個邊界條件（式（13a））表示在順向偏壓的狀態下，射基接面的空乏區邊緣（$x = 0$）的少數載子濃度是熱平衡狀態下之值乘上 $e^{qV_{EB}/kT}$。第二個邊界條件（式（13b））表示在逆向偏壓的狀態下，基集接面空乏區邊緣（$x = W$）的少數載子濃度為零。

將式（13）代入式（12）中所表示的一般解，可得：

$$p_n(x) = p_{no} \, (e^{qV_{EB}/kT} - 1) \left[\frac{\sinh\left(\dfrac{W-x}{L_p}\right)}{\sinh\left(\dfrac{W}{L_p}\right)} \right] + p_{no} \left[1 - \frac{\sinh\left(\dfrac{x}{L_p}\right)}{\sinh\left(\dfrac{W}{L_p}\right)} \right] \tag{14}$$

其中 sinh 函數 $\sinh(\Lambda)$ 當 $\Lambda \ll 1$，將會近似於 Λ。例如當 $\Lambda < 0.3$ 時，$\sinh(\Lambda)$ 與 Λ 之誤差小於 1.5%。所以當 $W/L_p \ll 1$，分佈方程式可簡化為：

$$\boxed{p_n(x) = p_{no} \, e^{qV_{EB}/kT} \left(1 - \frac{x}{W} \right) = p_n(0) \left(1 - \frac{x}{W} \right)} \tag{15}$$

亦即少數載子分佈趨近於一直線。此近似是合理的，因為基極區域的寬度被設計成遠小於少數載子的擴散長度。圖 6 顯示，操作在主動模式下，一典型電晶體的線性少數載子分佈。經由線性少數載子分佈的合理假設，可簡化電流－電壓特性的推導過程，因此在以下我們皆將本此假設，以導出電流－電壓特性的方程式。

射極和集極區域

射極和集極中的少數載子分佈，可以用類似上述得出基極少數載子的方法求得。在圖 6 中，射極與集極中性區域的邊界條件為：

$$n_E(x = -x_E) = n_{EO}\, e^{qV_{EB}/kT} \tag{16}$$

和

$$n_C(x = x_C) = n_{CO}\, e^{-q|V_{CB}|/kT} = 0 \tag{17}$$

其中 n_{EO} 和 n_{CO} 分別為射極和集極中熱平衡狀態下的電子濃度。我們假設射極和集極的寬度分別遠大於射極與基極中的擴散長度 L_E 和 L_C，將這些邊界條件代入與式（12）類似的表示式中可以得出：

$$n_E(x) = n_{EO} + n_{EO}\left(e^{qV_{EB}/kT} - 1\right)e^{\frac{x+x_E}{L_E}} \qquad x \le -x_E \tag{18}$$

$$n_C(x) = n_{CO} - n_{CO}\, e^{-\frac{x-x_C}{L_C}} \qquad x \ge x_C \tag{19}$$

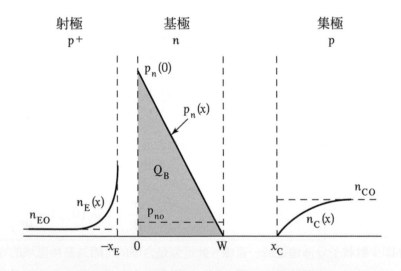

圖 6　主動操作模式下 *p-n-p* 電晶體中不同區域的少數載子分佈。

4.2.2　主動模式下理想電晶體的電流

只要知道少數載子分佈，即可計算出圖 5 中的各項電流成分。在 $x = 0$ 處，由射極注入基極的電洞電流 I_{Ep} 與少數載子濃度分佈的梯度成正比，因此當 $W/L_p \ll 1$，電洞電流 I_{Ep} 可以由式（15）表示為：

$$I_{Ep} = A\left(-qD_p \left.\frac{dp_n}{dx}\right|_{x=0}\right) \cong \frac{qAD_p\, p_{no}}{W} e^{qV_{EB}/kT} \tag{20}$$

同理，在 $x = W$ 處由集極所收集到的電洞電流為：

$$I_{Cp} = A\left(-qD_p \left.\frac{dp_n}{dx}\right|_{x=W}\right)$$

$$\cong \frac{qAD_p\, p_{no}}{W} e^{qV_{EB}/kT} \tag{21}$$

當 $W/L_p \ll 1$ 時，I_{Ep} 等於 I_{Cp}。而 I_{En} 是由基極流向射極的電子所造成，I_{Cn} 是由集極流向基極的電子流造成，分別為：

$$I_{En} = A\left(-qD_E \left.\frac{dn_E}{dx}\right|_{x=-x_E}\right) = \frac{qAD_E\, n_{EO}}{L_E}\left(e^{qV_{EB}/kT} - 1\right) \tag{22}$$

$$I_{Cn} = A\left(-qD_C \left.\frac{dn_C}{dx}\right|_{x=x_C}\right) = \frac{qAD_C\, n_{CO}}{L_C} \tag{23}$$

其中 D_E 和 D_C 分別為電子在射極和集極中的擴散常數。

　　各端點的電流可由以上各方程式得出。射極電流為式（20）、（22）的和：

$$\boxed{I_E = a_{11}\left(e^{qV_{EB}/kT} - 1\right) + a_{12}} \tag{24}$$

其中

$$a_{11} \equiv qA\left(\frac{D_p\, p_{no}}{W} + \frac{D_E\, n_{EO}}{L_E}\right) \tag{25}$$

$$a_{12} \equiv \frac{qAD_p\, p_{no}}{W} \tag{26}$$

集極電流是式（21）和式（23）的和：

$$\boxed{I_C = a_{21}\left(e^{qV_{EB}/kT} - 1\right) + a_{22}} \tag{27}$$

其中

$$a_{21} \equiv \frac{qAD_p \, p_{no}}{W} \tag{28}$$

$$a_{22} \equiv qA\left(\frac{D_p \, p_{no}}{W} + \frac{D_C \, n_{CO}}{L_C}\right) \tag{29}$$

請注意 $a_{12} = a_{21}$。理想電晶體的基極電流是射極電流（I_E）與集極電流（I_C）的差，所以將式（24）與式（27）相減可以得出基極電流為：

$$\boxed{I_B = (a_{11} - a_{21})\left(e^{qV_{EB}/kT} - 1\right) + (a_{12} - a_{22})} \tag{30}$$

由以上討論，我們可知電晶體三端點之電流主要是由基極中的少數載子分佈來決定，一旦我們推導出了各電流成分，即可由式（6）到式（8）得出共基電流增益 α_0。

範例 2

一個理想的 p^+-n-p 電晶體其射極、基極和集極的雜質濃度分別為 10^{19}、10^{17} 和 5×10^{15} cm^{-3}；而生命期分別為 10^{-8}、10^{-7} 和 10^{-6} s，假設有效剖面面積 A 為 0.05 mm^2，且射基接面順向偏壓在 0.6 V，請求出電晶體的共基電流增益。其他電晶體的參數如下：
$D_E = 1$ cm^2/s，$D_p = 10$ cm^2/s，$D_C = 2$ cm^2/s，$W = 0.5$ μm。

解

在基極區域中

$$L_p = \sqrt{D_p \tau_p} = \sqrt{10 \cdot 10^{-7}} = 10^{-3} \text{ cm}$$

$$p_{no} = n_i^2 / N_B = \left(9.65 \times 10^9\right)^2 / 10^{17} = 9.31 \times 10^2 \text{ cm}^{-3}$$

同理，在射極區域中，$L_E = \sqrt{D_E \tau_E} = 10^{-4}$ cm，$n_{EO} = n_i^2/N_E = 9.31$ cm^{-3}。

因為 $W/L_p = 0.05 \ll 1$，各電流成分如下

$$I_{Ep} = \frac{1.6 \times 10^{-19} \times 5 \times 10^{-4} \times 10 \cdot 9.31 \times 10^2}{0.5 \times 10^{-4}} \times e^{0.6/0.0259} \times 10^{-4} \text{ A} = 1.7137 \times 10^{-4} \text{ A}$$

$$I_{Cp} = 1.7137 \times 10^{-4} \text{ A}$$

$$I_{En} = \frac{1.6 \times 10^{-19} \times 5 \times 10^{-4} \times 1 \times 9.31}{10^{-4}} \left(e^{0.6/0.0259} - 1 \right) = 8.5687 \times 10^{-8} \text{ A}$$

共基電流增益 α_0 即為

$$\alpha_0 = \frac{I_{Cp}}{I_{Ep} + I_{En}} = \frac{1.7137 \times 10^{-4}}{1.7137 \times 10^{-4} + 8.5687 \times 10^{-8}} = 0.9995$$

在 $W/L_p \ll 1$ 的情況下，由式（20）、（22）可將射極效率簡化為：

$$\gamma \equiv \frac{I_{Ep}}{I_{Ep} + I_{En}} \cong \frac{\dfrac{D_p\, p_{no}}{W}}{\dfrac{D_p\, p_{no}}{W} + \dfrac{D_E\, n_{EO}}{L_E}} - \frac{1}{1 + \dfrac{D_E}{D_P} \dfrac{n_{EO}}{p_{no}} \dfrac{W}{L_E}} \tag{31}$$

或

$$\gamma = \frac{1}{1 + \dfrac{D_E}{D_p} \cdot \dfrac{N_B}{N_E} \cdot \dfrac{W}{L_E}} \tag{31a}$$

其中 $N_B\,(= n_i^2/p_{no})$ 是基極的雜質摻雜，$N_E\,(= n_i^2/n_{EO})$ 是射極的雜質摻雜。由此方程式可知，欲改善 γ，必須減少 N_B/N_E 比，也就是射極的摻雜必須遠大於基極，這也是射極用 p^+ 摻雜的原因。

4.2.3　操作模式

雙載子電晶體有四種操作模式，視射基接面（emitter-base junction）與集基接面上（collector-base junction）的偏壓極性而定。圖 7 顯示了一 p-n-p 電晶體，其四種操作模式與 V_{EB}、V_{CB} 的關係，相對應的少數載子分佈也顯示在圖 7 中。到目前為止在本章中已提到過電晶體的 *主動模式*，在主動模式下，射基接面是順向偏壓，集基接面是逆向偏壓。

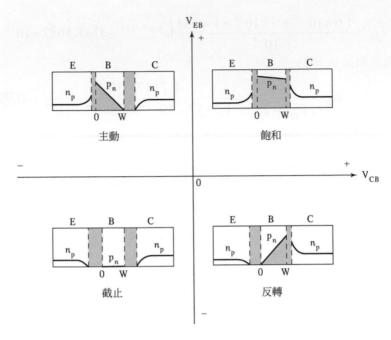

圖 7　四種電晶體操作模式下的接面極性與少數載子分佈。

　　在*飽和模式*（*saturation mode*）下，電晶體中的兩個接面都是順向偏壓，導致兩接面的空乏區中少數載子分佈並非為零，因此在 $x = W$ 處的邊界條件變為 $p_n(W) = p_{no}\,e^{qV_{CB}/kT}$，而不是式（13b）。在飽和模式下，極小的電壓就產生了極大的輸出電流，也就是電晶體是在導通的狀態，類似於開關閉路（亦即導通）的狀態。

　　在*截止模式*（*cutoff mode*）下，電晶體的兩個接面皆為逆向偏壓，式（13）中的邊界條件變為 $p_n(0) = p_n(W) = 0$，截止模式下的電晶體可視為開關開路（或是關閉）的狀態。

　　電晶體的第四種操作模式稱為*反轉模式*（*inverted mode*），亦稱為反主動模式。在此模式下，射基接面是逆向偏壓，集基接面是順向偏壓。在反轉模式下電晶體的集極做射極的動作，而射極做集極的動作，相當於電晶體被倒過來用；但是在反轉模式下的電流增益通常較主動模式小，這是因為集極摻雜較基極小，造成低的「射極效率」所致（式（31））。

其他模式的電流－電壓關係皆可以用類似主動模式下的步驟得出，但要適當的更改式（13）的邊界條件，各模式下的一般表示式可寫為

以及

$$I_E = a_{11} \left(e^{qV_{EB}/kT} - 1\right) - a_{12} \left(e^{qV_{CB}/kT} - 1\right) \tag{32a}$$

$$I_C = a_{21} \left(e^{qV_{EB}/kT} - 1\right) - a_{22} \left(e^{qV_{CB}/kT} - 1\right) \tag{32b}$$

其中係數 a_{11}、a_{12}、a_{21} 和 a_{22} 可各由式（25）、（26）、（28）和（29）分別得出。注意在式（32a）和式（32b）中，各接面的偏壓視電晶體的操作模式可為正或負。

4.2.4　共基與共射組態下的電流－電壓特性

由式（32）可得出一共基組態電晶體的電流－電壓特性，注意在此組態下，V_{EB} 和 V_{BC} 分別是輸入與輸出電壓，而 I_E 和 I_C 分別為輸入與輸出電流。

然而在電路的應用中，共射組態是最常被使用的組態之一，其中射極為輸入端與輸出端所共用。式（32）的電流一般表示式也可用於共射組態，在此情況下為了產生電流－電壓特性，V_{EB} 和 I_B 是輸入參數，而 V_{EC} 和 I_C 是輸出參數。

共基組態

圖 8a 是一個共基組態下的 *p-n-p* 電晶體，圖 8b 顯示共基組態下輸出電流－電壓特性的量測結果，圖中也標示出不同操作模式的區域。對於共基組態的電流－電壓特性量測結果，發現集極與射極電流幾乎相同（即 $\alpha_0 \cong 1$），而且幾乎與 V_{BC} 不相關，這與式（10）和式（27）中理想電晶體的行為非常符合。即使 V_{BC} 降到零伏特，電洞依然被集極所吸取，因此集極電流幾乎仍維持一常數。圖 9a 中的電洞分佈也顯示出這種

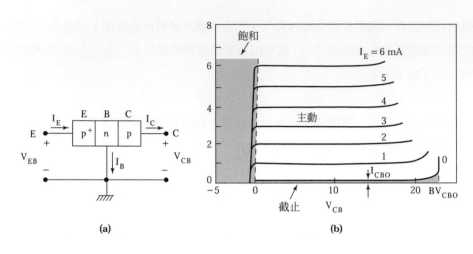

圖 8　（a）*p-n-p* 電晶體的共基組態，（b）其輸出電流－電壓特性。

情形，$x = W$ 處的電洞梯度在從 $V_{BC} > 0$ 變為 $V_{BC} = 0$ 後，只改變了少許，使得集極電流在整個主動模式範圍下幾乎維持相同。若要將集極電流降為零，我們必須加約一伏特的小順向偏壓在矽電晶體集基接面（飽和模式），如圖 9b 所示。順向偏壓造成 $x = W$ 處的電洞濃度大增，使其與 $x = 0$ 處相等（圖 9b 中的水平線），因此在 $x = W$ 處的電洞梯度及集極電流將會降為零。

共射組態

圖 10a 是一個共射組態（common-emitter configuration）下的 *p-n-p* 電晶體，將式（3）代入式（10）中可得出共射組態下的集極電流：

$$I_C = \alpha_0 \left(I_B + I_C \right) + I_{CBO} \tag{33}$$

解出 I_C，可得

$$I_C = \frac{\alpha_0}{1 - \alpha_0} I_B + \frac{I_{CBO}}{1 - \alpha_0} \tag{34}$$

定義 β_0 為*共射電流增益*（*common-emitter current gain*），是 I_C 的增量變化對 I_B 的增量變化比。由式（34），可得出

$$\boxed{\beta_0 \equiv \frac{\Delta I_C}{\Delta I_B} = \frac{\alpha_0}{1 - \alpha_0}} \tag{35}$$

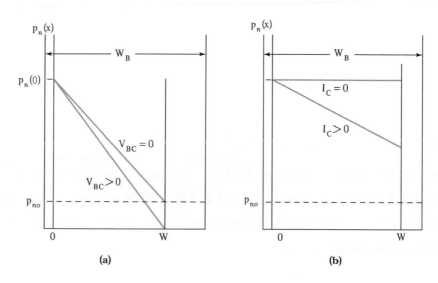

圖 9 *p-n-p* 電晶體基極中的少數載子分佈 （a） 主動模式 $V_{BC} = 0$、$V_{BC} > 0$，
（b）飽和模式中兩接面皆為順向偏壓。

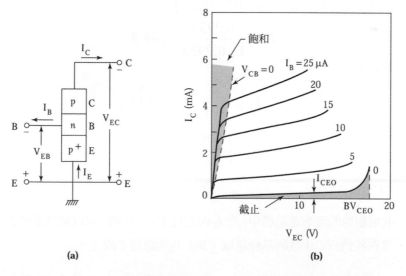

圖 10 （a） *p-n-p* 電晶體的共射組態，（b）其輸出電流－電壓特性。

我們亦可定義 I_{CEO} 為

$$I_{CEO} \equiv \frac{I_{CBO}}{1-\alpha_0}$$

(36)

此電流是當 $I_B = 0$ 時，集極與射極間的漏電流。式（34）變為

$$I_C = \beta_0 I_B + I_{CEO}$$

(37)

因為 α_0 一般非常接近於一，使得 β_0 遠大於一。例如 $\alpha_0 = 0.99$ ， β_0 為 99；若 α_0 為 0.998， β_0 將變為 499，所以基極電流的微小變化將造成集極電流的很大變化。圖 10b 是不同的基極電流下，輸出電流－電壓特性的量測結果，可看出當 $I_B = 0$ 時，還存在一不為零的集射漏電流 I_{CEO} 。

範例 3

參考範例 1，求出共射電流增益 β_0 ，並以 β_0 和 I_{CBO} 表示 I_{CEO} ，並求出 I_{CEO} 的值。

解

範例 1 中的共基電流增益 α_0 是 0.9933，因此可得出 β_0 為

$$\beta_0 = \frac{0.9933}{1-0.9933} = 148.3$$

式（36）可表示為

$$I_{CEO} = \left(\frac{\alpha_0}{1-\alpha_0} + 1 \right) I_{CBO}$$

$$= (\beta_0 + 1) I_{CBO}$$

所以 $I_{CEO} = (148.3+1) \times 1 \times 10^{-6} = 1.49 \times 10^{-4}$ A

在一共射組態的理想電晶體中，當 I_B 固定且 $V_{EC} > 0$ 時，可以預期集極電流與 V_{EC} 不相關，這在我們假設中性的基極區域（ W ）為常數時才成立。

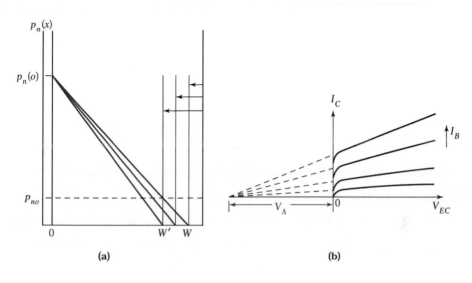

圖 11　(a)爾力效應與(b)爾力電壓 V_A 示意圖，不同基極電流下的集極電流相交於$-V_A$。

　　然而延伸到基極中的空間電荷區域會隨著集極和基極的電壓改變，使得基極的寬度是基集偏壓的函數，因此集極電流將與 V_{EC} 相關。當集極和基極間的逆偏壓增加時，圖 11a 中的基極寬度將會減少，導致基極中的少數載子濃度梯度增加，並造成擴散電流增加，進而使 β_0 也增加。圖 11b 顯示出顯著的斜率，I_C 隨著 V_{EC} 的增加而增加，這種電流變化稱為*爾力效應*[4]（*Early effect*）或是*基極寬度調變*（*base width modulation*），將集極電流往左方延伸，與 V_{EC} 軸相交，可得到電壓 V_A，稱為*爾力電壓*（*Early voltage*）。

4.3　雙載子電晶體之頻率響應與切換

在 4.2 節中，我們討論了與射基接面和集基接面偏壓狀況相關的四種電晶體操作模式。一般來說，在類比電路或線性電路中的電晶體只會被操作在主動模式下，但在數位電路中四種操作模式都會被用到，在這一節我們將討論雙載子電晶體的頻率響應與切換特性。

4.3.1 頻率響應

高頻等效電路

在先前的討論中，我們只考慮到雙載子電晶體的靜態〔或直流（dc）特性〕，現在我們要討論它的交流（ac）特性，也就是當一小訊號電壓或電流疊加在直流值上的情況。小訊號意指交流電壓和電流的峰值小於直流的電壓與電流值。圖 12a 是以共射組態電晶體所構成的放大器電路，在固定的直流輸入電壓 V_{EB} 下，將會有直流基極電流 I_B 和直流集極電流 I_C 流過電晶體，這些電流代表圖 12b 中的操作點，由供應電壓 V_{CC} 以及負載電阻 R_L 所決定出的負載線（load line），將以 $-1/R_L$ 的斜率與 V_{EC} 軸相交於 V_{CC}。當一小訊號疊加在輸入電壓上時，基極電流 i_B 將會隨時間變動，而成為一時間的函數，如圖 12b 所示，基極電流的變動使得輸出電流 i_C 著變動，而 i_C 的變動是輸入電流 i_B 變動的 β_0 倍，導致電晶體放大器將輸入訊號放大了。

圖 13a 是此放大器的低頻等效電路，在更高頻率的狀況下，我們必須在等效電路中加上適當的電容。與順向偏壓的 p-n 接面類似，在順向偏壓的射基接面中，會有一空乏電容 C_{EB} 和一擴散電容 C_d，而在逆向偏壓的基集接面中只存在空乏電容 C_{CB}，圖 13b 所示，即為加上這三個電容後的高頻等效電路。其中 g_m（$\equiv \tilde{i}_C / \tilde{v}_{EB}$）稱為*轉移*

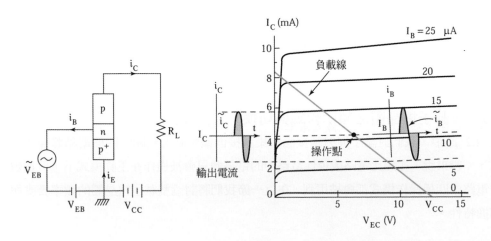

圖 12 （a）連接成共射組態的雙載子電晶體，（b）電晶體電路的小訊號操作。

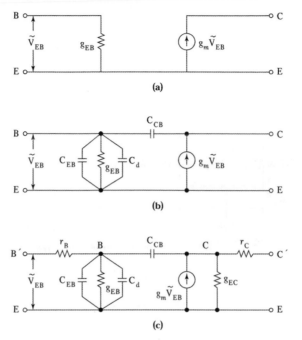

圖 13 （a）基本電晶體等效電路，（b）基本等效電路加上空乏和擴散電容，
（c）基本等效電路加上電阻和電導。

電導（*transconductance*），而 g_{EB}（$\equiv \tilde{i}_B / \tilde{v}_{EB}$）稱為**輸入電導**（*input conductance*）。
考慮基極寬度調變的效應，將產生一個有限的輸出電導 $g_{EC} \equiv \tilde{i}_C / \tilde{v}_{EC}$，另外基極電阻
r_B 和集極電阻 r_C 也都列入考慮。圖 13c 是加入各成分後的高頻等效電路。

截止頻率

在圖 13c 中，轉移電導 g_m 和輸入電導 g_{EB} 與電晶體的共基電流增益有關；在低頻時，
共基電流增益是一常數，不會因操作頻率而改變，然而當頻率升高至一關鍵點後，共
基電流增益將會降低。圖 14 是一典型的共基電流增益相對於操作頻率的圖示。

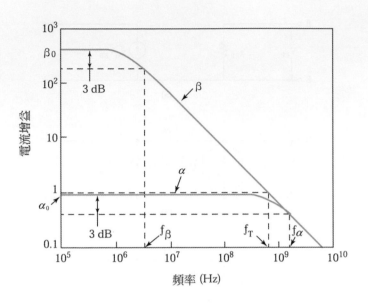

圖 14　電流增益與操作頻率的關係。

共基電流增益 α 可表示為：

$$\alpha = \frac{\alpha_0}{1 + j\left(f / f_\alpha\right)} \tag{38}$$

其中 α_0 是低頻（或直流）共基電流增益，f_α 是*共基截止頻率*（*common- base cutoff frequency*），當操作頻率 $f = f_\alpha$ 時 α 的值為 $0.707\,\alpha_0$（下降 3 dB）。

圖 14 中也顯示了共射電流增益 β ，由式（38）可得

$$\beta \equiv \frac{\alpha}{1 - \alpha} = \frac{\beta_0}{1 + j\left(f / f_\beta\right)} \tag{39}$$

其中 f_β 稱為*共射截止頻率*（*common-emitter cut off frequency*），可表示為

$$f_\beta = \left(1 - \alpha_0\right) f_\alpha \tag{40}$$

由於 $\alpha_0 \approx 1$ ，所以 f_β 遠小於 f_α 。另外一截止頻率 f_T 定義在 $\left| \beta \right|$ 變為一時，將式（39）等號右邊的值定為一，可得出

$$f_T = \sqrt{\beta_0^{\,2} - 1}\, f_\beta \cong \beta_0 \left(1 - \alpha_0\right) f_\alpha \cong \alpha_0 f_\alpha \tag{41}$$

故 f_T 很接近但稍小於 f_α 。

截止頻率 f_T 也可以表示為 $(2\pi\tau_T)^{-1}$，其中 τ_T 代表載子從射極穿巡（transit）到集極所需的時間；τ_T 包含了射極延遲時間（emitter delay time）τ_E、基極穿巡時間（base transit time）τ_B、以及集極穿巡時間（collector transit time）τ_C，其中最主要的延遲時間是 τ_B。少數載子在 dt 時段中所走的距離為 $dx = v(x)dt$，其中 $v(x)$ 是基極中的少數載子等效速度，此速度與電流的關係為

$$I_p = q\,v(x)\,p(x)\,A \tag{42}$$

其中 A 是元件的剖面面積，$p(x)$ 是少數載子的分佈，電洞穿越基極所需的穿巡時間 τ_B 為

$$\tau_B = \int_0^W \frac{dx}{v(x)} = \int_0^W \frac{q\,p(x)\,A}{I_p}\,dx \tag{43}$$

在直線電洞分佈中，如式（15）所示，利用式（21）的 I_p 對式（43）做積分得出

$$\tau_B = \frac{W^2}{2D_p} \tag{44}$$

要改善頻率響應，必須縮短少數載子穿越基極所需的穿巡時間，所以高頻電晶體都設計成窄基極寬度。由於在矽材料中電子的擴散常數是電洞的三倍，所有的高頻矽電晶體都是 *n-p-n* 的形式（即基極中的少數載子是電子）。另一個降低基極穿巡時間的方法是利用有內建電場的漸變層摻雜基極，藉由高摻雜變化（即基極靠近射極端為高摻雜，靠近集極端為低摻雜）產生的基極內建電場將有助於載子往集極移動，因而縮短基極穿巡時間。

4.3.2 切換暫態

在數位電路應用中電晶體是設計來作為開關。在這些應用中，我們利用小的基極電流在極短時間內改變集極電流由*關*（*off*）的狀態成為*開*（*on*）的狀態（反之亦然）；關是指高電壓低電流的狀態，開是指低電壓高電流的狀態。圖 15a 是一個開關電路的基本結構，其中射基電壓 V_{EB} 瞬間由負值變為正值，圖 15b 是電晶體的輸出電流，起初因為射基接面與集基接面都是逆向偏壓，集極電流非常低，但射基電壓由負變正後，集極電流沿著負載線，經過主動區最後到達高電流狀態的飽和區，此時射基接面與集基接面都變為順向偏壓。因此電晶體在*關*的狀態下，亦即操作於截止模式時，射極與

集極間為開路（不導通）；而在開的狀態下，亦即操作在飽和模式時，射極與集極間為閉路（導通）。因此運作在這種模式下的電晶體可近似於一理想開關的功能。

切換時間是指電晶體狀態從關狀態變為開狀態、或開狀態變為關狀態所需的時間，圖 16a 顯示一輸入電流脈衝在 $t = 0$ 時加在射基端點上，電晶體被導通，在 $t = t_2$ 時，電流瞬間切換到零，電晶體正在被關閉。集極電流的暫態行為可由儲存在基極中的總超量少數載子電荷 $Q_B(t)$ 變化量來決定，圖 16b 是 $Q_B(t)$ 與時間的關係圖。在導通的暫態中，基極儲存電荷將由零增加到 $Q_B(t_2)$；在關閉的暫態中，基極儲存電荷由 $Q_B(t_2)$ 減少到零。當 $Q_B(t) < Q_S$ 時，電晶體是在主動模式，其中 Q_S 是 $V_{CB} = 0$ 時，基極中的電荷量（如圖 16d 所示，在飽和區的邊緣）。

I_C 對時間的變化顯示在圖 16c 中。在導通的暫態中，基極儲存電荷量到達 Q_S，電荷量達到在 $t = t_1$ 時飽和區邊緣，當 $Q_B > Q_S$ 時電晶體操作於飽和模式，而射極和集極電流大致維持於一常數。圖 16d 顯示在 $t > t_1$ 時（如 $t = t_a$），電洞分佈 $p_n(x)$ 將與 $t = t_1$ 時平行，所以在 $x = 0$ 和 $x = W$ 處的電洞濃度梯度、以及電流維持相同。在關閉的暫態中，元件起初是在飽和模式，集極電流將大約維持不變，直到 Q_B 降至 Q_S（見圖 16d）；由 t_2 到 $Q_B = Q_S$ 時的 t_3 這段時間稱為*儲存時間延遲*（*storage time delay*）t_S，當 $Q_B = Q_S$，元件在 $t = t_3$ 時進入主動模式，在這個時間點之後，集極電流將以指數衰減到零。

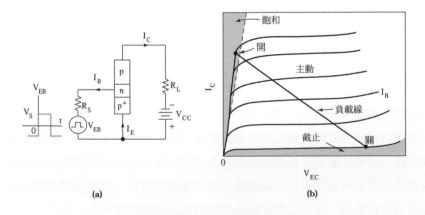

圖 15 （a）電晶體切換開關電路，（b）電晶體由截止模式切換到飽和模式。

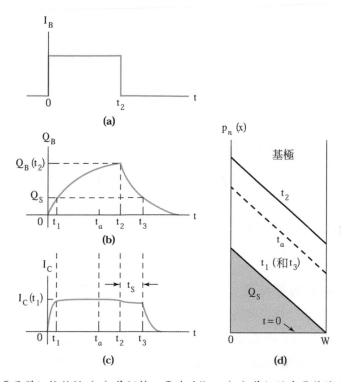

圖 16 電晶體切換特性（a）基極輸入電流脈衝，（b）基極儲存電荷隨時間的變化，
（c）集極電流隨時間的變化，（d）基極在不同時間的少數載子分佈。

　　導通的時間取決於我們能多迅速將電洞（*p-n-p* 電晶體中的少數載子）注入基極
區域，而關閉的時間則取決於能多迅速藉由復合，將電洞移除。電晶體切換時最重要
的一個參數是少數載子的生命期 τ_p，一個有效降低 τ_p，使切換變快的方法是加入
接近能隙中點的產生－復合中心。

4.4 非線性效應

從上述的討論結果可知，射極摻雜應該要比基極摻雜高出許多，以產生較高的電流增
益。若射極摻雜減少將會怎樣？在理想的電晶體中，基極區的雜質分佈是均勻的。而
實際的電晶體又將是如何呢？於先前章節所述，電流會被低階注入所限制住。而在高
階注入又將會怎樣呢？

4.4.1 射極能隙窄化

為改善電流增益，射極應比基極需有更重的摻雜，也就是說，$N_E >> N_B$。然而當射極摻雜過高時，我們需考慮能隙窄化效應（bandgap-narrowing effect）。[3] 我們已經在第 1.6.2 節（第一章）中討論過，因為導電帶與價電帶間區域的擴大，而造成重摻雜矽的能隙窄化。圖 17 顯示出矽能隙窄化的實驗數據和經驗式相符合。[5] 它能與下一章節的 HBT 做相似的分析，且電流增益會隨射極能隙的降低而降低：

$$\beta_0 \sim \frac{N_E}{N_B} \exp(-\frac{\Delta E_g}{kT})$$
(45)

其中 ΔE_g 為射極能隙的降低量。

4.4.2 漸變的基極區

實際的 p-n-p 電晶體製作是利用摻雜物經由擴散或離子佈植的方式進入磊晶基板而成的，然而，這種製作方式將造成基極的雜質分佈不均且呈現強烈的漸變分佈，如圖 18a 所示。而此漸變分佈所形成的能帶圖顯示於圖 18b 中。因為雜質梯度的關係，使得基

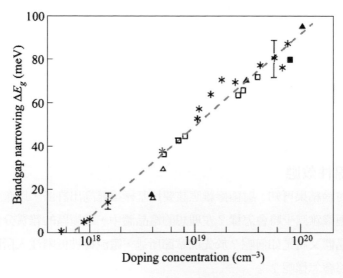

圖17　矽能隙窄化的實驗數據和經驗式擬合。[5]

極中的電子具有往集極端擴散的傾向。然而在熱平衡下,中性基極區存在的內建電場會抵銷擴散電流:也就是說,電場將把電子推往射極,且無電流流動。相同的電場有助於注入電洞的移動。因此在主動偏壓的條件下,注入的少數載子(電洞)能以擴散移動,也可藉由基極區的內建電場來漂移移動。

內建電場主要的優點為降低注入電洞跨過基極區域所需的時間,並且能改善電晶體中的高頻響應。另一方面,因為電洞待在基極區域所需的時間較少,所以將使電洞與基極電子產生復合的機率降低,使得基極傳輸因子 α_T 獲得改善。

4.4.3 電流擁擠

基極電阻由兩部分所組成。一部分為基極到射極邊緣的接觸;另一部分為射極區域下方的電阻(圖 19[3]),此電阻造成電阻式的電壓壓降,且愈朝射極中心有愈嚴重的電壓壓降,這種現象降低了沿射極邊緣跨過接面的總 V_{BE} 值,且基極電流 I_B 會隨著位置朝向射極中心而減少。換句話說,當射極電流朝向射極邊緣區域流動時,將會造成射極電流擁擠且電流增加的現象。這種電流擁擠現象將導致高注入效應,使電流增益降低。

電流擁擠將會造成射極寬度設計上的一些限制。在現代的電晶體中,射極的寬度可以做的很小,且電流擁擠並非主要的問題。對於功率電晶體,兩個基極或交錯的結構被使用來降低基極電阻,此亦降低電流擁擠的效應。

4.4.4 產生－復合電流和高電流效應

在實際的電晶體中,基集接面且逆向偏壓的空乏區域內有產生電流(generation current)。此產生電流將形成漏電流的一部份。在順偏壓且射基接面的空乏區中有復合電流(recombination current),此復合電流將形成基極電流的一部份,並且對電流增益有很重要的影響。圖 20a 顯示了在主動模式下操作的雙載子電晶體之集極電流與基極電流對 V_{EB} 作圖的結果。在低電流時,電流的成分主要由復合電流所主導,且基極電流隨 $\exp(qV_{EB}/\eta kT)$ 改變,其中 $\eta \cong 2$。我們可以注意到,由於注入到基極的電洞主要都擴散到集極且形成 I_C,所以射基復合電流不影響集極電流 I_C。

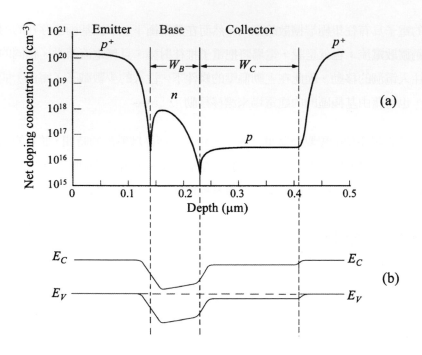

圖18 (a) 擴散的 p-n-p 雙載子電晶體之雜質分佈。(b) 熱平衡下所對應的能帶圖。

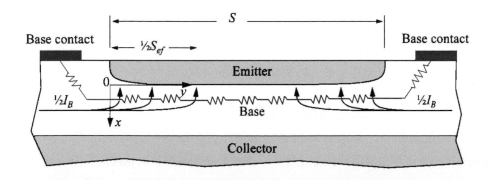

圖19 雙邊基極接觸的斷面圖形，在高基極電流下顯示出電流擁擠現象。S_{ef} 為等效射極寬度。

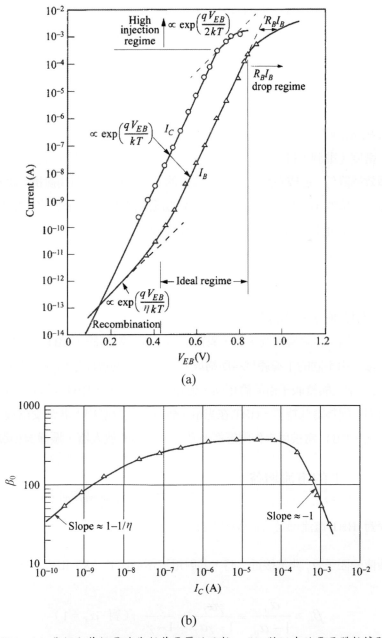

(a)

(b)

圖20 (a) 集極和基極電流為射基電壓的函數。 (b) 對(a)中的電晶體數據顯示出
的共射極電流增益。

圖 20b 顯示出由圖 20a 所得的共射極電流增益 β_0。在低集極電流時，射基空乏區內的復合電流貢獻大於跨過基極的少數載子擴散電流，所以射極效率很低。藉由縮小元件上的復合產生中心，來使低電流時的 β_0 有所改善。當基極的擴散電流主導時，β_0 將增加至高處。

在高集極電流時，β_0 將開始減少。這是因為高階注入效應，此效應為在基極注入的少數載子密度（電洞）接近於雜質濃度，且注入的載子等效地增加了基極摻雜，此將造成射極效率降低。造成在高電流下 β_0 衰減的另一個原因為射極擁擠，此效應在射極會產生電流密度的不均勻分佈。在射極周圍的電流密度有較高的平均電流密度。因此，在射極周圍所發生的高注入效應，導致 β_0 降低。除此之外，在高注入機制下，基極電阻上的明顯電壓降也造成了電流增益的降低。

4.5 異質接面雙載子電晶體

在 3.7 節中，我們已討論過異質接面，異質接面雙載子電晶體（HBT）是指電晶體中之一或二個接面由不同的半導體材料所構成。HBT 主要的優點是射極效率 (γ) 較高，HBT 的應用基本上與雙載子電晶體相同，但在線路操作上，HBT 具有較高速度及更高頻率的潛力。因為這些特質，HBT 在光電、微波和數位應用上非常受歡迎；例如在微波應用方面，HBT 常被用來作固態微波及毫米波功率放大器、振盪器和混頻器。

4.5.1　HBT 的電流增益

假設 HBT 的射極材料是半導體 1，基極材料是半導體 2，我們必須考量不同半導體材料的能隙差對 HBT 電流增益所造成的影響。

當基極傳輸因子 α_T 非常接近 1 時，共射電流增益由式（8）和式（35）可以表示為：

$$\beta_0 \equiv \frac{\alpha_0}{1-\alpha_0} \equiv \frac{\gamma\alpha_T}{1-\gamma\alpha_T} = \frac{\gamma}{1-\gamma} \quad （對\ \alpha_T = 1） \tag{46}$$

將式（31）的 γ 代入式（46），可得（對 *n-p-n* 電晶體）：

$$\beta_0 = \frac{1}{\dfrac{D_E}{D_n} \dfrac{p_{EO}}{n_{po}} \dfrac{W}{L_E}} \approx \frac{n_{po}}{p_{EO}} \tag{47}$$

射極和基極中的少數載子濃度可寫為：

$$p_{EO} = \frac{n_i^2(\text{射極})}{N_E(\text{射極})} = \frac{N_C N_V \, exp\left(\dfrac{-E_{gE}}{kT}\right)}{N_E} \tag{48}$$

$$n_{po} = \frac{n_i^2(\text{基極})}{N_B(\text{基極})} = \frac{N_C' N_V' \, exp\left(\dfrac{-E_{gB}}{kT}\right)}{N_B} \tag{49}$$

其中 N_C 和 N_V 分別是是導電帶和價電帶中的態位密度，E_{gE} 是射極半導體的能隙寬，N'_C、N'_V 和 E_{gB} 則是基極半導體上相對的參數；因此，假設 $N_C N_V = N'_C N'_V$

$$\beta_0 \sim \frac{N_E}{N_B} \exp\left(\frac{E_{gE} - E_{gB}}{kT}\right) = \frac{N_E}{N_B} \exp\left(\frac{\Delta E_g}{kT}\right) \tag{50}$$

範例 4

一 HBT 其射極能隙寬為 1.62 eV，基極能隙寬為 1.42 eV。一雙載子電晶體射極和基極能隙寬皆為 1.42 eV；其射極摻雜為 10^{18} cm^{-3}，基極摻雜為 10^{15} cm^{-3}。

(a) 若 HBT 與雙載子電晶體具有相同的摻雜，請問 β_0 改善多少？

(b) 若 HBT 的射極摻雜和 β_0 與雙載子電晶體相同，請問我們可以將 HBT 的基極摻雜提高到多少？假設其他元件參數皆相同。

解

(a) $\dfrac{\beta_0(\text{HBT})}{\beta_0(\text{BJT})} = \dfrac{\exp\left(\dfrac{E_{gE} - E_{gB}}{kT}\right)}{1} = \exp\left(\dfrac{1.62 - 1.42}{0.0259}\right) = \exp\left(\dfrac{0.2}{0.0259}\right) = \exp(7.722) = 2257$

β_0 增加為 2257 倍。

(b) β_0（HBT）$= \dfrac{N_E}{N_B'} \exp$（7.722）$= \beta_0$（BJT）$= \dfrac{N_E}{N_B}$

$$\therefore N'_B \quad = N_B \exp（7.722） \quad = 2257 \times 10^{15} = 2.26 \times 10^{18}\,\text{cm}^{-3}$$

異質接面的基極摻雜可增加到 $2.26 \times 10^{18}\,\text{cm}^{-3}$，而維持相同的 β_0。

4.5.2 基本 HBT 結構

大部分 HBT 的技術發展都是針對 $Al_xGa_{1-x}As/GaAs$ 材料系統，圖 21a 是一個基本 *n-p-n* HBT 結構，在此元件中，*n* 型射極是以寬能隙的 $Al_xGa_{1-x}As$ 組成，而 *p* 型基極是以能隙較窄的砷化鎵（GaAs）組成，*n* 型集極和 *n* 型次集極（sub-collector）分別以低摻雜和重摻雜的砷化鎵組成；為了形成歐姆接觸，在射極接觸和砷化鋁鎵（AlGaAs）層之間加了一層重摻雜的 *n* 型 GaAs。因為射極和基極材料間具有大的能隙差，共射電流增益可以提到很高。而同質接面的雙載子電晶體並無能隙差存在，故必須將射極和基極的摻雜濃度比提到很高，這是同質接面與異質接面雙載子電晶體最基本的不同處（見範例 4）。

圖 21b 是 HBT 在主動操作模式下的能帶圖，射極和基極間的能帶差在異質接面界面上造成了一個能帶偏移。事實上，HBT 優異的性能是直接由價電帶在異質界面處的不連續 ΔE_V 所造成。ΔE_V 增加了射基異質接面處價電帶能障的高度，因此降低

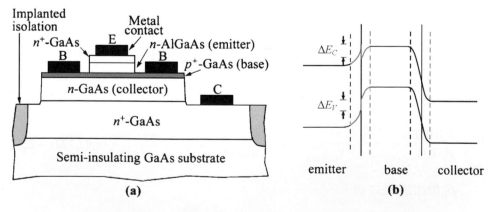

圖21 （a）*n-p-n* HBT 結構的剖面示意圖，（b）主動模式下 HBT 的能帶圖。

了由基極到射極的電洞注入，此效應使得 HBT 可以使用重摻雜的基極，而同時維持極高的射極效率和電流增益；重摻雜的基極可降低基極的片電阻 [6]。

此外，基極可以做的很薄而不須擔心*碰穿效應*（*punch through*，或譯*碰透效應*），碰穿效應是因基集接面的空乏層完全貫穿了基極，而與射基接面的空乏層接觸所引起。窄的基極區域可以降低基極穿巡時間，且增加截止頻率 [7]，是較為可取的。

如圖 22 所示，HBT 在共射極結構下有偏移電壓產生的缺點。偏移電壓 ΔV_{CE} 定義為當集極電流達到零時所對應到的集射電壓值。它來自於在基射接面間的導電帶中，有電位阻障阻礙載子流入基極，因而造成偏移電壓的產生，也就是說，會有一個額外的電壓降在基射接面處。而漸變式的基射接面能減輕偏移電壓效應，此部份將在之後做討論。藉由加入異質接面的基射接面也可消除偏移電壓效應。

4.5.3 先進的 HBT

最近幾年磷化銦（InP）系（InP/InGaAs 或 AlInAs/InGaAs）的材料系統被廣泛研究，磷化銦系的異質結構有幾項優點 [8]。磷化銦/砷化銦鎵（InP/InGaAs）結構具有非常低的表面復合，而且 InGaAs 的電子移動率較 GaAs 高出甚多，優異的高頻表現是可預期的。高達 550GHz 的截止頻率已被取得。[9] 此外，InP 集極在高電場中較 GaAs 集極具有更高的漂移速度，而 InP 集極崩潰電壓亦較砷化鎵者為高。

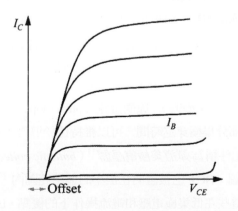

圖22 由 I_C 和 V_{CE} 特性圖可看出偏移電壓。

另一種異接質接面是矽／矽鍺（Si/SiGe）的材料系統，此系統有幾項特性在 HBT 的應用中非常具有吸引力。就如同砷化鋁鎵／砷化鎵（AlGaAs/GaAs）HBT，矽／矽鍺（Si/SiGe）HBT 也因能隙差，基極可重摻雜而具有高速能力；此外，矽表面所具有的低陷阱（trap）密度特性，可以減少表面復合電流，並確保即使在低集極電流時，仍有高電流增益。與標準矽製程的技術相容是另一個深具吸引力的特性。與砷化鎵系和磷化銦系的 HBT 相較，矽/矽鍺 HBT 具有較低的截止頻率 330GHz [10]，此乃因矽的載子移動率較低。

圖 21b 中，導電帶上的能帶不連續 ΔE_C 是我們所不希望的，因為此不連續，迫使異質接面中的載子必須以熱離子發射（thermionic emission）、或穿隧（tunneling）的方法，才能跨過能障，因而降低射極效率和集極電流。此缺點可藉漸變層和漸變基極（graded-base）異質接面來改善。圖 23 顯示一漸變層加在射基異質接面中的能帶圖，其中 ΔE_C 已被消除，漸變層的厚度為 W_g。

基極區域也可用漸變分佈，以將由射極到基極的能隙減小，圖 23（虛線）顯示漸變基極 HBT 的能帶圖。注意其中存在一內建電場 $\mathcal{E}_{bi}$ 於準中性基極（quasi-neutral base）內，導致少數載子穿巡時間降低，增加了 HBT 的共射電流增益與截止頻率。例如將基極 $Al_xGa_{1-x}As$ 中 Al 的莫耳分率 x 由 $x = 0.1$ 到 0 作線性變化，就可以得到 $\mathcal{E}_{bi}$。

在設計集極時，必須考慮集極穿巡時間延遲以及崩潰電壓的需求，較厚的集極層可以改善基集接面的崩潰電壓，但也相對增加穿巡時間。在大部分高功率應用的元件上，因集極中會維持很大的電場，載子會以飽和速度穿越集極。

我們也可以特定的集極摻雜側圖來降低集極內的電場，進而增加載子速度，例如具有 p^- 集極和一層接近次集極的 p^+ 脈衝摻雜（pulse-doped）結構的 n-p-n HBT，電子進入集極後，在大部分集極穿巡時間，可以維持位於導帶下谷（lower valley）所享有的高移動率，這種元件稱為 *彈道集極電晶體*[11]（*ballistic collector transistor*，BCT）。圖 24 是 BCT 的能帶圖，BCT 已被證明在很小的偏壓範圍內，有較傳統 HBT 優秀的頻率反應特性；因為這些在低集極電壓和電流操作下的優點，BCT 被用在開關切換的應用和微波功率放大上。

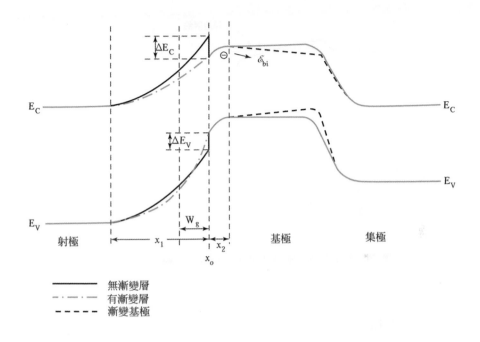

圖 23　有無漸變層、與有無漸變基極的 HBT 能帶圖。

4.6 閘流體（thyristor）及其相關功率元件

閘流體是一種非常重要的功率元件，可用來作高電壓和高電流的控制。閘流體主要用在開關切換的應用，須要元件從*關閉*或是阻隔的狀態轉換為*開啟*或是導通的狀態，反之亦然[12]。我們已經討論過雙載子電晶體在開關切換的應用，係利用基極電流驅動電晶體，從截止模式轉變為飽和模式的開啟狀態，或是從飽和模式轉變為截止模式的關閉狀態。閘流體的操作與雙載子電晶體有密切的關係，二者的傳導過程皆牽涉到電子和電洞，但閘流體的切換機制和雙載子電晶體是不同的，且因為元件結構不同，閘流體有較寬廣範圍的電流－電壓控制能力。現今的閘流體的額定電流可由幾毫安培（mA）到超過五千安培；而額定電壓更超過一萬伏特[13]。我們將先討論基本閘流體的操作原理，然後討論一些相關高功率和高頻率的閘流體。

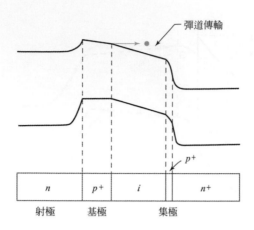

圖 24　彈道集極電晶體（BCT）[11] 的能帶圖。

4.6.1　基本特性

圖 25a 是一閘流體的剖面示意圖，是一個四層 *p-n-p-n* 元件，其中有三個串接的 *p-n* 接面：*J*1、*J*2 和 *J*3。與最外的 *p* 層接觸的電極稱為*陽極*（*anode*），而與最外 *n* 層接觸的電極稱為*陰極*（*cathode*），這個沒有額外電極的結構是個二端點的元件，被稱為 *p-n-p-n* 二極體。若另一稱為*閘極*（*gate*）的電極被連到內 *p* 層（*p*2），所形成的三端點元件一般稱為*半導體控制整流器*（*semiconductor-controlled rectifier*，SCR）或*閘流體*（*thyristor*）。

　　圖 25b 是一典型的閘流體摻雜分佈，首先選一高阻值的 *n* 型矽晶圓當作起始材料（*n*1 層），再以一擴散步驟同時形成 *p*1 和 *p*2 層，最後藉合金（alloy）或擴散，在晶圓的單一邊，形成一 *n* 型層，來作為 *n*2 層。圖 25c 是閘流體在熱平衡狀態下的能帶圖，注意其中每一個接面都有空乏層，其內建電壓由雜質摻雜側圖而定。

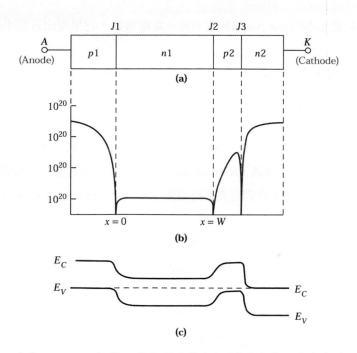

圖 25 （a）*p-n-p-n* 二極體，（b）閘流體的典型摻雜分佈，（c）熱平衡
狀態下閘流體的能帶圖。

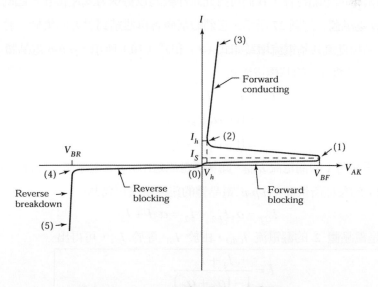

圖 26 *p-n-p-n* 二極體的電流－電壓特性。

圖 26 是基本的 *p-n-p-n* 二極體電流－電壓特性，它呈現出五個不同的區域：

0-1: 元件處於順向阻隔（forward-blocking）或是關閉狀態，具有很高的阻抗；順向衝越（forward breakover）（或切換）發生於 $dV/dI = 0$，在點 1 我們定義順向衝越電壓（forward-breakover voltage）V_{BF} 和切換電流 I_s。

1-2: 元件處於負電阻區域，也就是電流隨電壓急遽降低而增加。

2-3: 元件處於順向導通（forward-conducting）或開啟狀態，具有低阻抗，在點 2 處 $dV/dI = 0$，我們定義保持電流（holding current）I_h 和保持電壓（holding voltage）V_h。

0-4: 元件處於逆向阻隔（reverse-blocking）狀態。

4-5: 元件處於逆向崩潰（reverse-breakdown）狀態。

因此，*p-n-p-n* 二極體在順向區域是個雙穩態（bistable）元件，可以由高阻抗低電流的關閉狀態切換到低阻抗高電流的開啟狀態，反之亦然。

　　要瞭解順向阻隔特性，我們可將此元件視為以特殊方式連接在一起的 *p-n-p* 電晶體和 *n-p-n* 電晶體，如圖 27 所示。它們的基極各自連結到對方的集極，射、集、基極的電流關係和直流共基電流增益如式（3）和式（10）所示。*p-n-p* 電晶體（具有電流增益 α_1 的電晶體 1）的基極電流為

$$
\begin{aligned}
I_{B1} &= I_{E1} - I_{C1} \\
&= (1 - \alpha_1)I_{E1} - I_1 \\
&= (1 - \alpha_1)I - I_1
\end{aligned}
\tag{51}
$$

其中 I_1 是電晶體 1 的漏電流 I_{CBO}，此基極電流是由 *n-p-n* 電晶體（具有電流增益 α_2 的電晶體 2）的集極所供應，*n-p-n* 電晶體的集極電流可寫為

$$
I_{C2} = \alpha_2 I_{E2} + I_2 = \alpha_2 I + I_2
\tag{52}
$$

其中 I_2 是電晶體 2 的漏電流 I_{CBO}，由於 I_{B1} 等於 I_{C2}，可得出

$$
\boxed{I = \frac{I_1 + I_2}{1 - (\alpha_1 + \alpha_2)}}
\tag{53}
$$

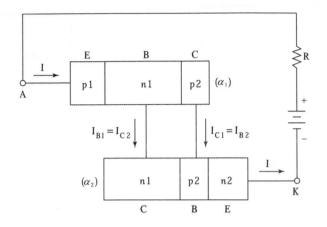

圖 27　閘流體[2]的雙電晶體示意圖。

範例 5

一閘流體中漏電流 I_1 和 I_2 各為 0.4 和 0.6 mA，請解釋當（$\alpha_1 + \alpha_2$）為 0.01 和 0.9999 時的順向阻隔特性。

解

電流增益是電流 I 的函數，且一般隨著電流增加而增加，在低電流時 α_1 和 α_2 遠小於 1，我們可以得出

$$I = \frac{0.4 \times 10^{-3} + 0.6 \times 10^{-3}}{1 - 0.01} = 1.01 \, \text{mA}$$

在這個狀況下，流過元件的電流是漏電流 I_1 和 I_2 之和（$\cong 1 \text{mA}$）。當外加電壓增加時，電流 I 也增加，所以 α_1 和 α_2 也增加，這會造成 I 繼續增加，此即再產生行為（regenerative behavior）。當 $\alpha_1 + \alpha_2 = 0.9999$，

$$I = \frac{0.4 \times 10^{-3} + 0.6 \times 10^{-3}}{1 - 0.9999} = 10 \, \text{A}$$

這個值比 $I_1 + I_2$ 大 10,000 倍，所以當（$\alpha_1 + \alpha_2$）趨近於 1 時，電流 I 會無限制的增加，亦即元件處於順向導通狀態。

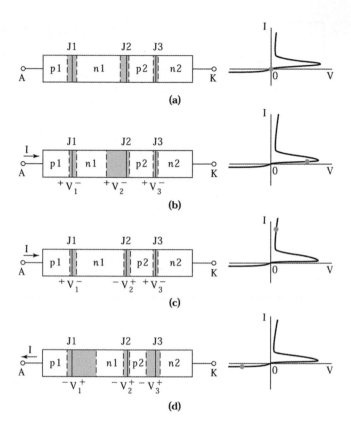

圖 28 閘流體操作在各區域的空乏層寬度與壓降（a）熱平衡狀態，（b）順向阻隔，
（c）順向導通，（d）逆向阻隔。

　　圖 28 是 *p-n-p-n* 二極體偏壓在不同區域時，其空乏層寬度的變化。圖 28a 顯示熱
平衡狀態下的情形，其中並無電流流通，而空乏層的寬度是由雜質摻雜側圖決定。圖
28b 顯示了順向阻隔的情形，接面 *J*1 和 *J*3 是順向偏壓，而 *J*2 是逆向偏壓，大部分的
電壓降都發生在中間 *J*2 接面間。圖 28c 是順向導通的狀況，全部三個接面都是順向
偏壓，兩個電晶體（*p*1-*n*1-*p*2 和 *n*1-*p*2-*n*2）都偏壓在飽和操作模式，因此跨在整個元
件上的電壓降非常低，可表示成（$V_1 - |V_2| + V_3$），大約等於一順向偏壓 *p-n* 接面上
的電壓降。圖 28d 是逆向阻隔的狀態，接面 *J*2 是順向偏壓，但 *J*1 和 *J*3 都是逆向偏壓。
對圖 25b 中的摻雜側圖，由於 *n*1 區域的低雜質濃度，逆向崩潰電壓主要由 *J*1 決定。

　　圖 29a 是一個以平面製程製造，具有閘極電極連接到 p2 區域的閘流體元件結構，圖 29b 是沿著虛線切開的剖面圖。閘流體的電流－電壓特性與 p-n-p-n 二極體類似，但多了 I_g 可以增加 $\alpha_1 + \alpha_2$，使得順向衝越可以發生在較低的電壓。圖 30 顯示，閘極電流對閘流體電流－電壓特性的影響，當閘極電流增加，順向衝越電壓降低。

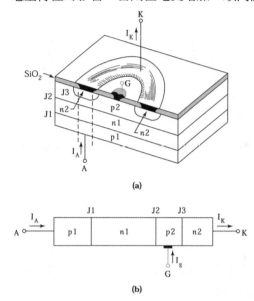

(a)

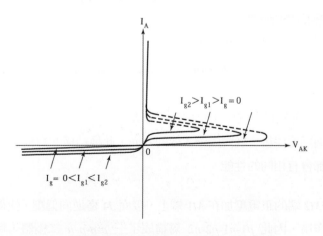

(b)

圖 29 （a）平面三端點閘流體示意圖，（b）平面閘流體的一維剖面圖。

圖 30　閘極電流對閘流體電流－電壓特性的影響。

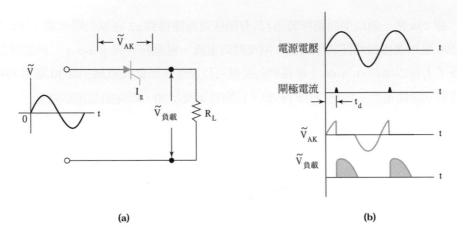

圖 31 （a）應用閘流體的電路，（b）電壓與閘極電流的波形。

圖 31a 是閘流體的一個簡單應用，可以調整由電源線傳至負載的功率，負載 R_L 可能是燈泡或是暖爐類的加熱器，在每個週期中傳至負載的功率是由閘流體的閘極電流脈衝所控制（圖 31b），若電流脈衝在接近每個週期開始時就加入閘極，就會有較多的功率傳送到負載；相反的，如果將電流脈衝延遲，閘流體在週期尾聲才導通，傳送到負載的功率將會顯著下降。

4.6.2　雙向閘流體

雙向閘流體是一種在正或負陽極電壓下皆可以開或關的切換元件，使得它在交流應用方面非常有用。雙向 *p-n-p-n* 二極體稱為 *雙極交流開關*（diac，diode ac switch），其行為類似兩個傳統的 *p-n-p-n* 二極體，彼此的陽極連到對方的陰極，陰極連到對方陽極，圖 32a 即為此種結構，其中 *M*1 表示主端點 1，而 *M*2 表示主端點 2。當我們將其整合為一顆兩端點元件後，就變成圖 32b 的 diac，此種結構的對稱性使得不管外加電壓極性如何，都會有相同的性能。

當一相對 *M*2 端的正電壓加在 *M*1 端上，接面 *J*4 是逆向偏壓，使得 $n2'$ 區域對元件的操作沒有作用，因此 *p*1-*n*1-*p*2-*n*2 層構成了一 *p-n-p-n* 二極體，可以產生圖 32c

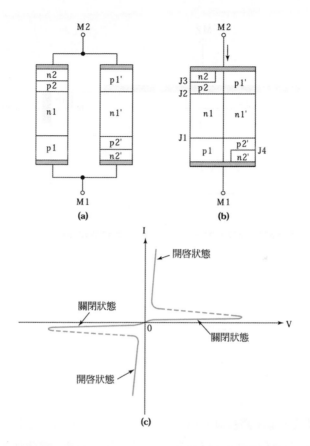

圖 32 （a）兩反接的 *p-n-p-n* 二極體，（b）將兩個二極體整合為單一兩端點的 diac，
（c）diac 的電流－電壓特性。

中順向部分的電流－電壓特性；如果相對於 *M*1 端的正電壓是加在 *M*2 端，電流會以
相反的方向流通，而接面 *J*3 會呈逆向偏壓，因此逆向 *p-n-p-n* 二極體中的
*p*1′- *n*1′- *p*2′- *n*2′ 就產生如圖 32c 中逆向部分的電流－電壓特性。

　　雙向三端點的閘流體稱為*三極交流開關*（*triac*，*triode ac* switch），triac 可以將
任意極性的低電壓低電流脈衝，分別加在兩個主端點 *M*1、*M*2 之一及閘極上，而雙向
切換電流，如圖 33 所示。Triac 的操作原理以及電流－電壓特性與 diac 類似，藉由調
整閘極電流就可以改變雙向的衝越電壓。

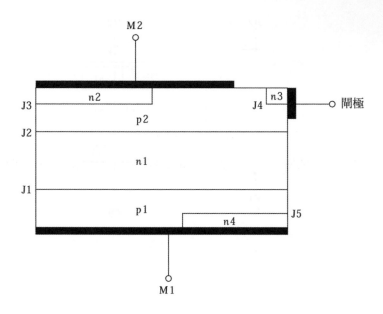

圖 33　triac 剖面圖，具有六層結構，包含五個 *p-n* 接面。

總結

自從 1947 年雙載子電晶體被發明以後，它一直是最重要的半導體元件之一，雙載子電晶體是由兩個相同材料的 *p-n* 接面緊密相鄰而交互作用，電荷載子由順向偏壓的第一個接面入射，造成大量電流流過逆向偏壓的第二個接面。

我們討論了雙載子電晶體的靜態特性，如操作模式和共射組態的電流－電壓特性，我們也討論了頻率響應和切換行為。基極寬度是雙載子電晶體的一個關鍵參數，必須要比少數載子擴散長度小很多，才能改善電流增益和提高截止頻率。

雙載子電晶體被廣泛用於分立元件和積體電路，以供電流、電壓放大或功率放大的應用，它們也被用在雙載子－互補式金氧半（BiCMOS）電路中，以得到高密度以及高速度操作，將在第六、十五章中提到。

傳統雙載子電晶體的頻率限制是由於它的低基極摻雜和較寬的基極，為了克服這些限制，以兩個不同半導體材料形成接面的異質接面雙載子電晶體（HBT）可具有較高的基極摻雜和較窄的基極。所以 HBT 在毫米波及高速數位電路方面的應用大受歡迎。

另一個重要的雙載子元件是閘流體，是由三個或以上的 *p-n* 接面構成。閘流體主要用在切換開關方面的應用，這些元件的額定電流可以從幾毫安培到 5000 安培以上，額定電壓可以超過 10000 伏特。我們已經討論了閘流體操作的基本特性，此外我們也提到不論主端點正負電壓極性，皆可開關的雙向閘流體（diac 和 triac）。閘流體從低頻高電流功率供應到高頻低功率皆有廣大的應用，包括照明控制、家電用品及工業設備。

參考文獻

1. (a) J. Bardeen and W. H. Brattain, "The Transistor, A Semiconductor Triode," *Phys. Rev.*, 74, 230 (1948). (b) W. Shockley, "The Theory of *p-n* Junction in Semiconductors and *p-n* Junction Transistor," *Bell Syst. Tech. J.*, 28, 435 (1949).

2. J. J. Ebers, "Four-Terminal *p-n-p-n* Transistor," *Proc. IEEE*, 40, 1361 (1952).

3. S. M. Sze, *Physics of Semiconductor Devices*, 3rd Ed., Wiley Interscience, Hoboken, 2007.

4. J. M. Early, "Effects of Space-Charge Layer Widening in Junction Transistors," *Proc. IRE.*, 40, 1401 (1952).

5. J. del Alamo, S.Swirhum, and R. M. Swanson, ''Simultaneous Measurement of Hole Lifetime, Hole Mobility and Bandgap Narrowing in Heavily Doped n-Type Silicon,'' *Tech. Dig. IEEE IEDM*, 290 (1985)

6. J. S. Yuan and J. J. Liou, "Circuit Modeling for Transient Emitter Crowding and Two-Dimensional Current and Charge Distribution Effects," *Solid-State Electron.*, 32, 623 (1989).

7. J. J. Liou, "Modeling the Cutoff Frequency of Heterojunction Bipolar Transistors

Subjected to High Collector-Layer Currents," *J. Appl. Phys.*, 67, 7125 (1990).

8. B. Jalali and S. J. Pearton, Eds., *InP HBTs: Growth, Processing, and Application*, Artech House, Norwood, 1995.

9. W. Hafez and M. Feng, ''0.25μm Emitter InP SHBTs with f_T=550 GHz and BV_{CEO}> 2V,'' *Tech. Dig. IEEE Int. Electron Devices Meet.*, p. 549 (2004)

10. N. Zerounian et al., ''500 GHz Cutoff Frequency SiGe HBTs,'' *Electron. Lett.*, 43, 774 (2007).

11. T. Ishibashi and Y. Yamauchi, "A Possible Near-Ballistic Collection in an AlGaAs/GaAs HBT with a Modified Collector Structure," *IEEE Trans. Electron Devices*, ED-35, 401 (1988).

12. P. D. Taylor, *Thyristor Design and Realization*, Wiley, New York, 1993.

13. H. P. Lips, "Technology Trends for HVDC Thyristor Valves," *1998 Int. Conf. Power Syst. Tech. Proc.*, 1, 446 (1998).

習題 （*指較難習題）

4.2 節　雙載子電晶體之靜態特性

1. 一 *n-p-n* 電晶體其基極傳輸因子 α_T 為 0.998，射極效率為 0.997，I_{Cp} 為 10 nA。（ *a* ）算出電晶體的 α_0 和 β_0 ，（ b ） 若 $I_B = 0$，射極電流為何？

2. 一理想電晶體其射極效率為 0.999，集基漏電流為 10 μA，假設 $I_B = 0$，請算出由電洞所形成的主動模式射極電流。

3. 執行任務期間的太空船，其上的 *p-n-p* BJT 易受太陽風和宇宙射線的干擾。由於游離輻射會產生原子缺陷、內部差排和補陷能級。預期 BJT 增益參數 α^0 會增加、減少還是維持不變？提出一些合乎邏輯或定量的分析來支持你的答案。

4. 一 *p-n-p* 矽電晶體其射、基、集極雜質濃度分別為 5×10^{18}、2×10^{17} 和 10^{16} cm^{-3}。基極寬度為 1.0 μm，且元件剖面面積為 0.2 mm^2，當射基接面順向偏壓在 0.5 V 且基集接面逆向偏壓在 5 V 時，請算出（ *a* ）中性基極寬度，（ *b* ）射基接面的少數載子濃度。

5. 在習題 3 中的電晶體，其射、基、集極中少數載子的擴散常數分別為 52、40 和 115 cm^2/s，而生命期分別為 10^{-8}、10^{-7} 和 10^{-6} s。求出圖 5 中的各電流成分 I_{Ep}、I_{Cp}、I_{En}、I_{Cn} 和 I_{BB}。

6. 利用習題 4 和 5 所得到的結果，（a）求出電晶體的端點電流 I_E、I_C 和 I_B。（b）計算出射極效率、基極傳輸因子、共基電流增益和共射電流增益。（c）請評論如何改善射極效率以及基極傳輸因子。

7. 參考式（14）的少數載子濃度，畫出在不同 W/L_p 下，$p_n(x)/p_n(0)$ 對 x 的曲線。解釋為何 W/L_p 足夠小時，分佈曲線會趨近於直線（如 $W/L_p < 0.1$）。

8. 當施加一順向偏壓於射基接面，n-p-n 電晶體的集極處於浮接狀態。在此條件下，基集接面是順向偏壓還是逆向偏壓？請解釋。

9. 導出總超量少數載子電荷 Q_B 的表示式。若電晶體被操作在主動模式且 $p_n(0) >> p_{no}$，請解釋為何電荷量可以近似於圖 6 所顯示基極中的三角形面積，此外請利用習題 4 的參數求出 Q_B。

10. 利用習題 9 導出的 Q_B，證明式（27）的集極電流可以近似為 $I_C \cong \left(2D_p/W^2\right)Q_B$。

11. 證明基極傳輸因子 α_T 可以簡化為 $1 - \left(W^2/2L_p^2\right)$。

12. 一個 PNP 電晶體有以下的特性：

摻雜：$N_E = 10N_B$；$N_B = 10N_C$；$N_C = 10^{16}$ cm^{-3}

中性寬度：$W_E = W_B = 0.1L_B = 5 \times 10^{-5}$ cm；$W_C = 500W_B$

少數載子擴散係數：$D_E = D_B = 0.25D_C = 50$ cm^2/s

少數載子擴散長度：$L_E = 0.5L_B = 10L_C$

由以上的資料，計算出：(a)射極效率，(b)基極傳輸因子，和(c)截止頻率 f_T。

13. 若射極效率非常接近一，請證明共射電流增益 β_0 可表示為 $2L_p^2/W^2$。（提示：利用習題 11 的 α_T）

14. 一 p^+-n-p 電晶體具有非常高的射極效率，請求出其共射電流增益 β_0。假設基極寬度為 2 μm，基極中的少數載子擴散常數為 100 cm^2/s，基極中少數載子生命期為 3×10^{-7} s。（提示：參考習題 13 推導的 β_0）

15. 一 n-p-n 雙載子矽電晶體，其射、基、集極雜質濃度分別為 3×10^{18}、2×10^{16} 和

5×10^{15} cm^{-3}，請利用愛因斯坦關係式 $D = (kT/q)\mu$ 求出此三區域中的少數載子擴散常數。假設電子和電洞的遷移率 μ_n 和 μ_p 在 $T = 300\ K$ 可以表示為

$$\mu_n = 88 + \frac{1252}{\left(1 + 0.698 \times 10^{-17} N\right)} \text{ 及 } \mu_p = 54.3 + \frac{407}{\left(1 + 0.374 \times 10^{-17} N\right)}$$

16. 一離子佈植 n-p-n 電晶體其中性基極的淨雜質摻雜為 $N(x) = N_{AO} e^{-x/l}$，其中 $N_{AO} = 2 \times 10^{18}$ cm^{-3}，$l = 0.3$ μm。（a）求出中性基極每單位面積上的總雜質數，（b）求出中性基極區域的平均雜質濃度，已知中性基極寬度為 0.8 μm。

17. 參考習題 16，若 $L_E = 1$ μm，$N_E = 10^{19}$ cm^{-3}，$D_E = 1$ cm^2/s，基極中的平均生命期為 10^{-6} s，基極中的平均擴散常數與習題 16 中的雜質濃度相符，求出共射電流增益。

18. 估算習題 16 和 17 的集極電流。其射極面積為 10^{-4} cm^2，基極電阻可表示為 $10^{-3} \overline{\rho}_B / W$，其中 W 是中性基極寬度，$\overline{\rho}_B$ 是基極的平均電阻係數。

19. 參考圖 10b 中的電晶體，以 I_B 為變數，畫出不同 I_B 下的共射電流增益，I_B 由 0 到 25 μA，V_{EC} 固定為 5 V。請解釋電流增益為何不是常數。

20. 根據基本的依伯斯－摩耳模型（Ebers-Moll model）（J. J. Ebers and J. L. Moll, " Large-Signal Behavior of Junction Transistors, " *Proc.IRE.,* 42, 1761, 1954），射極和集極電流可表示為：

$$I_E = I_{FO}\left(e^{qV_{EB}/kT} - 1\right) - \alpha_R\, I_{RO}\left(e^{qV_{CB}/kT} - 1\right)$$
$$I_C = \alpha_F\, I_{FO}\left(e^{qV_{EB}/kT} - 1\right) - I_{RO}\left(e^{qV_{CB}/kT} - 1\right)$$

其中 α_F 和 α_R 分別為順向共基電流增益（*forward common-base current gain*）和逆向共基電流增益（*reverse common-base current gain*），I_{FO} 和 I_{RO} 分別為正常順向和逆向偏壓二極體的飽和電流。請以式（25）、（26）、（28）和（29）中的常數來表示 α_F 和 α_R。

21. 參考範例 2 中的電晶體，利用習題 20 所導出的方程式求出 I_E 和 I_C。

22. 請以無電場的穩態連續方程式推導出式（32b）的集極電流。（提示：考慮集極區域中的少數載子分佈）

23. 對於 p$^+$-n-p 電晶體可用的資料如下：

	射極	基極	集極
摻雜(cm^{-3})	5×10^{18}	10^{16}	10^{15}
冶金寬度(μm)	1.0	1.0	500.0
少數載子擴散係數 (cm^2/s)	2.0	10.0	35.0
少數載子生命期(s)	10^{-8}	10^{-7}	10^{-6}
橫斷面(cm^2)	0.03	0.03	0.03

元件操作在 300K，有 n_i(在 300K)=10^{10}cm^{-3}，且 ε =11.9 ε_0。假設 V_T=25.9mV。假如將 E-B 接面順向偏壓至 0.5V，且 C-B 接面逆向偏壓至 5.0V，計算出以下的量：(a)中性基極寬度，(b)射極效率和基極傳輸因子，(c)共射極和共基極電流增益，(d)電晶體參數：a_{11}、a_{12}、a_{21} 和 a_{22}。

4.3 節　雙載子電晶體之頻率響應與切換

24.　一矽電晶體，其 D_p 為 10 cm^2/s，W 為 0.5 μm。試求出一共基電流增益 β_0 為 0.998 的電晶體，其截止頻率為何。可忽略射極和集極延遲。

25. 欲設計一雙載子電晶體，其截止頻率 f_T 為 5 GHz，請問中性基極寬度 W 需為多少？假設 D_p 為 10 cm^2/s，並且忽略射極以及集極延遲。

26. 一開關電晶體有基極寬度 0.5 μm 和擴散常數 10cm^2/s。基極少數載子生命期為 10^{-7}s。電晶體受到 V_{cc}=5V 的偏壓，且負載電阻為 10kΩ。假如施加一持續時間 1 μs 的基極電流脈衝 2 μA，找出儲存基極電荷和儲存時間延遲。

4.5 節　異質接面雙載子電晶體

27. 考慮一 $Si_{1-x}Ge_x$/Si HBT，其基極區域中 x = 10%（且射極和集極中 x =0%），基極區域的能隙比矽能隙小 9.8%。若基極電流只源於射極注入效率，請問當溫度由 0 升到 100°C，共射電流增益會有何變化？

28. 對一 $Al_xGa_{1-x}As$/Si HBT，其 $Al_xGa_{1-x}As$ 之能隙為 x 的函數，且可表示為 1.424 + 1.247x eV（當 $x \le 0.45$），及 1.9 + 0.125x + 0.143x^2 eV（當 $0.45 \le x \le 1$）。請以 x 為變數畫出 β_0(HBT)/ β_0(BJT) 之圖形。

4.6 節 閘流體及其相關功率元件

29. 根據圖 25 的摻雜側圖,求出使閘流體的逆向阻隔電壓可達到 120 V 的 $n1$ 區域寬度 W(>10 μm)。若 $n1$-$p2$-$n2$ 電晶體的電流增益 α_2 為 0.4 且與電流不相關,$p1$-$n1$-$p2$ 電晶體的 α_1 可以表示為 $0.5\sqrt{L_p/W}\ln(J/J_0)$,其中 L_p 是 25 μm,J_0 是 5×10^{-6} A$/$cm^2,請求出閘極體的剖面面積,使其在 I_s 等於 1 mA 時發生切換。

第五章　金氧半電容及金氧半場效電晶體

金氧半電容（metal-oxide-semiconductor capacitor, MOS capacitor）在半導體元件物理中佔有極重要之地位，因為其為研究半導體表面特性最有用的元件[*]。在積體電路中，MOS 電容亦可作為一儲存電容，且為電荷耦合元件（charge-coupled device，CCD）的基本組成架構。金氧半場效電晶體（metal-oxide-semiconductor field-effect transistor，MOSFET）是由一個金氧半（MOS）電容和兩個與其緊密鄰接的 *p-n* 接面（*p-n* junction）所組成。[1] 自從在 1960 年首次證明後，MOSFET 快速地發展，並且成為微處理器與半導體記憶體等先進積體電路（integrated circuit）中最重要的元件；此乃因 MOSFET 有很多獨特且前所未有的特性，包括低功率消耗和高生產良率。

具體而言，本章包括了以下幾個主題：

● 　理想與實際的 MOS 電容。

● 　MOS 電容的反轉（inversion）條件與臨界電壓（threshold voltage，或譯臨限電壓）。

● 　MOS 電容的 C-V 和 I-V 特性。

● 　電荷耦合（charge-coupled）元件。

● 　MOSFET 的基本特性。

---

[*] 更廣義的元件分類為金屬－絕緣體－半導體（MIS）電容。然而，因為在大部分實驗研究中的絕緣體為二氧化矽，在本書中 MOS 電容與 MIS 電容可交互使用。

5.1 理想金氧半電容

MOS 電容的透視結構如圖 1a 所示。圖 1b 為其剖面結構，其中 d 為氧化層的厚度，而 V 為施加於金屬平板上的電壓。在本節中當金屬平板相較於歐姆接觸（ohmic contact）為正偏壓時，V 為正值；而當金屬平板相較於歐姆接觸為負偏壓時，V 為負值。

$V = 0$ 時，理想 p 型半導體 MOS 電容的能帶圖，如圖 2 所示。[1]功函數（work function）為費米能階（Fermi level）與真空能階之間的能量差（即金屬之功函數為 $q\phi_m$，而半導體的功函數為 $q\phi_s$），圖中的 $q\chi$ 為電子親和力（electron affinity），為半導體中導電帶（conduction band）邊緣與真空能階（vacuum level）的差值，其中 $q\chi_i$ 為氧化層電子親和力，$q\phi_B$ 為金屬和氧化層間能障，而 $q\psi_B$ 為費米能階 E_F 與本質費米能階 E_i 的能差。

一理想 MOS 電容定義如下：（a）於零偏壓時，金屬功函數 $q\phi_m$ 與半導體功函數 $q\phi_s$ 的能差為零，即功函數差 $q\phi_{ms}$ 為零：[*]

$$q\phi_{ms} \equiv \left(q\phi_m - q\phi_s\right) = q\phi_m - \left(q\chi + \frac{E_g}{2} + q\psi_B\right) = 0 \tag{1}$$

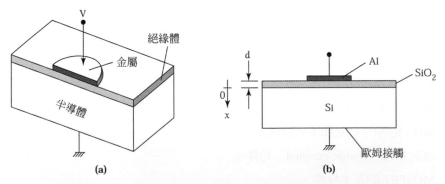

圖 1　（a）MOS 電容的透視圖，（b）MOS 電容的剖面圖。

---

[*] 此係針對 p 型半導體而言。對 n 型半導體而言，$q\psi_B$ 項要更改為 $-q\psi_B$。

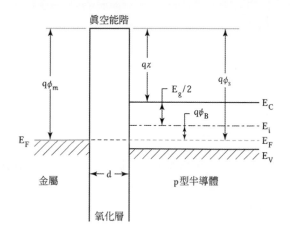

圖 2　*V＝0* 時理想 MOS 電容之能帶圖。

其中括號內的三項之和為 $q\phi_s$。換言之，在無外加偏壓之下其能帶是平的（稱為平帶狀態）。（b）在任意的偏壓之下，存在於電容中唯一的電荷為位於半導體中，及與其等量但反極性之位於鄰近氧化層的金屬表面之電荷。（c）於直流（dc）偏壓狀態下，無載子傳送過氧化層，亦即氧化層的電阻係數為無窮大。理想 MOS 原理將提供瞭解實際 MOS 元件的基礎。

　　當一理想 MOS 電容偏壓在正或負的電壓下時，半導體表面可能會出現三種狀況。對 *p* 型半導體而言，當一負電壓（*V* < 0）施加於金屬平板上時，SiO_2-Si 界面（interface）處將感應出超量的正載子（電洞），在這種情形之下，接近半導體表面的能帶向上彎曲，如圖 3a 所示。對一個理想的 MOS 電容而言，不論外加之電壓為何，元件內並無電流流動；所以半導體內部的費米能階將維持為一常數。先前我們已導出半導體內的載子密度與能差 E_i-E_F 成指數關係，即

$$p_p = n_i e^{(E_i - E_F)/kT} \tag{2}$$

半導體表面向上彎曲的能帶使得 E_i-E_F 的能差變大，進而提升電洞的濃度，或在氧化層與半導體的界面處產生電洞聚積，此種情況稱之為*聚積（accumulation）*情形。

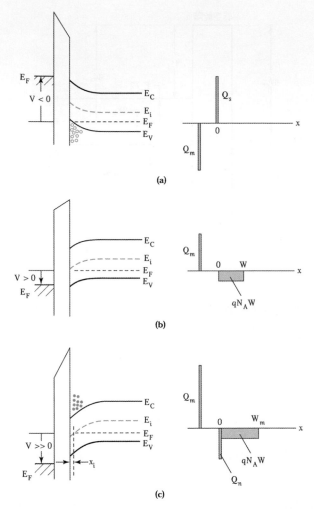

圖 3　（a）聚積時，（b）空乏時以及（c）反轉時之理想 MOS 電容的能帶圖
　　　及電荷分佈。

其相對應的電荷分佈如圖 3a 右側所示，其中 Q_s 為半導體中每單位面積之正電荷量，
而 Q_m 為金屬中每單位面積之負電荷量（$|Q_m| = Q_s$）。當外加一小量正電壓（$V > 0$）
於理想 MOS 電容時，靠近半導體表面的能帶將向下彎曲，而多數載子（電洞）形成
空乏（圖 3b），此種情況稱之為空乏（*depletion*）情形。半導體中單位面積之空間電
荷 Q_{sc} 的值為$-qN_AW$，其中 W 為表面空乏區（depletion region）的寬度。

　　當外加一更大的正電壓時，能帶向下彎曲更形嚴重，使得表面的本質能階 E_i 越過費米能階，如圖 3c 所示。結果，正閘極電壓開始在 SiO₂-Si 的界面處吸引超量的負載子（電子）。半導體中電子的濃度與能差 E_F–E_i 成指數關係，如下式所示

$$n_p = n_i e^{(E_F - E_i)/kT} \tag{3}$$

圖 3c 的情況為（E_F–E_i）>0，因此在界面上的電子濃度 n_p 大於 n_i，且式（2）中的電洞濃度將小於 n_i。當表面的電子（少數載子）數目大於電洞（多數載子）時，表面呈現反轉，此即為*反轉*（*inversion*）情形。

　　起初，因電子濃度較少，表面處於一*弱反轉*的狀態，當能帶持續彎曲，結果使得導電帶的邊緣接近費米能階。當靠近 SiO₂-Si 界面的電子濃度等於基板（substrate）的摻雜量時，開始產生*強反轉*（*strong inversion*）。在此點之後，半導體中大部分額外的負電荷，是由電子在很窄的 n 型反轉層（$0 \leq x \leq x_i$）中產生的電荷 Q_n（圖 3c）所組成，其中 x_i 為反轉層的寬度。x_i 典型值的範圍從 1 到 10 nm，且通常遠小於表面空乏層（depletion layer）的寬度。

　　強反轉一旦發生，表面空乏層的寬度將達到最大值，這是因為當能帶向下彎曲到足以發生強反轉時，即使因稍微增加能帶彎曲的程度（相當於空乏區寬度微量增加），也將會造成反轉層中電荷 Q_n 的大量增加。因此在強反轉的情況下，半導體中每單位面積電荷 Q_s 為反轉層中的電荷量 Q_n 與空乏區中的電荷量 Q_{sc} 之和：

$$Q_s = Q_n + Q_{sc} = Q_n - qN_A W_m \tag{4}$$

其中 W_m 為表面空乏區的最大寬度。

表面空乏區

圖 4 為 p 型半導體表面更為詳細的能帶圖。在半導體基板內的靜電位 ψ 定義為零。在半導體表面 $\psi = \psi_s$；ψ_s 稱為表面電位（surface potential）。我們可以將式（2）與式（3）中的電子與電洞的濃度表示為 ψ 的函數：

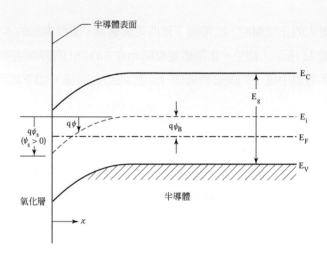

圖 4　*p* 型半導體表面之能帶圖。

$$n_p = n_i e^{q(\psi - \psi_B)/kT} \tag{5a}$$

$$p_p = n_i e^{q(\psi_B - \psi)/kT} \tag{5b}$$

其中當能帶如圖 4 所示向下彎曲時，ψ 為正值。在表面密度為

$$n_s = n_i e^{q(\psi_s - \psi_B)/kT} \tag{6a}$$

$$p_s = n_i e^{q(\psi_B - \psi_s)/kT} \tag{6b}$$

經由以上討論及式（6），以下各區間的表面電位可以區分為：

$\psi_s < 0$　　　　　電洞聚積（能帶向上彎曲）

$\psi_s = 0$　　　　　平帶狀態

$\psi_B > \psi_s > 0$　　電洞空乏（能帶向下彎曲）

$\psi_s = \psi_B$　　　　能隙中心（midgap），$n_s = n_p = n_i$（本質濃度）

$\psi_s > \psi_B$　　　　反轉（能帶向下彎曲）

電位 ψ 對距離的函數，可由一維的波松方程式（Poisson's equation）求得為：

$$\frac{d^2\psi}{dx^2} = \frac{-\rho_s(x)}{\varepsilon_s} \tag{7}$$

其中 $\rho_s(x)$ 為位於 x 處的單位體積電荷密度，而 ε_s 為介電係數。我們將使用曾用於分析 p-n 接面的空乏近似法（depletion approximation）。當半導體空乏寬度達到 W 時，半導體內的電荷為 $\rho_s = -qN_A$，積分波松方程式可得在表面空乏區內，為距離 x 函數之表面空乏區的靜電位分佈：

$$\psi = \psi_s \left(1 - \frac{x}{W}\right)^2 \tag{8}$$

表面電位 ψ_s 為：

$$\psi_s = \frac{qN_AW^2}{2\varepsilon_s} \tag{9}$$

注意此電位分佈與單側 n^+-p 接面相同。

當 ψ_s 大於 ψ_B 時表面即發生反轉，然而，我們需要一個準則作強反轉的起始點；超過該點反轉層中的電荷數已相當顯著。設定表面電荷等於基板雜質濃度是一個簡單的準則，即 $n_s = N_A$。因為 $N_A = n_i e^{q\psi_B/kT}$，由式（6a）我們可得

$$\boxed{\psi_s(inv) \cong 2\psi_B = \frac{2kT}{q}\ln\left(\frac{N_A}{n_i}\right)} \tag{10}$$

式（10）表示需要一電位 ψ_B 將表面的能帶下彎至本質的條件（$E_i = E_F$），接著還需要另一 $q\psi_B$，以將表面的能帶下彎來達成強反轉的狀態。

如之前所討論，當表面為強反轉時，表面的空乏層達到最大值。因此，當 ψ_s 等於 $\psi_s(inv)$ 時，由式（9）可以得到表面空乏區的最大寬度 W_m，即

$$W_m = \sqrt{\frac{2\varepsilon_s \psi_s(inv)}{qN_A}} \cong \sqrt{\frac{2\varepsilon_s(2\psi_B)}{qN_A}} \tag{11a}$$

$$W_m = 2\sqrt{\frac{\varepsilon_s kT\ln\left(\dfrac{N_A}{n_i}\right)}{q^2 N_A}} \tag{11b}$$

或

及

$$Q_{sc} = -qN_A W_m \cong -\sqrt{2q\varepsilon_s N_A(2\psi_B)} \tag{12}$$

範例 1

一理想的金屬–SiO$_2$–Si 電容，其 $N_A = 10^{17}$ cm^{-3}，試計算表面空乏區的最大寬度。

解

室溫下 $kT/q = 0.026$ V 且 $n_i = 9.65 \times 10^9$ cm^{-3}，Si 的介電係數為

11.9 × 8.85 × 10^{-14} 法拉/公分（F/cm），由式（11b）可得

$$W_m = 2\sqrt{\frac{11.9\times8.85\times10^{-14}\times0.026\ln\left(10^{17}\big/9.65\times10^9\right)}{1.6\times10^{-19}\times10^{17}}}$$

$$= 10^{-5} \text{ 公分（cm）} = 0.1 \text{ 微米（μm）}$$

在矽與砷化鎵中，W_m 與雜質濃度的關係如圖 5 所示，其中在 p 型半導體中 N_B 等於 N_A；在 n 型半導體中，N_B 等於 N_D。

理想 MOS 曲線

圖 6a 為一理想 MOS 電容之能帶圖，其能帶彎曲情形與圖 4 相同，電荷的分佈情形如圖 6b 所示。在沒有任何功函數差時，外加的電壓部分跨過氧化層，部分跨過半導體，因此

$$V = V_o + \psi_s \tag{13}$$

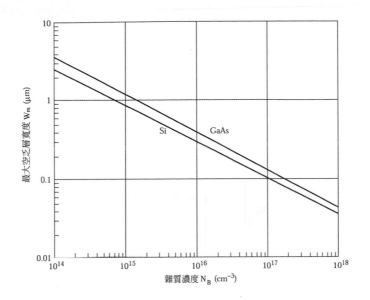

圖 5　強反轉條件下 Si 與 GaAs 的最大空乏層寬度對雜質濃度之關係。

其中 $\mathcal{E}_o$ 為氧化層中的電場，Q_s 為半導體中每單位面積的電荷量，而 $C_o\,(=\,\varepsilon_{ox}/d)$ 其中 V_o 為跨過氧化層的電壓，且由圖 6c 可得

$$V_o =\mathrm{E}_o\, d = \frac{\left|Q_s\right|d}{\varepsilon_{ox}} \equiv \frac{\left|Q_s\right|}{C_o} \tag{14}$$

為每單位面積的氧化層電容。其相對應之靜電位分佈如圖 6d 所示。

　　MOS 電容的總電容 C 是由氧化層電容 C_0 與半導體的空乏層電容（depletion layer capacitance）C_j 相互串聯而成（如圖 7a 內插圖）：

$$C = \frac{C_o C_j}{\left(C_o + C_j\right)} \qquad \mathrm{F/cm^2} \tag{15}$$

其中 $C_j = \varepsilon_s /W$，如同陡 p-n 接面一樣。

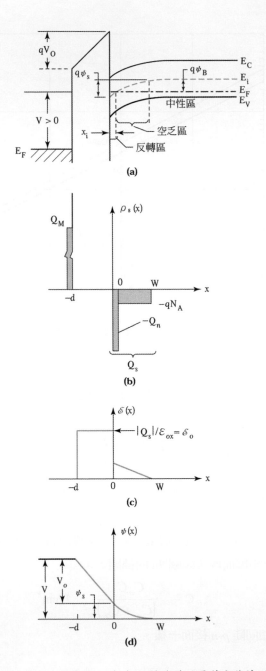

圖6　（a）理想 MOS 電容之能帶圖，（b）反轉條件的電荷分佈情形，（c）電場分佈，（d）電位分佈。

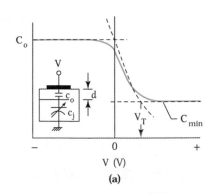
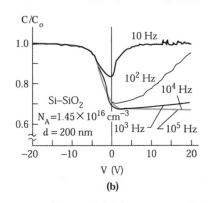

圖 7   （a）高頻 MOS C-V 圖顯示其近似部分（虛線），內插圖為電容的串聯，
　　　　（b）C-V 圖的頻率效應。

由式（9）、（13）、（14）、與（15），我們可以消去 W 並得到電容的公式為：

$$\frac{C}{C_o} = \frac{1}{\sqrt{1 + \dfrac{2\varepsilon_{ox}{}^2 V}{qN_A \varepsilon_s d^2}}} \tag{16}$$

此公式指出，當表面開始空乏時，電容值將會隨著金屬平板上的電壓增加而下降。當外加電壓為負時，並無空乏區，我們可在半導體表面得到聚積的電洞，因此，全部的電容值將很接近氧化層電容 ε_{ox}/d。

在另一極端，當強反轉發生時，空乏區寬度將不再隨施加電壓的再增加而增加。此情況發生於金屬平板上的電壓使得表面電位 ψ_s 達到式（10）中所定義的 $\psi_s(inv)$。將 $\psi_s(inv)$ 帶入式（13），且注意每單位面積的電荷為 $qN_A W_m$，可得於強反轉剛發生時的金屬平板電壓，此電壓稱之為臨界電壓：

$$V_T = \frac{qN_A W_m}{C_o} + \psi_s(inv) \cong \frac{\sqrt{2\varepsilon_s qN_A(2\psi_B)}}{C_o} + 2\psi_B \tag{17}$$

一旦當強反轉發生時，總電容將保持在式（15）中 $C_j = \varepsilon_s/W_m$ 的最小值：

$$C_{min} = \frac{\varepsilon_{ox}}{d + \left(\varepsilon_{ox} \Big/ \varepsilon_s\right) W_m} \tag{18}$$

一理想 MOS 電容的典型電容電壓曲線如圖 7a 所示，包含空乏近似（式(16)到(18)）與精確值（實線）。注意空乏近似與精確計算值相當接近。

雖然我們僅考量 p 型基板，但對 n 型基板而言，所有的考量，在經過適當變更符號與標誌後（如將 Q_n 換成 Q_p），也同樣有效。其電容電壓特性亦有相同的外觀，不過彼此將成鏡面對稱，且對於一 n 型基板的理想 MOS 電容而言，其臨界電壓將為負值。

在圖 7a 中，我們假設當金屬平板上的電壓發生變化時，所有電荷增量出現在空乏區的邊緣，這在量測頻率高時的確會發生。然而假如量測頻率夠低，使得表面空乏區內的產生－復合率（generation-recombination rate）與電壓變化率相當或是更快時，則電子濃度（少數載子）可以跟隨交流（alternating current，ac）信號，而導致與量測信號同步之反轉層電荷交換。因此強反轉時的電容只有氧化層電容 C_0 而已。圖 7b 顯示在不同頻率下所量得的 MOS 之 C-V 曲線 [2]，注意低頻曲線的初起發生在 $f \leq 100$ 赫茲（Hz）時。

範例 2

一理想金屬–SiO$_2$–Si 電容之 $N_A = 10^{17}$ cm^{-3} 且 $d = 5$ 奈米（nm），試計算圖 7a 之 C-V 曲線中的最小電容值。SiO$_2$ 的相對介電常數為 3.9。

解

$$C_o = \frac{\varepsilon_{ox}}{d} = \frac{3.9 \times 8.85 \times 10^{-14}}{5 \times 10^{-7}} = 6.90 \times 10^{-7} \ \text{法拉／平方公分（F/cm}^2\text{）}$$

$$Q_{sc} = -qN_A W_m = -1.6 \times 10^{-19} \times 10^{17} \times (1 \times 10^{-5}) = -1.6 \times 10^{-7} \ \text{庫侖／平方公分}$$
$$\text{（C/cm}^2\text{）}$$

W_m 可由範例 1 中得到

$$\psi_s(inv) \approx 2\psi_B = \frac{2kT}{q}\ln\left(\frac{N_A}{n_i}\right) = 2 \times 0.026 \times \ln\left(\frac{10^{17}}{9.65 \times 10^9}\right) = 0.84 \text{ V}$$

於 V_T 時的最小電容 C_{min} 為

$$C_{min} = \frac{\varepsilon_{ox}}{d + (\varepsilon_{ox}/\varepsilon_s)W_m} = \frac{3.9 \times 8.85 \times 10^{-14}}{(5 \times 10^{-7}) + (3.9/11.9)(1 \times 10^{-5})}$$

$$= 9.1 \times 10^{-8} \text{ F/cm}^2$$

因此 C_{min} 約為 C_o 的 13%

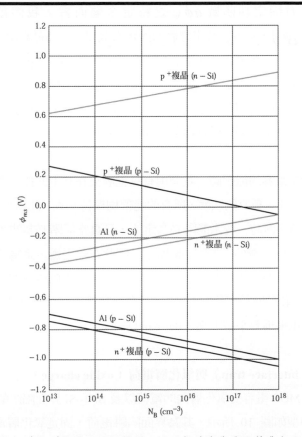

圖 8　鋁、n^+ 及 p^+ 複晶矽閘極材料之功函數差為背景雜質濃度的函數。

5.2 二氧化矽－矽金氧半電容

對所有的 MOS 電容而言，金屬－SiO_2－Si 為最受廣泛研究者。SiO_2-Si 系統的電性特性近似於理想的 MOS 電容。然而，對於常用的金屬電極而言，其功函數差 $q\phi_{ms}$ 一般不為零，而且在氧化層內部或 SiO_2-Si 界面處存在的不同電荷，將以各種方式影響理想MOS 的特性。

功函數

半導體的功函數 $q\phi_s$ 為真空能階與費米能階間之能量差（圖 2），隨摻雜濃度而有所變化。對於一有固定功函數 $q\phi_m$ 之特定金屬而言，我們預期其功函數差 $q\phi_{ms} \equiv (q\phi_m - q\phi_s)$，將會隨著半導體的摻雜而改變。鋁為最常用的金屬電極之一，其 $q\phi_m$ = 4.1 eV。另一種廣泛使用的材料為重摻雜的複晶矽（polycrystalline silicon，亦稱為 polysilicon）。n^+ 與 p^+ 複晶矽之功函數分別為 4.05 與 5.05 eV。圖 8 表示在摻雜變化下鋁、n^+ 與 p^+ 複晶矽等與矽間的功函數差。值得注意的是，隨著電極材料與矽基板摻雜濃度的不同，ϕ_{ms} 可有超過 2 伏特的變化。

欲建構 MOS 電容的能帶圖，我們由有氧化層夾在其中的孤立金屬與孤立半導體開始（圖 9a）。在此一孤立的狀態，所有的能帶均保持平直，此為平帶狀態（flat-band condition）。在熱平衡時，費米能階必為定值，且真空能階必為連續。為容納功函數差，半導體能帶須向下彎曲，如圖 9b 所示。因此在熱平衡，金屬帶正電荷，而半導體表面則帶負電荷。為達到如圖 2 中的理想平帶狀態，我們須外加一相當於功函數差 $q\phi_{ms}$ 的電壓，此精確地對應至圖 9a 的狀況，在此我們須在金屬外加一負電壓 V_{FB}（V_{FB} = ϕ_{ms}），而此電壓稱為平帶電壓（flat-band voltage）。

界面陷阱（interface trap）與氧化層電荷（oxide charge）

除了功函數差，MOS 電容受氧化層內的電荷以及 SiO_2-Si 界面陷阱的影響。這些陷阱與電荷的基本類型如圖 10 所示，其為界面陷阱電荷、固定氧化層電荷（fixed oxide charge）、氧化層陷阱電荷以及移動離子電荷[3]。

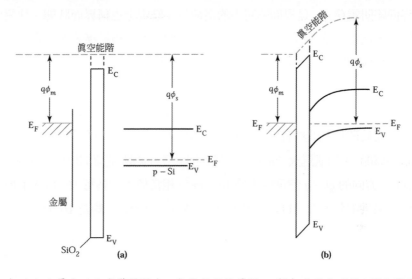

圖 9 （a）孤立金屬與孤立半導體間夾一氧化物的能帶圖，（b）熱平衡下的 MOS 電容之
能帶圖。

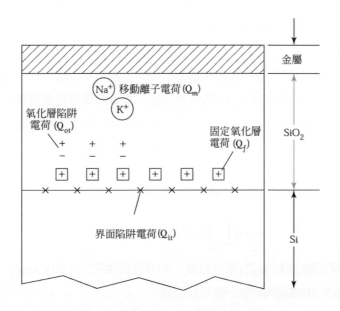

圖 10 熱氧化矽之相關電荷術語[3]。

237

界面陷阱電荷 Q_{it} 是界面陷阱中的電荷量（歷史上也稱界面狀態、快變狀態或表面狀態），此電荷量是由在 SiO_2-Si 界面上的週期性晶格結構阻礙所產生，且與界面處的化學組成有關。這些陷阱位於 SiO_2-Si 界面處，而其能量態位則位於矽的禁止能隙（forbidden bandgap）中。界面陷阱密度（即每單位面積與每電子伏特的界面陷阱數目）與晶體方向有關。於 <100> 方向，其界面陷阱密度約比 <111> 方向少一個數量級。目前於矽基上以熱氧化（thermal oxidation）生成二氧化矽之 MOS 電容，可經由低溫（450℃）的氫退火（anneal）將大部分界面陷阱電荷加以護佈（passivate）。在 <100> 方向的 Q_{it}/q 值可以小於 10^{10}cm^{-2}，相當於大約為每 10^5 個表面原子會存在一個界面陷阱電荷。對 <111> 方向的矽基板而言，Q_{it}/q 約為 10^{11}cm^{-2}。

類似於塊材雜質，若界面陷阱為電中性，且能由放出（捨棄）一個電子而帶正電，可視此界面陷阱為施體。所以施體狀態通常存在於低於能隙一半處，如圖 11 所示。對應於界面陷阱能階，由於施加一正電壓，造成費米能階向下移動，且界面陷阱帶正電。一個受體界面陷阱是電中性，且能由獲得一個電子而帶負電。所以受體狀態通常存在於高於能隙一半處，也如圖 11 所示。

圖 11 顯示出由受體狀態和施體狀態所組成的界面陷阱系統，其中高於中性狀態 E_0 為受體狀態，而低於中性狀態 E_0 為施體狀態。為了計算界面電荷量，假設室溫下高於 E_F 和低於 E_F 時的電子佔據機率皆介於 0 和 1 之間。有了這些假設，現在界面陷阱電荷 Q_{it} 能容易地被計算：

$$Q_{it} = -q \int_{E_0}^{E_F} D_{it} dE \qquad E_F \text{高於 } E_0 \text{，}$$

$$= +q \int_{E_F}^{E_0} D_{it} dE \qquad E_F \text{低於 } E_0 \text{，} \tag{19}$$

其中 D_{it} 為界面陷阱密度和 Q_{it} 為單位面積下的等效總電荷量（即 C/cm^2）。跨過能隙和界面陷阱密度的界面陷阱能階分佈可給定為：

$$D_{it} = \frac{1}{q} \frac{dQ_{it}}{dE} \qquad \text{陷阱數量 } / \text{cm}^2\text{-eV} \text{。} \tag{20}$$

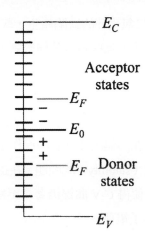

圖 11　由受體狀態和施體狀態所組成的任一界面陷阱系統，能被解釋成一個等價的分佈，相較於中性能階 E_o，高於 E_o 的狀態為受體型和低於 E_o 的狀態為施體型。當 E_F 高於（低於）E_o，總電荷量帶負電（帶正電）。

由對應於 E_F 或表面電位 ψ_s 的變化量之方式來決定實驗上的 D_{it}。另一方面，式（20）無法分辨出界面陷阱為施體型式還是受體型式，只能決定出 D_{it} 的大小。當施加一電壓時，對於界面陷阱能階的費米能階會向上或向下移動，且會造成界面陷阱電荷量的變化。電荷量的變化影響 MOS 電容值，且改變了理想 MOS 曲線。

固定氧化層電荷 Q_f 位於距離 SiO_2-Si 界面約 3 nm 處。此電荷固定不動，且即使表面電位 ψ_s 有大範圍的變化仍無法使其充放電。Q_f 一般為正值，且與氧化（oxidation）、退火的條件以及矽的晶體方向有關。一般認為當氧化停止時，一些離子化的矽留在界面處，而這些離子加上表面未完全矽鍵結（如 Si-Si 或 Si-O 鍵），可能導致正的界面電荷 Q_f。Q_f 可視為是 SiO_2-Si 界面處的片電荷（charge sheet）。對小心呵護處理的 SiO_2-Si 界面系統而言，典型的固定氧化層電荷密度在 <100> 的表面約為 $10^{10}cm^{-2}$，而在 <111> 的表面約為 $5 \times 10^{10}cm^{-2}$。由於 <100> 方向具有較低的 Q_{it} 與 Q_f，所以較常用於矽基 MOSEFT。

　　氧化層陷阱電荷 Q_{ot} 常隨著二氧化矽的缺陷產生，舉例而言，這些電荷可由如 X 光輻射或是高能量電子轟擊而產生。這些陷阱分佈於氧化層內部，大部分與製程有關的 Q_{ot} 可以低溫退火加以去除。

　　如鈉或其他鹼金屬離子的移動離子電荷 Q_m，在高溫（如 >100℃）及高電場的操作條件下，可在氧化層內移動。在高偏壓及高溫的操作環境下，鹼金屬離子的微量污染可能會造成半導體元件穩定度（stability）的問題。在這些情況之下，移動離子電荷可以在氧化層內來回的移動，並使得 C-V 曲線沿著電壓軸產生偏移。因此，在元件製作時須特別注意，以消除移動離子電荷。

　　以上電荷均為單位面積的有效淨電荷（C/cm²），我們將估算這些電荷對平帶電壓所產生的影響。考慮如圖 12 中位於氧化層內每單位面積的正片電荷 Q_o。如圖 12a 上半部所示，此正片電荷將部分在金屬且部分在半導體內感應負電荷。所造成的電場的分佈情形，可從對波松方程式（Poisson's equation）做一次積分而得，如圖 12a 下半部所示，此處我們假設無功函數差，即 $q\phi_{ms} = 0$。

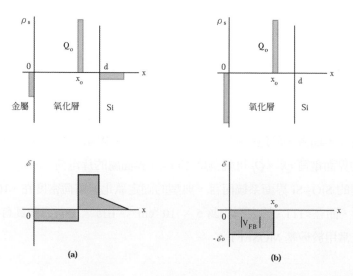

圖 12　（a）$V_G = 0$ 條件下，（b）平帶條件下，氧化層中片電荷的影響[2]。

為達到平帶狀態（即半導體內無感應電荷），我們必須在金屬上施加一負電壓，如圖 12b 所示。當負電壓增加時，更多的負電荷加於金屬上，因此電場分佈向下偏移，直到半導體表面的電場為零。在此狀態下，電場下方的分佈面積相當於平帶電壓 V_{FB}：

$$V_{FB} = -\mathcal{E}_o x_o = -\frac{Q_o}{\varepsilon_{ox}} x_o = -\frac{Q_o}{C_o}\frac{x_o}{d} \tag{21}$$

因此，平帶電壓與片電荷 Q_o 的密度以及其在氧化層中的位置 x_0 有關。當片電荷位置非常靠近金屬－即 $x_0 = 0$，它將無法在矽基板中感應電荷，因此對平帶電壓沒有影響。反之，當片電荷位置非常靠近半導體時－即 $x_0 = d$－就如同固定氧化層電荷一般，它將具有最大的影響力，並將造成平帶電壓

$$V_{FB} = -\frac{Q_o}{C_o}\frac{d}{d} = -\frac{Q_o}{C_o} \tag{22}$$

對更普遍的氧化層中任意空間電荷分佈的情形而言，平帶電壓可表示為

$$V_{FB} = \frac{-1}{C_o}\left[\frac{1}{d}\int_o^d x\rho(x)dx\right] \tag{23}$$

其中 $\rho(x)$ 為氧化層中的體積電荷密度。倘若知道氧化層陷阱電荷的體積電荷密度 $\rho_{ot}(x)$，以及移動離子電荷的體積電荷密度 $\rho_m(x)$，我們可以得到 Q_{ot} 與 Q_m，以及它們對於平帶電壓的貢獻：

$$Q_{ot} \equiv \frac{1}{d}\int_0^d x\rho_{ot}(x)dx \tag{24a}$$

$$Q_m \equiv \frac{1}{d}\int_0^d x\rho_m(x)dx \tag{24b}$$

假使功函數差 $q\phi_{ms}$ 之值不為零，且若界面陷阱電荷的值可忽略不計，電容電壓之實驗曲線將會從理想理論曲線偏移一個數量：

$$V_{FB} = \phi_{ms} - \frac{(Q_f + Q_m + Q_{ot})}{C_o} \tag{25}$$

圖 13a 中的曲線為一理想 MOS 電容之 C-V 特性。由於受非零值之 ϕ_{ms}、Q_f、Q_m 與 Q_{ot} 的影響，C-V 曲線將偏移一個式（25）所示之量。平移之 C-V 曲線如圖 13b 所示。此外若存有大量的界面陷阱電荷，這些位於界面陷阱處的電荷將隨表面電位而變，所以

C-V 曲線將會偏移一個本身隨表面電位而改變的量,因此由於界面陷阱電荷,圖 13c 不但會扭曲變形而且會產生偏移。

範例 3

試計算一 $N_A = 10^{17}$ cm^{-3} 及 $d = 5$ nm 的 n^+ 複晶矽–SiO$_2$–Si 電容的平帶電壓。假設氧化層中的 Q_t 與 Q_m 可被忽略,且 Q_f/q 為 5×10^{11} cm^{-2}。

解

由圖 8 可知,在 $N_A = 10^{17}$ cm^{-3} 時,n^+ 複晶矽系統的 ϕ_{ms} 為–0.98 電子伏特(eV),由範例 2 可得出 C_o

$$V_{FB} = \phi_{ms} - \frac{\left(Q_f + Q_m + Q_{ot}\right)}{C_o}$$

$$= -0.98 - \frac{\left(1.6 \times 10^{-19} \times 5 \times 10^{11}\right)}{6.9 \times 10^{-7}} = -1.10 \text{ V}$$

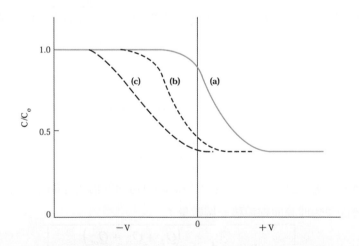

圖 13　(a)理想 MOS 電容的 C-V 特性。(b) 由於正的固定氧化層電荷,造成沿著壓軸的平行移位。(c) 由於界面陷阱,造成沿著電壓軸的非平行移位。

範例 4

假設在氧化層中的氧化層陷阱電荷 Q_{ot} 之體積電荷密度 $\rho_{ot}(y)$ 為一個三角形分佈，此分佈可用（10^{18}–$5 \times 10^{23} \times x$）$\text{cm}^{-3}$ 函數加以描述，其中 x 為其位置與金屬－氧化層界面間的距離。氧化層厚度為 20 nm。試計算因 Q_{ot} 所造成之平帶電壓的變化量。

解

由式（23）與式（24a）可得

$$\Delta V_{FB} = \frac{Q_{ot}}{C_o} = \frac{d}{\varepsilon_{ox}} \frac{1}{d} \int_0^{2 \times 10^{-6}} x \rho_{ot}(x) dx$$

$$= \frac{1.6 \times 10^{-19}}{3.9 \times 8.85 \times 10^{-14}} \left[\frac{1}{2} \times 10^{18} \times \left(2 \times 10^{-6}\right)^2 - \frac{1}{3} \times 5 \times 10^{23} \times \left(2 \times 10^{-6}\right)^3 \right]$$

$$= \frac{1.6 \times 10^{-19} \times \left(2 \times 10^6 - 1.33 \times 10^6\right)}{3.45 \times 10^{-13}}$$

$$= 0.31 \text{ V}$$

5.3 金氧半電容載子傳輸

在理想金氧矽電容中，絕緣層的電導假設為零。然而真正的絕緣體在電場或溫度高時會展現出某種程度的載子傳輸。

5.3.1 在絕緣體中的基本傳導流程

穿隧是在高電場下通過絕緣體的導電機制。穿隧發射是藉由量子效應而電子波函數可穿透位能障的結果。從第二章的 2.6 節中，穿隧電流和透射係數 exp(-2βd)，其中 d 是絕緣體厚度且 $\beta \sim (qV_0 - E)^{1/2} \sim \{[E_1 + (E_2 - qV)] / 2\}^{1/2}$。$[E_1 + (E_2 - qV)] / 2$ 項是平均位能障高度，其中 E_1 和 E_2 是能障高度，如圖 14a 所示且 V 是施加電壓。當 V 增加，β 會下降且透射係數和穿隧電流會增加。因此，電流和施加電壓相依但和溫度無關。圖 14a 是直接穿隧，也就是穿隧過絕緣體的完整寬度。圖 14b 是傅勒－諾德翰穿隧（Fowler-Nordheim tunneling），載子穿隧過絕緣體的部分寬度。此情形下，平均的位能障和穿隧距離因為直接穿隧的位能障和穿隧距離而減少。

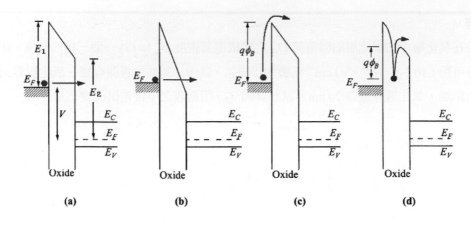

圖 14　能帶圖顯示出(a) 直接穿隧， (b) 傅勒－諾德翰（Fowler-Nordheim）穿隧，(c) 熱離子發射和(d) 夫倫克爾－普爾（Frenkel-Poole）發射的傳導機制。

　　熱電子發射（蕭特基發射）流程是從具備足夠能量的電子之載子傳輸到克服金屬－絕緣體能障或絕緣體－半導體能障，如圖 14c 所示。從節 2.5 中，熱電子發射電流和高過位能障的電子密度成正比。也就是 $q\chi$ 為真空－半導體界面或 $q\phi_B$ 為金屬－絕緣體界面。因此，對於 MOS 電容，電流和 $\exp(q\phi_B / kT)$ 成正比。並隨著能障高度下降和溫度增加而呈指數上升。

　　夫倫克爾－普爾發射（Frenkel-Poole emission），如 14d 所示，是由於被捕獲電子經由熱激發而發射進入傳導帶。此發射和蕭特基發射類似。然而此能障是陷阱位能井深度。

　　在低電壓和高溫下，電流是由熱激發電子攜帶，並從一個絕緣態跳到另一個。這機制產生了和溫度呈指數相關的歐姆特性。

　　離子導電和擴散過程相似。一般而言，直流離子導電性在加電場過程中下降，因為離子無法輕易從絕緣體射入或取出。在剛開始的電流流經後，正和負的空間電荷在鄰近金屬－絕緣體和半導體－絕緣體的界面中建立起來，導致位能分布的扭曲。當施加電壓移開後，大內建電場的維持導致部分非全部的離子回流到平衡位置。這將造成 *I-V* 遲滯。

　　空間電荷限制電流由載子射入輕摻雜的半導體或絕緣體，其中沒有補償電荷存在。電流和施加電壓的平方呈正比。

　　給定一個絕緣體，每個傳導流程會在特定溫度和電壓範圍中主導。圖 15 展示在三種不同絕緣體下電流密度對 1/T 作圖，Si_3N_4，Al_2O_3 和 SiO_2 。[4]此處的傳導可以分為三種溫度範圍。在高溫下（和高電場下），電流 J_1 來自夫倫克爾－普爾發射。在中間溫度，電流 J_3 是自然下的歐姆。低溫下，傳導是穿隧限制而電流 J_2 對溫度不靈敏。可以觀察到一個現象，穿隧電流和能障高度有強烈關係，其中能隙和絕緣體（Si_3N_4 (4.7eV) < Al_2O_3(8.8eV) < SiO_2(9eV)）能隙相關。能隙越大則電流越低。在二氧化矽中的電流比氮化矽小了三個數量級。

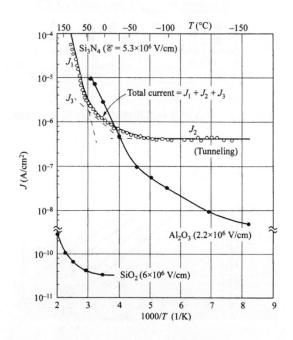

圖 15　Si_3N_4, Al_2O_3, and SiO_2 膜的電流密度對 1/T 圖。

5.3.2 **介電質崩潰**

微觀下，滲透理論用以解釋崩潰，如圖 16 所示。[4] 在大的偏壓下，有些電流會經由絕緣體而傳導，大部分常見的是穿隧電流。當高能載子移動經過絕緣體時，缺陷會在介電質薄膜的塊材中產生。當缺陷密度夠高到形成連接半導體和閘極的連續鏈時，導電路徑形成而毀滅性的崩潰便會發生。

　　量化穩定度的測量是到達崩潰的時間，t_{BD} 這是到達崩潰發生時總共加電壓的時間。例如在不同氧化物厚度下，t_{BD} 對氧化物電場，如圖 17 所示。[4] 在圖中可以提及一些關鍵點，首先，t_{BD} 是偏壓的函數。即使在小偏壓下，經過長時間，最後氧化物將會崩潰。相反地，大電場下只可承受短時間而沒崩潰。此外，崩潰電場在氧化物變厚時會下降。這是因為某個給定電場下，較高的電壓對於厚膜是必須的。較高的電壓提高載子高能量，導致氧化物更多傷害並使 t_{BD} 減少。

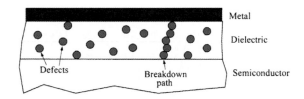

圖 16　滲透理論：當在閘極和半導體間的缺陷形成一個鏈時，崩潰發生。

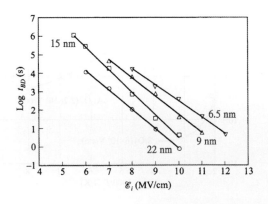

圖 17　不同氧化層厚度下的崩潰時間 t_{BD} 與氧化層電場。

5.4 電荷耦合元件（CCD）

CCD 的示意圖如圖 18 所示 [5]，其基本元件是由覆蓋於半導體基板之連續絕緣層（氧化層）上，緊密排列的 MOS 電容陣列所組成。CCD 可以實現包含影像感測以及信號處理等廣泛的電子功能。CCD 的操作原理牽涉到由閘極電極控制的電荷儲存及傳輸動作。圖 18a 顯示對 CCD 施加一足夠大的正偏壓脈衝於所有的電極上，以使其表面發生空乏。一稍高的偏壓施加於中央的電極上，因此中央的 MOS 結構有較深的空乏區，並形成一電位井（potential well）；亦即由於中央電極下方較大的空乏層寬度，因而產生一個呈井狀的電位分佈。此時若有少數載子（電子）被引入，它將會被收集至此電位井中。假使右側電極上的電壓增加到超過中央電極之電壓時，我們可以得到如圖 18b 所示的電位分佈，在此情形，少數載子將由中央電極轉移至右側電極。隨後，電極的的電位可重新調整，使得靜止的儲存位置位於右側的電極。藉著持續此過程，我們可以成功地沿著一線性陣列傳送載子。

關於在三個相位下的電荷轉移基本原理，圖 19 中的 n 通道 CCD 陣列顯示出更多細節。電極被連接到 ϕ_1、ϕ_2 和 ϕ_3 時脈線上。圖 19b 顯示出時脈波形，且圖 19c 說明了對應的電位井和電荷分佈。

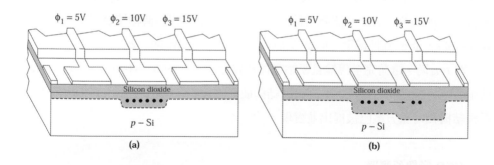

圖 18 三相電荷耦合元件之剖面圖 [5]，（a）高電壓加於 ϕ_2，（b）ϕ_3 加更高電壓脈衝，以使電荷傳輸。

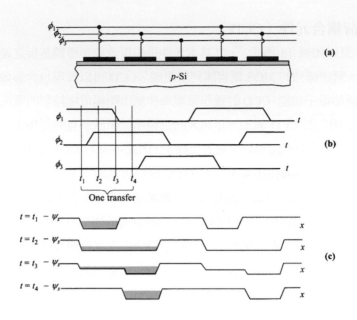

圖 19　CCD 電荷轉移的示意圖。（a）三相閘極偏壓應用。（b）時脈波形。
（c）在不同時間下的表面電位(和電荷)對距離。[6]

CCD 移位暫存器

在 $t=t_1$ 時，時脈線 ϕ_1 為高壓，而 ϕ_2 和 ϕ_3 為低壓。ϕ_1 的電位并較 ϕ_2 和 ϕ_3 來的深。假設首先在 ϕ_1 電極上有一個訊號電荷。在 $t=t_2$ 時，電荷開始傳輸使 ϕ_1 和 ϕ_2 有高偏壓。在 $t=t_3$ 時，ϕ_1 回到低電壓，而 ϕ_2 仍維持高偏壓。在此週期，ϕ_1 下所儲存的電子被清空。在 $t=t_4$ 時，電荷完全傳輸且原始電荷包儲存於先前的 ϕ_2 電極上。此過程將重複且使電荷包持續地向右移位。不同設計結構使 CCDs 能在兩相、三相或四相下操作。多電極結構和時脈方案已被提出並實現。

CCD 影像偵測器

對類比和記憶體元件，在 CCD 附近的電荷包能經 p-n 接面的注入而引進。對光影像應用上，入射光會導致電子－電洞對產生進而形成電荷包。緊密相連成一條鏈，且可作移位暫存器以擁有傳輸訊號的功能。

當 CCD 被使用在影像陣列系統時，如相機或錄影機，CCD 影像偵測器必須彼此緊密相連成一條鏈，且可作移位暫存器以擁有傳輸訊號的功能。CCD 影像偵測器的表面通道結構與 CCD 移位暫存器類似，異常半透明的閘極導致光的通過。閘極常見的材料為金屬、多晶矽及金屬矽化物。

此外，能從基板背面照射 CCD 以避免閘極光吸收情形。在此結構下，半導體需薄化以使大部分的光被上表面空乏區所吸收。

由於 CCD 也能被當作移位暫存器使用，所以在影像陣列系統中的 CCD 作為光偵測器有大的優點，對每一個像素沒有複雜的 x-y 編址，因為訊號能被依序取出到一個訊號節點。曝光期間光生載子會結合，且訊號以電荷包形式儲存，之後此訊號能被傳輸或被偵測到。對於長週期時間結合電荷的偵測模式，能夠偵測到較弱的訊號。此外，CCD 有低暗電流、低雜訊、低電壓操作、好的線性關係和好的動力範圍等優點。此 CCD 結構是簡單、緊湊、穩定和強大的，且與 MOS 技術有兼容性。這些因子貢獻高良率，並使 CCD 在消費生產上是理想的。

圖 20 顯示出線成像儀和面成像儀的不同讀取機制。[4] 擁有雙輸出暫存器的線成像儀已改善了讀取速度（圖 20a）。大部分常見的面成像儀不是使用隔行傳輸（圖 20b），就是使用幀傳輸（圖 20c）來讀取結構。在前者而言，當下一個資料的光敏像素接收到一個電荷時，訊號能傳輸到鄰近像素且依序沿輸出暫存鏈通過。在幀傳輸時，訊號由感應區域移至儲存區域。隔行傳輸的優點為擁有更高效率的光感區域，但由於 CCD 持續接收光且訊號電荷不斷通過 CCD，導致過多影像塗抹。對隔行傳輸和幀傳輸，所有欄同時推進電荷訊號朝水平輸出暫存器，且輸出暫存器在非常高的時脈速率帶出訊號。

5.5 基礎金氧半場效電晶體

MOSFET 擁有許多縮寫，包括有 **IGFET**（insulated-gate field-effect transistor，絕緣閘

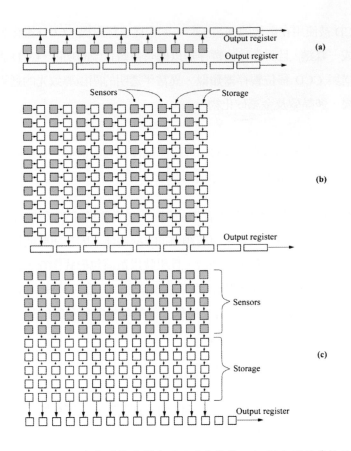

圖 20　電路圖佈局顯示了（a）雙輸出暫存器的線成像儀，和（b）隔行傳輸的面成
　　　像儀與（c）幀傳輸的讀取機制。灰色像素代表作為光偵測器的 CCD。輸出
　　　暫存器通常記錄較內部傳輸較高的頻率。

極場效電晶體）、**MISFET**（metal-insulator-semiconductor field-effect transistor，金屬
－絕緣體－半導體場效電晶體）以及 **MOST**（metal-oxide-semiconductor transistor，金
屬－氧化層－半導體電晶體）。n 通道 **MOSFET** 的透視圖如圖 21 所示。它為一個四
端點元件，由一個有兩個 n^+ 區域（源極（source）與汲極（drain））的 p 型半導體基
板所組成。[§] 氧化層上方的金屬平板稱之為閘極（gate），重摻雜或是結合如 WSi$_2$
等金屬矽化物的複晶矽可作為閘極電極，第四個端點為一連接至基板的歐姆接觸。基

___

[§] 對 p 通道的 MOSFET 而言，基板與源極／汲極區的摻雜形式分別為 n 型與 p^+型。

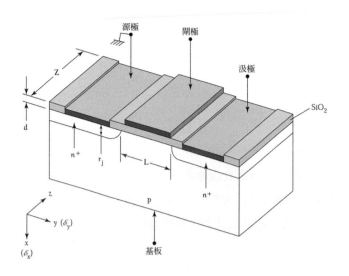

圖 21 MOSFET 透視圖。

本的元件參數有通道長度 L（為兩個 n^+-p 冶金接面之間的距離）、通道寬度 Z、氧化層厚度 d、接面深度 r_j 以及基板摻雜 N_A。注意元件中央部分相當於 5.1 節中所討論的 MOS 電容。

第一個 MOSFET 於 1960 年製成，採用熱氧化矽基板[7]，元件通道長度為 20 μm，且閘極氧化層厚度為 100nm。[*]雖然目前 MOSFET 尺寸已大幅縮減，然而第一個 MOSFET 所採用的矽以及熱氧化二氧化矽仍然是最重要組合[8]，因此，本節中所討論的結果多來自於 Si-SiO₂ 系統。

5.5.1 基本特性

在本節中，源極接點將作為電壓的參考點。當閘極無外加偏壓時，源極到汲極電極之間相當於兩個背對背相接的 p-n 接面，唯一能從源極流向汲極的電流只有逆向漏電流[†]（reverse leakage current）。當我們外加一足夠大的正電壓於閘極上時，MOS 結構將被反轉，以致於在兩個 n^+ 型區域之間形成表面反轉層（或通道）。源極與汲極藉由

---

[*] 第一個 MOSFET 的照片如第零章中的圖 4 所示。
[†] 此敘述對 n 通道常關的 MOSFET 為真，其他種類的 MOSFET 將於 5.5.2 節討論。

此一導電之表面 n 通道相互連結，並容許大電流流過。通道的電導（conductance）可藉由閘極電壓的變化來加以調節。基板接點可位於參考電壓、或對源極逆偏，而基板偏壓亦會影響通道電導。

線性區與飽和區

我們現在將針對 MOSFET 的操作做定性的討論。我們考慮於閘極上施加一偏壓，造成半導體表面反轉（圖 22）。若在汲極加一小量電壓，電子將會由源極經由導通通道流向汲極（對應電流由汲極流向源極）。因此，通道的作用就如同電阻（resistance）一般，汲極電流 I_D 與汲極電壓成比例，此即為圖 22a 右側定電阻直線所示的*線性區*（*linear region*）。

當汲極電壓持續增加，最後到達 V_{Dsat} 時，在靠近 $y = L$ 處的反轉層厚度 x_i 降低至零，此處稱為夾止點 P（pinch-off point，P）（圖 22b）。超過夾止點後汲極的電流基本上維持不變，因為當 $V_D > V_{Dsat}$ 時，在 P 點的電壓 V_{Dsat} 保持一致。是故，由源極流到 P 點的載子數目亦即由汲極流向源極的電流維持不變。此即為*飽和區*（*saturation region*），因為即使增加汲極的電壓，I_D 均為一常數，主要的差別只是 L 縮減為 L'，如圖 22c 所示。載子由 P 點注入汲極空乏區，就如同雙載子電晶體中，載子由射極－基極接面注入基極－集極空乏區一樣。

我們將於下列的理想條件下，推導出基本的 MOSFET 特性：（a）閘極結構為如 5.1 節所定義的理想 MOS 電容，即無界面陷阱、固定氧化層電荷或功函數差。（b）僅考慮漂移電流。（c）反轉層中載子的移動率（mobility）為固定值。（d）通道內摻雜為均勻分佈。（e）逆向漏電流可忽略。（f）通道中由閘極電壓所產生的橫向電場（如圖 21 所示，x 方向的電場 $\mathcal{E}_x$，垂直於電流方向）遠大於由汲極電壓所產生的縱向電場（y 方向的電場 $\mathcal{E}_y$，平行於電流方向）。最後的一個條件稱為漸變通道近似法（gradual-channel approximation），於長通道的 MOSFET 中通常有效。基於此種近似法，基板表面空乏區中所包含的電荷僅由閘極電壓產生的電場所感應生成。

圖 23a 為操作於線性區的 MOSFET。在上述的理想條件下，如圖 23b（為圖 23a 中間部分放大）所示，在距離源極為 y 處之半導體，每單位面積總感應電荷 Q_s 可由式（13）與式（14）而得：

$$Q_s(y) = -\left[V_G - \psi_s(y)\right]C_o \tag{26}$$

其中 $\psi_s(y)$ 為位於 y 處的表面電位，而 $C_o = \varepsilon_{ox}/d$ 為每單位面積的閘極電容。因為 Q_s 為反轉層中，每單位面積電荷 Q_n 與表面空乏區中，每單位面積的電荷 Q_{sc} 的總和，我們可得到 Q_n：

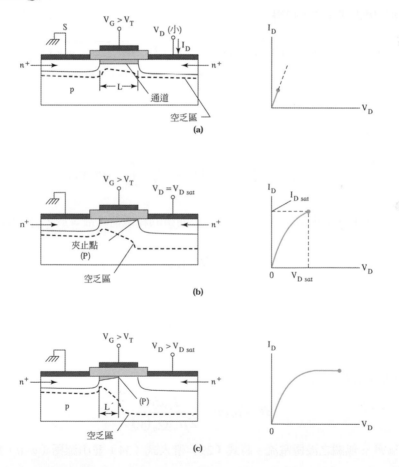

圖 22 MOSFET 操作方式及其輸出的 *I-V* 特性。（a）低汲極電壓，（b）進入飽和區，P 點為夾止點，（c）過飽和。

$$Q_n(y) = Q_s(y) - Q_{sc}(y)$$
$$= -\left[V_G - \psi_s(y)\right]C_o - Q_{sc}(y) \tag{27}$$

反轉層的表面電位 $\psi_s(y)$ 可以近似為 $2\psi_B + V(y)$，其中如圖 23c 所示的 $V(y)$ 為 y 點與源極電極（假設為接地）之間的逆向偏壓。表面空乏區內的電荷 $Q_{sc}(y)$ 如前述可表示為：

$$Q_{sc}(y) = -qN_A W_m \cong -\sqrt{2\varepsilon_s qN_A\left[2\psi_B + V(y)\right]} \tag{28}$$

將式（28）帶入式（27）可得

$$Q_n(y) \cong -\left[V_G - V(y) - 2\psi_B\right]C_o + \sqrt{2\varepsilon_s qN_A\left[2\psi_B + V(y)\right]} \tag{29}$$

通道中於 y 處的傳導係數（conductivity）可近似為

$$\sigma(x) = qn(x)\,\mu_n(x) \tag{30}$$

對一固定之移動率而言，通道電導可表示為：

$$g = \frac{Z}{L}\int_0^{x_i} \sigma(x)dx = \frac{Z\mu_n}{L}\int_0^{x_i} qn(x)dx \tag{31}$$

積分項 $\int_0^{x_i} qn(x)dx$ 相當於反轉層中每單位面積的總電荷，故等於 $|Q_n|$，即

$$g = \frac{Z\mu_n}{L}|Q_n| \tag{32}$$

每一基本片段 dy（圖 23b）之通道電阻為：

$$dR = \frac{dy}{gL} = \frac{dy}{Z\mu_n|Q_n(y)|} \tag{33}$$

且跨過此基本片段的電壓降為：

$$dV = I_D\,dR = \frac{I_D dy}{Z\mu_n|Q_n(y)|} \tag{34}$$

其中 I_D 為與 y 無關之汲極電流。將式（29）帶入式（34）並由源極（$y=0$，$V=0$）積分至汲極（$y=L$，$V=V_D$）可得：

$$I_D \approx \frac{Z}{L} \mu_n C_o \left\{ \left(V_G - 2\psi_B - \frac{V_D}{2} \right) V_D - \frac{2}{3} \frac{\sqrt{2\varepsilon_s q N_A}}{C_o} \left[\left(V_D + 2\psi_B \right)^{3/2} - \left(2\psi_B \right)^{3/2} \right] \right\} \qquad (35)$$

　　圖 24 為根據式（35）之理想 MOSFET 的電流－電壓特性。對一已知的 V_G 而言，汲極電流一開始會隨汲極電壓線性增加（線性區），然後逐漸持平，趨近一飽和值（飽和區）。虛線指出當電流達到最大值時的汲極電壓（即 V_{Dsat}）之軌跡。

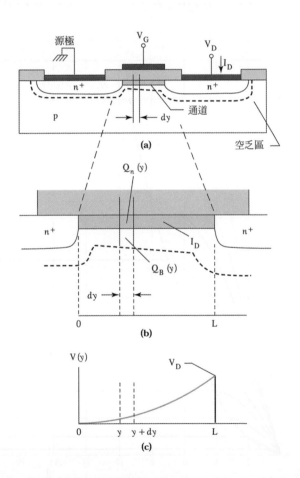

圖 23　（a）MOSFET 操作於線性區，（b）通道的放大圖，（c）沿通道之汲極電壓降。

接著我們將考慮線性區以及飽和區。當 V_D 很小時，式（35）可簡化為

$$I_D \cong \frac{Z}{L}\mu_n C_o\left(V_G - V_T - \frac{V_D}{2}\right)V_D \quad 當\ V_D < (V_G - V_T) \tag{36}$$

對非常小的 V_D 時，式（35）可簡化為

$$I_D \cong \frac{Z}{L}\mu_n C_o\left(V_G - V_T\right)V_D \quad 當\ V_D << (V_G - V_T) \tag{36a}$$

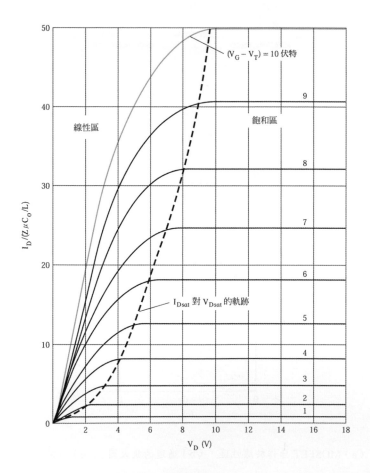

圖 24　理想化之 MOSFET 的汲極特性，於 $V_D \geq V_{Dsat}$ 時汲極電流為一常數。

其中 V_T 為先前於式（17）中所提過的臨界電壓：

$$V_T = \frac{\sqrt{2\varepsilon_s q N_A (2\psi_B)}}{C_o} + 2\psi_B \tag{37}$$

藉由畫出 I_D 對 V_G 的圖形（對一已知的小 V_D 而言），臨界電壓可以由對 V_G 軸線性外插得出。於線性區，式（36）之通道電導 g_D 以及轉移電導（transconductance）g_m 可表示為：

$$g_D \equiv \frac{\partial I_D}{\partial V_D}\bigg|_{V_G = 常數} \cong \frac{Z}{L}\mu_n C_o (V_G - V_T - V_D) \tag{38}$$

$$g_m \equiv \frac{\partial I_D}{\partial V_G}\bigg|_{V_D = 常數} \cong \frac{Z}{L}\mu_n C_o V_D \tag{39}$$

當汲極電壓增加至使得反轉層中的電荷 $Q_n(y)$ 於 $y = L$ 處為零（夾止）時，於汲極處的移動電子數目將大幅地減少。此點的汲極電壓與汲極電流分別標示為 V_{Dsat} 以及 I_{Dsat}。當汲極電壓大於 V_{Dsat} 時，則達到飽和區。在 $Q_n(L) = 0$ 的條件下，由式（29）我們可以得到 V_{Dsat} 的值為：

$$V_{Dsat} \cong V_G - 2\psi_B + K^2\left(1 - \sqrt{1 + \frac{2V_G}{K^2}}\right) \tag{40}$$

其中 $K \equiv \dfrac{\sqrt{\varepsilon_s q N_A}}{C_o}$。將式（40）帶入式（35）可得飽和電流（saturation current）為：

$$I_{Dsat} \cong \left(\frac{Z\mu_n C_o}{2L}\right)(V_G - V_T)^2 \tag{41}$$

對低基板摻雜與薄氧化層而言，飽和區的臨界電壓 V_T 與式（37）相同。在較高摻雜位階下，V_T 變得與 V_G 有關。

對一處於飽和區之理想 MOSFET 而言，通道電導為零，且轉移電導由式（41）可得：

$$g_m \equiv \frac{\partial I_D}{\partial V_G}\bigg|_{V_D = 常數} = \frac{Z\mu_n \varepsilon_{ox}}{dL}(V_G - V_T) \tag{42}$$

範例 5

對一 n 通道 n^+ 型複晶矽–SiO$_2$–Si 之 MOSFET，閘極氧化層等於 8 nm，$N_A = 10^{17}$ cm^{-3} 且 $V_G = 3$V，試計算其 V_{Dsat}

解

$$C_o = \frac{\varepsilon_{ox}}{d} = \frac{3.9 \times 8.85 \times 10^{-14}}{8 \times 10^{-7}} = 4.32 \times 10^{-7} \text{ F/cm}^2$$

$$K = \frac{\sqrt{\varepsilon_s q N_A}}{C_o} = \frac{\sqrt{11.9 \times 8.85 \times 10^{-14} \times 1.6 \times 10^{-19} \times 10^{17}}}{4.32 \times 10^{-7}} = 0.3$$

由範例 2 可得 $2\psi_B = 0.84$ V

因此由式（40）可知

$$V_{Dsat} \cong V_G - 2\psi_B + K^2 \left(1 - \sqrt{1 + \frac{2V_G}{K^2}} \right)$$

$$= 3 - 0.84 + (0.3)^2 \left[1 - \sqrt{1 + \frac{2 \times 3}{(0.3)^2}} \right]$$

$$= 3 - 0.84 - 0.65 = 1.51 \text{ V}$$

次臨界（subthreshold）區

當閘極電壓小於臨界電壓，且半導體表面只有弱反轉時，其對應的汲極電流稱之為*次臨界電流*（*subthreshold current*）。因為次臨界區描述開關如何開啟以及關閉，所以當 MOSFET 用來作為如數位邏輯開關與記憶體應用上的低電壓、低功率元件使用時，次臨界區將益形重要。

在次臨界區內，汲極電流由擴散而非漂移所主導，其推導方式就如同均勻基極濃度之雙載子電晶體的集極電流一樣。假如我們將 MOSFET 視為一個 n-p-n（源極－基板－汲極）的雙載子電晶體（圖 23b），我們可得

$$I_D = -qAD_n \frac{dn}{dy} = qAD_n \frac{n(0)-n(L)}{L} \tag{43}$$

其中 A 為電流流動的通道截面積，$n(0)$與 $n(L)$分別為通道於源極與汲極處的電子密度。由式（5a）可得電子密度為：

$$n(0) = n_i e^{q(\psi_s - \psi_B)/kT} \tag{44a}$$

$$n(L) = n_i e^{q(\psi_s - \psi_B - V_D)/kT} \tag{44b}$$

其中 ψ_s 為源極的表面電位。將式（44）帶入式（43）可得：

$$I_D = \frac{qAD_n n_i e^{-q\psi_B/kT}}{L} \left(1 - e^{-qV_D/kT}\right) e^{q\psi_s/kT} \tag{45}$$

表面電位 ψ_s 近乎於 $V_G - V_T$，因此當 V_G 小於 V_T 時，汲極電流將呈指數衰減。

$$\boxed{I_D \sim e^{q(V_G - V_T)/kT}} \tag{46}$$

一典型次臨界區的量測曲線如圖 25 所示。需注意的是當 $V_G < V_T$ 時，I_D 與（$V_G - V_T$）呈現指數關係。*次臨界擺幅*（*subthreshold swing*，S）是本區的一個重要參數，其定義為 $\ln 10 \left[dV_G / d(\ln I_D)\right]$。電晶體如何經由閘極電壓而急劇地關閉，由閘極電壓變化導致集極電流有一個次方大小的變化即能以此量化參數表示。室溫時 S 的典型值為 70 ~ 100 mV/decade。為了將次臨界電流減少至可忽略的地步，我們必須使 MOSFET 的閘極偏壓至少比 V_T 小 0.5 V 以上。

5.5.2　MOSFET 的種類

依據反轉層的形式，MOSFET 有四種基本的型式。假如在零閘極偏壓下，通道的電導值非常低，且我們必須在閘極外加一正電壓以形成 n 通道，則此元件為常關型（normally-off，或稱增強型，enhancement）n 通道 MOSFET。如果在零偏壓下，已有 n 通道存在，而我們必須外加一負電壓來排除通道中的載子，以減低通道電導，則此元件為常開型（normally-on，或稱空乏型，depletion）n 通道 MOSFET。同樣地，我們也有常關型（增強型）與常開型（空乏型）p 通道 MOSFET。

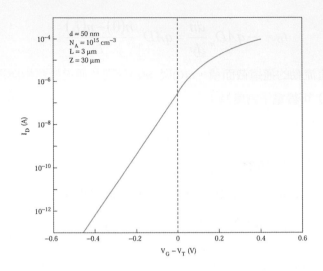

圖 25　MOSFET 之次臨界特性。

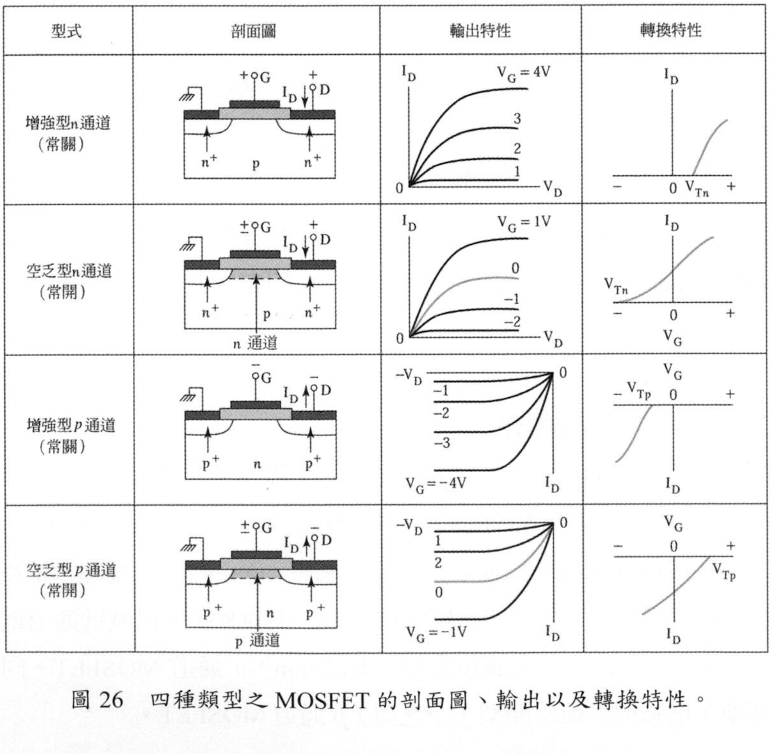

型式	剖面圖	輸出特性	轉換特性
增強型n通道（常關）			
空乏型n通道（常開）			
增強型p通道（常關）			
空乏型p通道（常開）			

圖 26　四種類型之 MOSFET 的剖面圖、輸出以及轉換特性。

四種型式的元件剖面圖、輸出特性（即 I_D 對 V_D）以及轉換特性（即 I_D 對 V_G）如圖 26 所示。需注意的是，對常關型 n 通道元件而言，必須施加一個大於臨界電壓 V_T 的正閘極偏壓，才能有顯著的汲極電流流通。對常開型 n 通道元件而言，在 $V_G=0$ 時已有大量電流流通，且可藉變動閘極電壓來增減其電流。以上的討論在改變極性後，亦可適用於 p 通道元件。

5.5.3　臨界電壓控制

臨界電壓是 MOSFET 最重要的參數之一，理想的臨界電壓如式（37）所示。然而當我們考慮進固定氧化層電荷以及功函數差之效應時，將會有一平帶電壓偏移。除此之外，基板偏壓同樣也能影響臨界電壓。當一逆向偏壓施加於基板與源極之間時，空乏區將會加寬，欲達到反轉所需的臨界電壓必須增大，以容納更大的 Q_{sc}。上述因素依序造成臨界電壓之改變：

$$V_T \approx V_{FB} + 2\psi_B + \frac{\sqrt{2\varepsilon_s q N_A (2\psi_B + V_{BS})}}{C_o} \tag{47}$$

其中 V_{BS} 為逆向基板－源極偏壓。

圖 27 為 n^+ 與 p^+ 複晶矽及具能隙中心功函數之閘極電極的 n 通道（V_{Tn}），與 p 通道（V_{Tp}）MOSFET 的臨界電壓計算值為其基板摻雜濃度函數；計算時假設 $d = 5$ nm，$V_{BS} = 0$ 與 $Q_f = 0$；能隙中心功函數閘極材質的功函數為 4.61eV，相當於電子親和力 $q\chi$ 與矽的 $E_g/2$ 之和（參考圖 2）。

精確控制積體電路中 MOSFET 的臨界電壓，對可靠的電路操作而言是不可或缺的。一般來說，臨界電壓可藉由將離子佈植進入通道區，來加以調整。舉例來說，穿過表面氧化層的硼離子佈植（ion implantation）通常用來調整 n 通道 MOSFET（p 型基板）的臨界電壓。藉由這種方法，因為可以精確地引入雜質的數量，所以臨界電壓可得到嚴謹的控制。帶負電的硼受體增加通道內摻雜的位階，因此 V_T 將隨之增加。相同地，將淺硼離子佈植入 p 通道 MOSFET，可降低 V_T。

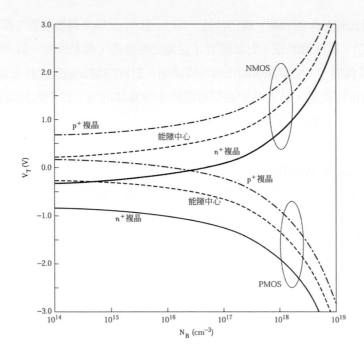

圖 27 n 通道（V_{Tn}）與 p 通道（V_{Tp}）MOSFET 之臨界電壓計算值為雜質濃度的函數。閘極材料分別為 n^+、p^+ 複晶矽及功函數位於能隙中心之閘極，假設沒有固定電荷。閘極氧化層厚度為 5nm。NMOS 為 n 通道 MOSFET，而 PMOS 為 p 通道 MOSFET。

範例 6

對一個 $N_A = 10^{17}$ cm^{-3} 與 $Q_f/q = 5 \times 10^{11}$ cm^{-2} 的 n 通道 n^+ 複晶矽–SiO$_2$–Si 的 MOSFET 而言，若閘極氧化層為 5nm，試計算 V_T 值。需要多少的硼離子劑量，方能使 V_T 增加至 0.6 V？假設植入的受體在 Si-SiO$_2$ 界面形成一薄電荷層。

解

由 5.1 節的範例，我們可以得到 $C_o = 6.9 \times 10^{-7}$ F/cm^2，$2\psi_B = 0.84$ V 以及 $V_{FB} = -1.1$ V，因此由式（47）（假設 $V_{BS} = 0$）

$$V_T = V_{FB} + 2\psi_B + \frac{\sqrt{2\varepsilon_s q N_A (2\psi_B)}}{C_o}$$

$$= -1.1 + 0.84 + \frac{\sqrt{2 \times 11.9 \times 8.85 \times 10^{-14} \times 1.6 \times 10^{-19} \times 10^{17} \times 0.84}}{6.9 \times 10^{-7}}$$

$$= -0.02 \text{ V}$$

硼電荷造成平帶電壓偏移 qF_B/C_o，因此

$$0.6 = -0.02 + \frac{qF_B}{6.9 \times 10^{-7}}$$

$$F_B = \frac{0.62 \times 6.9 \times 10^{-7}}{1.6 \times 10^{-19}} = 2.67 \times 10^{12} \text{ cm}^{-2}$$

我們也可以藉由改變氧化層厚度來控制 V_T。隨著氧化層厚度的增加，n 通道 MOSFET 的臨界電壓變的更正些，而 p 通道 MOSFET 將變的更負些。此乃因對較厚的氧化層而言，於固定的閘極電壓下，可降低電場強度，此種方式廣泛應用在製作於同一晶方（chip，或譯晶粒或晶片）上電晶體之彼此隔絕。圖 28 為位於 n^+ 擴散區層製作以及井技術（well technology）將於第十五章中討論。n^+ 擴散區為正常 n 通道 MOSFET 的源極或是汲極區，而 MOSFET 的閘極氧化層的厚度遠小於場氧化層的厚度。當一導線形成於場氧化層上方時，將產成一寄生 MOSFET（亦稱為場電晶體，field transistor），而 n^+ 擴散區與 n 井區分別為其源極與汲極。場氧化層的 V_T 一般比薄閘極氧化層大一個數量級，在電路操作時，場電晶體將不會導通。是故場氧化層可提供 n^+ 擴散區與 n 井區之間極佳的絕緣。

範例 7

對一 $N_A = 10^{17}$ cm^{-3} 與 $Q_f/q = 5 \times 10^{11}$ cm^{-2} 的 n 通道之場電晶體，試計算閘極氧化層（即場氧化層）為 500 nm 的 V_T 值。

解

$$C_o = \varepsilon_{ox}/d = 6.9 \times 10^{-9} \text{ F/cm}^2$$

由範例 2 與範例 3，我們得到 $2\psi_B = 0.84$ V 與

$$V_{FB} = \phi_{ms} - \frac{(Q_f + Q_m + Q_{ot})}{C_0} = -0.98 - \frac{(1.6 \times 10^{-19} \times 5 \times 10^{11})}{6.9 \times 10^{-9}} = -12.98\,V$$

因此，由式（47）（$V_{BS} = 0$）

$$V_T = V_{FB} + 2\psi_B + \frac{\sqrt{2\varepsilon_s q N_A (2\psi_B)}}{C_o}$$

$$= -12.98 + 0.84 + \frac{\sqrt{2 \times 11.9 \times 8.85 \times 10^{-14} \times 1.6 \times 10^{-19} \times 10^{17} \times 0.84}}{6.9 \times 10^{-9}}$$

$$= 12.24\text{V}$$

基板偏壓亦可用來調整臨界電壓。源極和基板可能不是同電位。源極和基板間的 p-n 接面電位差必須是零或逆向偏壓。若 V_{BS} 為零，則由式（47）知閘極電壓為臨界電壓，且基板表面電位為 $2\psi_B$。當施加一逆向基板源極偏壓（$V_{BS} > 0$）時，通道內的電子電位被提高並高過源極電位。使通道內的電子將被橫向地推往源極。若在完全反轉條件下的通道內電子密度維持不變，則閘極電壓必須提高至 $2\psi_B + V_{BS}$。

根據式（47），因基板偏壓所導致的臨界電壓變化為：

(48)

$$\Delta V_T = \frac{\sqrt{2\varepsilon_s q N_A}}{C_o} \left(\sqrt{2\psi_B + V_{BS}} - \sqrt{2\psi_B} \right)$$

假如我們畫出汲極電流對 V_G 的圖形，則 V_G 軸的截距即為臨界電壓，如式（37）。圖 29 為針對三種不同基板電壓所做之圖形，隨著基板電壓 V_{BS} 的大小由 0 V 增至 2 V，臨界電壓亦由 0.56 V 增至 1.03 V。我們可利用基板效應，將勉強算是增強型元件（V_T 只略大於零）之臨界電壓提升至較大值。

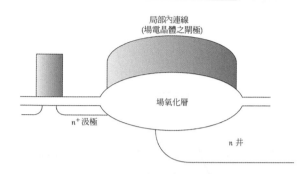

局部內連線
(場電晶體之閘極)

場氧化層

n⁺ 汲極

n 井

圖 28　n 井結構寄生的場電晶體之剖面圖。

範例 8

針對範例 6 中臨界電壓 V_T 為–0.02 V 的 MOSFET 元件，假如逆向基板電壓由 0 V 增加至 2 V，試計算臨界電壓的變化量。

解

由式（48）可得

$$\Delta V_T = \frac{\sqrt{2\varepsilon_s q N_A}}{C_o}\left(\sqrt{2\psi_B + V_{BS}} - \sqrt{2\psi_B}\right)$$

$$= \frac{\sqrt{2\times 11.9\times 8.85\times 10^{-14}\times 1.6\times 10^{-19}\times 10^{17}}}{6.9\times 10^{-7}}\left(\sqrt{0.84+2} - \sqrt{0.84}\right)$$

$$= 0.27\times(1.69 - 0.92) = 0.21 \text{ V}$$

　　藉由選擇適當的閘極材料來調整功函數差是另一種控制 V_T 的方法，一些如鎢（W）、氮化鈦（TiN）以及重摻雜的複晶矽－鍺層 [9] 等導電性的材料已被推薦採用。在深次微米元件的製作中，由於受到元件微縮所導致的幾何效應影響，臨界電壓以及元件特性的控制將更為困難（請參閱下節的討論）。採用其他閘極材料來取代傳統的 n^+ 複晶矽，可使元件設計更有彈性。

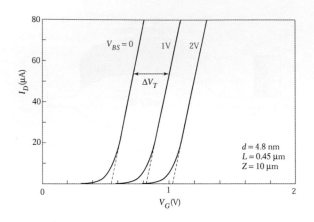

圖 29　使用基板偏壓調整臨界電壓。

總結

在本章，我們先討論 MOSFET 的核心成分：MOS 電容。MOS 元件氧化層／半導體界面的電荷分佈（即聚積、空乏以及反轉）可藉由閘極電壓加以控制。氧化層塊材和氧化層／半導體界面的品質決定了 MOS 電容的品質。對常用的金屬電極，其功函數差 $q\phi_{ms}$ 通常不為零，且在氧化層內部或 SiO_2-Si 界面處有不同種類的電荷，將以一種方式或另一種方式影響理想 MOS 特性。可由電容－電壓和電流－電壓關係，估計出氧化層塊材和氧化層／半導體界面的品質。接著我們介紹了 MOSFET 的基本特性及操作原理。將源極與汲極毗連 MOS 電容放置即形成 MOSFET。輸出電流（即汲極電流）可藉由調整閘極與汲極電壓來控制。臨界電壓是決定 MOSFET 導通－關閉特性的主要參數。選擇適當的基板摻雜、氧化層厚度、基板偏壓以及閘極材料可調整臨界電壓的大小。

參考文獻

1.　E. H. Nicollian and J. R. Brews, *MOS Physics and Technology*, Wiley, New York, 1982.

2.　A. S. Grove, *Physics and Technology of Semiconductor Devices*, Wiley, New York,

1967.

3. B. E. Deal, "Standardized Terminology for Oxide Charge Associated with Thermally Oxidized Silicon, " *IEEE Trans. Electron Devices*, **ED-27**, 606 (1980).

4. S. M. Sze and K. K. Ng, *Physics of Semiconductor Devices*, 3rd ed., Wiley Interscience, Hoboken, 2007.

5. W. S. Boyle and G. E. Smith, " Charge Couple Semiconductor Devices," *Bell Syst. Tech. J.*, **49**, 587 (1970).

6. M. F. Tompsett, "Video-Signal Generation," in T. P. McLean and P. Schagen, Eds., *Electronic Imaging*, Academic, New York, 1979, p. 55.

7. (a) D. Kahng and M. M. Atalla, "Silicon-Silicon Dioxide Field Induced Surface Devices," *IRE Solid State Device Res. Conf.*, Pittsburgh, PA, 1960. (b) D. Kahng, "A Historical Perspective on the Development of MOS Transistors and Related Devices," *IEEE Trans. Electron Devices*, **ED-23**, 65 (1976).

8. C. C. Hu, Modern Semiconductor Devices for Integrated Circuits, Prentice Hall, Upper Saddle River, 2009.

9. Y. V. Ponomarev, et al. "Gate-Work function Engineering Using Poly-(Si,Ge) for High Performance 0.18 μm CMOS Technology," in *Tech. Dig. Int. Electron Devices Meet.* (IEDM), p.829 (1997).

習題（*指較難習題）

5.1 節　金氧半電容

1. 試畫出 $V_G = V_T$ 時，n 型基板之理想 MOS 電容的能帶圖。

2. 試畫出 $V_G = 0$ 時，p 型基板之 n^+ 複晶矽閘極 MOS 電容的能帶圖。

3. 一矽的 n 型金氧半電容有基板摻雜 $N_A = 10^{17} \text{cm}^{-3}$ 和鋁閘極（$F_M = 4.1\text{V}$）。假設氧化層內部或氧化層與矽界面處沒有固定電荷存在。

4. 請畫出於反轉時，n 型基板之理想 MOS 電容的（a）電荷分佈，（b）電場分佈，以及（c）電位分佈。

5. 一 $N_A = 5 \times 10^{16}$ cm^{-3} 的金屬–SiO$_2$–Si 電容，請計算表面空乏區的最大寬度。

6. 對一理想的金屬–SiO$_2$–Si 金氧半結構，有 d=300 埃、n_i=1.45 × 10^{10}cm^{-3}、ε_s =11.9ε_0、ε_{ox}=3.9ε_0、N_A=5×10^{15}cm^{-3}，找出在 300K 能造成強反轉條件的界面電場。

7. 一 $N_A = 5 \times 10^{16}$ cm^{-3} 以及 d = 8 nm 的金屬–SiO$_2$–Si 電容，請計算 C-V 圖中最小的電容值。

*8. 一理想 Si-SiO$_2$ MOS 電容之 d = 5 nm，$N_A = 10^{17}$ cm^{-3}，試找出使矽表面變為本質矽所需之外加偏壓、以及在界面處的電場強度。

5.2 節 二氧化矽－矽金氧半電容

9. 考慮兩個金氧半元件。除了氧化層厚度不同外，其他參數都是相同的。對此兩個元件，高頻 C-V 量測得到的 C_{max}/C_{min} 比率分別為 3 和 2。假如 ε_s =11.9ε_0 和 ε_{ox}=3.9ε_0，基於上述資料，決定出氧化層厚度的比率。

*10. 假設氧化層中的氧化層陷阱電荷 Q_{ot} 有均勻之體積電荷密度 $\rho_{ot}(y)$ 為 $q \times 10^{17}$ cm^{-3}，其中 y 為電荷所在的位置與金屬–氧化層界面間的距離，氧化層的厚度為 10 nm。試計算因 Q_{ot} 所造成之平帶電壓的變化。

11. 假設氧化層中的氧化層陷阱電荷 Q_{ot} 為薄電荷層，只位在 y = 5 nm 處，且其面積密度為 5 × 10^{11} cm^{-2}，氧化層的厚度為 10 nm。試計算因 Q_{ot} 所導致的平帶電壓變化。

12. 假設原先有一薄片移動離子層位在金屬–SiO$_2$ 的界面。在經過長時間高正閘極電壓之電壓應力及高溫條件之後，移動離子全部漂移至 SiO$_2$-Si 的界面處，並造成平帶電壓有 0.3 V 的變化。氧化層的厚度為 10 nm，請找出 Q_m 的面積密度。

13. 假設氧化層中的氧化層陷阱電荷呈三角形分佈，$\rho_{ot}(y) = q \times (5 \times 10^{23} \times y)$ cm^{-3}，氧化層的厚度為 10 nm。試計算因 Q_{ot} 所導致的平帶電壓變化。

5.5 節 基礎金氧半場效電晶體

14. 假設 $V_D << (V_G - V_T)$，試由本章正文中之式（35）推導式（36）。

15. 計算出一矽 nMOS 電容的臨界電壓，其中基板摻雜 N_A=10^{17}cm^{-3}、20nm 厚氧化層（e_{ox}=3.9e_o）和鋁閘極（F_M=4.1V）。假設氧化層內部或氧化層與矽界面處沒有固定電荷存在。

16. 考慮一長通道 MOSFET 其 $L = 1$ μm，$Z = 10$ μm，$N_A = 5 \times 10^{16}$ cm^{-3}，$\mu_n = 800$ cm^2/ V-s，$C_o = 3.45 \times 10^{-7}$ F/cm^2 且 $V_T = 0.7$V，試找出於 $V_G = 5$ V 時的 V_{Dsat} 與 I_{Dsat}。

17. 考慮一次微米 MOSFET 其 $L = 0.25$ μm，$Z = 5$ μm，$N_A = 10^{17}$ cm^{-3}，$\mu_n = 500$ cm^2/ V-s，$C_o = 3.45 \times 10^{-7}$ F/cm^2 且 $V_T = 0.5$ V，試找出於 $V_G = 1$ V 與 $V_D = 0.1$ V 時的通道電導。

18. 針對習題 17 中之元件，試找出其轉移電導。

19. 一 n 通道之 n^+ 複晶矽–SiO$_2$–Si MOSFET，其 $N_A = 10^{17}$ cm^{-3}，$Q_f/q = 5 \times 10^{10}$ cm^{-2} 且 d =10 nm，試計算其臨界電壓。

20. 針對習題 19 中之元件，硼離子植入使臨界電壓增加至+0.7 V，假設植入的離子在 Si-SiO$_2$ 的界面處形成一薄片負電荷，請計算植入的劑量。

21. 計算出受到基板偏壓 V_{BS}=-2.5V 的矽 n-MOSFET 臨界電壓。此電容有基板摻雜 N_a=10^{17}cm^{-3}、20nm 厚氧化層（e_{ox}=3.9e_o）和鋁閘極（F_M=4.1V）。假設氧化層內部或氧化層與矽界面處沒有固定電荷存在。

22. 一 p 通道之 n^+ 複晶矽–SiO$_2$–Si MOSFET，其 $N_D = 10^{17}$ cm^{-3}，$Q_f/q = 5 \times 10^{10}$ cm^{-2} 且 $d = 10$ nm，試計算其臨界電壓。

23. 針對習題 20 中的元件，硼離子植入使臨界電壓減少至–0.7 V，假設植入的離子在 Si-SiO$_2$ 的界面處形成一薄片負電荷，請計算植入的劑量。

24. 一結構如本文中圖 28 的場電晶體其 $N_A = 10^{17}$ cm^{-3}，$Q_f/q = 10^{11}$ cm^{-2}，且以 n^+ 複晶矽局部內連線作為其閘極電極。假如充分隔絕元件與井的必備條件為 $V_T > 20$ V，試計算所需之最小氧化層厚度。

25. 針對習題 24 中的元件，試計算使漏電流降低 1 個數量級所需之逆向基板–源極電壓。（$N_A = 5 \times 10^{17}$ cm^{-3}，$d = 5$ nm）。

26. 一 MOSFET 之臨界電壓 $V_T = 0.5$ V，次臨界擺幅為 100 mV/decade，且於 V_T 時汲極電流為 0.1 μA。請問於 $V_G = 0$ 時的次臨界漏電流為何？

第六章　　先進金氧半場效電晶體及相關元件

金氧半場效電晶體（MOSFET）是現代高密度先進積體電路（IC）中最重要的元件。我們已在先前的章節中討論所謂的長通道 MOSFET 的基本特性。在 IC 產業中，從 1970 年開始，MOSFET 的閘極長度便以每年微縮 13%的速度進行，並且在未來將繼續微縮下去。而縮小元件尺寸的目的是為了要提高元件性能及密度的需求。在本章節中，我們將考慮一些 MOSFET 在微縮下所遇到的進階問題，包括新型微縮元件結構及邏輯與記憶體元件。

具體而言，本章包括了以下幾個主題：

● MOSFET 的微縮與相關的短通道效應（short-channel effect）。

● 互補式金氧半（complementary MOS，CMOS）邏輯電路。

● 絕緣層上矽（silicon-on-insulator）元件。

● MOS 記憶體結構。

● 功率 MOSFET 元件。

6.1　金氧半場效電晶體微縮

MOSFET 尺寸的縮減在一開始即為一持續的趨勢。在積體電路中，較小的元件尺寸可達到較高的元件密度。此外，較短的通道長度可改善驅動電流（$I_D \sim \ell/L$），進而改善操作時的性能。然而，由於元件尺寸的縮減，通道邊緣（如源極、汲極以及絕緣區邊緣）的影響變得更加重要。因此元件的特性將偏離長通道近似（long-channel approximation）的假設。

6.1.1　短通道效應

在第五章中式（47）中的臨界電壓是基於 5.5.1 節中的漸變通道近似所推導出，亦即基板空乏區內所含之電荷僅由閘極電壓產生的電場所感應出。換言之，第五章式（47）的右邊之第三項與源極到汲極間的平行電場無關。然而隨著通道長度的縮減，源於源極與汲極區之電場將會影響電荷分佈，進而影響如臨界電壓控制以及元件漏電等元件特性。當源極和汲極的空乏區影響通道長度到一定程度，短通道效應會開始顯現。

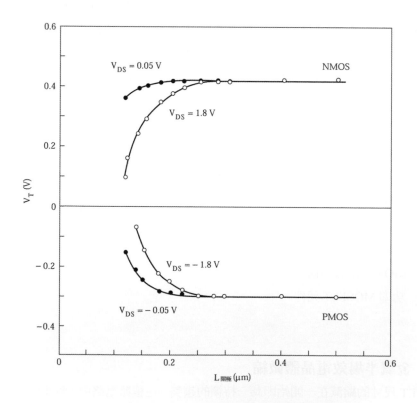

圖 1　於 0.15 μm CMOS 場效電晶體技術中之臨界電壓下滑的特性 [1]。

線性區中之臨界電壓下滑（threshold voltage roll-off）

當短通道效應變得不可忽略時，隨著通道的縮減，n 通道 MOSFET 線性區的臨界電壓通常會變的不像原先那麼正，而對於 p 通道 MOSFET 而言，則不像原先那麼負，圖 1 顯示了在 V_{DS} = 0.05 V 和 $|V_{DS}|$ = 1.8 V 時 V_T 下滑的現象 [1]。臨界電壓下滑可用電荷共享（charge sharing）模型 [2] 來加以解釋，圖 2a 顯示，檢測二維通道兩端顯示一些空乏電荷由汲極和源極達到平衡，其中 W_{Dm} 是空乏層寬度最大值，W_S 和 W_D 是在源極及汲極邊緣之下的垂直空乏層寬度。V_D>0 時 W_D>W_S 及 y_D>y_S。圖 2b 顯示當源極偏壓很小時，我們可以假設 $W_S \cong W_D \cong W_{Dm}$。圖 2c 說明了通道的空乏區與源極和汲極的空乏區重疊，由閘極偏壓產生之電場所感應出的電荷可用梯形內區域來近似。

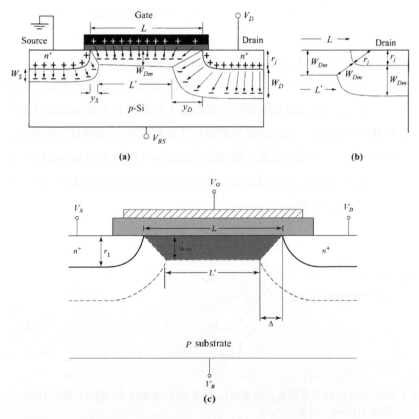

圖 2　電荷守恆模型 (a) V_D > 0, (b) V_D = 0, (c) 電荷共享模型 [2]。

臨界電壓偏移量 ΔV_T 是由於空乏區從長方形 $L \times W_m$ 變為梯形$(L+L')W_m/2$，使得電荷減少所造成的。ΔV_T 為（參考習題 2）：

$$\Delta V_T = -\frac{qN_A W_m r_j}{C_o L}\left(\sqrt{1+\frac{2W_m}{r_j}}-1\right)\tag{1}$$

其中 N_A 為基板摻雜濃度，W_m 為空乏寬度，r_j 為接面深度，L 為通道長度，而 C_0 為每單位面積之閘極氧化層電容。

對長通道元件而言，因為 Δ（圖 2c）遠小於 L，所以電荷減少量較少；對於短通道元件而言，由於 Δ 與 L 相仿，所以導通元件所需的電荷將大幅地下降。由式（1）可知，給定一組已知的 N_A、W_m、r_j 以及 C_0，臨界電壓將隨通道長度的縮減而下降。

汲極引致能障下降（Drain-Induced Barrier Lowering）

對於 n 通道 MOSFET, p-Si 基板在 n^+源極和汲極之間形成位障及限制電子從源極流向汲極。由圖 3a 顯示，長通道元件操作於飽和區，在源極介面增加的空乏層寬度影響不到源極邊緣的位障高度。也就是說長通道元件源極偏壓能改變有效的通道長度，但是在源極邊緣的能障仍然維持定值。當汲極接近源極，如短通道 MOSFET，汲極偏壓可以在源汲邊緣影響能障高度。這是由於電場從汲極穿透至源極表面區域。圖 3b 顯示沿著半導體表面的能帶圖。

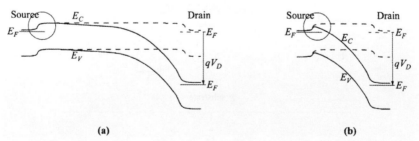

圖 3 源極到汲極的半導體表面能帶圖(a)長通道(b)短通道 MOSFET 顯示 DIBL 效應。虛線：$V_D=0$，實線：$V_D>0$ 。

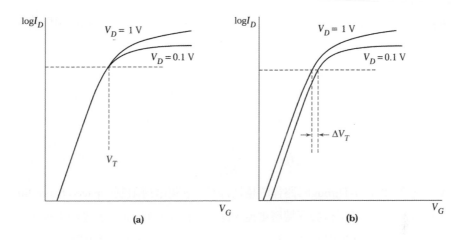

圖 4 （a）長通道與（b）短通道 MOSFET 的次臨界特性。

對於短通道元件，這種減少通道長度或增加源極偏壓造成能障下降的現象普遍稱作 *汲極引致能障下降*（DIBL）。源汲能障下降造成從源極注入額外載子到汲極，從而增加了大幅的電流。此增加的電流出現在超臨界區（above-threshold）及次臨界區（subthreshold），及臨界電壓隨著汲極電壓增加而減少。

圖 4 描述在低與高的汲極偏壓條件下，長與短通道之 *n* 通道 MOSFET 的次臨界特性（subthreshold characteristic）。隨著汲極電壓的增加，短通道元件中次臨界電流的平行位移（圖 4b）顯示有顯著的 DIBL 效應存在。

本體碰穿（Bulk Punch-Through）

DIBL 造成在 SiO$_2$/Si 的界面形成漏電路徑。當汲極電壓夠大時，可能也會有顯著的漏電流，由源極經由短通道 MOSFET 的基板本體流至汲極，此亦可歸因於汲極接面空乏層的寬度會隨著汲極電壓增加而擴張。在短通道的 MOSFET 中，源極接面與汲極接面空乏區寬度的總和與通道長度相當（$y_S + y_D \cong L$）。當汲極電壓增加時，汲極接面的空乏層逐漸與源極接面合併，因此大量的漏電流可能會由汲極經本體流向源極。圖 5a 為超臨界嚴重碰穿（Punch-Through）特性的例子。此元件在 $V_D = 0$ 時 y_S 和 y_D 的和是 0.26 μm，這是大於通道長度為 0.23 μm。因此汲極介面的空乏區到達源極介面的空乏區。顯示超過了汲極區域，元件是操作在碰穿（Punch-Through）條件下。源極區域的電子可能注入到空乏通道區域，在那裡將被電場清除掉並收集在汲極，以及此漏電流是跟汲極偏壓有很強關聯性的函數。汲極電流將由空乏區中的空間電荷限制（space-charge-limited）電流來主導，並且平行於反轉層電流

$$I_D \approx \frac{9\varepsilon_s \mu n A V_D^2}{8L^3} \tag{2}$$

其中 A 為碰穿（Punch-Through）路徑的橫切面積，空間電荷限制（space-charge-limited）電流隨 V_D^2 而增加，且平行於反轉層電流。碰穿（Punch-Through）汲極電壓可藉由第三章公式(27)的空乏區近似類推（depletion approximation analogy）如下：

$$V_{pt} \approx \frac{qN_A(L-y_s)^2}{2\varepsilon_s} \tag{3}$$

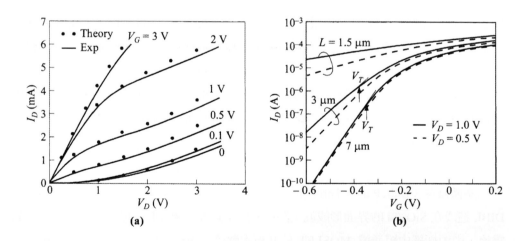

圖 5　MOSFET 汲極碰穿特性圖。
　　　(a)超臨界(above threshold)(L=0.23μm,d=25.8nm,N_A=7*10^{16}cm^{-3})
　　　(b)下臨界(Below threshold)(d=13nm,N_A=10^{14}cm^{-3})

　　圖5b顯示不同通道長度下DIBL跟本體碰穿（Bulk Punch-Through）效應對次臨界電流的影響。通道長度為 7μm 的元件與長通道的特性相同；亦即次臨界汲極電流是跟汲極電壓有關的。當 L=0.3μm V_D 與電流有很大的關聯性，並且會造成 V_T 的偏移（從實線的 I-V 曲線中電流偏移的點），次臨界擺幅亦隨之增加。對於更短的通道 L=1.5μm，已經完全異於長通道的特性。次臨界擺幅將變的更糟以及元件無法截止。

　　圖6為短通道（L = 0.23 μm）MOSFET的次臨界區特性。當汲極電壓由 0.1 V 增加至 1V 時，DIBL所引起次臨界區特性的平行位移如圖4b所示；而當汲極電壓再增加至 4V 時，其次臨界擺幅將遠大於低汲極偏壓時之值，是故元件將會有非常高的漏電流，這也顯示出本體碰穿效應相當顯著，閘極不再能夠將元件完全關閉，且無法控制汲極電流。

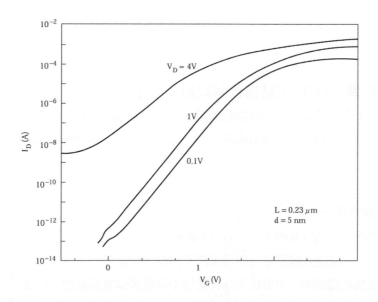

圖6　n 通道 MOSFET 在 V_{DS} = 0.1、1 與 4 V 時的次臨界特性。

6.1.2 微縮規範（Scaling Rule）

當元件尺寸縮減時，必須將短通道效應減至最低程度，以確保正常的元件及電路運作。於元件微縮設計時需一些準則，一維持長通道行為的優雅方法為僅將所有的尺寸及電壓，除上一微縮因子 $\kappa(>1)$，如此內部的電場將保持如同長通道 MOSFET 一般，此方法稱之為*定電場微縮（constant-field scaling）*[3]。

表 1 概括不同元件參數與電路性能參數之定電場微縮的微縮規範[4]。隨元件尺寸的縮減，其電路性能（導通時的速度以及功率損耗）可因而被增強[*]。然而，在實際的積體電路（IC）製作中，較小元件的內部電場往往被迫增加，很難保持固定。這主要是因為電壓因子（如電源供應，臨界電壓等）無法任意縮減。由於次臨界擺幅是無法被微縮的，所以假若臨界電壓過低，則關閉態（off state）（$V_G = 0$）的漏電流將會顯著增加，待機功率（standby power）損耗亦將因而上升[5]。應用微縮規範，通道長度短至 5nm，非常低的閘極延遲（CV/I>0.22ps）、高 on/off 電流比(>5*10^4)以及合理之次臨界擺幅（~75 mV/decade）[13] 的 MOSFET 已被製造出。

6.1.3 以 MOSFET 結構控制短通道效應

目前已經提出很多元件結構來控制短通道效應及改善 MOSFET 特性[5]。以 MOSFET 結構來改善分為三個部分：通道摻雜（Channel Doping）、閘疊層（gate stack）、和源／汲極設計。

通道摻雜分布

圖 7 為典型的高性能 MOSFET 結構的平面技術示意圖。通道摻雜的分布峰值略低於半導體表面。這種逆向雜質分布通常需靠不同劑量和能量的離子佈植來達成，表面濃度低的優點為高遷移率，主要是因為在通道中降低表面雜質散射，以及低臨界電壓降低了電場（normal field）使表面散射降低。表面下的高峰值濃度是為了控制碰穿（Punch-Through）和其他短通道效應。在介面深度以下的摻雜通常較低，是為了降低介面電容及基底效應對臨界電壓的影響。

---

[*]不同場效電晶體（包括 MOSFET）之截止頻率的比較，請參閱第七章之圖 19。

表 1　MOSFET 元件與電路參數的微縮

決定因數	MOSFET 元件 與電路參數	乘積因子 （$\kappa > 1$）
微縮假設	元件尺寸（d，L，W，r_j）	$1/\kappa$
	摻雜濃度（N_A，N_D）	κ
	電壓（V）	$1/\kappa$
	電場（$\mathscr{E}$）	1
	載子速度（v）	1
	空乏層寬度（W）	$1/\kappa$
	電容（$C = \varepsilon A/d$）	$1/\kappa$
	反轉層電荷密度（Q_n）	1
	電流，漂移（I）	$1/\kappa$
	通道阻值（R）	1
	電路延遲時間（delay time） （$\tau \sim CV/I$）	$1/\kappa$
	每單位電路之功率散逸（$P \sim VI$）	$1/\kappa^2$
	每單位電路之功率延遲乘積（$P\tau$）	$1/\kappa^3$
	電路密度（$\sim 1/A$）	κ^2
	功率密度（P/A）	1

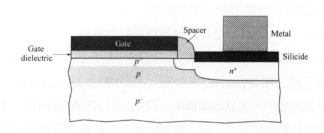

圖 7　具有逆向雜質分布、2 層源／汲極接面及自我對準矽化物源／汲極
接觸的高性能 MOSFET。

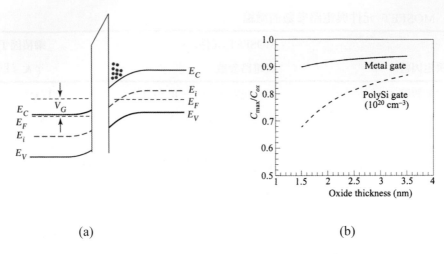

(a)   (b)

圖 8 (a)能帶圖顯示偏壓在反轉操作時多晶矽閘極空乏影響 $n+$ 多晶矽閘極 n 通道
MOS 電容(b)MOS 電容隨著金屬及多晶矽閘極在氧化層電容的退化

閘疊層

閘疊層包含閘極介電層及閘極接觸材料。當閘極介電質 SiO_2 厚度微縮到 2nm 以下，一些基本的穿隧問題及技術瓶頸的缺陷開始需要替代技術。高介電係數材料或 high-k 介電質在相同的電容值下有較厚的物理厚度可以減少降低電場，常見的術語為等效氧化層厚度（equivalent oxide thickness）（EOT=物理厚度*k_{SiO_2}/k）。一些正在測試的材料有 Al_2O_3，HfO_2，La_2O_3，Ta_2O_5，TiO_2，EOT 可以輕易做到 1nm 以下。

閘極接觸金屬材料已採用多晶矽很長的一段時間，多晶矽的優點為對矽製程的相容性和耐高溫能力佳，耐高溫是為了在佈植自我對準源／汲極之後的需求。自我對準製程可以避免閘極與源／汲極的重疊錯誤以消除寄生電容。第五章圖 8 顯示其他重要因素為功函數可藉由摻雜雜質在 n 型及 p 型中來改變，這種靈活性對於對稱式 CMOS 技術是至關重要的。多晶矽閘極的一個限制為其相對高的電阻率，這將會提高輸入阻抗及造成較低的高頻特性。另一個缺點為多晶矽有空乏效應，以 n^+ 多晶矽閘極 n 通道 MOS 電容偏壓在反轉區條件為例，如圖 8a 所示在多晶矽／氧化層介面，氧化層電場方向將推動電子往 n^+ 多晶矽。n^+ 多晶矽的能帶輕微彎曲從空乏區向上延伸到氧化層介面，閘極空乏造成額外的電容串接氧化層電容。這減少了有效閘極電容及反轉層填充密度造成的 MOSFET 轉導的下降，如圖 8b 隨著氧化層變薄變得更嚴重。為了避免阻抗及空乏問題，我們將使用矽化物及金屬為閘極接觸材料，且最有潛力的候選為 TiN，TaN，W，Mo 和 NiSi。

源／汲極設計

當通道長度變短，偏壓必須隨之下降，否則電場增加可能在汲極引起累增崩潰。源／汲極結構有 2 個部分如圖 7 所示，在通道附近延伸的淺通道是為了降低短通道效應。在閘極到汲極的重疊區域通常利用較輕的重摻雜（稱為輕摻雜汲極，lightly doped drain（LDD））來減少側邊的電場峰值及降低熱載子造成的撞擊解離。離通道較深的介面深度幫助減少串聯電阻。LDD 有 2 個缺點為組成複雜及較高的汲極阻抗，但 LDD 將可提供更好的特性。

在現今討論的 MOSFET 中，源／汲極區域假設為完美傳導。由於有限的矽電阻率及金屬接觸阻抗，在源／汲極只有很小的分壓，在長通道 MOSFET，源／汲極寄生電阻與通道阻抗相比可被忽略。在短通道 MOSFET，源／汲極串聯電阻相對於通道阻抗是不可忽略的，以及造成電流的嚴重下降。

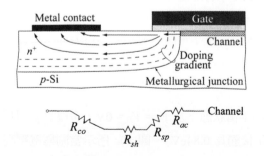

圖 9 源／汲極寄生串電阻的不同成份詳細分析。其中 R_{ac} 是聚積層電阻，R_{sp} 為擴散電阻，R_{sh} 為片電阻，R_{co} 為接觸電阻。

在源／汲極區域的電流流向示意圖如圖 9 所示。源／汲極阻抗總和可分為幾個部分：R_{ac} 為電流主要流動在表面附近即閘極到源極（或汲極）重疊區域的聚積層阻抗；R_{sp} 為與從表面層擴散橫跨源／汲極深度的均勻路徑有關的阻抗；R_{sh} 為電流均勻流過源／汲極的片電阻；R_{co} 為電流流過金屬線的接觸電阻。一旦電流流入鋁線，因為鋁的電阻係數很低，所以存在很小的額外阻抗。

有三種方式可以降低源／汲極串聯電阻

(a)矽化物（Silicide）接觸技術

開發矽化物接觸技術是源／汲極設計的一個重要的里程碑。如圖 7 所示在自我對準製程中（self-aligned process）（self-aligned silicide 製程又稱作 salicide），高導電性矽化物薄膜利用介電質隔離，個別形成在所有閘極和源／汲極表面。矽化物形成細節將在第 12 章做描述（章節 12.5.6）。因為矽化物的片電阻比源／汲極低 1-2 個數量級的大小，矽化物層實際上會分掉所有電流，R_{sh} 和 R_{co} 兩者大大降低。R_{sh} 在空間層（spacer）之下是由非矽化物區間提供。

(b)蕭特基能障源／汲極

圖 10a 顯示，MOSFET 的源／汲極利用利用蕭基能障接觸（Schottky-barrier contacts）代替 *p-n* 接面，可提高一些製程和性能的優點。蕭基接觸可以有效地將介面深度（junction depth）做到零來將短通道效應降到最小。在 CMOS 電路中 *n-p-n* 雙極性電晶體作用也沒有這種不良效應，例如雙極崩潰（bipolar breakdowe）及閂鎖（latch –up）（見 6.2.2 小節）現象。此外，去除高溫佈植可以有助於提高更好的氧化層品質及更好的控制元件形狀。

圖 10b 顯示在熱平衡狀態下及 $V_G = V_D = 0V$，金屬到 *p* 型基底的電洞能障高度為 qΦBp（例如.ErSi-Si 接觸為 0.84eV）。圖 10c 所示當閘極電壓高過臨界電壓，通道表面從 *p* 型反轉成 *n* 型，源極到反轉層的能障高度（電子）為 $q\Phi_{Bn} = 0.28eV$，其中源極接觸在逆向偏壓下操作（圖 10d）。對於 0.28eV 能障，熱離子型逆向飽和電流密度在室溫下為 $10^3 A/cm^3$ 的量級。為了增加電流密度，金屬應選擇主要載子能障為最高，

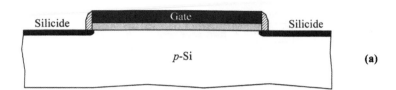

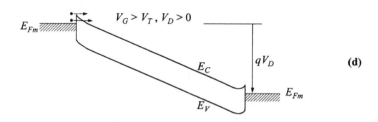

圖 10　蕭基接觸源極和汲極 MOSFET(a)元件橫切面(b)-(d)在不同偏壓下沿著半導體表面的能帶圖。

所以次要載子能障為最低，見第 7 章第 3 式。通過能障穿隧的附加電流可以幫助改善通道載子的提供。目前，在 p 型 Si 基板上製作這種結構的 nMOSFET 比在 n 型基板上製作這種結構困難，這是因為能在 p 型 Si 上提供高能障的金屬及矽化物（silicide）並不常見。

　　蕭特基能障源／汲極的缺點為高的串聯電阻（因為其有限的能障高度）和較高的汲極漏電流。也由圖 10 顯示，金屬或矽化物接觸必須延伸到閘極以下使通道連續，向閘極下方延伸是由自我對準佈植和擴散來實現，此製程比起源／汲極界面要求更為嚴苛。

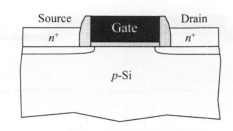

圖 11 提升源/汲極以減少介面深度及串聯電阻。

(c)提升源／汲極

圖 11 所示，提升源／汲極是一個更進階的設計，在源／汲極上成長重摻雜磊晶層。目的是為了將介面深度最小化來控制短通道效應。注意，為了使通道連續在空間層下的延伸層仍是需要的。

6.2 互補式金氧半與雙載子互補式金氧半

互補式金氧半（complementary MOS，CMOS）指成對的互補 p 通道與 n 通道 MOSFET。CMOS 邏輯為目前積體電路設計最普遍之技術。CMOS 成功的主因在於其低功率損耗以及較佳的雜訊免疫力。

6.2.1 CMOS 反相器（CMOS Inverter）

CMOS 反相器為 CMOS 邏輯電路的基本單元，如圖 12 所示。在 CMOS 反相器中，p 與 n 通道電晶體的閘極連接在一起，並作為此反相器的輸入節點；而此二電晶體的汲極亦連接在一起，並作為反相器的輸出節點。n 通道 MOSFET 的源極與基板接點均接地，而 p 通道 MOSFET 的源極與基板則連接至電源供應端（V_{DD}），需注意的是 p 通道與 n 通道 MOSFET 均為增強型電晶體。當輸入電壓為低準位時（即 $V_{in} = 0$，$V_{GSn} = 0 < V_{Tn}$），n 通道 MOSFET 為關閉態[*]，然而由於 $\left| V_{GSp} \right| \cong V_{DD} > \left| V_{Tp} \right|$（$V_{GSp}$ 與 V_{Tp} 為負值），所以 p 通道 MOSFET 為導通態。

---

[*] V_{GSn} 與 V_{GSp} 分別表示 n 與 p 通道 MOSFET 閘極與源極間之電壓差。

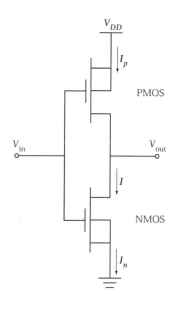

圖 12　CMOS 反相器。

是故輸出節點經由 p 通道 MOSFET 充電至 VDD。當輸入電壓升高，使閘極電壓等於 V_{DD} 時，因為 $V_{GSn}= V_{DD} > V_{Tn}$，所以 n 通道 MOSFET 將被導通，而由於 $|V_{GSp}| \cong 0 < |V_{Tp}|$ 所以 p 通道 MOSFEFT 將被關閉。因此輸出節點將經 n 通道 MOSFET 放電至零電位。

　　欲更深入瞭解 CMOS 反相器的運作，我們可先畫出電晶體的輸出特性，如圖 13 所示，其中顯示 I_p 及 I_n 為輸出電壓（V_{out}）的函數。I_p 為 p 通道 MOSFET 由源極（連接至 VDD）流向汲極（輸出節點）的電流；I_n 為 n 通道 MOSFET 由汲極（輸出節點）流向源極（連接至接地端）的電流。需注意的是在固定 V_{out} 下，增加輸入電壓（V_{in}）將會增加 I_n 而減少 I_p。然而在穩態之下，I_n 應與 I_p 相同。對於給定一個 V_{in}，我們可由 $I_n(V_{in})$ 與 $I_p(V_{in})$ 的截距，計算出相對應的 V_{out}，如圖 13 所示。V_{in}-V_{out} 曲線稱之為 CMOS 反相器的轉換曲線[4]，如圖 14 所示。

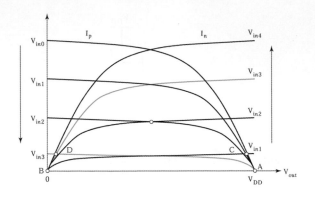

圖 13　I_p 與 I_n 為 V_{out} 的函數。I_p 與 I_n（圓點）的截距為 CMOS 反相器的穩態操作點[4]。
曲線是依輸入電壓來標示：$0 = V_{ino} < Vin_1 < V_{in2} < V_{in3} < V_{in4} = V_{DD}$。

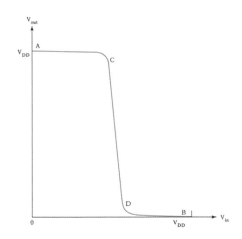

圖 14　CMOS 反相器的轉換曲線[4]。標示為 A、B、C 與 D 的點與圖 29 相對應。

　　CMOS 反相器的一個重要的特性是，當輸出處於邏輯穩態（即 $V_{out} = 0$ 或 V_{DD}）
時，僅有一個電晶體導通，因此由電源供應處流到地端的電流非常小，且等於關閉態
元件的漏電流。事實上，只有在兩個元件暫時導通時之極短暫態時間內，才會有顯著
電流導通。因此與其他種類如 n 通道 MOSFET、雙載子等邏輯電路相較，其穩態時的
功率損耗甚低。

6.2.2 閂鎖（Latch-Up）

為了在 CMOS 應用中，能同時將 p 通道與 n 通道 MOSFET 製作在同一片晶方上，需要額外的摻雜及擴散步驟，以便在基板中形成「井」或「盆（tub）」。井中的摻雜形式與周圍基板不同。井的典型種類有 p 井、n 井以及雙井（twin well）。井技術的詳細內容將於第 15 章中討論。圖 15 為使用 p 井技術製作之 CMOS 反相器的剖面圖。在此圖中，p 通道與 n 通道 MOSFET 分別製作於 n 型矽基板以及 p 井之中。

CMOS 電路之井結構的一個主要問題在於閂鎖現象。閂鎖的成因乃由井結構中寄生的 p-n-p-n 二極體作用所造成。如圖 15 所示，寄生的 p-n-p-n 二極體乃由一平行的 p-n-p 及一垂直的 n-p-n 雙載子電晶體所組成。p 通道 MOSFET 的源極、n 型基板及 p 井分別為平行 p-n-p 雙載子電晶體之射極、基極及集極；n 通道 MOSFET 的源極、p 井以及 n 型基板分別為垂直 n-p-n 雙載子電晶體之射極、基極及集極。其寄生成分的等效電路如圖 16 所示。R_S 以及 R_W 分別為基板及井中的串聯電阻。每一電晶體的基極是由另一電晶體之集極所驅動，並形成一正回授回路，其架構就如第 4 章中所討論的閘流體（thyristor）。閂鎖發生於兩個雙載子電晶體之電流增益乘積（$\alpha_{npn}\alpha_{pnp}$）大於 1 時。當發生閂鎖時，一大電流將由電源供應處（V_{DD}）流向接地端，導致一般正常電路操作之中斷，甚至會由於高功率散逸的問題，而損壞晶片本身。

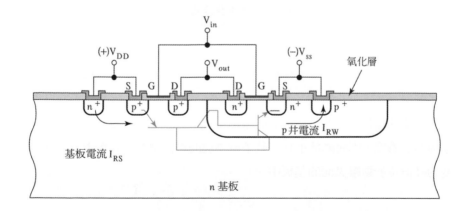

圖 15　使用 p 井技術製作之 CMOS 反相器的剖面圖。

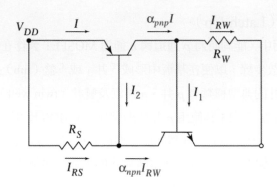

圖 16　圖 15 之 p 井結構的等效電路。

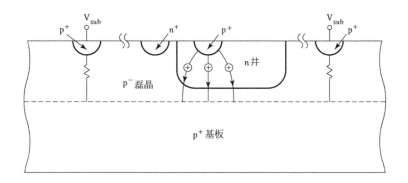

圖 17　避免閂鎖之重摻雜基板[7]。

　　為避免閂鎖，必須減少寄生雙載子電晶體的電流增益。其中一種方法是使用金摻雜或中子輻射，來降低少數載子的生命期（lifetime）。然而，此方法不易控制，且也會導致漏電流的增加。深井結構或高能量佈植以形成倒退井（retrograde well），可以提升基極雜質濃度，因而降低垂直雙載子電晶體的電流增益。在倒退井結構中，井摻雜濃度的峰值位於遠離表面的基板中。

　　另一種減少閂鎖效應的方法，是將元件製作於重摻雜基板上的輕摻雜磊晶層中，如圖 17 所示[7]。重摻雜基板提供一個收集電流的高傳導路徑，這些電流隨後會由表面接點汲出（V_{sub}）。

閂鎖亦可透過塹渠隔離（trench isolation）結構來加以避免。製作塹渠絕緣的製程將於第十四章中討論。因為 n 通道與 p 通道 MOSFET 被塹渠實際隔開，所以此種方法可以消除閂鎖。

6.2.3　CMOS 圖像傳感器

對於消費性影像產品例如數位相機及錄影機，CCD 影像感測（討論於第五章 5.4 小節）主導著市場。但是自從 1990 年 [8] 以後，這個巨大的市場已經越來越廣泛的被利用標準 CMOS 製程製造的 CMOS 圖像傳感器所取代。

CMOS 圖像傳感器顯示於圖 18，[9] 與半導體記憶體有非常相似的架構，由相同的像素組成的一個陣列。如圖 19a 所示，每個像素有光電二極體（photodiode）（a p-n 界面光電二極體 [10]），將入射光轉換成光電流（photocurrent），以及一個定址電晶體作為開關。藉由驅動象素定址電晶體，一個 Y 定址器或掃描儲存器被用來一行一行的定址傳感器。在之後，X 定址器或掃描儲存器被用來一行一行的定址傳感器。一些讀取電路需要將光電流（photocurrent）轉換成電子電荷或電壓及讀取陣列。

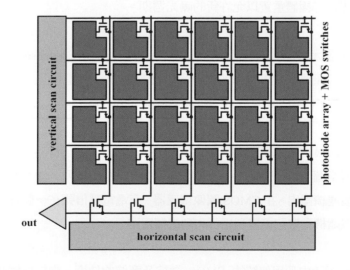

圖 18　二維 CMOS 圖像傳感器結構。

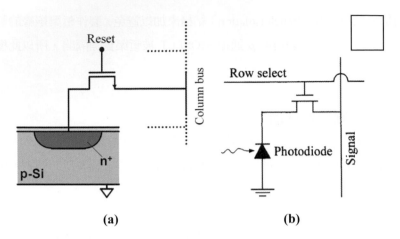

$$(a) \hspace{8cm} (b)$$

圖 19　(a)基於單一像素電晶體的被動式 COMS 像素(b)PPS（passive pixel sensor）（被動式像素傳感器） CMOS 圖像傳感器結構。

像素的工作原則如下：(1)在光電二極體的曝光開始施加一個很高的逆向偏壓；(2)曝光期間，光子撞擊減少跨在光電二極體的逆向電壓；(3)在曝光結束時量測殘留跨在二極體上的電壓，以及從原來電壓降的值用來衡量曝光期間在光電二極體上的光子數量下降；(4)光電二極體重置以允許新的曝光週期。

由圖 19b 顯示最基本的影像陣列形成稱為 PPS（passive pixel sensor），其中在每個象素中的選擇電晶體控制每個光檢測器。優點是在一行裡的很多元件可以同時存取，所以速度較 CCD（以串列方式讀取）還高。

很多 CCD 跟 CMOS 圖像傳感器之間的不同是由他們的讀取架構不同產生的。在 CCD（見第五章圖 20），電荷透過垂直或水平 CCDs 移出陣列，透過簡單的隨偶器轉換成電壓之後連續讀出。在 CMOS 圖像傳感器，充電電壓信號在一個時間被讀出一行的方式，類似隨機存取記憶體利用行和列選擇電路。

在先前的討論中利用傳統的 CMOS 微縮及廉價的技術，由於每個像素增加整合了更多功能，使 CMOS 圖像傳感器正逐漸取代 CCD。而且因為主流技術，使 CMOS

圖像傳感器的優點包括隨機存取能力的高速度、高信號／雜訊比、低電壓需求的低功率、低成本。反之 CCD 保有一些優勢例如小像素尺寸、低光靈敏度、高動態範圍。但是 CCD 需要不同的優化製程，CCD 系統包括 CMOS 電路自然是更加昂貴。

6.2.4　BiCMOS

CMOS 有低功率消耗及高元件密度的優點，使其適用於複雜電路的製作。然而與雙載子技術相較，CMOS 受困於低電流驅動能力，而限制其電路性能。BiCMOS 是將 CMOS 及雙載子元件整合在同一晶片上的技術。一 BiCMOS 電路包含了大部分的 CMOS 元件及相當少量的雙載子元件。雙載子元件相對於 CMOS 元件有較好的切換性能，且不會消耗太多額外的功率。然而，這些性能的提升是由額外的製作複雜度、較長的製作時間及較高的成本換得。BiCMOS 的製作過程將在第十五章中討論。

6.3　絕緣層上金氧半場效電晶體

在某些應用上，MOSFET 被製作在絕緣基板上，而非半導體基板上。然而這些電晶體的特性與 MOSFET 非常相似。如果通道層為非晶或複晶矽時，通常我們稱這些元件為薄膜電晶體（thin film transistor，TFT）；如果通道層為單晶矽時，我們稱之為絕緣層上矽（SOI）。

6.3.1　薄膜電晶體

氫化非晶矽（a-Si:H）與複晶矽是最常用來製作 TFT 的材料，它們通常沉積在如玻璃、石英、或是覆蓋薄 SiO_2 層之矽基板等絕緣基板上。

　　氫化非晶矽 TFT 是液晶顯示器（liquid crystal display，LCD）以及接觸影像感測器（contact imaging sensor，CIS）等，需要大面積之電子應用的一重要元件。a-Si:H 材料通常以電漿增強式化學氣相沉積（plasma-enhanced chemical vapor deposition，PECVD）系統來沉積。由於沉積溫度低（一般為 200~400℃），因此可使用如玻璃等價格較低廉的基板材料。氫原子在 a-Si:H 中扮演的角色為鈍化非晶矽基質中的懸鍵

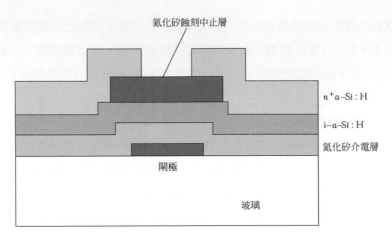

氮化矽蝕刻中止層

n^+a-Si:H

i-a-Si:H

氮化矽介電層

閘極

玻璃

圖 20　典型之 a-Si:H TFT 結構。

（dangling bond），因而減少缺陷密度。如果沒有氫護佈（hydrogen passivation）處理，由於費米能階將被大量缺陷釘牢，閘極電壓將無法調整絕緣層及非晶矽界面的費米能階。

　　a-Si:H TFT 通常使用顛倒錯置（inverted staggered）的結構，如圖 20 所示，此顛倒錯置結構具有一位於底部的閘極。由於後續的製程溫度較低（< 400℃），故能使用金屬閘極。通常使用以 PECVD 方式沉積的氮化矽或二氧化矽等介電層，作為閘極介電層，隨後再沉積一未摻雜的 a-Si:H 層來形成通道。TFT 的源極與汲極是由臨場摻雜（in situ-doped，或譯共生摻雜）的 n^+ a-Si:H 層所形成，並符合低溫製程的要求。介電層常作為定義 n^+ a-Si:H 區域的蝕刻終止（etch-stop）層。底部閘極結構的 TFT 其元件特性通常比頂端閘極結構要好，此乃因以 PECVD 沉積閘極介電層時，頂端閘極結構 TFT 的通道可能會受到電漿損壞（damage）。此外，底部閘極結構的源極與汲極的形成過程也較容易。典型 a-Si:H TFT 的次臨界特性如圖 21 所示。由於通道材料採用非晶矽基質，所以其載子移動率通常較低（< 1 cm²/V-s）。

　　複晶矽 TFT 採用薄的複晶矽作為其通道層。複晶矽為一種內含許多矽晶粒（grain）的材料，晶粒中為單晶矽晶格，但兩相鄰晶粒間之晶格方向彼此並不相同。兩晶粒間之界面稱為晶界(grain boundary)。由於有較佳的結晶性,所以複晶矽TFT比a-Si:H TFT有較高的載子移動率,因此有較好的驅動能力。這些元件之載子移動率的典型範圍介於 10 到數百 cm^2/V-s 之間,取決於晶粒大小及製程條件。複晶矽通常採用低壓化學氣相沉積(LPCVD)的方式沉積。因為載子移動率通常會隨著晶粒大小縮減而下降,所以複晶矽的晶粒大小是決定 TFT 特性的一項重要因子,這主要是因為晶界所存在的大量缺陷會阻礙載子的傳輸。

晶界的缺陷也會影響元件的臨界電壓與次臨界擺幅。當施加的閘極電壓在通道感應出反轉層時,這些缺陷就像陷阱一樣,會阻礙禁止帶中費米能階的移動。為了減低這些缺點,通常在元件製作之後會進行氫化(hydrogenation)的步驟,而氫化處理通常在電漿反應器內進行。在電漿中產生的氫原子或離子擴散進入晶界中,並護佈這些缺陷。經過氫化後,元件性能將有極大的改善。

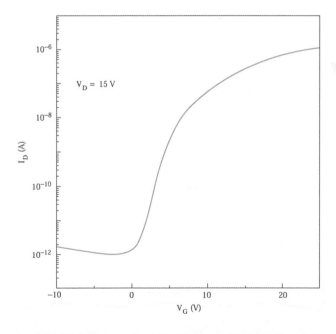

圖 21　a-Si:H TFT 的次臨界特性(L/Z = 10/60 μm/μm)。場效載子移動率為 0.23 cm^2/V-s。

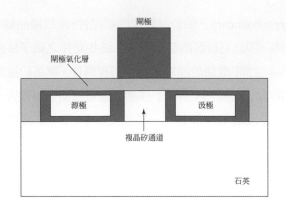

圖 22　複晶矽 TFT 結構。

不同於 a-Si:H TFT，複晶矽 TFT 通常採用頂端閘極結構方式製作，如圖 22 所示。自我對準（self-aligned）的佈植被用來形成源極與汲極。複晶矽 TFT 製程的主要限制在於其較高的製作溫度（> 600℃）。是故通常需要如石英等昂貴基板才能忍受如此的高製程溫度。由於較高的花費，這使得複晶矽 TFT 在低價位的應用上不如 a-Si:H TFT 具吸引力。雷射結晶矽是克服此一問題的可行方法。此種方法是先在低溫下，利用 PECVD 或 LPCVD 的方式沉積一 a-Si 層於玻璃基板上，接著使用高功率的雷射光源照射 a-Si。能量被 a-Si 層中的 a-Si 吸收，並且發生局部融化，冷卻之後 a-Si 轉換為具有很大晶粒尺寸（≧ 1 μm）的複晶矽。採用此種方法可以獲得非常高的移動率，接近結晶狀之 MOSFET。

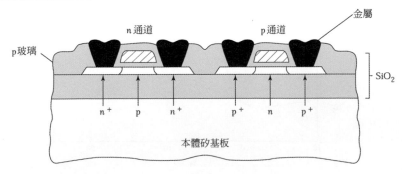

圖 23　絕緣層上矽（SOI）之剖面圖。

6.3.2 絕緣層上矽（SOI）元件

包括藍寶石上矽（silicon-on-sapphire，SOS）、尖晶石上矽（silicon-on- spinel），氮化物上矽以及氧化物上矽 [11] 等數種 SOI 曾被提出。圖 23 為建構在二氧化矽上的 SOI CMOS 結構圖。與建構於矽基板（亦稱為本體 CMOS）的 CMOS 相比，SOI 的絕緣方式可以簡化，且不需複雜的井結構，元件密度因此被提升，本體 CMOS 電路中與生俱來的閂鎖現象亦被消除，源極與汲極區的寄生接面電容（junction capacitance）也因絕緣基板而大幅降低。此外，SOI 可有效改善本體 CMOS 在輻射損傷方面的容忍度。此乃因受輻射時，僅有少量體積的矽會產生電子電洞對，此特性在太空應用上特別重要。

依據矽通道層的厚度，SOI 可以區分為部分空乏（partially depleted，PD）與完全空乏（fully depleted，FD）型。部分空乏 SOI（PD-SOI）使用較厚的矽通道層，因此通道中的空乏寬度不會超過矽層的厚度。PD-SOI 的元件設計及其性能一如本體 CMOS，而最主要的差異在於 SOI 元件使用浮停基板。在元件操作時，汲極附近的大電場可能會引起衝擊離子化（impact ionization）。對 n 通道 MOSFET 而言，衝擊離子化所產生的多數載子（在 p 基板內的電洞）因為沒有基板接點可將之排走，所以電洞將會儲存在基板之中。因此基板的電位將會因之改變，並會造成其臨界電壓降低。進而可能導致其電流－電壓特性產生增強或扭結（kink）。扭結現象就如圖 24 所示 [11]。由於電子有較高的衝擊離子化率，所以漂浮本體（float-body）或扭結效應在 n 通道元件特別突出。扭結效應可藉由對電晶體之源極形成一基板接觸來消除，但將因此而增加元件佈局（layout）及製程的複雜度。

完全空乏 SOI（FD-SOI）使用夠薄的矽晶層，以至於在達到臨界電壓之前電晶體的通道就已完全空乏，故可允許元件在較低的電場下操作。此外，因高電場衝擊離子化所造成的扭結效應也可消除。FD-SOI 對低功率應用頗具吸引力，但 FD-SOI 的特性對矽層厚度變異相當敏感，若將 FD-SOI 電路製作在矽層厚度不均勻的晶圓（wafer），其操作將會相當不穩定。

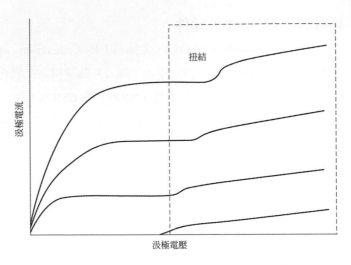

圖 24　*n* 通道 SOI MOSFET 的輸出扭結特性 [11]。

範例 1

試計算 $N_A = 10^{17}$ cm^{-3}，$d = 5$ nm 以及 $Q_f/q = 5 \times 10^{11}$ cm^{-2} 之 *n* 通道 SOI 元件的臨界電壓，元件矽層（d_{si}）的厚度為 50 nm。

解

由第五章範例 1 可知，本體 NMOS 元件的最大空乏寬度 W_m 為 100nm，所以此一 SOI 元件為完全空乏式。由於現在空乏區的寬度即為矽晶層的厚度，式（17）與式（45）中計算臨界電壓的 W_m 須以 d_s 替換：

$$V_T = V_{FB} + 2\psi_B + \frac{qN_A d_{si}}{C_o}$$

由範例 2 與範例 3，我們得到 $C_o = 6.9 \times 10^{-7}$ F/cm^2，$V_{FB} = -1.1$ V 以及 $2\psi_B = 0.84$ V，因此

$$V_T = -1.1 + 0.84 + \frac{1.6 \times 10^{-19} \times 10^{17} \times 5 \times 10^{-6}}{6.9 \times 10^{-7}} = -0.14 \text{ V}$$

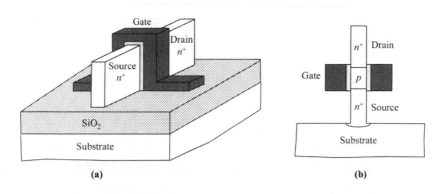

圖 25　三維 MOSFET 示意圖　(a)垂直結構(b)水平結構。

6.3.3　三維結構

在元件微縮時，MOSFET 最佳設計基底（body）必須為超薄層，以使整個偏壓範圍內基底被全部空乏。較有效的設計為至少將基底層（body layer）兩側圍住的環閘結構。圖 25 顯示二個這種三圍結構的例子，可以根據電流的流動方向來分類：水平式電晶體 [12]（FinFET，製造過程於第十五章介紹）及垂直式電晶體 [13]。儘管從製程角度來看，兩者都非常具有挑戰性。水平電晶體與 SOI 技術更加相容。對於這兩種結構，最困難的是大部分或所有通道表面位於垂直牆上。這提出了很大的挑戰，從實現蝕刻或沉積或閘極介電層在這些表面上達成平滑的通道表面。利用離子佈植來形成源／汲極不再容易，矽化物（silicide）的形成也更加困難。將來元件結構會採用何者還有待觀察。

6.4　金氧半記憶體結構

半導體記憶體可區分為揮發性（volatile）與非揮發性（nonvolatile）記憶體。若電源供應關閉時，揮發性記憶體如動態隨機存取記憶體（dynamic random access memory，DRAM），以及靜態隨機存取記憶體（static random access memory，SRAM），將會喪失所儲存的資料；在另一方面，非揮發性記憶體卻能保持所儲存的資料。目前，DRAM 與 SRAM 廣泛地使用於個人電腦以及工作站，主要因為 DRAM 的高密度與低價特質，以及 SRAM 的高速特質。非揮發性記憶體則廣泛地應用於如行動電話、數位相機及智慧 IC 卡（smart IC card）等攜帶式的電子系統中，主要由於其低功率損耗及非揮發性的特質。

6.4.1　DRAM

近代的 DRAM 技術使用如圖 26 所示 [14] 儲存記憶胞的記憶胞陣列。記憶胞含有一個 MOSFET 以及一個 MOS 電容器（即 1 電晶體／1 電容器（1T/1C）記憶胞）。MOSFET 的作用就如同一個開關，用來控制記憶胞寫入、更新以及讀出的動作，電容器則作為電荷儲存之用。在寫入週期中，MOSFET 導通，因此位元線中的邏輯狀態可轉移至儲存電容器之中。在實際應用上，由於儲存端節點有雖小但不可忽略的漏電流，使得儲存於電容器中的電荷會逐漸漏失。是故 DRAM 的操作是「動態」的，因為其資料需要以固定的間隔時間（一般為 2 至 50 ms）週期性地「更新」（refresh）。

　　1T/1C DRAM 記憶胞具有很簡單及小面積構造的優點。為了增加晶方中的儲存密度，必須積極地微縮記憶胞的尺寸，然而由於電容器電極面積也會隨之縮減，此將降低電容器的儲存能力。為解決此一問題，需要借助三度空間（3-D）電容器結構。一些新奇的 3-D 電容器將於第十五章中加以討論。利用高介電常數的材料，來取代傳統的氧化物－氮化物複合層（介電常數為 4 ~ 6），作為電容器的介電材料，也可用來增加電容值。

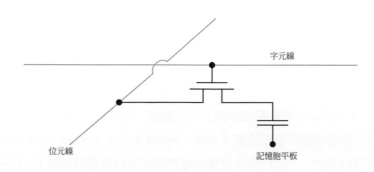

圖 26　DRAM 記憶胞之基本結構 [16]。

6.4.2　SRAM

SRAM 是使用一雙穩態之正反器（flip-flop）結構，來儲存邏輯狀態的靜態記憶胞陣列，如圖 27 所示。正反器結構包含了兩個相互交叉的 CMOS 反相器（T1、T3 以及 T2、T4）。反相器的輸出端連接至另一個反相器的輸入節點。此結構稱為「閂鎖住」（latched）。T5 與 T6 這兩個額外之 n 通道 MOSFET 的閘極連接至字元線（word line），以用來讀取該 SRAM 記憶胞。因為只要電源持續供給，則其邏輯狀態將維持不變，故 SRAM 的操作是「靜態」的，因此 SRAM 不需被更新。反相器中兩個 p 通道 MOSFET（T1 與 T2）是作為負載電晶體。除了在切換的過程中，幾乎並沒有電流流過記憶胞。在某些情況下，p 通道複晶矽 TFT 或複晶矽電阻可用來取代本體 p 通道 MOSFET。這些複晶矽的負載元件可以製作在本體 n 通道 MOSFET 之上方。3-D 的積集化可有效減少記憶胞面積，進而增加晶方的儲存密度。

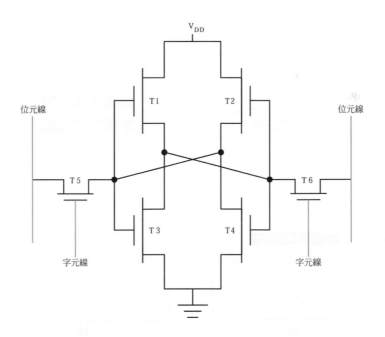

圖 27　CMOS SRAM 記憶胞的結構圖。T1 與 T2 為負載電晶體（p 通道），T3 與 T4 為驅動電晶體（n 通道），T5 與 T6 為尋址電晶體（n 通道）。

6.4.3 非揮發性記憶體

當傳統 MOSFET 的閘極電極經過修改，使得閘極中半永久性的電荷儲存變為可能，此新結構即成為一非揮發性記憶體元件。自從第一個非揮發性記憶體於 1967 年被提出後 [15]，已有各種不同的元件結構被製作出。非揮發性記憶體被廣泛地應用在如可抹除及編碼唯讀記憶體（erasable-programmable read-only memory，EPROM），電性可抹除及編碼唯讀記憶體（electrically erasable-programmable read-only memory，EEPROM）以及快閃記憶體（flash memory）等積體電路之中。

　　非揮發性記憶體可分為 2 類，浮停閘（floating gate）元件及電荷陷補（charge-trapping）元件。這 2 種元件電荷由矽基板或汲極端，跨過第一層絕緣層注入浮停閘之中，並儲存於浮停閘或氮化物內，儲存的電荷會引起臨界電壓偏移，並使元件切換至高電壓狀態（寫入或邏輯 1）。對一個設計合宜的記憶體元件而言，電荷的保存時間（retention time）可超過 100 年以上。欲抹除儲存的電荷，並將元件回到一低電壓狀態（抹除或邏輯 0），可使用如閘極偏壓或其他如紫外光照射的方式。

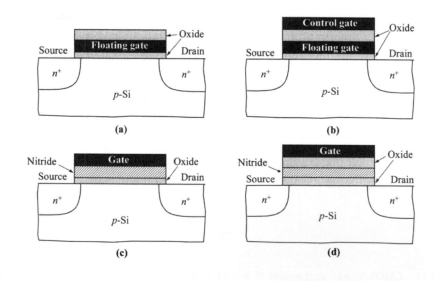

圖 28 各式的非揮發性記憶體：浮停閘式元件(a)FAMOS 電晶體(b) 閘疊電晶體；
　　　電荷陷補元件： (c)MNOS 電晶體(d)SONOS 電晶體。

浮停閘元件（floating-gate device）

在浮停閘記憶體元件中，利用電荷注入浮停閘來改變臨界電壓。寫入方式分為熱電子注入（hot carrier injection）及 Fowler-Nordheim 穿隧。圖 29a 和圖 28b 相同為電子注入 n 通道浮停閘元件示意圖。在汲極附近橫向電場達到最大值，通道中載子從電場中獲得能量變成熱電子，當熱電子能量大於 Si/SiO$_2$ 介面能障（~3.2eV）的時候，熱電子就會越過能障注入浮停閘中。同時，高電場引起碰撞電離（impact ionization），產生的二次電子也可注入到浮停閘中。圖 29b 和 c 分別為浮停閘元件在寫入及清除條件下的能帶圖。

在寫入模式中，跨底部氧化層的電場更為關鍵。當正電壓 V_G 控制閘極時，在每個絕緣體的兩側建立起電場。根據高斯定律（假設在半導體上的壓降很小可忽略）：

$$\varepsilon_1 = \varepsilon_2 \mathcal{E}_2 + Q \tag{4}$$

以及

$$V_G = V_1 + V_2 = d_1 \mathcal{E}_1 + d_2 \mathcal{E}_2 \tag{5}$$

下標 1 及 2 分別表示底部和頂部的氧化層，及 Q（負的）為浮停閘上儲存電荷。在實際元件，底層的穿隧氧化層(tunnel oxide)約為 8nm，當頂部的氧化層等效厚度通常為 14nm。

從 4-5 式可得

$$E_1 = \frac{V_G}{d_1 + d_2(\varepsilon_1 \varepsilon_2)} + \frac{Q}{\varepsilon_1 + \varepsilon_2 (\dfrac{d_1}{d_2})} \tag{6}$$

絕緣體中的電場傳輸通常與電場關係很大，當以 Fowler-Nordheumt 傳輸時，電流密度為

$$J = C\mathcal{E}_1^2 \exp(\frac{D}{\mathcal{E}_1}) \tag{7}$$

式中 C 和 D 為表示有效質量及能障高度的常數。

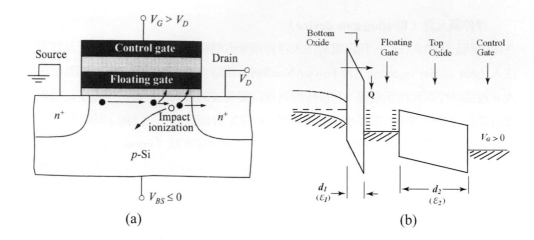

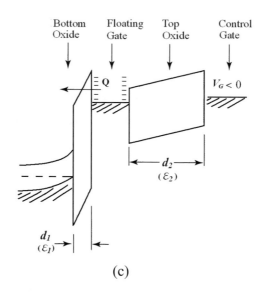

圖29　(a)熱電子從通道及碰撞電離產生來對浮停閘充電。浮停閘能帶圖
　　　(b)寫入條件(c)抹除條件。

在充電後，儲存電荷的總合為注入電流的積分，這造成臨界電壓的偏移量為

$$\Delta V_T = -\frac{d_2}{\varepsilon_s} \tag{8}$$

臨界電壓的偏移量可以直接由 I_D-V_G 曲線（圖 30）直接量測，也可以汲極電導（Drain conductance）來量測。當汲極電壓很小時，n 通道 MOSFET 的通道電導為

$$g_D = \frac{I_D}{V_D} = \frac{Z}{L}\mu C_{ox}(V_G\text{-}V_T) \tag{9}$$

V_T 的改變造成通道轉導值 g_D 改變，g_D- V_G 曲線向右移動 ΔV_T。

為了抹除儲存的電荷，可在控制閘極上加上富偏壓，或是在源／汲極加上正偏壓。在抹除過程中，儲存電子穿隧出浮停閘到基底。

圖 28a 為沒有控制閘極的浮停閘元件。第一個被研發出來的 EPROM，浮停閘利用重摻雜多晶矽來完成。多晶矽閘極被嵌入在氧化層中並完全隔離。類似圖 29 閘疊電晶體，汲極被偏置在累增崩潰（avalanche breakdown）區，以及累增等離子體中的電子從汲極區注入浮停閘。這種元件稱為浮停閘累增注入 MOS 記憶體（FAMOS）。為了抹除 FAMOS 記憶體，要使用紫外光或 X 光來抹除，可以激發儲存電荷進入傳導帶使之從閘極跳回基底。由於元件沒有外部閘極，不能採用電性抹除。

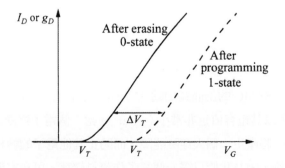

圖 30　寫入或抹除後臨界電壓改變的 n 通道閘疊記憶體電晶體汲極電流曲線圖。

快閃記憶體（Flash Memory）

數種不同型式的浮停閘元件以其抹除機制來加以區分。在 EPROM 中，只有浮停閘而沒有控制閘（control gate）；因為紫外光可激發儲存的電荷，使其進入閘極氧化層的導電帶，所以可藉由紫外光照射來加以抹除。EPROM 具有每記憶胞一電晶體（1T/cell）結構的小面積優點，但其抹除的方式需使用有石英窗的昂貴封裝，且抹除時間長。

EEPROM 採用穿隧的步驟來抹除所儲存的電荷。不像 EPROM 元件，在抹除的過程中，所有的記憶胞同時被抹除；EEPROM 中的記憶胞只有當其被「選取」時才能被抹除。此項功能是藉由每個記憶胞中的選擇電晶體來完成。此種「八位元組抹除」（byte-erasable）的特性使 EEPROM 在使用上更具彈性，但 EEPROM 的每一記憶胞需兩個電晶體（一選擇電晶體加一儲存電晶體，即 2T/cell）的特質限制其儲存容量。

如圖 31[16] 所示，快閃記憶體的元件結構包含了三層多晶矽。元件寫入利用熱載子注入機制類似於 EPROM。抹除利用電場散射使電子從浮停閘跳至抹除閘來完成，抹除閘極施加升壓後的電壓使浮停閘可能發生電場散射。抹除速度比 EPROM 更快所以稱為「快閃（flash）」。快閃記憶體的儲存記憶胞被分割為數個部分（或區塊）。抹除的方式是將一個被選取的區塊經由穿隧的過程來完成。在抹除的過程中，被選取區塊內的所有記憶胞將同時被抹除。第三層多晶矽用來當作選擇電晶體閘極和控制閘極兩種元件，而且 1T/cell 的特色使得快閃記憶體的儲存容量比 EEPROM 更高。

單電子記憶胞（single-electron memory cell）

另一相關的元件結構為單電子記憶胞（single-electron memory cell，SEMC），它為浮停閘結構微縮之極限情形 [17]。將浮停閘的長度縮減至非常小的尺寸（例如 10 nm），我們即可得到 SEMC。SEMC 的剖面圖如圖 32 所示，其浮停點相當於圖 28b 中之浮停閘。因為體積小，所以其電容值也非常小（~1 aF）。當一個電子穿隧進入浮停點之後，因為小電容的關係，將產生一個大穿隧能障，而防止其他電子的轉移。SEMC 是一個終極的浮停閘記憶胞，因為我們只需一個電子作資料儲存。可在室溫下之操作，密度高達 256 兆位元（256×10^{12} 位元）的單電子記憶體已被提出。

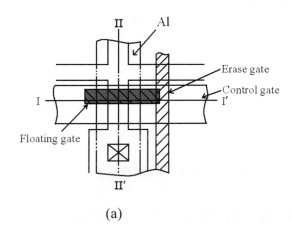

(a)

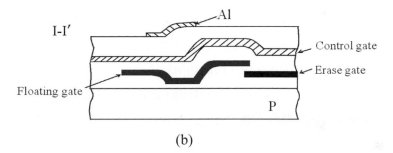

(b)

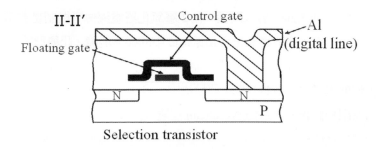

(c)

圖 31 (a)快閃記憶體頂視圖 (b)沿著(a)部分 I-I'橫切面 (c) 沿著(a)部分 II-II'橫切面[16]。

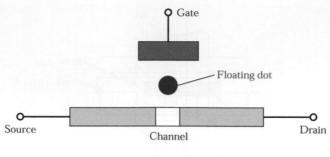

圖 32　單電子記憶胞[17]。

電荷陷補元件（Charge-Trapping Device）

MNOS 電晶體

圖 28c 顯示 MNOS，當電流通過介電層使用氮化矽層可以有效的陷補電子。可以其他氧化層代替氧化氮，如氧化鋁、氧化鉭、氧化鈦都可替代但不常使用。電子陷補在氮化矽中接近氧化物－氮化物介面，氧化層的功用為提供與氧化層的良好介面及預防注入電子穿隧回來以提高電荷保留（retention）時間。此氧化層厚度從保留時間（retention time）及寫入電壓及時間來取得平衡。

　　圖 33 為寫入及抹除操作時的基本能帶圖。寫入程序中，在閘極上加入很大的正偏壓，電子從基板（substrate）射入閘極，在 2 層氧化層電流傳導機制是非常不同的，電流穿過氧化層透過電子穿隧過氧化層和氮化矽中的梯形能障，此種形式的穿隧被視為是修正的 Fowler-Nordheim 穿隧，異於通過一個三角形能障的 Fowler-Nordheim 穿隧。通過氧化矽的電子由 Frenkel-Pool 傳輸決定，當副電荷開始建立時，氧化層電場減少電流開始受限於修正的 Fowler-Nordheim 穿隧。

　　圖 34 顯示臨界電壓作為一個寫入脈衝寬度的函數，開始時臨界電壓隨時間線性變化，隨後為指數變化最後趨於飽和。氧化層厚度的選擇對寫入速度影響很大：氧化層越薄、寫入時間越短，因為氧化層太薄，導致已陷補的電荷通過穿隧返回矽基底，所以需要在寫入時間與電荷保留時間之平衡。

雙層介電層的閘極電容 C_G 總和等於兩個電容串聯

$$C_G = \frac{1}{(1/C_n)} + \frac{1}{(1/C_{ox})} = \frac{C_{ox}C_n}{C_{ox}+C_n} \qquad (10)$$

式中氧化層電容 $C_{ox}=\varepsilon_{ox}/d_{ox}$，氮化矽電容 $C_n=\varepsilon_n/d_n$ 靠近氮化矽－氧化物介面。介面儲存電荷電荷密度 Q 的大小取決於氮化矽的陷補效率。臨界電壓最終偏移量為

$$\Delta V_T = -\frac{Q}{C_n} \qquad (11)$$

在抹除過程中，在閘極加上很大的負偏壓（圖33b）。通常認為，放電過程式由於被陷捕的電子穿隧回基板。新的證據顯示，主要過程是由基底中的電洞穿隧中和了被陷補的電子。放電過程與脈衝寬度的函數曲線也顯示在圖34。

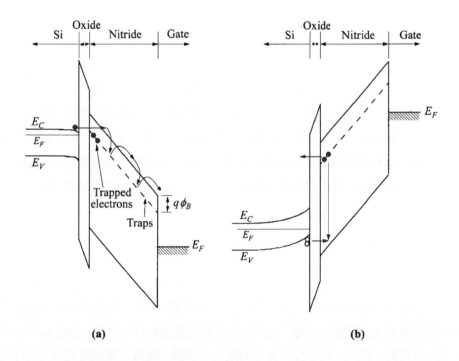

(a)　　　　　　　　　　　　　**(b)**

圖33　MNOS 記憶體的重寫(a)寫入：電子穿隧過氧化層，在氮化矽中被陷補(b)抹除：
　　　　電動穿隧過氧化層，中和被陷補的電子，以及陷補電子的穿隧。

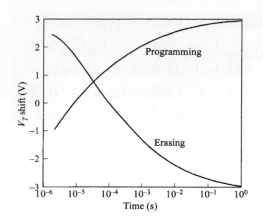

圖 34 典型的 MNOS 電晶體的寫入和抹除速率。

　　MNOS 電晶體的優點包括合理的寫入和抹除速度，所以它是非揮發性元件的候選者。因為氧化層厚度最小且無浮停閘，所以也具有較好的抗輻射能力。MNOS 電晶體的缺點是需要大的寫入和抹除電壓，以及元件與元件之間的臨界電壓不均勻。穿隧電流的通過使半導體比面的介面缺陷密度逐漸增加，亦會引起陷補效率的下降，這將導致經過多次寫入和抹除後臨界電壓範圍變窄。MNOS 電晶體最主要的可靠性問題是電荷通過氧化層不斷損失。應當指出的是，與浮停閘結構不同的是，寫入電流須通過整個通道區域這樣被陷補的電荷在通道中均勻分布。在浮停閘電晶體中，注入到浮停閘的電荷能在閘及材料中自行重新分配，及注入能夠沿通道的任何局部發生。

SONOS 電晶體

SONOS（矽－氧化物－氮化矽－氧化物－矽）電晶體（圖 28d）有時稱為 MONOS（金屬－氧化物－氮化矽－氧化物－矽）電晶體。除了在閘極和氮化矽之間增加了一個附加阻擋氧化層（形成 ONO（氧化層－氮化矽－氧化層））外，類似於 MNOS 電晶體。上層的氧化層通常比底層的更厚。阻擋氧化層的功能是在抹除過程中阻止電子從閘極注入到氮化矽層。因此，可以採用更薄的氮化矽薄膜，使寫入電壓降低以及更好的保存電荷。現今 SONOS 電晶體已替代了較舊的 MNOS 結構，但是其工作原理維持相同。

6.5 功率金氧半場效電晶體

由於在閘極與半導體通道之間的絕緣二氧化矽，MOS 元件的輸入阻抗非常高，此一特色使 MOSFET 在功率元件的應用上成為頗具吸引力的競逐者。因為高輸入阻抗的關係，閘極漏電流非常低，因此相較於功率雙載子元件，功率 MOSFET 不需要複雜的輸入驅動電路。此外，功率 MOSFET 的切換速度也比功率雙載子元件快很多，此乃因在關閉的過程中，MOS 之單一載子操作特性不涉及少數載子儲存或復合的問題。

功率 MOSFE 基本操作與任何 MOSFET 相同，但是電流處理能力通常在安培等級，大電流可以從大的通道寬度獲得，源極到汲極的阻斷電壓範圍為 50-100 伏特甚至更高。一般來說，功率 MOSFET 採用較厚的氧化層及較深的界面，以及較長的通道長度。但是，由於增加手機及行動基地台的需求需要更高的電壓，功率 MOSFET 的應用一直呈上升趨勢。

圖 35 為三個基本的功率 MOSFET 結構[18]。與用於 ULSI 電路中的 MOSFET 元件不同的是，功率 MOSFET 採用源極與汲極分別在晶圓上方與下方的垂直結構。垂直方式具有大的通道寬度及減低閘極附近電場擁擠的優點，這些特性在高功率的應用上非常重要。

圖 35a 為有 V 型溝槽外型閘極的 V-MOSFET，V 型溝槽可藉由 KOH 溶液的優先性濕式蝕刻來形成。當閘極電壓大於臨界電壓時，沿著 V 型溝槽的邊緣將感應出反轉的通道，並在源極與汲極之間形成一導電的通道。V-MOSFET 發展的一個主要限制在於其相關的製程控制。V 型溝槽尖端的高電場可能會造成該處電流擁擠，並劣化元件的性能。

圖 35b 為 U-MOSFET 的剖面圖，它與 V-MOSFET 相似。U 型塹渠是藉由反應離子（reactive ion）蝕刻來形成，且其底部角落的電場比 V 型溝槽的尖端小很多。另一種功率 MOSFET 為 D-MOSFET，如圖 35c 所示。閘極形成在上表面處，並作為後續雙重擴散（double diffusion）製程的遮罩。雙重擴散製程（此即稱之為「D」-MOSFET

的理由）是用來利用 p 摻雜（如硼）比 n^+ 摻雜（如磷）的高擴散率來決定通道在 p-基底及 n^+ 源極部份的長度，這種技術可以不需要透過光罩來提供很短的通道。D-MOSFET 的優點在於其跨過 p 基極區域的短暫漂移時間，以及可避免轉角的大電場。

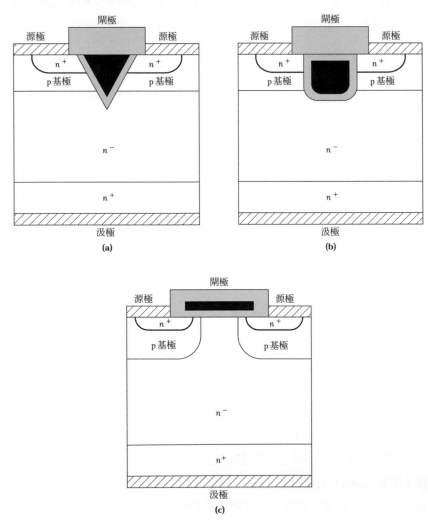

圖 35　（a）V 型 MOS（VMOS），（b）U 型 MOS（UMOS）與（c）雙重擴散 MOS（DMOS）功率元件結構[19]。

此三種功率MOSFET結構在汲極都有一個 n^- 的漂移區，n^-漂移區的摻雜濃度比 p 基極區小，所以當一正電壓施加於汲極上時，汲極／p 基極接面為逆向偏壓，大部分的空乏區寬度將跨過 n^- 漂移區發展。因此 n^- 漂移區的摻雜位階及寬度是決定汲極支撐電壓（drain blocking voltage）能力的一個重要參數。另一方面，功率 MOSFET 結構中存有一寄生的 $n\text{-}p\text{-}n^-\text{-}n^+$ 元件。為了避免雙載子電晶體在功率 MOSFET 操作時活動，須將 p 基極與 n^+ 源極（射極）之間短路，如圖 35 所示，如此可使 p 基極維持在一固定電位。

總結

在先進積體電路（IC）的應用中，矽 MOSFET 是最重要的元件，它的成功主要歸因於高品質的 SiO_2 材料，以及穩定的 Si/SiO_2 界面特性。為了滿足 IC 晶方在低功率消耗的嚴格需求，CMOS 技術為目前唯一可行的解答，並被廣泛地實施。由 6.4 節 CMOS 反相器的討論中，可瞭解其在功率散逸方面優異的性能。

為了增加元件密度、操作速度以及晶方的功能，元件尺寸的微縮是 CMOS 技術持續的趨勢。然而，短通道效應造成元件操作上的偏差，在元件微縮時需要留意。元件結構參數的最佳化取決於如最小功率消耗、或較快操作速度等應用上的主要需求。

相較於製作於本體矽基板上的傳統 MOSFET，TFT 與 SOI 為製作於絕緣基板上的 MOSFET 元件。TFT 採用非晶或複晶半導體作為主動通道層。TFT 的載子移動率受通道內大量缺陷的影響而劣化，然而 TFT 可以應用於本體 MOS 技術難以達成的大面積基板上，如大面積平板顯示器的畫素切換組件等。TFT 也可用來作為 SRAM 記憶胞的負載元件。SOI MOSFET 使用單晶的矽通道層。相較於本體 MOS 元件，SOI 元件提供了較低的寄生接面電容，並改善了對輻射損壞的抵抗力。對低功率與高速的應用，SOI 亦較具吸引力。

MOSFET 被應用於包括 DRAM、SRAM 以及非揮發性記憶體等半導體記憶體的應用上，這些產品在 IC 的市場上佔有重要的比例。由於元件尺寸的積極縮小，MOS

記憶體的儲存容量快速地提昇。舉例而言，DRAM 的密度每 18 個月即增加一倍，且單電子記憶體預期可達到數兆位元以上。最後我們介紹了三種功率 MOSFET，這些元件採用垂直的結構，以容納較高的操作電壓及電流。

參考文獻

1. H. Kawaguchi, et al., "A Robust 0.15 μm CMOS Technology with CoSi₂ Salicide and Shallow Trench Isolation," in *Tech. Dig. Symposium on VLSI Technol.*, p.125 (1997).

2. L. D. Yau, "A Simple Theory to Predict the Threshold Voltage in Short-Channel IGFETs," *Solid-State Electron.*, **17**, 1059 (1974).

3. R. H. Dennard, et al., "Design of Ion Implanted MOSFET's with Very Small Physical Dimensions," *IEEE J. Solid State Circuits*, **SC-9**, 256 (1974).

4. Y. Taur and T. K. Ning, *Physics of Modern VLSI Devices*, Cambridge Univ. Press, London, 1998.

5. H-S. P. Wong, "MOSFET Fundamentals," in *ULSI Devices* C. Y. Chang and S. M. Sze, Eds., Wiley Interscience, New York, 1999.Fu-Liang Yang et al.，"5nm-Gate Nanwire FinFET，"in Tech.Dig.symp.VLSI Technol.，p. 196 (2004)

6. R. R. Troutman, *Latch-up in CMOS Technology*, Kluwer, Boston,1986.

7. A.EI Gamal and H.Eltoukhy,"CMOS Image Sensors,"IEEE Circuits Dev.Mag.,6,2005

8. A.Theuwissen," CMOS Image Sensors:State-Of-The-Art and Future Perspectives,"Proc.37th Eur.Solid State Device Res.Conf.,21,2007.

9. K.K. Ng,Complete Guide to Semiconductor Device,2nd Ed.,Wiley/IEEE Press,Hoboken,How Jersey,2002.

10. J. P. Colinge, *Silicon-on-Insulator Technology*: *Materials to VLSI*, Kluwer, Boston, 1991.

11. B.S.Doyle,S.Datta,M.Doczy,S.Hareland,B.Jin,Kavalieros,T.Linton,A.Murthy,.R.Rios,and R.Chau,"High Performance Fully-Depleted Tri-Gate CMOS Transistor,"IEEE Electron Dev.Lett.,EDL-24,263(2003)

12. J.M.Hergenrother,G.D.Wilk,T.Nigam,F.P.Klemens,D.Monroe,P.J.Silverman,T.W. Sorsch,B.Busch,M.L.Green,M.R.Baker et al.,"50nm Vertical Replacement-Gate (VRG)nMOSFETs with ALD HfO2and Al2O3 Gate Dielectrics,"*Tech.Dig.IEEE IEDM*,P51,2001.

13. (a) R. H. Dennard, " Field-effect Transistor Memory," U. S. Paten 3,387,286. (b) R. H. Dennard, " Evolution of the MOSFET DRAM—A Personal View," *IEEE Trans. Electron Devices*, **ED31**, 1549 (1984).

14. D. Kahng and S. M. Sze, " A Floating Gate and Its Application to Memory Devices," *Bell System Tech. J.*, **46**, 1283 (1967).

15. F.Masuoka,M.Asano,H.Iwahashi,T.Komuro,and S.Tanaka,"A New Flash E^2PROM Cell Using Triple Polysilicon Technology,"IEEE Tech. Dig. Int. Electron. Devices Meet.,p.464,1984

16. S. M. Sze, "Evolution of Nonvolatile Semiconductor Memory: from Floating–Gate Concept to Single-Electron Memory Cell," in S. Luryi, J. Xu and A. Zaslavsky, Eds. *Future Trends in Microelectronics*, Wiley Interscience, New York, 1999.

17. B. J. Baliga, *Power Semiconductor Devices,* PWS publisher, Boston,1996.

習題（*指較難習題）

6.1 節　金氧半場效電晶體微縮

1. 基於定電場微縮的條件下，當 MOSFET 的線性尺寸的微縮因子為 10 時， (a)其相對應之切換能量的微縮因子為何？(b)微縮時的功率延遲乘積為何，假設原始大尺吋時乘積為 1 J?

2. 計算 n 通道 MOSFET 由短通道效應造成的臨界電壓偏移量，N_A=3*10^{16}cm^{-3}，L=1μm,r_j=0.3μm，氧化層厚度 t_{ox}=20nm，ε_{ox}=3.9（ε_0 在 300K），假設 W_m=0.18μm

3. 假設逆向通道摻雜輪廓（retrograde channel doping profile）峰值略低於半導體表面顯示在下圖，利用 n 通道 MOSFET 及 n^+多晶矽閘極。繪出 MOSFET 從閘極到基底的能帶圖，當閘極偏壓於臨界電壓上。

6.2 節　　互補式金氧半與雙載子互補式金氧半

4.　n 通道 MOSFET 的源／汲極濃度 $N_D=10^{19}\text{cm}^{-3}$，通道區域摻雜 $N_A=10^{16}\text{cm}^{-3}$，通道長度 1.2μm。如果源極及基極接地，假設陡接面近似計算崩潰電壓，$n_i=1.5*10^{10}\text{cm}^{-3}$，$\varepsilon_s=11.7*\varepsilon_0$

5.　NMOS 電晶體參數如下：$L=1$μm，$W=10$μm，$t_{ox}=25$nm，$N_A=5*10^{15}\text{cm}^{-3}$ 及操作在 3V，基於定電場（constant-field）微縮，決定微縮參數 $k=0.7$ 時的新參數

6.　試描述 BiCMOS 的優缺點。

7.　為了使 CMO 反相器盡可能微縮，n 通道與 p 通道兩者應為最小幾何元件（補充：此電晶體的長度與寬度被設定在最小特徵尺寸）。如果完成上述條件，反向器上升時間相較於下降時間為何？

8.　圖 14 顯示 CMO 反向器，如果電壓（V_{in}）施加在輸入端的 CMOS 反向器：
(a)簡單描繪出對應的輸出電壓波型（V_{out}）(b)NMOS 及 PMOS 標籤為 A,B,C,D 及 C 和 D 之間 μ 的點為甚麼狀態？(c)如果 n 通道及 p 通道的 V_{th} 為 V_{tn} 和 V_{tp}，指出點當 NMOS 剛好從線性區變成飽和區隨著一下參數
對於 n 通道 MOSFET： $\mu_{ns}C_o(Z/L)=20\text{mA/V}^{-2}$ 及 $V_{tn}=2$V
對於 p 通道 MOSFET： $\mu_{ns}C_o(Z/L)=20\text{mA/V}^{-2}$ 及 $V_{tp}=1$V

6.3 節　　絕緣層上金氧半場效電晶體

9.　一 n 通道 FD-SOI 元件之 $N_A = 5 \times 10^{17}\text{ cm}^{-3}$ 且 $d = 4$ nm，試計算所允許之最大矽通道層（d_s）的厚度。

10.　針對習題 9 中的元件，假如晶圓上 d_{si} 厚度的變化量為±5 nm，試計算 V_T 分佈的範圍。

11.　一 n 通道 SOI 元件的 n^+ 複晶矽閘極之 $N_A = 5 \times 10^{17}\text{ cm}^{-3}$，$d = 4$ nm 且 $d_{Si} = 30$ nm，試計算其臨界電壓。假設 Q_f，Q_{ot} 及 Q_m 均為 0。

6.4 節　　金氧半記憶體結構

12.　DRAM 操作時，假設 MOS 儲存電容需要最少 10^5 個電子。如果電容面積為 0.5 μm × 0.5μm 在晶圓表面，氧化層厚度為 5nm 及充滿 2V，逆向溝槽電容所需的最小

（rectangular –trench）深度為多少?

13.　一 DRAM 必須操作在最短更新時間為 4 ms 的條件之下,每個記憶胞的儲存電容器的電容值為 50fF,且完全充電至 5 V。試計算最差情況下,動態節點可忍受之的漏電流（即在更新週期中,有 50%的儲存電荷漏失）。

14.　對一個平面,1 μm × 1 μm,氧化層厚度為 10 nm 的 DRAM 電容器,其電容值為何?假如同樣的表面面積用來作 7 μm 深的塹渠及相同的氧化層厚度,計算其電容值為何?

15.　一浮停閘記憶體的初始臨界電壓為–2V,且在閘極電壓為–5V 時的線性區汲極電導為 10 μmhos。經過寫入的操作之後,於同樣閘極電壓下的汲極電導增加為 40 μmhos,請找出臨界電壓的漂移量。

16.　一個浮停閘非揮發性半導體記憶體的總電容為 3.71fF,控制閘極到浮停閘電容為 2.59F ,汲極到閘極電容為 0.49fF,浮停閘到基底的電容為 0.14fF。偏移的量測臨界為 0.5V 需要多少個電子?（從控制閘極量測）

17.　對於浮停閘記憶體而言,絕緣體有較低的介電常數 4 及厚度 10nm。在浮停閘之上的絕緣體介電常數為 10 及厚度 100nm,如果電流密度 $J_1 = \sigma E_1$（其中 $\sigma = 10^{-7}$S/cm）,以及電流在上面的氧化層為零,找出足夠長的時間使 J_1 變成可忽略的臨界電壓偏移,控制閘上施加 10V

18.　簡單描述其特性填滿一下表格

	Cell size	Write one byte rate	Rewrite cycle	Keep data without power	Applications
SRAM					
DRAM					
Flash					

6.5 節　功率金氧半場效電晶體

19.　一功率 MOSFET 有一 n^+ 複晶矽閘極及 $N_A = 10^{17}$ cm^{-3} 的 p 型基極,閘極氧化層厚度 $d = 100$ nm。試計算其臨界電壓。

20.　對於習題 35 的元件而言,試計算密度為 5×10^{11} cm^{-3} 的正固定電荷對臨界電壓的影響。

半導體元件物理與製作技術第三版

316

第七章 金半場效電晶體及其相關元件

7.1 金半接觸

7.2 金半場效電晶體

7.3 調變摻雜場效電晶體

總結

金半場效電晶體（metal-semiconductor field-effect transistor，MESFET）具有與金氧半場效電晶體（metal-oxide-semiconductor field-effect transistor，MOSFET）相似的電流－電壓特性。然而在元件結構之閘極（gate）電極的部分，MESFET 係利用金屬－半導體（金半）之整流接觸（rectifying contact）取代了 MOSFET 的金氧半（金屬－氧化層－半導體）結構；另外在源極（source）與汲極（drain）部分，MESFET 並以歐姆接觸§（ohmic contact）取代 MOSFET 中的 *p-n* 接面。

　　MESFET 與其他的場效元件一樣，在高電流位階時具有負的溫度係數（temperature coefficient），亦即隨著溫度的升高電流反而下降。這樣的特性將導致較為均勻的溫度分佈，因此即使是使用大尺寸的主動元件或將許多元件並接使用時，仍可維持熱穩定。此外，由於 MESFET 可用砷化鎵（GaAs）、磷化銦（InP）等具有高電子移動率（electron mobility，或譯電子遷移率）的化合物半導體（compound semiconductor）製造，因此具有比矽 MOSFET 高的切換速度（switching speed）與截止頻率（cutoff frequency）。

　　MESFET 的基礎結構為金半接觸（metal-semiconductor contact），在電性上它相當於單側陡（one-sided abrupt）的 *p-n* 接面，然而在操作時，它具有多數載子（majority carrier）元件所享有的快速響應。金半接觸可區分為兩種形式：整流接觸以及非整流接觸或稱歐姆接觸。在本章中，我們首先將對這兩種接觸形式進行探討，接著考慮 MESFET 的基本特性與微波性能。在最後的部分我們將討論與 MESFET 具有相似元

---

§整流的觀念已於第四章中討論過，而歐姆接觸之概念將在 7.1 節中探討。

件構造，但可提供更高的速度表現之調變摻雜場效電晶體（Modulation-doped FET，MODFET）。

具體而言，本章包括了以下幾個主題：

● 整流金半接觸及其電流－電壓特性。

● 歐姆金半接觸及其特定接觸電阻（specific contact resistance）。

● MESFET 及其高頻性能。

● MODFET 及其二維電子氣（two dimensional electron gas）。

● MOSFET、MESFET 與 MODFET 三種場效電晶體之比較。

7.1 金半接觸

第一個實用的半導體元件為點接觸整流形式的金半接觸，也就是將細鬚狀金屬壓於半導體表面。自 1904 年起，這元件即應用於許多不同的用途。1938 年，Schottky 提出其整流作用可能是由半導體中穩定的空間電荷（space charge）所產生之電位障礙所引起[1]。基於此觀念所建立之模型，即稱為蕭基能障（Schottky barrier，或譯蕭特基能障）。金半接觸同樣地也可以不具有整流性，亦即不論外加電壓的極性為何，其接面均具有一可忽略的電阻，這種形式的接面稱為歐姆接觸（ohmic contact）。所有的半導體元件、或是積體電路（integrated circuit）皆需利用歐姆接觸，以便和電子系統中的其他元件連接。下面我們將考慮整流和歐姆金半接觸的能帶圖及電流－電壓特性。

7.1.1 基本特性

由於點接觸整流器的特性在各元件間有很大相異，再現性甚差。接觸只是一個簡單的機械接觸或放電過程中形成，可能造成一個很小的 *p-n* 合金接面。點接觸整流器的優點為小面積，可以提供非常小的電容，對微波應用是很理想的特點。整流器會受到很大的變異，如晶鬚壓力、接觸面積、晶體結構、晶鬚組成、熱或形成過程，已經由平面製程（planar process，請參照第十一章到第十五章）所製造之金半接觸所取代。此種元件之概要圖如圖 1a 所示。要製作元件，首先需在氧化層（oxide layer）上開一窗

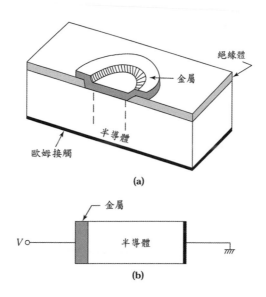

圖 1 　（a）平面製程所製作的金半接觸之透視圖，（b）金半接觸的一維結構。

戶，然後在真空系統下沉積一金屬層，接著再利用微影步驟定義覆蓋窗戶的金屬層。以下我們將考慮圖 1a 裡虛線間中央部分，金半接觸的一維構造，如圖 1b 所示。

　　圖 2a 所示，為一孤立金屬鄰近一孤立 n 型半導體的能帶圖。值得注意的是，一般金屬功函數 $q\phi_m$ 並不同於半導體功函數 $q\phi_s$。功函數（work function）之定義為費米能階和真空能階間之差。圖中也標示了電子親和力 $q\chi$，它是半導體導電帶端與真空能階間的能量差。當金屬與半導體密切接觸時，兩種不同材料之費米能階於熱平衡時應相等，此外，真空能階也必須是連續的。這兩項要求決定了理想之金半接觸獨特的能帶圖，如圖 2b 所示。

　　理想狀況下，能障高度 $q\phi_{Bn}$ 即為金屬功函數與半導體電子親和力間之差[*]：

$$q\phi_{Bn} = q\phi_m - q\chi \tag{1}$$

---

[*] $q\phi_{Bn}$（單位為 eV）與[*] ϕ_{Bn}（單位為 V）皆被稱為能障高度。

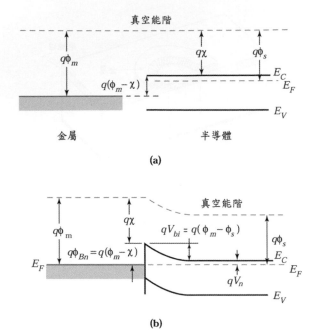

圖 2　（a）熱的非平衡情形下，一孤立金屬靠近一孤立 n 型半導體之能帶圖；
　　　　（b）熱平衡時金半接觸的能帶圖。

同理，對金屬與 p 型半導體的理想接觸而言，其能障高度 $q\phi_{Bp}$ 則為：

$$q\phi_{Bp} = E_g - \left(q\phi_m - q\chi \right) \tag{2}$$

其中 E_g 為半導體之能隙。因此，對一已知半導體與任一金屬而言，在 n 型和 p 型基板上的能障高度和，恰等於半導體之能隙（bandgap）：

$$\boxed{q\left(\phi_{Bn} + \phi_{Bp} \right) = E_g} \tag{3}$$

在圖 2b 中的半導體側，V_{bi} 為電子由半導體導電帶上欲進入金屬時將看到的內建電位（built-in potential）。

$$V_{bi} = \phi_{Bn} - V_n \tag{4}$$

qV_n 為導電帶之底部與費米能階間的距離。對 p 型半導體而言，也可獲得類似的結果。

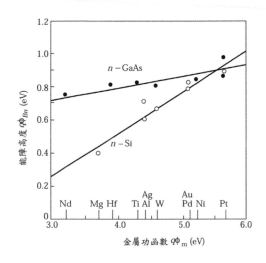

圖 3　金屬－矽與金屬－砷化鎵兩種接觸的能障高度測量值[2,3]。

　　圖 3 所示為 n 型矽[2]與 n 型砷化鎵[3]所測得的能障高度。需注意 $q\phi_{Bn}$ 隨著 $q\phi_m$ 升高而升高，然而其依存性卻沒有式（1）所預測的那麼強。這是因為實際的蕭基（或譯蕭特基）二極體（Schottky diode），由於在半導體表面晶格中斷，產生大量位於禁止能隙的表面態位（surface state）。這些表面態位可以充當施體或受體，而影響最終的能障高度。對矽與砷化鎵而言，式（1）通常會低估 n 型的能障高度，而式（2）則會高估 p 型的能障高度，然而 $q\phi_{Bn}$ 與 $q\phi_{Bp}$ 之和仍與式（3）一致。

　　圖 4 所示為不同偏壓情況下，金屬在 n 型與 p 型半導體上的能帶圖。首先考慮 n 型半導體。當偏壓為零時，如圖 4a 左側所示，能帶圖處於熱平衡的情況下，兩種材料間具有相同的費米能階。如果在金屬上施以相對於 n 型半導體為正的電壓時，則半導體到金屬之能障高度將變小，如圖 4b 左側所示。這是順向偏壓（forward bias）的情況。當我們施以一順向偏壓，由於能障降低了 V_F，使得電子變得容易由半導體進入金屬。對逆向偏壓（reverse bias）（亦即對金屬施以負偏壓）而言，將使得能障提高 V_R，如圖 4c 左側所示。因此對電子而言，將變得更難從半導體進入金屬中。對 p 型半導體而言可以獲得相似的結果，不過極性必須相反。在以下的推導中，只考慮在金屬與 n 型半導體之接觸，不過只要適當地改變極性，討論結果對於 p 型半導體亦可適用。

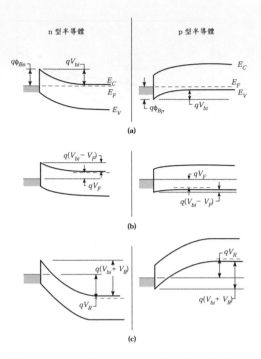

圖 4　不同偏壓情況下，金屬與 n 型與 p 型半導體接觸之能帶圖。
　　（a）熱平衡，（b）順向偏壓，（c）逆向偏壓。

　　圖 5a 與 5b 所示分別為金半接觸之電荷與電場之分佈。我們假設金屬為完美導體，由半導體轉移過來之電荷將存在於其表面極狹窄的區域內。空間電荷在半導體內之延伸範圍為 W，也就是說在 $x < W$ 處，$\rho_s = qN_D$，而在 $x > W$ 處，$\rho_s = 0$。因此，其電荷分佈與單側陡的 p^+-n 接面之情況相同。

　　電場之大小隨著距離增加而線性地變小，而最大電場 $\mathcal{E}_m$ 發生在界面處。因此我們可以得到電場之分佈為

$$\left| \mathcal{E}\left(x \right) \right| = \frac{qN_D}{\varepsilon_s}\left(W - x \right) = \mathcal{E}_m - \frac{qN_D}{\varepsilon_s}x \tag{5}$$

$$\mathcal{E}_m = \frac{qN_D W}{\varepsilon_s} \tag{6}$$

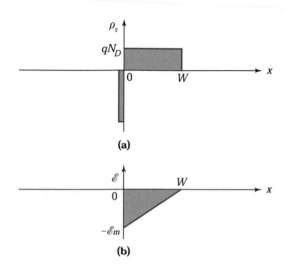

圖 5　金半接觸中的（a）電荷分佈，以及（b）電場分佈。

其中 ε_s 為半導體之介電係數（dielectric permittivity）。跨在空間電荷區的電壓，也就是圖 5b 中電場曲線下的面積為

$$V_{bi} - V = \frac{{}_m W}{2} = \frac{q N_D W^2}{2\varepsilon_s} \tag{7}$$

空乏層寬度 W 可表示為

$$W = \sqrt{2\varepsilon_s \left(V_{bi} - V\right)/q N_D} \tag{8}$$

而半導體內之空間電荷密度，Q_{SC} 則為

$$Q_{SC} = q N_D W = \sqrt{2q\varepsilon_s N_D \left(V_{bi} - V\right)} \quad \text{C/cm}^2 \tag{9}$$

其中對順向偏壓而言，V 等於$+ V_F$；對逆向偏壓而言，V 等於$- V_R$。每單位面積之空乏層電容（depletion layer capacitance）C 則可由式（9）計算得到：

$$C = \left| \frac{\partial Q_{sc}}{\partial V} \right| = \sqrt{\frac{q\varepsilon_s N_D}{2(V_{bi} - V)}} = \frac{\varepsilon_s}{W} \quad \text{F/cm}^2 \tag{10}$$

且

$$\frac{1}{C^2} = \frac{2\left(V_{bi} - V\right)}{q\varepsilon_s N_D} \quad \left(F/cm^2\right)^{-2}$$

(11)

我們可以將 $1/C^2$ 對 V 做微分，重新整理可得：

$$N_D = \frac{2}{q\varepsilon_s}\left[\frac{-1}{d(1/C^2)\Big/dV}\right]$$

(12)

因此，利用量測所得單位面積電容 C 與電壓的關係，我們可以由式（12）得出雜質的分佈。若整個空乏區（depletion region）的 N_D 為定值，則 $1/C^2$ 對 V 作圖可得一直線。圖 6 所示為鎢－矽與鎢－砷化鎵蕭基二極體所測得的電容對應電壓圖 [4]。由式（11）我們可知 $1/C^2 = 0$ 的截距即為內建電位 V_{bi} 。一旦 V_{bi} 已知，則能障高度 ϕ_{Bn} 便可由式（4）求得。

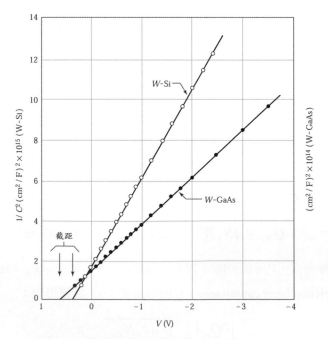

圖 6　鎢－矽（W-Si）與鎢－砷化鎵（W-GaAs）二極體之 $1/C^2$ 對應外加電壓圖 [4]。

範例 1

求出圖 6 中鎢－矽蕭基二極體之施體濃度與能障高度。

解

$1/C^2$ 對 V 的關係圖為一直線，這暗示了施體濃度在空乏區內為一定值。我們可得

$$\frac{d(1/C^2)}{dV} = \frac{6.2 \times 10^{15} - 1.8 \times 10^{15}}{-1 - 0} = -4.4 \times 10^{15} \frac{(cm^2/F)^2}{V}$$

由式（12）

$$N_D = \left[\frac{2}{1.6 \times 10^{-19} \times (11.9 \times 8.85 \times 10^{-14})}\right] \times \left(\frac{1}{4.4 \times 10^{15}}\right) = 2.7 \times 10^{15} \, cm^{-3}$$

$$V_n = 0.0259 \times \ln\left(\frac{2.86 \times 10^{19}}{2.7 \times 10^{15}}\right) = 0.24 \, V$$

因為截距 V_{bi} 為 0.42 V，因此能障高度為 ϕ_{Bn} = 0.42 + 0.24 = 0.66 V

7.1.2 蕭基能障

蕭基能障（Schottky barrier）意指一具有大的能障高度（也就是 ϕ_{Bn} 或 $\phi_{Bp} >> kT$），以及摻雜（doping）濃度比導電帶（conduction band）或價電帶（valence band）上態位密度（density of state）低的金半接觸。

　　蕭基能障中，電流傳輸主要係藉由多數載子（majority carrier）來完成，這與主要藉由少數載子（minority carrier）來進行電流傳導的 p-n 接面有明顯的差異。對操作在適當溫度（例如：300 K）下的蕭基二極體而言，其主要傳導機制是半導體中多數載子的熱離子發射越過電位能障，而進入金屬中。

　　圖 7 所示為熱離子發射的過程 [5]。在熱平衡時（圖 7a），電流密度由兩個相等，但逆向的載子流互相抵消，因此淨電流為零。半導體中的電子傾向於流入（或射入）金屬中，並有一逆向的同量電子流由金屬進入半導體中。這些電流成分的大小與邊界的電子濃度成正比。

　　如第二章中 2.5 節所討論的，在半導體表面電子若是具有比能障高度更高的能量，便可以藉由熱離子發射而進入金屬中。此處，半導體功函數 $q\phi_s$ 被替換成 $q\phi_{Bn}$，且

$$n_{th} = N_C \exp\left(-\frac{q\phi_{Bn}}{kT}\right)$$

(13)

其中 N_C 是導電帶中的態位密度。在熱平衡時我們可以得到

$$\left|J_{m\to s}\right| = \left|J_{s\to m}\right| \propto n_{th}$$

(14)

或

$$\left|J_{m\to s}\right| = \left|J_{s\to m}\right| = C_1 N_C \exp\left(-\frac{q\phi_{Bn}}{kT}\right)$$

(14a)

其中 $J_{m\to s}$ 為由金屬到半導體的電流，$J_{s\to m}$ 為由半導體到金屬的電流，而 C_1 則為比例常數。

　　當順向偏壓 V_F 加到接觸面上時（圖 7b），跨越能障的靜電位差降低，而表面的電子濃度增加至

$$n_{th} = N_C \exp\left[-\frac{q(\phi_{Bn}-V_F)}{kT}\right]$$

(15)

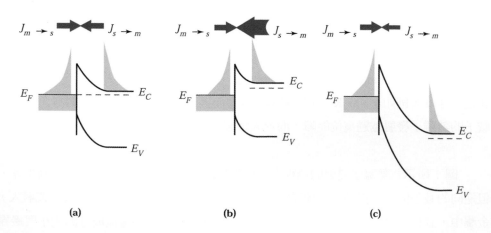

圖 7　熱離子發射過程的電流傳輸。（a）熱平衡，（b）順向偏壓，（c）逆向偏壓[5]。

由電子流出半導體所產生的電流 $J_{s \to m}$ 也因此以同樣的因數改變（圖 7b）。然而，由金屬流向半導體的電子流量維持不變，因為能障 ϕ_{Bn} 維持與平衡時相同的值。順向偏壓下的淨電流因此為

$$J = J_{s \to m} - J_{m \to s}$$

$$= C_1 N_C \exp\left[-\frac{q(\phi_{Bn} - V_F)}{kT}\right] - C_1 N_C \exp\left[-\frac{q\phi_{Bn}}{kT}\right]$$

$$= C_1 N_C e^{-q\phi_{Bn}/kT} \left(e^{qV_F/kT} - 1\right) \tag{16}$$

應用同樣的推理，對逆向偏壓的情況而言（見圖 7c），其淨電流的表示與式（16）相同，只是其中的 V_F 被替換成 $-V_R$。

係數 $C_1 N_C$ 實際上等於 $A^* T^2$，其中 A^* 稱為 *有效李查遜常數*（ *effective Richardson constant* ）（單位為 $A/K^2\text{-}cm^2$），而 T 為絕對溫度。A^* 的值視有效質量（effective mass）而定，對 n 與 p 型矽而言，其值分別為 110 和 32，而對 n 與 p 型砷化鎵而言，其值分別為 8 和 74 [6]。

在熱離子發射的情形下，金半接觸的電流－電壓特性因此可以表示為：

$$\boxed{J = J_s \left(e^{qV/kT} - 1\right)}$$

$$\boxed{J_s = A^* T^2 e^{-q\phi_{Bn}/kT}}$$

其中 J_s 為飽和電流密度，而外加電壓 V 在順向偏壓的情況下為正，逆向偏壓時則為負。圖 8 所示為兩蕭基二極體實驗所得的順向 I-V 特性 [4]。將順向 I-V 曲線外插至 $V = 0$，我們可以獲得 J_s。而由 J_s 與式（17a）我們即可求得能障高度。

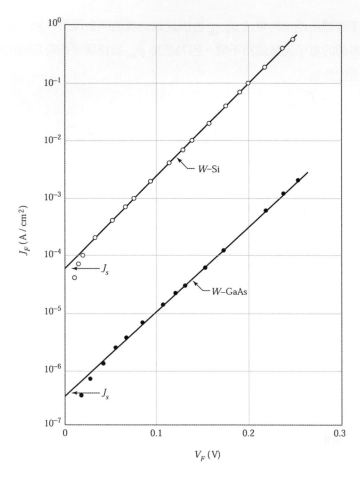

圖 8　W-Si 與 W-GaAs 二極體的順向電流密度對應外加電壓圖 [4]。

除了多數載子（電子）電流外，在金屬與 n 型半導體接觸也存有少數載子（電洞）電流。在空乏區電子－電洞對可以很容易的產生在價電帶（帶間躍遷（interband transition））。在順偏之下少數載子電流由電洞擴散進半導體，以及因為沒有能障造成電子從價電帶中流入金屬。電洞的注入和第三章中所述 p^+-n 接面的情況相同。其電流密度為

$$J_p = J_{po}\left(e^{qV/kT} - 1\right) \tag{18}$$

其中
$$J_{po} = \frac{qD_p n_i^{\;2}}{L_p N_D}$$
(18a)

在正常操作情況下，少數載子電流大小比多數載子電流少了數個數量級。因此，蕭基二極體被視為單極性元件（亦即主要只由一種載子來參與導通的過程）。最小值的少數載子存儲使得蕭基能障，比起 p-n 接面（~1GHZ）操作在更高的頻率（~100GHZ）。

範例 2

對 $N_D = 10^{16}\,\text{cm}^{-3}$ 的鎢－矽蕭基二極體而言，請由圖 8 求出能障高度與空乏層寬度。假設矽中少數載子的生命期（lifetime，或譯活期）為 $10^{-6}\,\text{s}$，比較飽和電流 J_s 與 J_{po}。

解

由圖 8，我們可得 $J_s = 6.5 \times 10^{-5}\,\text{A/cm}^2$ ，而能障高度可由式（17a）得到：

$$\phi_{Bn} = 0.0259 \times \ln\left(\frac{110 \times 300^2}{6.5 \times 10^{-5}}\right) = 0.67\,\text{V}$$

所得結果極符合 C-V 量測（見圖 6 與範例 1）。

內建電位為 $\phi_{Bn} - V_n$ 其中

$$V_n = 0.0259 \times \ln\left(\frac{N_C}{N_D}\right) = 0.0259\ln\left(\frac{2.86 \times 10^{19}}{1 \times 10^{16}}\right) = 0.17\,\text{V}$$

因此，

$V_{bi} = 0.67 – 0.17 = 0.50\,\text{V}$

由式（8），$V = 0$ 可得熱平衡時之空乏層寬度

$$W = \sqrt{\frac{2\varepsilon_s V_{bi}}{qN_D}} = 2.6 \times 10^{-5}\,\text{cm}$$

為了計算少數載子電流密度 J_{po}，我們必須知道 D_p，對濃度 $N_D = 10^{16}\,\text{cm}^{-3}$ 而言，其值

為 10 cm²/s，而 L_p 為 $\sqrt{D_p \tau_p} = \sqrt{10 \times 10^{-6}} = 3.1 \times 10^{-3}$ cm。因此，

$$J_{po} = \frac{q D_p n_i^2}{L_p N_D} = \frac{1.6 \times 10^{-19} \times 10 \times \left(9.65 \times 10^9\right)^2}{\left(3.1 \times 10^{-3}\right) \times 10^{16}} = 4.8 \times 10^{-12} \text{ A/cm}^2$$

兩電流密度間的比則為

$$\frac{J_s}{J_{po}} = \frac{6.5 \times 10^{-5}}{4.8 \times 10^{-12}} = 1.3 \times 10^7$$

由以上比較，我們可以發現多數載子電流比少數載子電流高了 7 個數量級。

7.1.3　歐姆接觸

當一金半接觸之接觸電阻相對於半導體本體（bulk）或串聯電阻（series resistance）可以忽略不計時，則可被定義為歐姆接觸（ohmic contact）。良好的歐姆接觸並不會顯著降低元件的性能，並且當通過所需電流時所產生的電壓降，相對於跨於元件主動區的電壓降來得小。

歐姆接觸的一個指標為特定接觸電阻（specific contact resistance）R_C，其定義為

$$R_C \equiv \left(\frac{\partial J}{\partial V}\right)_{V=0}^{-1} \text{ } \Omega\text{-cm}^2 \tag{19}$$

對於低摻雜濃度的金半接觸而言，熱離子發射電流主導了電流的傳導，如式（17）所示。因此，

$$R_C = \frac{k}{q A^* T} \exp\left(\frac{q \phi_{Bn}}{kT}\right) \tag{20}$$

式（20）顯示，為了獲得較小的 R_C，應該使用具有較低能障高度的金半接觸。

若接觸面有很高的摻雜濃度，則能障寬度將變得很窄，且此時穿隧電流（tunneling current，或譯穿透電流）成為主要的傳導電流。如圖 9 上方內插圖所示，穿隧電流正

比於第二章裡 2.6 節中的穿隧機率（tunneling probability）：

$$I \sim \exp\left[-2W\sqrt{2m_n\left(q\phi_{Bn} - qV\right)/\hbar^2} \right] \qquad (21)$$

式中 W 為空乏層寬度，它可被近似成 $\sqrt{\left(2\varepsilon_s/qN_D\right)\left(\phi_{Bn} - V\right)}$，其中 m_n 是有效質量，而 $\hbar$ 是約化普朗克常數（reduced Planck constant）。將 W 帶入式（21）中可得到

$$I \sim \exp\left[-\frac{C_2\left(\phi_{Bn} - V\right)}{\sqrt{N_D}} \right] \qquad (22)$$

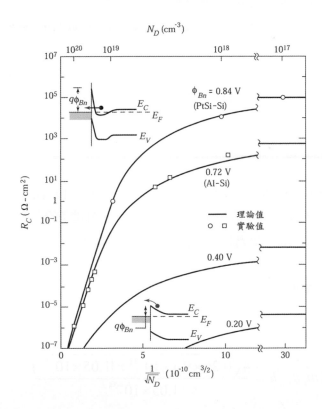

圖 9　特定接觸電阻之計算與量測值。
　　　上方之內插圖顯示穿隧過程；下方之內插圖顯示越過低能障的熱離子發射 [6]。

其中 C_2 等於 $4\sqrt{m_n\varepsilon_s}\,/\hbar$。因此高摻雜濃度下的特定接觸電阻可表示為

$$R_C \sim \exp\left(\frac{C_2\phi_{Bn}}{\sqrt{N_D}}\right) = \exp\left(\frac{4\sqrt{m_n\varepsilon_s}\,\phi_{Bn}}{\sqrt{N_D}\,\hbar}\right) \tag{23}$$

式（23）顯示，在穿隧範圍內特定接觸電阻與摻雜濃度強烈相關，並且以 $\phi_{Bn}\big/\sqrt{N_D}$ 為因數成指數變化。

    圖 9 所示為計算所得的 R_C 與 $1/\sqrt{N_D}$ 間的關係圖 [6]。當 $N_D \geq 10^{19}\,\mathrm{cm}^{-3}$ 時，R_C 由穿隧過程主導，且隨著摻雜濃度的上升而迅速下降。另一方面，當 $N_D \leq 10^{17}\,\mathrm{cm}^{-3}$ 時，電流的產生主要是由於熱離子發射，此時 R_C 基本上和摻雜無關。圖 9 也顯示為矽化鉑（platinum silicide）－矽（PtSi-Si）、和鋁－矽（Al-Si）二極體的實驗數據。它們與計算所得結果相當接近。圖 9 顯示，可以使用高摻雜濃度或低能障高度，或是兩者並用，可以獲得較低的 R_C 值。這兩種方法也用於所有實際製作的歐姆接觸。

範例 3

若一歐姆接觸，其面積為 $10^{-5}\,\mathrm{cm}^2$，特定接觸電阻為 $10^{-6}\,\Omega\text{–cm}^2$。且此歐姆接觸是於 n 型矽形成。若 $N_D = 5 \times 10^{19}\,\mathrm{cm}^{-3}$，$\phi_{Bn} = 0.8\,\mathrm{V}$，且電子的有效質量為 $0.26\,m_0$，請求出當 1 A 之順向電流流過時，接觸面兩端所跨的電壓降。

解

此歐姆接觸之接觸電阻為

$$\frac{R_C}{A} = 10^{-6}\,\Omega\text{–cm}^2\big/10^{-5}\,\mathrm{cm}^2 = 10^{-1}\,\Omega$$

$$C_2 = 4\sqrt{m_n\varepsilon_s}\,/\hbar = \frac{4\sqrt{0.26\times9.1\times10^{-31}\times\left(1.05\times10^{-12}\right)}}{1.05\times10^{-34}}$$

$$= 1.9\times10^{14}\,\left(\mathrm{m}^{-\frac{3}{2}}\big/\mathrm{V}\right)$$

由式（22）

$$I = I_0 \exp\left[-\frac{C_2\left(\phi_{Bn} - V\right)}{\sqrt{N_D}}\right]$$

$$\left.\frac{\partial I}{\partial V}\right|_{V=0} = \frac{A}{R_C} = I_0\left(\frac{C_2}{\sqrt{N_D}}\right)\exp\left(\frac{-C_2\phi_{Bn}}{\sqrt{N_D}}\right)$$

或

$$I_0 = \frac{A}{R_C}\left(\frac{\sqrt{N_D}}{C_2}\right)\exp\left(\frac{C_2\phi_{Bn}}{\sqrt{N_D}}\right)$$

$$= 10 \times \left(\frac{\sqrt{5\times10^{19}\times10^6}}{1.9\times10^{14}}\right)\exp\left(\frac{1.9\times10^{14}\times0.8}{\sqrt{5\times10^{19}\times10^6}}\right)$$

$$= 8.13 \times 10^8 \, \text{A}$$

當 $I = 1\text{A}$ ，我們得到

$$\phi_{Bn} - V = \frac{\sqrt{N_D}}{C_2}\ln\left(\frac{I_0}{I}\right) = 0.763 \, \text{V}$$

或

$$V = 0.8\text{–}0.763 = 0.037 \, \text{V} = 37 \, \text{mV}$$

因此，將有一個小到可被忽略的電壓降跨於此歐姆接觸。然而，當接觸面積縮小到 10^{-8} cm^2 ，或是更小時，此電壓降將變得顯著。

7.2 金半場效電晶體
7.2.1 元件結構
金半場效電晶體（MESFET）於 1966 年被提出[7]。MESFET 共具有三個金半接觸——一個蕭基能障作為閘極電極，以及兩個歐姆接觸作為源極與汲極電極。圖 10a 所示為

MESFET 之透視圖。基本的元件參數包含閘極長度 L，閘極寬度 Z 以及磊晶層（epitaxial layer）厚度 a。大部分的 MESFET 是用 n 型 III-V 族化合物半導體製成的，例如砷化鎵，因為它們具有較高的電子移動率，有助於減小串聯電阻，並且具有較高的飽和速度，使得截止頻率增高。

實際的 MESFET 是使用半絕緣基板（semiinsulating substrate）上的磊晶層製作，以減少寄生電容（parasitic capacitance）。圖 10a 中，歐姆接觸標示為「源極（source）」與「汲極（drain）」，而蕭基能障則被標示為「閘極（gate）」。通常我們是以閘極尺寸來敘述一個 MESFET。若閘極長度（L）為 0.5μm，閘極寬度（Z）為 300μm，則稱之為 $0.5 \times 300\mu m^2$ 的元件。對微波（microwave）或毫米波（millimeter-wave）元件而言，其閘極長度通常是在 0.1–1.0μm 的範圍。磊晶層厚度 a 一般為閘極長度的 1/3 到 1/5。而電極間距約是閘極長度的一到四倍。MESFET 的電流操控能力直接正比於閘極寬度 Z，因為通道電流所看到的截面積與 Z 成正比。

7.2.2　操作原理

為瞭解 MESFET 的操作，我們考慮閘極下方的部分，如圖 10b 所示。我們將源極接地，而閘極電壓與汲極電壓是相對源極量測而得。正常操作情形下，閘極電壓為零或為逆向偏壓，而汲極電壓為零或為順向偏壓。也就是說 $V_G \leq 0$ 而 $V_D \geq 0$。由於通道為 n 型材料，此元件被稱為 n 通道 MESFET。在大多數的應用中是採用 n 通道 MESFET 而非 p 通道 MESFET，這是因為 n 通道元件具有較高的載子移動率。

通道電阻可被表示為

$$R = \rho \frac{L}{A} = \frac{L}{q\mu_n N_D A} = \frac{L}{q\mu_n N_D Z(a-W)} \tag{24}$$

其中 N_D 是施體濃度，A 是電流流動的截面積等於 $Z(a - W)$，而 W 是蕭基能障的空乏區寬度。

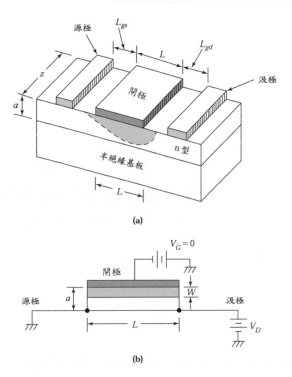

(a)

(b)

圖 10 （a）MESFET 之透視圖，（b）MESFET 閘極區域之剖面圖。

當沒有外加閘極電壓且 V_D 很小時，如圖 11a 所示，通道中有很小的汲極電流 I_D 流通。此電流大小為 V_D /R，其中 R 為式（24）所表示的通道電阻。因此，電流隨汲極電壓呈線性變化。當然，對一給定的汲極電壓而言，沿著通道電壓是由源極端的零，漸增為汲極端的 V_D。因此，沿著源極到汲極，蕭基能障的逆向偏壓漸強。當 V_D 增加，W 也隨著增加，而電流流動的平均截面積減少。通道電阻 R 也因此增加，這使得電流以較緩慢的速率增加。

隨著汲極電壓的持續增加，最終將使得空乏區接觸到半絕緣基板，如圖 11b 所示。這是發生於汲極端滿足 $W = a$ 時。由式（7），其中 $V = -V_{Dsat}$，我們可以求出相對應的汲極電壓值，稱之為*飽和電壓*（*saturation voltage*）V_{Dsat}：

$$V_{Dsat} = \frac{qN_Da^2}{2\varepsilon_s} - V_{bi} \quad 當 \quad V_G = 0 \tag{25}$$

在此汲極電壓時，源極和汲極將會被*夾止*（*pinched off*），或說是被逆向偏壓的空乏區完全分隔開。圖 11b 中的位置 P 即稱為夾止點。在此點，有一個很大的汲極電流稱為*飽和電流*（*saturation current*）I_{Dsat} 可流過空乏區。這與注入載子到雙極性電晶體的逆向偏壓空乏區，例如集極（collector）－基極（base）空乏區的情形相似。

在夾止點後，當 V_D 進一步增加，則靠近汲極端的空乏區將漸形擴大，而 P 點將往源極端移動，如圖 11c 所示。然而，P 點處的電壓維持為 V_{Dsat}。

因此，每單位時間裡，由源極移往 P 點的電子數目，故通道內的電流也維持不變，這是因為在通道中，由源極到 P 點的電壓降維持不變。因此，當汲極電壓大於 V_{Dsat} 時，電流基本上維持在 I_{Dsat}，且與 V_D 無關。

當施以閘極電壓使得閘極接觸被逆向偏壓時，空乏層寬度 W 隨之增加。對較小的 V_D 而言，通道就像是電阻器一般，但是具有較高的阻值，這是因為有效電流通道的截面積減小的關係。如圖 11d 所示，$V_G = -1$ V 的初始電流比 $V_G = 0$ 時來得小。當 V_D 增加至某一特定值時，空乏區將接觸到半絕緣基板。此時 V_D 值為

$$\boxed{V_{Dsat} = \frac{qN_Da^2}{2\varepsilon_s} - V_{bi} - V_G} \tag{26}$$

對 n 通道 MESFET 而言，閘極電壓相對於源極為負值，所以我們在式（26）以及其後的方程式中，使用 V_G 的絕對值。由式（26）我們可以看出，外加的閘極電壓 V_G 使得開始發生夾止時所需的汲極電壓減小了 V_G 之值。

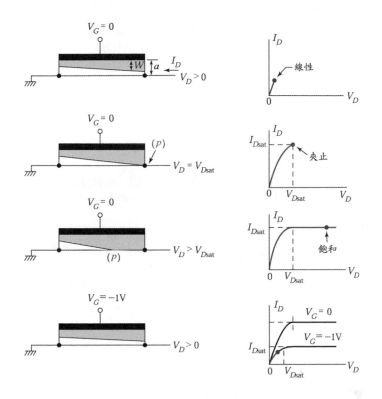

圖 11 在不同偏壓情形下， MESFET 空乏層寬度變異與輸出特性。（a）$V_G = 0$ 且小的 V_D，（b）$V_G = 0$ 且為夾止時，（c）$V_G = 0$ 且在夾止之後（$V_D > V_{Dsat}$），（d）$V_G = -1$ V 且小的 V_D。

7.2.3　電流－電壓特性

現在我們考慮在開始夾止前的 MESFET，如圖 12a 所示。沿著通道的汲極電壓變化則如圖 12b 所示。通道基本片段 dy 兩端的電壓降可表示為

$$dV = I_D\, dR = \frac{I_D\, dy}{q\mu_n N_D Z[a - W(y)]} \tag{27}$$

其中我們以式（24）取代 dR，並以 dy 替換掉 L。與源極相距 y 處的空乏層寬度則可表示為

$$W(y) = \sqrt{\frac{2\varepsilon_s [V(y) + V_G + V_{bi}]}{qN_D}} \tag{28}$$

汲極電流 I_D 為一定值，與 y 無關。我們可將式（27）重寫成

$$I_D \, dy = q\mu_n N_D Z[a - W(y)] dV \tag{29}$$

汲極電壓的微分 dV 可由式（28）得到：

$$dV = \frac{qN_D}{\varepsilon_s} W dW \tag{30}$$

將 dV 代入式（29）中，並由 $y = 0$ 積分到 $y = L$ ，可得

$$I_D = \frac{1}{L} \int_{W_1}^{W_2} q\mu_n N_D Z(a - W) \frac{qN_D}{\varepsilon_s} W dW$$

$$= \frac{Z\mu_n q^2 N_D^2}{2\varepsilon_s L} \left[a\left(W_2^2 - W_1^2\right) - \frac{2}{3}\left(W_2^3 - W_1^3\right) \right]$$

或
$$\boxed{I = I_P \left[\frac{V_D}{V_P} - \frac{2}{3}\left(\frac{V_D + V_G + V_{bi}}{V_P}\right)^{3/2} + \frac{2}{3}\left(\frac{V_G + V_{bi}}{V_P}\right)^{3/2} \right]} \tag{31}$$

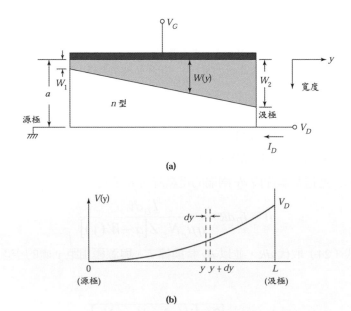

圖 12　（a）通道區的放大圖，（b）沿著通道之汲極電壓變化。

其中

$$I_P \equiv \frac{Z\mu_n q^2 N_D^2 a^3}{2\varepsilon_s L} \tag{31a}$$

且

$$V_P \equiv \frac{qN_D a^2}{2\varepsilon_s} \tag{31b}$$

電壓 V_P 稱為夾止電壓(pinch-off voltage),也就是當 $W_2 = a$ 時的總電壓($V_D + V_G + V_{bi}$)。

圖 13 中顯示了一夾止電壓為 3.2V 的 MESFET 之 I-V 特性。所示的曲線是由式(31),針對 $0 \le V_D \le V_{Dsat}$ 計算得到。根據之前的討論,當電壓超過 V_{Dsat} 時,電流被看作是一定值。注意電流-電壓特性中有著三個不同的區域。當 V_D 小時,通道的截面積基本上與 V_D 無關,此 I-V 特性為歐姆特性或是線性特性。我們將這個操作區域視為線性區。當 $V_D \ge V_{Dsat}$ 時電流於 I_{Dsat} 達到飽和,我們將這個操作區域稱為飽和區。當汲極電壓進一步增加,閘極-通道間二極體的雪崩崩潰(avalanche breakdown)開始發生,使得汲極電流突然增加,這就是崩潰區。

在線性區裡,其中 $V_D << V_G$,式(31)可以展開成

$$I_D \cong \frac{I_P}{V_P}\left[1 - \left(\frac{V_G + V_{bi}}{V_P}\right)^{1/2}\right]V_D \tag{32}$$

MESFET 的一項重要參數是轉移電導(transconductance)g_m,它表示了在某個特定汲極電壓下,汲極電流對閘極電壓的變化率。由式(32)我們可以得到:

$$g_m = \frac{\partial I_D}{\partial V_G}\bigg|_{V_D} = \frac{I_P}{2V_P^2}\sqrt{\frac{V_P}{V_G + V_{bi}}}\,V_D \tag{33}$$

在飽和區裡,汲極電流可由式(31)得到,在此只需計算夾止點時的電流,也就是當 $V_P = V_D + V_G + V_{bi}$:

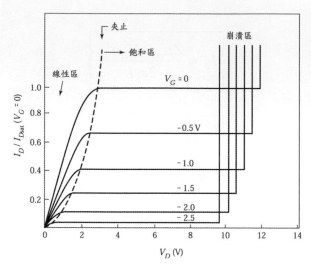

圖 13　$V_P = 3.2$ V 之 MESFET 規一化的理想電流－電壓特性。

$$I_{Dsat} = I_P \left[\frac{1}{3} - \left(\frac{V_G + V_{bi}}{V_P} \right) + \frac{2}{3} \left(\frac{V_G + V_{bi}}{V_P} \right)^{3/2} \right] \tag{34}$$

相對應的飽和電壓為

$$V_{Dsat} = V_P - V_G - V_{bi} \tag{35}$$

由式（34），我們可以求出飽和區裡的轉移電導

$$g_m = \frac{I_P}{V_P} \left(1 - \sqrt{\frac{V_G + V_{bi}}{V_P}} \right) = \frac{Z \mu_n q N_D a}{L} \left(1 - \sqrt{\frac{V_G + V_{bi}}{V_P}} \right) \tag{36}$$

在崩潰區裡，崩潰電壓發生在通道中具有最高逆向電壓的通道汲極端：

$$V_B \,(崩潰電壓) = V_D + \left| V_G \right| \tag{37}$$

例如圖 13 中，當 $V_G = 0$ 時崩潰電壓為 12 V。而 $\left| V_G \right| = 1$ 時，崩潰電壓仍為 12 V，崩潰時的汲極電壓則為 $\left(V_B - \left| V_G \right| \right)$，亦即 11 V。

範例 4

當 T = 300 K 時，考慮一個以金（gold）作接觸的 *n* 通道 GaAs MESFET。假設能障高度為 0.89 V。若 *n* 型通道摻雜為 2×10^{15} cm^{-3}，且通道厚度為 0.6 μm。請計算夾止電壓以及內建電位。GaAs 的介電常數為 12.4 。

解

夾止電壓為

$$V_P = \frac{qN_D}{2\varepsilon_s}a^2 = \frac{(1.6\times10^{-19})(2\times10^{15})}{2\times12.4\times(8.85\times10^{-14})}\times(0.6\times10^{-4})^2 = 0.53 \text{ V}$$

導電帶與費米能階間的差為

$$V_n = \frac{kT}{q}\ln(\frac{N_C}{N_D}) = 0.026\ln(\frac{4.7\times10^{17}}{2\times10^{15}}) = 0.14 \text{ V}$$

內建電位為

$$V_{bi} = \phi_{Bn} - V_n = 0.89 - 0.14 = 0.75 \text{ V}$$

　　至此我們僅考慮了常開（normally on）（或譯空乏模式）元件，也就是元件在 V_G = 0 時，具有一可導電的通道。而對高速、低功率的應用而言，常關（normally off）元件則是較佳的選擇。此種元件在 V_G = 0 時沒有導通的通道，也就是說，閘極接觸的內建電位足以空乏通道區。這種情形是有可能的，例如，在半絕緣基板上具有一很薄磊晶層的砷化鎵 MESFET。對一常關 MESFET 而言，閘極必須施以正偏壓，才能使通道電流開始流通。這個所需的電壓稱為*臨界電壓*（*threshold voltage*，或譯臨限電壓）V_T，可表示為

$$V_T = V_{bi} - V_P \tag{38a}$$

或

$$V_{bi} = V_T + V_P \tag{38b}$$

其中 V_P 為式（31*b*）中所定義的夾止電壓。接近臨界電壓時，飽和區的汲極電流可藉由將式（38*b*）的 V_{bi} 代入式（34）中，並在 $(V_G - V_T)/V_P \ll 1$ 的假設下，利用泰勒級數（Taylor series）展開而得。因此我們得到

$$I_{Dsat} = I_P \left\{ \frac{1}{3} - \left[1 - \left(\frac{V_G - V_T}{V_P} \right) \right] + \frac{2}{3} \left[1 - \left(\frac{V_G - V_T}{V_P} \right) \right]^{3/2} \right\}$$

或

$$\boxed{I_{Dsat} \approx \frac{Z\mu_n \varepsilon_s}{2aL} (V_G - V_T)^2}$$

(39)

在式（39）的推導中，我們使 V_G 帶負號以表示其極性。

常開和常關元件的基本電流－電壓特性是相似的。圖 14 比較了這兩種操作模式。主要的差別在於臨界電壓沿著 V_G 軸的偏移。常關元件（圖 14b）在 V_G =0 時，並沒有電流導通，而當 $V_G > V_T$ 時，電流的改變則如式（39）所示。由於閘極的內建電位約小於 1V，因此閘極的順向偏壓約被限制在 0.5 V，以避免過大的閘極電流。

常關元件的轉移電導可由式（39）中得到：

$$g_m = \frac{dI_{Dsat}}{dV_G} = \frac{Z\mu_n \varepsilon_s}{aL} (V_G - V_T)$$

(40)

7.2.4 高頻性能

對 MESFET 的高頻應用而言，有一重要指標為截止頻率（cutoff frequency）f_T，也就是 MESFET 無法再將輸入信號放大時的頻率。假設元件具有可忽略的小串聯電阻，則小信號輸入電流為閘極導納（admittance）與小信號閘極電壓兩者之乘積：

$$\widetilde{i}_{in} = 2\pi f\, C_G \widetilde{\upsilon}_g$$

(41)

其中 C_G 表示閘極電容，其值為 $ZL(\varepsilon_s / \overline{W})$，而 $\overline{W}$ 表示閘極電極下方的平均空乏層寬度。根據轉移電導的定義可以得到小信號輸出電流為：

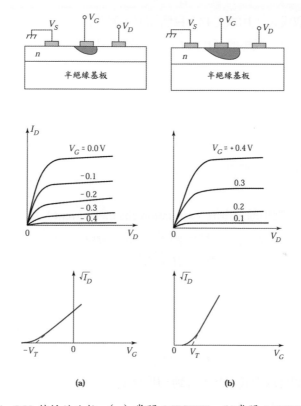

圖 14　I-V 特性的比較。（a）常開 MESFET，(b)常關 MESFET。

$$g_m = \frac{\partial I_C}{\partial V_G} = \frac{\widetilde{i}_{out}}{\widetilde{v}_g} \tag{42}$$

或

$$\widetilde{i}_{out} = g_m \widetilde{v}_g \tag{42a}$$

由式（41）與（42a），我們可以得到截止頻率

$$f_T = \frac{g_m}{2\pi C_G} < \frac{I_P / V_P}{2\pi ZL(\varepsilon_s / \overline{W})} \approx \frac{\mu_n q N_D a^2}{2\pi \varepsilon_s L^2} \tag{43}$$

其中以式（36）取代 g_m。由式（43）我們知道，欲改善高頻性能，必須使用具有較高載子移動率與通道長度較短的 MESFET。這就是為何具有較高電子移動率的 n 通道 MESFET 較被偏愛的原因。

這些推導基本上是假設通道中載子的移動率為一定值，與外加電場無關。然而，對相當高頻的操作而言，由源極指向汲極的縱向電場（longitudinal field），是大到足以使載子以其飽和速度行進。

在此情形下，飽和通道電流（saturation channel current）為

$$I_{Dsat} = (\text{載子傳導面積}) \times qn\upsilon_s$$
$$= Z(a-W)qN_D \upsilon_s \tag{44}$$

轉移電導則變成

$$g_m = \frac{\partial I_{Dsat}}{\partial V_G} = \frac{\partial I_{Dsat}}{\partial W} \cdot \frac{\partial W}{\partial V_G} = \left[qN_D\upsilon_s Z(-1)\right]\left(\frac{1}{-qN_DW/\varepsilon_s}\right) \tag{45}$$

或

$$g_m = Z\upsilon_s\varepsilon_s / W \tag{45a}$$

式（45）中，我們可以由式（28）得到 $\partial W / \partial V_G$。

由式（45a），我們可以求出在飽和速度情況下的截止頻率：

$$\boxed{f_T = \frac{g_m}{2\pi C_G} = \frac{Z\upsilon_s\varepsilon_s/W}{2\pi ZL(\varepsilon_s/W)} = \frac{\upsilon_s}{2\pi L}} \tag{46}$$

因此，要增加 f_T，我們必須縮小閘極長度 L，並使用具有高速度的半導體。圖 15 所示為五種半導體的電子漂移速度對應電場強度的關係圖[8]。我們可以注意到 GaAs 的平均速度[§]為 1.2×10^7 cm/s，而峰值速度為 2×10^7 cm/s，這比 Si 的飽和速度高出了 20% 到 100%。此外，注意 $Ga_{0.47}In_{0.53}As$ 與 InP 比 GaAs 有更高的平均速度與峰值速度。因此，這些半導體的截止頻率將比 GaAs 來得高。

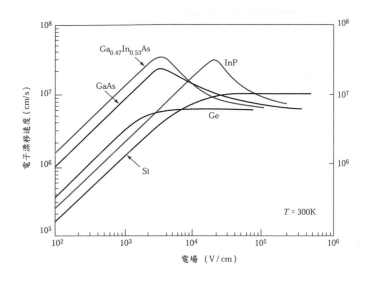

圖 15 不同種類半導體材料中，電子的漂移速度對應電場圖 [8]。

7.3 調變摻雜場效電晶體

7.3.1 MODFET 的基本原理

調變摻雜場效電晶體（modulation-doped field-effect transistor，MODFET）為異質結構的場效元件。其他常用到的名稱還包括了高電子移動率電晶體（high electron mobility transistor，HEMT）、二維電子氣場效電晶體（two-dimensional electron gas field-effect transistor，TEGFET），以及選擇性摻雜異質結構電晶體（selectively doped heterostructure transistor，SDHT）。通常它被通稱為異質接面場效電晶體（heterojunction field-effect transistor，HFET）。

　　在 MODFET 中，最常見的異質接面為 AlGaAs/GaAs 、 AlGaAs/InGaAs 、 InAlAs/InGaAs。圖 16 為一傳統 AlGaAs/GaAs MODFET 的透視圖。MODFET 的特徵

---

§平均速度係定義作 $\overline{\upsilon} \left[\equiv \dfrac{1}{L} \displaystyle\int_0^L \dfrac{dx}{\upsilon\,(x)} \right]^{-1}$ 。若 $\upsilon\,(x)$ 為常數 υ_0，則 $\overline{\upsilon} = \upsilon_0$ 。

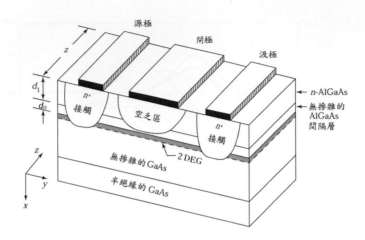

圖 16　傳統 MODFET 結構之透視圖。

是閘極下方的異質接面結構，以及調變摻雜層。對於圖 16 中的元件來說，砷化鋁鎵（AlGaAs）為一寬能隙半導體，而 GaAs 為窄能隙半導體。這兩種半導體是被調變摻雜的，也就是說，AlGaAs（~10^{18}cm^{-3}）除了在極窄的區域 d_o 中並無摻雜外，是被摻雜的；而 GaAs 則未被摻雜。AlGaAs 中的電子將擴散到無摻雜的 GaAs 中，而在 GaAs 表面形成一導通的通道。這種調變摻雜最終使通道載子有高遷移率（因為沒有雜質散射）。未摻雜 AlGaAs 空間層用來從摻雜在 AlGaAs 的施體離子減少庫倫散射，並在通道中提高載子遷移率。

　　圖 17 為比較在不同摻雜程度下，調變摻雜 2D 通道與體材料（GaAs）的低電場電子遷移率。在 MESFET 中，通道必須摻雜到適當高的程度（>10^{17}cm^{-3}），所以電子受到雜質散射。但是，調變通道在所有溫度下有較高的遷移率。調變摻雜通道通常不是故意摻雜的（摻雜濃度小於 10^{14}cm^{-3}），比較其與低摻雜體材料（類似的雜質濃度為 $4*10^{13}$cm^{-3}）的遷移率也是有意義的。體遷移率隨溫度變化出現峰值，但在高溫和低溫都下降。體遷移率隨溫度的增加而減少是由於聲子散射。在低溫下，體遷移率受限於雜質散射，取決於摻雜程度，也隨溫度降低而減少。溫度約為 80K 時，調變摻雜通道與低摻雜體材料的遷移率相當。然而，在更低的溫度下，遷移率大幅提高。調變摻

雜通道避免在低溫下起主要作用的雜質散射。這種優點來自於二維電子氣（2 DEG）的屏蔽效應，二維電子氣的導電通道截面積小於 10nm，電子密度非常高。

　　圖 17a 所示為熱平衡時 MODFET 的能帶圖。相似於標準的蕭基能障，$q\phi_{Bn}$ 為寬能隙半導體上金屬的能障高度 [9]。ΔE_C 是由異質接面結構所形成的導電帶不連續性，而夾止電壓 V_P 為：

$$V_p = \frac{q}{\varepsilon_s} \int_0^d N_D(x)x\,dx = \frac{qN_D d_1^2}{2\varepsilon_s} \tag{47}$$

其中 d_1 是 AlGaAs 中摻雜區的厚度，而 ε_s 為介電係數。

　　MODFET 操作的主要參數為臨界電壓 V_T，它是源極與汲極間通道開始形成時的閘極偏壓。參考圖 17b，V_T 所對應的情形是當 GaAs 表面的導電帶底部與費米能階重疊：

$$V_T = \phi_{Bn} - \frac{\Delta E_C}{q} - V_P \tag{48}$$

藉由使用不同的 ϕ_{Bn} 和 V_P 值，我們可以調整臨界電壓 V_T。然而，當給定一組半導體材料，ΔE_C 即被固定。圖 17b 具有正的 V_T，而此 MODFET 便為增強模式（enhancement-mode）元件（即常關型），相反的，對空乏模式（depletion-mode）元件（即常開型）而言，則具有負的臨界電壓 V_T。

　　當閘極電壓大於 V_T 時，閘極便能在異質接面的介面處感應出片電荷 $n_s(y)$。此片電荷類似於 MOSFET 反轉層中的電荷 Q_n/q（見 6.1 節）：

$$n_s(y) = \frac{C_i[V_G - V_T - V(y)]}{q} \tag{49}$$

其中

$$C_i = \frac{\varepsilon_s}{d_1 + d_0 + \Delta d} \tag{49a}$$

d_1 與 d_0 分別為 AlGaAs 中摻雜與無摻雜層的厚度（圖 16），而 Δd 是通道或反轉層的厚度，估計約為 8 nm。$V(y)$ 是相對於源極的通道電位，沿著通道由零變化到汲極偏壓 V_D，相似於圖 12b 所示。此片電荷又被稱為*二維電子氣*（*two-dimensional electron gas*）。這是因為反轉層中的電子在 x 方向的分佈，其左側受到 ΔE_C 而右側則受到導電帶電位分佈的侷限（圖 17b）。然而，這些電子可以做二維的移動，在 y 方向是由源極到汲極，而 z 方向則平行於通道的寬度（圖 16）。

　　式（49）顯示出負的閘極偏壓將導致二維電子氣的減少。另一方面，若施以正的 V_G，則 n_s 將會增加。

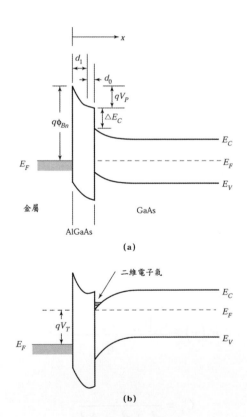

圖 17　常關 MODFET 之能帶圖：（a）熱平衡，以及（b）臨界的開始。
其中 d_1 與 d_0 分別為摻雜與無摻雜的區域[9]。

範例 5

考慮一 AlGaAs/GaAs 異質接面，其中 n-AlGaAs 掺雜濃度為 2×10^{18} cm^{-3}，厚度為 40 nm。假設無掺雜的間隔層厚度為 3 nm，蕭基能障高度為 0.85 V，且 $\frac{\Delta E_C}{q} = 0.23$ V。AlGaAs 的介電常數為 12.3。請計算出在 $V_G = 0$ 時，此異質接面的二維電子氣濃度。

解

$$V_p = \frac{qN_D d_1^2}{2\varepsilon_s} = \frac{1.6\times10^{-19}\times2\times10^{18}\times(40\times10^{-7})^2}{2\times12.3\times8.85\times10^{-14}} = 2.35 \text{ V}$$

臨界電壓為

$$V_T = \phi_{Bn} - \frac{\Delta E_C}{q} - V_P = 0.85 - 0.23 - 2.35 = -1.73 \text{ V}$$

因此，該元件為常開型 MODFET 。

$V_G = 0$ 時，源極的二維電子氣濃度為

$$n_s = \frac{12.3\times8.85\times10^{-14}}{1.6\times10^{-19}\times(40+3+8)\times10^{-7}} \times [0-(-1.73)] = 2.29\times10^{12} \text{ cm}^{-2}$$

7.3.2 電流－電壓特性

MODFET 的電流－電壓特性可利用類似 MOSFET 所使用的漸變通道近似法（gradual channel approximation）來求得。沿著通道的任一點之電流為

$$I = Zq\mu_n n_s \mathscr{E}_y$$

$$= Z\mu_n C_i [V_G - V_T - V(y)]\frac{dV(y)}{dy} \tag{50}$$

因為電流沿著通道為一定值，將式（50）由源極積分到汲極（從 y = 0 到 y = L）可得

$$I = \frac{Z}{L}\mu_n C_i \left[(V_G - V_T)V_D - \frac{V_D^2}{2}\right] \tag{51}$$

加強模式 MODFET 的輸出特性與圖 14b 所示相近。在線性區中，亦即 $V_D \ll (V_G - V_T)$ ，式（51）可以簡化為

$$ I = \frac{Z}{L} \mu_n C_i (V_G - V_T) V_D \tag{52} $$

對較大的汲極電壓而言，汲極端的片電荷 $n(y)$ 減低至零。亦即圖 11b 所示，前面所討論的夾止現象。由式（49）中，我們可以求得飽和電壓 V_{Dsat}，此時 $n_s(y = L) = 0$：

$$ V_{Dsat} = V_G - V_T \tag{53} $$

而飽和電流可由式（51）和（53）中得到

$$ I = \frac{Z \mu_n C_i}{2L} (V_G - V_T)^2 = \frac{Z \mu_n \varepsilon_s}{2L(d_1 + d_0 + \Delta d)} (V_G - V_T)^2 \tag{54} $$

注意此方程式與式（39）十分類似。此外，我們也可以得到一與式（40）類似的轉移電導表示式。

對高速操作而言，沿著通道方向的縱向電場足以使載子速度達到飽和。在速度飽和區（velocity saturation region）的電流則為

$$ \begin{aligned} I_{sat} &= Z \upsilon_s q n_s \\ &\cong Z \upsilon_s C_i (V_G - V_T) \end{aligned} \tag{55} $$

轉移電導則為

$$ g_m = \frac{\partial I_{sat}}{\partial V_G} = Z \upsilon_s C_i \tag{56} $$

可以注意到，I_{sat} 與閘極長度無關。而 g_m 在速度飽和區也與閘極長度，以及閘極電壓都無關。

7.3.3　截止頻率

MODFET 的速度是由截止頻率來衡量

$$ f_T = \frac{g_m}{2\pi (\text{總電容})} = \frac{Z \upsilon_s C_i}{2\pi (ZLC_i + C_p)} $$

$$= \frac{v_s}{2\pi\left(L + C_p / ZC_i\right)} \tag{57}$$

其中 C_p 為寄生電容。要改善 f_T，我們應該考慮具有較大 v_s 的半導體，且閘極長度極短的閘極結構，以及具有最小寄生電容的元件結構。

　　圖 18 為不同 FET 之截止頻率的比較。圖示為截止頻率 f_T 對應通道或閘極長度所作的圖 [8,10]。我們可以注意到，對一給定之長度，矽的 n 型 MOSFET 有最低的 f_T，這是由於電子在矽中的移動率以及平均速度相對較低。而 GaAs MESFET 的 f_T 約比 Si MOSFET 高三倍。

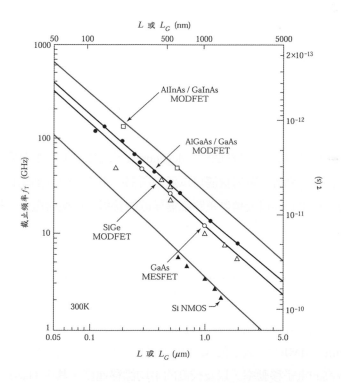

圖 18　五種不同的場效電晶體截止頻率對應通道或閘極長度關係圖 [8,10]。

圖中同時也顯示三種不同的 MODFET。傳統的 GaAs MODFET（亦即 AlGaAs-GaAs 結構）的 f_T 約比 GaAs MESFET 高 30%。而對偽晶的（pseudomorphic，或譯假晶）矽鍺（SiGe）MODFET（亦即 Si-SiGe 結構，其中 SiGe 的晶格被略微縮小，以便與矽晶格相匹配）而言，則是 f_T 可與 GaAs MODFET 相比的最佳元件。SiGe MODFET 相當具有吸引力，因為它可以利用現有的矽晶圓廠去製作。至於更高的截止頻率，我們可在 InP 基板上製作 $Al_{0.48}In_{0.52}As$-$Ga_{0.47}In_{0.53}As$ MODFET。其優越的性能主要是由於在 $Ga_{0.47}In_{0.53}As$ 中的高電子移動率、以及較高的平均和峰值速度。預期當閘極長度為 50 nm 時，其 f_T 可高達 600 GHz。

總結

當金屬與半導體緊密地接觸，即形成*金半接觸*。此接觸可分為兩種。第一種為整流接觸，也稱為蕭基能障接觸，它具有相對較高的能障高度，且是在摻雜濃度相對較低的半導體上形成。蕭基能障的電位與電場分佈等同於單邊陡峭的 *p-n* 接面。然而，蕭基能障中的電流傳導是藉由熱離子發射，因此本質上有較快的響應。

第二種是歐姆接觸，它是在簡併（degenerate，或譯退化）半導體上所形成，其載子傳導是藉由穿隧過程。歐姆接觸可以通過所需的電流，而其兩端具有相當小的電壓降。所有的半導體元件以及積體電路都需要歐姆接觸，以便與電子系統中其它元件連線。

金半接觸是 MESFET 與 MODFET 元件的基本組成。藉著使用蕭基能障作為閘極電極，以及使用兩個歐姆接觸作為源極與汲極電極，便可形成 MESFET。此三端元件對高頻的應用而言相當重要，尤其是單石微波積體電路（monolithic microwave integrated circuit，MMIC）。大多的 MESFET 是由 *n* 型 III-V 化合物半導體製作而成，因為它具有較高的電子移動率，以及較高的平均漂移速度。其中 GaAs 由於有相對較成熟的技術，以及可獲得較高品質的 GaAs 基板，所以顯得特別重要。

MODFET 元件具有更佳的高頻性能。元件結構上除了在閘極下方的異質接面外，大體上與 MESFET 相當類似。在異質接面的界面上形成二維電子氣，亦即可傳導的通道，而具有高移動率與高平均漂移速度的電子即可經由通道，由源極傳輸到汲極。

所有場效電晶體（FET）的輸出特性皆相似。都在低汲極偏壓時存在一線性區。當偏壓變大時，輸出電流最終將會飽和，而在足夠高的電壓時，雪崩崩潰將在汲極端發生。根據所需正或負的臨界電壓，場效電晶體可區分為常關型（增強模式）或是常開型（空乏模式）。

截止頻率f_T是場效電晶體高頻性能的一個指標。對一給定長度而言，Si MOSFET（n 型）有最低的f_T，而 GaAs MESFET 的f_T約比矽高了三倍。傳統的 GaAs MODFET 與偽晶的 SiGe MODFET，其f_T約比 GaAs MESFET 高了 30%。至於更高的截止頻率，砷化鎵銦（GaInAs）MODFET 在閘極長度為 50 nm 時，所對應的f_T約為 600 GHz 。

參考文獻

1. W. Schottky, "Halbleitertheorie der Sperrschicht," *Naturwissenschaften*, **26**, 843 (1938).

2. A. M. Cowley and S. M. Sze, "Surface States and Barrier Height of Metal Semiconductor System," *J. Appl. Phys,* **36**, 3212 (1965).

3. G. Myburg, et al., "Summary of Schottky Barrier Height Data on Epitaxially Grown *n*- and *p*-GaAs," *Thin Solid Films*, **325**, 181 (1998).

4. C. R. Crowell, J. C. Sarace, and S. M. Sze, "Tungsten-Semiconductor Schottky-Barrier Diodes," *Trans. Met. Soc. AIME,* **23**, 478 (1965).

5. V. L. Rideout, "A Review of the Theory, Technology and Applications of Metal-Semiconductor Rectifiers," *Thin Solid Films,* **48**, 261 (1978).

6. S. M. Sze, *Physics of Semiconductor Devices, 2nd Ed.*, Wiley, New York, 1981.

7. C. A. Mead, "Schottky Barrier Gate Field-Effect Transistor," *Proc. IEEE,* **54**, 307 (1966).

半導體元件物理與製作技術第三版

8. S. M. Sze, Ed., *High Speed Semiconductor Device*, Wiley, New York, 1992.

9. P. H. Ladbrooke,"GaAs MESFETs and High Mobility Transistors (HEMT),"in H. Thomas,D. V. Morgan,B. Thomas,J. E. Aubrey,and G. B. Morgan,Eds.,*Gallium Arsenide for Device and Integrated Circuis*,Peregrinus,London,1986

10. K. K. Ng, *Complete Guide to Semiconductor Devices*, McGraw Hill, New York, 1995.

11. S. Luryi, J. Xu, and A. Zaslavsky, *Eds. Future Trends in Microelectronics*, Wiley, New York, 1999.

習題（*指較難習題）

7.1 節　金半接觸

1   當外加偏壓為零時，求出金半二極體之能障高度，和內建電位之理論值。假設在 300 K 時，金屬功函數為 4.55 eV，電子親和力為 4.01 eV，$N_D = 2 \times 10^{16}$ cm^{-3}。

2   （a）求出圖 6 中，W-GaAs 蕭基能障二極體的施體濃度與能障高度。（b）比較由圖 8 所示飽和電流密度 5×10^{-7} A/cm^2 所得的能障高度。（c）逆向偏壓為–1 V 時，計算出空乏層寬度 W，最大電場，以及電容。

3   蕭基二極體的電流 I=AA*T^{2}exp[-eϕ_B/(kT)]{exp[qV/(kT)]-1}]。V=0.4V 及面積 A=0.001cm^2，電流在不同溫度記錄於下表。使用 log[1/T^2]對 1000/T 作圖，決定 A*及 ϕ_B。

溫度 T(C)	電流 I(mA)	溫度 T(C)	電流 I(mA)
-20	0.75	60	61.5
-10	1.49	70	93.1
0	2.83	80	138
10	5.15	90	200.0
20	9.01	100	285.0
30	15.2	110	400.0
40	24.9	120	552.0
50	39.7		

4   將銅沈積於細心準備的 *n* 型矽基板上，形成一理想的蕭基二極體，若 ϕ_m = 4.65 eV，電子親和力為 4.01 eV，$N_D = 3 \times 10^{16}$ /cm^3，且 T = 300 K。 計算出零偏壓時的能障高度、內建電位、空乏層寬度以及最大電場。

*5   已知一金（Au）－*n* 型 GaAs 蕭基能障二極體之電容滿足關係式 $1/C^2$ = 1.57×

10^5–$2.12 \times 10^5\ V_a$，其中 C 的單位為μF，而 V_a 單位為伏特。若二極體面積為 10^{-1} cm²，計算出內建電位、能障高度、摻質（dopant）濃度以及其功函數。

6 計算出理想金屬－矽蕭基能障接觸之 V_{bi} 與 ϕ_m 的值。假設能障高度為 0.8 eV，N_D = 1.5×10^{16} cm⁻³，且 $q\chi$ = 4.01 eV。

7 考慮鉻－矽金－半接面且濃度 N_d=10^{17}cm⁻³。如果矽電子親和力為 4.05eV 及鉻的功函數為 4.5eV，計算能障高度及內建電位。（N_c=2.82*10^{19}cm⁻³）

8 對一金屬－矽蕭基能障接觸而言，若能障高度為 0.75 eV 且 A^* = 110 A/cm²–K²。計算出在 300 K 時所注入的電洞電流與電子電流間的比，假設 D_p = 12 cm² s⁻¹，L_p = 1×10^{-3} cm，且 N_D = 1.5×10^{16} cm⁻³。

7.2 節　金半場效電晶體

9 已知 ϕ_{Bn} = 0.9 eV 且 N_D = 10^{17} cm⁻³，求出使 GaAs MESFET 成為一空乏模式元件（也就是 $V_T < 0$）之最小磊晶層厚度為何。

10 若一 GaAs MESFET 之摻雜為 N_D = 7×10^{16} cm⁻³，尺寸為 a = 0.3 μm，L = 1.5 μm，Z = 5 μm，μ_n = 4500 cm²/V-s，且 ϕ_{Bn} = 0.89 V。計算出當 V_G = 0 而 V_D = 1 V 時，g_m 的理想值。

11 如圖 10 所示之 n 通道 GaAs MESFET 的能障高度 ϕ_{Bn} = 0.9 V，N_D = 10^{17} cm⁻³，a = 0.2 μm，L = 1 μm，且 Z = 10 μm。（a）此為增強或是空乏模式之元件？（b）求出臨界電壓。（增強模式表示 $V_T > 0$；而空乏模式表示 $V_T < 0$）

12 一 n 通道 GaAs MESFET 之通道摻雜為 N_D = 2×10^{15} cm⁻³，ϕ_{Bn} = 0.8 V，a = 0.5 μm，L = 1 μm，μ_n = 4500 cm²/Vsec，且 Z = 50 μm。求出當 V_G = 0 時夾止電位、臨界電壓以及飽和電流。

13 若兩個 GaAs n 通道 MESFET 之能障高度 ϕ_{Bn} 皆為 0.85 V。元件 1 之通道摻雜為 N_D = 4.7×10^{16} cm⁻³，而元件 2 為 N_D = 4.7×10^{17} cm⁻³。決定出臨界電壓為零時，兩元件分別所需的通道厚度為何。

一矽 n 通道 JFET 由 n 型磊晶層在半絕緣（semi-insulating）基底所形成，閘極藉由 p 型摻雜形成。參數為：N_D=2*10^{15}cm⁻³，N_A=8*10^{17}cm⁻³，n_i=1.45*10^{10}cm⁻³，a=3μm，ε_s=11.9ε_0，L=20μm，Z=0.2μm，計算閘極及夾止電壓在 300K 時的內建電位。

7.3 節　調變摻雜場效電晶體

14　對一陡峭的 AlGaAs/GaAs 異質接面而言，若 n-AlGaAs 層的摻雜為 $3\times10^{18}\,cm^{-3}$，蕭基能障為 0.89 V，且此異質接面導電帶邊緣的不連續性 ΔE_C 為 0.23 eV。計算出使臨界電壓為–0.5 V 所需的摻雜之 AlGaAs 層厚度 d_1 為何。假設 AlGaAs 的介電係數為 12.3。

15　考慮 n-AlGaAs 之摻雜為 $10^{18}\,cm^{-3}$ 及厚度為 50 nm 的 AlGaAs/GaAs 異質接面，假設未摻雜空間層 14nm 及蕭基能障高度為 0.85V 及 $\Delta E_C/q$ = 0.23 V，AlGaAs 的介電係數為 12.3。計算在 V_G=-1V 在此異質介面的二維電子氣之濃度。

16　考慮一具有 50 nm 厚摻雜的 n-AlGaAs，以及 10 nm 厚無摻雜的 AlGaAs 間隔層之 AlGaAs/GaAs HFET。若臨界電壓為–1.3 V，N_D 為 $5\times10^{17}\,cm^{-3}$，ΔE_C = 0.25 eV，通道寬度為 8nm，且 AlGaAs 的介電係數為 12.3。計算出 V_G = 0 時蕭基能障高度，以及二維電子氣之濃度。

18.　考慮一陡峭的 n-AlGaAs–本質 GaAs 陡異質接面。假設 AlGaAs 摻雜為 N_D = 3 × $10^{18}\,cm^{-3}$，且厚度為 35 nm（沒有間隔層）。令 ϕ_{Bn} = 0.89 V，並假設 ΔE_C = 0.24 eV，且介電常數為 12.3。計算出 V_G = 0 時之（a）V_P 以及（b）n_s。

19.　若 AlGaAs/GaAs 之二維電子氣濃度為 $1\times10^{12}\,cm^{-2}$，間隔層厚度為 5 nm，通道寬度為 8 nm，夾止電壓為 1.5 V，又 $\Delta E_C/q$ = 0.23 V，AlGaAs 摻雜濃度為 $10^{18}\,cm^{-3}$，蕭基能障高度為 0.8 V。求出 AlGaAs 中摻雜層的厚度及其臨界電壓。

第八章 微波二極體，量子效應及熱電子元件

8.1 **基本的微波技術**

8.2 **穿隧二極體**

8.3 **衝渡二極體**

8.4 **轉移電子元件**

8.5 **量子效應元件**

8.6 **熱電子元件**

總結

在前面幾章所討論的很多半導體元件可以操作在微波區域（0.1~3000 GHz）。然而，在系統應用上，尤其在較高的頻率，兩端點（two-terminal）元件可以於每單位元件面積上，產生最高的功率等級。此外，這些元件的脈衝操作可以克服熱能的限制，增加射頻 rf（radio frequency）峰值功率一個數量級之多[1]。在本章中，我們將討論一些特別的兩端點微波元件，其中包括穿隧二極體（tunnel diode）、衝渡二極體（IMPATT diode）、轉移電子元件（transferred-electron device，TED）和共振穿隧二極體（resonant tunneling diode）。

過去二十年在元件結構發展上，我們已目睹相當多的研究與努力，試圖利用量子效應（quantum effect）及熱電子（hot electron）現象，去提高電路性能。速度是常被舉出當作是量子效應元件（quantum-effect device，QED）和熱電子元件（hot-electron device，HED）所能提供的主要優點。在大部分 QED 元件所依賴的穿隧（tunneling）過程，其本質上是一個快速的過程。對於 HED，在彈道傳輸（ballistic transport）下，載子能夠以遠大於本身熱平衡時熱速度移動。然而，QED 和 HED 更重要的優點是它們有較高的功能性（functionality）。這些元件可以用相當少數量的元件，去執行具有相對複雜的電路功能，因此可以取代大量的電晶體或是被動電路組件（passive circuit component）[1]。在此章節裡，我們會討論 QED 與 HED 的基本元件構造和操作原理。

具體而言，本章包括了以下幾個主題：

- 毫米波（millimeter-wave）元件優於操作在較低頻率元件的優點。
- 量子穿隧現象和其相關的元件－穿隧二極體、共振穿隧二極體和單極性共振穿隧電晶體（unipolar resonant tunneling transistor）。
- 衝渡二極體（IMPATT diode）－最具威力的半導體毫米波功率來源。
- 轉移電子元件和它的穿巡時間定域模式（transit-time domain mode）。
- 位置空間轉移電晶體（real-space-transfer transistor）和其作為功能元件（functional device）之優點。

8.1 基本的微波技術

微波頻率涵蓋範圍約從 0.1 GHz（10^8 Hz）到 3000 GHz，相當於波長從 300 公分（cm）到 0.01 公分。對於頻率從 30 到 300 GHz，因為波長是在 10 到 1 毫米（mm）之間，所以是毫米波長區帶（millimeter-wave band）。對於更高的頻率，則為次毫米波長區帶（submillimeter-wave band）。微波頻率範圍通常被分組成各不同的區帶[2]。不同微波區帶及其相對應的頻率範圍是由電機電子工程師協會（Institute of Electrical and Electronics Engineers，IEEE）所制定的，如表 1。一般建議，當提及某微波元件時，應同時提及其區帶和相對應的頻率範圍。

表 1　IEEE 微波頻率區帶

名稱	頻率範圍（GHz）	波長（cm）
VHF	0.1 – 0.3	300.00 – 100.00
UHF	0.3 – 1.0	100.00 – 30.00
L band	1.0 – 2.0	30.00 – 15.00
S band	2.0 – 4.0	15.00 – 7.50
C band	4.0 – 8.0	7.50 – 3.75
X band	8.0 – 13.0	3.75 – 2.31
Ku band	13.0 –18.0	2.31 – 1.67
K band	18.0 – 28.0	1.67 – 1.07
Ka band	28.0 – 40.0	1.07 – 0.75
Millimeter	30.0 – 300.0	1.00 – 0.10
Submillimeter	300.0 – 3000.0	0.10 – 0.01

　　微波技術的發展最早是由對短波長無線系統（和之後的雷達）的需要所帶動。微波歷史約開始於 1887 年，海恩瑞奇赫茲（Heinrich Hertz）的第一次實驗。在他的實驗，赫茲使用一個火花傳波器，產生很廣頻率區帶的訊號，再利用半波長天線，從中選取一個約 420 MHz 頻率的訊號。無線電通訊產品的快速發展導致微波技術的爆炸性發展。自行動電話（cellular phone）於 1980 年代問世以來，包括行動呼叫裝置（mobile paging device）與各種無線資料通訊服務（wireless data communication service），這些通稱為個人通訊服務（personal communication service，PCS）系統，都被快速的發展。除了這些陸地通訊系統，運用人造衛星之影像、電話和資料通訊系統（data communication system）等領域也都快速的成長。這些系統都使用從幾千 MHz 到遠超過 60 GHz 的微波頻率－也就是毫米波長範圍[3]。

　　毫米波長技術對於通訊和雷達系統（radar system）提供了很多的好處，像電波無線電天文學（radio astronomy）、晴空亂流（clear-air turbulence）偵測、原子核光譜學（nuclear spectroscopy）、空中交通控制信誌（air-traffic-control beacon）和天候雷達（weather radar）。毫米波優於較低頻微波或紅外線系統之特點包括：輕重量、小尺寸和寬頻（好幾個 GHz）、可於惡劣的天氣條件下操作與有高解析的窄頻寬。對於毫米波長區帶，有興趣的主要頻率大約集中於 35，60，94，140 和 220 GHz[4]。選擇這些特定頻率的原因，主要是大氣對水平方向傳遞的毫米波之吸收。大氣「窗（window）」被發現大約位於 35，94，140 和 220 GHz 等處，也就是吸收為局部最小值的地方。而在 60 GHz 的地方，由於是氧氣（O_2）吸收高峰，所以也可被安全地利用在通訊系統上。

8.2　穿隧二極體（Tunnel Diode）

穿隧二極體與量子穿隧現象（quantum tunneling phenomenon）息息相關[5]。因為橫越元件的穿隧時間非常短，故可應用於毫米波區域。且因為穿隧二極體為相當成熟的技術，因此常被用在特定的低功率微波應用，如局部振盪器（oscillator）和鎖頻電路（frequency locking circuit）。

　　穿隧二極體是由一簡單的 *p-n* 接面所組成，其中 *p* 型和 *n* 型兩側都是簡併（degenerate，或譯退化，即含有摻雜很濃的雜質）。圖 1 顯示在四個不同偏壓條件下，穿隧二極體的典型靜態電流－電壓特性。此電流－電壓特性是由穿隧電流（tunneling current）與熱電流（thermal current）兩個成分所合成的結果。

　　當沒有外加電壓時，此二極體是處於熱平衡狀態下（$V = 0$）。由於高摻雜濃度，因此空乏區非常窄且穿隧距離 *d* 也非常的小（5 到 10 奈米）。同時，高摻雜也造成費米能階（Fermi level）落在允許的能帶範圍內。圖 1 中，最左邊的圖所顯示的簡併量，qV_p 和 qV_n 大約在 50 到 200 meV。

　　當外加順向偏壓時，在 *n* 型邊存在一被佔據的能量態位帶，且在 *p* 型邊存在一對應的、但未被佔據之可用能量態位帶。因此電子可從 *n* 型邊被佔據的能量態位帶，穿隧到 *p* 型邊未被佔據之可用能量態位帶。當供給偏壓大約是 $(V_p + V_n)/3$ 時，穿隧電流達到其峰值 I_p，此時對應的電壓稱作峰值電壓 V_p。當順向偏壓持續增加（$V_p < V < V_V$，此 V_V 為谷底電壓），*p* 型邊尚未被佔據之可用態位減少，電流因此變少。最後，兩邊能帶彼此沒有「交集」，此時穿隧電流不再流動。若再持續增加電壓的話，常態的熱電流將會開始流動（於 $V > V_V$）。

　　從以上討論，我們可預期在順向偏壓時，當電壓增加，穿隧電流會從零增加到一峰值電流 I_p。隨著更進一步的電壓增加，電流開始減少；當 $V = V_n + V_p$ 時（此 V 為供給的順向偏壓），電流減至零。在圖 1 中，於達到峰值電流後減少的部分是負微分電阻區。峰值電流 I_p 與谷底電流 I_V 之值決定負電阻之大小。因此，I_p / I_V 之比例被當作是穿隧二極體好壞的一個指標。

　　電流－電壓特性的實驗式為

$$I = I_p \left(\frac{V}{V_P} \right) \exp\left(1 - \frac{V}{V_P} \right) + I_0 \exp\left(\frac{qV}{kT} \right) \tag{1}$$

此式之第一項為穿隧電流，I_p 和 V_p 分別是峰值電流與峰值電壓，如圖 1 所示。第二項為常態熱電流。負微分電阻可由式（1）之第一項得到

$$R = \left(\frac{dI}{dV} \right)^{-1} = -\left[\left(\frac{V}{V_P} - 1 \right) \frac{I_P}{V_P} \exp\left(1 - \frac{V}{V_P} \right) \right]^{-1} \tag{2}$$

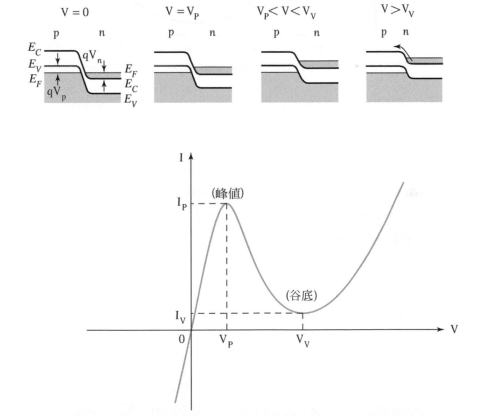

圖 1　典型穿隧二極體之靜態電流－電壓特性。I_p 和 V_p 各為峰值電流與峰值電壓，I_V 和 V_V 各為谷底電流與谷底電壓。上圖顯示不同電壓下的元件能帶圖。

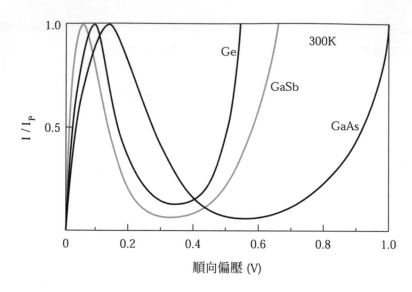

圖 2　在室溫時，Ge、GaSb 和 GaAs 穿隧二極體典型的電流－電壓特性。

圖 2 顯示鍺（Ge）、銻化鎵（GaSb）和砷化鎵（GaAs）穿隧二極體在室溫下，其典型電流－電壓特性的比較。Ge 的 I_p / I_V 電流比是 8:1，對 GaSb 與 GaAs 則均為 12:1。在此三元件中，因為 GaSb 穿隧二極體有較小的有效質量（ 0.042 m_0 ）和較小的能隙（ 0.72 eV ），所以它有最大的負電阻。

8.3　衝渡二極體（IMPATT Diode）

IMPATT 名稱代表「衝擊離子化雪崩穿巡時間 impact ionization avalanche transit-time；簡譯衝渡」。顧名思義，衝渡二極體是應用半導體元件的衝擊離子化及穿巡時間（transit time）特性，來產生在微波頻率時的負電阻。衝渡二極體為最具威力的微波功率固態源之一。目前，在毫米波頻率超過 30GHz，衝渡二極體可以產生所有固態元件中最高的連續波（continuous wave，cw）功率輸出。衝渡二極體被廣泛使用在雷達系統與警報系統上。但衝渡二極體在應用時，有值得一提的難處，即因雪崩倍增過程的不規律變動所引起之雜訊甚高。

8.3.1 靜態特性

衝渡二極體家族包括很多不同的 p-n 接面和金屬－半導體元件。第一個 IMPATT 震盪是從固定在微波腔裡的簡單矽 p-n 接面二極體加以逆偏壓，使其雪崩崩潰而得到的[6]。圖 3a 顯示一個單側陡 p-n 接面摻雜側圖，及在雪崩崩潰時的電場分佈。由於電場對離子化速率有強大的影響，因此大部分的雪崩倍增過程發生在 0 和 x_A 之間靠近最大電場的狹窄區域（陰影區）。x_A 是雪崩區域之寬度，這距離內有超過 95% 的離子化發生。

　　圖 3c 是一個低－高－低（lo-hi-lo）結構，在此結構中，有一「糰（clump）」施體被放置在 $x = b$ 處。因為在 $x = 0$ 到 $x = b$ 之間，存在一個近似均勻的高電場區域，雪崩區域 x_A 相當於 b，且其最大電場可遠小於高－低結構。

　　從電場對於距離圖（圖 3）的積分面積可以得到崩潰電壓 V_B（包括內建電位 V_{bi}）。對於單側陡接面（one-sided abrupt junction）（圖 3a），V_B 可以簡化為 $\mathcal{E}_m W/2$。對於高－低二極體和低－高－低二極體崩潰電壓分別為

$$V_B\left(高－低\right)=\left(\mathcal{E}_m-\frac{qN_1 b}{2\varepsilon_s}\right)b+\frac{1}{2}\left(\mathcal{E}_m-\frac{qN_1 b}{2\varepsilon_s}\right)(W-b) \tag{3}$$

$$V_B\left(低－高－低\right)=\mathcal{E}_m b+\left(\mathcal{E}_m-\frac{qQ}{\varepsilon_s}\right)(W-b) \tag{4}$$

圖 3b 顯示一高摻雜 N_1 區域，緊接一個較低摻雜 N_2 區域的高－低（hi-lo）結構。藉由適當的選擇摻雜濃度 N_1 和它的厚度 b，雪崩區域可以被限制在 N_1 區域內。在式 (4)，Q 是在施體「糰」的單位面積雜質數（impurities/cm^2）。對特定摻雜濃度 N_1 的高－低二極體，在崩潰時的最大電場與具有相同摻雜濃度 N_1 的單側陡接面崩潰時是相同的。而低－高－低結構的最大電場可以從離子化係數中計算得知。因為這些結構只有一種電荷載子（電子）越過漂移區域（drift region），所以都是單漂移（single-drift）衝渡二極體。另一方面，假如我們形成一個 p^+-p-n-n$^+$ 結構，便得到一個雙漂移（double-drift）衝渡二極體，在此二極體中，電子和電洞都參與了元件的操作；兩者各自越過兩個不同漂移區域，亦即電子由雪崩區域移到右邊，電洞由雪崩區域移到左邊。對各種各樣的雙漂移二極體，可以利用相似的方法來得到崩潰電壓。

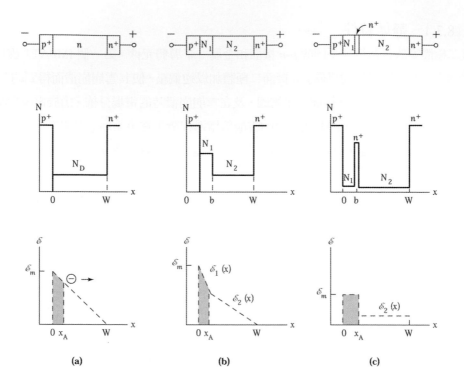

圖 3　三個單漂移（single-drift）IMPATT 二極體的摻雜濃度分佈側圖，與雪崩崩潰時的電場分佈。（a）單側陡 *p-n* 接面，（b）高－低結構，（c）低－高－低結構。

8.3.2　動態特性

我們現在將以圖 3c 所顯示的低－高－低結構，來討論 IMPATT 二極體的注入延遲（injection delay）和穿巡時間效應（transit-time effect）。當二極體加上一個逆向直流電壓 V_B，使其剛好達到雪崩時的臨界電場 $\mathcal{E}_c$（圖 4a），此時雪崩倍增將會開始。在 $t = 0$ 時，一個交流電壓疊加在此直流電壓上面，如圖 4e 中顯示。產生在雪崩區域的電洞移到 p^+ 區域，而電子則進入漂移區域。當供給的交流電壓變正時，有更多的電子在雪崩區域中產生，如圖 4b 所顯示的虛線。只要電場超過 $\mathcal{E}_c$，電子脈衝便持續增加。因此，電子脈衝於 π 時達到它的峰值，而不是當電壓為最大值時的 π/2（圖 4c）。其重要的結果就是，在雪崩過程中，本身就具有 π/2 相的延遲，換言之，注入的載子密度（電子脈衝）落後於交流電壓的相有 90 度。

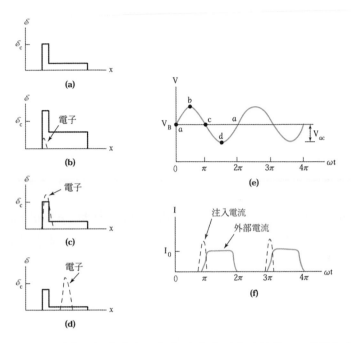

圖 4　IMPATT 二極體在四個時間間隔（a）到（d）的交流循環下，其場分佈與產生之載
　　　子密度，（e）交流電壓，（f）注入和外部電流[6]。

　　另外的一個延遲是由漂移區域所提供的。一旦供給電壓低於 V_B（$\pi \leq \omega t \leq 2\pi$）
時，只要跨過漂移區域的電場足夠高，則注入的電子將會以飽和速度，漂移向 n^+ 接
觸（圖 4d）。

　　上面所描述的情況可用圖 4f 中的注入載子來說明。藉由比較圖 4e 和圖 4f，我們
可以注意到，交流電場（或電壓）的峰值是發生在 $\pi/2$，但是注入載子密度的峰值卻
發生在 π。注入載子接著以飽和速度橫渡漂移區域，因此造成穿巡時間延遲（transit-time
delay）。圖 4f 中也顯示了感應的外部電流。由交流電壓和外部電流的對照，顯示此
二極體呈現負電阻特性。

　　倘若我們選擇穿巡時間為振盪週期的一半，那麼注入載子（電子脈衝）將會在負
半週期間橫渡寬度 W 的漂移區域。亦即

$$\frac{W - x_A}{\upsilon_s} = \frac{1}{2}\left(\frac{1}{f}\right) \tag{5}$$

或

$$\boxed{f = \frac{\upsilon_s}{2\,(W - x_A)}} \tag{6}$$

其中 υ_s 為飽和速度，對矽而言，在 300 K 時為 10^7 cm/s。

範例 1

考慮一個 b=1μm 和 W=6μm 的低－高－低矽 IMPATT 二極體（p^+-i-n^+-i-n^+）。假如在崩潰時的電場是 3.3×10^5 V/cm，Q = 2.0×10^{12} charges/cm^2，求出直流崩潰電壓，漂移區域的電場及操作頻率。

解

從式（4），我們可算出崩潰電壓

$$V_B = 3.3\times10^5 \times10^{-4} + \left(3.3\times10^5 - \frac{1.6\times10^{-19}\times2.0\times10^{12}}{11.9\times8.85\times10^{-14}}\right)\times\left(5\times10^{-4}\right)$$

$$= 33 + 13 = 46 \text{ V}$$

在漂移區域的電場為 $\dfrac{13}{5\times10^{-4}} = 2.6\times10^4$ V/cm

對於注入載子，漂移電場要足夠高以維持其飽和速度。因此

$$f = \frac{\upsilon_s}{2(W - x_A)} = \frac{10^7}{2\times(6-1)\times10^{-4}} = 10^{10} \text{ Hz} = 10 \text{ GHz}$$

我們也可以利用圖 4e 和 4f 來估算 IMPATT 二極體的直流到交流（dc-to-ac）的功率轉換效率。直流功率輸入是平均直流電壓和平均直流電流的乘積，亦即 $V_B(I_0/2)$。而交流功率輸出可以藉由假設最大交流電壓振幅是 1/2 V_B，亦即 $V_{ac} = V_B/2$；外部電流在 $0 \leq \omega t \leq \pi$ 之間為 0，而在 $\pi \leq \omega t \leq 2\pi$ 之間為 I_0 來作估算。因此，微波功率產生效率 η 為

$$\eta = \frac{\text{ac power output}}{\text{dc power input}} = \frac{\int_0^{2\pi} \left(V_{ac} \sin \omega t\right) I \; d(\omega t)}{\left(V_B \dfrac{I_0}{2}\right) 2\pi}$$

$$= \frac{\int_\pi^{2\pi} \left(\dfrac{V_B}{2} \sin \omega t\right) I_0 \; d(\omega t)}{V_B I_0 \pi} = \frac{1}{\pi} = 32\% \tag{7}$$

目前最先進的 IMPATT 二極體，在 30GHz 時，其 cw 功率可達 3 瓦（W），效率超過 22%；在 100 GHz 時可達 1 W，其效率為 10%；在 250 GHz 時，可達 50 mW，其效率為 1%[7]。在較高頻率時，功率與效率的顯著減少，是由於元件製造與電路最佳化的困難所引起。此減少也由於轉換能量到載子及穿隧極窄空乏層所需之一定時間，因而導致非最佳化穿巡時間延遲所引起。

8.4　轉移電子元件（Transferred-Electron Device）

轉移電子效應在 1963 年初次被發現。在最早的實驗中[8]，當一個超過每公分幾千伏特臨界值的直流電場，外加在一個短的 n 型 GaAs 或磷化砷（InP）的樣品上，就會有微波的輸出產生。轉移電子元件（transferred-electron device，TED）是一個重要的微波元件。它已被廣泛利用作局部振盪器和功率放大器，且所涵蓋微波頻率是從 1 到 150GHz 的範圍。雖然轉移電子元件的功率輸出和效率一般都比 IMPATT 二極體還低。然而，TED 卻有較低的雜訊，較低的操作電壓，和相對較容易的電路設計。TED 技術已趨成熟，且已成為偵測系統，遙控和微波測試儀器上所使用的重要固態微波來源。

8.4.1　負微分電阻（Negative Differential Resistance）

在第二章，我們曾討論轉移電子效應（transferred-electron effect），亦即傳導電子從高移動率的能量谷，轉移到低移動率、較高能量之衛星谷。n 型 GaAs 以及 n 型 InP 是最廣泛被研究且使用的。室溫下所測得的速度和電場間的特性已在第七章之圖 15

顯示。基本上來說，室溫下之速度－電場之特性曲線有著負微分電阻（NDR）的區域[9]，圖中也顯示相當於 NDR 之開始的臨界電場。砷化鎵的臨界電場 $\mathcal{E}_T$ 為 3.2kV/cm 而磷化銦的 $\mathcal{E}_T$ 則為 10.5kV/cm。砷化鎵的峰值速度 v_p 為 2.2×10^7 cm/s，而磷化銦的則為 2.5×10^7 cm/s。接著最大負微分移動率（differential mobility，亦即 dv/dE），對砷化鎵而言，大約為–2400 $cm^2/V\text{-}s$，而磷化銦約為–2000 $cm^2/V\text{-}s$。

對於引起 NDR 的轉移電子機制必須滿足特定的要求：（a）晶格溫度需足夠低，以致於在沒有電場存在時，大部分電子是在下谷（導電帶的最小值），亦即兩個谷之能量差 $\Delta E > kT$。（b）在下谷，電子必須有高的移動率和小的有效質量；而在上的衛星谷，電子必須有低的移動率和大的有效質量。（c）兩谷間之能量差必須小於半導體能隙（即 $\Delta E < E_g$），以致在電子轉移到上谷之前，雪崩崩潰不會開始。

當有著電場 $\mathcal{E}_0$ 的負電阻區域中有一 TED 被施以偏壓，如圖 5a 所示，則瞬時空間電荷以及電場分佈會變得內部的不穩定。（這是一個 TED 獨有的特性，因為其他的負電阻元件都有著內部穩定特性）。在 TED 中這樣的不穩定性開始於電偶極（dipole，也可以稱作是定域 domain），電偶極中包含了過量電子（負電荷）以及空乏電子（正電荷）[9]，如圖 5b 所示。有各種可能性導致電偶極的產生，像是摻雜之異質性、材料缺陷或是隨機之雜訊。電偶極通常在陰極接觸附近形成，因為最大的摻雜波動以及空間電荷擾動就存在於此。電偶極建立了一較高之電場給在此位置的電子。這較高之電場，如圖 5a 所示，會使這些電子減速，相較於在電偶極外之電子。因此，過量電子的區域也會擴大，因為尾隨在電偶極後的電子會以較高的速度抵達。而空乏電子的區域也會擴大，這是因為在電偶極之前的電子會帶有較高的速度離開，如圖 5c 所示。

在圖 5c 也顯示了當電偶極增強，所在位置的電場也會隨之增加，但犧牲了在電偶極以外的所有區域之電場。在電偶極內的電場總是高於 $\mathcal{E}_0$，且其載子速度對電場是嚴格遞減的關係。在電偶極以外的電場會低於 $\mathcal{E}_0$，且其載子速度會到達一個峰值而後隨著電場的減少而有嚴格遞減的現象。而當電偶極外的電場減少至一特定值 $\mathcal{E}_s$ 時（稱作維持電場 sustaining field），電子的速度不論是在電偶極內或是外都是相同的。此時電偶極停止了增強，且被視為對於定域來說已臻成熟，通常仍靠近陰極。端點電流的波形顯示於圖 5d 中。在時間 t_2，一個定域形成。而在時間 t_1，定域延伸到陽極。在定域形成以前，遍及 TED 的電場會跳至 $\mathcal{E}_0$。在定域形成的期間（t_2-t_1），在電偶極外的其它的電場峰值速度發生處之 $\mathcal{E}_0$。這造成了一峰值電流。此電流脈衝的寬度與定域在陽極的衰減到新定域的形成，其時間間隔一致。而週期 T 與定域從陰極到陽

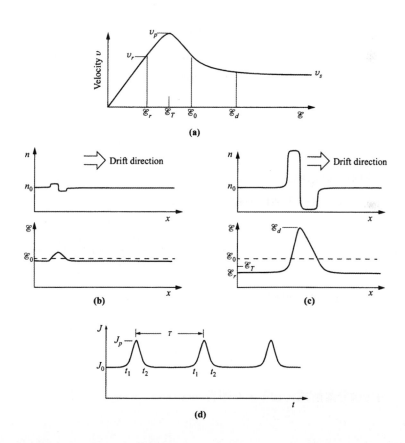

圖 5　定域形成的示意圖 (a) v-ε 關係圖及一些關鍵點。 (b) 一小電偶極成長到 (c) 一成熟的定域。 (d)端點電流震盪。在時間 t_1 與 t_2 間，在陽極已臻成熟的定域被衰減而在靠近陰極的定域逐漸形成。

極的穿巡時間一致，為 L/v，其中 L 為元件的長度而 v 為平均速度，所對應的頻率 f 為 v/L。TED 可以操作在許多種模式。上述中 TED 的操作模式即為穿巡時間定域模式，在這樣的模式下，定域有著充足的時間去長成，且穿巡到陽極。

我們現在正規地看待定域的成長。其一維的連續方程式為

$$\frac{\partial n}{\partial t} = \frac{1}{q}\frac{\partial J}{\partial x} \tag{8}$$

假如在均勻平衡濃度 n_0 裡，有小局部的多數載子擾動，則產生的局部空間電荷密度為 $n-n_0$。而其波松方程式（Poisson's equation）和電流密度方程式為

$$\frac{\partial \mathcal{E}}{\partial x} = \frac{-q(n-n_0)}{\varepsilon_s} \tag{9}$$

$$J = qn_0\overline{\mu}\mathcal{E} + qD\frac{\partial n}{\partial x} \tag{10}$$

$\overline{\mu}$ 為平均移動率（第二章式（83）所定義），ε_s 為介電係數，且 D 為擴散常數。把式（10）對 x 微分，並代入波松方程式可得

$$\frac{1}{q}\frac{\partial J}{\partial x} = -\frac{n-n_0}{\varepsilon_s / qn_0\overline{\mu}} + D\frac{\partial^2 n}{\partial x^2} \tag{11}$$

再將此式代入式 (8) 裡，得到

$$\frac{\partial n}{\partial t} = -\frac{n-n_0}{\varepsilon_s / qn_0\overline{\mu}} + D\frac{\partial^2 n}{\partial x^2} \tag{12}$$

我們可以用變數分離解式（12），亦即設 $n(x,t)= n_1(x)\, n_2(t)$。對暫態響應，式（12）之解為

$$n-n_0 = (n-n_0)_{t=0}\exp\left(\frac{-t}{\tau_R}\right) \tag{13}$$

其中介電緩和時間 τ_R （dielectric relaxation time）為

$$\tau_R = \frac{\varepsilon_s}{qn_0\overline{\mu}} \tag{14}$$

τ_R 為當移動率 $\overline{\mu}$ 為正時，對於空間電荷衰減到中性時的時間常數。然而，假如半導體呈現 NDR，任何電荷的不平衡將會隨著時間常數 $\left|\tau_R\right|$ 而增大。

8.4.2 元件操作

TED 需要非常純且均勻的材質，且有最少的深雜質能階與陷阱。現在的 TED 幾乎都藉由用各種磊晶技術，在 n^+ 基板上沉積磊晶層。典型的施體濃度範圍是從 10^{14} 到 10^{16} cm^{-3}，且典型的元件長度範圍是從幾微米（micrometer）到好幾百微米。圖 6a 顯示，一個在 n^+ 基板上有一 n 型磊晶層，和一個連接到陰極電極的 n^+ 歐姆接觸的 TED。圖 6a 中也顯示，平衡時的能帶圖與當外加電壓 $V = 3V_T$ 於此元件時，其電場分佈情形，此 V_T 是臨界電場 ε_T 和元件長度 L 的乘積。對於這樣的一個歐姆接觸，在靠近陰極附近總是有一低的場區域。沒有定域在那裏形成，這是因為下谷電子的加熱時間為有限的。死區可能大到為 1um，此死區強加一個限制在最小元件長度上也因此有最大操作頻率的限制。橫跨元件長度的場是不均勻的，這是因為在定域中的電場隨距離而增強，如圖 5b 以及 5c 中所示。

為了改善元件的性能，我們使用雙區（two-zone）陰極接觸，來替代 n^+ 歐姆接觸。此雙區陰極接觸是由一高電場區和一個 n^+ 區所組成的（圖 6b）。這樣的形態類似於低－高－低 IMPATT 二極體。電子在高電場區被「加熱」，且緊接著被注入到具有均勻電場的主動區（active region）。此種結構已成功的被用在寬大溫度範圍內，且具有高效率與高功率輸出。

我們已經陳述具有 NDR 特性的元件，初始的空間電荷將會隨時間成指數的增長（式(13)），且其時間常數是由式 (14) 所決定：

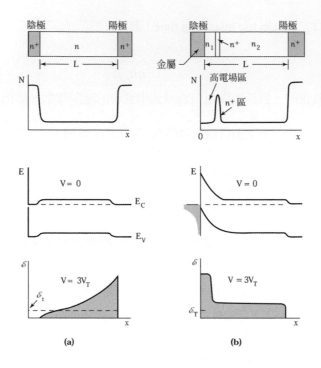

圖 6　TED 的兩種陰極接觸。（a）歐姆接觸，和（b）雙區（two-zone）蕭基能障接觸。

$$\left|\tau_R\right| = \frac{\varepsilon_s}{qn_0\left|\mu_-\right|} \tag{15}$$

μ_- 為負微分移動率（negative differential mobility）。若式 (13)在穿巡整個空間電荷層的穿巡時間內均成立，其最大的成長因子必定是 exp($L/\upsilon|\tau_R|$)，其中 L 是主動區的長度，且 υ 是空間電荷層的平均漂移速度。對於大的空間電荷的成長，成長因子必須大於 1，使得 $L/\upsilon|\tau_R| > 1$，或

$$n_0 L > \frac{\varepsilon_s \upsilon}{q\left|\mu_-\right|} \approx 10^{12}\,\mathrm{cm}^{-2} \tag{16}$$

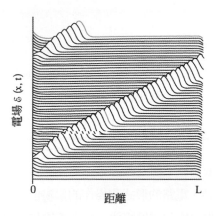

圖 7　在穿巡時間定域模式下，陰極成核（cathode-nucleated）TED 的時間相依行
　　　為之數值模擬[10]。

上式是對 GaAs 和 InP 而言。一劇烈的空間電荷不穩定是取決於有足夠的在半導體中
之電荷是可被利用的以及元件要足夠長，以致空間電荷可以在電子穿巡時間內被建立
的必須量，如式 16 所示。在關鍵的水平 $n_0 L$ 下，場以及載子皆為本質上的穩定。

　　圖 7 顯示，100 μm 長且摻雜濃度為 5×10^{14} cm^{-3}（$n_0 L = 5 \times 10^{12}$ cm^{-2}）的砷化鎵
TED，其模擬定域的時間相依行為[11]。各個垂直顯示 $\mathcal{E}(x,t)$ 的電場之時差為 $16\,\tau_R$，
在此 τ_R 是從式（14）求出之低電場介電質緩和時間（對於此元件　$\tau_R = 1.5$ ps）。

　　目前先進的 TED 二極體可在 30 GHz 達到 0.5 W 的 cw 功率及 15%效率；在 100
GHz 達到 0.2 W，而有 7%效率，且在 150 GHz 達到 70mW，而有 1%效率。雖然 TED
的功率輸出低於 IMPATT，然而，TED 卻有非常低的雜訊（如：在 135 GHz 下低於
20 dB）[8]。

範例 2

一個長 10 μm 的 GaAs TED，其操作在穿巡定域模式。求出需要的最小電子密度 n_0，
及在電流脈衝間的時間。

解

對於穿巡定域模式，我們需要 $n_0 L \geq 10^{12}\ \mathrm{cm}^{-2}$：

$$n_0 \geq 10^{12} / L = 10^{12} / 10 \times 10^{-4} = 10^{15}\ \mathrm{cm}^{-3}$$

電流脈衝間的時間是定域從陰極移動到陽極所需的時間:

$$t = L / v = 10 \times 10^{-4} / 10^{7} = 10^{-10}\,\mathrm{s} = 0.1\,\mathrm{ns}$$

一個 TED 的操作模式取決於下面五個因素：元件內的摻雜濃度與摻雜均勻性、主動區的長度、陰極接觸特性、電路的形式和操作的偏壓值。舉例來說，若沒有內部定域被建立，則 TED 就操作在均勻電場模式。它有著均勻電場且表現得就像一般的 NDR 元件一樣。其操作頻率不被定域穿巡時間所限制。

如果定域可在其延伸至陽極前被抑制的話，TED 則操作在抑制模式。這此模式之下，定域抑制發生在當一個 ac 周期間，偏壓被充分減至臨界值以下的時候。當偏壓搖擺回臨界值之上時，一個新的電偶極層成形，且這樣的程序不斷被重複。而操作頻率可以除去限制，這是因為定域穿巡時間。因此，震盪可以發生在共振電路的頻率。

8.5 量子效應元件

量子效應元件（quantum-effect device，QED）是利用量子機制穿隧，來提供可控制的載子傳輸。對此元件，主動層厚度是非常窄的，約在 10 nm 的等級。這些小尺寸會引起可改變能帶結構，和增強元件傳輸特性的量子尺寸效應。基本的 QED 是將在 8.5.1 節所討論的共振穿隧二極體（resonant-tunneling diode，RTD）。很多新穎的電流－電壓特性可藉由組合 RTD，和先前章節所探討的傳統元件而得。量子效應元件特別重要，因為它們可以被當作是功能元件（functional device），亦即它們可大量減少所須組件的數目，而執行特定的電路功能。

8.5.1　共振穿隧二極體（Resonant Tunneling Diode）

圖 8 顯示 RTD 的能帶圖。它為一半導體雙能障結構，包含有四個異質接面（heterojuction） GaAs/AlAs/GaAs/AlAs/GaAs 結構與導電帶的一個量子井。共振穿隧二極體有三個重要元件參數，即能障高度 E_0（即為導電帶的不連續）、能障厚度（energy barrier thickness）L_B 及量子井厚度 L_W。

我們現在把注意力放在圖 9a 的 RTD 導電帶上 [12]。假如井厚度 L_W 足夠小（10 nm 的等級或更小），一系列的分立能階就會存在井內（如圖 9a 裡的 E_1，E_2，E_3 和 E_4）。假如能障厚度 L_B 也非常小的話，共振穿隧將會產生。當某個入射電子的能量 E 恰等於量子井裡的其中一個分立能階，則電子將會以 1（100%）的傳送係數（transmission coefficient）穿隧雙能障。

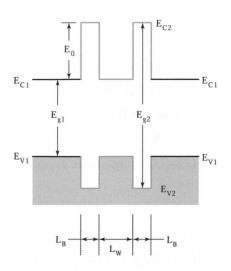

圖 8　共振穿隧二極體的能帶圖。

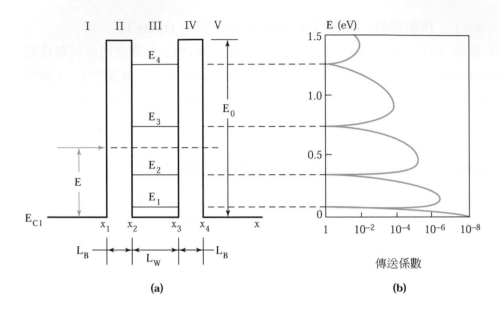

圖 9　（a）AlAs/GaAs/AlAs 雙能障結構圖，其能障寬 2.5 nm，而井寬 7 nm，
（b）此結構的傳送係數對電子能量關係 [12]。

　　當能量 E 遠離分立能階時，傳送係數會快速的減少。例如，一個高於或低於能階 E_1 能量為 10 meV 的電子，將會造成其傳送係數 10^5 倍的減少，如圖 9b 所描述。我們可解圖 9a 裡之 5 個不同區域（I，II，III，IV，V）的一維薛丁格（Schrödinger，或譯水丁格）方程式，而計算出傳送係數。由於波函數和其在每個電位不連續處的第一階微分必須要連續，故我們可以得到傳送係數 T_t。附錄 J 顯示對共振穿隧二極體傳送係數的計算。

　　圖 10a 顯示，GaAs/AlAs RTD 的傳送係數呈現第一與第二共振峰值的能階 E_n，在不同的井厚度 L_W 下，其與能障厚度 L_B 的關係 [13]。可以明顯的看到 E_n 幾乎與 L_B 無關，但卻與 L_W 有關。在圖 10b 裡顯示，計算出之峰寬度 ΔE_n（即在傳送係數是半峰值 $T_t = 0.5$ 時的全寬度），以 L_W 為參數，對 L_B 的函數作圖。對於一固定的 L_W，寬度 ΔE_n 會隨著 L_B 增加而呈指數的減少。

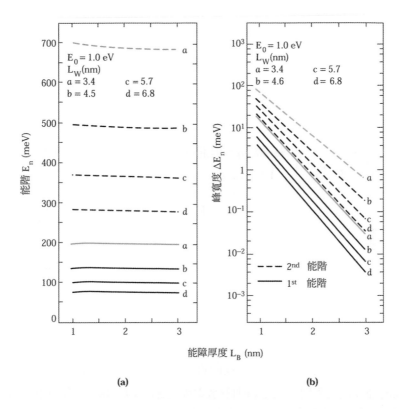

圖 10 （a）對 AlAs/GaAs/AlAs 結構，於傳送係數呈現出共振峰值時所計算出的電子能量，在不同的井厚度下，其與能障厚度的關係，（b）對第一和第二共振峰值，傳送係數於半峰值時的全寬度與能障厚度之關係[13]。

圖 11 是 RTD 結構的剖面圖[13]。交替的 GaAs/AlAs 層利用分子束磊晶（molecular beam epitaxy，MBE）依序成長在 n^+ GaAs 基板上（MBE 製程將在第十章討論）。能障厚度為 1.7 nm，而井的厚度為 4.5 nm。主動區域利用歐姆接觸去定義。上層接觸點是在蝕刻平台（mesa）時，被當作是隔離接觸下面區域的遮罩。

上述 RTD 所量測的電流－電壓特性如圖 12 所示。圖中也顯示了不同直流偏壓下的能帶圖。注意此 I-V 曲線與穿隧二極體（圖 1）的 I-V 曲線相似。在熱平衡，$V = 0$ 時，能帶圖也類似於圖 9a（在此只顯示最低能階 E_1）的能帶圖。當外加偏壓增加時，位於第一能障左邊、靠近費米能階之被佔據能量態位上,其電子將會穿隧到量子井內。電子接著穿隧過第二能障,進入右邊未被佔據的能量態位上。當入射電子能量約等於能階 E_1,此時的傳送機率最大,因此就產生了共振。此可以用能量圖來加以描述,在外加偏壓 $V = V_1 = V_p$ 時,左邊的導電帶邊緣會跟 E_1 對齊。

峰值電壓大小必須至少為 $2E_1/q$,但通常會較大,因為在聚積區與空乏區會有額外的電壓降:

$$V_P > \frac{2E_1}{q} \tag{17}$$

當電壓進一步增加,即在 $V = V_2$,導電帶邊緣會高於 E_1,可以穿隧的電子數量減少,因此造成較小的電流。谷底電流 I_V 主要是由於額外的電流成分,例如經由能障內上谷穿隧的電子。而在室溫及較高溫時,尚有其他電流成分,是與晶格振動或雜質原子有關的穿隧電流。為減少此谷底電流,我們必須改善異質接面品質與井區域內的雜質。在更高的外加電壓下,$V > V_V$,我們將會得到熱電流成分 I_{th},其起因為電子經由井裡較高的分立能階入射,或是藉由熱放射而越過能障。這 I_{th} 會隨電壓增加,而單調的增加,此與穿隧二極體類似。為了減少 I_{th},我們應增加能障高度,且設計可以操作在相當低偏壓下的二極體。

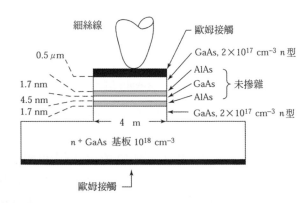

圖 11　平台(mesa)型共振穿隧二極體[13]。

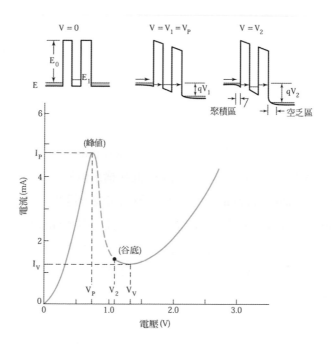

圖 12 在圖 11 中之二極體所量測出的電流－電壓特性[13]。

共振穿隧二極體因為有較小的寄生電路，因此可以操作在非常高的頻率。在 RTD 裡，主要的電容是由於空乏區（參考圖 12 裡 $V = V_2$ 的能帶圖）。因為該處的摻雜密度可以遠低於簡併 *p-n* 接面的摻雜密度，所以空乏電容可以非常小。RTD 的截止頻率可以達到 THz（10^{12} Hz）的頻率範圍。它也可用在超快脈衝產生電路、THz 頻率輻射偵測系統和可產生 THz 頻率訊號的振盪器。

範例 3

求出在圖 11，RTD 的基態能階（ground energy level）和對應的峰值寬度。且也對圖 12 裡的峰值電壓 V_p 跟 $2E_1/q$ 的大小做比較。

解

從圖 10，我們可發現對 L_W = 4.5 nm 的基態能階是 140 meV，且峰值寬度 ΔE_1 約為 1 meV。在圖 12 中，V_p 為 700 mV，比 280 mV（$2E_1/q$）高。此差距（420 meV）乃因有電壓降在聚積區與空乏區。

8.5.2 單極性共振穿隧電晶體（Unipolar Resonant Tunneling Transistor）

單極性共振穿隧電晶體[14]的能帶圖顯示於圖 13。此結構由位於 GaAs 的射極層和基極層間之共振穿隧（resonant tunneling，RT）雙能障所組成。這共振穿隧結構是由夾在兩個 $Al_{0.33}Ga_{0.67}As$（5nm 厚）的能障中之 GaAs 量子井（厚 5.6nm）所構成。高能量電子可以藉由 RT 從射極入射，而進入基極區域。然後電子傳輸通過 100 nm 厚的 n^+ 基極區域，最後在 300 nm 厚的 $Al_{0.2}Ga_{0.8}As$ 集極能障被收集。其中能障與量子井都未經摻雜，而射極、基極與集極則都摻雜 1×10^{18} cm^{-3} 之 n 型濃度。

此元件在共射極組態下，固定集射電壓 V_{CE} 時，其操作情形如圖 13 的能帶圖所示。當基射電壓 V_{BE} 為 0 時（圖 13a），並無電子的注入；因此即使在正的 V_{CE} 電壓時，射極與集極電流也都為 0。當 V_{BE} 為 $2E_1/q$ 時，射極與集極電流會有峰值的產生，此 E_1 為量子井第一個共振能階（圖 13b）。隨著 V_{BE} 電壓再持續增加，共振穿隧會被抑制（圖 13c），伴隨著集極電流的降低。圖 13d 顯示電流－電壓的特性。值得注意的是約在 V_{BE} = 0.4V 時，有一個電流峰值產生。假如我們將兩輸入端 A 和 B 連接於基極端點（圖 13e），此元件就可以執行出互斥反或閘（exclusive NOR）之邏輯功能[§]，亦即，若 A 和 B 同時為高電壓或是低電壓時，輸出電壓將會是高電壓；否則，輸出電壓將會是低電壓。要執行這樣相同的功能，我們卻需要 8 個傳統的 MESFET。因此，很多量子效應元件可以有效的作為功能元件（functional device）。

[§]互斥反或閘（exclusive NOR）邏輯功能：當兩個輸入同時為高電壓或同時為低電壓時，輸出為高電壓。否則，輸出為低電壓。

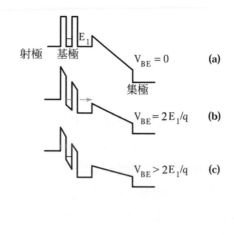

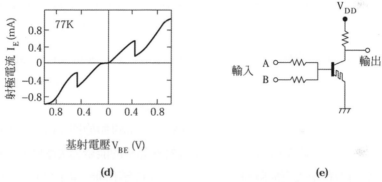

圖 13 一個單極性共振穿透電晶體[14]在（a）$V_{BE} = 0$ ，（b）$V_{BE} = 2E_1/q$（最大 RT 電流），（c）$V_{BE} > 2E_1/q$（RT 被抑制），（d）在 77 K 下所測得的基射電流–電壓特性及（e）一個互斥反或閘電路圖。

8.6 熱電子元件（Hot-Electron Device）

熱電子是指動能遠大於 kT 的電子，此處 k 為波茲曼（Boltzman）常數，T 為晶格溫度。當半導體元件尺寸縮小，導致內部場變大，因此在元件操作時，元件主動區內有相當比率的載子會處於高動能狀態。在某一特定的時間與空間點上，載子的速度分佈可能是極窄的尖峰，在此情形我們稱之為「彈道（ballistic）」電子群。在其他的時間與位置上，電子群體可以有一寬廣的速度分佈，類似於傳統的馬克士威爾（Maxwellian）分佈，而其有效電子溫度 T_e 大於晶格溫度 T。

多年來，已經有很多熱電子元件被研究，在此我們只探討兩個重要元件－熱電子異質接面雙載子電晶體（hot-electron HBT）和位置空間轉移電晶體（real-space-transfer transistor）。

8.6.1　熱電子異質接面雙載子電晶體（Hot-electron HBT）

在異質接面雙載子電晶體中，可以藉由設計具有較寬廣能隙的射極結構[15]，使得熱載子注入（hot carrier injection）變成可能，其中一例即為晶格匹配於 InP 的 AlInAs/GaInAs HBT。熱電子效應有好幾個優點，在 p-GaInAs 基極內，只要超過導電帶邊緣能量ΔE_c = 0.5eV，電子就會藉由熱放射，跨越過射基極能障而注入射極。此處彈道注入之目的是為了藉由較快的彈道傳輸，取代相對較慢的擴散移動來縮短基極內的移動時間。

8.6.2　位置空間轉移電晶體（Real-Space-Transfer Transistor，RSTT）

最原始的位置空間轉移電晶體結構，如圖 14a 所示，是由摻雜的寬能隙 AlGaAs，和未摻雜的窄能隙 GaAs 層相互交替而成的異質接面結構。在熱平衡時，可移動電子存在於未摻雜 GaAs 量子井裡，且與位於 AlGaAs 層裡的母體施體（parent donor）在空間上被隔開[16]。若輸入此結構的功率超過系統對於晶格的能量損失率時，載子會被「加熱」，且部分可轉移進入寬能隙層，而在此載子可能有不同的電子移動率（圖 14b）。若層 2 的移動率低很多，則在兩端點電路將會有負微分電阻的產生（圖 14c）。這很相似於轉移電子效應，是建立在動量空間谷間轉移的基礎上，因此稱作位置空間轉移（real-space transfer）。兩端點 RST 振盪器似乎沒有提供任何的優點給耿式震盪器（Gunn oscillator），這是因為在 RST 結構中在層 1 與層 2 間有一很大的移動率比例，會使得它相較於同質複合谷半導體之下更加難以實現。但透過在 RST 電晶體中的第三個端點抽出轉移熱載子的可能性，會使得 RST 結構更加有趣。

圖 15 顯示三端點位置空間轉移電晶體的剖面圖與相對應的能帶圖，此 RSTT 是以 GaInAs/AlInAs 材料系統所作[17,18]。源極和汲極與未摻雜的高移動率 $Ga_{0.47}In_{0.53}As$（$E_g = 0.75$ eV，$\mu_n = 13800$ cm^2/V-s）通道接觸，集極與有摻雜之 $Ga_{0.47}In_{0.53}As$ 導電層接觸。此層與通道間被一有較大能隙的材質（即一 $Al_{0.48}In_{0.52}As$，$E_g = 1.45$ eV）所隔

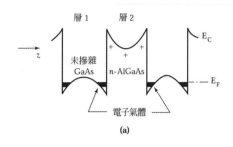

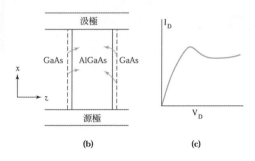

圖 14 （a）具有 GaAs 和 AlGaAs 交替層的異質接面，（b）電子被外加電場加熱，而轉移進入寬能隙層，（c）若移動率在層 2 是較低的，則轉移會造成負微分的傳導係數[16]。

開。在 $V_D = 0$ 時，因相對於接地的源極有足夠大的正集極電壓 V_C，源汲極間的通道中就會有一電子密度產生，但因為有 AlInAs 能障之故，並沒有集極電流 I_C 的流動。然而，當 V_D 增加，汲極電流 I_D 會開始流動，且通道內電子會被加熱到某等效溫度 $T_e(V_D)$。此電子溫度決定了注入跨過 AlInAs 集極能障的 RST 電流。注入的電子因 V_C 感應電場，而被掃進集極造成 I_C。此電晶體運作乃由於源汲極間通道內電子溫度的控制，進而調變了流進集極電極的電流 I_C。

　　圖 16 顯示，在一固定 $V_C = 3.9V$ 下，汲極電流 I_D 和集極電流 I_C 對汲極電壓 V_D 之關係[19]。相較於兩端點元件，RST 電流從汲極電流中去除，且導致了相當強的負微分電阻出現在 I_D -V_D 曲線中。在 I_D -V_D 特性上，RSTT 呈現出明顯的負微分電阻，且其峰值對谷底比值在 300 K 達到了 7000。而在 I_C -V_D 特性上，集極電流呈近似線性增加，且類似於場效電晶體，最後達到飽和。

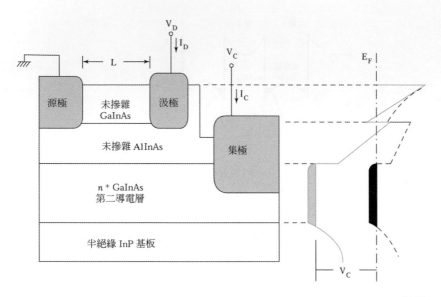

圖 15　GaInAs/AlInAs 材質系統的位置空間轉移電晶體之剖面圖與能帶圖 [17,18]。

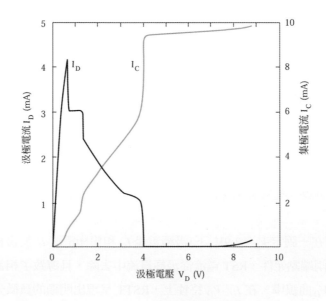

圖 16　T = 300 K 時，位置空間轉移電晶體的實驗特性 [19]。在固定集極電壓 V_c = 3.9 V 下，汲極電流 I_D 和集極電流 I_C 對汲極電壓 V_D 的關係。

RSTT 可以當作是具有高轉移電導（transconductance）$g_m \equiv I_C/I_D$（固定 V_C），且高截止頻率 f_T 的傳統高速電晶體。此外，RSTT 對於邏輯電路是另一個有用的功能元件。此乃因 RSTT 的源極和汲極接觸點是對稱的。單獨一個元件，如圖 16 所示，就能夠執行一個互斥或閘（exclusive OR，XOR）邏輯功能[§]，因為若源極與汲極在不同邏輯值，不管何者為「高」值，集極電流 I_C 將會流動。

總結

跟穿隧現象相關的二極體（如穿隧二極體），與雪崩崩潰相關的二極體（如 IMPATT 二極體），和動量空間轉移相關的二極體（如 TED）都是用於微波頻率的元件。這些兩端點元件，相較於三端點元件，有相對簡單的構造與非常少的寄生電阻和電容。這些微波二極體可以操作在毫米波長區帶（30 到 300 GHz），而有些元件甚至可以操作在次毫米波長區帶（>300 GHz）。在微波元件中，IMPATT 二極體是毫米波功率應用上，最廣為使用的半導體元件。然而，TED 卻常被使用在局部振盪器和放大器上，因為它有較低的雜訊，且可操作在比 IMPATT 二極體低的電壓。

在此章，我們也探討了量子效應和熱電子元件。當元件的尺寸減少到約 10 nm 時，量子效應變得重要。一個重要的量子效應元件就是共振穿隧二極體（RTD），它是一個有雙能障和一個量子井的異質接面結構。假如進入的載子能量等於量子井內的一個分立能階，則通過雙能障的穿隧機率（tunneling probability）就會變成 100%。這種效應就稱為共振穿隧。操作頻率達 THz（10^{12} Hz）範圍的微波偵測器已可用 TED 製作出來。而結合 RTD 和傳統元件，我們可獲得很多新穎的特性。一個例子就是單極性共振穿隧電晶體，它可大量減少組件數目，而能執行特定的邏輯功能。

我們也考慮了量子效應以及熱載子元件。熱電子元件根據操作時熱電子群體的形式，可分成兩類－彈道元件和位置空間轉移元件。彈道元件例如熱電子異質接面雙載子電晶體，具有超高速操作的潛力。在彈道元件裡，高動能的電子會藉由熱放射方式，而被注入跨過射基極能障。此種「彈道傳輸」可以大幅減少通過基極的穿巡時間。

[§]互斥或閘（exclusive OR）邏輯功能：當兩輸入其中之一，但不是兩者都是高，則輸出為高值。

而在位置空間轉移元件裡，窄能隙半導體內的電子可從輸入功率獲得能量，而轉移進入寬能隙半導體，導致負微分電阻的特性。這些元件（如位置空間轉移電晶體）具有高轉移電導和高截止頻率。位置空間轉移電晶體也可應用在邏輯電路上，它可比其他元件有較少的組件數量，而執行特定的功能。

參考文獻

1   S. M. Sze, Ed., *Modern Semiconductor Device Physics*, Wiley, New York, 1998.

2   J. J. Carr, *Microwave and Wireless Communications Technology*, Butterworth-Heinemann, Newton, MA, 1997.

3   L. E. Larson, *RF and Microwave Circuit Design for Wireless Communications*, Artech House, Norwood, MA, 1996.

4   G. R. Thorn, "Advanced Applications and Solid-State Power Sources for Millimeter wave Systems," *Proc. Soc. Photo-Optic. Inst. Opt. Eng.* (SPIE), **544**, 2 (1985).

5   (a) L. Esaki, "New Phenomenon in Narrow Ge *p-n* Junction," *Phys. Rev.*, **109**, 603 (1958); (b) L. Esaki, "Discovery of the Tunnel Diode, " *IEEE Trans. Electron Devices*, **ED-23**, 644 (1976).

6   (a) B. C. DeLoach, Jr., "The IMPATT Story," *IEEE Trans. Electron Devices*, **ED-23**, 57 (1976); (b) R. L. Johnston, B. C. DeLoach, Jr., and B. G. Cohen, "A Silicon Diode Oscillator," *Bell Syst. Tech. J.*, **44**, 369 (1965).

7   H. Eisele and G. I. Haddad, "Active Microwave Diodes," in S. M. Sze, Ed., *Modern Semiconductor Device Physics*, Wiley, New York, 1998.

8   J. B. Gunn, "Microwave Oscillation of Current in III-V Semiconductors," *Solid State Comm.*, **1**, 88 (1963).

9   H. Kroemer, "Negative Conductance in Semiconductor," *IEEE Spectr.*, **5**, 47 (1968).

10 M. Shaw, H. L. Grubin, and P. R. Solomon, *The Gunn-Hilsum Effect*, Academic, New York, 1979.

11 S.M. Sze and K. K. Ng, *Physics of Semiconductor Device*, 3rd Ed., Wiley Interscience,

Hoboken, 2007.

12 M. Tsuchiya, H. Sakaki, and J. Yashino, "Room Temperate Observation of Differential Negative Resistance in AlAs/GaAs/Alas Resonant Tunneling Diode, " *Jpn. J. Appl. Phy*. **24**, L466(1985)

13 E. R. Brown, et al., "High Speed Resonant Tunneling Diodes," *Proc. Soc. Photo-Opt. Inst. Eng.* (SPIE), **943**, 2 (1988).

14 N. Yokoyama, et al., "A New Functional Resonant Tunneling Hot Electron Transistor," *Jpn. J. Appl. Phys.*, 24, L853 (1985).

15 B. Jalali et al.,"Near-Ideal Lateral Scaling in Abrupt AlInAs/InGaAs Heterostructure Bipolar Transistor Prepared by Molecular Beam Epitaxy," *Appl. Phy. Lett.*, **54**, 2333 (1989).

16 K. Hess, et al., "Negative Differential Resistance Through Real-Space-Electron Transfer," *Appl. Phys. Lett.*, **35**, 469 (1979).

17 S. Luryi, "Hot Electron Transistors," in S. M. Sze, Ed., *High Speed Semiconductor Devices*, Wiley, New York, 1990.

18 S. Luryi and A. Zaslavsky, "Quantum-Effect and Hot-Electron Devices," in *Modern Semiconductor Device Physics*, Ed. S. M. Sze, Wiley, New York,1998.

19 P. M. Mensz, et al., "High Transconductance and Large Peak-to-Valley Ratio of Negative Differentional Conductance in Three Terminal InGaAs/InAlAs Real-Space-Transfer Devices," *Appl. Phy. Lett.*, **57**, 2558 (1990).

習題（＊指較難習題）

8.2 節　穿隧二極體

1. 一穿隧二極體的參數為：峰值電流 $I_P = 20\text{mA}$，此時所對應的電壓為 $V_P = 0.15\text{V}$，谷底電流 $I_V = 2\text{mA}$，所對應的電壓 $V_P = 0.6\text{V}$。假設 *I-V* 特性之兩點間用直線近似法來作近似，試計算負微分電阻的值。

2. 對一兩側都摻雜濃度 10^{19} cm^{-3} 的 GaAs 穿隧二極體，利用陡接面近似且假設 $V_n = V_p$

= 0.03 V，求出在 0.25 V 順向偏壓下，空乏層電容與空乏層寬度。

3. 一有著漂移區域長度 L 為 10μm，電子飽和速度 $V_s = 10^7$cm/s 的 Si IMPATT 二極體，試求其最小振盪頻率。

8.3 節　衝渡二極體

4. 對陡 p^+-n 二極體，雪崩產生空間電荷引起空乏區內電場改變，形成一個漸增的電阻。此漸增電阻被稱為空間電荷電阻（space charge resistance，R_{sc}），其大小為

$(1/\mathrm{I})\int_0^W \Delta\, \mathcal{E}\, dx$，此處 $\Delta\mathcal{E}$ 為

$$\Delta\quad(W) = \frac{\int_0^W \rho_S dx}{\varepsilon_S} = \frac{IW}{A\varepsilon_S \upsilon_S}$$

（a）對 $N_D = 10^{15}$ cm^{-3}，$W = 12$ μm，A $= 5 \times 10^{-4}$ cm^2 的 p^+-n Si IMPATT 二極體，求出其 R_{sc}。（b）電流密度為 10^3 A/cm^2 時，求出外加的直流電壓總值。

5. 一 GaAs IMPATT 二極體被操作在直流電壓 100 V，和平均偏壓電流（$I_o/2$）100 mA 及 10 GHz 下。（a）若功率產生效率為 25%，且二極體的熱電阻為 10℃/W，求出高出室溫的接面溫度，（b）若崩潰電壓隨著溫度而增加的速度為 60 mV/℃，求出室溫時的二極體崩潰電壓。

6. 考慮圖 3c 中所示的 GaAs 單漂移低－高－低 IMPATT 二極體，其雪崩區域（電場為常數）寬度為 0.4 μm，而全部空乏寬度為 3 μm。n^+ 糰之電荷為 1.5×10^{12}/cm^2。（a）求出二極體的崩潰電壓和崩潰時的最大電場，（b）漂移區內的電場是否高到可維持電子的速度飽和？（c）求出操作頻率。

7. 一高－低 IMPATT 二極體其崩潰電場為 450kV/cm 而介電常數為 12.9。漂移區域被均勻摻雜，其濃度為 5×10^{15}cm^{-3}，而最佳操作頻率為 20GHz。假設雪崩區域被完全侷限在高電場區域內，且有著漂移區域寬度的 5%，載子以它們的飽和速度 10^7cm/s 來漂移，在漂移區域的末端電場為零。試計算: (a)根據穿巡時間之概念而得的漂移區域的寬度，(b)雪崩（Hi）區域的寬度及摻雜濃度。

8. 一矽 n^+-p-π-p^+ IMPATT 二極體有一 3 μm 厚的 p 層，和一 9 μm 厚的 π 層（低摻

雜 p 層）。偏壓必須足夠高以在 p 區域內引起雪崩崩潰，並在 π 區域達到速度飽和。
（a）求出 p 區域所需的最小外加電壓和摻雜濃度，（b）估算元件的穿巡時間。

8.4 節　轉移電子元件

9. 一 InP TED 有 1 μm 長，剖面面積為 10^{-4} cm^2，且其操作在穿巡時間（transit time）模式；（a）求出穿巡模式所需求的最小電子密度 n_0，（b）求出電流脈衝間的時間，（c）假如所加偏壓是臨界電壓的一半，計算元件的功率消耗。

10. 一 GaAs 轉移電子元件有著摻雜濃度條件為：$N_D = 10^{15}$ cm^{-3}。若平均漂移速度 $V_D = 1.5 \times 10^7$ cm/s，且 GaAs 的介電係數(ε)為 $11.9\,\varepsilon_0$。試計算最小元件長度，電流脈衝之間的時間以及振盪頻率。

11. 岡氏效應元件之截面不是都是相同的；反之，其有一小的腔體在漂移區域的中心。試定性地討論你是否仍然可以在電流上得到周期性的振盪，如果可以的話，試求出其頻率相對於其他沒有任何腔體但其餘相同的元件。

8.5 節　量子效應元件

12. 分子束磊晶界面基本上是陡峭至一兩個單層（對 GaInAs，一單層為 0.28 nm）內，此乃起因於成長平面上的梯形形成。試估計由厚 AlInAs 能障所束縛之 15nm GaInAs 量子井的基態，和第一激發電子態之能階增寬（energy level broadening）。（提示：假設是兩個單層厚度變動的例子，和一個無限深的量子井。在 GaInAs 內，電子的有效質量為 0.0427 m_0）。

13. 對 AlAs (2 nm)/GaAs (6.78 nm)/AlAs (2 nm) 的 RTD，求出第一激發態能階和相對應峰的寬度 ΔE_2。假如我們要維持相同能階，但增加寬度 ΔE_2 10 倍，則 AlAs 和 GaAs 的厚度應是多少？

第九章 發光二極體及雷射

9.1　輻射轉換與光的吸收

9.2　發光二極體

9.3　不同型態之發光二極體

9.4　半導體雷射

總結

光元件是由光的基本粒子（光子）扮演主要角色的元件。本章中，我們將討論四大類的光元件：*發光二極體*（*light-emitting diode*，LED）和*雷射*（*laser*，*l*ight *a*mplification by *s*timulated *e*mission of *r*adiation），二者可以將電能轉換成光能；*光檢測器*（*photodetector*，或譯*光偵測器、光偵檢器*）可以電性方式來檢測光的訊號；而*太陽電池*（*solar cell*）則可將光能轉換成電能。在本章，我們把焦點放在發光二極體以及半導體雷射，光檢測器以及太陽能電池將會在下個章節做討論。

具體而言，本章包括了以下幾個主題：

● 光子和電子之間的基本交互作用。

● 自發放射（spontaneous emission）產生光子，作為傳統及有機的發光二極體。

● 誘發放射（stimulated emission）產生光子，作為異質結構雷射（heterostructure laser）。

9.1　輻射轉換與光的吸收

如圖 1 所示的電磁光譜，人的肉眼所能檢視的範圍，大約是從 0.4 μm 到 0.7 μm。圖 1 也在放大的刻度上，標出由紫到紅各主要顏色之波長帶。紫外光區涵蓋的波長範圍，是從 0.01μm 到 0.4μm，而紅外光區涵蓋的波長範圍，則是從 0.7 μm 到 1,000μm。在本章中，我們主要探討的波長範圍為從近紫外光（～0.3 μm）到近紅外光（～1.5 μm）的區域。

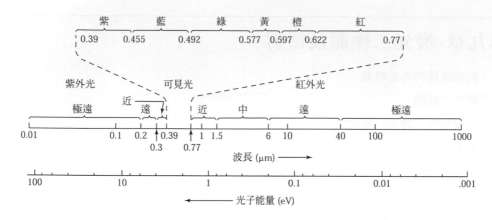

圖 1　由紫外光區至紅外光區的電磁光譜。

圖 1 並在另一橫座標上標出了光子能量。若欲將波長轉換成所對應的光子能量，可用以下的關係式：

$$\lambda = \frac{c}{v} = \frac{hc}{hv} = \frac{1.24}{hv(eV)} \quad \mu m \tag{1}$$

其中 c 是光在真空中速度，v 是光的頻率，h 是普朗克常數（Planck's constant，或譯蒲朗克常數），而 hv 則是一個光子的能量，單位是電子伏特（eV）。例如：一 0.5 μm 的綠光即相當於 2.48 eV 的光子能量。

9.1.1　輻射轉換

基本上，光子和固體內的電子之間有三種主要的交互作用過程：吸收（absorption）、自發放射（spontaneous emission）、誘發放射（stimulated emission）。在此我們以一簡單的系統來說明這些過程[1]。如圖 2 所示，若考慮在一個原子內的兩個能階 E_1 和 E_2，其中 E_1 相當於基態（ground state）、E_2 相當於激態（excited state）。則在此二能態之間的任何轉換，都包含了光子的放射或吸收，此光子的頻率則為 v_{12}，而 $hv_{12} = E_2 - E_1$。在室溫下，固體內的大多數原子處於基態。此時若有一能量恰好等於 hv_{12} 的光子撞擊此系統，則原先的狀態將被擾亂。原本處於基態 E_1 的原子將會吸收光子的能量，而跑到激態 E_2。這項能量狀態的改變，即稱為*吸收過程*，如圖 2a 所示。在激態中的原子是不穩定的。經過短暫的時間後，不需外來的刺激，它就會跳回基態，並放出一個能量為 $h\nu_{12}$ 的光子。這個過程即稱為*自發放射*（如圖 2b）。當一能量為 $h\nu_{12}$ 的光子撞擊一原本在激態的原子時（如圖 2c），此原子被誘發後會轉移到基態，並且放出一個與入射輻射同相位，能量為 $h\nu_{12}$ 的光子。這個過程即稱為*誘發放射*。由誘發放射所造成的輻射是單色的（monochromatic），因為每一個光子具有的能量都是 $h\nu_{12}$；同時，此輻射也是同調的（coherent），因為所有的光子都是以同相位發射。

發光二極體的主要運作過程是自發放射，雷射二極體（laser diode，LD）則是誘發放射。而光檢測器和太陽電池的運作過程則是吸收。

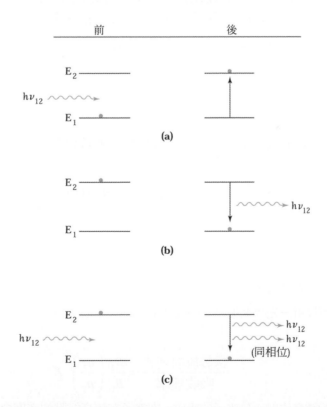

圖 2　在兩個能階間之三種基本轉換過程[1]。其中黑點表示原子的能態。初始態在左邊，經過轉換後，其最終態則在右邊：(a) 吸收，(b) 自發放射，(c) 誘發放射。

假設 E_1 和 E_2 的瞬間分佈（population，或譯粒子數、電子群數）分別是 n_1 和 n_2。在熱平衡狀態下，若 $(E_2 - E_1) > 3kT$，則根據波茲曼分佈，其分佈為：

$$\frac{n_2}{n_1} = e^{-(E_2-E_1)/kT} = e^{-h\nu_{12}/kT} \tag{2}$$

其中負指數表示在熱平衡時 n_2 小於 n_1，即大多數的電子是處於較低的能階。

　　在穩態時，誘發放射的速率（即單位時間內誘發放射轉換的次數）和自發放射的速率必須與吸收的速率達成平衡，以保持分佈 n_1 和 n_2 不變。誘發放射速率是正比於光子場能量密度 $\rho\,(h\nu_{12})$，此能量密度是在輻射場內單位體積、單位頻率的總能量。因此，誘發放射速率可以寫成 $B_{21}n_2\rho(h\nu_{12})$，其中 n_2 是較高能階的電子數，而 B_{21} 則是比例常數。自發放射速率只和較高能階的分佈成正比，因此可以寫成 $A_{21}n_2$，其中 A_{21} 是常數。吸收速率則是正比於較低能階的電子分佈及 $\rho\,(h\nu_{12})$，此速率可以寫成 $B_{12}n_1\rho\,(h\nu_{12})$，其中 B_{12} 是比例常數。

因此，在穩態時：

誘發放射速率 ＋ 自發放射速率 ＝ 吸收速率

或

$$B_{21}n_2\rho\,(h\nu_{12}) + A_{21}n_2 = B_{12}n_1\rho\,(h\nu_{12}) \tag{3}$$

由式（3）可看出

$$\frac{誘發放射速率}{自發放射速率} = \frac{B_{21}}{A_{21}}\rho(h\nu_{12}) \tag{4}$$

欲使誘發放射大於自發放射，必須要有很大的光子場能量密度 $\rho\,(h\nu_{12})$。為了達到這樣的密度，我們可以用一光學共振腔（optical resonant cavity）以提高光子場。由式（3）亦可得：

$$\frac{誘發放射速率}{吸收速率} = \frac{B_{21}}{B_{12}}\left(\frac{n_2}{n_1}\right) \tag{5}$$

　　假如光子的誘發放射大於光子的吸收，則電子在較高能階的密度會大於在較低能階的密度。這種情況稱為*分佈反轉*（*population inversion*），因為此與平衡條件下的情況恰好相反。在第 9.3 節談到半導體雷射的時候，我們將討論許多種方法，可以得到很大的光子場能量密度以達到分佈反轉，而使得誘發放射遠比自發放射和吸收來得重要。

9.1.2 光的吸收

圖 3 顯示的是半導體中的基本轉換。當半導體被光照射後，如果光子的能量等於能隙能量（即 $h\nu$ 等於 E_g），則半導體會吸收光子而產生電子－電洞對（EHPs），如圖 3a 所示。如果 $h\nu$ 大於 E_g，則除了會產生電子－電洞對之外，多餘的能量（$h\nu-E_g$）將以熱的形式散逸，如圖 3b 所示。以上 a 與 b 的過程皆稱為 *本質轉換*（*intrinsic transition*），或稱為能帶至能帶的轉換。另一方面，若 $h\nu$ 小於 E_g，則只有在禁止能隙中存在由化學雜質或物理缺陷（defect）所造成的能態時，光子才會被吸收，如圖 3c 所示，這種過程稱為 *外質轉換*（*extrinsic transition*）。一般而言，以上所述在因果倒置時，也是正確的。例如：在導電帶邊緣的電子與在價電帶邊緣的電洞結合時，會放出能量相當於能隙的光子。

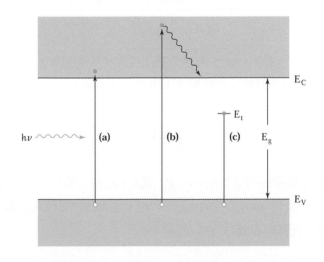

圖 3 光的吸收，當：（a）$h\nu = E_g$，（b）$h\nu > E_g$，（c）$h\nu < E_g$。

假設半導體被一個光子能量 $h\nu$ 大於 E_g 且光子通量（photon flux，或譯光子束）為 Φ_0（以每秒每平方公分所具有的光子數為單位）的光源照射。當此光子通量進入半導體時，光子被吸收的比例是與通量的強度成正比的。因此，在一增量距離 Δx（圖 4a）內，被吸收的光子數目為 $\alpha\Phi(x)\,\Delta x$，其中 α 為比例常數，我們將它定義為吸收係數（absorption coefficient）。如圖 4a，由光子通量的連續性可得：

$$\Phi(x + \Delta x) - \Phi(x) = \frac{d\Phi(x)}{dx}\Delta x = -\alpha\Phi(x)\Delta x$$

或

$$\frac{d\Phi(x)}{dx} = -\alpha\Phi(x) \tag{6}$$

負號表示由於吸收作用，導致光子通量強度減少。代入邊界條件，當 $x = 0$，$\Phi(x) = \Phi_0$，可得式（6）的解為：

$$\Phi(x) = \Phi_0 e^{-\alpha x} \tag{7}$$

當 $x = W$（圖 4b）時，由半導體的另一端逸出的光子通量為：

$$\boxed{\Phi(W) = \Phi_0 e^{-\alpha W}} \tag{8}$$

吸收係數 α 是 $h\nu$ 的函數。圖 5 為幾種應用於光元件的重要半導體之光吸收係數[2]，其中以虛線表示的是非晶矽，它是製造太陽電池的重要材料。在截止波長 λ_c 時，吸收係數會迅速地減少，亦即

$$\lambda_c = \frac{1.24}{E_g}\ \ \mu m \tag{9}$$

這是因為光的能帶至能帶間的吸收在 $h\nu < E_g$ 或 $\lambda > \lambda_c$ 時，變得微不足道。從圖 5 我們發現到 63%（也就是當 $\alpha W = 1$ 下的 $1 - e^{-\alpha W}$）的光通量會被吸收在距離 $W = 1/\alpha$ 下，被稱為穿透深度 δ，此深度在圖 5 亦有顯示。

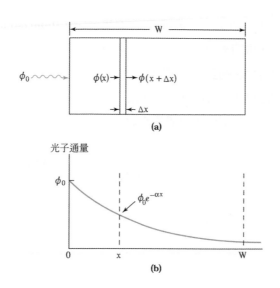

圖4 光的吸收：（a）在光照射下的半導體，（b）光子通量的指數衰減。

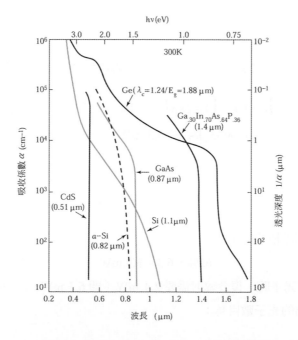

圖5 數種半導體材料之光吸收係數[2]。括號內的數值為截止波長。

對於直接能隙材料，在圖 5 中的 GaAs、CdS、Ga0.30In0.64P0.36 而言，吸收係數從截止波長λ_c來看，會隨著波長的減少會有著陡峭的上升，這是因為它並不需要晶格震盪（聲子）；而對於間接能隙半導體像是 Si、Ge 而言，光子吸收需要聲子吸收以及放出在光子吸收的過程中。而吸收係數從截止波長λ_c來看，會隨著波長的減少會有著緩慢的上升。因此，間接能隙半導體的吸收能量沒有很確切的與 Eg 一致，而是非常接近 Eg：

$$hv = E_g \pm h\omega \tag{10}$$

其中 hv 是吸收能量，$h\omega$ 是聲子能量

範例 1

一 0.25 μm 厚的單晶矽樣品被一能量 hv 為 3 eV 的單色光（單一頻率）照射，其入射功率為 10mW。試求此半導體每秒所吸收的總能量、多餘熱能散逸到晶格的速率，以及經由本質轉換之復合作用每秒所放出的光子數。

解

由圖 5 知其吸收係數α為 4×10^4 cm^{-1}，則每秒所吸收的能量為：

$$\Phi_0 \left(1 - e^{-\alpha W}\right) = 10^{-2} \left[1 - \exp\left(-4 \times 10^4 \times 0.25 \times 10^{-4}\right)\right]$$
$$= 0.0063 \text{ J/s} = 6.3 \text{ mW}$$

每一光子能量轉換成熱能的比例為：

$$\frac{hv - E_g}{hv} = \frac{3 - 1.12}{3} = 62\%$$

因此，每秒散逸到晶格的能量為：

$$62\% \times 6.3 = 3.9 \text{ mW}$$

又因為在 1.12 eV/光子時，復合輻射需要 2.4 mW（即 6.3 mW－3.9 mW），所以每秒經由復合作用放出的光子數目為：

$$\frac{2.4 \times 10^{-3}}{1.6 \times 10^{-19} \times 1.12} = 1.3 \times 10^{16} \ \text{photons/s}$$

9.2 發光二極體

發光二極體是一種 *p-n* 接面，它能在紫外光、可見光或紅外光區域放射自發輻射光。可見光 LED 被大量用於各種電子儀器設備與使用者之間的訊息傳遞。而紅外光 LED 則可用於光隔絕器及光纖通訊。

9.2.1 發光二極體的結構

發光二極體的基本結構是一種 *p-n* 接面。在順偏下，電子會從 *p* 型邊放射而電洞會從 *n* 型邊注入，如圖 6a 所示。接面的內建電位會被降低，其降低的量會等於外加的電位 *V*，而注入的載子會穿越會讓它們成為過量少數載子的接面。在鄰近接面的區域，過量載子的量會超過平衡值（$pn > n_i^2$），而電子電洞的復合也會發生，如圖 6b 所示。然而，如果利用一個雙異質接面，發光二極體的效率會明顯的有所改善。圖 6c 則是在說明被夾在兩層間的中心材料會有較高的能隙。*p*-type 還有 *n*-type 過量載子都會被注入且被侷限在相同的地方來產生光。在中心區域過量載子的數量會有顯著的上升。輻射復合生命期會因為較高的電子－電洞對密度而被縮短，而可得到更有效率的輻射復合。在這樣的配置下，中心層通常是未受參雜的且被束縛在不同型的層與層間。這樣的雙異質接面設計會有較高的效率且是一個較受歡迎的方式。

接著，若中心的主動層厚度減少到 10nm 或是更少的情形下，量子井會因而產生。量子井是一個會侷限載子的位能井，此載子本來能在三維空間自由移動，變成只能在二維空間。二維空間載子密度在能帶邊緣會變得更加陡峭，這樣的情形我們在附錄 H 會再作討論。載子密度可以變得更高且因此會有更高的復合率。另一個薄主動層的優點則是在磊晶成長時，它可以容許有更高的晶格不匹配。磊晶成長會在第 11 章做介紹。

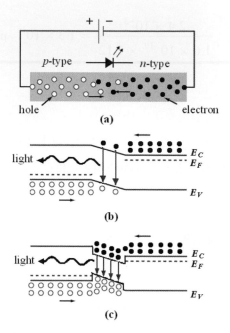

圖 6　(a)*p-n* 接面在順偏下，*n* 型區注入的電子會與 *p* 型區的電洞復合　(b)復合會
發生在靠近接面處　(c)雙異質接面會有較高的載子密度侷限在此。

9.2.2　發光二極體的光學特性

能帶至能帶間的復合

電子與電洞的復合產生了有著能量 *hν* 的光子，而此能量幾乎等於能隙。因為在導電
帶中，最大的電子密度是在能量為比 *Ec* 高 *kT/2* 處，其概念類似於在價電帶中，電洞
最有可能帶的能量是在比 *Ev* 低 *kT/2* 處。光子的能量近似於

$$hv = E_g + kT \tag{11}$$

光譜寬度

光譜的寬度是以強度半峰值時之全寬度（full width at half maximum intensity，FWHM，
半高寬）為準。式 1 對 λ 作微分顯示了有一個 Δλ 的延展對應於能量的延展：
在實際的用途上，我們可以忽略 *kT* 項而可得

$$hv = E_g \tag{11a}$$

$$\Delta\lambda \approx \frac{1}{hc}\lambda^2\Delta E \tag{12}$$

其中從式 11 可得 ΔE 為 kT。峰值波長的光譜寬度不論在哪側與 λ^2 以及 T 都有一相依關係[3]。其光譜寬度為 $2\Delta\lambda$。隨著波長的增加,從可見光到遠紅光,FWHM 變得越來越大。舉例來說,在 λ_m 為 0.55μm(綠光)時 FWHM 約為 20nm 但在 λ_m 為 1.3μm(遠紅光)時 FWHM 則超過 120nm。

頻率響應

電的輸入信號一般在高頻時被調變,此信號導致 LED 注入電流之直接調變。寄生元件如空乏層之電容以及串聯電阻皆會延遲載子注入到接面的時間,亦會延遲光的輸出。光輸出速度的最終極限取決於載子生命期,而載子生命期又由各種復合過程所決定,像是第二章討論過的表面復合。若電流調變在角頻率 ω 下受到調變,則光的輸出功率 $P(\omega)$ 為

$$P(\omega) = \frac{P(0)}{\sqrt{1+(\omega\tau)^2}} \tag{13}$$

其中 $P(0)$ 是在 $\omega = 0$ 的光輸出,而 τ 是載子的生命期。調變頻寬(modulation bandwidth)Δf 定義為當光的輸出降為 $\omega = 0$ 時,光輸出被減至 $1/\sqrt{2}$ 之頻率,亦即

$$\Delta f \equiv \frac{\Delta\omega}{2\pi} = \frac{1}{2\pi\tau} \tag{14}$$

而總載子生命期 (τ) 是相對於輻射 (τ_r) 及非輻射生命期 (τ_{nr}) 而言:

$$\frac{1}{\tau} = \frac{1}{\tau_r} + \frac{1}{\tau_{nr}} \tag{15}$$

當 $\tau_r << \tau_{nr}$ 時,τ 會趨近於 τ_r。而 τ_r 會隨著主動層的參雜增加以及 Δf 的加大而減少。而為了提升速度,在異質結構中主動層的中間增加參雜濃度是一個較為理想的方式。再來,頻率響應決定了 LED 可被開關切換的最高頻率,也因此決定了最大的資料傳輸率。

範例 2

試計算當 $\tau = 500\text{ps}$ 時，GaAs-based 的發光二極體之調變頻寬 Δf 。

解

由式(14)可得

$$\Delta f = \frac{1}{2\pi \cdot 500 \cdot 10^{-12}} = 318 MHz$$

9.2.3 量子效率

內部量子效率

對於一個給定的輸入功率，輻射性復合過程會與非輻射性的做競爭。而能帶與能帶間的轉換以及透過陷阱的轉換，都有機會是輻射性的或是非輻射性的。間接能隙半導體即為非輻射性能帶與能帶間轉換的例子；而透過等電子能階（isoelectronic level）的復合即為透過陷阱轉換的輻射性復合之例，這些將會在之後再做討論。

內部量子效率為將注入載子轉換為放射光子的效率，定義為

$$\eta_{in} = \frac{內部放射的光子數目}{通過接面的載子數目} \tag{16}$$

這可與輻射性復合之注入載子的部分以至於總復合率做連結，也可以被以它們生命期的形式寫為：

$$\eta_{in} = \frac{R_r}{R_r + R_{nr}} = \frac{\tau_{nr}}{\tau_{nr} + \tau r} \tag{17}$$

在這裡 R_r 以及 R_{nr} 分別是指輻射與非輻射的復合率。可以明顯的看出輻射生命期 τ_r 要夠小以達到高度的內部量子效率。對於低階注入，在接面中 p 型區的輻射復合率為

$$R_r = R_{ec}np - R_{ec}\Delta n N_A \tag{18}$$

其中 R_{ec} 為復合係數而 Δn 為過量載子密度，而此過量載子密度會遠大於在平衡下的少數載子密度，$\Delta n \gg n_{p0}$ 。R_{ec} 是能帶結構與溫度的函數，對於直接能隙材料而言其值為~$10^{-10}\text{cm}^3/\text{s}$，但間接能隙材料的值更小（$R_{ec}$~$10^{-15}\text{cm}^3/\text{s}$）。

而對於低階注入（$\Delta n < p_{p0}$）而言，輻射生命期 τ_r 與復合係數的關係可寫成下式：

$$\tau_r = \frac{\Delta n}{R_r} = \frac{1}{R_{ec} N_A} \tag{19}$$

然而對於高階注入而言，由於有很高機率的載子復合，τ_r 會隨著 Δn 的增加而減少。因此在雙異質結構 LED 中，載子的限制（carrier confinement）會將 Δn 提高而 τ_r 被減少以改善內部量子效率如式 17。

非輻射生命期通常被歸因於陷阱或是復合中心的密度 N_t

$$\tau_{nr} = \frac{1}{\sigma v_{th} N_t} \tag{20}$$

其中 σ 為捕捉之橫截面而 v_{th} 為平均熱速度。

外部量子效率

顯然地，對於 LED 的應用上，我們所在乎的不外乎是此元件所放射出的光。用來評估光放射效率的參數便是所謂的光效率 η_{op}，有時稱作取光效率（extraction efficiency），外部量子效率被定義為

$$\eta_{ex} = \frac{外部放射的光子數目}{通過接面的載子數目} = \eta_{in}\eta_{op} \tag{21}$$

基本上，有許多主要的損耗機制來降低光效率。我們在這邊把焦點集中在元件的光路徑以及光介面上。

1. LED 材料內的吸收作用：損耗的量與給定光子波長的吸收係數有關係，稍後會在章節 9.1 作討論。吸收可透過把接面放在靠近放射表面處的方式而達到最小化。
2. 基板內的吸收作用：直接能隙的 GaAsP LED，以砷化鎵為基板所製造，且會放射紅光。而間接能隙的 GaAsP LED 有著較高的能隙能量，以磷化鎵為基板所製造，可放射出橙光、黃光或綠光，如圖 7b 所示。漸變型（graded，或譯緩變型）GaAs$_{1-y}$P$_y$

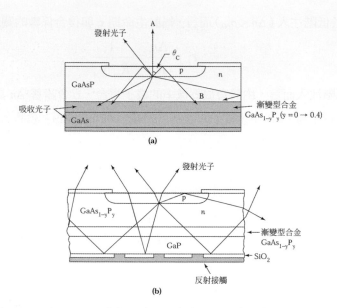

圖 7　平面二極體 LED 的基本結構以及（a）不透明基板（$GaAs_{1-y}P_y$）與（b）
　　　透明基板（GaP）對 *p-n* 接面光子放射的效應[4]。

合金層是以磊晶方式成長，以使因界面間晶格失配（lattice mismatch，或譯晶格
不匹配）所導致的非輻射性中心減至最小。以砷化鎵為基板所製造的紅光 GaAsP
LED 其吸收損耗很大，因為基板不透光且基板吸收了 85%在接面放射的光子，如
圖 7a 所示。而對於在砷化磷透明基板上的橙光、黃光與綠光 GaAsP LEDs，向下
放射的光子會被底部的金屬接觸來反射，且僅帶有 25%的吸收。其效率可以被顯
著的改善，如圖 7b。當然，當基板的厚度變薄，其內的吸收作用可以被減少。而
製造完 LED 後，基板通常會接近 100μm 以提升取光效率，然而太薄的基板卻會
損耗其機械強度。

3. 菲涅耳反射損耗（Fresnel reflection loss）：對於正常從半導體到空氣的光入射角，
　 其光路徑的方向是不會改變的。但它遭受了菲涅耳損耗，其反射係數隨著不同的
　 折射率而有所不同，如圖 7a 所示的光路徑 A：

$$R = (\overline{n_1} - \overline{n_2})^2 / (\overline{n_1} + \overline{n_2})^2$$

$$\tag{22}$$

其中 $\overline{n_1}$ 是半導體的折射係數，而 $\overline{n_2}$ 是外在媒介的折射係數（通常空氣 $\overline{n_1} = 1$）。此光衰減可由在 LED 表面之抗反射模來達到最小化。

4. 內部全反射損耗：光線入射角大於臨界角 θ_c 時所引起的全反射，反射回半導體，如圖 7a 中的光路徑 B；由司乃耳定律（Snell's law）：

$$\sin \theta_c = \frac{\overline{n_1}}{\overline{n_2}}$$
(23)

其中光線是由折射率為 $\overline{n_2}$（如 GaAs 在 $\lambda \cong 0.8$ μm 時 $\overline{n_2} = 3.66$）的介質，進入到折射率為 $\overline{n_1}$（如空氣 $\overline{n_1} = 1$）的介質。砷化鎵的臨界角約為 16°；而磷化鎵（在 $\lambda \cong 0.8$μm 時 $\overline{n_2} = 3.45$）的臨界角約為 17°。而內部全反射可藉由表面粗度（surface roughness）來達到最小化 [5]。

LED 的順向電流－電壓特性近似於第三章之 GaAs *p-n* 接面。在低順向偏壓時，二極體的電流是以非輻射性的復合電流為主，它主要是由靠近 LED 晶片周圍的表面復合現象所引起。在高順向偏壓時，二極體的電流則是以輻射性擴散電流為主。在更高的偏壓時，二極體電流將為串聯電阻所限制。二極體的總電流可以寫成：

$$I = I_d \exp\left[\frac{q(V - IR_s)}{kT}\right] + I_r \exp\left[\frac{q(V - IR_s)}{2kT}\right]$$
(24)

其中 R_s 為元件之串聯電阻，而 I_d 及 I_r 則是分別由擴散及復合所引起之飽和電流。在此為了增加 LED 的輸出功率，必須減少 I_r 及 R_s。

9.3 不同型態之發光二極體

發光二極體是一種 *p-n* 接面，它能在紫外光、可見光或紅外光區域放射自發輻射。可見光 LED 被大量用於各種電子儀器設備與使用者之間的訊息傳遞。舉例來說，白光 LED 已成為液晶平面顯示器的背光源以及街燈的重要元件。而當藍光、綠光還有紅光 LED 的成本變得相當有競爭力時，LED 很有潛力來取代傳統上作為固態光的應用之光源。而紅外光 LED 則可用於光隔絕器、光纖通訊以及保健方面的應用。

9.3.1 可見光發光二極體

圖 8 所示，乃相對人眼響應對波長（或對應之光子能量）的函數關係。人眼的最大感光度位於 0.555 μm。而在可見光譜的極限值（約為 400 與 700nm）處，人眼的響應幾乎降為零。對於有正常視覺的人，在人眼響應的峰值處，1 瓦特的輻射能量相當於 683 流明（lumen）。

由於人眼只對光子能量 $h\nu$ 等於或大於 1.8 eV（< 700nm）的光線感光，因此所選擇的半導體，其能隙必須大於此一極限值。圖 8 並標示了各種半導體的能隙值。表 1 列出用來在可見光與紅外光譜區產生光源的半導體。在所列出的半導體中，對於可見光發光二極體（visible LED）而言，最重要的是 $GaAs_{1-y}P_y$ 與 $Ga_xIn_{1-x}N$ 合金的三五族（III-V）化合物系統。當有一個以上的第三族元素隨機分散於第三族元素的晶格位置

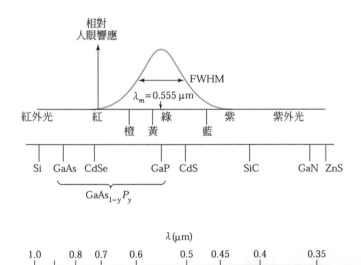

圖 8 常作為可見光 LED 的半導體。圖表中包括人眼所相對的響應。

（例如鎵位置），或有一個以上的第五族元素隨機分散於第五族元素的晶格位置（例如砷位置），就形成了此三五族化合物合金。三元（三種元素）化合物常用的符號是 $A_xB_{1-x}C$ 或 $AC_{1-y}D_y$，而*四元*（四種元素）化合物則用 $A_xB_{1-x}C_yD_{1-y}$ 表示，其中 A 和 B 為第三族元素，C 和 D 為第五族元素，而 x 和 y 是莫耳分率（mole fraction，或譯莫耳比），即在一定量之化合物合金內，某一特定元素原子數和第三族總原子數之元素、或第五族元素之比。

表 1　常見用於製造 LED 的三五族材料及其放射波長

材料	波長（nm）
InAsSbP/InAs	4200
InAs	3800
GaInAsP/GaSb	2000
GaSb	1800
$Ga_xIn_{1-x}As_{1-y}P_y$	1100-1600
$Ga_{0.47}In_{0.53}As$	1550
$Ga_{0.27}In_{0.73}As_{0.63}P_{0.37}$	1300
GaAs:Er, InP:Er	1540
Si:C	1300
GaAs:Yb, InP:Yb	1000
$Al_xGa_{1-x}As$:Si	650-940
GaAs:Si	940
$Al_{0.11}Ga_{0.89}As$:Si	830
$Al_{0.4}Ga_{0.6}As$:Si	650
$GaAs_{0.6}P_{0.4}$	660
$GaAs_{0.4}P_{0.6}$	620
$GaAs_{0.15}P_{0.85}$	590
$(Al_xGa_{1-x})_{0.5}In_{0.5}P$	655
GaP	690
GaP:N	550-570

Ga$_x$In$_{1-x}$N	340，430，590
SiC	400-460
BN	260，310，490

圖 9a 表示 GaAs$_{1-y}$P$_y$ 的能隙是莫耳分率 y 的函數。當 $0 < y < 0.45$ 時是屬於直接能隙，而且由 $y = 0$ 時之 $E_g = 1.424$ eV，增加到 $y = 0.45$ 時之 1.977 eV。當 $y > 0.45$ 時，則屬於間接能隙。圖 9b 表示幾種合金成分所對應的能量－動量圖 [6]。如圖所示，導電帶有兩個極小值，一個沿著 $p = 0$ 的是直接極小值，另一個沿著 $p = p_{max}$ 的是間接極小值。位於導電帶直接極小值的電子，以及位於價電帶頂部的電洞具有相同的動量（$p = 0$）。而位於導電帶間接極小值的電子及位於價電帶頂部的電洞，則具有不同的動量。輻射轉換機制大部分是發生於直接能隙的半導體中，如砷化鎵及 GaAs$_{1-y}$P$_y$（$y < 0.45$）。然而，對於 y 大於 0.45 之 GaAs$_{1-y}$P$_y$ 及磷化鎵，它們都是屬於間接能隙的半導體，其發生輻射轉換的機率非常小，因為晶格的交互作用，或其他散射媒介必須參與過程，以保持動量守恆。因此，在間接能隙半導體中，常會引進一些特殊的復合中心，以增加輻射機率。如對 GaAs$_{1-y}$P$_y$ 而言，將氮引入晶格中可以形成一個有效的輻射性復合中心。

當氮被引進時，它會取代原來在晶格位置中的磷原子。氮與磷在週期表內都是第五族元素。這時雖然氮原子的外圍電子結構和磷原子很相似，但它們的核心結構卻不大相同。由於這項差異會在導電帶底部的位置引進了一個電子陷阱能階。陷落電子（trapped electron）接著會吸引電洞並復合，而產生一能量為 50meV 低於能階能量的輻射性放射。氮氣扮演復合中心的角色但不能貢獻額外的載子，因而稱為 *等電子中心*（*isoelectronic center*）。這個復合中心能大大地提昇間接能隙半導體的輻射轉換機率。

另一個 N 參雜能隙系統的闡述，可利用海森堡測不準原理（Heisenburg uncertainty principle）來做說明。其一表示式為

$$\Delta p \Delta x \geq \hbar \tag{25}$$

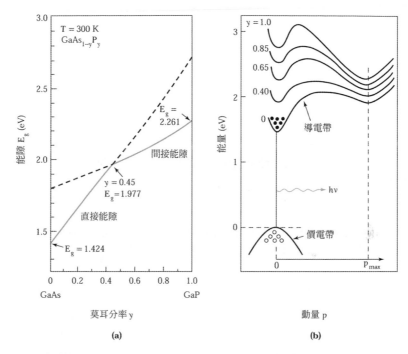

圖 9　（a）GaAs$_{1-y}$P$_y$ 之成分與直接及間接能隙之關係，（b）相對於紅色（$y = 0.4$）、
橙色（0.65）、黃色（0.85）、綠色光（1.0）之合金成分[6]。

　　其中 p 為動量而 x 為其位置。因為局部能態（localized state）的位置是由於任一
氮原子已知（每一個都可由理論來驗證），所以 Δx 很小。而如果上述成立，則 Δp 很
大。這表示說，能階的波函數會在 k 空間做延展，而且有一有限值剛好在價電帶頂層
之上。而電子由導電帶落至氮氣之能階，有一可直接出現在價電帶頂層之上的有限機
率，如圖 10a 所示。因此間接能隙半導體看起來就像是直接能隙材料。而圖 10b 表示
GaAs$_{1-y}$P$_y$ 在含有或不含有等電子雜質氮時，量子效率（quantum efficiency）（即每一
電子－電洞對所產生之光子數目）對合金成分之關係[7]。在不含氮時，效率在 $0.4 < y <$
0.5 之成分範圍內會急劇的下降，因為能隙在 $y = 0.45$ 這點會從直接變成間接。當 $y > 0.5$
時，含有氮的效率則顯著地提高，但是量子效率隨著 y 的增加而呈現穩定地減少，因
其直接能隙與間接能隙之間的距離加大了（如圖 9b）。

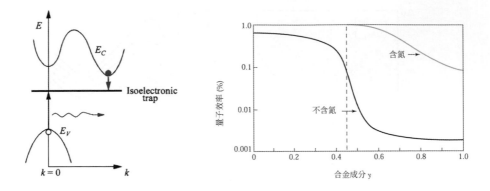

圖 10　(a)透過在間接能隙材料中等電子陷阱的輻射性復合的 *E-k* 圖。
　　　　(b)具有及不含等電子雜質氮之量子效率對合金成分關係圖[7]。

至於高亮度的藍光 LED（0.455–0.492 μm）方面，已經被研究的材料包括有：二六族化合物的硒化鋅（ZnSe）、三五族氮化物半導體的氮化鎵（GaN）、四四族化合物的碳化矽（SiC）。然而，二六族的生命期太短，以致至今尚不能商品化；SiC 也因其為間接能隙，致使其發出的藍光亮度太低。目前最有希望的材料是 GaN（E_g = 3.44 eV）和相關的三五族氮化物半導體如 AlGaInN，其直接能隙範圍由 0.7 eV 至 6.2 eV（相對應的波長範圍由 200nm 至 1770nm）[8]。雖然沒有晶格相匹配的基板，可供 GaN 成長；但是藉由一低溫成長的氮化鋁（AlN）或是 GaN 做緩衝層，即可在藍寶石（Al_2O_3）上成長高品質的 GaN。

圖 11a 即為成長在藍寶石基板上的 DH 氮化物 LED。因為藍寶石基板（sapphire substrate）的高阻值，所以 *p* 型與 *n* 型的歐姆接觸都必須形成在上表面。藍光是產生於 $Ga_xIn_{1-x}N$ 區域的輻射性復合作用，而 $Ga_xIn_{1-x}N$ 是如三明治般被夾於兩個較大能隙的半導體之間：一個是 *p* 型的 $Al_xGa_{1-x}N$ 層，一個是 *n* 型的 GaN 層。較高能隙之 *p* 型 $Ga_xIn_{1-x}N$ 限制層可用來有效地阻擋由於較高的導電帶偏移量所導致由 *n* 型的 GaN 所注入的電子。複合量子井 $In_xGa_{1-x}N$/GaN LED 有著從較高載子復合效率所導致的較高量子效率。

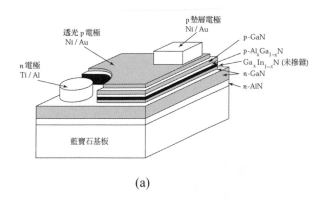

(a)

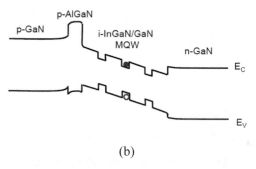

(b)

圖 11 (a) 成長在藍寶石基板上的三五族氮化物 LED
(b)藍光是產生於複合量子井 $In_xGa_{1-x}N/GaN$ 區域，且如同三明治般被
夾於 p 型的 $Al_xGa_{1-x}N$ 層與 n 型的 GaN 層。

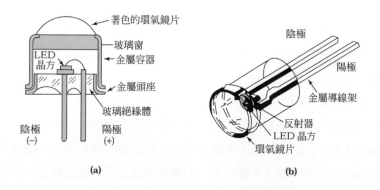

圖 12 兩種 LED 燈具的圖示 [9] (a)金屬封裝 (b)塑膠封裝。

可見光 LED 可用於全彩顯示器、全彩指示器以及燈具，而不失其高效率與高可靠性。圖 12 為兩種 LED 燈具的圖[8]。每一 LED 燈具包含一個 LED 晶方及一個著色的塑膠鏡頭，以作為濾光鏡並增加其對比之效果。圖 12a 中的燈具是使用傳統的二極體頭座。而圖 12b 則顯示，適用於透明性半導體（例如 GaP 以及藍寶石）的包裝，它可經由 LED 晶方的五個面（四個在側邊，一個在頂部）發光。

9.3.2 有機發光二極體

近年來，人們已著手研究某些 *有機*（*organic*）半導體材料在電激發光（electroluminescent，或譯電致發光）的應用。因為有機發光二極體（organic light-emitting diode，OLED）具有低功率消耗、優異的放射品質與寬視角的特性，使它在大面積彩色平面顯示器上特別有用[10]。

OLED 以及 PLED

OLED 是由小的分子及聚合物所構成。一般而言，有著分子量超過 10000 個原子質量單位（amu）的高分子被稱為聚合物；而較輕的分子則被稱為小的分子。通常聚合物發光二極體被視為一個 PLED，這是因為第一個高效率 OLED 是由小分子所組成。不論是製作 OLED 結構的真空沉積技術，或是製作 PLED 的旋轉塗佈、網版印刷技術，利用現有的製作方法其製作出的結構都是非晶的。

聚合物與分子的傳導性

碳可以組成兩種基本的混成結構。其中一個結構為四面體的直接共價鍵（sp^3 混成），其價電子被緊緊地束縛而顯現出的特性像是絕緣體，例如在鑽石及飽和聚合物（像是乙烷,C_2H_6）的結構。另一個結構則是有著平面幾何之六邊形的直接共價鍵（sp^2 混成），例如石墨以及共軛聚合物（像是乙烯,C_2H_2）。而電子軌道會與鄰近的碳原子形成一個離域（delocalizd）的 π-π 鍵，導致了單鍵及雙鍵交替出現的情形發生。這樣的結構被視為是共軛對稱的。其中 π 電子不屬於單一的鍵結或是原子，而是屬於一群電子。在 π 鍵中的電子其束縛力相較於 σ 鍵，比較沒有這麼地強有力，且有可能可以展現出半導體或是金屬的特性。

　　而甲苯亦有著 sp^2 混成軌域的分子結構。它是一個平面且六個碳的環，且其鍵結方式是以單鍵與雙鍵交替出現的形式，如圖 13 所示。且甲苯的結構亦為共軛對稱的。在 OLED 中，苯環是一個重要的基本單元且它負責著小分子中的電子傳輸；然而，跨越分子間的電子傳輸則是被歸因於跳躍過程。在多數的有機半導體中且不像在無機半導體中，因為有著較高的熱能，因而隨著溫度的上升，移動率也會隨之有所提升。對於 OLED 來說，移動率是不高的且這與固態奈米結構其混亂的本質有關。對於小分子的單晶結構來說，其最高的電洞移動率約為 $15cm^2/V\text{-}s$ 而最高的電子移動率約為 $0.1cm^2/V\text{-}s$。分子被包在井然有序的多晶薄膜中，會有著較高的移動率。

能隙

一個有機分子是被具特定的空間分布及能量的電子所包覆，我們稱為分子軌域。電子占據了分子軌域從最低的第一能階到最高能階。

　　HOMO 還有 LUMO 分別為最高佔據分子軌域和最低未占據電子軌域的縮寫。當兩個分子交互作用時，HOMO 與 LUMO 能階的分裂將被引發。而當多個分子交互作用時，連續的 HOMO 能帶以及 LUMO 能帶，對應到無機半導體的價電帶以及導電帶將會形成類似我們在第一章所提到的無機半導體。在 HOMO 能帶的最高能量和在 LUMO 能帶的最低能量其能量差距即為能隙。各式各樣的無機半導體有著不同的能隙。OLED 的光放射與光吸收是由其能隙而定。

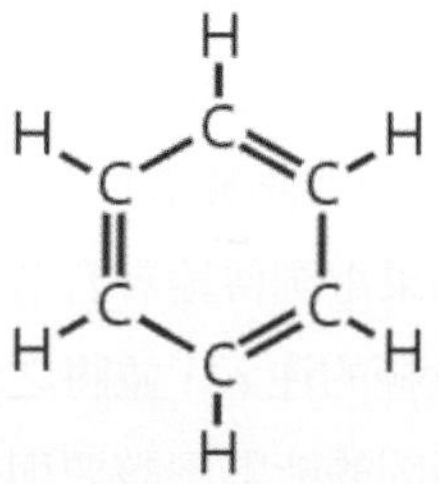

圖 13　甲苯的(a)結構與(b)離域的 π 鍵與 σ 鍵。

　　根據統計，只有 25%的轉移為輻射性復合，且有效率的電致發光利用純有機材料將會很困難去達成。一受激發之分子（主發光體，host emitter）可以轉移能量到一在低能態之分子（客發光體，guest emitter 或稱作參雜物）。若摻雜物有著較高的效率，則它可以加強放射效率且也可以改變電致發光的顏色及生命期。

OLED 的結構

高效能的 OLED 利用了多層結構的概念，已經被開發出來。圖 14a 為兩種用於雙層結構之典型的有機半導體材料之分子結構圖 [11]。一個是 tris (8-hydroxy-quinolinato) aluminum（AlQ$_3$），另一個則為以及芳香性二胺（aromatic diamine）。其中 AlQ$_3$ 含有六個苯環，連接至中心鋁分子，可以強烈地吸引電子且建立電子匱乏態，為一個電子傳輸層（electron transport layer, ETL）。而芳香性二胺同樣含有六個苯環，但具有不同分子排列。在二胺的結構中的氮有著孤電子對，可容易的被離子化來接收電洞。因此，二胺是一個電洞傳輸層（hole transport layer，HTL）。基本的 OLED 是在透明基板（如玻璃）上沉積數層薄膜。從基板的位置往上依序是：透明導電陽極〔如 ITO（indium tin oxide）〕，作為電洞傳輸層的二胺（diamine，或譯聯氨），作為電子傳輸層的 AlQ$_3$，最後是陰極接觸（例如含有 10% 銀的鎂合金）。其剖面圖示於圖 14b。圖 14c 是 OLED 的能帶圖。它基本上是在 AlQ$_3$ 與二胺之間形成一個異質接面（heterojunction）。在適當的偏壓條件下，電子會由陰極注入，並向異質接面的界面移動；同時電洞也由陽極注入，並向此界面移動。因為有能障ΔE_c 與ΔE_v 的存在，這些載子將在界面處累積，以提高輻射性復合的機會。

　　電洞傳輸層的作用為協助電洞從陽極的注入，接收這些電洞以及將之傳送到異質接面介面。因此，在電洞傳輸層與陽極間的能階應該要與從陽極放射的電洞相匹配，且電洞移動率應該要高。如果電洞傳輸層有著電子阻隔的功能會更好。而電子傳輸層的作用為協助電子從金屬陰極的注入，並將之傳送電子使其遍佈在電子傳輸層薄膜。因此，在電子傳輸層與陰極間的能階應該要與從陰極注入的電子相匹配，且電子移動率應該要高。如果電子傳輸層有著電洞阻隔的功能會更好。對於 diamine/ AlQ$_3$ 之雙層結構，$\Delta Ev < \Delta Ec$。較大的電子能障 ΔEc 可有效的阻隔電子並且將之限制在介

面。然而，電洞能障 ΔEv 相對來說較小，因而允許大量的電洞注入至 AlQ$_3$ 中。因此，電子傳輸層亦為一個放射層（emission layer, EML）。這樣的配置顯然地改善了 EL 效率，藉由迫使復合發生在 AlQ$_3$ 且限制了電子漏電流。值得一提的是越小的電洞能障，在相同的電流下所需的外加電壓會越小。但是增加的電洞注入至 ETL/EML 是不受喜愛的，因為會有大部份的電洞會漏到陰極中或是在陰極附近做結合，而此陰極是在光抑制中心（photoquenching center）充足的地方。光抑制中心，也就是無放射的電子電洞復合中心，是從羰基（carbonyl group）而來。而羰基的形成可藉由氧擴散所造成的氧化反應；穿過極小孔、從空氣到 AlQ$_3$ 中的濕氣；以及陰極中的裂縫或是晶界曝光在一般周遭環境下。

由圖 14c，我們可以具體說明 OLED 的設計準則：（a）使用超薄薄膜，以降低偏壓：例如，圖中有機半導體薄膜的總厚度只有 150 nm；（b）降低注入能障：為了能在高電流密度操作，電洞注入的能障高度 $q\phi_1$ 與電子注入的能障高度 $q\phi_2$ 必須夠低，以提供大量載子注入；（c）適當的能隙大小以得到所需的顏色：以 AlQ$_3$ 為例，它發出的光是綠色的。藉由選擇不同能隙大小的有機半導體，我們可以得到包括紅、黃、藍等不同的顏色。

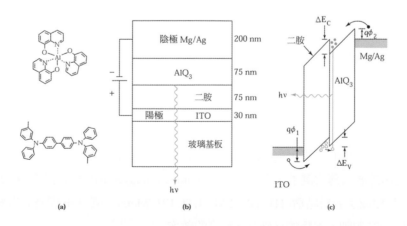

圖 14　（a）有機半導體，（b）OLED 剖面圖，（c）OLED 的能帶圖。

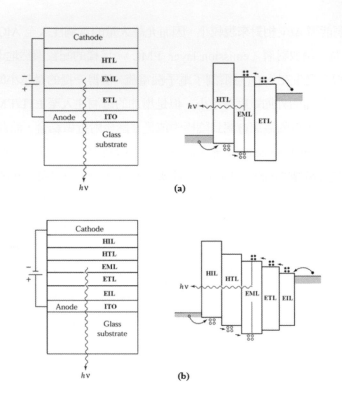

圖 15 （a）有著三層結構的 OLED，（b）有著四層結構的 OLED。

　　三層結構必須用在一層很薄的放射層像三明治似的，被電洞放射層與電子放射層所包夾（ITO/HTL/EML/ETL/Metal），如圖 15a 所示。電子與電洞的濃度在放射層可以高一點，因而光放射效率可以提升，在圖 15a 的能帶圖中可看出。而為了降低能障高度 $h\phi_1$，嵌入一層薄的電洞注入層（hole injection layer, HIL）在 ITO 與 HTL 間，不僅可以降低驅動電壓，也能夠改善元件的耐用度。而上述的結構即為四層結構。此外，再額外嵌入薄的電子注入層（electron injection layer, EIL）在金屬陰極與電子傳輸層間，就變成了五層結構（ITO/HIL/EML/ETL/EIL/Metal）。圖 15b 即為五層結構 OLED 所對應的能帶圖。這樣的結構有著較高的效率。

9.3.3 白光發光二極體

人們對於發展白光 LED 以供一般照明之用，一直抱持著極大興趣，因為 LED 相較於白熱燈泡有著較高的效率；此外，相較於白熱燈泡，可以維持十倍久的時間。

白光可經由混合兩到三種適當強度比例下的可見光而得。基本上，有兩種方法可以得到白光。第一種是結合不同可見光之 LED：紅光、綠光及藍光。但這不是一個受歡迎的方法，因為它需要較多的成本，且牽涉了用來控制不同可見光的混合光之複雜光電設計。而較為普遍的則是第二種方法，是利用單一 LED 套上了顏色轉換器來達成。顏色轉換器是一能吸收本來 LED 的光並放射不同頻率的光的一種材質。而此轉換器的材質可以是磷光體、有機染料，或是其他半導體；其中磷光體是最為常見的[12]。而磷光體的光輸出一般而言有著較寬的光譜，相較於 LED 的光。這些顏色轉換器的效率可以是相當高的，接近 100%。一個較受歡迎的做法是利用藍光 LED 結合了黃色磷光體。這樣的組合下，LED 的光一部分會被磷光體吸收。而藍光 LED 的藍光與磷光體所產生的黃光會混合而產生白光。另一個做法則是利用紫外光 LED 去刺激紅、綠以及藍色磷光體來產生白光。

9.3.4 紅外光發光二極體

紅外光發光二極體（infrared LED）包括砷化鎵 LED（它發出的光接近 0.9 μm）與許多三五族化合物，如四元的 $Ga_xIn_{1-x}As_yP_{1-y}$ LED（它發出的光由 1.1 至 1.6 μm）。

紅外光 LED 的一種重要應用是作為光隔絕器（opto-isolator），作為輸入（或控制信號）與輸出信號去耦之用。圖 16 顯示一光隔絕器，具有一紅外光 LED作為光源，及一感光二極體(photodiode)作為檢測器。當一輸入信號送到 LED 時，LED 會產生光，且被感光二極體檢測到。然後光轉換回電的信號，以電流的形式流過一負載電阻。光隔絕器是以光速來傳遞信號，而且在電性方面是互相隔絕的，因為從輸出端無電性回授（feedback）作用到輸入端。

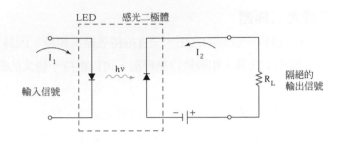

圖 16 光隔絕器可將輸入信號與輸出信號去耦（decouple，或譯分離）。

　　紅外光 LED 另一重要應用，是在通訊系統中透過光纖來傳輸光的信號。光纖可視為在光頻率下之一種波導管（wave-guide）。此光纖是由玻璃的預型體（preform，或譯預成型）抽拉而成的細絲，直徑大約為 100μm。它的柔軟性甚佳，而且可以導引光信號，經過好幾公里直到另一個接收器，就好像同軸電纜傳輸電信號一樣。

　　圖 17 是兩種類型的光纖。其中一種是由很純的熔凝矽土（SiO_2）所製成之包覆層（cladding layer）[13]，包圍著折射率較其為高的摻雜玻璃（如鍺摻雜玻璃）之核心部分所構成 [11]。這種類型的光纖稱為*陡變*（或譯*階變*）*折射率光纖*（*step index fiber*）。光線是沿著整條光纖，靠折射率的陡變所形成的內部反射來傳遞。經由式（23）之計算，當 $\bar{n}_1$ =1.457（包覆層）及 $\bar{n}_2$ =1.480（核心，20%鍺摻雜）時，其內部反射之臨界角約為 79°。在此必須注意的是，不同的光線會沿著不同的路徑傳播（圖 17a）。當光的脈波到達陡變折射率光纖的終點時，此脈波會分散開來。而在*漸變*（或譯*緩變*）*折射率光纖* （*graded-index fiber*）（圖 17b）中，折射率以拋物線的形式由核心向外遞減，此時靠近包覆層的光線傳輸速度（由於折射率較低）將大於沿著核心的光線傳輸速度，如此脈波分散的情形會顯著的減小。當光沿著光纖傳遞時，光的信號會逐漸衰減。然而，以高純度矽石所作成之光纖材料其穿透性甚佳，在波長由 0.8 到 1.6 μm 間，衰減度甚低，而且與 λ^{-4} 成正比。典型的衰減值在波長為 0.8 μm 時約為 3 dB/km，在 1.3μm 時為 0.6 dB/km，而在 1.55 μm 時則為 0.2 dB/km。[14]

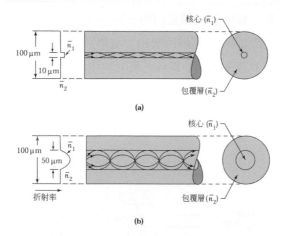

圖 17 光纖（a）陡變折射率光纖，具有折射率稍大的核心部分；（b）漸變
折射率光纖，具有折射率以拋物線形式向外遞減的核心部分[13]。

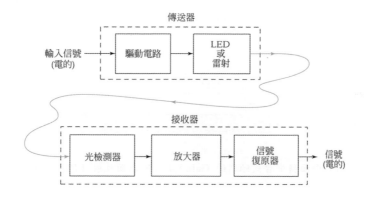

圖 18 光纖傳輸連結的基本元件。

　　圖 18 表示一種簡單的點對點（point-to-point）光纖通信系統，利用一個光源（LED
或雷射），此系統可將電的輸入信號轉變成光的信號。這些光的信號被導入光纖，並
傳輸到光檢測器，然後再轉換回電的信號。

　　圖 19 所示，為一種用於光纖通信的表面放射紅外光磷化砷鎵銦（GaInAsP）LED[15]。此光線是由表面的中央區域所發出，並耦合入光纖內。利用異質接面（例如 GaInAsP-InP）可以提高效率，因為環繞在輻射性復合區 GaInAsP 周圍、具有較高能隙的半導體磷化銦（InP）層會有限制載子的功用。異質接面亦可作為輻射線放射的光窗（optical window），因為高能隙限制層不會吸收從低能隙放射區發出的輻射線。

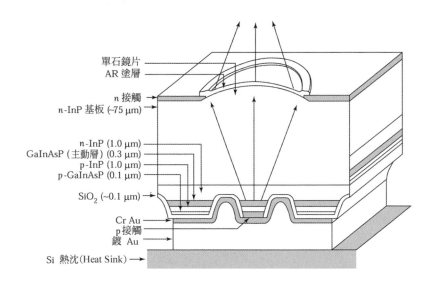

單石鏡片
AR 塗層
n 接觸
n-InP 基板 (~75 μm)
n-InP (1.0 μm)
GaInAsP (主動層) (0.3 μm)
p-InP (1.0 μm)
p-GaInAsP (0.1 μm)
SiO$_2$ (~0.1 μm)
Cr Au
p 接觸
鍍 Au
Si 熱沈 (Heat Sink)

圖 19　小面積平台式蝕刻的 GaInAsP/InP 表面放射 LED 結構[15]。

9.4　半導體雷射

半導體雷射和固態紅寶石雷射及氦氖氣體雷射很相似，它們都能發出方向性很強的單色光束。然而半導體雷射與其他雷射不同的地方在於它的體積小（長度約只有 0.1 mm），而且在高頻時易於調變，只需調變偏壓電流即可。由於具有這些特性，所以半導體雷射是光纖通信中最重要的光源之一。它也可應用於錄影機、光讀機及高速雷射印表機等。除此之外，它還廣泛應用於許多基礎研究與技術方面，如高解析度氣體光譜學及大氣污染監測等。

9.4.1　半導體材料

所有會發出雷射光的半導體材料都具有直接能隙。這是可理解的,因為動量守恆,而且直接能隙半導體有較高的輻射性轉換機率。目前的雷射發光波長涵蓋範圍可從 0.3 到超過 30 μm。砷化鎵是最先被發現可發出雷射光的材料,故與它相關連的三五族化合物合金也受到最為廣泛的研究與發展。

最重要的三種三五族化合物合金系統是 $Ga_xIn_{1-x}As_yP_{1-y}$、$Ga_xIn_{1-x}As_ySb_{1-y}$ 與 $Al_xGa_{1-x}As_ySb_{1-y}$ 固態溶液。圖 20 繪示三種合金系以及它們的二元、三元及四元化合物[16],其能隙對晶格常數之關係。若要做出可忽略界面陷阱的異質結構,則必須使兩種半導體的晶格儘可能緊密地匹配在一起。

假如使用 GaAs(a = 5.6533 Å)作為基板,則三元化合物 $Al_xGa_{1-x}As$ 之晶格失配會小於 0.1%,當 $0 \leq x \leq 1$。同樣地,若使用 InP(a = 5.8687 Å)作為基板,則四元化合物 $Ga_xIn_{1-x}As_yP_{1-y}$ 也可達到很完美的晶格匹配,如圖 20 中央的垂直線所示。

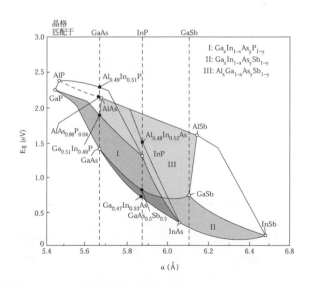

圖 20　三種三五族化合物固態合金系統之能隙與晶格常數關係圖[13]。

圖 21a 表示三元化合物 $Al_xGa_{1-x}As$ 之能隙是鋁成分函數關係 [1]。在 x 小於 0.45 時，此合金屬於直接能隙半導體，超過此值後則變成間接能隙半導體。圖 21b 顯示折射率與鋁成分之關係。基本上，折射率與能隙是成反比關係。例如，當 $x=0.3$ 時，$Al_xGa_{1-x}As$ 之能隙為 1.789eV，它比 GaAs 大 0.365eV；其折射率為 3.385，比 GaAs 小了 6%。這些都是在室溫或高於室溫之環境下，半導體雷射作連續運作時的重要特性。

新種類的氮化物（AlGaN 與 AlInN）在過去十年間做出了重大的突破。藍光雷射通常操作在 405nm 下，但普遍上這些元件的操作通常是在 360nm 到 480nm 間。這些元件有各種方面的應用，從高密度影像光碟（HD DVD）的光資料儲存到醫療方面的應用都有包含。有著從 780nm 到 650nm 間波長的遠紅光與紅光雷射，目前則是應用在光資料儲存上。為了增加光碟的容量，有著更短波長的雷射二極體被需要，因為光的波長限制了聚焦光光點大小之最小限度。

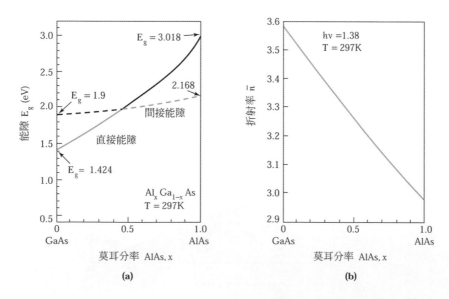

圖 21　（a）$Al_xGa_{1-x}As$ 能隙與其成分之關係 [1]，（b）在 1.38 eV 時的折射率與其成分之關係。

9.4.2　雷射的運作

圖 22 為同質接面（homojunction）雷射（圖 22a）與雙異質結構（double- heterostructure，DH）雷射（圖 22b）於順偏條件下，在接面處所繪出的：能帶、折射率分佈、光產生的光場（optical-field）分佈之示意圖 [17]。

分佈反轉

如第 9.1.1 節所述，為了增進雷射運作的誘發放射，需要分佈反轉。為了達到半導體雷射中的分佈反轉，我們先考慮簡併半導體（degenerate semiconductor，或譯退化半導體）間形成的 p-n 接面或雙異質接面。這表示在接面兩端的摻雜程度甚高，以致於在 p 型區的費米能階 E_{FV} 比價電帶的邊緣還低，且在 n 型區的費米能階 E_{FC} 高於導電帶的邊緣。當外加一足夠大的偏壓時（圖 22 中的能帶圖），會產生高注入之情況，亦即會有高濃度的電子與電洞注入轉移（transition，或譯遷移）區。結果在 d 區域（圖 22）中，導電帶會有高濃度的電子，且價電帶也有高濃度的電洞，這就是分佈反轉所需的條件。對於能帶至能帶的轉換，所需的最小能量就是能隙能量 E_g。因此由圖 22 中的能帶圖，我們可以寫出分佈反轉所必需的條件：$(E_{FC} - E_{FV}) > E_g$。

載子與光的限制

就如雙異質接面雷射所示，由於雙異質接面能障而使載子在主動區（active region）的兩端都被限制住；而同質接面雷射的載子則可離開發生輻射性復合的主動區。

對於同質接面雷射來說，中心波導層以及鄰近的層兩者間折射率的差異是由載子密度的差異所造成。有著較高載子密度的材料會有較低的折射率。在此處，主動層的載子濃度會低於高摻雜的 n^+ 與 p^+ 層。在同質接面雷射的折射率變化只有從 0.1% 到約 1% 的變化。在雙異質接面雷射中，由於主動區外面的折射率驟然減少，也會造成光場被限制在主動區內。光的限制（optical confinement）可由圖 23 來說明，它是一個三層介質的波導管，其折射率分別為 $\bar{n}_1$、$\bar{n}_2$ 及 $\bar{n}_3$，其中主動層如三明治般，被夾在兩個限制層之間（圖 23a）。在 $\bar{n}_2 > \bar{n}_1 \geq \bar{n}_3$ 的條件下，由式（23）可知第一層和第二層界面（圖 23b）的光線角度 θ_{12} 超過臨界角。而第二層和第三層界面間的 θ_{23} 也有相似的情況發生。因此當主動層的折射率大於周圍的折射率時，光輻射的傳播就被導引（限制）在與各層界面平行的方向上。我們可以定義*限制因子（confinement factor）*Γ為在主動層內的光強度對主動區內外光強度總和之比例。限制因子可寫成：

$$\Gamma \cong 1 - \exp\left(-C\Delta\bar{n}d\right) \tag{26}$$

其中 C 為常數，$\Delta\bar{n}$ 為折射率之差，而 d 為主動層的厚度。很明顯的，$\Delta\bar{n}$ 與 d 愈大，限制因子 Γ 就愈高。

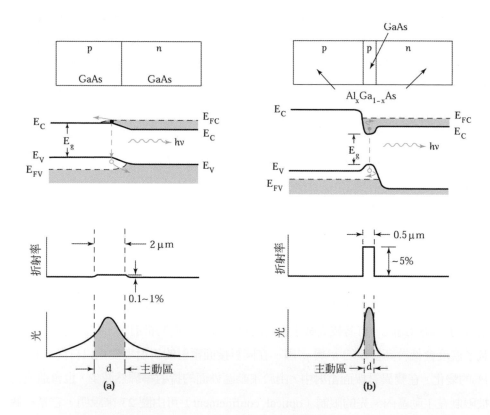

圖 22　（a）同質接面雷射與（b）雙異質接面（DH）雷射的一些特性之比較。第二列是順向偏壓下的能帶圖。同質接面雷射的折射率變化小於 1% 而 DH 雷射的折射率變化則約為 5%。最下面一列是光的限制情形 [17]。

光腔與回授

我們已敘述，產生雷射作用的必要條件為分佈反轉。只要分佈反轉的條件持續存在，經由誘發放射放出的光子就有可能引發更多的誘發放射。這就是光增益（optical gain）的現象。光波沿著雷射腔作單程傳導所獲得的增益是很小的。為了提高增益，必須使光波作多次傳導。這可以用鏡面置於腔的兩端來實現，如圖 23a 左右兩側所示的反射平面。對於半導體雷射而言，構成元件之晶體的劈裂面可以作為此鏡面。如沿著砷化鎵元件的 (110) 面劈開，可以產生兩面平行、完全相同的鏡面。有時候雷射的背部鏡面會予以金屬化，以提高其反射率。每一鏡面的反射率 R 可算出為：

$$R = \left(\frac{\bar{n}-1}{\bar{n}+1} \right)^2 \tag{27}$$

其中 $\bar{n}$ 為半導體中對應於波長 λ 的折射率（$\bar{n}$ 通常為 λ 的函數）。

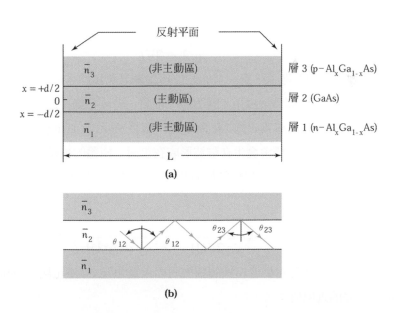

圖 23　（a）三層介質的波導管，（b）波導管內光傳導的軌跡。

範例 3

試計算砷化鎵的反射率 R（ $\overline{n}$ = 3.6）。

解

由式 (27)

$$R = \left(\frac{3.6 - 1}{3.6 + 1} \right)^2 = 0.32$$

即在劈裂面有 32% 的光會被反射。

如果兩端點平面間的距離恰好是半波長的整數倍時，強化且同調的光會在腔中被來回的反射。因此對誘發放射而言，腔的長度 L 必須滿足下述條件：

$$m\left(\frac{\lambda}{2\overline{n}} \right) = L \tag{28}$$

或

$$m\lambda = 2\overline{n}L \tag{28a}$$

其中 m 為一整數。很明顯地，有許多的 λ 值可以滿足此條件（圖 24a），但只有那些落在自發放射光譜內的值會被採用（圖 22b）。而且，光波在傳導過程的衰減，意味著只有最強的譜線會殘存，導致如圖 24c 所示之一組發光模式（lasing mode）。這些模式被稱作縱軸模式，因為它們會發生在駐波形成在雷射二極體的縱軸方向。圖中在縱軸方向，可容許模式間之間距 $\Delta\lambda$ 是相當於 m 與 m +1 波長的差。將式（28a）對 λ 微分可得：

$$\Delta\lambda = \frac{\lambda^2 \Delta m}{2\overline{n}L[1 - (\lambda / \overline{n})(d\overline{n} / d\lambda)]} \tag{29}$$

雖然 $\overline{n}$ 為 λ 之函數，波長在鄰近模式間細微的變化量 $d\overline{n}/d\lambda$ 卻很小。因此模式間距 $\Delta\lambda$ 可得到很好的近似值：

$$\boxed{|\Delta\lambda| \cong \frac{\lambda^2}{2\overline{n}L}} \tag{30}$$

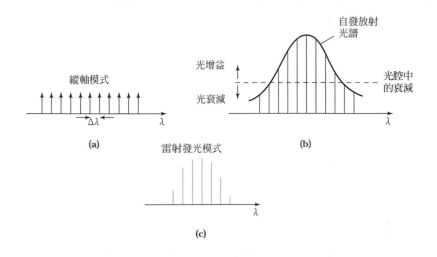

圖 24 （a）雷射腔的共振模式，（b）自發放射光譜，（c）光增益波長。

當一典型的雷射操作在低電流下，自發放射會有著寬光譜分佈，而此光譜有大小為 5 到 20nm 之半高寬。相當類似在 LED 中的放射。當偏流達到臨界值，則光增益對於放大來說可以是足夠高，因此強度峰值開始出現。在這樣的偏流位準，光仍然是非同調的，這是因為這是自發放射的本質。當偏流達到臨界電流時，雷射光譜會突然間變得相當狹窄（<1 Å）如圖 24c 所示，且光為同調的並更具方向性。縱軸模式的數量可減少，利用更進一步的提高偏流來達成。

範例 4

試以 $\lambda = 0.94\ \mu m$、$\overline{n} = 3.6$ 及 $L = 300\ \mu m$，計算典型砷化鎵雷射的模式間距。

解

由式（30）

$$\Delta\lambda \cong \frac{(0.94 \times 10^{-6})^2}{2 \times 3.6 \times 300 \times 10^{-6}} = 4 \times 10^{-10}\ m = 4\ Å$$

9.4.3 基本的雷射結構

圖 25 顯示三種雷射結構 [17,18]。第一種結構（圖 25a）為一基本的 *p-n* 接面雷射，稱為同質接面雷射（*homojunction laser*），這是因為在接面兩端使用相同的半導體材料（例如 GaAs）。外加適當之偏壓條件時，雷射光能從這些平面放射出來（圖 25 僅示出前端的放射）。二極體的另外兩側則加以粗糙化處理，以消除雷射光從這兩側射出的機會，這種結構稱為*費比－白洛腔*（*Fabry-Perot cavity*），其典型的腔長度 *L* 約 300 μm。這種費比－白洛腔結構被廣泛應用在現代的半導體雷射。

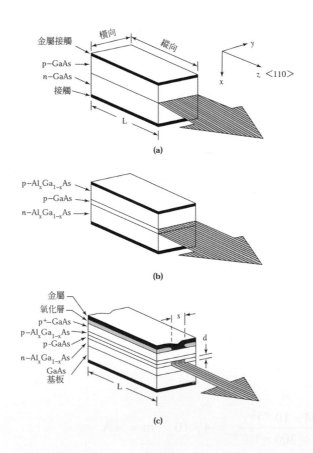

圖 25　費比－白洛腔形態的半導體雷射結構：（a）同質接面雷射，
　　　　（b）雙異質接面（DH）雷射，（c）長條狀 DH 雷射 [17,18]。

圖 25b 是*雙異質結構*（*double-heterostructure*，DH）雷射，此結構像三明治似的，有一層很薄的半導體（如 GaAs）被另一種不同的半導體（如 $Al_xGa_{1-x}As$）所包夾。圖 25a 及 25b 所示之雷射結構為大面積（broad-area）雷射，因為沿著接面的整個區域皆可發出雷射光。圖 25c 是長條形（stripe）的 DH 雷射，它除了長條狀接觸區域外，皆由氧化層予以絕緣隔離，所以雷射光發射的區域就限制在長條狀接觸下面狹窄的範圍。典型的條狀區寬度 S 約 5 至 30 μm。此長條形狀的優點包括低工作電流，消除沿著接面處的多重發射區域，以及因除掉大部分接面周圍區域而提高可靠度。由於有著狹小的主動區，在有著空氣的介面其輸出的大量衍射以及光輸出變成一道寬的光束。

臨界電流密度

雷射運作中最重要的參數之一是臨界電流密度（threshold current density）J_{th}，亦即產生雷射所需之最小電流密度。圖 26 比較同質接面雷射與 DH 雷射之臨界電流密度 J_{th} 對工作溫度之關係 [17]。在此值得注意的是，當溫度增加時，DH 雷射 J_{th} 增加的速率遠低於同質接面雷射 J_{th} 增加的速率。由於 DH 雷射在 300 K 具有低 J_{th} 值，所以 DH 雷射可以在室溫下連續運作。這樣的特性增加了半導體雷射的應用範圍，尤其是在光纖通信系統中。

在半導體雷射中的增益 g 是每單位長度之光能通量增加量，它與電流密度有關。增益 g 可表為額定（nominal，或譯標稱、名目、名義）電流密度 J_{nom} 之函數，它是定義為在單一量子效率（即每個光子所產生之載子數目，$\eta = 1$）下，均勻地激發 1 μm 厚主動層所需要之電流密度。而實際的電流密度為：

$$J\left(A/cm^2\right) = \frac{J_{nom}d}{\eta} \tag{31}$$

其中 d 是主動層的厚度，以 μm 為單位。圖 25 表示一典型砷化鎵 DH 雷射之增益計算值 [19]。在 $50 \leq g \leq 400$ cm^{-1} 內，增益是隨著 J_{nom} 成線性增加的。圖中直的虛線可以寫成：

$$g = \left(g_0/J_0\right)\left(J_{nom} - J_0\right) \tag{32}$$

其中 $g_0/J_0 = 5 \times 10^{-2}$ cm-μm/A 而 $J_0 = 4.5 \times 10^3$ A/cm-μm。

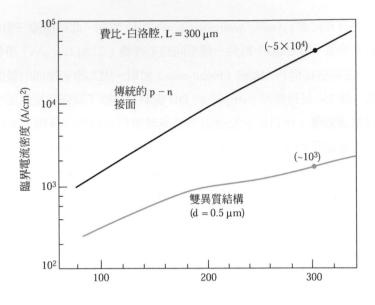

圖 26　圖 25 中兩種雷射結構之臨界電流密度對溫度關係圖 [17]。

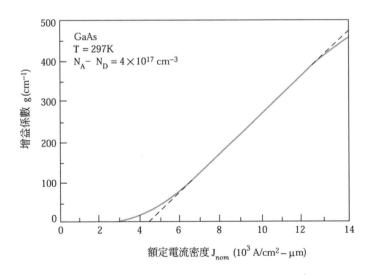

圖 27　增益係數對額定電流密度的變化圖。虛線部分表示其線性關係 [19]。

如前所述，在低電流時會在各個方向上產生自發放射。當電流增加時，增益亦隨之增加（圖 27），直到雷射的臨界點，亦即直到增益滿足光波沿著光腔無衰減的傳導之條件時：

$$R \exp\left[\left(\Gamma g - \alpha\right)L\right] = 1 \tag{33}$$

或

$$\Gamma g \left(\text{臨界增益}\right) = \alpha + \frac{1}{L} \ln\left(\frac{1}{R}\right) \tag{34}$$

其中 Γ 是限制因子，α 是由於吸收或其他散射機制所引起之每單位長度的損耗，L 是光腔的長度（如圖 25），而 R 是光腔終端的反射係數（假設腔兩端的 R 相同）。我們可以將式（31）、（32）與（34）結合，而得出臨界電流密度為：

$$J_{th}\left(\text{A/cm}^2\right) = \frac{J_0 d}{\eta} + \left(\frac{J_0 d}{g_0 \eta \Gamma}\right)\left[\alpha + \frac{1}{L} \ln\left(\frac{1}{R}\right)\right] \tag{35}$$

其中 $\left(J_0 d / g_0 \eta \Gamma\right)$ 項常稱為 $1/\beta$，而 β 即增益因子（gain factor）。為了降低 J_{th}，必須增加 η、Γ、L、R 及減少 d、α。

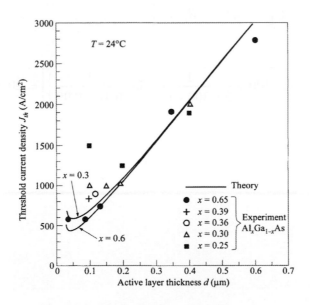

圖 28　實驗與理論之臨界電流密度的比較 [1]。

　　圖 28 比較了由式 35 所計算出的 J_{th} 與由 $Al_xGa_{1-x}As$-GaAs 雷射 [1] 的實驗結果所得的 J_{th}。隨著 d 的減少，J_{th} 也跟著減少而達到一最小值，其後又隨之增加。在一個相當小的主動層厚度下 J_{th} 的增加是因為很小的限制因子 Γ。對於一個給定的 d，隨著鋁含量 x 的增加 J_{th} 會隨之減少，這是因為有了改善的光的限制所致。

範例 5

試以下列資料求出雷射二極體之臨界電流：前方與後方鏡面的反射率分別為 0.44 與 0.99，光腔的長度與寬度分別為 300 μm 與 5 μm，$\alpha = 100\ cm^{-1}$。$\beta = 0.1\ cm^{-3}A^{-1}$，$g_0 = 100\ cm^{-1}$，$\Gamma = 0.9$。

解

由已知的增益因子，式 (35) 中的 J_0d/η 項可以改寫成 $g_0\Gamma/\beta$

且由於兩鏡面之不同的反射率，式（35）可修改成：

$$J_{th}\left(A/cm^2\right) = \frac{g_0\Gamma}{\beta} + \frac{1}{\beta}\left[\alpha + \frac{1}{2L}\ln\left(\frac{1}{R_1R_2}\right)\right] \tag{35a}$$

因此

$$J_{th} = \frac{100 \times 0.9}{0.1} + 10 \times \left[100 + \frac{1}{2 \times 300 \times 10^{-4}}\ln\left(\frac{1}{0.44 \times 0.99}\right)\right] = 2036\ A/cm^2$$

所以

$$I_{th} = 2036 \times 300 \times 10^{-4} \times 5 \times 10^{-4} = 30\ mA$$

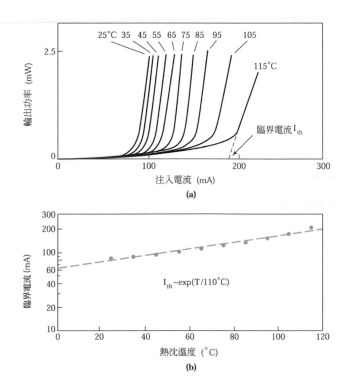

圖 29　　（a）GaAs/AlGaAs 異質結構雷射中光的輸出對二極體電流關
係圖，（b）連續波（cw）臨界電流與溫度之關係[20]。

溫度效應

圖 29 表示一連續波（continuous wave，cw）長條狀 $Al_xGa_{1-x}As$-GaAs DH 雷射[17] 之臨
界電流 I_{th} 與溫度之關係。圖 29a 顯示當溫度在 25°C 至 115°C 之間變化時，cw 的光輸
出與注入電流的關係。注意此光－電流曲線的完美線性關係。在一定溫度下的臨界電
流值，是在輸出功率為零時的外插值。圖 29b 則是臨界電流對溫度的關係圖。此臨界
電流隨著溫度呈指數增加，即

$$I_{th} \sim \exp\left(\frac{T}{T_0}\right) \tag{36}$$

其中 T 是溫度，以°C為單位。而對此雷射，T_0 是 110 °C。

範例 6

如圖 29 之雷射，試計算臨界電流為室溫下臨界電流值兩倍時的溫度。

解

$$\frac{J_{th}}{2J_{th}} = \frac{\exp(27 / 110)}{\exp(T / 110)}$$

得 $T = 27 + 110 \times \ln 2 = 27 + 76 = 103℃$

調變頻率與縱軸模式

對光纖通信而言，光源必須能夠在高頻時調變。典型的 GaAs 或 GaInAsP 雷射的輸出功率能維持在一固定的準位（例如每面 10 mW）直到 GHz 的範圍，不像 LED 的輸出功率會隨著調變頻率（modulation frequency）的增加而減少（式（13））。

對於長條狀 GaInAs-AlGaAs DH 雷射，當電流在臨界值以上時，會存在有許多的放射譜線，以間距 $\Delta\lambda$（如範例 4 中 $\Delta\lambda = 4$ Å）近乎均勻地分佈著。這些放射譜線屬於式（29）所示的縱軸模式（longitudinal mode）。由於這些縱軸模式，長條狀雷射在光譜上並不是很純的光源。在光纖通信系統中，理想的光源是具有單一頻率的光。這是因為不同頻率的光脈波以不同之速度在光纖內傳遞，會引起脈波之散開。

9.4.4 分散式回授雷射

由於長條狀雷射的多模態（multimode），使其僅適用於在相當低速（低於 1 Gbit/s）運作的電信系統。在先進的光纖系統中，*單一頻率*的雷射是必須的。一單一頻率的雷射僅操作在一個縱軸模式下。基本的方法是用一個僅容許單一模式共振之雷射腔，提供能挑選出單一頻率的建設性干涉機制。有兩種雷射結構使用這種方法－分散式布拉格反射器（distributed Bragg reflector, DBR）雷射及分散式回授（distributed feedback, DFB）雷射[21]，如圖 30 所示。

分散式布拉格反射器是一面鏡子，被設計成像是反射式的衍射光柵，而其光柵有著波浪狀的周期結構。其中衍射光柵就有點像是雙狹縫的排列，但有著不只一個，為數眾多的狹縫。當單色光穿過狹縫時，它會形成許多狹窄的干涉條紋。衍射光柵也可以是不透明的表面，有著像狹縫一樣排列的多個狹小平行溝槽。光因此會從溝槽散射回去以形成干涉條紋，而不是被傳送穿過開著的狹縫。這樣的反射器可作為一個頻率選擇的鏡子，因為建設性與破壞性衍射干涉圖案對光的波長是極度的敏感。一接近 λ_B 之特殊費比－白洛腔模式可以放射雷射光且存在於輸出。

圖 30a 是分散式布拉格反射器（DBR）雷射的剖面圖。其中傳導電流的區域稱為抽吸區（pumped region）。波長選擇柵（grating，或譯光柵）置於抽吸區外。由於主動區與被動柵結構的有效耦合，在波長 λ_B 的反射會增強，此 λ_B 稱為布拉格波長，它與柵的週期 Λ 有關：

$$\lambda_B = \frac{2\bar{n}\Lambda}{l} \tag{37}$$

其中 $\bar{n}$ 是模式的有效折射率，而 l 是柵的整數序（integer order）。在布拉格波長時具有最低損耗，故最低臨界增益的模式將有主導性的輸出。

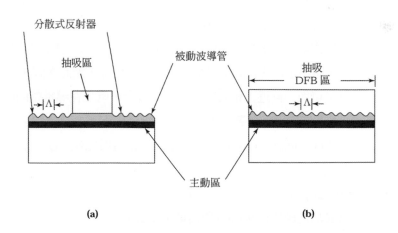

(a)　　　　　　　　　　　　　　　　**(b)**

圖 30　得到單一頻率雷射的兩種方法：（a）分散式布拉格反射器（DBR）雷射，（b）分散式回授（DFB）雷射。

圖 30b 是分散式回授（DFB）雷射，它在主動區內有波浪狀的柵結構。柵區的折射率具有週期性變化，可以使波長接近布拉格波長，從而達到單一頻率工作的目的。由於折射率與溫度的關係很小，所以 DFB 雷射所產生的雷射光波長具有很小的溫度係數（～ 0.5 Å／°C），而長條狀雷射的溫度係數則大很多（～ 3 Å／°C），因為它是隨著能隙對溫度而變化。DBR 與 DFB 雷射也可作為積體光學（在硬基板上將微小的光波導組件與電路以平面技術製造在一起）的光源。

9.4.5 量子井雷射

量子井（quantum well，QW）雷射[21, 22]的結構與 DH 雷射很類似，但其主動層的厚度不同。QW 雷射的主動層厚度很小，大約 10–20 nm。圖 31a 顯示 QW 雷射的能帶圖，其中央的 GaAs 區域（$L_y \cong 20$ nm）像三明治似的被夾於兩個較大能隙的 AlGaAs 層之間。長度 L_y 很接近德布羅依（de Broglie）波長（$\lambda = h/p$ 其中 h 是普朗克常數，而 p 是電荷載子的動量），而載子則被限制在 y 方向上有限的位能井中。

圖 31b 表示量子井中的能階，將在附錄 H 中有詳細的推導。E_n 的值以 E_1、E_2、E_3 表示電子，E_{hh1}、E_{hh2}、E_{hh3} 表示重電洞[§]，E_{lh1}、E_{lh2} 表示輕電洞[21]。導電帶與價電帶態位密度慣用的拋物線形式已被替換成以「階梯」表示的分立能階（圖 31c）。由於態位密度是固定的，而不是像傳統的雷射那樣由零漸漸增加，因此在圖 31d 中有一群近乎相同能量的電子可與一群近乎相同能量的電洞復合，例如在導電帶的能階 E_1 在價電帶的能階 E_{hh1}。在能帶邊緣有著越陡的電子輪廓，E_1 即屬於這樣的情形，會使分佈反轉更加容易去達成。因此，QW 雷射與傳統的 DH 雷射比較，QW 雷射在雷射性能上提供了明顯的改善，像是臨界電流的減少、高輸出功率、高速度等。用 GaAs／AlGaAs 材料系統製造的 QW 雷射具有低至 65 A/cm² 的臨界電流密度與低於 mA 的臨界電流值。這些雷射都是操作在 0.9 μm 附近的放射波長。

[§]在 GaAs 中，重電洞的有效質量是 $0.62\ m_0$，輕電洞則是 $0.074\ m_0$。

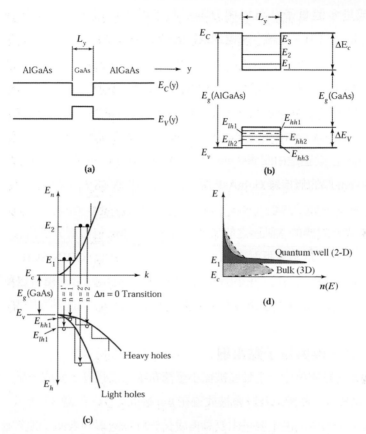

圖31　量子井（QW）雷射：（a）單一 GaAs 量子井被 AlGaAs 包圍，（b）在
量子井內部分立的能階，（c）在量子井內部電子與電洞的態位密度。

在大的偏流下，不只一個次能帶被填滿注入載子。內部放射光譜也因而更加寬闊。然而雷射波長，還是被其他方式所選擇，像是光腔波長。所以在量子井雷射中，波長調變涵蓋了很廣的範圍。

9.4.6 分隔限制之異質結構 MQW 雷射

一個在量子井雷射中薄主動層的缺點是它貧弱的光的限制。這可以利用複合量子井一層堆積在一層之上的方式來改善。複合量子井雷射有著較高的量子效率以及輸出功率。一個或是多個量子井可以與分隔限制之異質結構（separate-confinement -heterostructure，SCH）做結合來達到改善光的限制作用。

　　圖 32a 顯示一分隔限制之異質結構 MQW 雷射，操作在 1.3 μm 及 1.5μm 波長範圍的示意圖，其中以 GaInAsP 為能障層的四個 GaInAs 量子井像三明治般的被夾於 InP 包覆層之中，以形成折射率陡變的波導管 [23]。這些合金成分都是經過選擇，能夠與 InP 基板晶格匹配。主動區是由四個 8 nm 厚的無摻雜 GaInAs 量子井（具有 0.75 eV 的 E_g）組成，被 30 nm 厚的無摻雜 GaInAsP 層（具有 0.95 eV 的 E_g）分隔。

　　圖 32b 表示對應的主動區之能帶圖。n-InP 與 p-InP 包覆層分別摻雜了硫（10^{18} cm^{-3}）與鋅（10^{17} cm^{-3}）。漸變折射率 SCH（graded-index SCH，GRIN-SCH）示於圖 32c，其中波導管的 GRIN 是由一些小階梯式、逐步增加能隙能量的複合包覆層來達成。GRIN-SCH 結構比 SCH 結構更能有效的限制載子及光場，因此其臨限電流密度更低。

9.4.7 量子線與量子點雷射

在量子線與量子點雷射中，主動區被縮小至德布羅依波長區，變成一維（線）以及零維（島）的結構。這些線以及點會被放置在 p-n 接面之間，如圖 33 所示。為了實現這樣小的維度，小的主動區主要是由磊晶再成長於特殊處理的表面（蝕刻過、切開、鄰位，或是 V 型溝槽的），或是藉由一個稱作磊晶後自我序列（self-ordering after epitaxy）的程序。此雷射的優點相似於量子井雷射。而這些優點亦源自於它們各自的能態密度。這些能態密度導致了這樣的光增益光譜，此光譜在圖 34 中有做比較 [24]。

　　此處所討論的光增益從規則三維（塊材）的主動層以至量子點都有涵蓋。如同我們所看到的，量子線與量子點的峰值增益是逐漸變高的，且它們的外型是更加陡峭的。這些增益的特性造成了低的臨界電流。而臨界電流的減少對於不同結構在圖 35 有做一個總結 [25,26]，在圖中亦有它們按照時間順序的介紹。

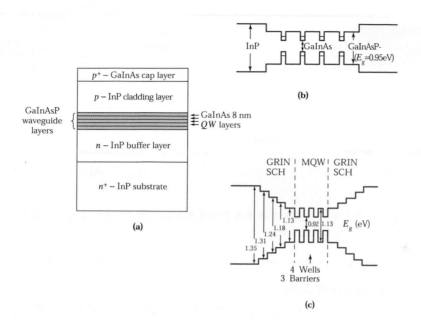

圖 32　(a)GaInAs/GaInAsP 複合位能井雷射之剖面圖　(b)圖(a)之 SCH-MQW 之層的能隙圖
(c)有著漸增的能隙增加到近似於漸變折射率的變化之薄層，其 GRIN-SCH-MQW
的結構。[23]

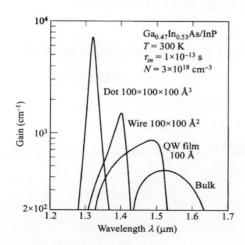

圖 33　簡化的結構圖 (a)量子線雷射以及 (a)量子點雷射。

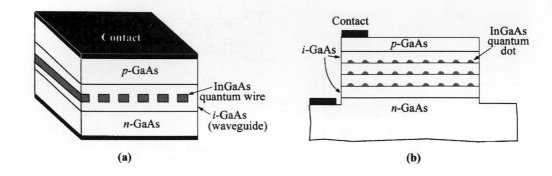

圖 34　計算出的光增益與不同維度下的波長之比較圖。其中峰值增益以及作為維度其較窄的光譜已被除去 [24]。

9.4.8　垂直腔面放射雷射

到目前為止我們所討論的雷射都是邊緣放射的，因此光輸出是與主動層平行的。然而如圖 36 中的表面放射雷射，光輸出是與主動層以及半導體表面垂直的，而這也是垂直腔面放射雷射（Vertical-Cavity Surface-Emitting Laser, VCSEL）[27] 名稱的由來。VCSEL通常有著由量子井所形成的主動層。而光腔則是由主動層周圍有兩個分散式布拉格反射器所組成，其中這些 DBR 有著高於 90%，很高的反射率。

　　因為每次通過的光增益很小，高反射率是被需要的，而這是由於相較於邊射型雷射來說，表面放射雷射有著較小的光腔所致。小的光腔之優點包含了低的臨界電流，以及單一模式雷射，這是由於模式間的間隔是相當寬的（式 29）。其他 VCSEL的優點則像是二維雷射陣列的實現，將光輸出耦合至其他媒介像是光纖以及光的互相連接之容易性，對於積體光學儀器之 IC 處理的兼容性，高容量與低成本的生產，高速以及可在晶圓上測試的兼容性。

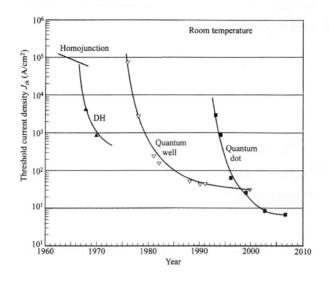

圖 35 從同質接面雷射，到 DH，量子井，以至於量子點雷射之臨界
電流密度的減少 [25,26]。

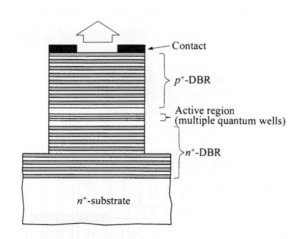

圖 36 垂直腔面放射雷射(VCSEL)結構圖 [27]。

9.4.9 **量子疊接雷射**

圖 37 為量子疊接雷射（Quantum-Cascade Laser）的結構圖[28]。其主動區通常是由複合位能井（通常為兩到三個位能井）或是創造出在導電帶之量子化次能帶能階的超晶格（superlattice）所組成。在次能帶間的電子轉移，放射了能量甚小於能隙的光子。量子疊接雷射能夠在長波長下放射雷射，不若非常狹窄能隙之半導體所遇到的難題，因為此難題而使之更加的不穩定且更難被開發。波長超過 70nm 已經可以被實現了。此外，波長是可以做調變的，藉由改變量子井的厚度可以達到。而次能帶間之轉移是與傳統雷射中之能帶間轉移的最主要的差異。

複合位能井與超晶格的差異在於，當量子井被厚的能障層所隔開時，量子井間是無法聯繫的且這樣的系統只可以被敘述為複合位能井。然而，當量子井間的能障層變得足夠薄，薄到可以使其波函數開始交疊，如此一來，一個異質結構的超晶格便形成了（像是 GaAs/Al$_x$Ga$_{1-x}$As，有著每層為 10nm 或更小的厚度）。超晶格與複合量子井系統相較之下，有兩個主要的差異：(1)在跨越能障的空間中，其能階為連續性的，還有 (2)不連續的能帶會拓展到微帶（miniband），如圖 38 所示。因為連續的導電帶被分為許多次能帶，因此電子不再駐留在導電帶的邊緣 E_c 而只駐留在次能帶上。

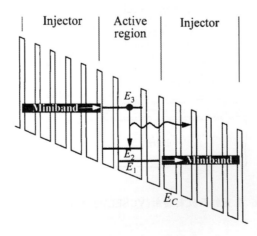

圖 37　在有偏壓情形下之量子疊接雷射的導電帶邊緣 E_c 之能帶圖。其中一個周期包含了一個主動區以及一個超晶格注入器，且不斷且連續地重複[28]。

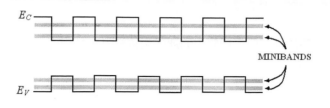

圖 38 異質結構超晶格之能帶圖。

電子注入器是由有著形成在導電帶之微帶的超晶格所組成。在注入器中的電子被注入，透過共振穿隧而穿到了在主動區中的次能階 E_3（見章節 8.5 中提到共振穿隧處）。在主動區中 E_3 與 E_2 間的輻射轉換是負責來放射雷射的。在 E_2 中的電子鬆弛到 E_1，接著透過共振穿隧穿到接下來的注入器之微帶，或是電子亦可從 E_2 直接穿隧到注入器。共振穿隧是一個相當快的過程，所以 E_2 中的電子密度總是低於在 E_3 中的電子密度，也因此分佈反轉可以繼續維持。

微帶的設計扮演了一個重要的角色，而且這取決於量子井的不均勻厚度。我們注意到在圖 37 中，E_3 並沒有與接下來之注入器的微帶排列成一直線，因此阻擋電子穿隧到注入器，還有在 E_3 的高密度可以被維持。在施加偏壓下，微帶應該要維持平坦以做有效的共振穿隧。這可以經由嚴謹的注入器超晶格之修裁，利用一特殊的參雜輪廓、厚度輪廓，或是障礙輪廓來達成。

而週期包含了主動區以及注入器，被重複了數次（20-100），而這樣的疊接組合也幫助創造了一高外部量子效率以及低臨界電流，因為相同的載子下可以產生更多的光子。這樣的現象是不可能在傳統的雷射中發生，這是因為其需要低轉移能量，低溫操作下才能辦到。儘管如此，CW 的操作上可以達到近 150K，且脈衝式操作可在室溫下。

總結

光元件（發光二極體以及雷射二極體）的運作是依據其為放射光子而定。光子的放射是由於電荷載子的復合。

發光二極體是藉由在順偏壓時電子及電洞的復合，而能夠放射出自發輻射的 *p-n* 接面。可見光 LED 能夠發出光子能量範圍在 1.8 至 2.8 eV（對應的波長由 0.7 至 0.4 μm）的輻射光，並廣泛的使用於顯示器及各式各樣的電子儀器中。將不同顏色（即紅色、綠色、藍色）的 LED 結合在一起，可以組成在一般照明非常有用的白光 LED。有機半導體也可以應用於顯示器用途。OLED 特別適用於大面積多重彩色平面顯示器。紅外光 LED 能夠發出 $h\nu < 1.8$ eV 的輻射光，可用於光隔絕器及短距離的光纖通訊中。

雷射二極體也是一個運作於順偏條件的 *p-n* 接面。然而，其二極體結構必須能提供載子與光場的限制，使誘發放射的條件得以建立。雷射二極體是由早期同質接面，逐步形成雙異質接面，接著分散式回授結構，再發展成量子井結構。其主要目的是降低臨界電流密度，以及使所有光子以單一頻率放射。雷射二極體是長距離光纖通訊系統的關鍵元件。它也廣泛地應用於影像紀錄、高速列印、光學讀取。

參考文獻

1. H. C. Casey, Jr. and M. B. Panish, *Heterostructure Lasers*, Academic, New York, 1978.

2. H. Melchior, "Demodulation and Photodetection Techniques," in F. T. Arecchi and E. O. Schulz-Dubois, Eds., *Laser Handbook*, Vol. 1, North-Holland, Amsterdam, 1972.

3. R. H. Saul, T. P. Lee, and C. A. Burrus, "Light-Emitting Diode Device Design," in R. K. Willardon and A. C. Bear, Eds., *Semiconductor and Semimetals,* Academic, New York, 1984.

4. S. Gage, et al., *Optoelectronic Application Manual*, McGraw-Hill, New York, 1977.

5. I. Schnitzer, E. Yablonovitch, C. Caneau, T. J. Gmitter, and A. Scherer, "30% external

quantum efficiency from surface textured, thin-film light emitting diodes," *Appl. Phys. Lett*, **63**, 2174(1993)

6. M. G. Craford, "Recent Developments in LED Technology," *IEEE Trans. Electron Devices*, **ED-24**, 935 (1977).

7. W. O. Groves, A. H. Herzog, and M. G. Craford, "The Effect of Nitrogen Doping on GaAsP Electroluminescent Diodes," *Appl. Phys. Lett.*, **l9**, 184 (1971).

8. E. F. Schubert, Light-Emitting Diodes, 2nd edition, Cambridge, UK, 2006.

9. A. A. Bergh and P. J. Dean, *Light Emitting Diodes*, Clarendon, Oxford, 1976.

10. N. Bailey, "The Future of Organic Light-Emitting Diodes," *Inf. Disp.*, **16**, 12 (2000).

11. C. H. Chen, J. Shi, and E. W. Tang, "Recent Development in Molecular Organic Electroluminescent Materials," *Macromal. Symp.* **125**, 1 (1997).

12. L. S. Rohwer and A. M. Srivastava, "Development of Phosphors for LEDs," *Interface*, 36(summer 2003).

13. S. E. Miller and A. G. Chynoweth, Eds., *Optical Fiber Communications*, Academic, New York, 1979.

14. T. Miya, Y. Terunuma, T. Hosaka, and T. Miyashita, "Ultimate Low-Loss Single Mode Fiber at 1.55 um," *Electron. Lett.*, **15**, 108(1979)

15. W. T. Tsang, "High Speed Photonic Devices," in S. M. Sze, Ed., *High Speed Semiconductor Devices,* Wiley, New York, 1990.

16. O. Madelung, Ed., *Semiconductor-Group IV Elements and III-V Conprounds*, Springer-Verlag, Berlin, 1991.

17. M. B. Panish, I. Hayashi, and S. Sumski, "Double-Heterostructure Injection Lasers with Room Temperature Threshold As Low As 2300 A/cm^2," *Appl. Phys. Lett.*, **16**, 326 (1970).

18. T. E. Bell, "Single-Frequency Semiconductor Lasers," *IEEE Spectrum*, **20**, 38 (1983).

19. F. Stern, "Calculated Spectral Dependence of Gain in Excited GaAs," *J. Appl. Phys.*, **47**, 5328 (1976).

20. W. T. Tsang, R. A. Logan, and J. P. Van der Ziel, "Low-Current-Threshold

Stripe-Buried-Heterostructure Laser with Self-Aligned Current Injection Stripes," *Appl. Phys. Lett.*, **34**, 644 (1979).

21. N. Holonyak, et al., "Quantum Well Heterostructure Laser," *IEEE J. Quant. Electron.*, **QE-16**, 170 (1980).

22. T. P. Lee, "High Speed Photonic Devices," in S. M. Sze, Ed., *Modern Semiconductor Device Physics,* Wiley Interscience, New York, 1998.

23. K. Kasukawa, Y. Imajo, and T. Makino, "1.3 μm GaInAsP/InP Buried Heterostructure Graded Index Separate Confinement Multiple Quantums Well Lasers Epitaxially Grown by MOCVD," *Electron. Lett.*, **25**,104 (1989).

24. M. Asada Y. Miyamoto and Y. Suematue, "Gain and the Threshold of Three-Dimensional Quantums-Box Laser," *IEEE J. Quantum Electron.*, **QE-22**, 1915(1986).

25. N. N. Ledentsov, M. Grundmann, F. Heinrichsdorff, D. Bimberg, V. M. Ustinov, A. E. Xhukov, M. V. Maximov Z. I. Alferov, and J. A. Lott, "Quantom-dot Heterostructure Laser," *IEEE J. Selected Topics Quan. Elect.*, 6, 439(2000)

26. J. P. Reithmaier, "Quantum Dot Laser," Tutorial for WWW.BRIGHTER. EU, Lund (June 2007).

27. K. D. Choquett, "Vertical-Cavity Surface-Emitting Laser: Light for the Information Age," *MRS Bulletin*, 507, (July 2002).

28. F. Capasso, R. Paiella, R. Martini, R. Colombeli, C. Gmachl, T. L. Myers, M. S. Taubman, R. M. William, C. G. Bethea, K. Unterrainer H. Y. Hwang, D. L. Sivco, A. Y. Cho, A. M. Sergent, H. C. Liu and E. A. Whittaker, "Quantum Cascade Laser: Ultrahigh-Speed Operation, Optical Wireless Communication, Narrow Linewidth, and Far-Infrared Emission," *IEEE J. Quantum Eletron.*, **QE-38**, 511 (2002)

習題（*指較難習題）

9.1 節　輻射轉換與光的吸收

1.　一吸收率為 $4 \times 10^4 \text{cm}^{-1}$ 且表面反射率為 0.1 之矽晶圓，被用一有著 hv 為 3eV 之
　　單色光照射。試計算在材料中入射光之功率被吸收至一半的的深度為何？

2.　以一波長為 0.6μm 的光照射在一半導體樣品（E_g=1.1eV）上。其入射功率為 15
　　mW，吸收係數為 $4 \times 10^4 \text{cm}^{-1}$，且表面反射率為 0.1。如果 55% 的入射功率以熱
　　的方式散逸，那麼此元件會產生 10^{16} photon/s，試求出此樣品之厚度，以及每秒
　　散逸至晶格之熱能為何？

*3.　以一波長為 0.6 μm 的光照射在砷化鎵樣品上，入射功率為 15 mW。假設入射功
　　率的三分之一被反射，而另外有三分之一由樣品的另一端射出，試問樣品的厚
　　度為何？試求出每秒散逸到晶格的熱能？

9.2 節　發光二極體

4.　試計算在室溫下，有著峰值波長為 550nm 之遠紅光發光二極體的光譜半
　　高波寬（spectral half-width）為何？

5.　在 LED 中，電轉換成光的效率為：$4\,\overline{n}_1\overline{n}_2\,(1 - \cos\theta_c)/(\overline{n}_1 + \overline{n}_2)^2$，其中 $\overline{n}_1$ 及 $\overline{n}_2$
　　分別為空氣及半導體的折射率(~3.4)，而 θ_c 為臨界角。一 $\text{Al}_{0.3}\text{Ga}_{0.7}\text{As}$ LED 操作
　　在順偏電壓為 1.8V 而電流為 1.8mA。而假設此功率均勻地輻射至接面，所有朝
　　向頂部區域的光最後都藉由內部反射而離開其表面，而所有朝向底部區域的光
　　都消失了。試計算到達 p 型區的表面其光量為何，若其為 3μm 厚且吸收係數為
　　$5 \times 10^3 \text{cm}^{-1}$？

6.　假設輻射生命期 τ_r 為 $10^9/N$ 秒，其中 N 為半導體以 cm^{-3} 為單位下的摻雜，而非
　　輻射生命期 τ_{nr} 為 10^{-7} 秒。請找出有著摻雜為 10^{19}cm^{-3} 之發光二極體的截止頻率？

7.　試計算習題 6 之發光二極體之 3dB（半功率）頻率。

8.　一材質為 $\text{Al}_x\text{Ga}_{0.7}\text{As}$ 之 LED 會放射波長為 680nm 的紅光。此材料的能隙已知是
　　粗略地與鋁之莫爾比例" x "相關，其關係式為：1.42 + 1.2x，而 x 的範圍為：0 $\leq$
　　x $\leq$0.4。

9.　若內部量子效率為 0.716 而外部量子效率為 1 下，當運作在偏壓為 1.8V 以及

80mA 下之 $Al_{0.3}Ga_{0.7}As$ LED 其光輸出功率為何？而假設此功率均勻地輻射至接面，所有朝向頂部區域的光最後都藉由內部反射而離開其表面，而所有朝向底部區域的光都消失了。試計算到達 p 型區的表面其光量為何，若其為 $3\mu m$ 厚且吸收係數為 $5 \times 10^3 cm^{-1}$ ？

10. 試問在習題 8 之 LED，在其上再沉積一層其折射係數為 1.6 之介電層在 LED 之表面，此時的光輸出功率為何？

11. 在 300K 下，GaAs 之能隙為 1.42eV 而隨著溫度而遞減，如第一章之圖 28 所示。從量測得知，GaAs LED 的放射波長的變化為 2.8nm，對應於溫度變化為 $10^{\circ}C$，試推導 dEg/dT。

12. 對於運作在 $0.8\mu m$ 之 GaAs LED，試計算(a) 若我們把內部全反射考慮進來，從接面放射至空氣之光子占全部的多少比例 (b) 而若我們也考慮了菲涅耳損耗？

9.3 節　半導體雷射

13. (a)對於一運作在波長為 $1.3\mu m$ 的 GaInAsP 雷射，當腔體為 300 μm，且假設群體折射係數為 3.4，計算其模式之間隔以 nm 為單位來表示(b) 以 GHz 為單位來表示上述之模式之間隔。

14. 一操作在波長 1.33 μm 的 GaInAsP 費比－白洛雷射具有 300 μm 的腔長度，而 GaInAsP 的折射率為 3.39。（a）其鏡面損耗為何（以 cm^{-1} 表示）？（b）若將雷射的其中一面鍍膜，以產生 90% 的反射率，其臨界電流會降低多少 %？假設 $\alpha = 10\ cm^{-1}$。

15. 考慮一個高摻雜之 p-n 接面。若其為簡併型摻雜（$E_{Fn} > E_c$ 且 $E_{Fp} < E_v$），你預期在下列的三種情形中，會有淨增益，淨損失，或是都不是： (a)光泵激頻率滿足 $E_{gap} < h\gamma < E_{Fn}-E_{Fp}$，(b)光泵激頻率滿足 $h\gamma < E_{gap}$，(c) $h\gamma > E_{Fn}-E_{Fp}$。

16. 試計算砷化鎵雷射的限制因子，其主動區厚度為 1 μm，折射率為 3.6，主動區至非主動區界面的臨界角為 84°。假設常數 C 為 $8 \times 10^7\ m^{-1}$。若將臨界角改為 78°，其餘因子均不變，試重複此計算步驟，求出 GaAs / AlGaAs DH 雷射的限制因子。

17. 推導式（29），求出在縱軸方向可容許模式間之間距$\Delta\lambda$。若有一操作在$\lambda = 0.89$

μm，$\bar{n} = 3.58$，$L = 300$ μm，$d\bar{n}_1/d\lambda = 2.5$ μm^{-1} 的砷化鎵雷射二極體，試求其 $\Delta\lambda$？

18. 若一雷射二極體之光輸出與能隙能量相同，試求出 $L = 75$μm 之 GaAs 雷射，其在相鄰之共振模式間大約的波長間距為何。假設 GaAs 之平均折射率為 3.6 而其能隙為 1.42eV。

19. 一雷射二極體之臨界電流密度已知為 2000 A/cm^2，而前方與鏡面反射率分別為 0.5 以及 0.99。而 $\alpha = 100$cm^{-1}，$\beta = 0.1$cm^{-3}A^{-1}，$g_0 = 100$cm^{-1}，$\Gamma = 0.9$。試求出腔體之腔長度以及其增益。

*20. 若一具有腔長度 300 μm，材料反射係數 3.4，振盪波長 1.33 μm 的 DFB 雷射，試求其布拉格波長及柵週期。振盪波長 λ_0 定義為：

$$\lambda_0 = \lambda_B \pm \frac{\left(m + \frac{1}{2}\right)\lambda_B^{\,2}}{2\pi L}$$

其中 m 為整數。

21. 對高溫雷射操作而言，具有低溫度係數的臨界電流 $\xi \equiv \left(dI_{th}/dT\right)/dI_{th}$ 是很重要的。試問圖 29 所示之雷射的係數 ξ 為何？若 $T_0 = 50$ °C，則此雷射在高溫運作會較好或較差？

第十章　光檢測器與太陽電池

10.1　**光檢測器**

10.2　**太陽電池**

10.3　**矽與化合物半導體太陽電池**

10.4　**第三代太陽電池**

10.5　**光濃度**

總結

光檢測器（*Photodetectors*）為電感應光訊號的半導體元件。在特定波長操作下，光感測器應具有高敏感、高響應速度、低雜訊、小體積、低電壓、高可靠度的特性，經由太陽光來產生能量的太陽電池（*Solar cells*）與光感測器有部分相似的地方，主要的差異在於兩者的元件面積、操作頻率和光源的部分。

　　具體而言，本章包括以下幾個主題：

- 　利用吸收光子（photons）來產生電子電洞對的光感測器。
- 　一些重要的光感測器結構。
- 　利用吸收光子來轉換成電能的太陽電池。
- 　一些重要的太陽電池結構。

10.1　光檢測器

光檢測器（photodetector）是一種能夠將光信號轉換為電信號的半導體元件。光檢測器的運作包括三個步驟：由入射光產生載子；藉任何可行的電流增益機制，使載子傳輸以及（或者）累增；電流與外部電路交互作用，以提供輸出信號。

　　光檢測器廣泛應用於包括光隔絕器的紅外光感應器（sensor）、以及光纖通信的檢測器。在這些應用中，光檢測器必須在所工作的波長中具有高靈敏度、高響應速度及低雜訊。另外，光檢測器必須輕薄短小、使用低電壓、或低電流、並在運作條件下具有高可靠度。

10.1.1　光導體

光導體（photoconductor）包含一個簡單的半導體平板，而在平板兩端則具有歐姆接觸如圖 1a 且對應到光罩交叉接觸，如圖 1b。當入射光照到光導體表面時，藉由能帶至能帶轉換（本質）或禁止能隙能階之轉換（外質）而產生電子－電洞對，導致傳導係數增加。

在本質光導體中，傳導係數為：

$$\sigma = q(\mu_n n + \mu_p p) \tag{1}$$

而在光照射下，傳導係數的增加主要是由於載子數目的增加。本質光導體的長截止波長可由第九章式（9）決定。在外質光導體中，能帶邊緣及能隙內的能階之間可能會產生光激發。在此情況下，長截止波長則取決於禁止能隙能階之深度。

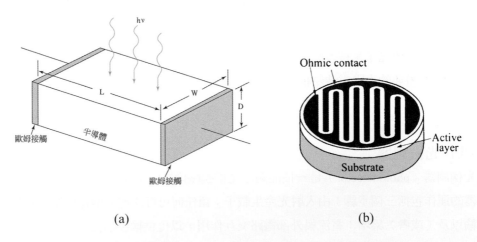

(a)　　　　　　　　　　　　(b)

圖 1　(a)由一半導體平板與兩端歐姆接觸所構成的光導體之示意圖；
　　　(b)典型的光罩包含交叉接觸的小縫隙。

若考慮光導體在光照射下的運作。在時間等於零時，單位體積內由光通量所產生的載子數是 n_0。當一段時間 t 之後，載子數目 $n(t)$ 在相同之體積內由於復合而衰減為：

$$n = n_0 \exp\left(\frac{-t}{\tau}\right) \tag{2}$$

其中 τ 是載子的生命期。由式（2）可得復合率為：

$$\left|\frac{dn}{dt}\right| = \frac{1}{\tau} n_0 \exp\left(-\frac{t}{\tau}\right) = \frac{n}{\tau} \tag{3}$$

假設一穩定流動之光通量均勻打在面積 $A = WL$ 的光導體（圖 1a）表面上，單位時間內到達表面的全部光子數目為（$P_{opt}/h\nu$），其中 P_{opt} 是入射光之功率，而 $h\nu$ 是光子能量。在穩態時，載子產生率 G 必須等於復合率 n/τ。假如檢測器的厚度 D 遠大於光穿透深度 $1/\alpha$，則每單位體積內全部的穩態載子產生率為：

$$G = \frac{n}{\tau} = \frac{\eta(P_{opt}/h\nu)}{WLD} \tag{4}$$

其中 η 是量子效率，亦即每個光子產生載子的數目；而 n 是載子密度，亦即每單位體積內載子的數目。在電極之間流動的光電流為：

$$I_p = (\sigma \mathcal{E})WD = (q\mu_n n\mathcal{E})WD = (qnv_d)WD \tag{5}$$

其中 $\mathcal{E}$ 是光導體內的電場，而 v_d 是載子漂移速度。將式（4）的 n 代入式（5）可得：

$$I_p = q\left(\eta \frac{P_{opt}}{h\nu}\right) \cdot \left(\frac{\mu_n \tau \mathcal{E}}{L}\right) \tag{6}$$

若我們定義原來的光電流為：

$$I_{ph} \equiv q\left(\eta \frac{P_{opt}}{h\nu}\right) \tag{7}$$

則由式（6）可得光電流增益為：

$$\boxed{\text{Gain} \equiv \frac{I_p}{I_{ph}} = \frac{\mu_t \mathcal{E}}{L} = \frac{\tau}{t_r}} \tag{8}$$

其中 $t_r \equiv L/v_d = L/\mu_n \mathcal{E}$ 為載子穿巡時間。而增益取決於載子生命期對穿巡時間之比例。

範例 1

試計算當 5×10^{12} photons/s 打在 $\eta = 0.8$ 的光導體表面時的光電流與增益。少數載子的生命期為 0.5 ns，且此元件之 μ_n = 2500 cm²/V·s，$\mathcal{E}$ = 5000 V/cm，L =10 μm。

解

由式（33）

$$I_p = q\left(0.8 \times 5 \times 10^{12} \text{ photons/s}\right) \cdot \left(\frac{2500 \frac{\text{cm}^2}{\text{V} - \text{s}} \cdot 5 \times 10^{-10} \text{s} \cdot 5000 \text{ V}/\text{cm}}{10 \times 10^{-4} \text{cm}} \right)$$

$$= 4 \times 10^{-6} \text{A} = 4 \ \mu\text{A}$$

且由式（35）

$$\text{Gain} = \frac{\mu_n \tau \mathcal{E}}{L} = \frac{2500 \cdot 5 \times 10^{-10} \cdot 5000}{10 \times 10^{-4}} = 6.25$$

對於少數載子生命期很長且電極間的距離很小的樣品，其增益會遠大於一。某些光導體的增益甚至可高達 10^6。而光導體的響應時間是由穿巡時間 t_r 來決定。為了達到短的穿巡時間，必須使用很小的電極間距及高電場。一般光導體的響應時間涵蓋由 10^{-3} 到 10^{-10} 秒之廣大範圍，它們被廣泛應用於紅外光偵測，尤其是波長大於幾μm 以上的區域。

10.1.2　感光二極體

感光二極體（photodiode）基本上是一個運作於逆向偏壓的 *p-n* 接面或金半接觸。空間電荷和電場分佈和第三章圖 6 相似，除了在逆偏電壓下，注意電場分佈均勻且最大電場在接面地方。當光信號打在感光二極體上時，空乏區會將由光產生的電子－電洞對予以分離，因此就有電流流至外部之電路，此電流稱為光電流（photocurrent I_P）。光產生電洞在空乏區漂移，擴散到中性的 *p* 區且和電子結合進入陰極。類似的，光產生電子漂移為反相向，當光訊號穿透空乏區外的擴散長度區域，光產生載子會擴散到空乏區且漂移穿過空乏區到另一端。這些中性區被認為是電子在空乏區的延伸電阻，光電流和光產生的電子電洞對（EHP）數目以及載子的漂移速度有關，要注意光電流在延伸電路中只有電子流，即使有電子和電洞漂移過空乏區域。

　　為了能在高頻運作，空乏區必須儘可能的變薄，以減少穿巡時間。另一方面，為了增加量子效率，空乏層必須夠厚，以使大部分之入射光都被吸收，因此在響應速度與量子效率之間必須有所取捨。

　　量子效率

量子效率（quantum efficiency）如前所述，是每個入射光子所產生的電子－電洞對數目：

$$\eta = \left(\frac{I_p}{q}\right) \cdot \left(\frac{P_{opt}}{h\nu}\right)^{-1} \tag{9}$$

其中 I_p 是在波長 λ（對應於光子能量 $h\nu$）時，吸收入射光功率 P_{opt} 所產生的光激發電流。決定 η 的重要因素之一是吸收係數 α，如第五章（圖 5）。因為 α 是波長的強函數，能產生可觀的光電流之波長範圍是有限的。長截止波長 λ_c 是由能隙決定的如第九章（式（9）），對鍺而言約為 1.8 μm，而矽為 1.1 μm。當波長大於 λ_c 時，α 值太小，以致無法造成明顯的能帶至能帶間之吸收。至於光響應的短截止波長，則是由於短波長之 α 值很大（$\sim 10^5 \, \mathrm{cm}^{-1}$），大部分的輻射在很靠近表面附近就被吸收，且表面附近復合時間甚小，導致光載子在被 *p-n* 接面收集以前就會發生復合。

　　光產生載子在空乏區會消失由於復合或陷補這樣情況下對光電流沒有貢獻。量子效率通常小於 1，這與吸收效率和元件結構有關，量子效率可經由減少在元件表面反射去增加在空乏區吸收效率，且防止復合或陷補載子經由改善材料和元件品質。

　　圖 2 是一些高速感光二極體[1,2]典型的量子效率對波長之關係圖。請注意，在紫外光及可見光區域內，金半感光二極體具有良好的量子效率（討論在 10.1.4）。在近紅外光區時，則矽感光二極體（具有抗反射層）在 0.8 至 0.9 μm 附近，可達到 100%的量子效率。在 1.0 至 1.6 μm 間，鍺感光二極體與三五族感光二極體（例如 GaInAs）

具有很高的量子效率。而在更長之波長，為了高效率的運作，可將感光二極體予以冷卻（例如冷卻至 77 K）。

響應係數

響應係數（*responsivity*）$\mathcal{R}$ 定義為每個入射光功率（P_{opt}）所產生的光電流（I_P），$\mathcal{R}$ 也稱為*光譜響應*（*spectral responsivity*）或*輻射感度*（*radiant sensivity*）：

$$\mathcal{R} = \left(\frac{I_p}{P_{opt}} \right) \tag{10}$$

由量子效率的定義，可知

$$\mathcal{R} = \left(\frac{I_p}{P_{opt}} \right) = \frac{\eta q}{hv} = \frac{\eta q \lambda}{hc} \tag{11}$$

假如光二極體有理想的量子效率 100%，$\mathcal{R}$ 就會正比於波長。實際上，$\mathcal{R}$ 和 λ 的關係如圖 3。在光二極體量子效率限制響應係數低於理想值。

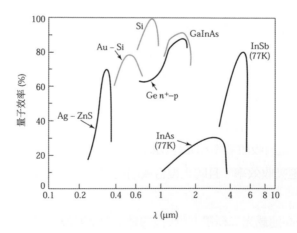

圖 2 數種光檢測器的量子效率對波長之關係[1,2]。

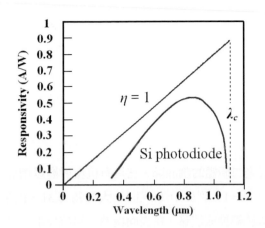

圖 3　理想光二極體$\eta=1$和典型商業光二極體的響應係數 vs 波長。

響應速率

響應速率（response speed）受到三個因素的限制：（1）載子的擴散；（2）空乏區內的漂移時間；（3）空乏區的電容。在空乏區外產生的載子必須擴散到接面，造成相當大的時間延遲。為了將擴散效應降到最小，形成的接面必須非常接近表面。如果空乏區夠寬的話，絕大部分的光線都會被吸收。然而，空乏區不能太寬，否則穿巡時間效應會限制頻率響應。但它也不能太薄，否則過大之電容 C 會造成大的 RC 時間常數，其中 R 是負載電阻。最理想的折衷辦法是選擇一個寬度，使空乏層穿巡時間大約為調變週期之一半。例如調變頻率為 2 GHz 時，矽（飽和速度為 10^7 cm/s）最理想的空乏層寬度約 25 μm。

10.1.3 *p-i-n* 感光二極體

如上述，*p-n* 接面二極體有兩個主要缺陷。一為接面電容不夠小，由於小的空乏區寬度。例如空乏層寬度小於 1μm 在 p^+-n 接面第三章的範例 2。這樣會產生大的 RC 時間常數，所以感光二極體無法操作在高頻模組下。此外，在長波長下，*p-n* 接面二極體的空乏區寬度不足，導致在長波長的穿透深度大於空乏區寬度。舉例來說，第九章圖 5 當波長 500nm，穿透深度大約 33μm。大多數入射光子在空乏區外部被吸收，且這裡無電場去分開電子－電洞對。

　　p-i-n 感光二極體（p-i-n photodiode）是最常用的光檢測器之一，因其空乏區厚度（本質層）可予以調變，以得到最佳化量子效率及頻率響應。本質層典型厚度為 5~50μm，和特殊應用有關。本質層在 p-i-n 二極體中為全空乏區，由於大的空乏層寬度的接面電容很小，使 p-i-n 感光二極體能操作在高頻模式下。在長波長下空乏區夠寬而有高的吸收率。

　　圖 4a 是 p-i-n 感光二極體的剖面圖，它具有抗反射層以增加量子效率。表面反射率由入射光在空氣中（$n=1$）到矽中（$n=3.5$）大約為 0.31，由第九章式（22）。這表示 31%的光被反射無法轉換成能量。在表面覆蓋一層抗反射層其透射係數 $n=(n_{si})^{1/2}$ 能使全反射率最小。其中 Si_3N_4 的透射係數 $n = 1.9$ 是一個好的選擇。圖 4b 顯示出 p-i-n 二極體在逆偏情況下的能帶圖。這情形下帶和距離呈線性減少且電場在本質層為均勻的。

　　圖 4c 為光吸收。p-i-n 這樣的設計使大部分的光在本質層幾乎完全被吸收。吸收光在空乏區的電子電洞或擴散長度，當電流流過延伸電路在載子飄移過空乏區時，會被電場分開。

　　一般而言，當通過本質層寬度時，響應時間被最慢產生的光載子、電洞、飄移時間所限制住。窄的本質層能改善響應時間但會降低吸收光子的數量，此時響應係數會降低。增加響應速度例如減少飄移時間，我們可以增加逆偏。因此能在速度和響應係數間做取捨。

　　實際上，本質層會有輕微的背景參雜，結構像 p^+-π-n^+ 或 p^+-v-n^+ 如第三章圖 27。電場在跨越本質區並不均勻，經由假設，我們依然視為 p-i-n 結構。

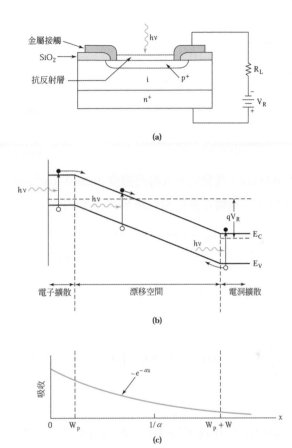

(a)

(b)

(c)

圖 4　*p-i-n* 感光二極體的運作：（a）*p-i-n* 感光二極體的剖面圖，（b）逆向偏壓下的能帶
圖，（c）載子吸收特性曲線。

範例 2

若有一入射光打在半導體表面，其入射光功率 P_0 在進入半導體之後會降為 $P_0(1-R)$，
其中 R 為反射係數。當通過半導體時，此入射光會被吸收，因此在某一深度 x，剩餘
之光功率 $P(x)$ 可以寫成 $P(x) = P_0(1-R)\exp(-\alpha x)$。試以 $\alpha = 10^4 \text{ cm}^{-1}$ 及 $R = 0.1$ 計算當
有一半的入射光功率被材料吸收時的深度。

解

$$x = \frac{-1}{\alpha} \ln\left[\frac{P(x)}{P_0(1-R)} \right] = -10^{-4} \cdot \ln\left(\frac{1}{2 \times 0.9} \right) \, \text{cm}$$

$$= 0.59 \, \mu m$$

範例 3

光接收面積直徑為 0.06cm,在發光為入射光強度 0.2mW/cm² 波長 800nm 產生 3×10^{-4} mA。計算 *p-i-n* 感光二極體在波長 800nm 響應係數和量子效率。

解

入射光強度 0.2mW/cm²,光接收面積直徑為 0.06cm,因此入射功率為

$$P_{opt} = \pi(0.03cm)^2 \times 0.2mW/cm^2 = 5.6 \times 10^{-4} \, mW$$

響應係數為

$$\mathcal{R} = \frac{I_P}{P_{opt}} = 3 \times 10^{-4} \, mA / 5.6 \times 10^{-4} \, mW = 0.54 \, A/W$$

量子效率為

$$\eta = R(hc/q\lambda) = 0.54A/W(6.62 \times 10^{-34} J-s)(3 \times 10^8 m/s)/(1.6 \times 10^{-19} C)$$

$$(80 \times 10^{-9} m) = 0.84 = 84\%$$

10.1.4 金半感光二極體

圖 5 是一種高速金半感光二極體(metal-semiconductor photodiode)之結構。為了避免光照射通過金屬接觸時所引起的大量反射及吸收損耗,金屬膜必須非常薄(～10 nm),而且必須使用抗反射層。金半感光二極體在紫外光及可見光的區域特別有用。在這些區域內,大部分常見的半導體之吸收係數 α 都很高,大約是 10^4 cm⁻¹ 或以上,此相當於 1.0 μm 或更小的有效吸收長度 $1/\alpha$。在此我們可以選擇一種金屬及一種抗反射層,使大部分的入射輻射都在靠近半導體表面處被吸收。例如一個具有 10 nm 之金

與 50 nm 之硫化鋅（zinc sulfide）作為抗反射層的金－矽光檢測器，會有超過 95%之 λ = 0.6328 μm（氦－氖雷射波長、紅光）的入射光會被傳輸到矽基板。

金半感光二極體能操作在兩種模式下和光子能量有關。$hv > E_g$，如圖 6a 輻射產生電子－電洞對在半導體中，金半感光二極體大致特性和 *p-i-n* 感光二極體相似。對於小能量（長波長）$q\varphi_B < hv < E_g$，如圖 6b，光激發電子在金屬中能克服能障且被收集在半導體中，這過程稱為*內部光發射*（*internal photoemission*）且被廣泛的用來定義蕭基能障（Schottky-barrier height）和研究在金屬薄膜裡的熱電子傳輸。

當蕭基能障二極體（Schottky-barrie diode）被不同的波長掃描時，圖 6c 顯示量子效率隨光子能量上昇且有臨界值 $q\varphi_B$。當光子能量到達能隙值時，量子效率上升到非常高的值。然而實際上，內部光發射（internal photoemission）只有<1%的點量子效率。

對於感測器的內部光發射，光直接傳入基板更有效率。因為能障高通常小於能隙，當光 $q\varphi_B < hv < E_g$ 在半導體裡並不吸收，且強度在金屬／半導體介面並不會減少。在這金屬層中，利用簡單的厚度控制能更厚且能最小化串聯電阻。在矽元件中，能選擇利用金屬矽化物來取代金屬，金屬矽化物有更重覆性的介面，因為其金屬和矽產生的新介面絕不會曝露。普遍的金屬矽化物用為此目的為 $PtSi$、Pd_2Si、$IrSi$。其他更進階的蕭基能障二極體（Schottky-barrie diode），當擴散或離子佈植退火時，不需要高溫製程。

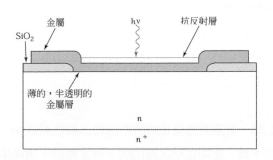

圖 5 　金半感光二極體。

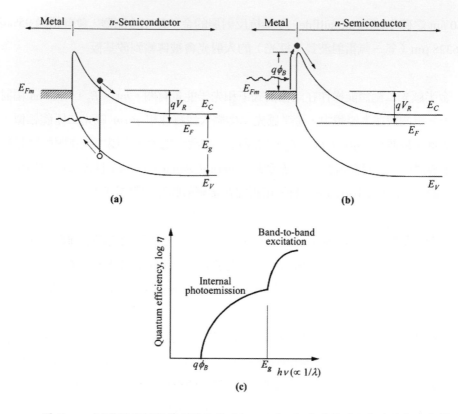

圖 6 (a)電子電洞對帶到帶激發（$hv > E_g$），(b)激發電子內部光發射由金屬到半導體（$q\varphi_B <$ hv $< E_g$），(c)波長函數的量子效率來表示兩個過程。

10.1.5 雪崩型感光二極體

雪崩型感光二極體（avalanche photodiode，APD）是在足以產生雪崩倍增之逆向偏壓下運作。其倍增可使內部電流增益，而且此元件可以對調變頻率高至微波頻率的光響應。

APD 在設計上的一項重要考量是須將雪崩雜訊減低到最小。雪崩雜訊來自於雪崩倍增過程無規則的本質，亦即在空乏區內的一特定距離，所產生的每一電子－電洞對所經歷的倍增都不相同。雪崩雜訊與游離係數之比例α_p / α_n有關；此比例越小，雪崩雜訊就越小。這是因為當 $\alpha_p = \alpha_n$ 時，每一個入射光載子在倍增區內會產生三個載子：原來的載子加上後來的電子與電洞。只要任何變動使載子數目有一個改變，就會有很大的比例改變，而雜訊就會很大。另一方面，假如其中一個游離係數趨近於零（如 $\alpha_p \rightarrow 0$），則每一個入射光載子在倍增區內會產生大量的載子。在此情況下，一個載子的變動相對於整體是極不明顯的。為了使雪崩雜訊減到最小，必須使用 α_p 與 α_n 差異很大之半導體。其雜訊因子（noise factor）為：

$$F = M\left(\frac{\alpha_p}{\alpha_n}\right) + \left(2 - \frac{1}{M}\right)\left(1 - \frac{\alpha_p}{\alpha_n}\right) \tag{12}$$

其中 M 是倍增因子。由式 (12) 可知當 $\alpha_p = \alpha_n$ 時，雜訊因子為最大值 M；當 $\alpha_p/\alpha_n = 0$ 而且 M 很大時，會有一個最小的雜訊因子值為 2。

圖 7 是一個典型的矽 APD 結構，具有 n^+-p-π-p^+ 摻雜側圖（π 是輕摻雜的 p 區域）。n^+ 區域很薄且經由窗口發光。有三種不同 p 型濃度參雜層 p-π-p^+ 在 n^+ 之後。靜空間電荷分佈如圖 7b。跨越二極體的電場分佈如圖 7c。最大的電場在 n^+-p 接面間，且在 p 區域會慢慢減弱。在 π 區域輕微減少是由於小的靜空間電荷密度，電場消失在窄的 p^+ 空乏區末端，二極體逆偏時會增加空乏區電場。在零偏壓下，空乏區並不會延伸到 p 型的 π 區域。而在足夠的逆偏壓下，空乏區寬度會延伸到 π 區域。由於非常薄的 n^+ 和 p 區域，吸收光子光產生電子電洞對主要在 π 區域。電子和電洞以飽和速度漂移在 π 區域。當電子到達 p 區域，它們經過高電場且獲得足夠的動能去產生雪崩且會產生大量的電子電洞對。這樣的內部增益使量子效率高於 1。

光產生在 π 區域而雪崩產生在 p 區域。光產生區域和雪崩產生區域分開的優點為：電子在光產生區域飄移至雪崩區域並非電洞在光產生區域（如圖 7）。電子所產生的雪崩有高的撞擊率（impact ionization efficiency）和低雜訊。n 型保護環圍著中心 n^+ 區，因此在外圍的崩潰電壓較高且雪崩被證實在發光區域。

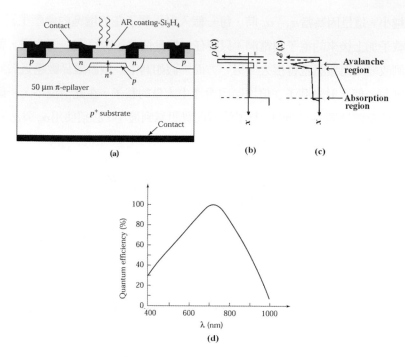

圖 7　典型的矽雪崩型感光二極體：(a)元件結構，(b)空間電荷分佈，
(c)電場分佈，(d)量子效率。

當元件具有 SiO_2-Si_3N_4 抗反射塗層，而波長約 0.75 μm 時，其量子效率接近 100%（圖 7d）。由於 α_p / α_n 的比例約 0.04，當 $M = 10$ 時，其雜訊因子由式 (12) 得出為 2.3。

10.1.6 光電晶體

光電晶體（phototransistor）經過內部的雙極性電晶體（bipolar transistor）動作產生很大的增益。此外，製造光電晶體比感光二極體更為複雜，固有的大面積使高頻率的特性衰減。相較於雪崩光感二極體，它消除了高電壓的需要和雪崩所產生的高雜訊且還提供了合理的光電流增益。

雙極性光電晶體的結構如圖 8a ，電路模型如圖 8b。它不同於傳統的雙極性電晶體有大的基極－集極接面且輕微的集極元素，用平行組合的二極體和電容模型表示。

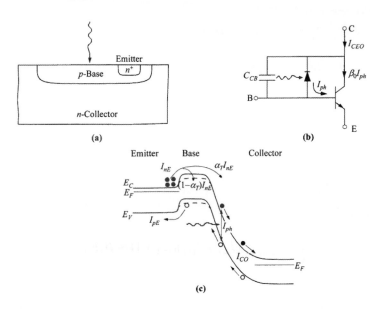

圖 8 （a）光電晶體結構圖，(b) 等效電路，(c)能帶在偏壓下有不同電流組成。
虛線指出在發光時基極位（基極開路）偏移。

光電晶體偏壓在主動區域（active regime）。*n-p-n* 結構中有著懸浮的基極，集極相對於射極為正偏壓。簡單的說，集－基接面為逆偏，射－基接面為正偏。能帶圖對於光表示於圖 8c。在擴散長度範圍內，光產生的電洞在基－集空乏區，流向最大的能量且在基極被陷捕。這些累積的電洞或正電荷低於基本能量（上升的電位）且允許大量電子由射極到集極，由於自然對數 I_B 和 V_{BE} 關係如 $I_E \propto e^{qV_{BE}/kT}$，導致較大的電子流。小的電洞流所導致的較大電流是由於射極注入效率 γ 和共通於雙極性電晶體及光電晶體皂主要增益機制，條件為穿過基極電子傳輸時間遠小於少數載子生命期。光產生電子在基－集極空乏區在擴散長度範圍內能由原點流到射極或流到集極。較好來說，它能減少射極電流或增強集極電流，當增益很大的時候只有非常小的量，且全部的集極電流或射極電流遠大於光電流。

為了簡單化，我們假設光被吸收在接近基－集極接面。由於基極為開路，$I_B = I_C$。由圖 8c 且用傳統雙極性電晶體參數，全集極電流為

$$I_E = I_{ph} + I_{CO} + \alpha_T I_{nE} \tag{13}$$

I_{ph} 為光電流，I_{CO} 集－基極接面逆向漏電流，α_T 基極傳輸因子。由於基極為開路，淨基極電流為零且

$$I_{ph} + (1 - \alpha_T)I_{nE} = I_{ph} + I_{CO} \tag{14}$$

由式 (13) 和 (14) 定義射極效率因子 γ

$$I_{nE} = \gamma I_E \tag{15}$$

因此式 (15) 改為

$$I_C = I_E = I_{CEO} = (I_{ph} + I_{CO})(\beta_0 + 1) \sim \beta_0 I_{ph} \tag{16}$$

光電晶體的 I-V 特性在不同的光強度下和雙極性電晶體相似，除了基極增加電流被增加光強度所替換掉。式 (16) 指出光電流增益（β_0+1）。在特定的均質接面光電晶體，增益由五十到數百。均質接面光電晶體，射極比基極有較大的能隙，和常規的同質接面雙極性電晶體有相似的優點。有高至 10000 的增益。不幸的，暗電流也被同樣的增益放大。

這樣的元件特別用在光隔離（opto-isolator）應用，因為其提供高電流傳輸（current-transfer）比值，例如輸出光感測器電與輸入光源（LED 或 laser）電流，大約 50%或更高，相較於點型的感光二極體電流傳輸比值約只有 0.2%。

10.1.7 異質接面感光二極體

另一種感光二極體結構是異質接面元件，可以磊晶方式，在較小能隙之半導體上沉積一層較大能隙之半導體而形成。異質接面感光二極體（heterojunction photodiode）的一個優點是其量子效率與接面至表面距離之關係並不明顯，因為大能隙材料可作為光功率之傳輸窗（window）。此外，異質接面能提供獨特的材料組合，使得在特定之光信號波長下，能得到最理想的量子效率及響應速度。

　　為得到具有低漏電流的異質接面，兩種半導體的晶格常數必須緊密地匹配。三元的三五族化合物 $Al_xGa_{1-x}As$ 可磊晶成長在砷化鎵上，並形成完美晶格匹配之異質接面。對於操作在波長範圍由 0.65 至 0.85 μm 之光電元件，這些異質接面是很重要的。而在更長之波長（1 至 1.6 μm）時，可以用三元化合物如 $Ga_{0.47}In_{0.53}As$（$E_g = 0.75$ eV）、及四元化合物如 $Ga_{0.27}In_{0.73}As_{0.63}P_{0.37}$（$E_g = 0.95$ eV）。這些化合物對磷化銦基板皆具有近乎完美之晶格匹配。如圖 2 所示（GaInAs 曲線），其量子效率在波長範圍由 1 至 1.6 μm 之間可大於 70%。

10.1.8 超級晶格 APD

如前所提到，APD 有過量的雜訊由於隨機自然的雪崩加乘過程。當只有電子參與時雪崩雜訊會最小化。圖 9a 所示能帶圖為階梯狀超級晶格 APD 可達成只有電子雪崩加乘。每層能隙改變由最小 E_{g1} 到最大 E_{g2} 為兩倍的 E_{g1}。ΔE_c 在導帶上介於兩個相鄰層大於 E_{g1}。

　　在偏壓下如圖 9b，光產生電子飄移在漸變的導帶層，而後飄移到相鄰層；有著動能 ΔE_c 的傳輸且 ΔE_c（$> E_{g1}$）足夠大去產生撞擊解離。階梯狀超級晶格 APD 具有低雪崩雜訊。由於漸變能隙，階梯狀超級晶格 APD 難以生產。

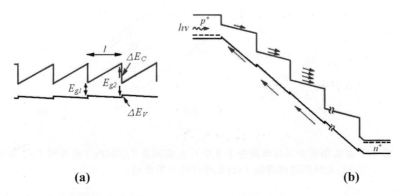

(a)　　　　　　　　　　　　　　　　　　**(b)**

圖 9　階梯狀超級晶格 APD 能帶圖（a）熱平衡下，（b）偏壓下。

10.1.9 量子井紅外光感測器

量子井紅外光感測器是基於子間帶激發的光導（photoconductivity）。紅外光吸收量子井紅外光感測器是在導帶或價帶，而非帶到帶在量子井下。三種傳輸描述如圖 10。在界和界間傳輸，兩個量化態被證實且低於能障能量。一個光子激發一個電子由基態到第一個束縛態且電子後來穿越出量子井。在束縛到連續（或束縛到延伸）激發，第一能態為高於基態能障且激發電子可以更容易逃出量子井。束縛到連續激發由於高吸收率、更廣波長響應、低暗漏電流、高偵測性、低電壓需求為更有希望的技術。在束縛到微小帶（miniband）傳輸，由於超級晶格結構存在微小帶。量子井紅外光感測器基於這些顯示出平面焦點（focal-plane）影像陣列（array-imaging）感應系統的應用有絕佳的可行性。

量子井紅外光感測器結構利用 GaAs/AlGaAs 異質接面如圖 11 。量子井層 GaAs 厚度為 5nm 且通常參雜 n 型 10^{17}cm^{-3} 範圍。緩衝層為未參雜且厚度為 30-50nm。典型週期數為 20 和 50。

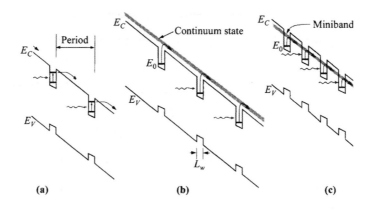

圖 10　在偏壓下有三種傳輸量子井紅外光感測器（QWIPs）能帶圖（a）熱平衡下，
　　　（b）束縛到連續傳輸，(c)束縛到微小帶傳輸。

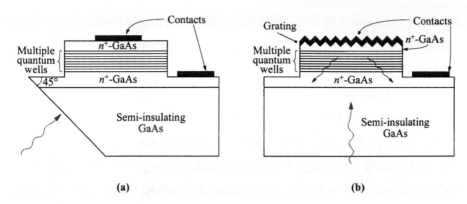

圖 11 在特殊角度下將光偶合在異質界面的 GaAs/AlGaAs 量子井紅外光感測器（QWIPs）
結構。(a)光垂直入射於 45°面的量子井。(b)光柵被用來反射經由基板入射的入射
光。[1]

量子井由直接能隙材料所組成，入射光垂直於表面，此時吸收率為零，因為子間
帶傳輸時需要電場其電磁波有垂直分量於量子井平面。極化選擇規則需要耦合光到光
感應範圍技術。圖 11a 拋光 45°面在相鄰邊緣的感測器。注意有興趣的是波長對於基
板是透明的。圖 11b 上表面的光柵反射光回到光感測器。此外，光柵能製作在基板表
面來散射入射光。

量子井紅外光感測器為引人注目的替代方案－對於 HgCdTe 材料長波長光感測
器，為了產生準確的能隙，此感測器有過度穿隧暗電流和重複性的精準組成。感測器
波長範圍可藉由量子井厚度調整，且長波長相容可接近 20μm。由於在量子井中的本
質短載子生命週期，使它具有高速響應。一個困難點於量子井紅外光感測器，至少對
於 n 型 GaAs 量子井，為垂直入射光。

10.2　太陽電池

太陽電池（solar cell）在太空中及地球上的應用均非常廣泛，它提供了人造衛星長時
間的動力供應，並且是地球上替代能源的一個重要選擇，因為它能以高轉換效率

（conversion efficiency）將日光直接轉換成電能，能提供低運作成本而近乎永恆的動力，且幾乎沒有污染 [4,5]。

10.2.1　太陽輻射

由太陽輸出的輻射能是來自核融合反應。每秒鐘約有 6×10^{11} 公斤的氫轉變成氦，其質量淨損耗約為 4×10^3 公斤。這些質量損耗經由愛因斯坦關係式（$E = mc^2$），轉變成 4×10^{20} 焦耳的能量。這些能量主要是以電磁輻射的方式放射出來，其涵蓋範圍由紫外光區至紅外光區（0.2 至 3 μm）。目前太陽的總質量約為 2×10^{30} 公斤，若維持近乎穩定的輻射能量輸出，其生命預估可超過 100 億（10^{10}）年。

在地球的大氣層外，位於其圍繞太陽軌道的平均距離處，太陽輻射（solar radiation）的強度定義為太陽常數（solar constant），其值為 1367 W/m²。在地球上，陽光會被雲以及大氣散射與吸收所減弱。而減弱的程度主要是與光通過大氣層的路徑長度或光通過的空氣之質量有關。「*空氣質量（air mass）*」定義為 $1/\cos\phi$，其中 ϕ 是垂直線與太陽方位間之夾角。

範例 4

空氣質量可以很容易的由一垂直物之高 h 與其陰影長度 s 估計出來為

$\sqrt{1 + (s/h)^2}$。若 $s = 1.118$ 公尺，$h = 1.00$ 公尺，試求空氣質量。

解

$$\sqrt{1 + (1.118/1.0)^2} = \sqrt{2.25} = 1.5$$

得出空氣質量 1.5（AM 1.5）。其相對應的 $\cos\phi$ 為 $1/1.5 = 0.667$，而垂直物與太陽方位之間的夾角 ϕ 為 $\cos^{-1}(0.667) = 48°$。最大的陽光強度是發生於太陽位在頭頂正上方時（即 $\phi = 0°$ 而 AM 1.0）。

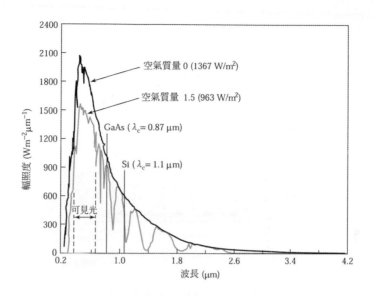

圖 12　砷化鎵與矽在空氣質量 0 與空氣質量 1.5 之太陽光譜輻照度 [25] 對截止波長的關係。

　　圖 12 是關於太陽光譜輻照度（每單位面積每單位波長的功率）的兩條曲線 [25]。在上面的那條曲線是空氣質量為「零之情況」（AM 0），它代表在地球大氣層外的太陽光譜。AM 0 光譜與人造衛星及太空運輸工具的應用有關。而地球上太陽電池的性能是以空氣質量 1.5（AM 1.5）的光譜來載明。這個光譜代表當太陽位於與垂直線夾 48°角時，落在地球表面的陽光。在這個角度，入射功率約為 963 W/m²。

10.2.2　*p-n* 接面太陽電池

圖 13 是 *p-n* 接面太陽電池的示意圖。它包含一個形成於表面的淺 *p-n* 接面、一個條狀及指狀的正面歐姆接觸、一個涵蓋整個背部表面的背面歐姆接觸，以及一層在正表面的抗反射塗層。入射光的表面反射率由空氣（$n=1$）到半導體矽（$n=3.5$）中約為 0.31。這表示 31% 的入射光被反射且不能轉換回電能在矽太陽電池。

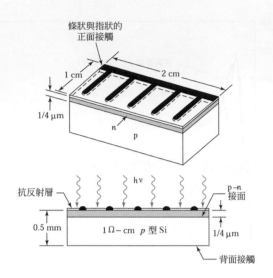

圖 13 矽 *p-n* 接面太陽電池的示意圖 [4]。

當電池暴露於太陽光譜時,能量小於能隙 E_g 的光子對電池輸出並無貢獻。能量大於能隙 E_g 的光子才會對電池輸出貢獻能量 E_g。而大於 E_g 的能量則會以熱的形式消耗掉。當電子電洞對在空乏區產生,它們被內建電場所分開。因此,電位差被內建電位所限制,內建電位被能隙所定義。換句話說,只有光子能量大於能隙才會被半導體所吸收,且由於太陽頻譜的限制光產生電流隨著能隙增加而減少。

為了導出轉換效率,應考慮如圖 14a 所示,太陽輻射下的 *p-n* 接面能帶圖。它的等效電路示於圖 14b,其中固定電流源與接面並聯。此電流源 I_L 是由於太陽輻射產生的多餘載子之激發所造成,I_s 是二極體飽和電流,而 R_L 是負載電阻。

上述元件的理想 *I-V* 特性為:

$$I = I_s\left(e^{qV/kT} - 1\right) - I_L$$

(17)

而

$$J_s = \frac{I_s}{A} = qN_C N_V \left(\frac{1}{N_A}\sqrt{\frac{D_n}{\tau_n}} + \frac{1}{N_D}\sqrt{\frac{D_p}{\tau_p}} \right) \cdot e^{-E_g/kT} \tag{17a}$$

其中 A 是元件面積。式（17）的曲線圖示於圖 15a，其 $I_L = 100$ mA、$I_s = 1$ nA、電池
面積 $A = 4$ cm^2、$T = 300$ K。此曲線通過第四象限，因此可以由元件放出功率。圖 15b
是 *I-V* 曲線更一般化的表示方式，它是圖 15a 對電壓軸反轉所作出來的。R_L 連接到太
陽電池如圖 14b 。電流經由 R_L 的方向和傳統方向相反。因此，

$$I = -V/R_L \tag{18}$$

電流必須要同時符合 *I-V* 特性在太陽電池和負載式（18），負載線斜率 $1/R_L$ 如圖
15a。交點也就是操作點，太陽電池和負載有相同的電壓和電流。藉由選擇適當的
負載，可以得到接近 80%的 $I_{sc}V_{oc}$ 乘積，其中 I_{sc} 是短路電流，等於 I_L，而 V_{oc} 是電
池的開路電壓；圖中的陰影面積就是最大功率矩形。圖 38b 中也分別定義了在最大
輸出功率 $P_m (= I_m \times V_m)$ 時的電流 I_m 與電壓 V_m。

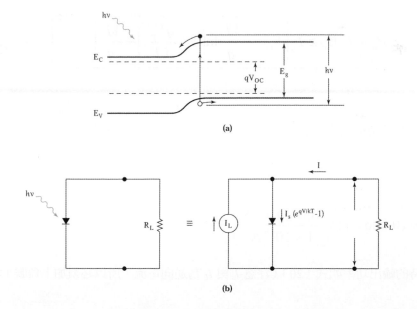

圖 14　（a）*p-n* 接面太陽電池在太陽照射下之能帶圖，（b）太陽電池的理想化等效電路。

由式（38）可以得到開路電壓（$I = 0$）：

$$V_{oc} = \frac{kT}{q}\ln\left(\frac{I_L}{I_s} + 1\right) \cong \frac{kT}{q}\ln\left(\frac{I_L}{I_s}\right) \qquad (19)$$

因此，固定一 I_L，則 V_{oc} 會隨著飽和電流 I_s 的減少，而呈對數性的增加。此輸出功率為：

$$P = IV = I_s V\left(e^{qV/kT} - 1\right) - I_L V \qquad (20)$$

最大功率的條件可由 $dP/dV = 0$ 得到，亦即：

$$V_m = \frac{kT}{q}\ln\left[\frac{1 + (I_L/I_s)}{1 + (qV_m/kT)}\right] \cong V_{oc} - \frac{kT}{q}\ln\left(1 + \frac{qV_m}{kT}\right) \qquad (21a)$$

$$I_m = I_s\left(\frac{qV_m}{kT}\right)e^{qV_m/kT} \cong I_L\left(1 - \frac{1}{qV_m/kT}\right) \qquad (21b)$$

而最大輸出功率 P_m 則為：

$$P_m = I_m V_m \cong I_L\left[V_{OC} - \frac{kT}{q}\ln\left(1 + \frac{qV_m}{kT}\right) - \frac{kT}{q}\right] \qquad (22)$$

範例 5

如圖 15a 所示的太陽電池，當電壓為 0.35 V 時，試計算其開路電壓及輸出功率。

解

由式（19）

$$V_{oc} = (0.026\,V)\ln\left(\frac{100 \times 10^{-3}\,\text{A}}{1 \times 10^{-9}\,\text{A}}\right) = 0.48\text{ V}$$

在 0.35V 時的輸出功率如式（20）（注意 I_s 與 I_L 為逆向電流，所以必須加上負號）：

$$P = \left(-10^{-9}\,\text{A}\right)\cdot(0.35\text{ V})\left(e^{0.35/0.026} - 1\right) - \left(-0.1\,\text{A}\right)\cdot(0.35\text{ V})$$

$$= 3.48 \times 10^{-2}\text{ W}$$

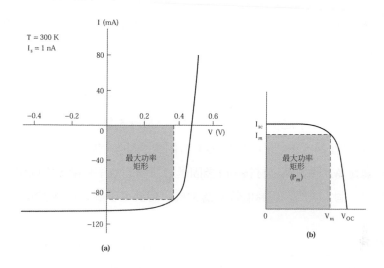

圖 15 （a）太陽電池在光照射下的電流－電壓特性曲線，（b）將（a）對電壓軸反轉。

10.2.3　轉換效率

理想效率

太陽電池的功率轉換效率（power conversion efficiency）為：

$$\eta = \frac{I_m V_m}{P_{in}} = \frac{I_L \left[V_{oc} - \dfrac{kT}{q} \ln\left(1 + \dfrac{qV_m}{kT}\right) - \dfrac{kT}{q} \right]}{P_{in}} \tag{23}$$

或

$$\boxed{\eta = \frac{FF \cdot I_L V_{oc}}{P_{in}}}$$

其中 P_{in} 是入射功率，而 FF 是填充因子（fill factor），定義為：

$$FF \equiv \frac{I_m V_m}{I_L V_{oc}} = 1 - \frac{kT}{qV_{oc}} \ln\left(1 + \frac{qV_m}{kT}\right) - \frac{kT}{qV_{oc}} \tag{24}$$

假設 $I_{SC} \cong I_L$。填充因子為最大功率矩形（圖 15）對 $I_{sc} \times V_{oc}$ 矩形的比例。在實際上，好的填充因子約為 0.8。若要使效率最大，必須使式（23a）分子中的三項全都最大化。

　　理想效率（ideal efficiency）可以由式（17）所定義的理想 I-V 特性求得。而一已知半導體的飽和電流密度則可以由式（17a）得出。在一已知的空氣質量條件下（例如 AM 1.5），短路電流 I_L 為 q 與太陽光譜中能量 $hv \geq E_g$ 的光子數目之乘積。一旦 I_s 與 I_L 已知，輸出功率 P 及最大功率 P_m 即可由式（20）與（22）求得。輸入功率 P_{in} 是太陽光譜中的所有光子之積分（圖 12）。在 AM 1.5 條件下，效率 P_m/P_{in} 有大約 29% 的寬廣最大值 24，26，而且與 E_g 無密切相關。因此，能隙在 1 與 2 eV 之間的半導體皆可考慮作為太陽電池之材料。許多因子會使理想效率衰減，所以理想效率實際上很小。對於一個太陽的理想峰值效率為 31%，對於 1 千個太陽為 37%。

光譜分割

要超出效率極限的最簡單方式是「光譜分割（spectrum splitting）」。此方法是將陽光分割成一系列的窄波長帶，並將每一波長帶各導向一特定電池；而每個特定電池之能隙都經過最佳化，以使其能以最高效率，轉換該特定波長帶，如圖 16a 所示，原則上其效率可達到 60% 以上[27]。幸運的是，只要將最大能隙的電池，放在最上面，然後依序將各個電池相疊，如圖 16b，就可以自動地達成理想的光譜分割效果，這使得此種「串列式（tandem，或譯前後串列）」的電池排列方式，成為增進電池效率相當實際可行之方法。

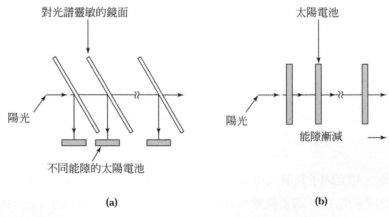

(a) **(b)**

圖 16　多能隙電池概念：（a）光譜分割的方法，（b）串列式電池的方法[27]。

串聯電阻與複合電流

有許多因素會降低理想效率。其中最主要的因素之一，是由在正表面的歐姆消耗所引起的串聯電阻 R_s。如圖 13，光產生電子傳輸過 n 層到指電極能夠引導出－等效串聯電阻。假如指電極很薄，串聯電阻會更大。在 p 層亦有串聯電阻，但通常很小由於體積很大。換句話說，一並聯電阻也會產生由於部分（通常很小）光產生載子能流過晶格表面（或通過晶界在多晶矽元件中），而非經過外部負載。典型並聯電阻相較於串聯電阻較不重要。等效電路如圖 17 所示。由式（17）的理想二極體電流公式，可求得 I-V 特性為：

$$\ln\left(\frac{I + I_L}{I_s} + 1\right) = \frac{q}{kT}\left(V - IR_S\right) \tag{25}$$

此式於 $R_s = 0$ 及 5 Ω 之曲線繪於圖 17，圖中其餘參數如 I_s、I_L、T 等皆與圖 15 中的參數相同。由此圖可知，只要 5 Ω 的串聯電阻，即可使功率減少至 $R_s = 0$ 時之最大功率的 30% 以下。其輸出電流與輸出功率為：

$$I = I_s\left\{\exp\left[\frac{q(V - IR_s)}{kT}\right] - 1\right\} - I_L \tag{26}$$

$$P = I\left[\frac{kT}{q}\ln\left(\frac{I + I_L}{I_s}\right) + IR_s\right] \tag{27}$$

串聯電阻與接面深度、p 型與 n 型區的雜質濃度、正面歐姆接觸的排列等有關。對一形狀如圖 36 所示的典型矽太陽電池而言，n^+-p 電池的串聯電阻約為 0.7 Ω，而 p^+-n 電池則約為 0.4 Ω。此處電阻值的差異主要是由於 n 型基板的電阻係數較低所致。

另一個因素是在空乏區內的復合電流。對單一能階中心而言，復合電流可表為：

$$I_{rec} = I_S'\left[\exp\left(\frac{qV}{2kT}\right) - 1\right] \tag{28}$$

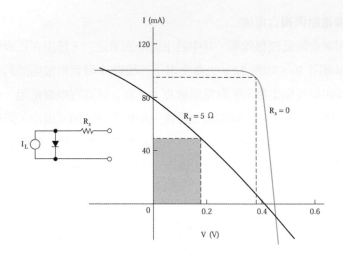

圖 17　具有電阻的太陽電池之電流－電壓特性曲線與其等效電路。

而

$$\frac{I'_S}{A} = \frac{qn_iW}{\sqrt{\tau_p \tau_n}} \tag{28a}$$

其中 I_S'為飽和電流。能量轉換式可以寫成一封閉的形式，並得出類似式（19）到式（22）的方程式，但只要將 I_s 以 I_S'代替，並將指數因子除以 2 即可。由於 V_{oc} 及填充因子的劣化，使復合電流的效率遠低於理想電流。在 300 K 時，矽太陽電池的復合電流會使效率降低 25%。

10.3　矽與化合物半導體太陽電池

對於太陽電池的主要需求為高效率、低成本和高可靠度。許多太陽電池結構被提出且證實了令人驚訝的結果。然而，用太陽電池去提供世界上一部份能源的想法，還有許多的挑戰在前面，但我們相信這個目標可以達到。我們接著討論一些關鍵太陽電池的設計和特性。一般而言，電池有兩個關鍵：晶圓基板（wafer-based）和薄膜（thin-film）太陽電池。

10.3.1 晶圓基板太陽電池（Wafer-Based Solar Cells）

矽是太陽電池中最重要的半導體材料。它是無毒，而且是在地殼中含量僅次於氧的元素。因此，即使大量使用，也不會有造成環境或資源空乏的風險。而且因為它在微電子中的用途廣泛，已經建立好一套完整的技術基礎。

三五族化合物半導體及其合金系統提供了許多不同能隙，而晶格常數非常匹配的選擇。這些化合物非常適合用於製造串列式的太陽電池。例如：AlGa/GaAs、GaInP/GaAs、GaInAs/InP 等材料系統已被發展成太陽電池，而應用於人造衛星與太空運輸工具等用途。

矽 PERL 電池

通常，短路電流的損失來自於頂表面的覆蓋、頂表面的反射損失和不完美的光陷捕在電池裡。當有限表面和大面積復合時，電壓損失提升。填充因子損失不只來自於串聯電阻歐姆損失在電池裡，也包括由相同因子產生開路電壓的損失。矽背面局部擴散護佈式射極（*passivated emitter rear locally-diffused*，PERL）電池如圖 18a 為一太陽電池設計。

此電池在頂部具有上下顛倒的角錐體結構，是利用非等向性蝕刻，以暴露出蝕刻速率較慢的 (111) 結晶面。此角錐體結構可以減少入射光在頂部表面的反射。因為垂直於電池的入射光會以斜角度，撞擊傾斜的 (111) 面，然後以斜角度折射入電池內部，這樣可以增強光陷捕減少短路電流的損失。

電池特點為利用很薄、且為熱氧化成長的二氧化矽去「保護」（減少電子活動）在頂表面於矽基板接面擴散。而後，一個淺、低片電阻磷擴散 *n* 層形成。氧化鈍化在電池表面可以改善開路電壓。也可以塗上透射係數 *n*=4.6 之抗反射層去進一步減少全反射率。背面局部擴散範圍在背面的點接觸。

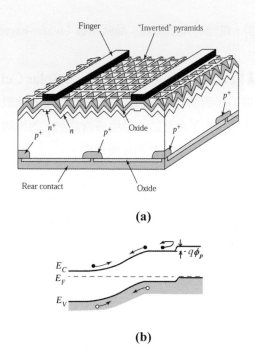

(a)

(b)

圖 18　(a) 矽背面局部擴散護佈式射極（PERL）電池，(b)背表面場能帶圖。

結合重參雜層在背面接觸稱為「背表面場」（back-surface field）如圖 18b。位能 $q\phi_P$ 提供少數載子反射區域在接觸和基板之間。背表面場也導致背面非常小的復合速度。此外，短路電流會增加，開路電壓也會增加由於短路電流的增加，也減少接觸電阻和改善填充因子。背面接觸是由一介於中間的氧化層與矽分隔開來。這樣的構造具有比鋁層更好的背面反射。至今，PERL 電池展現了高達 24.7% 的最高轉換效率。

III-V 化合物串列式太陽電池

主要限制轉換效率的因子在單能隙為 31%時，為吸收光子能量高於半導體能隙以熱能損失。主要減少效率損失的方法為，串列 p-n 接面，其有高能隙半導體和低能隙半導體，連接在一起形成 p^+-n^+穿隧二極體。高能隙半導體吸收高能量光子，而低能隙半導體吸收低能量光子，這樣比太陽頻譜有更佳的間隙匹配，且減少整體的熱損失。疊數十種不同電池在一起理論上能增加效率至 68%。但也導致製程問題如應力會傷害晶格層。最有效率的多接面太陽電池為一個太陽電池包含三個電池。

圖 19 是單片串列式太陽電池（tandem solar cell）[1] 的結構。其基板為 p 型鍺，它具有與 GaAs 及 $Ga_{0.51}In_{0.49}P$ 非常接近的晶格常數。頂部的接面是 GaInP 接面（$E_g = 1.9$ eV），吸收光子能量為 $hv > 1.9$ eV 。底部的接面是 GaAs p-n 接面（$Eg = 1.42$ eV），吸收光子能量為 $1.9eV > hv > 1.42$ eV。穿隧 p^+-n^+ GaAs 接面放置在上和下接面連接電池。p-AlGaInP 層成長在上接面下形成，高－低接面 p-AlGaInP/p-GaInP 且 p-GaInP 層成長在底接面下形成高－低接面 p-GaInP/p-GaAs。它也有像之前提到的背表面場（back surface field）的功能。異質接面電位能障 $q\varphi_p$ 在背表面場高於 p^+-p^+ 均質接面，且驅動少數載子（電子）返回到低能隙區域在高－低接面。這是每個電池在上方的窗口。寬能隙半導體的窄能隙層當作窗口，上電池的 n-AlInP 和下電池的 n-GaInP，當太陽光到達窄能隙半導體時會有一點損失。這些層可以鈍化表面缺陷一般存在於均質接面電池，因此克服表面複合和改善電池效率。典型的窗口層為重摻雜。

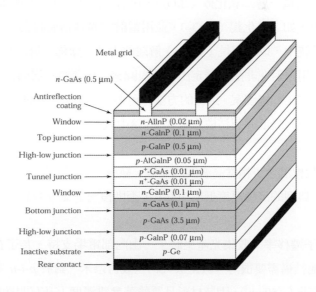

圖 19 單片串列式太陽電池。

它有著高內建電場，因此有高開路電壓和高電池效率。高參雜亦會減少寄生串連電阻。類似 InGaP/GaAs/InGaAs 三接面電池成長在鍺基板有高轉換效率。串接太陽電池效率可高達 40%效率。

10.3.2 薄膜太陽電池

傳統矽太陽電池最大的問題在於成本。它需要一個相對厚的單結晶矽層，去達到合理的光子抓捕率，此矽商品成本較高。

非晶矽太陽電池

非晶矽（a-Si）能直接沉積在低成本大面積的基板上，在非晶矽、鍵長度和鍵角度的分佈打亂了長範圍排序的矽晶格，改變光學和電學特性。光學能隙由 1.12eV 單結晶矽到 1.7eV。由於內部散射，明顯的光學吸收接近的數量極高於結晶材料。

如圖 20 所示，為一系列互相連接的非晶矽（a-Si）太陽電池的基本結構 [11]。在玻璃基板上，先沉積一層二氧化矽（SiO$_2$），接著再沉積一大能隙的簡併型摻雜半導體之透明導電層，如二氧化錫（SnO$_2$），並用雷射定義其結構圖案。然後此基板便在射頻電漿放電系統中，以矽甲烷（silane）解離的方式，塗佈一層非晶矽的 p-i-n 接面堆疊。之後，再用雷射在非晶矽層定出其結構圖案，接著將鋁層濺鍍在其餘的矽上，並同樣的用雷射定出結構圖案。這樣的方法即可形成一系列互相連接的電池，如圖 20 所示。這種電池具有最低的製造成本及 6%的適中效率。

非晶矽的製程混合了相當高濃度的氫氣。氫原子佔領著矽的懸鍵且減少能隙中局部態的密度。典型的沉積溫度低於 300°C，否則沒有氫氣混合到薄膜中。

由於低載子遷移率，收集光產生載子，由內部電場支持。為了在本質層產生高電場，p-i-n 電池結構需要很薄，數量級大約在幾百奈米。對於 p-i-n 結構 p 和 n 的參雜層通常非常的薄（<50nm），因為材料品質隨著參雜濃度上升有明顯的衰減，因此在

此層非常少的載子產生去貢獻光電流。然而，這些參雜層在較佳品質的本質層（約 0.5μm 厚）建立電場，此有助於收集在此區產生的載子。

在大的室外「功率」模組，氫氣在非晶矽上的特性當發光時會衰減，有利的影響。持續下降的輸出效率會發生在一開始的前幾個月。穩定性問題是由稱為「Staevler-Wronski」產生的衰減，當發光光子能量高於能隙，導致新的光致（light-induced）缺陷態，而後有穩定的輸出。非晶矽基模組有著於製造基於穩定（stabilized）的輸出一般好評。

改善效率可以藉由串接電池。高品質 α-Si:Ge:H 合金可以用於窄能隙材料。α-Si 結合 Ge 的能隙可以減少到約 1.5eV。此外，我們能製造更高效率 α-S:H/α-Si:Ge:H 串接電池，此時能更佳的收集紅色部分的太陽頻譜。大面積模組下 8%穩定的效率可由此電池獲得。13%的穩定效率可由三接面（triple junction），上電池包含 α-Si:H 層且下兩個電池增加厚度和增加包含的 Ge 百分比獲得。但對應模組的製程氣體 GeH_4 會提升製程的成本。

一個新希望，微晶（microstalline）串接電池正在發展相較於非晶型有更高的效率 (14.5%)。結構如圖 21a ，包含微晶底電池（μc-Si:H）和傳統非晶上電池串接。μc-Si:H 的光學能矽大約 1eV，接近晶體矽且和 α-Si:H(1.7eV)有很大的差異。短波長光由上方

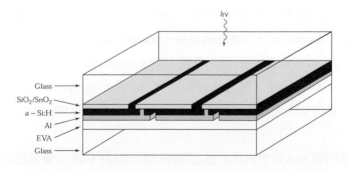

圖 20　串接互聯型矽太陽電池沉積在玻璃基板背面粘蓋乙烯乙酸乙烯酯。

非晶電池吸收且長波長光由下方微晶電池吸收。微晶串接電池的頻譜敏感度（spectral sensitivity）如圖 21b，因為吸收長波長光，而非晶矽無法吸收微晶電池更高的效率。相較於 α-S:H/α-Si:Ge:H 串接電池，α-S:H/μc-Si:H 串接電池向長波長頻譜延伸很多。因微晶矽有更低的光吸收係數相較於非晶型，微晶太陽電池的本質層（i-layer）厚度相較於非晶太陽電池需要更厚。

CIGS 太陽電池

在 1974 年，貝爾實驗室發表第一個銅銦硒化物（$CuInSe_2$）太陽電池轉換效率為 6%。在 1982 年，發展出 CdS/ $CuInSe_2$ 太陽電池其轉換效率為 10%。利用 Ge 取代部分的 In 去形成銅銦鍺硒化物（CIGS），此新材料相較於純的 CIS 有大的光能隙，因此增加開路電壓。在 1993 年，CdS/ Cu(In,Ga)Se$_2$ (CIGS)轉換效率提升到 15%，在 1996 年到 17.7%，在 2003 年到 19.2%，在 2008 年到達 19.9%。

CIS 直接能隙半導體材料相較於其他半導體材料，其吸收效率有更寬波長範，如圖 22a 。CIGS 的能隙由 1.eV($CuInSe_2$)到 1.7eV($CuGaSe_2$)的連續變化。典型 CIGS 結構如圖 22b 。蘇打－石灰（soda-lime）玻璃（最普遍型的玻璃用碳酸鈉，石灰石等製備）用於基板。蘇打－石灰玻璃玻璃的鈉離子會擴散通過 Mo 到 CIGS，CIGS 多晶的晶粒會由於少量的缺陷而成長得更大。納不只會改善薄膜結晶也會增加導電率，由於納混合在晶界（grain boundaries）或缺陷。機制仍然不明確。Mo 有高反射率且和 CIGS 有良好的歐姆接觸的低阻態。P 型 CIGS 吸收大部分光且利用不同沉積方法，包含共蒸鍍（co-evaporation）、反應濺鍍昇華（reactive sputtering sublimation）、化學池沉積（chemical bath deposition）、雷射蒸鍍（laser evaporation）和噴霧熱分解法（spray pyrolysis）。p-n 異質接面沉機方法由非常薄 n 型 CdS 和 n 型透明導電氧化物 ZnO(ZnO:Al)。CdS 被用來調整 CIGS 敏感表面和更低的 ZnO 和 CIGS 間的帶不連續。

由於環境問題 ZnS 將會取代 CdS。直接沉積 ZnO 在 CdS 上會導致局部缺陷（local defect）（像是孔洞）和 CIGS 特性的局部波動（列如能隙）。本質 ZnO(i-ZnO)緩衝層能減少這些問題。M_gF_2被用來當作抗反射塗層。CIGS 基底太陽電池是目前的最佳選擇之一,其為大規模(large-scale)、低成本薄膜(low-cost thin-film)光電系統。

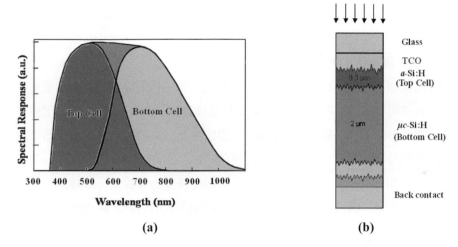

(a)　　　　　　　　　　　　(b)

圖 21　(a)結構圖,(b)微晶/非晶串接電池典型頻譜響應。

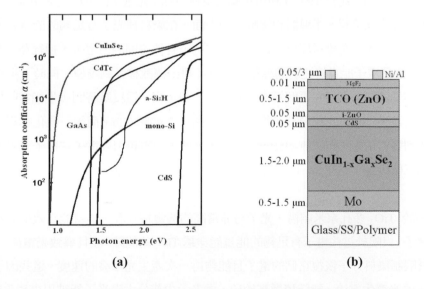

(a)　　　　　　　　　　　　(b)

圖 22　(a) *GuInSe*$_2$ 光吸收係數,(b)CIGS 太陽電池典型結構。

10.4 第三代太陽能電池

第三代光電電池相較於第一代（first generation）（矽晶格 *p-n* 接面或晶圓太陽電池）和第二代（second generation）（低成本、但低效率薄模）是一系列新奇的替換。在這塊研究和發展宗旨主要是提供更高轉換效率和更低的每瓦發電所消耗的成本。

染料敏化型太陽電池（Dye-sensitized Solar Cells）

染料敏化型太陽電池（DSSCs）為現在可用效率最高的第三代太陽電池且準備量產。電池如圖 23a 有透明導體氧化層（TCO）（通常為氟摻雜錫氧化物($SnO_2:F$)）沉積在玻璃當陽極。導電平面層為二氧化鈦（TiO_2），形成多孔三維結構，其有高表面積用於保持大量的染料分子。而後平面被浸在混合釕多吡啶（ruthenium-polypyridine）染料溶液。染料分子相當的小（奈米大小）。為了去捕捉適量的入射光，該層染料分子共價鍵在多孔三維奈米結構 TiO_2 需要相當的厚。背面由很薄的碘／碘化物電解質分散在導電白金片。

大部分的半導體（TiO_2）利用單獨的電荷傳輸；光電子由分離的光敏染料提供。電荷分離發生在染料、半導體和電解質的表面。在染料裡光子有足夠的能量會產生激發態，如圖 23b。在染料理導電帶激發態的電子有機會回到價電帶，損耗路徑為 1。在 TiO_2 激發電子能直接注射到導電帶，以及藉由擴散移動到陽極。同時，染料分子從碘化物剝除一個電子在電解質中，氧化成三碘化物。這反應時間發生相當的快，相較於注入電子去和氧化染料分子復合，損耗路徑 2 如圖 23b。而後三碘化物還原，藉由擴散到對置電極（counter-electrode）去失去電子，重新引入電子在電子流過外電路後。第三個損耗（路徑 3）是由於注入電子和電解質產生復合。

由於 TiO_2 多孔奈米結構，光子有非常高的機會被吸收。染料能高效率的轉換光子成電子，只限於這些電子有足夠的能量能穿越 TiO_2 的能隙，並且導致光電流。此外，電解質限制染料分子恢復它們的電子且能夠再一次產生光激發的速度。這些因子限制 DSSCs 的光產生電流。能隙稍微高於矽，這表示少部分太陽光子能被用來產生載子。理論上產生最大電壓，簡單的差異在 TiO_2 的費米能階和電解質的氧化還原電位，大約

0.7V(Voc)。DSSCs 提供的 V_{oc} 稍微高於矽太陽電池（約 0.6V）。填充因子大約為 70%，量子效率約為 11%。

有機太陽電池

此載子遷移率很低，因傳輸過程主要藉由載子躍遷在有機半導體中在第九章 9.3.2 提及，因此為了有更低串聯阻抗，有機主動區在有機太陽電池中被限制在幾百奈米。然而，有機半導體有高吸收率在 UV 和可見光範圍，入射光穿透深度典型為 80-200nm。因此，只有 10nm 厚的有機主動區有足夠的有效吸收。現在，功率轉換效率約只有 5.7%，但有機太陽電池由於大面積和低成本的潛力受到注目。

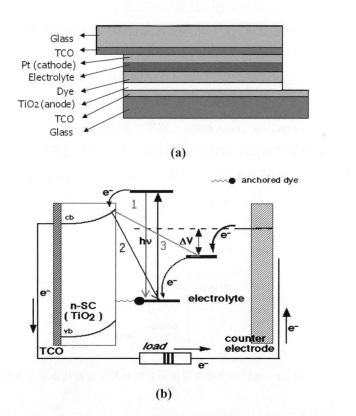

圖 23 (a) 染料敏化型太陽電池（DSSC）太陽電池結構，(b)能帶圖和主要載子損失。

　　由於靜電相互作用，電子電洞對根據吸收光子有足夠能量，由束縛態激發，此束縛能預期為 200~500meV 的範圍。激發束縛能高於無機半導體（ex.矽）大約一個數量級，此光激發通常在室溫下直接導致自由載子。通常，只有 10%激發子分解為自由載子，然而剩下的激發子在短時間內透過輻射或非輻射複合途徑衰減。因此，單層聚合物太陽電池能量效率典型仍然低於 0.1%。

　　異質接面太陽電池在施體和受體之間能有效率的分解光產生激發子，在介面形成自由載子且有優越的特性。在光激發後電子由 HOMO 到 LUMO 如圖 24，如果施體離子位能和授體電子親和力高於激發束縛能，則電子能由施體的 LUMO（有較高的 LUMO）跳到授體的 LUMO。然而，此過程稱為光子致電荷轉移（photo-induced charge transfer）能導致自由電荷，只有當電洞在比 HOMO 更高位的施體。此外，施體和受體間的空間應該在激發擴散長度範圍內，為進行高效率的傳輸和分離。異質接面能被製備由受體和施體雙層結構如圖 25a。此雙層幾何確保光子致電荷傳輸方向橫跨界面，且減少複合損失。但介面面積且因此激發分離效率被限制住，更高介面面積也因此改善激發解離（exaction dissociation）效率，假如混合層包含兩者電子施體和電子受體（稱為大面積異質接面）能達成如圖 25b，但需要參透路徑去分離電荷載子去到達它們對應的電極。兩種方法可以達成藉由小分子的昇華或藉由旋轉塗佈聚合物。

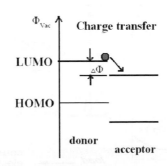

圖 24　施體和受體異質接面有利於載子傳輸藉由分裂激發子。

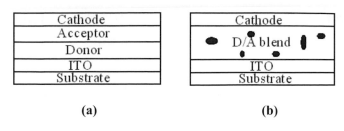

(a) **(b)**

圖 25 (a)雙層太陽電池,(b)大面積太陽電池。

量子點型太陽電池

前面所提,一方法利用串接或疊接太陽電池去增加轉換效率,用兩個或多個太陽電池去增加入射光光子吸收數目。

另一增加轉換效率的方法是,在它們透過聲子散射(phonon emission)鬆弛到帶的邊緣之前利用熱載子。有兩個基本的方法達到這件事情:一為抽出熱載子在它們冷卻之前來增強光電壓(photovoltage),另一為利用高能的熱載子經由撞擊解離(impact ionization)去產生更多的二次(或更多)電子電洞對(secondary EHPs)增強光電流。

關鍵點為去阻礙光產生載子鬆弛。通長熱載子能量的損失是藉由多聲子過程(multiphonon peocesses)且熱散失在半導體中。當載子在半導體由電位障範圍被限制,小於或相較於它們的德布羅依(deBrogile)波長或激發子的波爾(Bohr)半徑在大面積半導體中,即在半導體量子井中(quantum wells)、量子線(quantum wires)、尤其量子點(QDs),光產生載子的鬆弛,尤其熱載子,藉由量子效應在半導體中能顯著減少,且撞擊解離率能接近載子冷卻(carrier cooling)率。

為了去達到前者的方法,其光產生載子分離率、傳輸率和介面轉移率跨越接觸到半導體,相較於載子冷卻率必須全部大於如圖 26a。在此架構,量子點(QDs)形成三維陣列,此內量子點空間足夠小,以便強的電子耦合發生且微帶(miniband)形成以允許電子傳輸。量子點(QD)陣列發生在 p^+-i-n^+ 結構本質區域。非局域(delocalized)

三維量子微帶態，可望減緩載子冷卻和允許傳輸且收集熱載子，且在它們各自對應 p 和 n，接觸產生更高光位（photopotential）在太陽電池中。

　　這方法需要撞擊解離率高於載子冷卻率，和其它熱載子鬆弛過程如圖 26b 。不像大面積半導體，量子點（QDs）過程為量子點具有獨特能力來產生多對具高能光子的電荷載子。在傳統大面積半導體，當吸收一個光子，一個電子－電洞對產生。這表示高和低能量光子產生在只有單對電荷載子（電子或電洞）。更簡單的，當用大面積半導體薄膜時，額外能量在靠近 U-V 光子未充分利用。然而高能量光子能產生多電荷載子在量子點（QDs），經由我們所知道的過程，例如撞擊解離（impact ionization）、設置階段為達到光子轉換效率高於 100%。

　　然而，熱電子（hot-electron）傳輸／收集和撞擊解離不會同時發生；它們相互排斥且只有一個過程能被存在於給定系統中。量子點型太陽電池，不只在高功率轉換效率上有潛力，也提供光譜調節性，因為在量子點半導體中吸收特性和元件大小有關。量子點型太陽電池有潛力去增加最大轉換效率達 66%。

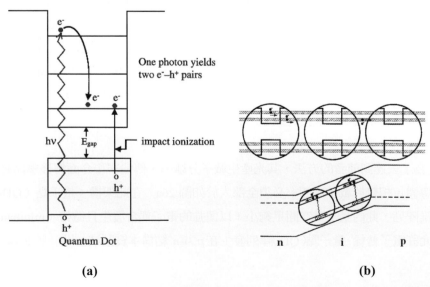

(a)　　　　　　　　　　　　　　　(b)

圖 26 (a)量子點陣列熱載子傳輸過微帶，產生高光位，(b)藉由撞擊解離能達成增強效率。

10.5 聚光

利用鏡子與透鏡可以將陽光聚焦。藉高濃度之聚光（optical concentration），小面積聚光電池即可取代大面積電池，而提供一具吸引力及彈性，可減少高電池成本的方法。其它的優點如濃度為 1000 太陽光（強度為 $963 \times 10^3 \ W/m^2$）時，可使效率增加 20%。

圖 27 為安裝在高濃度系統中，典型矽太陽電池之測量結果 [30]。注意當濃度由一個太陽光增加到 1000 太陽光時，元件的特性有相當大的改善。短路電流的密度，會隨著濃度呈線性增加，而開路電壓是以濃度每增大十倍，電壓即增大 0.1 伏特的速率增加，雖然填充因子只有極小的變化。由前三項因子乘積除以輸入功率所得之效率，其增加速率為濃度每增大十倍，效率即增大 2%。若加上一適當的抗反射層，則可預期其效率在 1000 太陽光時，可增加 30%。因此在 1000 太陽光的濃度下，每個電池可產生相當於在一個太陽光的濃度下，1300 個電池的輸出功率。聚光方法即能以較不昂貴的聚光材料與相關的追蹤及散熱系統，取代昂貴的太陽電池，使整個系統的成本減到最低。

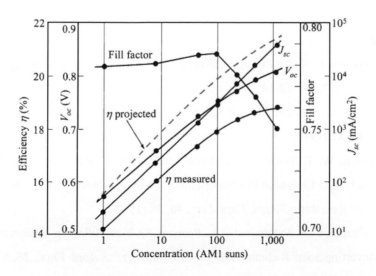

圖 27 效率、開路電壓、短路電流、填充因子等對太陽聚光之關係 [1]。

總結

光檢測器、太陽電池的運作是依據其為放射或吸收光子而定。光子的吸收則會產生電荷載子。光檢測器包括光導體、感光二極體、雪崩型感光二極體、光電晶體等。它們能將光信號轉換成電信號。當光子被吸收之後，會在元件中產生電子－電洞對，接著電子－電洞對會被電場分離，而在電極之間產生光電流之流動。光檢測器應用於光隔絕器中的偵測與檢測，以及光纖通訊系統。

　　太陽電池類似於感光二極體，而且具有相同的工作原理。然而，太陽電池不同於感光二極體之處在於它是大面積的元件，且涵蓋很寬的光譜（太陽輻射）範圍。太陽電池提供了人造衛星長時期的動力供應。它是地球能源的一個主要選擇，因為它能以高效率將日光直接轉換成電能，而且對環境無害。現今重要的太陽電池包括有高效率的矽 PERL 電池（24%）、GaInP/GaAs 串列式電池（30%）、低成本薄膜單晶 α-Si 太陽電池（5%）、CIGS 太陽電池（19.8%）。下一代太陽電池普遍目標為提供更高效率和電產生單位瓦更低成本。這些所謂的第三代光電電池正在研究和發展中。

參考文獻

1.　S. M. Sze and K. K. Ng *Physics of Semiconductor Devices*, 3rd Ed., Wiley Interscience, Hoboken, 2007, Ch. 12-14.

2.　S. R. Forrest, "Photodiode for Long-Wavelength Communication System," *Laser Focus*, **18**, 81 (1982).

3.　F. Capasso, W. T. Tsang, A. L. Hutchinson and G. F. Williams, "Enhancement of Electron Impact Ionisation in a Superlattice: A New Avalance Photodiode with a Large Ionisation Rate Ratio," *Appl. Phys. Lett.*, **40**, 38 (1982).

4.　D. M. Chapin, C. S. Fuller, and G. L. Pearson, "A New Silicon p-n Junction Photocell for Converting Solar Radiation into Electrical Power," *J. Appl. Phys.*, **25**, 676 (1954).

5.　M. A. Green, "Solar Cells"in S. M. Sze, Ed., Modern Semiconductor Device Physics, Wiley Interscience, New York, 1998.

6. R. Hulstrom, R. Bird, and C. Riordan, "Spectral Solar Irradiance Data Sets for Selected Terrestrial Conditions," *Solar Cells*, **15**, 365 (1985).

7. C. H. Henry, "Limiting Efficiency of Ideal Single and Multiple Energy Gap Terrestrial Solar Cells," *J. Appl. Phys.*, **51**, 4494 (1980).

8. A. Luque, Ed., *Physical Limitation to Photovoltaic Energy Conversion*, IOP Press, Philadelphia, 1990.

9. M. A. Green, *Silicon Solar Cells: Advanced Principles and Practice*, Bridge Printery, Sydney, 1995.

10. M. Yamaguchi, T. Takamoto, and K. Araki, "Spuper high-efficiency multi-junction and concentrator solar cells," *Solar Energy Materials & Solar Cells*, **90**, 3068 2006).

11. J. Macneil, et al., "Recent Improvements in Very Large Area *α-Si* PV Module Manufacturing," in *Proc., 10th Euro. Photovolt. Sol. Energy Conf.*, Lisbon, 1188, 1991.

12. J. Yang, A. Banerjee, and S. Guha, "Trople-junction amorphous silicon alloy solar cell with 14.6% initial and 13.0% stable conversion efficiencies," *Appl. Phys. Lett.*, 70, 2975(1997).

13. A. V. Shah, J. Meier, E. Vallat-Sauvain, N. Wyrsch, U. Kroll, C. Droz, and U. Graf, "Material and solar cell research in microcrystalline silicon," *Solar Energy Materials & Solar Cells*, 78, 469(2003).

14. K. Sirprapa and P. Sichanugrist, "Amorphous/Microcrystalline Silicon Solar Cell Fabricated on Metal Substrate and Its Pilot Production," *Technical Digest of the International* PVSEC-14, Bangkok, Thailand 99,2004.

15. K. Ramanathan, M. A. Conteras, C. L. Perkins, S. Asher, F. S. Hasoon, J. Keane, D. Young, M. Romero, W. Metzger, R. Noufi, J. Ward and A. Duda, "Properties of 19.2% Efficiency ZnO/CdS/CuInGaSe$_2$ Thin-film Solar Cells," *Prog Photovolt: Res. Appl.*, **11**, 255(2003)

16. I.Repins, M. A. Counters, B. Egaas, C. DeHart, J. Scharf, C. L. Perkins, B. To, and R. Noufi, "19.9%-efficient ZnO/CdS/CuInGaSe$_2$ Solar Cell with 81.2% Fill Factor", *Prog Photovolt: Res. Appl.*, 16, 235(2008).

17. A. M. Barnett and A. Rothwarf, "Thin-Film Solar Cells:A Unified Analysis of their Potential," *IEEE Trans. Electron Devices*, **ED-27**, 615(1980).

18. M. A. Green, *Third Generation Photovoltaics Advanced Solar Energy Conversion*, Springer-Verlag, Berlin,2003.

19. M. Gratzel, "Perspectives for Dye-sensitizes Nanocrystalline Solar Cells", *Prog. Photovilt. Res. Appl..* **8**, 171(2000).

20. M. Gratzel, "Photovoltaic performance and long-term stability of dye-sensitized meosocopic solar cells", C. R. *Chimie*, **9**, 578(2006).

21. T. Y. Chu et al. "Highly efficient polycarbazole-based organic photovoltaic devices," *Appl. Phys. Lett.*, **95**, 063304(2009)

22. A. J. Nozik, "Quantum Dot Solar Cells", *Physica E*, **14**, 115(2002)

23. G. Conibeer. "Third-generation Photovoltaics", *Materials Today*, **10**, 42(2007)

習題（＊指較難習題）

10.1 光感測器

1. 以一波長為 0.8 μm （1）GaAs 均質接面（2）Al$_{0.34}$Ga$_{0.66}$As 均質接面（3）GaAs 和 Al$_{0.34}$Ga$_{0.66}$As 的異質接面（4）雙端單片串接型光感測器，上感測器由 Al$_{0.34}$Ga$_{0.66}$As 且下感測器由 GaAs，試求理想響應係數？

2. 接收面積直徑為 0.08 cm 的 Si *p-i-n* 光二極體，入射光強度 0.3 mW/cm2，波長 800 nm，產生光電流 5 × 10-4 mA，試求 *p-i-n* 光二極體的響應係數和量子效率。

3. 具有 *L* = 6 mm，*W* = 2 mm，*D* = 1 mm 的光導體（圖 1）放置於均勻輻射下。光的吸收使其增加 2.83 mA 的電流。此時有 10 V 的電壓施加於此元件上。當輻射突然中斷，其電流會下降，下降的速率一開始是 23.6 A/s。電子與電洞的移動率分別為 3600 與 1700 cm^2/V-s。試求（a）在輻射下產生電子－電洞對的平衡密度，

（b）少數載子的生命期，（c）在輻射中斷後的 1 ms，剩下的電子及電洞的超量密度。

4. 當 1 μW，hv = 3 eV 的光照射在一具有 η = 0.85，且少數載子生命期 0.6 ns 的光導體上，試計算其所產生的增益與電流。此材料具有電子移動率 3000 cm²/V·s，電場為 5000 V/cm，L = 10 μm。

5. 當光功率 5 μW 波長 1.1 μm 入射到習題 6 中 Si p-n 光二極體，試計算響應係數和光電流。

6. 吸收係數 4×10^4 cm^{-1} 表面反射係數為 0.1 Si p-n 光二極體，p 和空乏區厚度皆為 1 μm，內部量子效率為 0.8 。試求外部量子效率。

*7. 證明 p-i-n 光檢測器的量子效率 η 在波長 λ (μm) 時與響應率（responsivity）R ($= I_p$ / P_{opt}) 有下列之關係： $R = \dfrac{\eta\lambda}{1.24}$

8. n 型光導體在 300°K 參雜 N_D = 5×10^{15}，長度 120 μm 截面積 5×10^{-4} cm²，τ_{n0} = 5×10^{-7} s，τ_{p0} = 10^{-7} s，μ_n = 1200 cm²/Vs，μ_p = 400 cm²/Vs，再均勻光照下產生電子電動對機率 G_L = 10^{21} cm^{-3} s^{-1},光導體在 3V 電壓下求（i）熱平衡電流，（ii）穩態過量載子濃度，（iii）光電流，（iv）光電流增益。

9. 在圖 4 Si p-i-n 光二極體 i 層寬度 20 μm。p^+ 為 0.1 μm。p-i-n 光二極體操作在逆偏 100V 下發射出非常短波長光脈衝為 900nm，試求光電流傳輸時間假如吸收發生在全部 i 層。

10. 在光二極體，我們需要足夠寬空乏區去吸收大多的入射光，但非太寬而去限制頻率響應。試求優化空乏層厚度，在光二極體調頻為 10GHz。

10.2 太陽電池

11. 太陽（半徑 r_s = 695990km）可以被模擬成理想黑體輻射在 6000K。試求地球表面溫度，假設溫度在全表面為均勻，太陽為唯一提供能量源（平均太陽－地球距離 d_{es}=149,597,871km）。假設下列地球輻射特性模組：黑體發射或吸收能量率為 P = σAT^4，A 為表面積，T 範圍溫度，σ Setfan-Boltzmann 常數。
(a)計算地球理想黑體特性。

(b)吸收平均在太陽能量頻譜為 0.7 ，地球平均輻射發射效率為 0.6 由於溫室氣體。

(c)試問改變後者吸收多少增加地球溫度 2°C。

12. *p-n* 接面光二極體能類似太陽電池操作在光電狀態下。光二極體在發光下電流電壓特性相似（圖 14）。描述主要的三個不同點在光二極體與太陽電池間。

13. 試考慮在 300 K *p-n* 接面太陽電池。若此太陽電池的摻雜為 $N_A = 5 \times 10^{18}$ /cc 及 $N_D = 10^{16}$ /cc，而 $\tau_{n0} = 10^{-7}$ s，$\tau_{p0} = 10^{-7}$ s，$D_n = 25$ cm^2/s，$D_p = 10$ cm^2/s，假設光電流密度 $J_L = I_L / A = 15$ mA/s^2。計算其開路電壓。

14. 一個矽太陽電池有短路電流 90mA 和開路電壓 0.75V 在太陽照明下，填充因子為 0.8。試問此電池最大功率傳輸到負載？

15. 一太陽電池飽和電流為 10^{-12} A 且照太陽光後短路光電流為 25 mA。假設入射功率為 100 mW/cm^2，計算太陽電池效率和填充因子。

16. 一太陽電池面積 4 cm^2 此發光 600 Wcm^2 下電流電壓特性如圖 15，其驅動 5 Ω負載，試計算此電路功率傳輸到負載端和太陽電池的發光效率。

17. 如圖 17 所示的太陽電池，試求其在 R_s 為 0 及 5 Ω時相對的最大功率輸出。

18. 吸收係數在非晶矽和 CIGS 分別為 10^4 cm^{-1} 和 10^5 cm^{-1} 當 $h\nu = 1.7$eV，請問在非晶矽和 CIGS 太陽電池各要多少厚度使 90%光子被吸收？

*19. 在 300 K 時，一理想的太陽電池具有短路電流 3 A，及開路電壓 0.6 V。試計算並描繪其功率輸出與工作電壓之關係，並由此功率輸出求其填充因子。

20. 對一運作在太陽聚光條件（圖 27 中測量值 η）下的太陽電池而言，需要多少個這樣的太陽電池，運作在一個太陽光的條件下，才能產生相當於一個電池運作在 10 太陽光，100 太陽光，或 1000 太陽光下的相同功率輸出？

第三部分　　半導體製作技術

第十一章　晶體成長及磊晶

先前在第一章提到，對分立元件（discrete device）及積體電路而言，最重要的兩種半導體是矽和砷化鎵。在本章中，我們將介紹成長這兩種半導體單晶的常用技術。其起始的材料（亦即如矽晶圓所需的二氧化矽，和砷化鎵晶圓所需用到的砷和鎵）經化學處理後，形成成長單晶所需的高純度複晶半導體。單晶錠（ingot）的成型是為了定義材料的直徑，而後鋸開成為晶圓。這些晶圓在經過蝕刻和拋光後，便會形成一平滑且如鏡面般的表面，可用來製造元件。

　　一種與晶體成長有密切關係的技術，是在單晶的半導體基板上成長另一層單晶半導體，此種成長技術稱為「*磊晶（epitaxy）*」，乃是由希臘字 epi（意思為「在上」）和 taxis（意思為「排列」）得來的。磊晶層和基板的材料也可以是相同的，就形成「*同質磊晶（homoepitaxial）*」，例如，n 型矽可以磊晶方式被成長在 n^+ 型矽基板上。反之，如果磊晶層和基板在化學特性且經常在晶體的結構都不相同，我們就得到「*異質磊晶（heteroepitaxy）*」，例如：砷化鎵鋁（$Al_xGa_{1-x}As$）磊晶成長在 GaAs 上。

具體而言，本章包括了以下幾個主題：

● 成長矽和砷化鎵單晶錠的基本技術。

● 從晶錠到晶圓拋光的成型步驟。

● 晶圓在電和機械方面的特性。

● 磊晶的基本技術，即在單晶基板上成長單晶層。

● 晶格匹配和形變層（strained layer）的磊晶成長之結構和缺陷（defect）。

11.1 從熔融液之矽晶成長

從熔融液（即其材料是以液態的形式存在）中成長矽晶的基本技術稱之為柴可拉斯基法（Czochralski technique）[1,2]，柴可拉斯基法是半導體中最普遍、最佳的方式來成長單晶，是波蘭科學家 Jan Czochralski 在 1916 年研究結晶率所提出來的，半導體工業所需的矽晶，絕大部分（＞90％）都是用此法所製，而且幾乎所有用於積體電路製造的矽，都是以此法製造。

11.1.1 起始材料

製造矽的起始材料，是一種被稱為石英岩（quartzite）的具有相當純度之矽砂。將其和不同形式的碳（carbon）（煤、焦炭和木片）放入爐管中，儘管會有一些反應在爐管中產生，但其全反應如下：

$$\text{SiC（固態）} + \text{SiO}_2\text{（固態）} \rightarrow \text{Si（固態）} + \text{SiO（氣態）} + \text{CO（氣態）} \quad (1)$$

此步驟可以形成冶金級（metallurgical-grade）的矽，純度約為 98％。接著將冶金級的矽粉碎，然後以氯化氫處理，生成三氯矽甲烷（SiHCl$_3$）：

$$\text{Si（固態）} + 3\text{HCl（固態）} \xrightarrow{\;300\,°C\;} \text{SiHCl}_3\text{（氣態）} + \text{H}_2\text{（氣態）} \quad (2)$$

三氯矽甲烷在室溫下為液態（沸點為 32℃）。可利用分餾法，將液態中不要之雜質去除。純化後的三氯矽甲烷再和氫作還原反應產生「電子級矽（electronic-grade silicon，EGS）」：

$$SiHCl_3（氣態）+ H_2（氣態）\rightarrow Si（固態）+ 3HCl（氣態） \qquad (3)$$

這個反應是在一個含有電阻加熱矽棒的反應器中產生的，在此矽棒可以當作沉積矽的成核點。EGS 為高純度的複晶矽材料，可作為製備元件級，單晶矽的原料。通常純的 EGS 所含的雜質濃度約為十億分之一的範圍[1]。

11.1.2 柴可拉斯基法

柴可拉斯基法是使用一種稱為晶體拉晶儀（puller，或譯長晶儀）的儀器如圖 1a 所示。拉晶儀有三個主要部分：（a）爐子，包含一個熔凝矽（SiO_2）的坩堝、一個石墨承受器（susceptor）、一個旋轉的機械裝置（順時針方向，如圖所示）、一個加熱裝置和一個電源供應器；（b）一個拉晶的機械裝置，包含晶種固定器和旋轉裝置（反時針方向）；和（c）氛圍控制，包含氣體的供應（例如氬氣）、流量控制和排氣系統。另外，拉晶儀有一個全盤性微處理機控制系統，來控制諸如溫度、晶體直徑、拉晶速率和旋轉速率等參數；並允許用程式來擬定製程步驟。除此之外，還有各種感測器和回授迴路，使控制系統能自動的反應，減少操作者的介入。

在晶體成長的過程中，複晶矽（EGS）被放置在坩堝中，如圖 1b，且爐管被加熱到超過矽的熔點（1412℃）。一個適當方向的晶種（seed）（例如，<111>）被放置在晶種固定器而懸在坩堝上。將晶種插入熔融液中，雖然晶種會有部分熔化，但其餘未熔化的晶種尖端部分仍然接觸液體表面。接著將晶種由熔融態慢慢拉起如圖 1c。在固體－液體界面漸次冷卻，而產生一個大的單晶。在 2015 年時，在晶體成長時形成重參雜，將熔融態下參入雜質以達到我們希望的參雜濃度。圖 2 中矽晶錠的重量為 450Kg 且直徑為 450mm（18 吋）。這樣增加的趨勢是由於減少單位面積下的花費。

11.1.3 摻質分佈

在晶體成長時，可將一已知數目的摻質加入熔融液中，以在所長晶體中獲得所需摻雜（doping）濃度。對矽而言，硼和磷分別是形成 p 型和 n 型材料最常用的摻質。

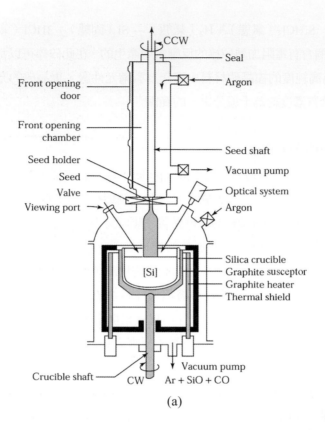

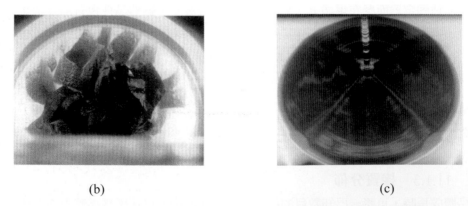

圖1　(a)柴可拉斯基拉晶儀，CW：順時針，CCW：逆時針。(b)多晶矽在矽坩鍋中。
(c)200mm直徑， (100)方向矽晶體由熔融狀態被拉出。（圖片提供：Photograph
courtesy of Taisil Electronic Materials Corp., Taiwan.）

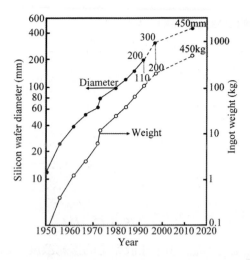

圖2　由1950到2000年且估計到2015年隨晶圓直徑和重量對於柴可拉斯基拉晶矽單晶錠。

由於晶體是從熔融液拉出來的，混合在晶體中（固態）的摻雜濃度通常和在界面的熔融液（液態）是不同的。此兩種狀態下的摻雜濃度之比例定義為 *平衡分離係數*（*equilibrium segregation coeffticient*）k_0：

$$k_0 \equiv \frac{C_s}{C_l} \tag{4}$$

其中 C_s 和 C_l 分別是摻質在界面附近的固態和液態中的平衡濃度。表 1 列出經常用於矽的摻質之 k_0 值。值得注意的是，大部分的值都小於 1，意味著在成長晶體的過程中，摻質會受到排斥，而留於熔融液中。結果將使熔融液隨著晶體的成長，漸漸充滿了摻質（dopant）。

　　考慮一正從熔融液中成長的晶體，其初始重量為 M_0，且熔融液中初始的摻雜濃度為 C_0（亦即每公克的熔融液中摻質的重量）。在成長過程中，當已成長晶體的重量為 M 的那一點，仍然留在熔融液中的摻質數量（以重量表示）為 S。當晶體增加 dM 的增量，熔融液相對應所減少的摻質（$-dS$）為 $C_s\,dM$，其中 C_s 為晶體中的摻雜濃度（以重量表示）

表 1　不同摻質在Si中的平衡分離係數

摻質	k_0	型式	摻質	k_0	型式
硼（B）	8×10^{-1}	p	砷（As）	3.0×10^{-1}	n
鋁（Al）	2×10^{-3}	p	銻（Sb）	2.3×10^{-2}	n
鎵（Ga）	8×10^{-3}	p	碲（Te）	2.0×10^{-4}	n
銦（In）	4×10^{-4}	p	鋰（Li）	1.0×10^{-2}	n
氧（O）	1.25	n	銅（Cu）	4.0×10^{-4}	$-^a$
碳（C）	7×10^{-2}	n	金（Au）	2.5×10^{-5}	$-^a$
磷（P）	0.35	n			

[a]　深層雜質準位

$$- dS = C_s \, dM \tag{5}$$

此時熔融液所剩下的重量為 $M_0 - M$，在液態中的摻雜濃度（以重量表示），C_l 則為：

$$C_l = \frac{S}{M_0 - M} \tag{6}$$

結合式（5）和式（6），且將 $C_s / C_l = k_0$ 代入可得

$$\frac{dS}{S} = -k_0 \left(\frac{dM}{M_0 - M} \right) \tag{7}$$

若初始的摻質重量為 $C_0 M_0$，我們可以積分式（7）：

$$\int_{C_0 M_0}^{S} \frac{dS}{S} = k_0 \int_0^M \frac{-dM}{M_0 - M} \tag{8}$$

解式（8），且和式（6）結合可得

$$C_s = k_0 C_0 \left(1 - \frac{M}{M_0} \right)^{k_0 - 1} \tag{9}$$

　　圖 3 表示在不同的分離係數中，以固化比例（M / M_0）為函數的摻雜分佈情形[3,4]。當晶體持續成長，其初始的組成 $k_0 C_0$，對 $k_0 < 1$，將會持續的增加；而對 $k_0 > 1$，則會持續的減少。當 $k_0 \cong 1$ 時，可以獲得一均勻的雜質分佈。

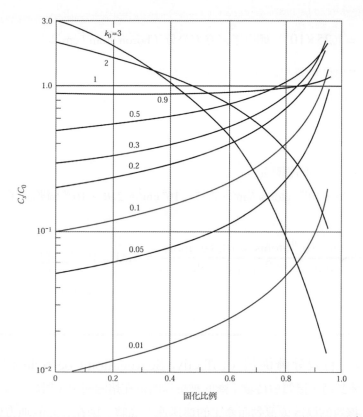

圖3　從熔融液成長的曲線，顯示固態中摻雜濃度為固化比例的函數[4]。

範例 1

一利用柴可拉斯基法所成長的矽晶錠，若欲含有10^{16} 硼原子／立方公分，應該在其熔融液中加入多少濃度的硼原子，才能使其達到所要求的濃度？如果一開始在坩堝中有60公斤的矽，有多少克的硼原子（原子量是10.8）應該加入？熔融矽的密度是2.53 克／立方公分（g/ cm^3）。

解

表1指出硼原子的分離係數k_0是0.8。在整個成長過程中，我們假設$C_s=k_0C_l$，因此，硼原子在熔融液的初始濃度應為：

$$\frac{10^{16}}{0.8} = 1.25 \times 10^{16} \quad 硼原子／立方公分（boron\ atom\ /\ cm^3）$$

因為硼原子濃度的數量是如此的小，所以熔融液的體積可以用矽的重量來計算，所以60公斤矽的體積：

$$\frac{60 \times 10^3}{2.53} = 2.37 \times 10^4\ cm^3$$

則硼原子在熔融液中的總數是：

$$1.25 \times 10^{16}\ \ atoms\ /cm^3 \times 2.37 \times 10^4\ cm^3 = 2.96 \times 10^{20}\ 個硼原子$$

所以

$$\frac{2.96 \times 10^{20}\ atoms\ \times 10.8\ g/\ mole}{6.02 \times 10^{23}\ atoms/\ mole} = 5.31 \times 10^{-3}\ g\ \ 的硼$$

$$= 5.31\ mg\ \ 的硼。$$

值得注意的是，對如此大量的矽，僅需如此少量的硼摻雜。

11.1.4 　有效分離係數（Effective Segregation Coefficient）

當晶體正在成長時，摻質會持續不斷的被排斥而留在熔融液中（對$k_0 < 1$而言）。如果排斥率比摻質的擴散或攪動而產生的傳送速率高時，則在界面的地方會有濃度梯度產生，如圖4所示。其分離係數（在11.1.3節提到）為$k_0 = C_S /C_l(0)$。我們可以定義一有效分離係數k_e，為 C_s 與遠離界面處雜質濃度的比值

$$k_e \equiv \frac{C_s}{C_l} \tag{10}$$

考慮一小段幾乎黏滯（stagnant）的熔融液層，寬度為δ，其中雜質流動係用來補充自熔融液拉出的晶體。在這層黏滯層的外面，摻雜濃度為一常數值C_l。在黏滯層內部，摻雜濃度可以第二章的式（59）之連續方程式來表示。在穩態時，只有右邊的第二項，第三項是有顯著的（我們用C取代n_p，用v取代$\mu_n\mathcal{E}$）：

$$0 = v\ \frac{dC}{dx} + D\ \frac{d^2C}{dx^2} \tag{11}$$

此處D是熔融液中的摻質擴散係數，v是晶體成長速度，而C為熔融液中的摻雜濃度。

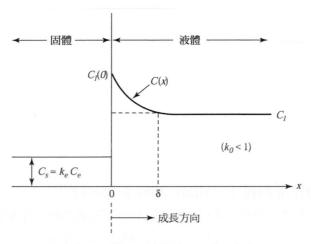

圖4　接近固態－熔融液界面的摻雜分佈。

式（11）的解為：

$$C = A_1 e^{-v\,x/D} + A_2 \tag{12}$$

其中 A_1，A_2 是將由邊界條件所決定的常數。第一個邊界條件是在 $x=0$ 時，$C = C_l(0)$。第二個邊界條件是所有摻質總數是守恆不變的；亦即界面的摻質通量之和必須等於零。藉著考慮摻質原子在熔融液中的擴散（忽略在固體中的擴散），我們可以得到：

$$D\left(\frac{dC}{dx}\right)_{x=0} + \left[C_l(0) - C_s\right] v = 0 \tag{13}$$

將邊界條件代入式（12），且在 $x=\delta$ 的 $C = C_l$，可得到：

$$e^{-v\,\delta/D} = \frac{C_l - C_s}{C_l(0) - C_s} \tag{14}$$

因此，

$$k_e \equiv \frac{C_s}{C_l} = \frac{k_0}{k_0 + (1 - k_0)e^{-v\,\delta/D}} \tag{15}$$

除了將k_0以k_e取代外，在晶體中的摻雜分佈可以如式（9）所示。k_e的值比k_0大，並且在成長參數$\upsilon\,\delta/D$較大的時候會趨近1。而若欲在晶體內獲得均勻摻雜分佈（$k_e \rightarrow 1$），可由高的拉晶速率和低的旋轉速率獲得（因為δ和旋轉速率成反比）。另外一種可以獲得均勻摻雜的方法，乃是持續不斷的加入超高純度的複晶矽進入熔融液中，使初始的摻雜濃度可不斷的維持。

11.2 矽的浮帶製程（Floating-Zone Process）

浮帶製程可以成長比一般利用柴可拉斯基法更低不純物的矽。浮帶製程的裝置結構圖如圖5a所示。一根底部帶有晶種的高純度複晶棒保持在垂直的方向，並且旋轉。此根晶棒被封在內部充滿惰性氣體（氬）的石英管中。在操作過程中，利用射頻（rf）加熱器，使一小區域（約幾公分長）的晶體保持熔融，這射頻加熱器自底部晶種往上掃過整個複晶棒，所以*浮帶*（即熔融帶）也會掃過整個複晶棒。熔融的矽乃由熔融和正在成長的固態矽間的表面張力所支持。當浮帶上移時，單晶矽在撤退帶終端冷卻，且依晶種方向延伸成長。浮帶製程可生產比柴可拉斯基法更高電阻係數的材料，因為它比較容易純化晶體。而且在浮帶製程中不須用到坩堝，因此不會有來自坩堝的污染（利用柴可拉斯基法則會）。所以目前浮帶晶體主要用在需要高電阻係數材料的元件，如高功率、高電壓等元件。

要計算浮帶製程中的摻雜分佈，可考慮如圖5b的簡化模型。開始時晶棒具有均勻的摻雜濃度為C_0（以重量表示）。L是沿著晶棒在一距離x的熔融帶長度，A是晶棒的橫切面積，ρ_d是矽的特定密度，而S是熔融態帶中所含有的摻質數量。當此帶橫移一距離dx時，在它的前進端所增加的摻質數量為$C_0\rho_d A\,dx$，然而從撤退端所移出的摻質數量為$k_e(S\,dx/L)$，此處k_e為有效分離係數，因此：

$$dS = C_0\rho_d A\,dx - \frac{k_e S}{L}dx = \left(C_0\rho_d A - \frac{k_e S}{L}\right)dx \qquad (16)$$

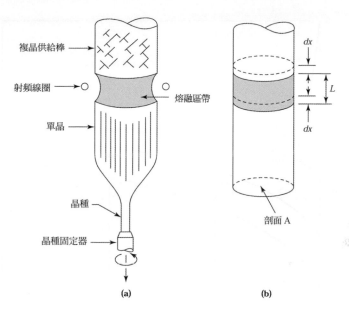

圖5 浮帶製程：（a）裝置示意圖，（b）摻雜評估所用的簡單模型。

因此

$$\int_0^x dx = \int_{S_0}^S \frac{dS}{C_0 \rho_d A - (k_e S / L)} \tag{16a}$$

其中 $S_0 = C_0 \rho_d AL$ 是當帶在棒的前端剛形成時其中的摻質數量。從式（16a）可得：

$$\exp\left(\frac{k_e x}{L}\right) = \frac{C_0 \rho_d A - (k_e S_0 / L)}{C_0 \rho_d A - (k_e S / L)} \tag{17}$$

或

$$S = \frac{C_0 A \rho_d L}{k_e} [1 - (1 - k_e)^{-k_e x / L}] \tag{17a}$$

因為 C_s（晶體中撤退端的摻雜濃度）為 $C_S = k_e(S / A \rho_d L)$，因此

$$C_s = C_0 [1 - (1 - k_e)^{-k_e x / L}] \tag{18}$$

圖 6 表示在不同的 k_e 值下，摻雜濃度與固化帶長度的關係圖。

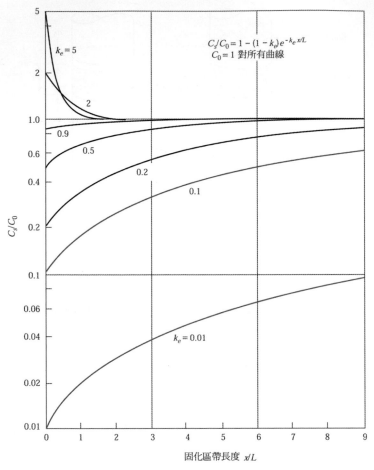

$$C_s/C_0 = 1 - (1 - k_e) e^{-k_e\, x/L}$$
$$C_0 = 1 \ \text{對所有曲線}$$

圖 6　浮帶製程法所得到在固體中摻雜濃度對固化區帶長度的函數曲線[4]。

　　這兩種晶體成長的技術也可以用來移除雜質。由圖6和圖3的比較顯示，僅作一次通過的浮帶製程，並未比柴可拉斯基法更加純化。例如當$k_0 = k_e = 0.1$時，由柴可拉斯基法所成長之固化晶錠的大部分區域，C_s/C_0是比較小。然而作多次的浮帶通過比多次柴氏法長晶，每次切掉尾端再從熔融液重新成長要容易得多。圖7是經過一連串的區帶通過後，對$k_e = 0.1$的元素，沿著晶棒的雜質分佈[4]。值得注意的是，在每一次的通過後，晶棒的雜質濃度都會顯著降低，因此浮帶製程很適合用來純化晶體。此製程亦稱為區帶純化技術（zone-refining technique），可提供極純化的原料。

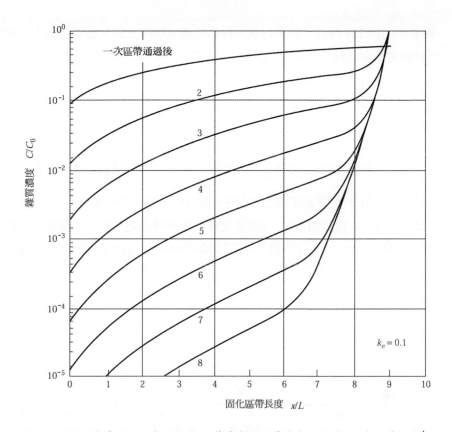

圖7　不同的浮帶通過次數的相對雜質濃度對區帶長度之關係。L為區帶長度[4]。

　　如果需要的是摻雜而非純化晶棒時，則考慮所有引入第一帶（$S_0=C_1A\rho_dL$）的摻質，且其初始濃度C_0非常小，幾近可以忽略，從式（17）可得到：

$$S_0 = S\exp\left(\frac{k_ex}{L}\right) \tag{19}$$

因為$C_S = k_e(S/A\rho_dL)$，可以從式（19）得到：

$$C_s = k_eC_1e^{-k_ex/L} \tag{20}$$

因此，如果k_ex/L很小，則除了在最後固化的尾端外，C_s在整個距離中幾乎維持定值。

　　對某些切換元件而言，如第四章所提到的高電壓閘流體，必須用到大面積的晶方，而且經常整個晶圓就只做一個元件。因其尺寸大，故對起始原料的均勻度要求非常高。為了得到均勻的摻質分佈，我們可使用比所要求的平均摻雜濃度更低的浮帶製程矽晶圓。接著此晶圓會被熱激中子照射。此過程稱為*中子輻射*（*neutron irradiation*），可造成部分的矽蛻變成為磷，而得*n*型摻雜的矽。

$$\mathrm{Si}_{14}^{30} + 中子 \longrightarrow Si_{14}^{31} + \gamma\,射線 \xrightarrow{\;2.62\,hr\;} \mathrm{P}_{15}^{31} + \beta\,射線 \qquad (21)$$

而中間元素 Si_{14}^{31} 的半衰期為2.62小時。因為中子進入矽的深度約為100公分，所以在整個矽晶圓中的摻雜很均勻。圖8是比較利用傳統摻雜，和中子輻射摻雜的矽其橫向電阻係數之分佈情形[5]。注意利用中子輻射的矽，其電阻係數的差異會比利用傳統摻雜的矽小的多。

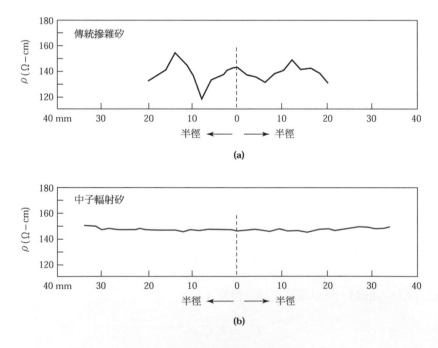

圖8（a）傳統摻雜矽的典型橫向電阻係數分佈，（b）以中子輻射對矽摻雜[5]。

11.3　砷化鎵晶體成長技術

11.3.1　起始材料

合成複晶砷化鎵的起始材料是化性很純的砷及鎵元素。因為砷化鎵是由兩種材料所組成，它的性質和矽這種單元素材料有極大的不同。這種組成的行為可以用「*相圖*（*phase diagram*）」來描述。相是一種材料可以存在的狀態（例如：固態、液態或氣態）。相圖表示兩個構成要素－（砷和鎵）的關係與溫度的函數。

　　圖9是鎵－砷系統的相圖，橫座標表示兩個構成要素在原子百分比（下刻度）或重量百分比（上刻度）[6,7]的組成。考慮一有初始組成為 x 的熔融液（例如：在圖9中，砷原子百分比為85）。當溫度下降時，它的組成仍維持固定，直到到達*液態線*（*liquidus line*）。在（T_1，x）點，砷原子百分比為50的材料（例如砷化鎵）將開始固化。

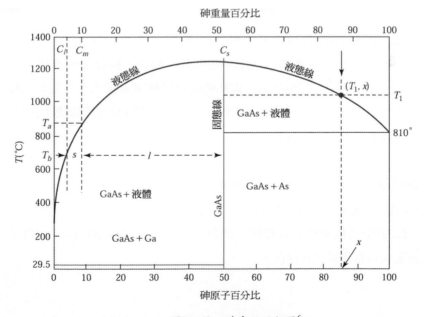

圖9　鎵－砷系統的相圖[6]。

範例 2

在圖9中，考慮一初始組成為C_m（重量百分比刻度）的熔融液，從 T_a（在液態線上）冷卻到T_b。求出有多少比例的熔融液將被固化？

解

在T_b，M_l 是液體的重量，M_s是固體的重量（即砷化鎵），且C_l 和C_s分別是液體和固體中的摻質濃度。因此，砷在液體和固體的重量分別是M_lC_l 和M_sC_s。因為全部砷的重量為 $(M_l+ M_s)C_m$，所以我們可以獲得：

$$M_lC_l+ M_sC_s = (M_l + M_s)C_m$$

或

$$\frac{M_s}{M_l} = \frac{\text{T}_b \text{ 時砷化鎵的重量}}{\text{T}_b \text{ 時液體的重量}} = \frac{C_m - C_l}{C_s - C_m} = \frac{s}{l}$$

其中 s 和 l 分別是從C_m 量到液態線和固態線的長度。由圖9可知，約10%的熔融液將固化。

不像矽在熔點時有相對較低的蒸汽壓（在1412℃時約為10^{-6} atm），砷在砷化鎵的熔點（1240℃）有高出許多的蒸汽壓。在其蒸汽相中，砷存在和兩種主要的型態，As_2及 As_4。圖10表示沿著液態線，鎵和砷的蒸汽壓[8]並和矽的蒸汽壓做比較。對砷化鎵而言，其蒸汽壓曲線是雙值的，虛線代表富含砷的砷化鎵熔融液（在圖9中液態線的右邊）；實線代表富含鎵的砷化鎵熔融液（在圖9中液態線的左邊），且在富含砷的砷化鎵熔融液中。因為砷有比較大的量，所以會有較多的砷（As_2 和 As_4）將會從富含砷的熔融液中蒸發，因而造成較高的蒸汽壓。同樣的道理亦可以用來解釋富含鎵的砷化鎵熔融液中，鎵有較高的蒸汽壓。值得注意的是遠在達到熔點之前，液態砷化鎵表面即可能分解為鎵和砷。因為鎵和砷的蒸汽壓不相同，砷會優先蒸發，因此液態會以富含鎵形式存在。

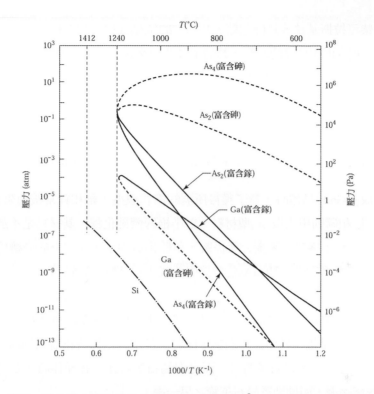

圖10　砷化鎵上砷和鎵的分壓對溫度的函數圖[8]。矽之分壓也示於圖中。

　　要合成砷化鎵，通常使用抽真空密封的石英管系統；此爐管附有兩個溫度區。高純度的砷放置在一個石墨舟，加熱到610至620℃；而高純度的鎵，會放置在另一個石墨舟，且加熱到稍高於砷化鎵熔點（1240℃至1260℃）的溫度。在此情況下，過壓的砷會形成，（a）一來使砷蒸汽傳輸到鎵的熔融液，使它轉化成砷化鎵，（b）二來可防止在爐管形成的砷化鎵再次分解。當這些熔融液冷卻時，就可以產生高純度的複晶砷化鎵，可作為成長單晶砷化鎵的原料[7]。

11.3.2　晶體成長技術

有兩種技術可以成長GaAs晶體：柴可拉斯基法和布理吉曼技術（Bridgman technique）。大部分的砷化鎵是以布理吉曼技術成長。然而，柴可拉斯基法卻在成長大直徑的GaAs晶錠時較受歡迎。

對以柴可拉斯基法成長砷化鎵，其基本的拉晶儀和矽的是相同。然而會採用液態封入法，來防止在長晶的時候，熔融液產生分解的情況。液態封入法係利用一層約1公分厚的熔融三氧化二硼（B_2O_3）。熔融三氧化二硼引入砷化鎵表面，且覆蓋在熔融液上。只要其表面壓力大於1大氣壓（760 torr），這項覆蓋就可防止砷化鎵的分解。因為三氧化二硼會溶解二氧化矽，所以須使用石墨坩堝，來取代熔凝矽土（silica，或譯矽石）的坩堝。

而在成長GaAs晶體時，為了獲得所需的摻雜濃度，鎘和鋅常被用來作為*p*型材料，而硒、矽和碲則用來做 *n* 型材料。對半絕緣體砷化鎵，其材料是不加任何摻雜的。表2 出GaAs中摻質之平衡分離係數。和矽相似的是，大部分的分離係數都小於1。先前對Si的推導公式，對GaAs依然適用（式（4）到式（15））。

圖11表示一雙區帶爐管的布理吉曼系統，用來成長單晶的砷化鎵。左區帶保持在約610℃的溫度來維持砷所需的過壓，而右區帶溫度則保持在恰高於砷化鎵的熔點（1240℃）。密封管子以石英為材，而舟則為石墨所作。在操作時，石墨舟會裝著複晶砷化鎵熔融液，而砷則置於石英管之另一邊。

表2　GaAs中不同摻質的平衡分離係數

摻質	k_0	型式
鈹（Be）	3	*p*
鎂（Mg）	0.1	*p*
鋅（Zn）	4×10^{-1}	*p*
碳（C）	0.8	*n/p*
矽（Si）	1.85×10^{-1}	*n/p*
鍺（Ge）	2.8×10^{-2}	*n/p*
硫（S）	0.5	*n*
硒（Se）	5.0×10^{-1}	*n*
錫（Sn）	5.2×10^{-2}	*n*
碲（Te）	6.8×10^{-2}	*n*
鉻（Cr）	1.03×10^{-4}	半絕緣
鐵（Fe）	1.0×10^{-3}	半絕緣

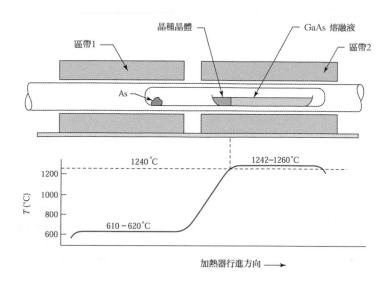

圖11　成長單晶砷化鎵的布理吉曼技術和爐管的溫度側圖。

　　當爐管往右移動時，熔融液的一端會冷卻。通常在舟的左端會放置著晶種，以建立特定的晶體方向。熔融液逐步冷卻（固化），允許單晶沿著液態－固態界面成長，直到最後單晶砷化鎵完成成長。而雜質分佈基本上可以式（9）和（15）來描述，其成長速率是由爐管橫移的速率所決定。

11.4　材料特性

11.4.1　晶圓成型

在晶體成長以後，第一道成型的操作是移除晶種和晶錠最後固化的尾端[1]。接下一道操作是拋光表面，以便定義材料的直徑。然後沿著晶錠長度，磨出一個或數個平邊。這些區域或平邊標示晶錠的特定晶體方向和材料的傳導型式。而最大的平邊，稱為*主平邊*（*primary flat*），能夠允許自動製程設備中的機械定向器，去固定晶圓的位置及元件對晶體的定位。另外一些較小的平邊稱為*次平邊*（*secondary flat*），是磨來定義晶體的方向和傳導型式，如圖12所示。對直徑等於或大於200mm 的晶體，不再磨出平邊。取而代之是沿著晶錠長度，磨出一小溝。

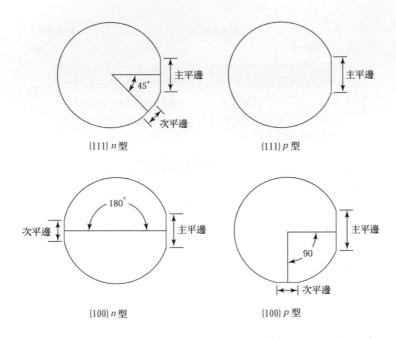

{111} *n* 型   {111} *p* 型

{100} *n* 型   {100} *p* 型

圖12　半導體晶圓上的辨別平邊。

接著，晶錠可用鑽石鋸來切成晶圓。切割決定四個晶圓參數：*表面方向*（如＜111＞，或＜100＞）、*厚度*（如0.5到0.7mm，由晶圓直徑來決定）、*傾斜度*（*taper*，從一端到另一端晶圓厚度的差異）和*彎曲度*（*bow*，從晶圓中心量到晶圓邊緣的晶圓表面彎曲程度）。

在切割以後，用氧化鋁（Al_2O_3）和甘油（glycerine）的混合液，將晶圓的兩面研磨，一般可研磨到2 μm 以內的平坦均勻度。這道研磨操作通常會使晶圓的表面和邊緣有損害和污染。損害和污染的區域可以用化學蝕刻（十二章提到）移除。晶圓切割的最後一道手續是拋光（polishing），其目的是提供一個平滑且如鏡面般的表面，使元件的特徵尺寸能夠用微影製程（lithographic process）（見第十二章）來定義。圖13顯示，在裝晶圓的卡式盒中的200 mm（8吋）和400mm（16吋），已拋光的矽晶圓。表3是半導體設備及材料協會（Semiconductor Equipment and Materials Institute，SEMI）所發表的，有關125、150、200和 300 mm直徑的拋光矽晶圓規格。如前面所提到，大的晶體（直徑大於等於200 mm）是沒有磨出平邊的，取而代之的是在晶圓邊緣的小溝，用來固定晶圓的位置及判斷晶圓方向。

圖13 300mm（12吋）單晶錠和研磨後的矽晶圓。

表3 對拋光後單晶矽晶圓的規格

參數	125 mm	150 mm	200 mm	300 mm	450 mm
直徑（mm）	125±1	150±1	200±1	300±1	450±1
厚度（mm）	0.6－0.65	0.65－0.7	0.715－0.735	0.755－0.775	0.78-0.80
主平邊長（mm）	40－45	55－60	NA[a]	NA	NA
次平邊長（mm）	25－30	35－40	NA	NA	NA
彎曲度（μm）	70	60	30	< 30	< 30
總厚度變異量（μm）	65	50	10	< 10	< 10
表面方向	（100）± 1°	相同	相同	相同	相同
	（111）± 1°	相同	相同	相同	相同

[a] NA：不適用

砷化鎵是一種比矽更易碎的材料。雖然基本的切割操作和矽相同，但是在準備砷化鎵晶圓時要更加小心。相對於矽，砷化鎵技術是較不成熟的。然而，三五族化合物技術的進展部分也可歸功於矽技術的進步。

11.4.2　晶體特性

晶體缺陷（Crystal Defect）

實際上的晶體（例如矽晶圓）與理想的晶體有很重要的不同。它是有限的，因此表面的原子是不完全的鍵結。更有甚者，它有缺陷，會嚴重影響半導體的電性、機械和光學性質。缺陷可分為四類：點缺陷、線缺陷、面缺陷及體缺陷。

圖14表示幾種不同形式的*點缺陷*（*point defect*）[1,9]。任何外來的原子併到晶格中，無論是在替代位置（substitutional site）（亦即在規則的晶格位置，圖14a），或者是在晶隙位置（interstitial site）（亦即介於規則晶格之間，圖14b），都稱為點缺陷。在晶格中若有原子不見而產生缺位（vacancy），亦被認為是點缺陷，如圖14c。一個主原子（host atom）位於規則的晶格間，並鄰近一缺位時則稱為*弗朗哥缺陷*（*Frenkel defect*），如圖14d。點缺陷在研究擴散的動力和氧化製程中是特別重要課題。這些主題將在第十二章和第十四章中討論。

接著一種缺陷是*線缺陷（line defect）*，亦稱為差排（dislocation）[10]。有邊緣（edge）和螺旋（screw）兩種型式的差排，圖15a以圖示表示在立方晶格的邊緣差排。這種缺陷在晶格裡插入額外原子平面*AB*，而差排線將垂直頁面。螺旋差排線的產生，可看成是把晶格剪一部分，再把上半部的晶格往上推一個晶格距離，如圖15b中所示。在元件中，要盡量避免線缺陷，因為它構成金屬雜質的析出（precipitation）處而劣化元件的特性。

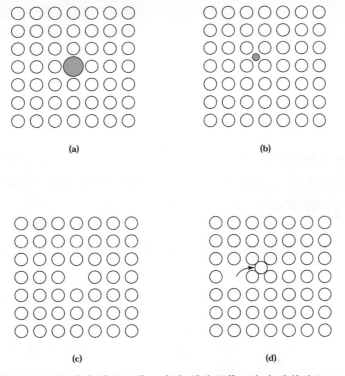

圖14 點缺陷（a）替代雜質，（b）間隙雜質，（c）晶格缺位，
（d）弗朗哥型（Frenkel-type）缺陷[9]。

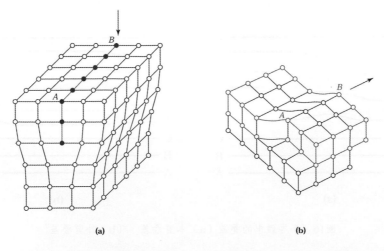

圖15 在立方晶體中所形成的（a）邊緣差排。（b）螺旋差排[10]。

　　面缺陷（*area defect*）代表晶格中有大面積的不連續。主要的缺陷是雙晶界（twin）和晶界（grain boundary）。雙晶界形成代表因一平面上晶體方向的改變。而晶界是指晶體之間的過渡區，而各晶體之方向沒有特定關係。這種缺陷會在晶體成長時出現。另一種面缺陷是所謂的疊差（stacking fault）[9]。在這種缺陷中，原子層的堆疊次序被打斷。如圖16所示，原子的堆疊次序是*ABCABC....*，若當*C*層的一部分不見時，這種情況叫本質疊差（intrinsic stacking fault），如圖16a所示。若一多出的平面*A*，插入原有的*B*及*C*層中，這種情況則稱作外質疊差（extrinsic stacking fault），如圖16b所示。上述這些缺陷有時會在成長晶體時出現。有這些面缺陷的晶體並不能用來製造積體電路，而只好被丟棄。

　　雜質或摻質原子的析出物形成第四種缺陷，即體缺陷。這些缺陷的產生乃因在主晶格中固有的雜質溶解度所引起的。在包含自身及雜質在內的固態溶液中，主晶格所能接受之雜質濃度是固定的。圖17所示，不同元素在矽中的溶解度對溫度之關係圖[11]。對大部分的雜質，其溶解度會隨著溫度的降低而降低。因此，在一定的溫度下，若將雜質加到溶解度所允許的最大濃度，隨後將晶體冷卻至較低溫，此時晶體只能藉著析出超量於溶解度的雜質，來達到平衡狀態。然而因為主晶格和析出物間的體積失配，因而導致差排的發生。

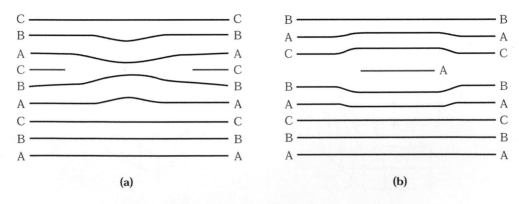

(a)　　　　　　　　　　　　　　　　　　　　**(b)**

圖16　半導體中的疊差（a）本質疊差，（b）外質疊差[9]。

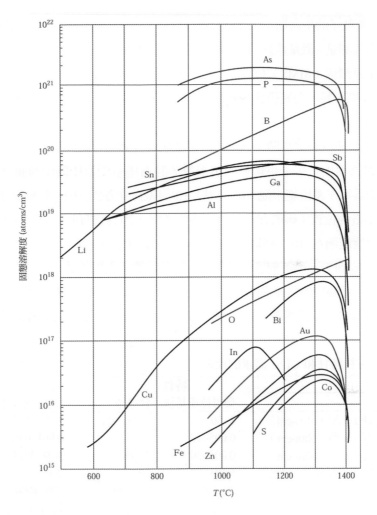

圖17　矽中雜質元素的固態溶解度[11]。

材料特性（Material Properties）

表4比較矽的特性和製造極大型積體電路[§]（USLI）[12·13]的要求。列在表4上的半導體材料特性可以用不同的方法去測量。電阻係數是用第二章2.1節中所提到的四點探針去

[§]構成一極大型積體電路的組件數大於10^7

測量，而少數載子的生命期（lifetime，或譯活期）可用在第二章2.3節中所提到的光傳導係數的方法測量。微量雜質，如在矽中的氧原子和碳原子，可以用十四章中所提到的二次離子質譜儀（SIMS）技術來分析。值得注意的是雖然目前的能力符合大部分列於表3的晶圓規格，但是仍許多須要改善的地方，以滿足ULSI技術所須的嚴格要求[13]。

以柴式法所成長之晶體，通常比浮帶法所成長者含有更高濃度的氧和碳，此乃因成長晶體過程中，矽土坩堝會回溶出氧，且石墨承受器中的碳會傳輸到熔融液中。一般的碳原子濃度範圍從 10^{16} 到約 10^{17} 原子/立方公分間，且碳原子會在矽中佔據替代晶格的位置；碳的存在是我們不想要的，因為它有助於缺陷的形成。一般的氧原子濃度範圍在 10^{17} 到約 10^{18} 原子/立方公分間，而氧的角色好壞參半；它可當作施體（donor），藉著刻意的摻雜，而扭曲晶體的電阻係數。但氧原子若佔據晶格間隙，則可增強矽的屈伸強度（yield strength），這樣的優點隨著濃度增加直到氧開始析出，圖17顯示出典型氧濃度在矽晶圓中會析出在大部分的製程溫度下，當析

表 4　矽的材料特性和 ULSI 需求的比較

性質 [a]	特性		
	柴可拉斯基法	浮帶法	ULSI 之需求
電阻係數（磷）n 型（ohm-cm）	1–50	1–300 及以上	5–50 及以上
電阻係數（銻）n 型（ohm-cm）	0.005–10	–	0.001–0.02
電阻係數（硼）p 型（ohm-cm）	0.005–50	1–300	5–50 及以上
電阻係數梯度（四點探針）（%）	5–10	20	< 1
少數載子生命期（μs）	30–300	50–500	300–1000
氧（ppma）	5–25	未測得	均勻且可控制
碳（ppma）	1–5	0.1–1	< 0.1
差排（製程之前）（per cm^2）	≤ 500	≤ 500	≤ 1
直徑（mm）	達到 200	達到 100	達到 300
晶圓彎曲度（μm）	≤ 25	≤ 25	< 5
晶圓傾斜度（μm）	≤ 15	≤ 15	< 5
表面平坦度（μm）	≤ 5	≤ 5	< 1
重金屬雜質（ppba）	≤ 1	≤ 0.01	< 0.001

[a]　ppma = 百萬原子分之一；ppba =十億萬原子分之一

出隨著大小成長體積的不匹配（mismatch）也會產生，會導致晶格產生壓縮應力，會產生疊差（一種差排）（stacking fault）或其它缺陷來緩解。金屬原子無法簡單的配對（fit）在矽晶格裡因為它們有非常不一樣的原子大小，優先留在矽晶格裡不完美的地方，因此這些缺陷能引起金屬類的快速擴散（fast-diffusion metallic species）[（金屬的擴散係數比一般參雜的元素（B、P、As）快好幾個階數如圖4在第十四章）]這情況下會產生大的接面漏電流。

特定的析出物能用來抓住有害的雜質稱為*誘捕*（gettering）。誘捕是一個通用的名辭，意味著在晶圓中製造元件的區域，移去有害的雜質或缺陷的過程。在晶圓製造的環境，很難藉由淨化晶圓和排除金屬汙染物減少雜質得濃度。有兩種基本的誘捕方法，第一種是本質誘捕（intrinsic gettering），利用氧析出去誘捕金屬原子在晶圓片上。第二種是異質誘捕（extrinsic gettering），在晶圓背面用研磨（grinding）、砂紙磨損（sandpaper abrasion）、離子佈植（ion implantation）、雷射融化（laser melting）、沉積非晶或多晶薄膜、高濃度的背面擴散等等，產生背面的受損位置，任何後續的高溫製程會讓金屬原子輕易擴散到背面而被陷捕住（trapped）（注意在大部分製程溫度下金屬離子可以輕易的擴散到矽晶圓的背面）。

當晶圓受高溫處理時（例如，在1050℃的氮氣下），氧會從表面揮發。這會降低表面附近的氧含量。這樣的處理形成了*無缺陷區*，或稱*清除區*（denuded zone）區，用於製造元件，如圖19的內插圖所示[1]。額外的熱循環可被用來促進晶圓較內部氧析出物的形成，以用來誘捕雜質。無缺陷區域的深度決定於熱循環的時間和溫度、和氧在矽中的擴散係數。清除區測量的結果如圖19所示[1]。利用柴可拉斯基法有可能成長幾乎無差排的矽晶。

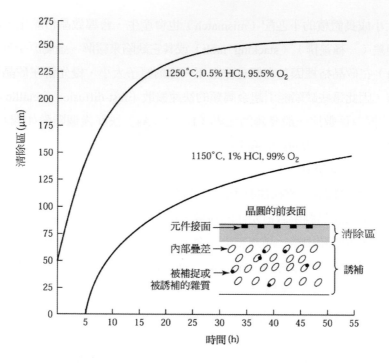

圖18　兩種製程過程中清除區的寬度。內插圖為晶圓剖面圖中的清除區和誘捕
雜質位置的圖示[1]。

商業上使用熔融液成長的砷化鎵材料都受坩堝嚴重污染。然而，在光學應用上，絕大部分要求重摻雜（介於10^{17}到10^{18}cm^{-3}）材料。對於積體電路或分立的金半場效電晶體（MESFET）元件而言，可用未摻雜的砷化鎵來當起始材料，其電阻係數為10^9 Ω-cm。氧在砷化鎵中是不受歡迎的雜質，因為它會形成深施體能階，會在基板本體產生陷阱電荷，且會增加它的電阻係數。在熔融液成長時，可使用石墨坩堝來降低氧含量。以柴可拉斯基技術成長砷化鎵晶體，其差排含量大約比矽大兩個數量級，而用布理吉曼法所成長的砷化鎵，差排的含量約比柴可拉斯基法成長的砷化鎵晶體少一個數量級。

11.5 磊晶成長技術

在磊晶製程中，基板晶圓可作為晶種晶體。磊晶製程和先前章節描述熔融液成長的過程，其不同處在於磊晶層可在低於熔點甚多（一般約低30至50 %）的溫度成長，最常見的磊晶成長技術為化學氣相沉積（chemical vapor deposition，CVD）和分子束磊晶成長（molecular-beam epitaxy，MBE）。

11.5.1 化學氣相沉積

化學氣相沉積（CVD）也稱為氣相磊晶（vapor-phase epitaxy，VPE）。CVD是藉著氣體化合物間的化學作用，而形成磊晶層的製程。CVD可在常壓（APCVD）或低壓（LPCVD）進行。

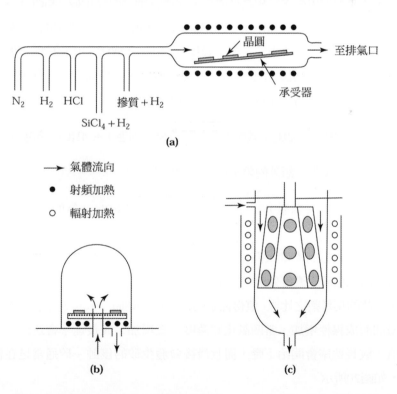

圖19 化學氣相沉積所用三種常見承受器：（a）水平，（b）薄圓餅形，（c）桶狀承受器。

　　圖19顯示三種常用於磊晶成長的的承受器。值得注意的是一般是以承受器的幾何形狀來當反應器的名稱：如水平、薄圓餅（pancake）形和桶狀（barrel）承受器，全都以石墨方塊製造而成。磊晶反應器的承受器就如晶體成長爐中之坩堝一樣，它們不僅當晶圓的機械支撐，而且在熱感應反應器中也當作反應所需熱能之來源。CVD的機制包含數個步驟：（a）反應物諸如氣體和摻質被傳輸到基板的區域，（b）它們被轉移到基板表面並且被吸附，（c）發生化學反應，在表面催化，並伴隨磊晶層的成長，（d）氣相生成物被釋出到主氣體流中，及（e）反應生成物被傳輸出反應腔外。

矽的 CVD

　　四種矽的來源被用來作氣相磊晶成長，它們分別是四氯化矽（$SiCl_4$）、二氯矽甲烷（SiH_2Cl_2）、三氯矽甲烷（$SiHCl_3$）、和矽甲烷（SiH_4）。其中四氯化矽被研究的最透徹，並且有最廣泛的工業用途。其一般反應溫度在1200℃。其它矽的來源之所以被使用，乃因為它們有較低的反應溫度。四氯化矽中，每用氫取代一個氯原子，約降低反應溫度 50℃，從四氯化矽成長矽層的全反應如下：

$$SiCl_4（固態）+ 2H_2（氣態）\xrightarrow{\quad\quad} Si（固態）+ 4HCl（氣態） \tag{22}$$

而伴隨式（22）所產生一額外的競爭反應是：

$$SiCl_4（氣態）+ Si（固態）\xrightarrow{\quad\quad} 2SiCl_2（氣態） \tag{23}$$

　　因此若四氯化矽的濃度太高，則矽反而會被侵蝕，而非成長。圖20表示在反應時，氣體中四氯化矽的濃度效應，其中*莫耳分率（mole fraction）*定義為所給物種的莫耳數與全部的莫耳數之比[14]。值得注意的是在剛開始時，成長速率會隨著四氯化矽的濃度增加而成線性增加。當四氯化碳濃度一直增加，成長速率會達到最大值。若超過此值，成長速率會開始下降，而且最後會發生矽的侵蝕。矽通常是在低濃度區域成長，如圖20所示。

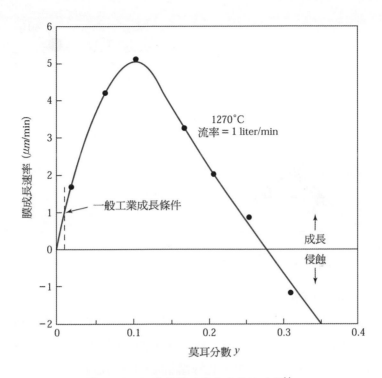

圖20　SiCl$_4$ 濃度對矽磊晶成長的效應[14]。

　　式（22）的反應是可逆的，亦即它可在正反方向發生反應，如果進入反應爐的載氣中含有氫氯酸，將會有移除或侵蝕的情況發生。實際上，此侵蝕的動作可用來在磊晶成長前，先對晶圓表面作臨場（in-situ，或譯同次）清潔。

　　如圖19a，在磊晶成長時，摻質和四氯化矽是同時引入的。氣態的乙硼烷（diborane，B$_2$H$_6$）被用來作 p 型的摻質，而磷化氫（phosphine，PH$_3$）和砷化氫（arsine，AsH$_3$）則作為 n 型的摻質。混和氣體通常用氫來稀釋，以便合理控制流量，而得到所欲的摻雜濃度。砷化氫的摻質化學以圖 21來說明，由圖可知砷化氫在表面上被吸附、分解，然後被合併進入成長層中。圖21亦表示表面上的成長機制，乃是基於在表面上主原子（矽）和摻質原子（砷）的吸附和這些原子向突出的位置移動[15]。為了使這些吸附原子有足夠的移動率（或譯遷移率），使其可以找到在晶格內適合的位置，所以磊晶成長須要相當高的溫度。

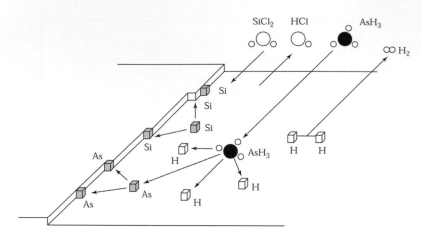

圖21　砷摻雜和成長過程的示意圖[15]。

砷化鎵（GaAs）的CVD

對砷化鎵而言，其基本的構造和圖19a所示相似。因為砷化鎵在蒸發時會分解成砷和鎵，所以它不可能在蒸氣中直接傳輸。有一可行之法，乃用As$_4$作為砷的成分，而以氯化鎵（GaCl$_3$）作為鎵的成分。其砷化鎵磊晶成長的全反應為：

$$As_4 + 4GaCl_3 + 6H_2 \longrightarrow 4GaAs + 12HCl \qquad (24)$$

As$_4$ 是由砷化氫（AsH$_3$）熱分解而成的：

$$4As\,H_3 \longrightarrow As_4 + 6H_2 \qquad (24a)$$

而氯化鎵是由下列反應而成的：

$$6HCl + 2Ga \longrightarrow 2GaCl_3 + 3H_2 \qquad (24b)$$

反應物會和載氣（例如：氫氣）通常溫度在式（24b）為800℃。成長溫度在砷化鎵磊晶層式（24）低於750℃。在磊晶成長時需要兩區的反應區（reactor），此外這兩個反應皆為放熱反應（exothermic）：磊晶需要有熱壁（hot wall）的反應區。因反應靠近平衡狀態，製程上很難控制。在磊晶過程中，必須有足夠的砷之過壓（overpressure），以防止基板和成長層的熱分解。

有機金屬化學氣相沉積

有機金屬化學氣相沉積（metalorganic CVD，MOCVD）也是一種以熱分解（pyrolytic）反應為基礎的氣相磊晶製程。不像傳統的CVD，MOCVD是以其先驅物（precursor）的化學本質來區分。此方法對不會形成穩定氫化物或鹵化物，但在合理的氣相壓力下會形成穩定有機金屬化合物的元素。MOCVD已經被廣泛應用在成長三五族和二六族化合物的異質磊晶成長。

為成長GaAs，我們可以利用有機金屬化合物，如三甲基鎵（trimethylgallium，$Ga(CH_3)_3$）得到鎵成分，而利用砷化氫得到砷成分。這兩種化學組成都能夠以氣相型式傳輸到反應器中。其全反應為：

$$AsH_3 + Ga(CH_3)_3 \longrightarrow GaAs + 3CH_4 \qquad (25)$$

對含有鋁的化合物，諸如砷化鋁（AlAs），可以使用三甲基鋁（trimethylaluminum，$Al(CH_3)_3$）。在磊晶時，GaAs的摻雜是以氣相的型式引進摻質的。對三五族化合物，二乙基鋅（diethylzine，$Zn(C_2H_5)_2$）或二乙基鎘（diethylcadmium，$Cd(C_2H_5)_2$）為常用的p型摻質，而矽甲烷作為n型的摻質。而硫和硒的氫化物或四甲基錫（tetramethyltin）亦可作為n型的摻雜；且利用氯化鉻醯（chromyl chloride，二氯化鉻醯）將鉻摻入砷化鎵中，形成半絕緣體層。因為這些化合物含有劇毒，而且通常在空氣極易自燃，所以嚴謹的安全預防對MOCVD製程是非常重要的。

圖22是MOCVD反應器的示意圖[16]。通常在成長GaAs時，金屬有機化合物會藉著通氫載氣，通入石英反應管中並與砷化氫混合。使用射頻加熱，把放在石墨承受器上之基板，其上空的氣體加熱到600至800℃以引起化學反應。高溫的裂解反應形成砷化鎵層。使用有機金屬物的優點是，這些原料在適度的低溫下是揮發性的，而且反應爐中並不須使用難以處理的液態鎵和銦。單熱區（single hot zone）和非平衡反應（單向）使MOCVD製程更容易控制。

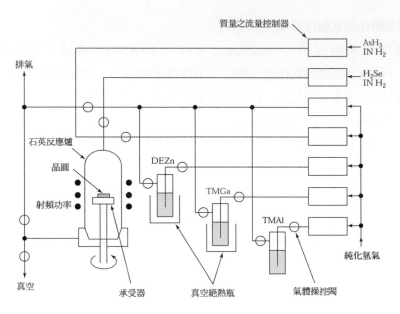

質量之流量控制器

AsH₃
IN H₂

H₂Se
IN H₂

排氣

石英反應爐

晶圓

DEZn

TMGa

射頻功率

TMAl

純化氫氣

真空

承受器　　　真空絕熱瓶　　　氣體操控閥

圖22　垂直的常壓 MOCVD 反應器之圖示[16]。DEZn 為二乙基鋅（$Zn(C_2H_5)_2$），TMGa 為三甲基鎵（$Ga(CH_3)_3$），TMAl 為三甲基鋁（$Al(CH_3)_3$）。

11.5.2　分子束磊晶

分子束磊晶（MBE）[17]乃是在超高真空下（$\sim 10^{-8}$ Pa）[§]，一個或多個熱原子、或熱分子束和晶體表面反應的磊晶製程。MBE能夠非常精確的控制化學組成和摻雜側圖。只有原子層厚度的單晶多層結構可用MBE製作。因此，MBE法可用來精確製造半導體異質結構，其薄膜層可從幾分之一微米到單層原子。一般而言，MBE生長的速率非常慢，對 GaAs通常每小時才長1微米。

[§]　壓力的國際通用單位為巴斯卡（Pa）：1 Pa = 1 N/m^2。然而，還有數種其它的單位被使用著。這些單位的變換如下：
1 atm = 760 mm Hg = 760 Torr = 1.013×10^5 Pa。
對砷化鎵和相關的三五族化合物，諸如 $Al_xGa_{1-x}As$，的 MBE系統示意圖如圖23所示。此系統代表在薄膜沉積控制、潔淨度、和臨場（in-situ，或譯同次）化學特性能力的終極理想。採用熱解氮化硼製作的蒸著爐（effusion oven）用來個別裝填鎵、砷及摻質。所有的蒸著爐全部裝置在一超高真空（$\sim 10^{-8}$Pa）腔中。而每個爐子溫度可調整以得到所要的蒸發率。基板的支撐器不斷的轉動，以得到均勻的磊晶層（如±1%的摻雜變異和±0.5%的厚度變異）。

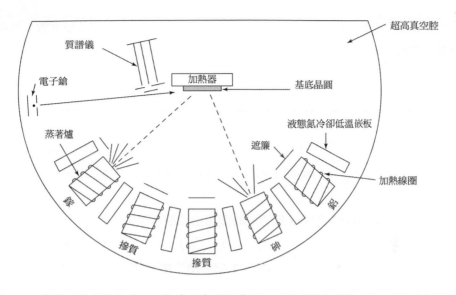

圖23 傳統分子束磊晶（MBE）系統來源和基板的排列（圖片提供：M. B. Panish, Bell Laboratories, Alcatel-Lucebt Co.）。

在成長GaAs時，應保持過壓的的As，因為Ga對GaAs的附著係數（sticking coefficient）為 1；而除非有一已經沉積的Ga層，否則As對GaAs之附著係數為零。對一矽的MBE系統，可用電子鎗來蒸發矽，而一或多個蒸著爐子則給摻質用。蒸著爐就像一個小面積的來源，而且呈現一$\cos\theta$ 的放射角度，而θ是來源和垂直於基板表面方向的夾角。

因為 MBE 使用真空系統中的蒸發方法，而對真空技術有一重要的參數，稱為分子撞擊率（molecular impingement rate），亦即有多少分子在單位時間內撞擊在單位面積的基板上。而撞擊速率ϕ為分子重量、溫度和壓力的函數。此速率之推導請參考附錄 K，其結果可表示為[18]：

$$\phi = P(2\pi mkT)^{-1/2} \tag{26}$$

或

$$\phi = 2.64 \times 10^{20}(\frac{P}{\sqrt{MT}})$$ molecules/cm²-s (26a)

其中P為壓力，其單位為Pa；m為分子質量，其單位為公斤；k為波茲曼常數，其單位為 J/K；T為凱氏溫度，而M為分子重量。所以，在300 K和10^{-4} Pa 的壓力下，對氧（$M = 32$）而言，其撞擊率為2.7×10^{14} molecules/cm^2-s。

範例 3

在300 K，氧分子的直徑為3.64Å，且每單位面積的分子數 N_s 為 7.54×10^{14} cm^{-2}，求在壓力為 1，10^{-4}，和 10^{-8} Pa 時，成長單一層的氧需要多少時間？

解

形成一單層（假設 100% 附著）所需的時間可由撞擊率得到：

$$t = \frac{N_S}{\phi} = \frac{N_s \sqrt{MT}}{2.64 \times 10^{20} P}$$

因此

$$t = 2.8 \times 10^{-4} \approx 0.28 \text{ ms} \qquad 在 \quad 1 \quad \text{Pa}$$
$$= 2.8 \text{ s} \qquad\qquad\qquad 在 \quad 10^{-4} \text{ Pa}$$
$$= 7.7 \text{ hr} \qquad\qquad\quad 在 \quad 10^{-8} \text{ Pa}$$

為避免磊晶層的污染，MBE製程保持在超高真空的情況（~10^{-8} Pa）乃至為重要。

在氣體分子運動期間，它們會與其他分子碰撞。所有分子在各次碰撞期間，其平均行經距離，定義為平均自由徑（mean free path）。它可從簡單的碰撞理論推導而得。一個直徑為d，且移動速度為 υ 的分子，在時間 δt 內將會移動$\upsilon \delta t$之距離，若一個分子的中心位於另一分子中心的距離d內時，此分子將會和另一分子相碰撞。因此，它掃描出（未碰撞）直徑為2d的圓柱體，此圓柱體的體積為：

$$\delta V = \frac{\pi}{4}(2d)^2 \upsilon \, \delta t = \pi d^2 \upsilon \, \delta t \tag{27}$$

因為有n moleculus/cm^3，故一個分子的體積平均值約為1/n cm^3。當體積 δV 等於1/n 時，它平均會含有一個其它原子，因此將發生碰撞。設定 $\tau = \delta t$ 為發生碰撞的平均時間則：

$$\frac{1}{n} = \pi d^2 \upsilon \, \tau \tag{28}$$

而平均自由路徑 λ 為：

$$\lambda = \upsilon \, \tau = \frac{1}{\pi n d^2} = \frac{kT}{\pi P d^2} \tag{29}$$

若用更嚴謹的推導得到：

$$\lambda = \frac{kT}{\sqrt{2}\pi P d^2} \tag{30}$$

且

$$\lambda = \frac{0.66}{P \, (\text{單位 Pa})} \text{公分} \tag{31}$$

對於室溫下的空氣分子（相當於分子直徑為3.7 Å）而言。因此，在壓力為10^{-8} Pa，λ 為660公里。

範例 4

假設一蒸著爐其幾何面積$A = 5$ cm^2，而爐頂至砷化鎵基板間的距離L為10公分，計算當蒸著爐為900 ℃，且充滿砷化鎵時的MBE成長速率。鎵原子的表面密度為6×10^{14} cm^{-2}，且每單層原子的平均厚度為2.8 Å。

解

當加熱砷化鎵時，揮發性的砷先蒸發掉，而留下富含鎵的溶液。因此，我們只須注意圖10標示富含鎵的壓力。在900 ℃時，鎵的壓力是5.5×10^{-2} Pa，而As$_2$的壓力為1.1 Pa。而到達速率（arrival rate）可由撞擊率（式（26a））乘以 $A/\pi L^2$：

$$\text{到達速率} = 2.64 \times 10^{20} \left(\frac{P}{\sqrt{MT}} \right) \left(\frac{A}{\pi L^2} \right) \quad \text{molecules/cm}^2\text{-s}$$

Ga 的分子量M為69.72，As$_2$ 為74.92 × 2，將P、M和T（1173 K）代入上式可得：

$$\text{到達速率} = \, = 8.2 \times 10^{14} / \text{cm}^2\text{-s} \quad \text{對 Ga}$$
$$= 1.1 \times 10^{16} / \text{cm}^2\text{-s} \quad \text{對 As}_2$$

可知砷化鎵的成長速率乃受鎵的到達速率所控制，其成長速率為：

$$\frac{8.2 \times 10^{14} \times 2.8}{6 \times 10^{14}} \approx 3.8 \ \text{Å} / s = 23 \ nm / min$$

值得注意的是此成長速率比氣相磊晶為低。

在MBE系統中，有兩種方法可以用來臨場清潔表面。一為高溫烘焙（baking），可分解俱生氧化層（native oxide），並除去其它因蒸發或擴散而為晶圓所吸附的物種。另一方法是利用惰性氣體的低能離子束去濺鍍清潔（sputter-clean）表面，接著再用低溫退火，重整表面晶格結構。

和CVD與MOCVD相比MBE能夠使用多種摻質，並且能夠精確的控制摻雜側圖。然而，它的摻雜過程和氣相成長過程相類似：一通量（flux）的蒸發摻質原子抵達一有利的晶格位置，並沿著成長的界面合併。要精確控制摻質側圖，可調整摻質通量相對於矽原子通量（對矽磊晶膜而言），或鎵原子通量（對砷化鎵磊晶膜而言）。同時也可用低電流，低能量的離子束來佈植摻質（見第十四章），以摻雜磊晶膜。

對MBE，基板的溫度範圍可從400℃高至900℃；而成長速率範圍則從0.001至0.3 μm/min。由於低溫過程和低成長速率，許多不能從傳統的CVD獲得的獨特摻雜側圖和冶金組成，都可用MBE來製造。許多新奇的結構已可用MBE來製造，包含*超晶格*（*superlattice*）及在第七章討論過的異質場效電晶體。

MBE的更進一步發展是以有機金屬化合物如三甲基鎵（trimethygallium，TMG）或三乙基鎵（triethylegallium，TEG）來替代第三族元素的來源。此方法稱為「有機金屬分子束磊晶（MOMBE）」，也稱為化學束磊晶（chemical beam epitaxy，CBE）。雖然和MOCVD很類似，但被認為是MBE的一個特殊形式。金屬有機物有足夠的揮發性，可直接以離子束的形式進入MBE成長腔中，且在形成光束前不會分解。這些摻質通常以元素形式為來源，如一般以鈹（Be）為*p*型，而矽或錫為*n*型砷化鎵磊晶層的摻質。

11.6 磊晶層的結構和缺陷
11.6.1 晶格匹配及形變層磊晶

對傳統同質磊晶成長，單晶半導體層乃成長在單晶的半導體基板上。此半導體層和基板為相同的材料，有相同的晶格常數。因此同質磊晶是名符其實的晶格匹配磊晶製程。同質磊晶製程提供一控制摻雜側圖的重要方法，使元件和電路特性可以最佳化。例如，相當低摻雜濃度的n型矽層可以磊晶成長在n^+矽基板上，此種結構可大幅降低與基板的串聯電阻。

對異質磊晶而言，磊晶層和基板是兩種不同的半導體，且磊晶層的成長必須維持理想的界面結構。這表示橫過界面的原子鍵結必須連續而不被打斷。因此這兩種半導體或者必須擁有相同的晶格間距，或者可變形去接受一共同間距。此兩種情況分別稱為晶格匹配（lattice-match）磊晶和形變層（strained-layer）磊晶。

圖24a表示基板和薄膜有相同晶格常數的晶格匹配磊晶。一個重要例子是$Al_xGa_{1-x}As$在GaAs基板上的磊晶成長，其中x在0至1之間。$Al_xGa_{1-x}As$和GaAs的晶格常數其不同度只小於0.13％。

對晶格失配的情況，若磊晶層有較大的晶格常數且可彎曲，它將在成長平面被壓縮至符合基板的間距。而彈性力將會強迫它往垂直界面的方向擴大。此種結構型式稱為形變層磊晶，如圖 24b 所示[19]。另一方面，若磊晶層有較小的晶格常數，則它將會在成長的平面擴大，而於垂直界面的方向被壓縮。在上述的形變層磊晶，當其厚度增加時，則拉力或有變形原子鍵的原子總數會增加，且在到達某個厚度後，不適合的的差排會成核，來釋放同質拉力能量。此厚度稱為系統的*臨界層厚度*。圖 24c 表示在界面上有邊緣差排的情況。

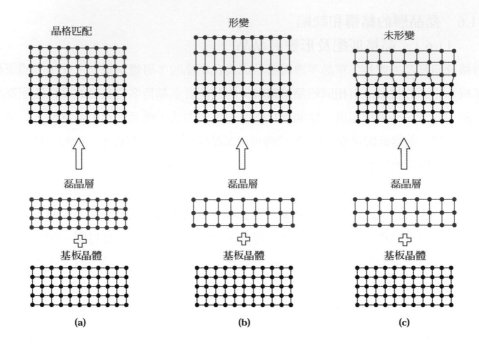

圖24 （a）晶格匹配的，（b）形變的，（c）鬆弛的異質磊晶結構的圖示[19]。同質磊晶的結構和晶格匹配的異質磊晶相同。

　　圖25表示兩種材料系統的臨界層厚度[20]。上曲線是Ge_xSi_{1-x}形變層磊晶成長在矽基板上，而下曲線是在GaAs基板上的$Ga_{1-x}In_xAs$層。例如，對在矽上面的 $Ge_{0.3}Si_{0.7}$，其最大的磊晶厚度約為70 nm。對較厚的薄膜，則邊緣差排將會產生。

　　一個與異質磊晶結構相關的是形變層超晶格（strained-layer superlattice，SLS），超晶格是一種人工製造的一維週期性結構，由不同材料所構成，且其週期約為 10 nm。圖 26 表示一 SLS，由兩種不同的平衡晶格常數之半導體其中 $a_1 > a_2$[17]，而成長出一共同晶格常數 b的結構，其中$a_1 > b > a_2$。如果此層十分的薄，則因為磊晶中均勻的拉力，所以可以承受晶格的不匹配。因此在這種情形下，不會有不適合的差排在界面產生，故可獲得高品質的晶體材料。這些人造結構的材料可以用 MBE 來成長，這些材料提供半導體研究一個新的領域，而且使新型固態元件尤其是應用在高速與光學方面者變為可行。

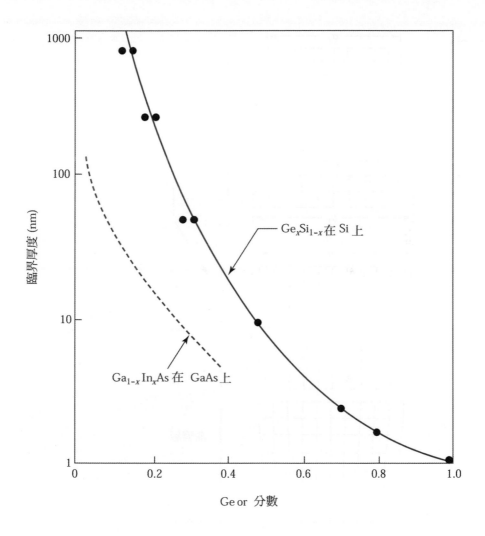

圖25　對無缺陷形變層磊晶（Ge_xSi_{1-x} 在Si上，及$Ga_{1-x}In_xAs$在GaAs基板上）[20]，其臨界層厚度的實驗值。

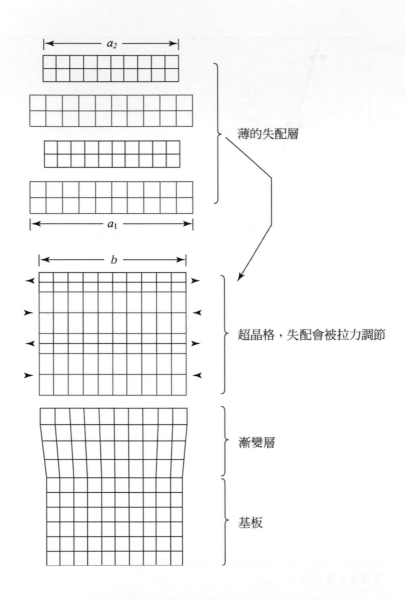

圖26　元素和形變層超晶格形成的圖示[17]。箭頭顯示拉力的方向。

11.6.2 矽基板上的化合物半導體

應力層（strained-layer）、高介電值閘極氧化層（high-k gate oxide）、奈米線（nanowire）、多閘極（multigate）這些技術被用在半導體生產上。為了繼續發展積體電路工業，異質磊晶技術再近幾年被提升發展。在III-V族化合物半導體（GaAs、InP）中其優越的特性（高電子遷移率、大的能隙），使異質磊晶這些化合物在矽基板上受到重視，此外異質磊晶技術能提供低的消耗（lower cost）、高機械強度（mechanical strength）、更好的熱導率（thermal conductivity）、大晶圓面積、可能的單片整合在光電元件中。

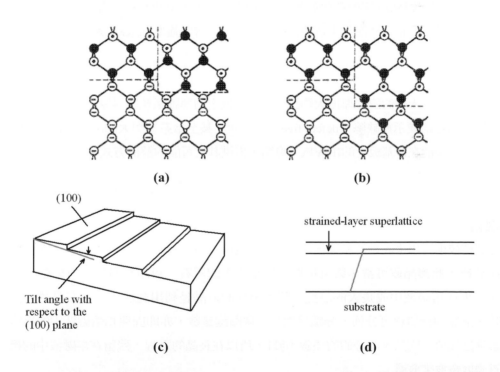

圖27　(a)單晶階層極性半導體傾向形成反向區域（APD）當成長在非極性半導體上，(b)雙階層消除反向區域（APD），(c)傾斜基板產生高原去減少差排，(d)強的應力場彎曲產生晶格不匹配差排。

異質磊晶製程上有主要三個問題[21]：(1)反向區（APD）在極性半導體中成長在非極性半導體上如圖27a，(2)高差排密度在大晶格不匹配裡（GaAs/Si 4%、InP/Si 8%），(3)在升溫和降溫時由於高熱膨脹係數不匹配產生裂化（cracking）、弓型（bowing）、彎曲（bending）。有許多技術來消除或最小化這些問題，最普遍的方式為傾斜基板（tilted substrate）和假（應力層）超級晶格緩衝層。傾斜基板可以產生雙階層減少反向區如圖27b。GaAs/Si 4% 晶格不匹配表示每25個原子平面產生一個差排。一個適合的基板傾斜角度可以產生寬度小於25個原子的高原，在基板表面如圖27c且能減少晶格不匹配所產生的差排。假超級晶格緩衝層能提供應力場去彎曲差排，且防止它傳到元件的主動區如圖27d 。然而沒有有效率的方式去避免熱膨脹係數不匹配。雖然冷卻所產生的應力不夠產生差排，但重覆的熱循環可能產生弓型、彎曲甚至裂化。然而，由這些技術已獲得高品質增強型$In_{0.7}Ga_{0.3}As$量子井電晶體在矽基板上[22]。

最近，奈米線的臨界厚度大約比在相同基板上的薄膜系統臨界厚度大10倍[23]。奈米線異質結構顯示無缺陷（defect-free）的介面，甚至當系統與大的晶格不匹配的時候，這方法能在矽基板上的III-V族半導體，提供其它可能的解決方式。

總結

有數種技術可用來成長矽和砷化鎵的單晶。對矽晶體，我們可用矽砂（SiO_2）來產生複晶矽，此複晶矽可當作柴可拉斯基拉晶儀中的原料。可用具有所欲方向的矽晶種，來從熔融液中成長大的晶錠。超過90%的矽晶是利用此法製成。在晶體成長時，晶體的摻質會再分佈。分離係數是一個關鍵參數，亦即固態和熔融液中的摻質濃度之比值。因為大部分的的係數小於1，所以在長晶的過程，殘留在熔融液中的摻質濃度會愈來愈濃。

另一種矽成長技術為浮帶製程。它提供比柴可拉斯基法所得到的還低的污染。而浮帶晶體主要用在高功率、高電壓的元件，這些元件都需要高電阻係數的材料。

要製造GaAs，我們通常使用化性上很純的鎵和砷當起始材料，來合成複晶GaAs。單晶的GaAs也可用柴可拉斯基法成長。然而，需要液態的封裝（如B_2O_3）來防止GaAs在成長溫度分解。另一種技術是布理吉曼製程，它使用一雙區爐管，來逐漸固化熔融液。

晶體成長後，通常會經歷晶圓成型的操作，最後獲得具有特定直徑、厚度和表面方向的高度拋光晶圓。例如，用於MOSFET生產線的300 mm矽晶圓，應有300 ± 1 mm的直徑，0.765 ± 0.01 mm的厚度和（100）± 1°的表面方向。直徑大於300 mm 的晶圓是為未來的積體電路而製造，它們的規格列於表3。

一個實際的晶體會有缺陷而影響半導體的電性、機械和光學性質。這些缺陷分為點缺陷，線缺陷，面缺陷和體缺陷。我們也討論了降低這些缺陷的方法。對要求更嚴的ULSI應用，其錯位密度必須每平方公分小於1。其它的重要要求列於表4。

另一個和晶體成長密切相關的技術是磊晶製程。在此製程的基板晶圓即為晶種。高品質的單晶薄膜可在低於熔點30至50％的溫度成長。磊晶成長的最常見技術為化學氣相沉積（CVD）、有機金屬化學氣相沉積（MOCVD）和分子束磊晶（MBE）。CVD 和MOCVD屬於化學沉積製程、氣體和摻質以蒸汽的型式，傳送到基板上，在基板上產生化學反應，而造成磊晶層的沉積。CVD是使用無機化合物，而MOCVD則使用有機金屬化合物。在另方面，MBE屬於一種物理沉積製程，它是在超高真空系統下，將物種蒸發。因為它為一種低成長率的低溫製程，故MBE可用來成長尺寸為原子層等級的單晶多層結構。

除了傳統的同質磊晶，如n^+矽基板上的n型矽之外，我們也討論包含晶格匹配和形變層結構的異質磊晶。對形變層磊晶，它有一個臨界厚度，一旦大於臨界厚度，會有邊緣差排成核來舒緩形變能量。

異質磊晶和III-V族化合物於矽基板上一直在積體電路工業上被發展，不同的方法被提出來最小化或解決問題，但它們並沒有完全解決問題。奈米線異質結構顯示無缺陷（defect-free）的介面，甚至當系統與大的晶格不匹配的時候，這方法能在矽基板上的III-V族半導體，提供其它可能的解決方式。

參考文獻

1. R. Doering and Y. Nishi, "Handbook of Semiconductor Manufacturing Technologyn," 2nd Ed., CRC Press, FL. 2008.

2. T. Abe, " Silicon Crystals for Giga-Bit Scale Integration," *In T. S. Moss. Ed., Handbook on Semiconductors*, Vol. 3, Elsevier Science B. V., Amsterdam, New York, 1994.

3. W. R. Runyan, *Silicon Semiconductor Technology*, McGraw-Hill/New York, 1965.

4. W. G. Pfann, *Zone Melting*, 2nd Ed., Wiley, New York, 1966.

5. E. W. Hass and M. S. Schnoller, "Phosphorus Doping of Silicon by Means of Neutron Irradiation," *IEEE Trans. Electron Devices*, ED-23, 803 (1976).

6. M. Hansen, *Constitution of Binary Alloys*, McGraw-Hill, New York, 1958.

7. S. K. Ghandhi, *VLSI Fabrication Principles*, Wiley, New York, 1983.

8. J. R. Arthur, "Vapor Pressures and Phase Equilibria in the GaAs System," *J. Phys. Chem. Solids*, 28, 2257 (1967).

9. B. El-Kareh, *Fundamentals of Semiconductor Processing Technology*, Kluwer Academic, Boston, 1995.

10. C. A. Wert and R. M. Thomson, *Physics of Solids*, McGraw-Hill, New York, 1964.

11. (a) F. A. Trumbore, "Solid Solubilities of Impurity Elements in Germanium and Silicon," Bell Syst. Tech. J., 39, 205 (1960); (b) R. Hull, Properties of Crystalline Silicon, INSPEC, London, 1999.

12. Y. Matsushita, "Trend of Silicon Substrate Technologies for 0.25 µm Devices," *Proc. VLSI Technol. Workshop*, Honolulu, (1996).

13. The International Technology Roadmap for Semiconductors, Semiconductor Industry Association, San Jose, CA, 1999.

14. A. S. Grove, Physics and Technology of Semiconductor Devices, Wiley, New York, 1967.

15. R. Reif, T. I. Kamins, and K. C. Saraswat, "A Model for Dopant Incorporation into Growing Silicon Epitaxial Films," *J. Electrochem. Soc.*, 126, 644, 653 (1979).

16. R. D Dupuis, Science, "Metalorganic Chemical Vapor Deposition of III-V Semiconductors, " 226, p.623 (1984).

17. M. A. Herman and H. Sitter, Molecular Beam Epitaxy, Springer-Verlag, Berlin, 1996.

18. A. Roth, Vacuum Technology, North-Holland, Amsterdam, 1976.

19. M. Ohring, The Materials Science of Thin Films, Academic, New York, 1992.

20. J. C. Bean, "The Growth of Novel Silicon Materials," *Physics Today*, 39, 10, 36 (1986).

21. S. F. Fang, K. Adomi, S. Iyer, H. Morkoc, and H. Zable, "Gallium arsenide and other compound semiconductor on silicon," *J. Appl. Phys.*, 68, R3

22. M. K. Hudait et al., "Heterogeneous integration of enhancement mode In0.7Ga0.3As quantum well transistor on silicon substrate using thin(2 µm) composite buffer architecture for high-speed and low-voltage(0.5V) logic application, " *IEMD Tech. Dig.*, 625, 2007.

23. E. Ertekin, P. A. Greaney, and D. C. Chrzan, "Equilibrium limits of coherency in strained nanowire heterostructures," *J. Appl. Phys.*, 97, 11, 114 325(2005)

習題（*指較難習題）

11.1 節　從熔融液之矽晶成長

1. 畫出在一50公分長的矽晶錠，距離晶種10、20、30、40 及45公分距離時砷的摻雜分佈，此矽晶錠中從熔融液中拉出，其初始的摻雜濃度為10^{17} cm^{-3}。

2. 矽晶錠由柴可拉斯基法生長。坩鍋中含10kg的矽，加入1毫克的硼（原子重10.8 grams/mol），熔融態的矽密度為2.53 g/cm^3，且硼的黏滯係數，試求（a）熔融態的硼起始濃度，（b）參雜濃度在成長的矽晶體當50%熔融態已被用完。

3. 假設有10公斤的純矽熔融液，當硼摻雜的矽晶錠成長到一半時，需要加多少總數的硼去摻雜，才能得到電阻係數為 0.01 Ω-cm 的硼摻雜矽？

4. 一直徑200 mm，1 mm厚的矽晶圓，含有5.41 mg的硼均勻分佈在替代位置上，求出：（a）硼的濃度為多少 atoms/cm^3？且（b）硼原子間的平均距離？

5. 在柴可拉斯基法熔融時參雜硼10^{17} atoms/cc 和磷8×10^{16} atoms/cc 。試問會產生 *p-n*接面嗎？請定性的說明。

6. 柴可拉斯基法中，在$k_0 = 0.05$時，畫出C_s / C_0 值的曲線。

7. 用於柴可拉斯基製程的晶種，通常先緊縮為一小直徑（5.5 mm），以作為無差排成長的開始。如果矽的臨界屈伸強度為2×10^6 g/cm^2，試計算此晶種可以支撐的200 mm直徑矽晶錠之最大長度。

8. 以柴可拉斯基法所成長的晶體摻雜硼，為何在尾端晶體的硼的濃度會比晶種端的濃度高呢？

9. 為何晶圓中心的雜質濃度會比晶圓周圍的高呢？

11.2 節　矽的浮帶製程

10. 利用浮帶法來純化一含有均勻鎵濃度5×10^{16} cm^{-3} 的矽晶錠。作了一次通過，其熔融區長度為2cm，試問超過多少距離會使鎵的濃度會低於5×10^{15} cm^{-3} ？

11. 從式（18），求在 $x / L = 1$和2，且$k_e = 0.3$的C_s / C_0 之值？

12. 浮帶法通過熔融區產生的純矽晶錠包含硼2×10^{16} cm^{-3}，假如產生鎵低於5×10^{15} cm^{-3} 通過兩倍熔融區,試問等效粘滯係數k_e。

11.3 節　砷化鎵晶體成長技術

13. 從圖9，若$C_m = 20\%$，在T_b時，還剩下多少比例的液體？

14. 從圖10，解釋為何 GaAs液體總會變成富含鎵呢？

11.4 節　材料特性

15. 缺位n_s的平衡密度為$Nexp(-E_s/kT)$，其中N為半導體原子的密度，而E_s為形成能量。計算矽在 27℃，900℃ 和1200℃時的n_s，假設$E_s = 2.3$ eV。

16. 在直徑為300 mm的晶圓上，可以置放多少面積為400 mm² 的晶方？解釋你對晶方形狀的假設和在周圍有多少閒置面積？

17. 假設弗朗哥型式缺陷的形成能量（E_f）為1.1 eV，估計在27℃ 及900℃的缺陷密度。弗朗哥型式缺陷的平衡密度是 $n_f = \sqrt{NN'}\,e^{-E_f/2kT}$，其中$N$為矽的原子的密度（ cm⁻³ ），而 N' 為可用的間隙位置密度（ cm⁻³ ），且可表示為 $N' = 1 \times 10^{27} e^{-3.8(eV)/kT} cm^{-3}$。

11.5節　磊晶成長技術

*18. 求在300 K時，空氣的平均分子速度（空氣分子量為 29）。

19. 沉積腔中蒸著源和晶圓的距離為15公分，估算當此距離為蒸著源分子之平均自由徑的10%時，系統氣壓為何？

20. 求在300K時，形成單層矽在10^{-4} Pa壓力下為5小時，假如$N_S = 1.173 \times 10^{15} cm^{-2}$ ，假設M = 28.0855。試求黏滯係數。

*21. 求在緊密堆積（亦即每個原子和其他六個鄰近原子相接觸）的情況下，形成單原子層所需的每單位面積原子數N_s為若干？假設原子直徑d為4.68 Å。

*22. 假設一蒸著爐幾何形狀為$A = 5$ cm²及$L = 12$ cm。（a）計算在970 ℃下裝滿砷化鎵的蒸著爐中，鎵的到達速率和MBE的成長速率；（b）利用同樣幾何形狀，且操作在700℃，用錫做的蒸著爐來成長，試計算摻雜濃度（假設錫原子會完全併入以前述速率成長的砷化鎵），錫的分子量為118.69；而在700℃時，錫的壓力為2.66×10^{-6} Pa。

11.6節 磊晶層的結構和缺陷

23. 如果最後薄膜的厚度是10 nm，求銦的最大百分比，亦即成長在砷化鎵基板上而且並無任何錯配的差排形成之 $Ga_xIn_{1-x}As$ 薄膜之 x 值。

24. 晶格的錯配，f，定義為 $f \equiv [\ a_0(s) - a_0(f)\ ]\ /\ a_0(f) = \Delta a_0/a_0$，$a_0(s)$ 和 $a_0(f)$ 分別為基板和薄膜在未形變時的晶格常數。求出在InAs-GaAs和Ge-Si系統的 f 值。

第十二章 薄膜形成

12.1　**熱氧化**

12.2　**介電質之化學氣相沉積**

12.3　**複晶矽之化學氣相沉積**

12.4　**原子層沉積**

12.5　**金屬化製程**

總結

為製作分立元件與積體電路,我們使用很多不同種類的薄膜。我們將薄膜分為四類:熱氧化層、介電層、複晶矽及金屬膜等。圖 1 為傳統 *n* 型通道的金氧半場效電晶體(MOSFET,metal-oxide-semiconductor field-effect transistor)之示意圖,使用了這四種薄膜。在熱氧化層中,最首要的是閘極氧化層(gate oxide),其下方為源/汲極間的導通通道。另一相關的為場氧化層(field oxide),是用來隔離其他元件。一般閘極氧化層與場氧化層均是由熱氧化(thermal oxidation)步驟成長,因為只有經由熱氧化的方式,才可提供具有最低界面陷阱密度(interface trap density)的最高品質氧化層。

　　如二氧化矽(silicon dioxide)與氮化矽的介電層是用來隔離導電層,作為擴散(diffusion)及離子佈植(ion implantation)的遮罩(mask)、覆蓋摻雜膜以避免摻質(dopant)損失及用來護佈(passivation)以保護元件,以免於雜質、水氣及刮傷的傷害。複晶矽(polycrystalline silicon,通稱 polysilicon)用來作為 MOS 元件之閘極電極材質,或多層金屬鍍膜(metallization)的導通材料,以及淺接面(shallow junction)元件的接觸材料。如銅(copper)及矽化物(silicide)的金屬膜,可用來形成低電阻值的內連線(interconnection)、歐姆接觸(ohmic contact)及整流金半能障。

　　具體而言,本章包括了以下幾個主題:

● 電流密度方程式和它的漂移與擴散組成。

● 以熱氧化過程成長二氧化矽(SiO_2)。

● 化學氣相沉積技術形成介電質與複晶矽的薄膜。

● 金屬鍍膜與相關的全面平坦化（global planarization）。

● 原子層沉積形成薄膜大約略為單層。

● 這些薄膜的特性與其在積體電路製程的相容性。

12.1 熱氧化

半導體可經由多種方式氧化，包括熱氧化、電化學陽極氧化（electrochemical anodization）與電漿反應等方法。對矽元件而言，熱氧化顯然是這些方法中最重要的，其為現代矽積體電路（integrated circuit）技術的重要製程。然而，對砷化鎵而言，一般熱氧化產生的是非化學比例的薄膜，這種氧化膜提供劣質的電性絕緣與半導體的表面保護層，因此這些氧化物很少應用於砷化鎵技術中。所以，在本節中我們將專注於矽的熱氧化。

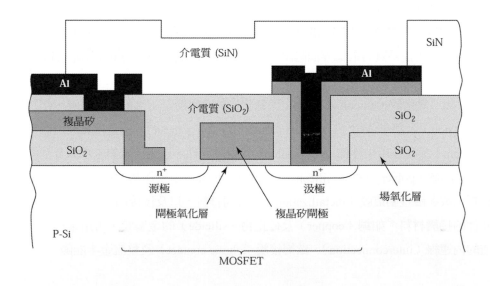

圖 1 MOSFET 的剖面示意圖。

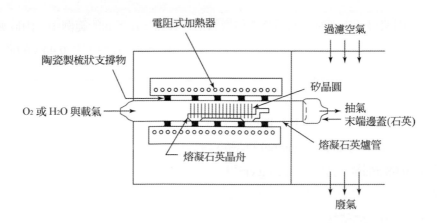

圖 2   電阻式加熱氧化爐管的剖面示意圖。

　　基本的熱氧化裝置如圖 2 所示[1]。反應爐是由下列組件所構成：電阻加熱式的熔爐、圓柱型熔凝石英管（fused-quartz tube）、石英管內有溝槽可垂直放置矽晶圓之石英晶舟（quartz boat），包括純乾氧（oxygen）或純水蒸氣之氣體源。爐管載入端突出於具有垂直流向過濾氣流的護罩中。氣流的方向如同圖 2 箭頭方向所示。護罩的目的在減少晶圓周圍空氣中塵埃及粒子，以及減少晶圓置入時的污染。一般氧化的溫度均在 900℃到 1200℃之間，典型的氣體流量大約 1 公升/分鐘（liter/min）。氧化系統以微處理器來調節氣流的程序，控制矽晶圓自動載入及移出，以及由低溫升到氧化步驟的溫度（線性增加爐管的溫度），使晶圓不會因溫度驟然改變而變形；氧化的溫度應保持在±1℃的範圍內，並且當氧化步驟結束時，將爐管溫度降下來。

12.1.1   成長的機制

下列為矽在氧氣或水蒸氣的環境下，進行熱氧化的化學反應式：

$$\text{Si（固態）} + \text{O}_2\text{（氣態）} \longrightarrow \text{SiO}_2\text{（固態）} \tag{1}$$

$$\text{Si（固態）} + 2\text{H}_2\text{O（氣態）} \longrightarrow \text{SiO}_2\text{（固態）} + 2\text{H}_2\text{（氣態）} \tag{2}$$

在氧化的過程中，矽與二氧化矽的界面會往矽內部移動。這將形成一個嶄新的界面，而使得矽表面原有的污染物移到氧化層表面。在下面的範例中，由矽與二氧化矽的密度與分子量，可求出成長厚度為 x 的氧化層，需消耗厚度為 $0.44\,x$ 的矽（圖 3）。

範例 1

假設有一經熱氧化方式成長，厚度為 x 的二氧化矽層，將要消耗多少矽？矽（Si）的原子量是 28.9 公克/莫耳（g/mol），密度為 2.33 公克/立方公分（g/cm³）；SiO₂ 的分子量是 60.08 g/mol，密度為 2.21 g/cm³。

解

1 莫耳矽所佔體積為：

$$\frac{\text{Si 的原子量}}{\text{Si 的密度}} = \frac{28.9\ \text{g/mole}}{2.33\ \text{g/cm}^3} = 12.06\ \text{cm}^3/\text{mole}$$

1 莫耳二氧化矽所佔體積：

$$\frac{\text{SiO}_2\ \text{分子量}}{\text{SiO}_2\ \text{密度}} = \frac{60.08\ \text{g/mole}}{2.21\ \text{g/cm}^3} = 27.18\ \text{cm}^3/\text{mole}$$

因為 1 莫耳矽轉換成 1 莫耳二氧化矽，故

$$\frac{\text{Si 厚度} \times \text{面積}}{\text{SiO}_2\ \text{厚度} \times \text{面積}} = \frac{1 \text{莫耳 Si 的體積}}{1 \text{莫耳 SiO}_2\ \text{的體積}}$$

$$\boxed{\frac{\text{Si 厚度}}{\text{SiO}_2\ \text{厚度}} = \frac{12.06}{27.18} = 0.44}$$

故矽的厚度 $= 0.44$（SiO₂ 的厚度）

舉例而言，成長一厚度為 100 nm 的二氧化矽，需消耗 44 nm 厚的矽。

經由熱氧化成長的二氧化矽之基本結構單元，如圖 4a 所示，是一個矽原子被四個氧原子圍成的四面體[1]。矽與氧原子之核與核間距為 1.6 Å，兩個氧原子之核與核間距為 2.27 Å。這些四面體彼此經由角落的氧原子，以各種不同的方式相互連接，形成不同相位或結構的二氧化矽（或稱為矽土，或譯矽石）。矽土有多種結晶型態（例如：

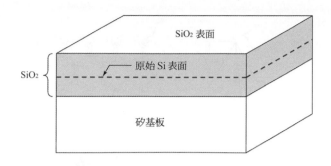

圖 3　以熱氧化成長二氧化矽。

石英）及非晶（amorphous）型態。當矽被熱氧化，所形成的二氧化矽為非晶型態。典型的非晶矽土的密度為 2.21 g/cm^3，而石英則為 2.65 g/cm^3。

結晶與非晶型態的基本差異，在於前者具有週期性規律的結構，可延伸到許多分子間，而後者則不具任何週期性的結構。圖 4b 是由六個矽原子所構成環狀的石英晶體結構之二維示意圖。而圖 4c 則為對照下非晶結構的二維示意圖。在非晶結構中，仍可見到六個矽原子形成其特徵環狀的趨勢。注意圖 4c 所示的非晶結構相當寬鬆，因為只有 43% 的空間被二氧化矽分子所佔據。如此寬鬆的結構造成低密度，並容許各種雜質（例如：鈉離子）進入並在其中迅速擴散。

矽之熱氧化機制可以使用簡單模型探討，如圖 5 所示[2]。矽晶圓與氧化劑（氧或水蒸氣）接觸，使這些氧化劑的表面濃度為 C_0 分子／立方公分（molecules/cm^3），C_0 的大小等於在氧化溫度時氧化劑本體的平衡濃度。平衡時的濃度一般與氧化層表面的氧化劑分壓成比例。在 1000℃ 及 1 大氣壓下，對乾氧而言，濃度 C_0 為 5.2 × 10^{16} molecules/cm^3；對水蒸氣而言則為 3 × 10^{19} molecules/cm^3。

氧化劑擴散穿透過二氧化矽層使得矽表面的濃度為 C_s。通量 F_1 可寫成

$$F_1 = D\frac{dC}{dx} \cong \frac{D(C_0 - C_s)}{x} \tag{3}$$

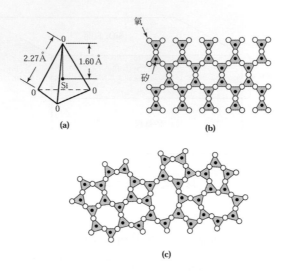

圖4　（a）二氧化矽的基本結構單元，（b）以二維空間表示石英晶體晶格，
　　　（c）以二維空間表示非結晶結構之二氧化矽[1]。

其中 D 為氧化劑的擴散係數（diffusion coefficient），x 為已成長之氧化層（oxide layer）
厚度。

　　在矽的表面，氧化劑與矽進行化學反應。假設其反應速率與矽表面氧化劑濃度
成正比。則通量 F_2 可寫為

$$F_2 = \kappa C_S \tag{4}$$

其中，κ 為氧化時表面反應速率常數。在穩態時，$F_1 = F_2 = F$。將式（3）與式（4）
組合，可得

$$F = \frac{DC_0}{x + (D/\kappa)} \tag{5}$$

氧化劑與矽進行反應形成二氧化矽。在此令 C_1 為每單位體積二氧化矽的氧化劑分子
數。在氧化層中，有 2.2×10^{22} molecules/cm³ 的二氧化矽，進行氧化反應時，要獲得
一個二氧化矽分子，在乾氧的環境中需加一個氧分子，而在水蒸氣的環境中需加兩個

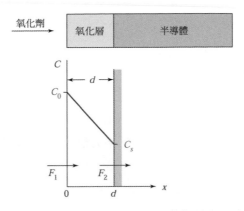

圖 5　矽熱氧化的基本模式[2]。

水分子。因此，乾氧法氧化的 C_1 為 2.2×10^{22} cm^{-3}，濕氧環境下為其 2 倍（4.4×10^{22} cm^{-3}），故氧化層厚度的成長速率為

$$\frac{dx}{dt} = \frac{F}{C_1} = \frac{DC_0 / C_1}{x + (D/\kappa)}$$

(6)

我們可以代入初始條件 $x(0) = d_0$，解出此微分方程式。其中 d_0 為初始氧化層厚度，d_0 也可被視為先前氧化步驟所成長的氧化層厚度。解式（6）可得矽氧化之一般關係式

$$x^2 + \frac{2D}{\kappa}x = \frac{2DC_0}{C_1}(t + \tau)$$

(7)

式中 $\tau \equiv (d_0^2 + 2Dd_0/\kappa)C_1/2DC_0$，代表用來解釋初始氧化層 d_0 的時間座標軸上之偏移。

　　經氧化時間 t 後，氧化厚度為

$$x = \frac{D}{\kappa}\left[\sqrt{1 + \frac{2C_0\kappa^2(t+\tau)}{DC_1}} - 1\right]$$

(8)

當時間很短時，式（8）簡化為

$$x \cong \frac{C_0\kappa}{C_1}(t + \tau)$$

(9)

當時間很長時，其簡化為

$$x \cong \sqrt{\frac{2DC_0}{C_1}(t+\tau)} \tag{10}$$

在氧化成長初期，表面反應為速率限制因子，氧化層厚度與時間成正比。當氧化層變厚，氧化劑必須擴散穿過氧化層至矽與二氧化矽的界面才可反應，故反應受限於擴散速率，因此氧化成長厚度變成與氧化時間的平方根成正比，故得到一拋物線型成長速率。

　　通常式（7）可寫成更精簡的形式

$$x^2 + Ax = B\,(t+\tau) \tag{11}$$

式中 $A = 2D/\kappa$，$B = 2DC_0/C_1$，而 $B/A = \kappa C_0/C_1$。藉由此關係式，式（9）與（10）可寫為線性區

$$x = \frac{B}{A}\,(t+\tau) \tag{12}$$

拋物線區

$$x^2 = B\,(t+\tau) \tag{13}$$

基於這個原因，B/A 項可視為直線型速率常數（linear rate constant），而 B 可視為拋物線型速率常數（parabolic rate constant）。在很寬廣的氧化條件下，實驗量測結果與模型預測相吻合。進行濕式氧化時，初始的氧化層厚度 d_0 很小，亦即 $\tau \cong 0$。然而，對乾式氧化，經由 d_0 的外插，可得 $t = 0$ 時，厚度約為 20 nm。

　　圖 6 可見(111)-及(100)-方向之矽晶圓經乾、濕式氧化步驟，其直線型速率常數 B/A 與溫度間之關係[2]。在乾、濕式氧化下，直線型速率常數將隨 $\exp(-E_a/kT)$ 變動，其中 E_a 為乾式與濕式氧化的活化能（activation energy）約為 2eV。此值與打斷矽－矽鍵所需能量 1.83 電子伏特／分子（eV/molecule）相當符合。在一給定的氧化條件下，直線型速率常數與晶體方向有關。這是因為直線型速率常數與矽、氧原子間的結合率

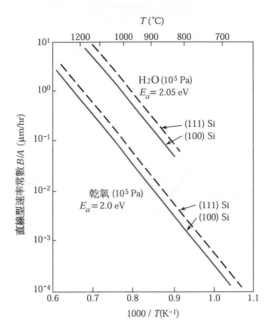

圖 6　直線型速率常數隨溫度變化的情形[2]。

有關，而直線型速率常數又取決於矽原子的表面鍵結結構，故該常數會隨晶體方向而異。由於 (111)-平面，可鍵結的密度高於 (100)-平面，因此 (111)-矽之直線型速率常數較大。

　　圖 7 為拋物線型速率常數 B 與溫度之關係。其亦可以 $\exp(-E_a/kT)$ 表示。乾式氧化的活化能 E_a 為 1.24 eV，與氧在熔凝矽土（fused silica）內的擴散活化能（1.18 eV）符合。在濕氧下，相對應的值為 0.71 eV，與水在熔凝矽土內擴散之活化能（0.79 eV）相當符合。拋物線型速率常數與晶體方向無關。此結果乃在預料之中，因為其值僅與氧化劑擴散穿過一層雜亂排列之非晶型矽土之速率有關。

　　雖然在乾氧下成長之氧化層有最佳的電性表現，但其氧化時間相較於相同溫度下、相同厚度之濕氧成長法為久。對於薄氧化層，例如 MOSFET 之閘極氧化層（gate oxide，一般 $\leq$ 20nm），採用乾式氧化。然而，在 MOS 積體電路與雙極性元件中，較

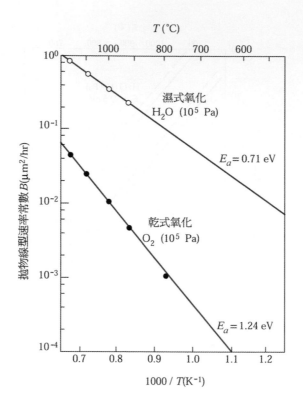

圖 7　拋物線型速率常數隨溫度變化的情形 [2]

厚的氧化層，例如場氧化層（≥ 20 nm），則採水蒸氣（或蒸氣（steam））方式，以獲得適當的隔離與護佈效果。

　　圖 8 為兩種基板方向二氧化矽厚度實驗值與氧化時間及溫度之關係[3]。在一給定之氧化狀態下，（111）-基板之氧化層厚度較（100）-基板為厚，因為（111）-方向之直線型速率常數較大所致。值得注意的是，對一給定之溫度與時間，以濕氧成長之氧化層厚度約為乾氧成長的 5 至 10 倍。

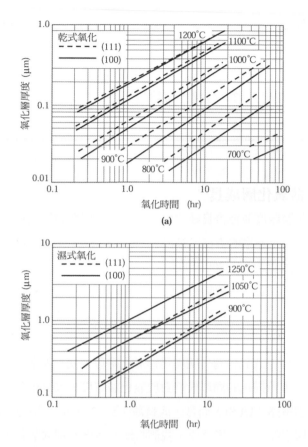

圖 8　兩種基板方向之二氧化矽厚度實驗值與反應時間及溫度變化的
　　　關係：（a）乾氧法，（b）濕氧法[3]。

範例 2

使用圖 8，決定 SiO_2 層成長在一個(100)裸露的矽晶片上的厚度在依序以下三個連續的步驟：(a) 60 分鐘，1200℃，乾氧法，(b) 18 分鐘，900℃，濕氣法，(b) 30 分鐘，1050℃，濕氣法。

解

(a) 自從我們開始在裸露的矽晶片上成長薄膜，我們能直接地使用圖 8a，我們找到 0.18μm 或 180nm 的值。

(b) 使用 0.18μm 當作一個起始點在圖 8b 上，我們找到 0.7 小時或 42 分鐘為我們已經成長的相等厚度，我們增加另外 18 分鐘，使總時間為 60 分鐘。圖 8b 顯示總氧化厚度為 0.22μm。

(c) 使用 0.22μm 當作一個起始點在圖 8b 上，我們找到 15 分鐘為我們已經成長的相等厚度，我們增加另外 30 分鐘，使總時間為 45 分鐘。圖 8b 顯示總氧化厚度為 0.48μm。

12.1.2　薄氧化層成長

為精確控制薄氧化層厚度並獲得良好的再現性，採用較慢的氧化速率常數是必要的。有多種可得到較慢氧化速率的方法已被發表。對 10-15 nm 厚的閘極氧化層最主流的方法為，在常壓下以較低溫度（800–900℃）成長。這種方法搭配現代化*垂直氧化爐管*（vertical oxidation furnace），可成長厚度為 10 nm，且晶圓上各點誤差僅在 0.1 nm 範圍之內，具高品質且可重複再現性的薄氧化層。

我們稍早曾提到乾式氧化有一明顯迅速氧化階段，使初始氧化層厚度 d_0 約為 20 nm。因此 12.1.1 節中所描述的簡單模型對於氧化層厚度 ≦20 nm 之乾氧法而言並不適當。對極大型積體電路（ULSI）而言，成長薄（5～20 nm）、均勻、高品質，且具再現性的閘極氧化層之能力已益形重要。我們將扼要考慮此種薄氧化層之成長機制。

乾式氧化成長的初始階段，氧化層中壓縮應力相當大，使得氧化層中氧之擴散係數變小。當氧化層變厚，由於矽土的黏滯性流動，應力將降低，使擴散係數接近於無應力時之值。是故，對薄氧化層而言，D/κ 值非常小，我們可忽略式（11）中的 Ax 項，得到

$$x^2 - d_0{}^2 = Bt \tag{14}$$

其中 d_0 等於 $\sqrt{2DC_0\tau/C_1}$ ，為時間外插至零時的初始氧化層厚度；B 為先前定義的拋物線型速率常數。因此我們預期在乾氧成長初期為拋物線型。

12.2 介電質之化學氣相沉積

沉積介電薄膜主要用於分立元件與積體電路的隔離與護佈。至於該使用何種沉積方式，則以基板溫度、沉積速率、薄膜均勻度、外觀型態、電性、機械性質、介電薄膜之化學組成等作為考慮因素。

12.2.1 化學氣相沉積

化學氣相沉積（CVD）為最有益的方法在半導體元件製作中廣泛應用在薄膜沉積。CVD被使用在沉積，如複晶矽作為閘極傳導，矽玻璃、摻雜矽玻璃比如硼磷矽玻璃（BPSG）與磷矽玻璃（PSG），氮化矽當作介電質薄膜，而鎢、矽化鎢與氮化鈦當作傳導薄膜。其它新出現的介電質像是高介電常數的材料（如：矽酸鉛）、低介電常數的材料（如：碳摻雜在矽酸玻璃中）與導體（銅屏障／氮化鉭、銅、釕）也能藉由 CVD 沉積。

有三種常用的沉積方式：常壓化學氣相沉積（atmospheric-pressure chemical vapor deposition，APCVD）、低壓化學氣相沉積（low-pressure chemical vapor deposition，LPCVD）及電漿增強式化學氣相沉積（plasma-enhanced chemical vapor deposition，PECVD，或簡稱電漿沉積）。常壓 CVD 的反應爐與圖 2 相似，唯一區別為通入氣體的不同。LPCVD 在低於大氣壓下進行 CVD 操作。減少壓力能減少不必要的氣相反應和改善整個晶片薄膜的均勻度。然而它受到低沉積速率之苦。在圖 9a 之熱壁（hot wall）低壓反應爐，係以三區段熔爐來加熱石英管，氣體由一端通入，由另一端抽出。而半導體晶圓垂直置於有溝槽的石英晶舟內 [4]。由於石英管與熔爐緊鄰，故管壁是熱的，有異於冷壁反應爐（cold-wall reactor），例如利用射頻（radio frequency，rf）加熱之水平磊晶反應器。熱壁反應爐或冷壁反應爐的選擇將依靠是否為放熱反應或吸熱反應。對於放熱反應，沉積速率隨著溫度增加而減少，這些過程需要熱壁反應爐。然而在冷壁反應爐，沉積將發生在冷卻器的反應爐壁上。因此為了吸熱反應而使用冷壁反應爐，使基板上的沉積速率隨著溫度增加而增加。

PECVD 係利用能量增強 CVD 反應，故除了一般 CVD 系統之熱能外，另加電漿能量。圖 9b 為平行板輻射流 PECVD 反應爐。其反應爐內係由圓柱型玻璃或鋁腔

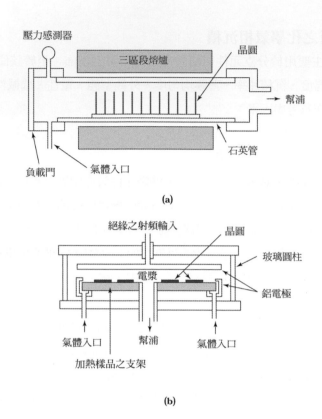

圖 9　化學氣相沉積反應爐之示意圖：（a）熱壁低壓式反應爐，
（b）平行板電漿沉積反應爐[4]。

（aluminum chamber）構成，並以鋁板封死。內部為兩平行之鋁電極，上電極接射頻
電壓，而下電極接地。兩電極間之射頻電壓將產生電漿放電。晶圓置於下電極，以電
阻式加熱器加熱至 $100° \sim 400°C$ 間。反應氣體經由下電極周圍之氣孔流入反應爐內。
此反應系統最大的優點為低沉積溫度，但其容量有限，尤其是對大尺寸晶圓，而且若
有鬆動的沉積層落於晶圓上時，會造成污染。

　　基板表面不僅受到活性的先驅物影響而且易受各種電荷的轟擊，而使表面短暫活
性種類的反應與沉積，同時熱能量和離子轟擊會持續修改沉積的物質。電漿增強式沉
機薄膜朝向較小晶粒尺寸或穩定的非晶態，而包含雜質的數量例如氫、碳或鹵素原

子。低溫、自我清理功能和多功能薄膜可調性的結合使 PECVD 在半導體工業中已保證重要。限制了電漿區域在反應爐表面上的最小沉積是有益的。標準的平行板結構提供集中於基板沉積的有效設計。同時反應爐的電漿功能也證實在原處電漿清洗的潛力能藉由引進具有蝕刻劑的清洗氣體，如 C_2F_6 或 NF_3 經從腔體表面去移除二氧化矽和氮化矽的沉積。而一個電漿沉積的限制包含潛在的電荷埋入在薄膜裡面。

為了克服電荷損害而還要維持低溫處理的優點，遙控型電漿代替在原處電漿的使用。先使反應物被電漿分離或遠程活化，然後引進到基板表面隨著第二反應來完成反應。但必須考慮到活性種類的短生命期與如何分配他們在大基板表面上。有一個息息相關的成功例子，TEOS/O_3。好在 O_3 足夠穩定和濃度能高到足以產生一個合理的二氧化矽沉積速率與證實有好的階梯覆蓋。

CVD 的過程

化學氣相沉積（CVD）為控制所需的成分藉由氣相化學反應的方法在基板表面形成固態薄膜。CVD 的過程可以廣義的在一系列步驟中。(1)反應物引進反應爐裡；(2)氣態物種間被活化與分離藉由混合、加熱、電漿或其他方式；(3)反應物種被吸附在基板表面上；(4)吸附物種進行化學反應，或是反應隨著其它近來的物種而形成固態薄膜；(5)反應的副產品從基板表面脫附；(6) 反應的副產品從反應爐中移除。

儘管薄膜的成長主要完成在步驟 4，但整體的成長速率控制在連續的 1-6 步驟。最慢的步驟決定了最後的成長速率，如在任何典型的化學動力學，決定的要素主要為表面物種的濃度、晶片的溫度和進入電荷的種類與它們的能量。化學氣相沉積過程的參數必須是精細的調整使滿足所有薄膜特性與生產要求。

12.2.2　　二氧化矽

CVD 二氧化矽無法取代以熱氧化所成長氧化層，此乃因熱氧化所得薄膜具有最佳之電特性，但 CVD 氧化層可彌補熱氧化薄膜之不足。不具摻雜的二氧化矽膜可用於隔離多層金屬鍍膜、或用於離子佈植及擴散之遮罩、或增加熱成長場氧化層的厚度。有磷摻雜的二氧化矽，不僅可做為金屬層間隔離材料，亦可沉積於元件表面作為最後的護佈層。摻雜有磷（phosphorus）、砷（arsenic）或硼（boron）之氧化層有時亦可作為擴散源使用。

沉積法

二氧化矽膜可經由數種方式沉積。低溫沉積時（300–500℃），二氧化矽膜經由矽甲烷（SiH₄）摻質，與氧氣反應而得。磷摻雜二氧化矽的化學式為：

$$SiH_4 + O_2 \xrightarrow{450℃} SiO_2 + 2H_2 \tag{15}$$

$$4PH_3 + 5O_2 \xrightarrow{450℃} 2P_2O_5 + 6H_2 \tag{16}$$

沉積時，可在常壓 CVD 反應爐，或 LPCVD 低壓反應爐進行矽甲烷與氧氣反應（圖9a）。由於矽甲烷與氧氣反應的低沉積溫度使此法特別適用於鋁膜上之沉積。

對中等溫度（500–800℃）之沉積，可將四氧乙基矽（tetraethylorthosilicate），化學式為 $Si(OC_2H_5)_4$，於 LPCVD 反應爐進行分解形成二氧化矽。四氧乙基矽簡稱為 TEOS，係由液態源氣化而成，其分解化學式為

$$Si(OC_2H_5)_4 \xrightarrow{700℃} SiO_2 + byproducts \tag{17}$$

分解後形成二氧化矽及有機、矽化有機物等副產物。雖然此法反應溫度較高，不適用於覆蓋在鋁膜之上，但其階梯覆蓋（step coverage）良好，此優點使其適用於複晶矽閘極上之絕緣層沉積。其良好的階梯覆蓋乃由於高溫時表面移動率的提升所致。亦可如同磊晶成長的步驟，在氧化層沉積過程中摻雜（doping）少量的摻質氫化物（如磷化氫（phosphine）、砷化氫（arsine）、乙硼烷（diborane））。

沉積速率與溫度之間有 $e^{-E_a/kT}$ 關係，其中 E_a 為活化能。矽甲烷－氧氣反應的 E_a 相當低：無摻質氧化層約為 0.6 eV，磷摻雜的氧化層則幾乎為 0。相反的，對比之下 TEOS 反應的 E_a 高出許多：無雜質氧化層約為 1.9 eV，有磷摻雜的氧化層則為 1.4 eV

。沉積速率與 TEOS 分壓的關係正比於（$1-e^{-p/p_0}$），其中 P 為 TEOS 的分壓，P_0 約為 30 帕（Pa）。在低 TEOS 分壓時，沉積速率由表面反應速率所決定。在高分壓下，表面因吸附幾近飽和的 TEOS，故沉積速率變得幾乎與 TEOS 分壓無關[4]。

　　近年來，使用 TEOS 及臭氧（O_3）為氣體源的常壓及低溫 CVD 已被提出[5]。這種 CVD 技術可在低沉積溫度下，可製作具有高均覆性（conformality，或譯順形性）及低黏滯性的氧化層。由於 TEOS/ O_3 CVD 形成的氧化層薄膜具多孔性，因此在 ULSI 的製程中，常搭配以電漿輔助氧化的方式，以達到平坦化的效果。

　　對於高溫沉積（900℃）而言，可將二氯矽甲烷（dichlorosilane，$SiCl_2H_2$）與笑氣（nitrous oxide）在低壓下反應，形成二氧化矽。

$$SiCl_2H_2 + 2N_2O \xrightarrow{\quad 900℃ \quad} SiO_2 + 2N_2 + 2HCl \tag{18}$$

此法可得極佳的薄膜均勻性，因此有時也用它來作為複晶矽上方之絕緣層。

二氧化矽的特性

二氧化矽薄膜沉積的方法與特性列於表 1[4]。一般而言，沉積溫度與薄膜的品質有直接的關聯性。在較高的溫度時，沉積的氧化層薄膜在結構上與熱氧化方式成長的二氧化矽相似。

　　當溫度低於 500℃，薄膜密度就變得較低。而將沉積之二氧化矽薄膜加熱至 600 至 1000℃之間，可使薄膜密緻化（densification）且氧化層厚度變薄，其密度可增加到 $2.2g/cm^3$。二氧化矽的折射率（refractive index）在波長為 0.6328 μm 的光源下為 1.46。此值愈低者，孔隙愈多，例如由矽甲烷與氧氣反應而成的氧化層，其折射率僅為 1.44。孔隙越多亦使其介電強度（dielectric strength）愈差因此較高的漏電流在氧化薄膜中。氧化層在氫氟酸中的蝕刻率與沉積時的溫度、退火的歷程及摻質濃度有關。通常高品質的氧化層蝕刻率較低。

表 1　二氧化矽膜之特性

特性	熱氧化成長 1000℃	SiH$_4$ + O$_2$ 450℃	TEOS 700℃	SiCl$_2$H$_2$ + N$_2$O 900℃
組成	SiO$_2$	SiO$_2$（H）	SiO$_2$	SiO$_2$（Cl）
密度（g / cm^3）	2.2	2.1	2.2	2.2
折射率	1.46	1.44	1.46	1.46
介電強度（10^6 V/ cm）	>10	8	10	10
蝕刻率（Å /min）（100:1 H$_2$O : HF）	30	60	30	30
蝕刻率（Å /min）（緩衝之 HF）	440	1200	450	450
階梯覆蓋性	—	非均覆性	均覆性	均覆性

階梯覆蓋（Step Coverage）

階梯覆蓋與薄膜沉積於半導體基板上不同突階之表面輪廓有關。階梯覆蓋是 CVD 方法的主要優點之一，尤其是與 PVD 相比。得到好的階梯覆蓋，其關鍵在於本身的化學物質與操作條件。圖 10a 為一理想（或均覆性）的階梯覆蓋圖示，我們可看出薄膜厚度沿著階梯都很均勻。薄膜厚度均勻的主要原因為反應物吸附在階梯表面快速的移動所致[6]。

圖 10b 為一非均覆性之階梯覆蓋的例子，其主要成因為反應物吸附及反應時沒有明顯的表面遷移所致。在此例中，沉積速率正比於氣體分子到達表面角度。反應物到達上水平面時有各種不同到達角度，其到達角度（ϕ_1）在二維空間內變化，可從 0 至 180°。而對上水平面下方的垂直方向側壁而言，其到達角度（ϕ_2）只有0°至 90°。如此一來，沉積薄膜在上表面的厚度為側壁表面之兩倍。

沿著側壁再下來的到達角度（ϕ_3）與開口寬度有關，薄膜厚度正比於

$$\phi_3 \cong \arctan \frac{W}{l} \qquad (19)$$

其中 l 為至上表面的距離，W 為開口寬度。此種階梯覆蓋沿著垂直側壁相當薄，而有可能因自我遮蔽（self-shadowing）而在階梯底部產生裂縫。

在低壓下，由 TEOS 分解形成的二氧化矽因為能在表面迅速遷移，而有幾近均覆性的覆蓋。高溫下二氯矽甲烷與笑氣反應所得者亦同。然而對矽甲烷與氧反應沉積者，因為無表面遷移，故階梯覆蓋由到達角度決定。大部分經蒸鍍或濺鍍方法所得之材質具有與圖 10b 相似之階梯覆蓋特性。

磷玻璃緩流（P-Glass Flow）

作為金屬層間絕緣層的沉積二氧化矽一般需有平滑的輪廓。若作為下層金屬薄膜的表面覆蓋氧化層有凹陷現象，可能造成上層金屬膜沉積時有缺口產生，而導致電路失效。由於低溫沉積之摻磷二氧化矽（磷玻璃，P-glass）受熱後變得較軟且易緩流，可提供一平滑之表面，故常作為鄰近兩金屬層間之絕緣層。此製程稱為磷玻璃緩流。此外磷能進一步當鈉的吸附劑去防止鈉滲透到敏感的閘極區域。

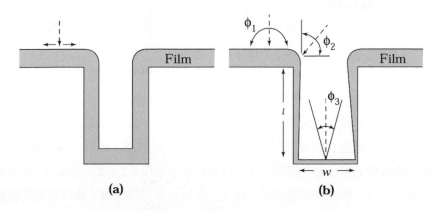

圖 10 薄膜的階梯覆蓋：（a）均覆性階梯覆蓋，（b）非均覆性階梯覆蓋[4]。

圖 11 顯示在複晶矽階梯上沉積四種不同磷玻璃的掃瞄式電子顯微鏡（scanning electron microscope）橫截面[6]。這四種試片均經過 1100℃、20 分鐘的蒸氣熱處理。圖 11a 之玻璃只含可忽略的少量磷，且並無緩流，請注意薄膜之凹狀，其對應角度 θ 約為 120°。圖 11b、11c 及 11d 中之磷含量逐漸增加到 7.2 wt%（重量百分比）。在這些試片中，磷玻璃中磷的含量愈高，階梯 θ 角度愈小，緩流的效果也愈好。基本上，磷玻璃緩流與退火時間、溫度、磷的濃度及退火時的氣氛（ambient）有關[6]。

圖 11 顯示 θ 角度與磷重量百分比間之關係，可近似於

$$\theta \cong 120° \left(\frac{10 - wt\%}{10} \right) \tag{20}$$

若要 θ 角小於 45°，則磷含量須大於 6 wt%。但當含量高於 8 wt% 以上時，氧化層中的磷與大氣中濕氣結合成磷酸，將腐蝕金屬膜（例如鋁）。因此，使用磷玻璃緩流時，會將磷含量控制在 6 至 8 wt% 之間。

藉由摻雜來源的分解機制來控制摻雜合併的效益。在熱過程中，溫度是主要因素。而在電漿增強式過程中，與溫度的關係相較少得許多，而電漿功率更是關鍵許多。

12.2.3　氮化矽

利用熱氮化的方法（例如以氨氣（ammonia），NH_3）成長氮化矽相當困難，因為成長速率太慢，且須高成長溫度之故。然而，氮化矽可以中等溫度（750℃）、LPCVD 製程，或低溫（300℃）的電漿增強 CVD 方法沉積[7,8]。此種 LPCVD 薄膜為完全之化學組成氮化矽（Si_3N_4），及高密度（2.9–3.1 g/cm³）。這些膜可提供一個好的阻障層，阻止水氣與鈉離子的擴散，故常用於護佈元件。此外，因氮化矽氧化速率甚慢並可防止下方的矽氧化，故氮化矽薄膜可作為選擇性矽氧化的遮罩。而利用電漿輔助 CVD 方式，其沉積薄膜並無正確化學組成比，且有較低的密度（2.4–2.8 g/cm³）。因為其沉積溫度較低，可以沉積在製作完成之元件上，作為最後的護佈層。此種電漿沉積氮化物提供極佳的抗刮性保護，可作為水氣的阻障層、及防止鈉離子擴散。

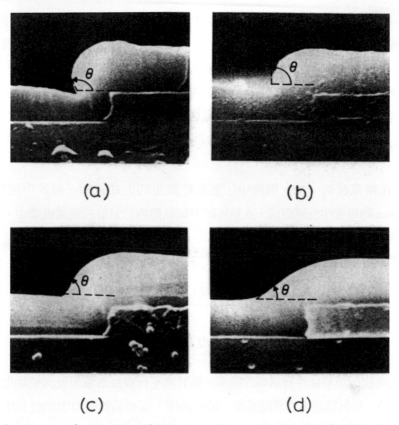

圖 11　磷玻璃在 1100℃ 20 分鐘的蒸氣退火下，放大 10,000 倍之掃瞄式電子顯微鏡照片，其中磷含量分別為（a）0 wt%，（b）2.2 wt%，（c）4.6 wt%，（d）7.2 wt%[6]。

　　在 LPCVD 製程中，二氯矽甲烷與氨在低壓 700℃ 至 800℃ 間反應形成氮化矽。化學反應式如下：

$$3SiCl_2H_2 + 4NH_3 \xrightarrow{\sim 750℃} Si_3N_4 + 6HCl + 6H_2 \qquad (21)$$

良好薄膜均勻性及高晶圓輸出率（即每小時可處理的晶圓數）為低壓製程的優點。與氧化層的沉積相似，氮化矽薄膜沉積是由溫度、壓力及反應物濃度所決定。沉積的活化能為 1.8 eV。沉積速率隨總壓力或二氯矽甲烷分壓上升而增加，並隨氨與二氯矽甲烷比例上升而下降。

LPCVD 沉積的氮化矽為非晶介電質，含氫量可達 8 at%（原子百分比）。在緩衝之氫氟酸（HF）溶液中，其蝕刻率低於 1 奈米／分鐘（nm/min）。且膜的張力（tensile stress）相當大，約為 10^{10} 達因／平方公分（dynes/cm^2），幾為 TEOS 沉積 SiO$_2$ 的 10 倍之多。由於如此大之應力，故厚度超過 200 nm 時，將容易破裂。在室溫下，氮化矽的電阻係數（resistivity）約為 10^{16} 歐姆－公分（Ω-cm），介電常數為 7，介電強度約為 10^7 伏特/公分（V/cm）。

在電漿輔助 CVD 製程中，氮化矽產生的方式包括：將矽甲烷與氨在氬氣（argon）的電漿中反應而成，或是將矽甲烷氣體置於氮氣的放電電漿中。電漿解離了前驅物質與創造高能量去加速反應速率，在非常低溫度下形成反應物。離子與電子為電漿之電荷種類的結合。其化學反應式分別如下：

$$SiH_4 + NH_3 \xrightarrow{300℃} SiNH + 3H_2 \qquad (22a)$$

$$2SiH_4 + N_2 \xrightarrow{300℃} 2SiNH + 3H_2 \qquad (22b)$$

反應生成物與沉積條件有密切的關係。輻射流平行板反應爐用於沉積氮化矽膜（如圖 9b 所示）。其沉積速率通常隨溫度、輸入功率、反應氣體壓力增加而上升。

以電漿沉積之薄膜含高濃度的氫，而用於半導體製程的電漿成長氮化物（也表示成 SiN）通常含 20 至 25 at% 之氫。張力較小（~2×10^9 dynes/cm^2）的薄膜可由電漿沉積製備。薄膜電阻係數與矽與氮的比例有關，範圍從 10^5 到 10^{21} Ω-cm，其介電強度約為 1×10^6 到 6×10^6 V/cm。為了鈍化處理，薄膜必須是水分和鈉擴散的屏障加上好的階梯覆蓋與沒有針孔。對於鈍化層，氮化矽是理想的材料，但是高溫熱沉積的氮化物超過鋁金屬鍍膜的溫度和氫含量在熱載子生命期中，較低溫 PECVD 氮化物中會導致功能退化。

12.2.4　低介電常數材料

當元件持續微縮至深次微米的範圍時，須使用多層內連線（multilevel interconnection）

結構，來降低寄生電阻（R）與寄生電容（C）引起的 *RC* 時間延遲。如圖 12 所示，元件閘極層次的速度增益，將因增加 *RC* 時間常數所引起之內連線傳導延遲而抵銷。舉例而言，當閘極長度為 250 nm 或更小時，高達 50%的時間延遲是肇因於較長的內連線[9]。因此 ULSI 電路中，內連線的連結網路將成為影響如元件速度、信號串音（cross talk）及 ULSI 電路的功率耗損等晶方性能的限制因素。

為降低 ULSI 電路中的 *RC* 時間常數，具低電阻係數的內連線材質、與低電容值的層間介電層將不可或缺。降低電容的方面（電容 $C = \varepsilon_i A/d$，其中 ε_i 為介電係數（dielectric permittivity），*A* 為面積，*d* 為介電膜厚度），不易藉增加層間介電質厚度 *d*（因將使填縫變得較困難），或降低內連線材質高度及面積（會造成內連線電阻的增加）來降低寄生電容。因此須使用低介電常數（low-*k*）的介電質。介電係數 ε_i 為 *k* 與 ε_0 的乘積，其中 *k* 與 ε_0 分別為相對介電常數與真空介電係數。

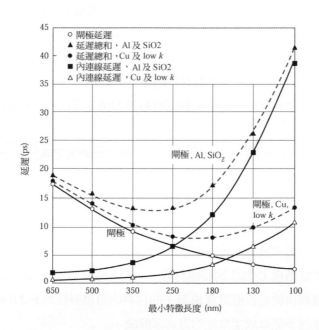

圖 12　計算出的閘極與內連線延遲與技術世代之關係。低介電常數材料之 *k* 值為 2.0。鋁（Al）及銅（Cu）的內連線厚度為 0.8 μm，長度為 43 μm。

材料選擇

內連線間的層間介電層之性質及如何製備必須符合下列要求：低介電常數、低殘餘應力、高平坦化（planarization）能力、高填縫（gap filling）能力、低沉積溫度、製程簡單及易整合。

ULSI 電路中，有不少合成的低介電常數材料（low dielectric constant material）已應用在金屬層間的介電質上。一些有希望的低介電常數材料列於表 2。這些材料可以為無機或有機材質，也可用 CVD 或旋轉塗佈（spin-on）的方式沉積[9]。CVD 的技術提供製程的彈性，散裝的薄膜與介面薄膜的特性在 CVD 製程中，能藉由製程氣體的流量比率或是其它製程參數的調整而有簡單改變，然而那些準備是由旋轉塗佈技術的改變來修改前驅物的化學。

基本上低介電常數材料以 Si 和 C 為主，而伴隨著很不一樣的特性。C 為主的材料（如 PAE 和 SiLK）一般有較低的介電常數值。Si 為主的材料（如 FSG、黑色鑽石、HSQ 和幹凝膠）通常有較高的熱穩定性和硬度較 C 為主的材料還要硬，但 Si 為主的材料往往較容易吸附水分。Si 為主的材料隨著整合問題更加相容：介電層和金屬的附著力較好，以及它們容易被 F 為主的蝕刻材料蝕刻掉，所以較與 CMP 處理相容。

氟是最重要的負電性元素之一。氟在矽酸鹽網狀物裡將配合自己周圍的電子密度，使整體的薄膜較少極化而因此減少介電常數。

將來似乎有兩種可能的遷移路徑，首先持續以 Si 為主的材料和引進額外的孔隙到薄膜裡去減少介電常數。可能的缺點由於孔隙的關係有較低的機械強度和水分的吸附。第二條路徑是轉換 C 為主的有機材料，一般介電常數較 Si 為主的材料來的低。哪條路徑佔上風取決於是否能證實 Si 為主的材料的可擴展性到 $k<2.0$ 或是如果 C 為主的材料整合困難而不能以成本效益的方式來解決。

範例 3

試估計兩平行鋁導線間本質（intrinsic） RC 值。鋁導線之橫截面為 0.5 μm × 0.5 μm，長度為 1 mm，導線間介電層聚亞醯胺（polyimide，k ~ 2.7），厚度為 0.5 μm。鋁導線的電阻係數為 2.7 μΩ-cm。

解

$$RC = (\rho \frac{\ell}{t_m^2}) \times (\varepsilon_i \frac{t_m \times \ell}{spacing\ width}) = (2.7 \times 10^{-6} \times \frac{1 \times 10^{-1}}{0.25 \times 10^{-8}})$$

$$\times \left(8.85 \times 10^{-14} \times 2.7 \times \frac{0.5 \times 10^{-4} \times 10^{-1}}{0.5 \times 10^{-4}} \right) = 2.57 \ ps$$

表 2　低介電常數材料

決定因數	材料	介電常數
氣相沉積聚合物（Vapor-phase Deposition Polymers）	Fluorosilicate glass (FSG)	3.5-4.0
	Parylene N	2.6
	Parylene F	2.4-2.5
	Black diamond (C-doped oxide)	2.7-3.0
	Fluorinated hydrocarbon	2.0-2.4
	鐵氟龍-AF（Teflon-AF）	1.93
旋轉塗佈聚合物 (spin-on Polymers)	HSQ/MSQ	2.8-3.0
	聚亞醯胺	2.7-2.9
	SiLK (aromatic hydrocarbon polymer)	2.7
	PAE [poly(arylene ethers)]	2.6
	Fluorinated amorphous carbon	2.1
	Xerogel (porous silica)	1.1-2.0

12.2.5　　**高介電常數材料**（High Dielectric Constant Material）

高介電常數材料在 ULSI 電路中有其必要性，尤其是對動態隨機存取記憶體（dynamic random access memory，DRAM）。為保持正常的操作，DRAM 的儲存電容值必須維持在一定值左右（例如 40fF）。對一給定的電容值（$C = \varepsilon_i A/d$）而言，一般會選擇最小的厚度，使其漏電流不超過最大容許值，而崩潰電壓則不低於最小容許值。電容的面積可藉由堆疊（stack）或塹渠（trench，或譯溝槽、溝渠）的方式而增加。這些結構將在第十五章中討論。然而對平面（planar）的結構而言，面積 A 將隨著 DRAM 密度的提升而降低。因此，必須提高薄膜的介電常數。

　　數種高介電常數材料已被提出，如鈦酸鍶鋇（barium strontium titanate，BST）、及鈦酸鉛鋯（lead zirconium titanate，PZT），如表 3 所示。此外，有些鈦酸鹽類會摻雜一種或多種受體，譬如鹼土族金屬；或摻雜一種或多種施體，譬如稀土族元素。五氧化二鉭（tantalum oxide，Ta_2O_5）其介電常數範圍在 20–30 之間。一般常用的 Si_3N_4 介電常數約為 6–7，而 SiO_2 為 3.9。氧化鉭膜可由 CVD 的方式沉積，以氣體五氯化鉭（$TaCl_5$）及 H_2O 為初始材料。

　　Ta_2O_5 薄膜也能藉由使用金屬有機前驅物，如 TAETO 或 TATDMAE 的起始原料來做熱 CVD 製程的沉積。對於好的階梯覆蓋沉積製程必須在反應速率限制範圍裡進行。剛沉積 TaO_x 薄膜是氧不足與阻抗性質。薄膜的氧退火是必不可少的，它是一種有效的介質材料。

範例 4

一 DRAM 之電容具以下參數：電容 $C = 40\ fF$，記憶胞尺寸 $A = 1.28\ \mu m^2$，二氧化矽的介電常數 $k = 3.9$。假設以 Ta_2O_5 ($k = 25$)取代 SiO_2，而不變動其介電質厚度。請問此電容之等效記憶胞面積為多少?

解

$$C = \frac{\varepsilon_i A}{d}$$

$$\frac{3.9 \times 1.28}{d} = \frac{25 \times A}{d}$$

$\therefore$ 等效記憶胞尺寸 $A = \dfrac{3.9}{25} \times 1.28 = 0.2 \ \mu m^2$

表 3 高介電常數材料

	材料	介電常數
二元材料（Binary）	Ta_2O_5	25
	HfO_2	18-22
	HfSiON	24
	ZrO_2	12-25
	Al_2O_3	9
	二氧化鈦（TiO_2）	40
	氧化釔（Y_2O_3）	17
	Si_3N_4	7
順電性鈣鈦礦（Paraelectric peroskite）	$SrTiO_3$（STO）	140
	$(Ba_{1-x}Sr_x)TiO_3$（BST）	300-500
	$Ba(Ti_{1-x}Zr_x)O_3$（BZT）	300
	$(Pb_{1-x}La_x)(Zr_{1-y}Ti_y)O_3$（PLZT）	800-1000
	$Pb(Mg_{1/3}Nb_{2/3})O_3$（PMN）	1000-2000
鐵電性鈣鈦礦（Ferroelectric peroskite）	$Pb(Zr_{0.47}Ti_{0.53})O_3$（PZT）	>1000

12.3 複晶矽之化學氣相沉積

以複晶矽作為 MOS 元件之閘電極是 MOS 技術的一項重大發展。其中一個重要原因是複晶矽閘電極的可靠度（reliability）優於鋁電極。圖 13 顯示複晶矽與鋁作為電極時，電容最長崩潰時間（maximum time to breakdown）之關係圖 [10]。複晶矽明顯的較佳，尤其是在較薄的閘極氧化層時。鋁電極之所以有較劣的崩潰時間，乃因鋁原子在電場的影響下，會被遷移到薄氧化層中所致。複晶矽亦可作為擴散源以形成淺接面，並確保與單晶矽形成歐姆接觸；另外亦可用來製作導體與高阻值的電阻。

操作在 600℃ 到 650℃ 的低壓反應爐（圖 9a），以下列反應式分解矽甲烷以沉積複晶矽：

$$SiH_4 \xrightarrow{\quad 600℃ \quad} Si + 2H_2 \qquad (23)$$

最常使用的低壓沉積製程有兩種：一為操作在壓力 25 到 130 Pa 間，使用 100% 矽甲烷，另一為在相同的總壓力下，於氮氣中稀釋以 20 到 30% 之矽甲烷。上述兩種製程每次均可沉積數百片厚度均勻（即厚度誤差在 5% 以內）的晶圓。

圖 14 顯示四種沉積溫度下的沉積速率。在矽甲烷分壓較低時，沉積速率正比於矽甲烷之分壓 [4]，於較高的矽甲烷分壓時，其沉積速率呈現飽和。以低壓沉積時，通常溫度限制在 600℃ 到 650℃ 之間。在這溫度範圍內，沉積速率隨著 $\exp(-E_a/kT)$ 而改變，其中活化能 E_a 為 1.7 eV，與反應爐內的總壓力無關。當溫度更高時，由於氣相反應之緣故，導致薄膜變得粗糙，且黏著力不佳，並產生矽甲烷不足的現象，導致不佳的均勻性。而溫度遠低於 600℃ 時，沉積速率太慢而不實用。

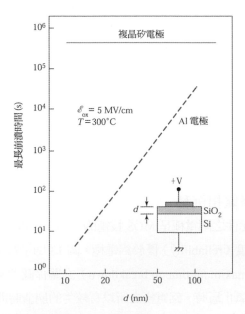

圖 13　以複晶矽及鋁作電極之電容器的最長崩潰時間及氧化層厚度之關係 [10]。

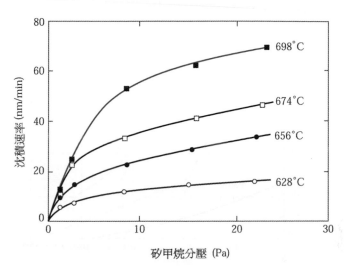

圖 14　矽甲烷濃度對複晶矽沉積速率的影響 [4]。

影響複晶矽結構的製程參數包括：沉積溫度、摻質以及沉積後之熱循環。沉積溫度在 600℃ 到 650℃ 之間時，所得複晶矽為圓柱形結構，由大小約為 0.03 到 0.3 μm 的複晶矽晶粒（grain）所構成，偏好方向為（110）。當磷在 950℃ 擴散進入時，其結構變為結晶性，晶粒大小增為 0.5 到 1.0 μm 之間。若將溫度上升到 1050℃ 進行氧化，則晶粒將達 1 至 3 μm 的最後大小。另外，若沉積溫度為 600℃ 以下，雖然剛沉積出的薄膜為非晶型態，但經過摻雜及熱處理後，亦可獲得如同剛沉積出即為複晶矽圓柱型結構者一般的晶粒成長。

複晶矽可經多種方式摻雜：擴散、離子佈植（ion implantation）或是在沉積過程加入摻質氣體，亦稱為臨場摻雜（in-situ doping，或譯同次摻雜）。佈植法最常使用，因其較低的製程溫度。圖 15 為利用離子佈植法，摻雜磷與銻離子於單晶矽及 500 nm 厚的複晶矽上所得之片電阻 [11]。離子佈植的製程將在第十四章中討論。佈植的劑量、退火溫度及退火時間均會影響所佈植複晶矽之片電阻。在低劑量佈植複晶矽中，晶界（grain boundary）的載子陷阱（trap）將導致非常高的電阻值。如圖 15 所述，當載子陷阱被摻質填滿後，電阻值會大幅下降，並接近於佈植單晶矽之片電阻。

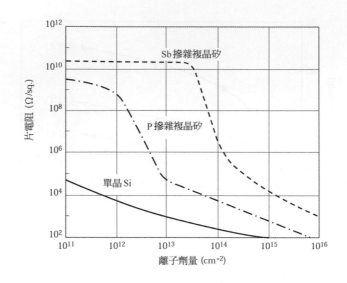

圖 15　以 30 KeV 能量的離子佈植入 500 nm 的複晶矽中，片電阻與不同佈植劑量之關係[11]。

12.4　原子層沉積

原子層沉積（ALD）是特別的化學氣相沉積技術能夠沉積約為單層的薄膜。ALD 對於奈米元件製程已成為重要的方法，尤其是在原件結構上的保形塗層隨著在低於 100nm 下的形貌尺寸有高的高寬比從 20-100：1。

ALD 不同於傳統的 CVD 在於 CVD 使用化學反應的連續供應，而空間和時間的共存在半導體基板上。ALD 使用連續暴露於化學，在時間上每個反應有自我限制沉積分離。在 CVD 中，化學反應發生在氣體相位裡或在基板上；但是在 ALD 中，化學反應只發生在基板上而能制止氣體相位反應。

ALD 操作在低壓下。在 ALD 二元薄膜沉積中，有兩種連續的反應。

$$\text{反應 1}\quad AX + S_{(sub)} \rightarrow A \bullet S_{(sub)} + X_{(g)}$$
$$\text{反應 2}\quad BY + A \bullet S_{(sub)} \rightarrow BA \bullet S_{(sub)} + Y_{(g)}$$

AX 為前驅物 1，BY 為前驅物 2，$S_{(sub)}$ 為基板，和 $X_{(g)}$ 、$Y_{(g)}$ 為殘餘物。

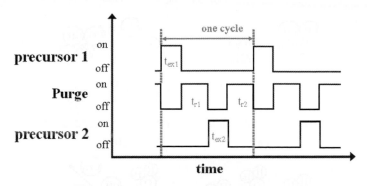

圖 16　一個典型的 ALD 循環。

一個典型的 ALD 週期在圖 16 顯示：

1. 暴露的前驅物 1 在時間（t_{ex1}）下進行第一表面反應。

2. 未使用前驅物的移除（清除）時間（t_{r1}）與反應 1 的反應產物。

3. 暴露的前驅物 2 在時間（t_{ex2}）下進行第二表面反應。

4. 未使用前驅物的移除（清除）時間（t_{r2}）與反應 2 的反應產物。

週期時間可表示為些微秒或是只要幾分鐘。重複此過程來構建薄膜。週期時間定義為暴露和移除週期的總和。像是 CVD、ALD 可能藉由熱反應或電漿輔助過程進行。

我們採用 ALD-Al_2O_3 作為一個例子來描述 ALD 成長過程。圖 17 說明 ALD-Al_2O_3 的兩個連續反應使用 $Al(CH_3)_3$（trimethylaluminum-TMA）作為前驅物 1 和 H_2O 作為前驅物 2。[12] 使用矽作為基板。ALD-Al_2O_3 的兩個連續反應為：

反應 1　OH ●Si + $Al(CH_3)_3$ → $AlO(CH_3)_2$ ●Si + CH_4

反應 2　$AlO(CH_3)_2$ ●Si + $2H_2O$ → $AlO(OH)_2$ ●Si + $2CH_4$

反應使 ALD-Al_2O_3 薄膜重覆建造。「ALD 窗口」為溫度範圍，而該範圍內沉積速率是一個常數，而有獨立的沉積溫度，如圖 18 所示。在低溫下，有不足夠的能量去達到完全化學反應。化學吸附反應主導時沉積速率隨著溫度的增加而增加。在較高溫度下，去吸附的範圍主導時沉積速率隨著溫度的減少而減少。

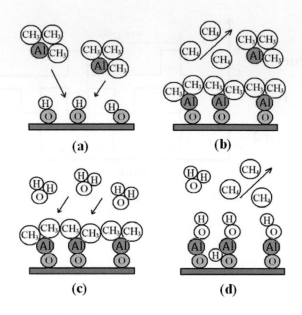

圖 17　(a) 反應的 OH(hydroxylated)表面暴露於 TMA 中(b) 藉由化學反應把 CH4 副產物與 未使用的 TMA 反應物移除(c) 反應的 CH_4 末端表面暴露於水中(d) 藉由化學反應把 CH_4 副產物與未使用的 TMA 反應物移除。[12]

　　一個非 ALD 沉積相關聯的冷凝現象顯示在低溫下的左上方。此外，沉積由熱分解 CVD 之前驅物分解顯示在高溫下的右上方。這些過程的沉積速率可能比 ALD 過程還高。

　　在 ALD 中，薄膜厚度只與反應週期次數有關，使得厚度控制更為精確和簡單。有比在 CVD 中較少的反應物通量同質性。因此能給大面積（大批量和易於規模化）的能力和傑出的一致性與可重複性。ALD 能使用在幾種類型的薄膜沉積，包含氧化物（例如 Al_2O_3、TiO_2、SnO_2、ZnO、HfO_2）、金屬氮化物（例如 TiN、TaN、WN、NbN）、金屬（例如 Ru、Ir、Pt）和金屬硫化物（例如 ZnS）。ALD 有潛力在三個主流應用：電容、閘極和內連線。主要 ALD 的限制是它的沉積速率；通常只有小部分單層沉積在一個週期中。好在薄膜在未來的一代需要是非常薄的，因此 ALD 的低沉積速率不是這麼重要的問題。

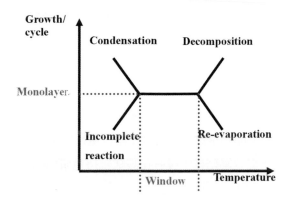

圖 18　ALD 沈積速率與相關過程的溫度依賴性。

12.5　金屬化製程

12.5.1　物理氣相沉積

物理氣相沉積（PVD）技術在半導體中主要應用是金屬和混合物的沉積例如鈦（Ti）、鋁（Al）、銅（Cu）、氮化鈦（TiN）及氮化鉭（TaN）對於線、墊層、層間引洞、接觸孔和相關連接被使用於矽晶圓表面上來連接接面與元件。

　　一般通常使用物理氣相沉積（physical vapor deposition，PVD）金屬的方法包括：蒸鍍（evaporation）、電子束（e-beam）蒸鍍、電漿噴灑（plasma spray）沉積及濺鍍（sputtering）等。蒸鍍的方式是將要蒸鍍材料置於真空腔中，並加熱至其熔點以上，被蒸發的原子會以直線運動軌跡高速前進。而蒸鍍源可經由電阻加熱、射頻加熱或以聚焦電子束等方式熔化。蒸鍍及電子束蒸鍍在早期積體電路中被廣泛地使用，而在 ULSI 電路中，已被濺鍍的方式所取代，由於它為揮發性與高薄膜品質。

　　濺鍍包含從靶材到基板的物質傳輸。它是藉由氣體離子在靶材表面上轟擊來完成，典型使用 Ar 氣體但偶爾會有其它惰性氣體種類（Ne、Kr）或是反應種類例如氧氣或氮氣。原子大小的顆粒從靶材中彈出由於入射離子與靶材間的動量轉移，圖 19 所示。過程是類似一個撞球撞到另一個撞球的作用。

　　基本上有兩種濺鍍系統，DC 和 RF 濺鍍。DC（直流）濺鍍通常被使用在金屬薄膜沉積。圖 20a 為一標準濺鍍系統。有兩個電極在 dc 濺鍍系統中。像是負直流偏壓被應用在金屬靶材的陰極，寄生的電子從電場中加速與獲得能量而去轟擊氬的中性原子。假如轟擊電子有充分比氬氣離子化能量（即，15.7eV）高，而氬氣會被離子化和創造電漿。在電漿中正氬離子是加速朝向金屬靶材和濺鍍金屬原子。電漿的發光區域是一個好的導體。在氬氣開始擊穿時，電壓在兩個電極壓降之間而難以維持高電場在電漿的產生。二次電子從金屬靶材中發射在濺鍍維持電漿期間。

　　對於半導體的應用，磁控式濺鍍在直流濺鍍上有較高的效率變化。陰極在磁控式濺鍍中差別在於從一個傳統平板陰極到有一個局部平行磁場在陰極表面。這些電子被困在接近陰極範圍而導致非常高的氣體離子化能階，而增加離子密度與濺鍍沉積速率。

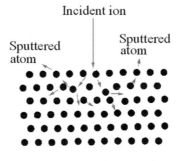

圖 19　濺鍍過程的示意圖

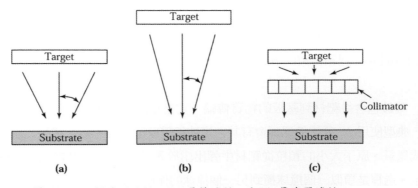

圖 20　(a) 標準的濺鍍，(b) 長擲濺鍍，和(c) 準直器濺鍍。

方向性沉積

要在大高寬比的接觸孔內填充材料甚為困難，主要原因為在尚未有顯著材質沉積於接觸孔底部前，由於濺出原子之散射效應，已先將接觸孔口封住。投入原子到深的功能可以藉由增強原子的方向性來解決在沉積時的基本問題。有兩種方法去增強濺鍍方向性：長擲濺鍍（long-throw sputtering）和準直器濺鍍（collimated sputtering）。

長擲濺鍍

藉由移動樣品到遠離陰極處叫做「長擲」濺鍍沉積，如圖 20b 所示，濺鍍原子的增加部分被損失在腔體的側壁上。這部分主要取決於靶材到基板的間隔 d_{ts} 與散射通量通過工作氣體。較大的 d_{ts} 是較寬的角度分佈。原子到達基板是較傳統短擲沉積來的接近一般入射。長擲濺鍍沉積擲的方向需要有序的在陰極直徑上。藉由氣體散射過程被限制在實際意義上是與系統操作壓力有關。為了減少在飛行中的散射，濺鍍原子的平均自由徑應該超過投擲距離。對於「長擲」濺鍍沉積工作壓力是非常低的（低於 0.1Pa），再次減少在飛行中的散射。在如此低壓下，氣體散射的減少是重要的和 d_{ts} 能大為增加。這允許在高寬底部的沉積，例如接觸孔。

準直器濺鍍

在一個長平均自由徑沉積環境（平均自由徑大於投擲距離），藉由放置準直器在靶材與樣品之間能獲得沉積通量的幾何過濾。準直器藉由原子撞擊壁的影響當作一個簡單方向的濾波器，如圖 20c 所示。過濾的程度是準直器高寬比的簡單功能，其中高寬比定義為劃分準直器管的直徑厚度。

射頻式濺鍍

Rf（射頻，典型為 13.56MHz，頻率選擇是因為它不會干擾無線電傳輸信號）濺鍍通常使用在介電材料情況下，如高介電常數的介電材料。圖 21 顯示標準的射頻濺鍍系統。其有幾個優點：(a)其能力在濺鍍介電材料以及金屬 (b) 其能力在偏壓濺鍍方式下操作 (c)其能力可允許基板在沉積前的濺鍍蝕刻。在射頻濺鍍中當一個時變電位應用在介電質靶材後面的金屬板上，另一個時變電位發展在靶面之對面而通過靶材的阻

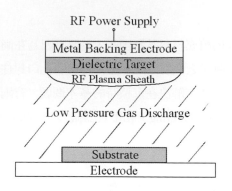

圖 21 射頻濺鍍的示意圖。

抗。氣體被分解是藉由電場來加速雜散電子而開始放電,而電流能從電漿流到靶材表面。既然電子較正離子容易流動,所以有更多的電子吸引到靶材表面在正半循環期間與在負半循環期間的正離子。因此電流在正循環中比負循環中還要大,如二極體。由此產生電子電流是由於靶材表面獲得越來越多負偏壓,使連續循環中達到高到足以減緩電子抵達的負平均直流電壓,所以到達靶材表面的淨電荷為零。

由於靶材為負電位使電漿與電子被迫遠離表面,而產生離子鞘層為一個可見的暗層(因為沒有光學發射從電子與離子的發射)在靶材表面附近。正離子在鞘層藉由負電位加速朝向靶材。為了防止過度累積的正離子在靶材表面上所以必須施加高的電壓頻率。頻率必須至少為 106Hz 對於發生任何可估計的濺鍍。在這頻率之下,離子的平均能量有明顯減少是因為正離子加速在靶材上。

射頻式濺鍍蝕刻是濺射過程中的逆向是被稱為回濺鍍、逆向濺鍍、離子蝕刻或濺鍍清洗,一般的射頻功率流是電逆轉;基板有一個負平均直流電壓和陽極作為靶材的位置。射頻式濺鍍蝕刻被使用在濺鍍薄膜前或基板上圖案的清洗基板。

負偏壓濺鍍是藉由成長薄膜的高能正離子**轟擊**,而這技術能在成長薄膜上移除雜質。通常它被使用介電質薄膜沉積前的基板表面清洗。

12.5.2　金屬的化學氣相沉積

使用 CVD 進行金屬鍍膜相當具有吸引力，因為其提供均覆性、良好的階梯覆蓋且一次可同時覆蓋許多晶圓。基本的 CVD 裝置與沉積介電質或複晶矽者相同（如圖 9a）。由於低壓 CVD（LPCVD）在很大的表面起伏範圍，具有良好的均覆性階梯覆蓋，因此相較於 PVD，通常具有較低的電阻係數。

沉積耐火金屬（refractory metal）是 CVD 金屬沉積在 IC 生產中一項重要的新應用。例如鎢之低電阻係數（5.3 μΩ-cm），及耐火本質使其在 IC 中成為相當優良的金屬。

化學氣相沉積－鎢（CVD-W）

鎢可用於接觸插栓（contact plug）及第一層金屬。CVD 鎢薄膜著名在於它有傑出的階梯覆蓋。對於接觸孔與層間引洞的大小< 0.8μm 和高寬比大於二，它是困難使用在傳統的鋁濺鍍於連續鍍膜在孔洞內部與維持電的性能。有效的層間引洞電阻和電遷移電阻已經藉由 CVD 鎢的引進來改善。CVD 鎢的過程已經是一個關鍵技術使能夠在多層次互相連接的金屬鍍膜上。

鎢可用六氟化鎢（WF_6）為 W 的氣體源沉積，因為 WF_6 是一種在室溫下會沸騰的液體。WF_6 可被矽、氫氣（hydrogen）或矽甲烷還原。基本 CVD-W 的化學反應式如下：

$$WF_6 + 3H_2 \longrightarrow W + 6HF \quad （氫還原） \tag{24}$$

$$2WF_6 + 3Si \longrightarrow 2W + 3SiF_4 （矽還原） \tag{25}$$

$$2WF_6 + 3SiH_4 \longrightarrow 2W + 3SiF_4 + 6H_2 （矽甲烷還原） \tag{26}$$

在矽接觸上，藉由矽還原反應可得到選擇性製程。此製程僅在矽上，而不會在 SiO_2 上，成長一鎢之成核層（nucleation layer）。氫還原製程（reduction process）可將鎢迅速的沉積在成核層上，形成插栓（plug）。氫還原製程提供了極佳的表面均覆性。然而，此製程並沒有無瑕之選擇性，且此反應式的副產物 HF 氣體會對氧化層有侵蝕作用，也會使沉積鎢的表面變得粗糙。

矽甲烷還原反應比起氫還原反應，有較高的沉積速率及較小的鎢晶粒。此外，矽甲烷還原反應不會形成含 HF 的副產物，故不會對薄膜有所侵蝕，也不會使鎢表面變得粗糙。一般而言，矽甲烷還原反應方式，用於全面性沉積鎢的第一步驟，作為成核層，並減少接面損傷。矽甲烷還原過程之後，再以氫還原的方式成長全面性鎢薄膜。

化學氣相沉積－氮化鈦（CVD TiN）

TiN 普遍用於金屬鍍膜製程中，做為金屬擴散的阻障層，而也有眾多的應用：(1) 在鋁金屬鍍膜中的電鍍層而去增強內連線之電遷移電阻，(2) CVD 鎢的附著層在氧化層之上而對 WF_6 符合 Al 和 Si 的相互作用的屏障，(3) 局部內連接的地方鋁金屬鍍膜是不能忍受溫度，(4) 一個平板電極作為 Ta_2O_5 電容，(5) 節點和平板電極作為 MIM（金屬層－絕緣層－金屬層）電容，其絕緣層不是以原子層沉積的 Al_2O_3 就是 Hf_2/Al_2O_3 的層板。

TiN 可經由濺鍍化合物靶材，或是以 CVD 方式沉積。在深次微米製程中，CVD TiN 可提供比 PVD 方式較佳的階梯覆蓋。CVD TiN 可經由四氯化鈦（$TiCl_4$）與氨（NH_3）、H_2/N_2 或 NH_3/H_2 反應沉積[12-14]。

$$6TiCl_4 + 8NH_3 \longrightarrow 6\ TiN + 24HCl + N \qquad (27)$$

$$2TiCl_4 + N_2 + 4H_2 \longrightarrow 2TiN + 8HCl \qquad (28)$$

$$2TiCl_4 + 2NH_3 + H_2 \longrightarrow 2\ TiN + 8HCl \qquad (29)$$

對 NH_3 還原反應的沉積溫度範圍約為 400℃ 至 700℃，而 N_2/H_2 反應的沉積溫度則在 700℃以上。沉積溫度愈高，TiN 薄膜的品質越好，且混入 TiN 膜中的氯（Cl）也愈少（~5%）。

12.5.3　鋁鍍膜

鋁及其合金廣泛應用於積體電路中的金屬鍍膜。鋁膜可經由 PVD 或 CVD 的方式沉積。因為鋁及其合金具有低電阻係數（對鋁約為 2.7 μΩ-cm，其合金最高約為 3.5 μΩ-cm），故可滿足低電阻的需求，此外鋁附著於二氧化矽上之特性極佳。然而，在積體電路中使用鋁於淺接面上易造成突尖（spiking）或電子遷移（electromigration）的問題。本節中，我們將考慮鋁鍍膜的問題及其解決方法。

接面突尖（Junction Spiking）

圖 22 顯示一大氣壓下 Al–Si 系統的相圖（phase diagram）[16]。相圖中顯示兩種材料的組成比率與溫度間之關係。Al–Si 系統有共晶（eutetic）特性，即將兩者互相摻雜時，合金的熔點較兩者中任何一種材料為低，該最低熔點稱為共晶溫度（eutectic temperature），為 577℃。相當於 Si 佔 11.3%，Al 佔 88.7%之合金熔點。而純鋁與純矽的熔點分別為 660℃ 及 1412℃，基於此共晶特性，沉積鋁膜時矽基板的溫度必須低於 577℃。

圖 22 中之內插圖顯示矽在鋁中的固態溶解度（solid solubility）。舉例而言，400℃時矽在鋁中的固態溶解度約為 0.25 wt%，450℃時為 0.5 wt%，500℃時為 0.8 wt%。因此退火時，在鋁與矽接觸之處，矽將會溶解到鋁中，其溶解量不僅與退火溫度時之溶解度有關，也和將要被矽飽和之鋁的體積有關。如圖 23 所示，我們考慮一長鋁金屬導線，與矽的接觸面積為 ZL。經退火時間 t 後，矽將沿著與鋁線接觸的邊緣擴散大約 $\sqrt{Dt}$ 的距離，其中 D 為擴散係數，矽在沉積鋁膜中之擴散係數為 $4 \times 10^{-2} \exp(-0.92/kT)$。假設矽在此段鋁膜中矽已達到飽和，則矽消耗之體積為

$$\text{Vol} \cong 2\sqrt{Dt}(HZ)S\left(\frac{\rho_{\text{Al}}}{\rho_{\text{Si}}}\right) \tag{30}$$

式中 ρ_{Al} 與 ρ_{Si} 分別為鋁與矽之密度；S 為退火溫度時矽於鋁中之溶解度 [17]。假設在接觸面積（$A = ZL$）上均勻的消耗，則被消耗的矽之深度約為：

$$b \cong 2\sqrt{Dt}\left(\frac{HZ}{A}\right)S\left(\frac{\rho_{Al}}{\rho_{Si}}\right) \tag{31}$$

範例 5

若 $T = 500℃$、$t = 30$ min、$ZL = 16\ \mu m^2$、$Z = 5\ \mu m$ 且 $H = 1\ \mu m$，求深度 b。假設為均勻溶解。

解

500℃時，矽在鋁中之擴散係數約為 2×10^{-8} cm²/s；故 $\sqrt{Dt}$ 為 60 μm；密度比值為 2.7/2.33 = 1.16；500℃ 時，S 為 0.8 wt%。由式（31），我們可得

$$b = 2 \times 60 \left(\frac{1 \times 5}{16}\right) 0.8\% \times 1.16 = 0.35 \ \mu m$$

鋁將填入矽中深度約 0.35 μm，其中矽將被消耗。若在該接觸點有淺接面，其深度較 b 為小，則矽擴散至鋁中將可能造成接面短路。

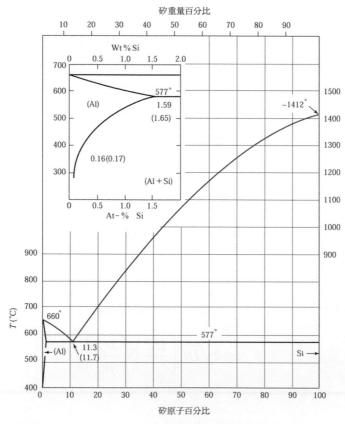

圖 22　鋁－矽系統的相圖 [16]。

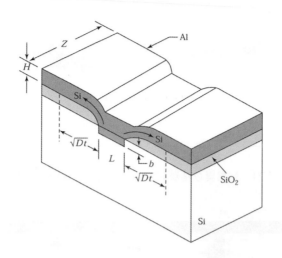

圖 23　矽在鋁鍍膜中的擴散[16]。

　　在實際的情況中，矽並不會均勻的溶解，而是只發生在某些點上。式（31）中的有效面積小於實際接觸面積，因此 b 值會大得多。圖 24 顯示在 p-n 接面中的實際情形，鋁僅在形成突尖之少數幾點穿透矽。一個減少鋁突尖的方法是藉由共同蒸鍍將矽加入鋁中，直到合金中之矽含量滿足溶解之要求。另一方法是在鋁與矽基板中加入阻障金屬層（如圖 25 所示），此阻障金屬層必須滿足以下的需求：與矽形成低接觸電阻；不會與鋁反應；沉積及形成方式必須與所有製程相容。阻障金屬如氮化鈦（titanium nitride，TiN）已經過評估，並發現在高達 550℃、30 分鐘之接觸退火溫度下，仍能保持穩定。

電子遷移（Electromigration）

在第六章中我們已討論微縮的元件。當元件變小後，相對應的電流密度也增大。高電流密度所引發的電子遷移現象能使元件失效。所謂的電子遷移是指在電流的作用下，金屬中的質量（即原子）傳輸，此乃電子的動量傳給帶正電的金屬離子所造成。當高電流在積體電路中薄金屬導體中通過，金屬離子會在某些區域堆積起來，而某些區域則會有空缺（void）情形。堆積金屬會與鄰近的導體短路，而空缺將導致斷路。

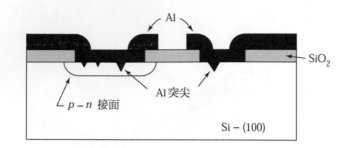

圖 24　鋁膜與矽接觸的示意圖；請注意在矽中的鋁突尖。

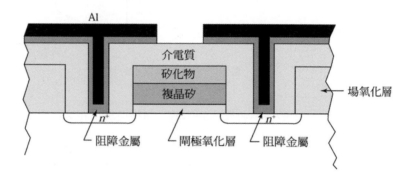

圖 25　在鋁與矽間有阻障金屬，及具矽化物與複晶矽之複層閘極電極的
　　　　MOSFET 之剖面圖。

　　因電子遷移導致導體的平均失效時間（mean time to failure，MTF）與電流密度 J，活化能 E_a 間之關係為：

$$\text{MTF} \sim \frac{1}{J^2} \exp\left(\frac{E_a}{kT}\right) \tag{32}$$

由實驗結果得知沉積鋁膜的 $E_a \cong 0.5$ eV。這表示材料傳輸的主要媒介為低溫之晶界擴散（grain-boundary diffusion），因為單晶鋁自我擴散（self-diffusion）時的活化能 $E_a \cong 1.4$ eV。有些技術可用來增強鋁導體對電子遷移的抵抗能力。這些方法包括與銅形成合金（例如含銅 0.5% 的鋁），以介電質將導體封蓋起來、薄膜沉積時加氧等。

12.5.4　銅鍍膜

為降低內連線網路的 *RC* 時間延遲，須使用高導電係數的導線與低介電常數的絕緣層已為大家所熟知。對未來新的內連線金屬，銅是很明顯的選擇，因為它比鋁有較高的導電係數與較高的電子遷移抵抗能力。銅可經由 PVD、CVD 及電化學等方式沉積。然而在 ULSI 電路中，以銅取代鋁亦有其缺點，譬如在標準的晶方製程下，有易腐蝕的傾向、缺乏可行的乾蝕刻方式及類似氧化鋁（Al_2O_3）之於鋁的穩定自我護佈（self-passivating）氧化物，及與介電質（例如二氧化矽或低介電常數之聚合物）的附著力太差等。本節將討論銅鍍膜技術。

　　數種不同製作多層銅內連線的技術已被提出[17,18]。第一種方法是以傳統的方式先圖案化金屬線，再進行介電質沉積。第二種方法是先圖案化介電質，然後再將銅金屬填入塹渠內，隨後進行化學機械研磨（將在 12.5.5 中討論）以去除在介電質表面多餘的金屬，而將銅保留在接觸孔或塹渠內，這種方法也稱為鑲嵌式製程（damascene process）。

鑲嵌技術（Damascene technology）

製造銅－低介電材質內連線結構的方法是「鑲嵌法」或是「雙層鑲嵌製程」（dual damascene）。圖 26 顯示以雙層鑲嵌製作先進銅導線內連線的步驟。對一個典型的鑲嵌式結構，定義完金屬線的塹渠並蝕刻層間介電質（interlayer dielectric，ILD），接著為 Ta(N)／Cu 金屬沉積。Ta(N) 層作為擴散阻障層，以防止銅穿透低介電材質。表面上多餘的銅將被移除，以獲得一平面結構，而金屬則鑲在介電質中。

　　對於雙層鑲嵌製程而言，在沉積金屬 Ta(N)/Cu 前，先進行兩次微影（lithography）及活性離子蝕刻（RIE），以蝕刻出層間引洞（via）及塹渠，如圖 26a-c。接著，對 Ta(N)/Cu 進行化學機械研磨，以移除上表面的金屬，留下鑲嵌在絕緣層內平坦化的連線及層間引洞[19]。使用雙層鑲嵌法的一項特殊好處是層間引洞插栓（plug）與金屬線是相同材質，可減少層間引洞電子遷移失效的風險。

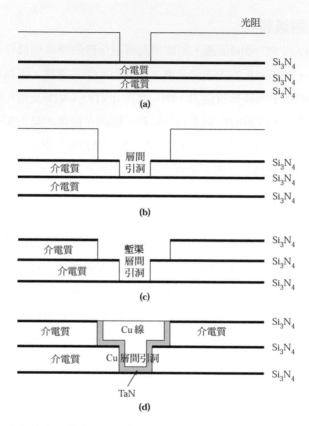

圖 26　使用雙層鑲嵌製作銅導線結構的製程程序:（a）施加光阻圖案，（b）活性離子蝕刻介電質及光阻圖案化，（c）塹渠及層間引洞的定義，（d）銅沉積及之後的化學機械研磨（chemical-mechanical polishing，CMP）。

範例 6

若我們以銅取代鋁，並以低介電常數之介電質（$k = 2.6$）取代二氧化矽，將可降低多少百分比的的 RC 時間常數？（鋁的電阻係數為 2.7 μΩ-cm，而銅為 1.7 μΩ-cm）。

解

$$\frac{1.7}{2.7} \times \frac{2.6}{3.9} \times 100\% = 42\%$$

12.5.5　化學機械研磨

近年來，化學機械研磨（chemical mechanical polishing，CMP）發展對多層內連線已益形重要，因為它為唯一可全面平坦化的技術（即將整片晶圓變為一平坦表面）。它有許多優點：對大小結構均可得較好的全面平坦化、減少缺陷（defect）密度及減少電漿損壞（plasma damage）。表 4 綜合列出三種 CMP 的方法

表 4　化學機械研磨的三種方式

方式	晶圓面	平台運動方式	研磨液供給
旋轉式 CMP	朝下	相對於旋轉的晶圓載具為旋轉	滴至研磨墊表面
軌道式 CMP	朝下	相對於旋轉的晶圓載具為軌道	穿過研磨墊表面
線性 CMP	朝下	相對於旋轉的晶圓載具為線性	滴至研磨墊表面

CMP 製程乃在晶圓與研磨墊（pad）中加入研磨液（slurry），並移動要平坦化的晶圓面，摩擦研磨墊。研磨液中的研磨顆粒將會造成晶圓表面的機械損壞，使材質不再堅牢而增加化學性的破壞、或使表面破裂為碎片，而在研磨液中分解並被帶走。因為大部分化學反應是等向性的，所以 CMP 製程必須訂製，使其對表面之突出點提供較快的研磨速率，以達到平坦化的效果。

單獨只用機械方式研磨，理論上也可達到平坦化的需求，但卻會造成材料表面廣泛的機械損壞。此製程有三個主要組件：要研磨的表面、研磨墊－將機械動作轉移到要研磨的表面之主要媒介、及研磨液－提供化學及機械兩種效果。圖 27 為一CMP 設備之裝置[21]。

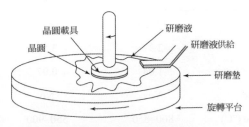

圖 27　化學機械研磨機的簡圖。

範例 7

氧化層與氧化層下方（稱之為停止層，stop layer）之移除速率分別為 $1r$ 及 $0.1r$。移除 1 μm 的氧化層及 0.01 μm 的停止層要 5.5 分鐘。試求出氧化層移除率？

解

$$\frac{1}{1r} + \frac{0.01}{0.1\,r} = 5.5$$

$$\frac{1.1}{1r} = 5.5 \quad r = 0.2 \text{ μm/min}$$

12.5.6　矽化物（Silicide）

矽可與金屬形成許多穩定態的金屬及半導電的化合稱為矽化物。這些內連線的線寬到達 1μm，而摻雜複晶矽的電阻（電阻約為 500μΩ-cm）變成不受歡迎的。有數種具低電阻係數及高熱穩定性的金屬矽化物適合於 ULSI 的應用，例如矽化鈦（titanium silicide，$TiSi_2$）、矽化鈷（cobalt silicide，$CoSi_2$）和矽化鎳（nickel silicide，$TiSi_2$）等矽化物具有相當低的電阻係數，並與一般積體電路製程相容。當元件變小，矽化物在金屬鍍膜材料中變得愈來愈重要。矽化物一個重要應用是在 MOSFET 中，單獨或與摻雜複晶矽（形成複晶矽化物，polycide）作為薄氧化層上的閘極電極。在以下複晶矽化物層和金屬矽化層製程中，複晶矽的存在是需要保持 SiO_2/poly-Si 界面不受損傷的特性。表 5 比較了矽化鈦、矽化鈷與矽化鎳。

表 5　$TiSi_2$ 、$CoSi_2$ 與 $TiSi_2$ 膜之比較

Properties	$TiSi_2$	$CoSi_2$	NiSi
Resistivity (μΩ-cm)	13–16	15–20	10-20
Silicide/metal ratio	2.37	3.56	2.2
Silicide/Si ratio	1.04	0.97	1.2
Reactive to native oxide	Yes	No	Yes
Silicidation temperature (°C)	800–850	550–900	400-550
Film stress (dyne/cm^2)	1.5×10^{10}	1.2×10^{10}	9.5×10^9

金屬矽化物常用來降低源極、汲極、閘極及內連線的接觸電阻。自我對準金屬矽化物技術（self-aligned silicide，簡稱 salicide）已被證明為具高度吸引力的技術，可用來改善次微米元件及電路的性能。自我對準的步驟是使用矽化物的閘極電極作為遮罩，以形成 MOSFET 的源極、汲極（例如：藉由離子佈植，第十四章將討論），此製程可減少電極間的重疊（overlap），因而降低寄生電容。

圖 28 顯示複晶矽化物與 salicide 的製程。典型的複晶矽化物形成步驟如圖 28a 所示。對濺鍍沉積，須使用高溫、高純度合成的靶材，來確保矽化物的品質。最常用於複晶矽化物製程的矽化物為矽化鎢（WSi_2）、矽化鉭（$TaSi_2$）及矽化鉬（$MoSi_2$）都是屬於耐熱、熱穩定，並對製程中的化學物品具抵抗能力。自我對準矽化物的製程如圖 28b。在製程中，複晶矽閘極在沒有任何矽化物時，先行圖案化，接著以二氧化矽或氮化矽形成邊壁子（sidewall spacer），用以防止矽化製程時，閘極與源／汲極間的短路。再將金屬層 Ti 或 Co 濺鍍於整個晶圓表面，接著進行矽化物的熱處理。矽化物原則上只在金屬與矽接觸的區域形成。接著以濕式蝕刻的方式，去除未反應的金屬，只留下矽化物。這種技術不需定義複合層之複晶矽化物閘極，且在源/汲極都形成矽化物，降低接觸電阻。

矽化物具有低電阻係數，及良好的熱穩定性，因此在 ULSI 電路應用中，深具潛力。矽化鈷因具有最低電阻係數及高溫熱穩定性，故最近已被廣泛的研究。然而，鈷對於俱生氧化層（native oxide）與含氧的環境都相當的敏感，且有大量的矽會在矽化製程中被消耗掉。

圖 28 為複晶矽化物層和金屬矽化層的形成過程，我們能推斷矽化物材料所需的性質：
1. 低電阻（對於多層膜來限制接觸校準問題與減少元件的電阻）
2. 矽化物和金屬的蝕刻選擇比（允許自我對準製程）
3. 在活性離子蝕刻（RIE）環境下的蝕刻電阻 （允許引洞的打開）
4. 可接受擴散屏障的特性

5. 低粗糙度 （給一個最小接面穿透）

6. 最好是高電阻氧化物

除了這六大特點外，矽化物必須也滿足下列標準：形態穩定性高、最小矽的消耗（有限摻雜矽的供應）和控制薄膜應力。

總結

現代的半導體元件製作需要使用薄膜。目前有四種重要的薄膜－熱氧化層、介電層、複晶矽及金屬膜。薄膜形成的主要課題包括: 低溫製程、階梯覆蓋、選擇性沉積、均勻性、薄膜品質、平坦性、產出及大尺寸晶圓的相容性。

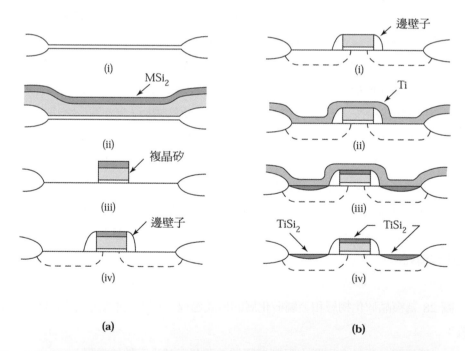

(a)　　　　　　　　　　　　　　(b)

圖28　複晶矽化物與自我對準矽化物製程；（a）複晶矽化物結構：（i）閘極氧化層，（ii）複晶矽及矽化物的沉積，（iii）圖案化複晶矽化物，（iv）輕摻雜汲極（lightly doped drain，LDD）佈植，邊壁子形成及源／汲極佈植，（b）自我對準矽化物結構:（i）閘極（僅複晶矽）圖案化、LDD、邊壁子及源／汲極佈植（ii）金屬（Ti或Co）沉積，（iii）退火形成salicide，（iv）選擇性地移除（濕式）未反應的金屬。

熱氧化可提供最好的 Si-SiO$_2$ 界面品質，及最低的界面陷阱密度。因此，可用於閘極氧化層及場氧化層的成長。LPCVD 介電質與複晶矽可有均覆性的階梯覆蓋。相形之下，PVD 與常壓 CVD 一般較容易造成非均覆性的階梯覆蓋。而 CMP 可提供全面平坦化與減少缺陷密度。均覆性的階梯覆蓋及平坦化對微影階層低於 100nm 時，精準的圖案轉移也是必須的。圖案轉移技術將在下一章討論。原子層沉積為一個新的技術來形成薄膜，而它能夠沉積厚度約為單層的氧化物和金屬薄膜。

為降低因寄生電阻與電容的 RC 時間延遲，廣泛以矽化物作歐姆接觸、銅金屬鍍膜作內連線及低介電常數材質作層間介電層，來達成 ULSI 電路中多層內連線結構的需求。此外，我們也探討了以高介電常數的材質，來改善閘極絕緣層的性能，及增加 DRAM 中單位面積的電容。

參考文獻

1. E. H. Nicollian and J. R. Brews, *MOS Physics and Technology*, Wiley, New York, 1982.

2. B. E. Deal and A. S. Grove, "General Relationship for the Thermal Oxidation of Silicon," *J. Appl. Phys.*, 36, 3770 (1965).

3. J. D. Meindl, et al., "Silicon Epitaxy and Oxidation,"in F. Van de wiele, W. L. Engl, and P. O. Jespers, Eds., *Process and Device Modeling for Integrated Circuit Design*, Noorhoff, Leyden, 1977.

4. For a discussion on film deposition, see, for example, A.C. Adams, "Dielectric and Polysilicon Film Deposition,"in S. M. Sze, Ed., *VLSI Technology*, McGawHill, New York, 1983.

5. K. Eujino, et al., "Doped Silicon Oxide Deposition by Atmospheric Pressure and Low Temperature Chemical Vapor Deposition Using Tetraethoxysilane and Ozone,"*J. Electrochem. Soc.*, 138, 3019 (1991).

6. A. C. Adams and C. D. Capio, "Planarization of Phosphorus-Doped Silicon Dioxide,"*J. Electrochem. Soc.*, 127, 2222 (1980).

7. T. Yamamoto et al., "An Advanced 2.5 nm Oxidized Nitride Gate Dielectric for Highly Reliable 0.25 μm MOSFETs,"*Symp. on VLSI Techol. Dig. of Tech. Pap.*, 1997, p.45.

8. K. Kumar, et al., "Optimization of Some 3 nm Gate Dielectrics Grown by Rapid Thermal Oxidation in a Nitric Oxide Ambient," *Appl. Phys. Lett.*, 70, 384 (1997).

9. T. Homma, "Low Dielectric Constant Materials and Methods for Interlayer Dielectric Films in Ultralarge-Scale Integrated Circuit Multilevel Interconnects," *Mater. Sci. Eng.*, 23, 243 (1998).

10. H. N. Yu, et al., "1 μm MOSFET VLSI Technology. Part I-An Overview,"*IEEE Trans. Electron Devices*, ED-26, 318 (1979).

11. J. M. Andrews, "Electrical Conduction in Implanted Polycrystalline Sillicon," *J. Electron. Mater.*, 8, 3, 227 (1979).

12. R. Doering and Y. Nishi, Eds., *Handbook of Semiconductor Manufacturing Technology*, 2nd Ed., CRC Press, FL, 2008.

13. M. J. Buiting, A. F. Otterloo, and A. H. Montree, "Kinetical Aspects of the LPCVD of Titanium Nitride from Titanium Tetrachloride and Ammonia," *J. Electrochem. Soc.*, 138, 500 (1991).

14. R. Tobe, et al., "Plasma-Enhanced CVD of TiN and Ti Using Low-Pressure and High-Density Helicon Plasma," *Thin Solid Film*, 281-282, 155 (1996).

15. J. Hu, et al., "Electrical Properties of Ti/TiN Films Prepared by Chemical Vapor Deposition and Their Applications in Submicron Structures as Contact and Barrier Materials," *Thin Solid Film*, 308, 589 (1997).

16. M. Hansen and A. Anderko, *Constitution of Binary Alloys*, McGraw-Hill, New York, 1958.

17. D. Pramanik and A. N. Saxena, "VLSI Metallization Using Aluminum and Its Alloys,"*Solid State Tech.*, 26, No. 1, 127 (1983), 26. No. 3, 131 (1983).

18. C. L. Hu, and J. M. E. Harper, "Copper Interconnections and Reliability," *Matter. Chem. Phys.*, 52, 5（1998）.

19. P. C. Andricacos, et al., "Damascene Copper Electroplating for Chip

Interconnects,"*193rd Meet. Electrochem. Soc.*, 1998, p. 3.

20. J. M. Steigerwald, et al., "Chemical Mechanical Planarization of Microelectronic Materials," Wiley, New York, 1997.

21. L. M. Cook, et al., *Theoretical and Practical Aspects of Dielectric and Metal CMP*, Semicond. Int., p. 141 (1995).

習題（*指較難習題）

12.1 節　熱氧化

1. 一 p 型，<100>–方向的矽晶圓，其電阻係數為 10 Ω-cm，置於濕式氧化的系統下，於 1050℃ 成長 0.45 μm 之場氧化層。試決定所需之氧化時間。

*2. 習題 1 中第一次氧化後，在氧化層上開一個窗口，並以乾氧法，於 1000℃，20 min 成長閘極氧化層。試決定閘極氧化層的厚度及場氧化層的總厚度。

3. 使用（11）式，判斷在溫度 920℃ 與 25 大氣蒸汽壓力下多久時間能把 SiO_2 成長 2μm。假設在這些情況下：$A = 0.5$ μm, $B = 0.203$ μm²/h, and $\tau = 0$。

4. 試證明對式（11），當時間較長時，可化簡為 $x^2 = Bt$，時間較短時，可化簡為 $x = B/A(t+\tau)$。

5. 試決定對 <100>–方向的矽晶圓樣本，於 980℃ 及一大氣壓時進行乾式氧化的擴散係數 D。

12.2 節　介電質的化學氣相沉積

6. （a）電漿沉積氮化矽含有 20% 的氫氣，且矽與氮的比值（Si/N）為 1.2，試計算實驗式 SiN_xH_y 中的 x 及 y。（b）假設沉積薄膜的電阻係數隨 $5 \times 10^{28}\exp(-33.3\gamma)$ 而改變（對 $2 > \gamma > 0.8$），其中 γ 為矽比氮的比值。試計算（a）中薄膜的電阻係數。

7. SiO_2、Si_3N_4 及 Ta_2O_5 的介電常數分別約為 3.9、7.6 及 25。試計算以 Ta_2O_5 與 $SiO_2/Si_3N_4/SiO_2$ 做為介電質之電容的比值？其中介電質厚度均相等，且 $SiO_2/Si_3N_4/SiO_2$ 的厚度比例亦為 1:1:1。

8. 一個特定過程的反應率被限制在 700℃ 與活化能為 2eV。在這個溫度下沉積速率為 1000 Å/min。在 800℃ 下可能的沉積速率是多少？ 如果實際測到的速率小於該預測值，可能是什麼原因/結論？

9. 習題 7 中，試以 SiO$_2$ 的厚度來計算 Ta$_2$O$_5$ 的等效厚度。假設兩者有相同的電容值。假設 Ta$_2$O$_5$ 的實際厚度為 $3t$。

10. 磷玻璃緩流的製程須高於 1000℃ 的溫度。在 ULSI 中，當元件的尺寸變小時，我們必須降低製程溫度。試建議一些方法，可在溫度 < 900℃ 的情形下，沉積二氧化矽作為金屬層間的絕緣層，而達到平滑輪廓之目的。

11. 以矽甲烷與氧氣的反應，沉積未摻雜的氧化層。當溫度為 425℃ 時，沉積速率為 15 nm/min。在什麼溫度時，沉積速率可提高一倍？

12.3 節　複晶矽的化學氣相沉積

12. 為何在沉積複晶矽時，較常採用矽甲烷，而非矽氯化物？

13. 解釋為何複晶矽膜的沉積溫度適度的低，一般在 600–650℃ 之間。

12.4 節　原子層沉積

14. 在理想的情況下，藉由 ALD 計算 Al$_2$O$_3$ 的表面密度？（Al$_2$O$_3$ 密度是 3 g/cm^3）

15. 利用 ALD 以 Al$_2$O$_3$ 和水作為前驅物來計算沉積速率，假如 ALD 操作在飽和條件下。每個前驅物的暴露時間為 1 秒鐘與清除時間對於每個前驅物為 1 秒鐘。

12.5 節　金屬鍍膜

16. 以一電子束蒸鍍系統沉積鋁，來形成 MOS 電容。若電容的平帶電壓因電子束輻射而偏移 0.5 V，試計算有多少固定氧化層電荷（二氧化矽厚度為 50 nm）。試問如何將這些電荷移除？

17. 一金屬線（$L = 20$ μm，$W = 0.25$ μm）之片電阻值為 5 Ω/sq.。請計算此金屬線的電阻值。

18. 計算 TiSi$_2$ 與 CoSi$_2$ 的厚度，其中 Ti 與 Co 膜的初始厚度為 30 nm。

19. 比較 TiSi$_2$ 與 CoSi$_2$ 在自我對準矽化物應用方面之優缺點。

20. 考慮一個 1cm 長時間摻雜的複晶矽內連線運行在一個 1 μm 厚的 SiO$_2$ 上。複晶矽的厚度為 5000 Å 與電阻值為 1000 μΩ cm。已知 RC 時間常數執行隨著 Rs^2L^2/t_{ox} 變化，Rs 為片電阻，L 為執行長度與 t_{ox} 為氧化物的厚度。計算假如 $\varepsilon_{ox} = 3.9\varepsilon_o$ 時，在這個執行下的 RC 時間常數。

21. 一介電材質置於兩平行金屬線間。長度 L = 1 cm、寬度 W = 0.28 μm、厚度 T = 0.3μm、間距 S= 0.36 μm。（a）計算 RC 時間延遲。假設金屬材質為鋁，其電阻係數為 2.67 μΩ-cm，介電質為介電常數為 3.9 的氧化層。（b）計算 RC 時間延遲。假設金屬材質為銅，其電阻係數為 1.7 μΩ-cm，介電質為介電常數為 2.8 的有機聚合物。（c）比較（a）、（b）中結果，我們可以減少多少 RC 時間延遲？

*22. 為避免電子遷移的問題，鋁導線的最大電流密度大約不得超過 5×10^5 A/cm²。假設導線為 2 mm 長，1 μm 寬，號稱有 1 μm 厚，此外有 20% 的線跨越在階梯上，該處厚度僅為 0.5 μm。試計算此線的總電阻值。假設電阻係數為 3×10^{-6} Ω-cm。並計算跨於導線兩端可承受之最大電壓。

23. 室溫量測 72.2 小時與 0.00722 小時的平均失效時間（MTF）產生值，在 10^3 與 10^5A/cm² 的電流密度下。假設 MTF ～ $\{exp[E_a/(kT)]\}/J^2$，判定活化能與比例常數。

24. 以銅作連線，必須克服幾點困難：銅經由二氧化矽層的擴散；銅與二氧化矽層的黏著性；銅的腐蝕性。有一種克服這些困難的方法是使用一包覆性黏著層（如 Ta 或 TiN）來保護銅導線。考慮一被包覆的銅導線，其正方形橫截面積為 0.5 μm × 0.5 μm。試比較與相同尺寸大小的 TiN/Al/TiN 導線，其上層 TiN 厚度為 40 nm，下層為 60 nm。假設被包覆的銅線與 TiN/Al/TiN 線的電阻相等，則最大包覆層的厚度為若干？

第十三章　微影與蝕刻

微影（lithography，或譯雕像術）是利用光罩（mask）上的幾何形狀，將圖案轉換於覆蓋在半導體晶圓上之感光薄膜材質（稱為光阻[1]，resist）的一種步驟[1]。這些圖案用來定義積體電路中各種不同區域，例如：佈植區、接觸窗口（contact window）與焊接墊（bonding-pad）區。而由微影步驟所形成的光阻圖案，並不是電路元件的最終部分，而只是電路圖形的模圖。為了製造電路圖形，這些光阻圖案必須再次轉移圖案至下層的元件層上。此種圖案轉移（pattern transfer）是利用蝕刻（etching）製程，選擇性的將一層未被遮罩的區域去除[2]。

具體而言，本章包括了以下幾個主題：

- 無塵室（clean room，或譯潔淨室）對微影的重要性。

- 最廣為使用的微影術－光學微影與其解析度的改善技巧。

- 其它微影術的優點與限制。

- 半導體、絕緣體與金屬膜的濕式化學蝕刻機制。

- 用於高精確度圖案轉移的乾式蝕刻法（又稱電漿輔助蝕刻，plasma-assisted etching）。

- 利用與晶向相依之蝕刻、犧牲層蝕刻與 LIGA（微影，電鍍與鑄模）製程，來製作微機電系統（microelectromechanical system，MEMS）。

13.1 光學微影

在積體電路製造中，極大多數的微影設備是利用紫外光（ultraviolet）（λ≅0.2–0.4 μm）的光學儀器。在本節中，我們將考慮用於光學微影（optical lithography）的曝光機器、光罩、光阻與解析度的改善技巧，並且考慮圖案轉移的過程，此為其它微影系統之基礎。首先，我們將簡述無塵室，因為所有的微影製程都必須在超潔淨的環境中進行。

13.1.1 無塵室

IC 製造工廠需要一個乾淨的製程廠房，特別是在微影的工作區域。無塵室的需要起因為空氣中的灰塵粒子可能會附著於半導體晶圓或微影的光罩上，並造成元件的缺陷，使電路故障。例如，半導體表面的一個灰塵粒子可以打亂磊晶膜的單晶成長，造成差排（dislocation）的形成。灰塵粒子併入閘極氧化層，將導致氧化層的傳導係數增加，並造成元件因低崩潰電壓而故障。這種情況在微影工作區域更形重要，因為當灰塵粒子黏附於光罩表面，它就如同在光罩上不透明的圖案，而這些圖案連同光罩上的電路圖案，一起轉移到光阻下的元件層上。圖 1 顯示光罩上的三個灰塵粒子[3]，粒子 1 可能造成下面的元件層產生針孔（pinhole）；粒子 2 位於圖案的邊緣，可能造成金屬導線上，電流的緊縮現象；粒子 3 可能導致兩個導電區域的短路現象，而使得電路失效。

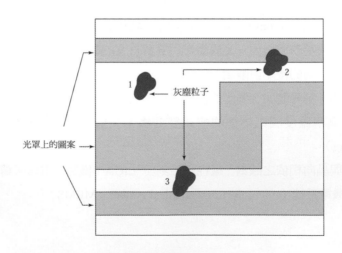

圖 1　灰塵粒子對光罩圖案不同方式的妨礙[3]

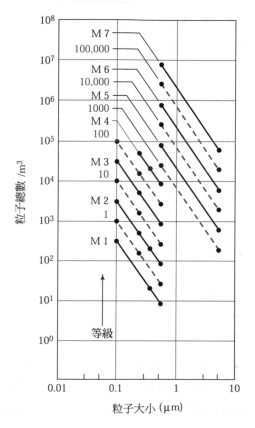

圖 2　粒子大小的分佈曲線與無塵室等級，英制（---）與公制（—）[4]。

　　在無塵室中，每單位體積的灰塵粒子總數，連同溫度與濕度變化，都必須嚴格的控制。圖 2 顯示對不同等級之無塵室，其不同大小粒子的分佈曲線。我們有兩種系統來定義無塵室的等級[4]，在英制系統，無塵室的設計等級數值，是每*單位立方英尺*中，大於或等於 0.5 μm 粒子總數的最大容許值。在公制系統，是每*單位立方公尺*中，大於或等於 0.5μm 粒子總數之對數（底數為 10）的最大容許值。例如，等級為 100 的無塵室（英制），直徑大於 0.5μm 灰塵的總數量不得多於 100 粒子數／立方英尺（particles/ft^3）而等級為 M3.5 的無塵室（公制），直徑大於 0.5μm 灰塵的總數量不得多於 10$^{3.5}$，或約 3500 particles/m^3。因為 100 particles/ft^3＝3500 particles/m^3，故一個英制等級 100 的無塵室相當於公制等級 M 3.5 的無塵室。

對大部分的 IC 製造區域，需要等級 100 的無塵室，亦即其灰塵粒子總數必須比一般室內空氣約低四個數量級。然而在微影區域，則需要等級 10 或灰塵數更低的無塵室。

範例 1

如果我們將一片 300 mm 的晶圓曝露在 30 m/min 的層流設備（laminar flow）的空氣流中 1 分鐘，若無塵室為等級 10，求將有多少灰塵粒子降落在晶圓上？

解

對等級 10 的無塵室，每立方公尺有 350 個粒子（0.5μm 或更大），一分鐘內流經晶圓表面的空氣體積為：

$$(30 \text{ m/min}) \times \pi \left(\frac{0.3 \text{ m}}{2}\right)^2 \times 1 \text{ min} = 2.12 \text{ m}^3$$

此空氣體積中包含灰塵粒子（0.5 μm 或更大）為 350 × 2.12 = 742 粒子。

因此，如果晶圓上有 800 個 IC 晶方（chip，或譯晶粒），則此粒子數相當於 92％的晶方會有一個粒子附著。幸好只有部分的降落粒子會附著在晶圓表面，而這些附著粒子只有少部分會附著在電路上關鍵性位置而造成電路故障。然而此計算可以顯示無塵室的重要。

13.1.2　曝光機台

圖案的轉移過程是利用微影曝光機台（exposure equipment）來完成。曝光機台的性能可由下面三個參數來判別：解析度（resolution）、對正誤差（registration）與產出（throughput，或譯產率）。解析度是指能以高忠實度，轉移到晶圓表面的光阻膜上之最小特徵尺寸，對正誤差是量測後續光罩能多精確對準（或疊對，overlaid）在先前晶圓上所定義之圖案，而產能則是對一給定的光罩層，每小時能曝光的晶圓數目。

基本上，有兩種光學的曝光方法：陰影曝印法（shadow printing）與投影曝印法（projection printing）[5,6]。陰影曝印法可分為光罩與晶圓彼此直接接觸的*接觸曝印法*

（*contact printing*）或是二者緊密相鄰的*鄰近曝印法*（*proximity printing*）。圖 3a 顯示接觸曝印法的基本裝設，其中塗有光阻的晶圓與光罩實際接觸。並利用一幾近平行的紫外光源，經由光罩背面，照射一固定時間，使光阻曝光。由於光罩與晶圓的緊密接觸，可提供 ~1 μm 的解析度。然而，接觸曝印法有一因灰塵粒子所造成的重大缺點。晶圓上的灰塵粒子或是矽微粒，在晶圓與光罩接觸時，都可能嵌入光罩中，這些嵌入的粒子將造成光罩永久損壞，而在後續每次曝光步驟中，導致晶圓上的缺陷。

為了減少光罩損壞，可以使用鄰近曝光法。圖 3b 顯示其基本裝設。它與接觸曝印法相似，唯一不同在曝光時，光罩與晶圓間有一間隙（約 10 到 50 μm）。此一小間隙卻會在光罩圖形的邊緣造成光學繞射（diffraction），換言之，當光穿越不透明光罩圖形的邊緣，光繞射形成，而有部分光線穿透遮罩區，導致解析度將劣化至 2 到 5 μm 範圍。

在陰影曝印法，能被曝印出的最小線寬〔或臨界尺寸（CD），critical dimension〕大約為：

$$CD \cong \sqrt{\lambda g}$$

(1)

λ 是曝光光源的波長，g 是光罩與晶圓間的間隙距離，並包括光阻厚度。當 $\lambda = 0.4$ μm，$g = 50$ μm，CD 等於 4.5 μm。如果 λ 減少至 0.25 μm（波長範圍 0.2 到 0.3 μm 等於深紫外線光譜區），且 g 減至 15 μm，CD 就變成 2 μm。因此減少 λ 與 g 是有利的。然而當給定一個距離 g，任何直徑大於 g 的微塵粒子都有可能造成光罩損壞。

為了避免陰影曝印法中光罩的損壞問題，投影曝印法的曝光機台於焉誕生，以用來將光罩上圖案的影像投影至相距好幾公分塗有光阻的晶圓上。為增加解析度允許以一個均勻的光源，來一次只曝光一小部分光罩圖案。這一小部分的影像面積藉由掃描（scan）或步進（step），來涵蓋整片晶圓表面。圖 4a 顯示一個 1：1 的晶圓掃描投影系統[6,7]。一個寬度~1 mm 窄弧形影像域連續地將細長的影像從光罩轉移至晶圓上，晶圓上的影像尺寸與光罩上相同。

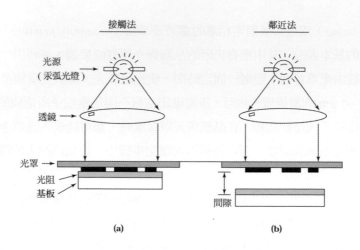

圖3 光學陰影曝印技術的示意圖1：（a）接觸曝印法，（b）鄰近曝印法。

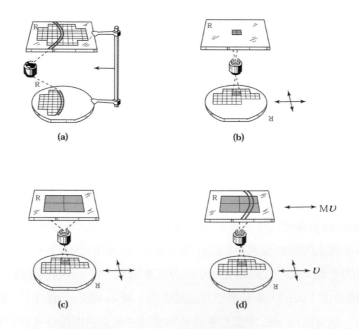

圖4 投影曝印法的影像分割技術：（a）整片晶圓掃描，（b）1：1步進重複，
（c）M：1縮小的步進重複，（d）M：1縮小的步進掃描[6,7]。

　　這個小的影像域也可在光罩保持靜止的情形下，只利用二維的晶圓平移，以步進方式涵蓋晶圓表面。在完成一個晶方位置的曝光後，將晶圓移動至下一個晶方位置，此過程一再重複。圖 4b 與圖 4c 分別顯示利用*步進重複投影法*（*step-and-repeat projection*），以比例 1：1 或縮小比例 M：1（例如 10：1 即於晶圓上縮小 10 倍）的方式將晶圓影像分割（partition）。縮小比例是與製作用以曝印的透鏡和光罩之能力有關的重要因子。1：1 的光學系統比 10：1 或 5：1 的縮小系統容易設計與製作，但要在 1：1 比例製作一個沒有缺陷的光罩，比在 10：1 或 5：1 的縮小比例下困難許多。

　　縮小投影之微影可在不用重新設計步進機透鏡下，曝印較大的晶圓，只要透鏡的透光域尺寸（field size，即晶圓本身上的曝光面積）可以包含至少一個或數個 IC 晶方。當晶方尺寸超過透鏡的透光域尺寸時，進一步的分割光罩上的影像是必要的。圖 4d，對一個 *M*：1 的步進掃瞄投影微影，其光罩上之影像域可呈窄弧形。對步進掃瞄系統，晶圓有一速度為 v 的二維平移，而光罩則有一速度為晶圓速度 M 倍的一維平移。

　　一個投影系統的解析度 l_m 通常由鏡片品質決定，但是最終被繞射限制而可以表示為：

$$l_m = k_1 \frac{\lambda}{\text{NA}} \tag{2}$$

其中 λ 為曝光波長，k_1 為一與製程相依的因子，NA 為數值孔徑（numerical aperture），定義為：

$$\text{NA} = \bar{n}\sin\theta = \bar{n}\sin(\tan^{-1}D/2f) \approx \bar{n}(D/2f) \tag{3}$$

$\bar{n}$ 為影像介質的折射率（通常為空氣，其 $\bar{n}$ =1），而 θ 為圓錐體光線聚於晶圓上一影像點的半角角度值，D 為透鏡的直徑與 f 為焦距，如圖 5 所示[5]。因此光學系統的數值孔徑為無因次數，而特點在於角度的範圍超過系統能接受或放射的光。圖 5 同時顯示聚焦深度（depth of focus，DOF），可表示為：

$$\text{DOF} = \frac{\pm l_m/2}{\tan\theta} \approx \frac{\pm l_m/2}{\sin\theta} = k_2 \frac{\lambda}{(\text{NA})^2} \tag{4}$$

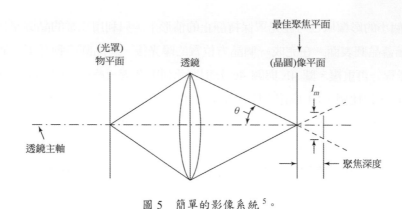

圖 5　簡單的影像系統[5]。

其中 k_2 為另一個與製程相依的因子。焦距深度是從鏡片到薄層或感應器平面上的焦點距離。在光學微影上，它使用在指定平坦度與抗蝕劑層來確保清晰的對焦。

　　式（2）說明解析度可以經由縮短光源波長，或增加 NA，或兩者並行而改善（即較小的 l_m）。然而，式（4）指出，增加 NA 值比縮短光源波長 λ，對 DOF 的劣化更快。這解釋了為何光學微影朝較短波長的趨勢。

　　由於有高的光強度與可靠度，所以汞弧光燈（mercury-arc lamp）被廣泛作為曝光光源。圖 6 顯示汞弧光燈光譜由幾個峰值所組成。被稱為 G-line、H-line 與 I-line 的峰值波長分別為 436 nm、405 nm 與 365 nm。配合解析度改善技術，5：1 的 I-line 步進重複投影之微影系統，可以提供 0.3 μm 的解析度（詳細討論見 13.1.6）。先進曝光機台如採用 KrF 準分子雷射（excimer laser）的 248 nm 微影系統，採用 ArF 準分子雷射的 193 nm 微影系統，與浸入式 193nm 系統（鏡片浸入在水中使折射率從 1 增加到 1.33）已被發展出，並分別可量產解析度為 180 nm、100 nm 和 70 nm 以下的產品。

13.1.3　光罩

在 IC 製造上縮小倍數技術通常使用於製作光罩。光罩製作的第一步為設計者以電腦輔助設計（computer-aided design，CAD）系統，完整地將電路圖敘述出來。然後將 CAD 系統產生的數位資料傳送到電子束微影系統的圖形產生器（將於 13.2.1 節敘述），再將圖案直接轉移至對電子敏感的光罩上。此光罩是由熔凝矽土（fused silica）的基板覆蓋一層鉻膜組成。電路圖案先轉移至電子敏感層（電子光阻），進而轉移至底下之鉻膜層，光罩於焉完成。詳細的圖案轉移將於 13.1.5 節說明。

光罩上的圖案代表 IC 設計的一層。組成的佈局圖依 IC 製程順序，分成各層光罩，如：隔離區為一層、閘極區為另一層等依此類推。一般而言，一組完整的 IC 製程流程需要 15 到 20 道不同的光罩層。

標準尺寸的光罩基板為 $15 \times 15\ cm^2$，0.6 cm 厚的熔凝矽土平板。尺寸必須滿足 4：1 與 5：1 的光學曝光機中透鏡透光域的尺寸，厚度則須滿足將因基板變形所導致的圖案安置誤差減至最低的要求。熔凝矽土平板則取其低熱膨脹係數、在較短波長時之高穿透率與高機械強度。圖 6 顯示已完成幾何形狀圖案之光罩，用於製程評估的一些次要晶方位置亦包含在光罩內。

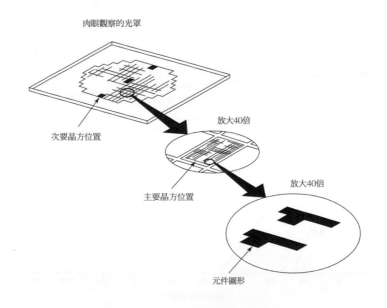

肉眼觀察的光罩

次要晶方位置

放大40倍

主要晶方位置

放大40倍

元件圖形

圖 6　積體電路光罩 [1]。

　　光罩的主要考量之一是缺陷密度。光罩缺陷可能在製造光罩時、或是在後續的微影製程步驟中產生。即使是一個很小的光罩缺陷密度都會對最後 IC 的良率產生極深的影響。*良率*（yield）的定義是，每一晶圓中良好的晶方數與總晶方數之比。

　　若取一階近似，某一層光罩的良率 Y 可表示為：

$$Y \cong e^{-DA} \tag{5}$$

其中 D 為每單位面積「致命」缺陷的平均數，A 為一個 IC 晶方的面積。若 D 對所有的光罩層都保持相同值（如，$N=10$ 層），則最後良率為：

$$Y \cong e^{-NDA} \tag{6}$$

　　圖 7 顯示一個 10 層光罩的微影製程，在不同的缺陷密度下，受限於光罩的良率對晶方尺寸之函數。例如，當 $D=0.25$ 缺陷/平方公分時，對 90 mm^2 大小的晶方，其良率為 10％；當晶方面積變為 180 mm^2 時，良率降到約 1％。因此，在大面積晶方上要達到高良率，光罩的檢視與清洗是很重要的。當然，超高潔淨的製程區對微影製程不可或缺的。

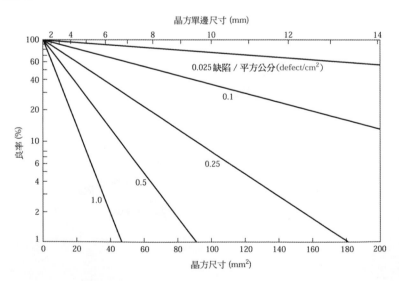

圖 7　以每道光罩中不同缺陷密度對一個 10 道光罩微影製程之良率的影響。

13.1.4 光阻

光阻為對輻射敏感的化合物。光阻依其對照射的反應，分成正光阻與負光阻。對正光阻（positive resist）而言，曝光的區域將變得較易溶解，因此可以在顯影（develop）步驟時較容易被移除。其結果為以正光阻產生的圖案（或稱影像）將會與光罩上的圖案一樣。對負光阻（negative resist）而言，曝光區域的光阻將變得較難溶解，以致負光阻所形成的圖案與光罩圖案顛倒。

正光阻有三種成分：感光化合物（photosensitive compound）、樹脂基材（base resin）及有機溶劑（organic solvent）。曝光前感光化合物並不會溶解於顯影液（developer）中。曝光後，曝光區的感光化合物吸收輻射，因而改變了本身的化學結構，而變得可以溶解於顯影液中。在顯影過程後，曝光區域即被移除。

負光阻由聚合物與感光化合物所結合成。曝光後，感光化合物吸收光能量並將其轉換成化學能，以引起聚合物連結（Polymer linking）反應。此反應使得聚合物分子交互連結（cross-link）。此交互連結的聚合物分子因此有較大分子量，變的較難溶解於顯影液中。在顯影過程後，未被曝光的區域將被移除。負光阻的一項主要缺點為，在顯影的步驟中光阻會吸收顯影液而造成腫脹。此腫脹現象會限制負光阻的解析度。

圖 8a 為典型正光阻的曝光反應曲線與影像截面圖 [1]。反應曲線描述在曝光與顯影過程後，殘存光阻的百分率與曝光能量間之關係。值的注意的是，即使未被曝光，光阻於顯影液中也有少量的溶解度。當曝光能量增加，光阻的溶解度也會逐漸增加，直到臨界能量（threshold energy）E_T 時，光阻會變得可完全溶解。正光阻的感光度是利用曝光區域光阻產生完全溶解時，所需的能量來定義。因此，E_T 相當於光阻的感光度。除 E_T 外，另一稱為對比值（contrast ratio，γ）的參數也被用來定義光阻的特性：

$$\gamma \equiv \left[\ln\left(\frac{E_T}{E_1} \right) \right]^{-1} \tag{7}$$

其中 E_1 為從 E_T 畫一正切線與 100% 光阻厚度相交時的曝光能量，如圖 8a 所示。當 γ 值越大，即表示曝光能量增加時，光阻溶解度增加越快，因此產生一個較分明的影像。

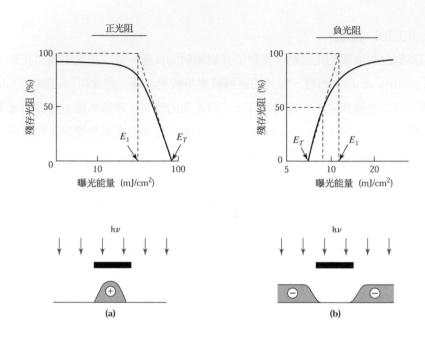

圖 8　曝光反應曲線與顯影後光阻影像的截面圖[1]：（a）正光阻，（b）負光阻。

　　圖 8a 的影像截面圖說明光罩影像邊緣與顯影後對應的光阻影像邊緣之關係。由於*繞射*，光阻影像邊緣一般並不位於光罩邊緣垂直投影的位置，而是位於光總吸收能量等於其臨界能量 E_T 處。

　　圖 8b 為負光阻的曝光反應曲線與影像的截面圖。在曝光能量小於臨界能量 E_T 時，負光阻依然可以完全溶於顯影液中。當能量高於 E_T 時，在顯影的步驟後，大部分的光阻依然保留著。當曝光能量為臨界能量的兩倍時，光阻薄膜基本上已經不會再溶解於顯影液中。負光阻感光度的定義為保留曝光區光阻原始厚度的 50％所需的能量。參數值 γ 的定義與式（7）類似，只是將 E_1 與 E_T 互相交換。而負光阻的截面圖（如圖 8b）也會受到繞射效應的影響。

範例 2

找出圖 8 中光阻的參數 γ 值。

解

對正光阻而言，E_T = 90 mJ/cm^2 ，而 E_1 = 45 mJ/cm^2：

$$\gamma = \left[\ln\left(\frac{E_1}{E_T} \right) \right]^{-1} = \left[\ln\left(\frac{90}{45} \right) \right]^{-1} = 1.4$$

對負光阻而言，E_T = 7 mJ/cm^2 ，而 E_1 = 12 mJ/cm^2：

$$\gamma = \left[\ln\left(\frac{E_1}{E_T} \right) \right]^{-1} = \left[\ln\left(\frac{12}{7} \right) \right]^{-1} = 1.9$$

對深紫外光（如 248 及 193nm）微影而言，我們不能再使用傳統的光阻，因為這些光阻在深紫外光區域需要高劑量的曝光，將造成透鏡的損壞與降低產出。化學放大光阻（chemical amplified resist，CAR）乃因應而生，以供深紫外光製程使用。CAR 包含光酸產生器（photo-acid generator）、聚合物樹脂（resin polymer）與溶劑。CAR 對深紫外光非常敏感且曝光與非曝光區在顯影液的溶解度差別甚大。

13.1.5 **圖案轉移**（Pattern Transfer）

圖 9 闡明將 IC 圖案從光罩轉移至表面有 SiO$_2$ 絕緣層的矽晶圓之步驟[8]。由於光阻對波長大於 0.5 μm 的光並不敏感，所以晶圓會被置於通常由黃光照射的無塵室中。為了確保符合要求的光阻附著力，晶圓表面必須由親水性（hydrophilic）改變為斥水性（hydrophobic）。這種改變可以利用附著力促進劑，以對光阻提供一個化學性質相近的表面。在矽 IC 製程中，光阻的附著力促進劑一般為 HMDS（hexa-methylene-di-siloxane，六甲基二矽胺）。在將此附著層塗佈完成後，晶圓被置於一真空吸附的旋轉盤上，並將 2 至 3cc 的光阻液滴在晶圓中心處。然後晶圓被快速地加速至一固定的轉速，此固定的轉速維持約 30 秒。要均勻塗佈厚度為 0.5 至 1 μm 的光阻，其旋轉速度一般為 1,000 至 10,000 rpm （一般是 2000-5000rpm），如圖 9a 所示。而光阻的厚度與

光阻的黏滯性也有關係。

在旋轉的步驟後，晶圓被施以軟烤（soft bake）（一般溫度為 90°~120℃，時間為 60~120 秒）以將光阻中的溶劑移除，並增加光阻對晶圓的附著力。然後利用光學微影系統，將晶圓與光罩上的圖案對準，並利用紫外光將光阻曝光，如圖 9b 所示。如果使用的是正光阻，曝光的光阻區將會溶解於顯影液中，如圖 9c 左圖所示。光阻的顯影步驟，一般是利用顯影液將晶圓淹沒，再將晶圓沖水並且旋乾。顯影完成後，為了增加光阻對基板的附著力，或許需要再將晶圓以 100°~180℃ 做曝後烤（postbaking）。然後晶圓將被置於蝕刻的環境中，蝕刻暴露的介電層，而不侵蝕光阻，如圖 9d。最後，將光阻除去（例如：使用溶劑或是電漿氧化），而留下一個絕緣體的圖像（或圖案），此圖案與光罩上不透光的圖像是一樣的（圖 9e 的左圖）。

如果使用的是負光阻，前面描述的步驟都一樣，唯一的不同點，是未被曝光的光阻被移除。最後的絕緣體圖像與光罩上不透光的圖像顛倒（圖 9e 的右圖）。

絕緣體圖像可以當作接下來製程的遮罩，例如，我們使用離子佈植摻雜暴露的半導體區域，而不會摻雜有絕緣體覆蓋的區域。對負光阻而言，摻質的圖案與光罩上所設計圖案相同；對正光阻而言，摻質的圖案則是其互補的圖案。而完整的電路製作，是重複微影轉移的步驟，將下一道光罩對準先前的圖案而得。

另一相關的圖案轉移製程為舉離（lift off）技術，如圖 10。利用正光阻在基板上形成光阻圖案（圖 10a 與圖 10b），再沉積一層薄膜（如，鋁）覆蓋光阻與基板（圖 10c）；此層薄膜厚度必須比光阻薄。然後，選擇性地將光阻溶解於適當的蝕刻溶液，因此覆蓋在光阻上的薄膜會被舉離而移除（圖 10d）。舉離技術有高解析度能力，因此廣泛用於分立式元件，如高功率的 MESFET。然而，由於乾式蝕刻技術為更好的技術，因此舉離技術並不常被用於極大型積體電路。

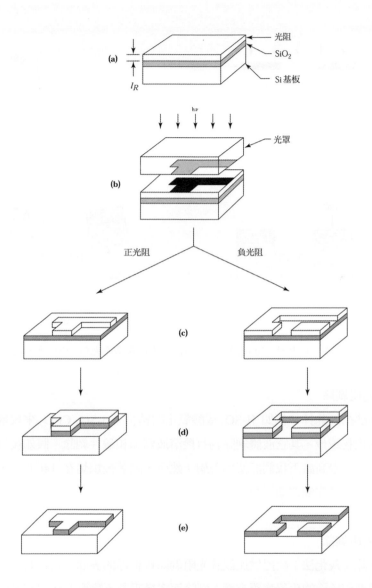

圖 9　光學微影的圖案轉移之詳細步驟[8]。(a) 光阻的應用。(b) 經過光罩曝光光阻。
(c) 光阻的顯影。(d) SiO$_2$ 的蝕刻。(e) 光阻的去除。

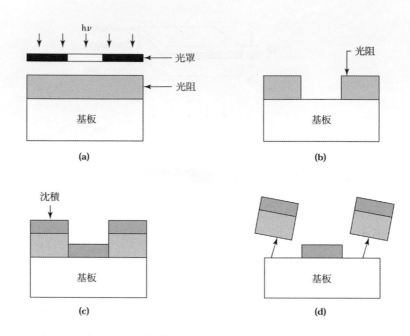

圖 10　用於圖像轉移的舉離（liftoff）製程。(a) 經過光罩曝光光阻。(b) 薄膜沉積。(c) 舉離。

濕式光阻剝除

光阻能被強酸給剝除掉。例如 H_2SO_4 或酸氧化的結合、H_2SO_4-Cr_2O_3 來攻擊光阻，但不是除掉氧化物或矽。其它液體剝除為有機溶液剝除和鹼性剝除。假如後烘烤沒有很久或是在 120℃過高溫下我們能使用丙酮。然而，隨著後烘烤在 140℃下，光阻顯影堅韌的表皮而必須在氧電漿下燒去。

乾式光阻剝除

乾式光阻剝除（灰化法）能提供比濕式光阻剝除較乾淨的表面。它也有較少的問題在有毒、易燃性和危險的化學物質方面。剝除速率幾乎為不變而導致沒有削弱與光阻的擴大。另外，它是減少腐蝕性對於在晶圓上金屬的特性。

有三種方法供乾式光阻剝除。氧電漿剝除採用低壓電漿放電去分裂氧分子(O_2)直到更多反應原子形成氧(O)，這氧原子在有機光阻中轉換到氣體產生，而氣體可能被抽走。在臭氧剝除中，在大氣壓下臭氧攻擊光阻。在 UV／臭氧剝除中，UV 幫助打斷光阻中的鍵結，使臭氧能作出較多有效的攻擊。臭氧剝除器的優點在於沒有電漿破壞而能在製程中的元件上發生。大桶電漿反應爐已經主要地使用在光阻的剝除，而將在 13.5.部分討論。

13.1.6 解析度的增強技術

在 IC 製程中，提供較佳的解析度、較深的聚焦深度（depth of focus，DOF）與較廣的曝光容忍度一直是光學微影系統的持續挑戰。這些挑戰已經可以用縮短曝光機台的波長與發展新光阻來克服。另外為了得到較小的線寬，許多解析度的增強技術（resolution enhancement techniques，RET），也被發展出來，以將光學微影延伸到更小的特徵長度。

相移技術

相移光罩（phase-shifting mask，PSM）是一項重要的解析度增強技術，基本概念 [9] 如圖 11 所示。對於傳統的光罩而言，在每個孔隙（透光區）的電場具有相同的相位，如圖 11a。繞射與光學系統的解析度之限制，使得晶圓上之電場分佈散開，如虛線所示。相鄰孔隙的繞射現象，使得光波被干涉，而增強孔隙間之電強度。因為光強度 I 正比於電場的平方，因此兩個投影的影像若太接近，就不易分辨出來。將相移層覆蓋於相鄰的孔隙上，將使電場反相，如圖 11b 所示。因為光罩上的光強度並未改變，晶圓上的影像電場將可被抵銷。因此，相鄰的投影影像即可分辨出來。要得到 180°的相位改變，可用一透明層，其厚度為 $d = \lambda/2(\bar{n}-1)$，其中 $\bar{n}$ 為折射率，λ 為波長（其長可蓋過一個孔隙），如圖 11b。

光學鄰近修正

在微影中高效能光學投影成像是藉由繞射效應的強烈影響。個別的圖案面貌沒有圖像獨立，但是相鄰的圖案面貌互相圖像獨立。結果從繞射重疊為所謂的鄰近效應。鄰近效應變成更為突出的特徵尺寸，與空間在投影光學系統的特徵尺寸接近分辨率極限之間。

　　光學鄰近修正（optical proximity correction，OPC）是一種增強解析度的技術去減少此影響。此法是由於繞射影響而利用鄰近的次解析（sub-resolution）幾何圖形的修正圖像來補償於圖像的錯誤。例如，一條線的寬度，當其尺寸接近解析度的極限時，由於繞射影響曝印出圖像將變成圓角，如圖 12a 所示。修改線圖案的邊緣並在角落上附加幾何形狀，如圖 12b 所示，而將幫助印刷更準確的線。增加光學鄰近修正面貌去做光罩佈局允許更嚴格的設計規則和顯著的改善製程可靠性與產量。

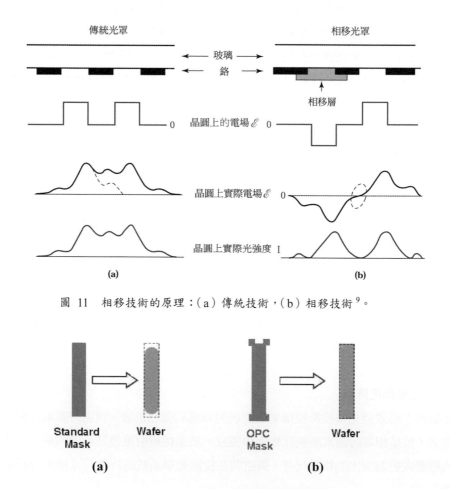

圖 11　相移技術的原理：（a）傳統技術，（b）相移技術 [9]。

圖 12　光學鄰近效應。(a) 圓角經由標準光罩 (b) 精確線形狀經由 OPC 光罩。

浸入式微影

在 13.1.2 部分提到，浸入式微影是一個先進的光學微影系統，一般在透鏡與晶圓表面之間的空氣被替換為液體介質，因為液體有比空氣較高的折射率。解析度能藉由增加數值孔徑（Eq.2）來增強，而且正比於影像介質的折射率（Eq.3）。因此解析度藉由因子等於折射率而增加。當前浸入式微影設備中液體使用高純化水（ $\bar{n}$ =1.33）用來製造新一代奈米尺度的 CMOS ICs 。浸入式微影被開發於 32nm 以下的製程。

13.2　下世代微影技術

為何光學微影會被如此廣泛使用？是什麼使光學微影如此被看好？答案是因為它的高產出、好的解析度、低成本且容易操作。然而，為了滿足 IC 製程的需求，光學微影有一些限制，至今仍懸而未決。雖然可以利用 PSM、 OPC 或浸入式微影來延長光學微影的使用時間，但是複雜的光罩製作與光罩檢查並不容易解決。另外，光罩成本也很高。因此我們需要找出後光學微影技術，來製作奈米級的 IC。本節將討論各式各樣用於 IC 製造的下世代微影方法。

13.2.1　電子束微影

電子束微影（electron-beam lithography）主要用於製作光罩。只有相當少數機台是致力將電子束直接對光阻曝光，而不須使用光罩。圖 13 為電子束微影系統的示意圖 [10]。電子鎗是用來產生一具有適當電流密度之電子束的元件。電子鎗利用鎢熱離子發射陰極或是單晶的六硼化鑭（LaB$_6$）來產生電流。聚焦透鏡是用來將電子束聚焦成直徑為 10~25 nm 的光點。電子束開關平板用來控制電子束的開關，而電子束偏移線圈是由電腦控制，通常操作在 MHz 或是更高的範圍，來將聚焦電子束導引到基板上掃瞄域（scan field）之任意位置。因為掃瞄域（典型為 1 cm）通常比基板直徑來的小，因此會用一個精準的機械座檯來將要被曝光的基板定位。

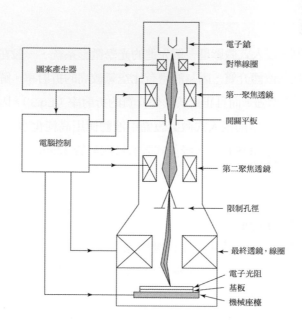

圖案產生器

電腦控制

電子鎗
對準線圈
第一聚焦透鏡
開關平板
第二聚焦透鏡
限制孔徑
最終透鏡，線圈
電子光阻
基板
機械座檯

圖 13　電子束機台的示意圖[10]。

　　電子束微影的優點包含：可以產生奈米級的光阻幾何圖案、高自動化及高精準度控制的操作，比光學微影有較大的聚焦深度，與不用光罩可直接在半導體晶圓上描繪圖案。缺點為電子束微影機台產出低，在解析度小於 100 nm 時，約為每小時 2 片晶圓。這樣的產能對光罩生產、需求量小的訂作電路及證明設計可行性的情況而言是足夠的。然而，對於不用光罩的直寫（direct writing，或譯直描）方式，機台必須要儘可能提高產出，故要採用與元件最小尺寸相容的最大光束直徑。

　　基本上聚焦電子束的掃瞄分成兩種形式：順序掃瞄（raster scan）與向量掃瞄（vector scan）[11]。在順序掃瞄系統中，光阻圖案是利用電子束規則的垂直移動，來描寫出來，如圖 14a。電子束依序掃瞄光罩上任何可能的位置，而在不需要曝光的區域則適時的關閉。在描寫區域上的所有圖案必須被細分成個別的位址（address），而且一給定的圖案必須有一個最小的增量間隔，這些間隔亦可被電子束位址大小來平均分割。

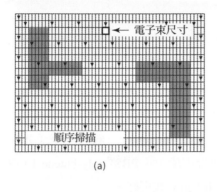

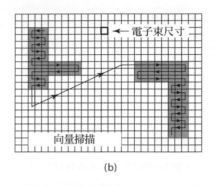

圖 14 （a）順序掃描之掃描方式，（b）向量掃描之掃描方式，（c）電子束形狀：
圓形、可變形狀、單元投影 [12]。

在向量掃瞄系統，如圖 14b，電子束只被導引到需要的圖案特徵處，且電子束從一個圖案特徵處跳至另一個圖案特徵處，而不須如順序掃瞄般掃瞄整個晶方。對許多晶方而言，平均的曝光區域只有全部面積的 20%，所以用向量掃瞄系統，我們可節省曝光時間。

圖 14c 為電子束微影中利用到的數種電子束的類型：高斯點狀電子束（Gaussian spot beam，即圓形電子束）、可變形狀電子束（variable-shaped beam）與單元投影（cell projection）。在可變形狀電子束系統中，繪圖的電子束有可調整面積大小的矩形截面。因此，在向量掃瞄方法中，利用可變形狀電子束時，可比利用傳統的高斯點狀電子束法有較高的產出。而利用單元投影的方法，可以讓電子束系統在一次曝光下，完成一個複雜的幾何形狀，圖 14c 的最右邊為此法的圖示。單元投影技術 [12] 特別適合高度重複性的設計，如 MOS 記憶胞，因為數個記憶胞的圖案，可經由一次曝光就完成。但單元投影技術的產出尚未達到光學微影曝光機台的水準。

電子光阻

電子光阻（electron resist）為聚合物。電子光阻的性質與光學用光阻類似，換言之，經由照射引起光阻之化學或物理變化。這種變化可使光阻被圖案化。對正電子光阻而言，聚合物與電子之間的交互作用。造成化學鍵的破壞（鏈斷裂，chain scission），而形成較短的分子片段，如圖 15a[13]，結果造成照射區的光阻分子量變小，而在接下來的顯影步驟中，會因顯影液侵蝕分子量較小的材質而溶解。一般的正電子光阻包括 PMMA（poly-methyl methacrylate，聚甲基丙烯酸甲酯）與 PBS（poly-butene-1 sulfone，聚丁烯-[1]碸）。而正電子光阻的解析度可達 0.1 μm 或更好。

對負電子光阻而言，照射造成聚合物連結在一起，如圖 15b。此種交互連結產生一複雜的三維結構，其分子量比未經輻射處理之聚合物大。未經照射的光阻能夠溶解於顯影液中，而顯影液並不會侵蝕高分子量的材質。COP（poly-glycidyl methacrylate -co-ethyl acrylate，聚甘油丙烯酸甲酯－丙烯酸乙酯）為一種常用的負電子光阻。COP 就如同大部分的負光阻，在顯影時會腫大，所以其解析度之極限約在 1 μm。

鄰近效應

在光學微影中，解析度的極限是由光的繞射來決定。而在電子束微影中，解析度並非受限於繞射（因為具有數個 keV 或是更高能量的電子，其對應的波長比 0.1 nm 更短），而是受限於電子散射。當電子穿透過光阻膜與下層的基板時，這些電子將經歷碰撞。這些碰撞造成能量損失與路徑的改變。因此這些入射電子在它們穿越物質時會散開，直到它們的能量完全喪失，或是因背向散射而離開材質。

圖 16a 為計算出的 100 個電子的軌跡，其初始能量為 20 keV，入射於厚矽基板上 0.4 μm 厚 PMMA 薄膜層之原點 [14]。此電子束沿著 z 軸方向入射，而所有的電子軌跡都投影在 xz 平面上，此圖定性上顯示，電子的分佈形狀像一個長橢圓形的西洋梨，而其直徑大小與電子的穿透深度約為同一數量級（~3.5 μm）。另外，許多電子也因經歷背向散射碰撞，而從矽基板反向行進，進入 PMMA 光阻再離開材質。

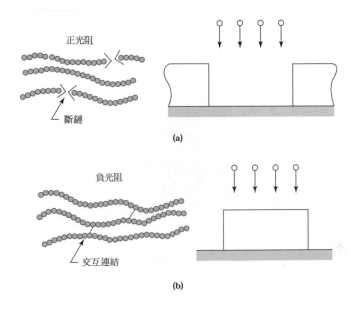

圖 15　電子束微影系統所使用到的(a)正光阻與(b)負光阻示意圖[13]。

　　圖 16b 顯示在光阻與基板界面，正向散射與背向散射電子的歸一化分佈圖。由於背向散射的關係，這些電子可以將距曝光束中心點數微米的區域，有效地照射。既然光阻的曝光量為這些環繞區域照射劑量的總和，所以在某一個位置的電子束照射，將會影響到鄰近位置的照射。此現象稱之為*鄰近效應*（proximity effect）。鄰近效應會限制圖案特徵間的最小間距。為了修正鄰近效應，可將圖案分割成更小的片段。將每個片段的入射電子劑量加以調整，使其與所有相鄰片段集合的總電子劑量，恰為正確的曝光劑量。此方法會更進一步降低電子束系統的產能，因為要將更細分的光阻圖案曝光，需要額外的電腦時間。

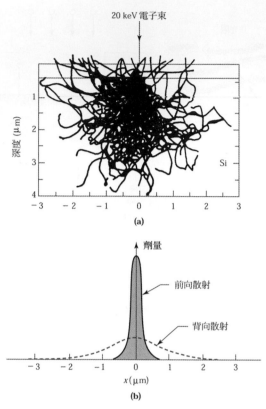

圖 16 （a）能量為 20keV 的電子束中 100 個電子在 PMMA 中之軌跡模擬[15]，
（b）在光阻與基板界面間，前向散射與背向散射的劑量分佈。

13.2.2　極紫外光微影術

極紫外光（extreme ultraviolet，EUV）微影極有希望成為下一世代微影技術，它可將最小線寬延伸到 30 nm，而不會降低產出[15]。圖 17 為 EUV 微影系統的示意圖。雷射產生的電漿或是同步輻射（synchrotron radiation）皆可作為波長 λ 為 10 到 14 nm 的極紫外光光源。EUV 的輻射是利用光罩的反射，而光罩圖案的製作，是將圖案做在吸收膜上，此吸收膜則沉積在多層覆蓋的平矽基板或玻璃基板作成之光罩空片（mask blank）上。而 EUV 輻射是由光罩上的非圖案區（無吸收膜區）反射，經由四倍的微縮照相，將影像轉移至晶圓上的薄光阻層。

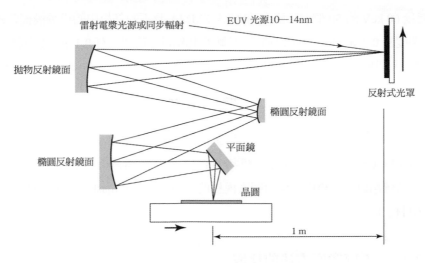

圖 17　EUV 微影系統的示意圖[15]。

　　因為 EUV 輻射束很窄，因此必須利用光束掃瞄的方式將描述電路的光罩層完全掃瞄。再者，對於一個四面鏡子（即兩個拋物面鏡、一個橢面鏡、一個平面鏡）的四倍微縮照相機，晶圓必須以光罩移動之四分之一速度，且反方向被掃描，以在晶圓表面上之所有晶方位置複製所要之影像域。一個精密的系統必須在掃描曝光過程中具備對晶方位置的對準功能、控制晶圓與光罩基座的移動和曝光劑量的控制。EUV 微影可以波長為 13 nm 的輻射光源，以及 PMMA 光阻曝印出 50 nm 的圖案。然而，製造 EUV 曝光機台將面臨幾項挑戰。因為所有的材質對 EUV 光都有強的吸收能力，所以微影過程必須在真空下進行。照相機必須使用反射透鏡元件，而這些鏡子必須覆蓋多層的覆蓋層，如此才可以產生分佈式四分之一波長之布拉格反射鏡。另外，光罩空片必須要多層膜覆蓋，以便在波長為 10 到 14 nm 時得到最大的反射率。

13.2.3　離子束微影

離子束微影（ion-beam lithography）比光學或電子束微影技術可達較高的解析度，因為離子有較大的質量，因此散射比電子少。它最重要的應用為修補光學微影用的光罩，而市面上有專門針對此用途而設計的系統。

能量 60 keV 的 50 個 H^+ 離子，佈植入 PMMA 及不同基板中的電腦模擬軌跡[16]。表示在深度為 0.4 μm 時，在所有情形下離子束散開的範圍只有 0.1 μm（與圖 16a 的電子比較）。對矽基板而言，背向散射幾乎完全消失，只有在金的基板時有少數量的背向散射。然而，離子束微影可能遭受隨機（或離散）空間電荷效應而使離子束變寬。

離子束微影系統有兩種：掃瞄聚焦離子束系統與遮罩離子束系統。前者與電子束的機台類似（圖 13），其中離子源可為 Ga^+ 與 H^+。後者系統與 5×光學微縮投影的步進重複系統類似，它經由一個有圖案模板的光罩（stencil mask）投射 100 keV 的輕離子（如 H_2^+）。

13.2.4　不同微影方法的比較

上面討論的微影方法，都有 100 nm 或更佳的解析度。然而，每種方法都有其限制。對於 IC 的製造，多道光罩是必須的。然而，並非每一道光罩都需要使用相同的微影方法。採用混合搭配（mix-and-match）的方法，可利用每一種微影製程特殊的優點，來改善解析度與最大化產能。例如，將 4：1 的 SCALPEL 或 EUV 方法用於最關鍵的光罩層，而 4：1 或 5：1 的光學微影系統則可用於其餘的光罩層。

根據半導體產業協會的藍圖，IC 製造技術在 2020 年左右將會到達 15 nm 世代。隨著每個新技術世代，由於較小特徵尺寸的需求與更嚴謹的疊對（overlay）容忍度，微影技術更成為推動半導體工業的關鍵性技術先驅。此外，在 IC 的製造設備中，微影機台成本與總設備成本相比，也是越來越高。目前下世代的微影技術已由跨國研究計畫或工業上的伙伴一起聯合發展。

13.3　濕式化學蝕刻

濕式化學蝕刻在半導體製程中被廣泛的使用。從切開的半導體晶圓開始，化學蝕刻劑就被利用在晶面的研磨與拋光（polishing），以便得到光學上平整的與無損壞的表面。在熱氧化或磊晶成長之前，半導體晶圓會經由化學清洗，將處理與儲存過程中所產生的污染去除。濕式化學蝕刻尤其適合於複晶矽（polysilicon）、氧化層、氮化矽、金屬與三五族化合物等的整片蝕刻（即涵蓋整個晶圓表面）。

濕式化學蝕刻的機制包含下面三個主要步驟：反應物經由擴散（diffusion）方式傳送到反應表面，化學反應在表面發生，與反應生成物以擴散方式從表面移除。攪動與蝕刻溶液的溫度皆會影響蝕刻率，蝕刻率為每單位時間內移除膜之量。在 IC 製程中，大多數的濕式化學蝕刻製程是將晶圓浸入化學溶液中，或是將蝕刻溶液噴灑在晶圓表面。在浸入式蝕刻（immersion etching）中，晶圓浸泡在蝕刻溶液中。通常需要機械攪動，以確保蝕刻的均勻度與一致的蝕刻率。噴灑式蝕刻（spray etching）已逐漸取代浸入式蝕刻，因為經由不斷地提供新的蝕刻劑至晶圓表面，可大幅增加蝕刻率與均勻度。

均勻的蝕刻率必須在晶圓上的每一點、不同晶圓之間、不同批貨之間、與不同的特徵尺寸與圖案密度，都能保持均勻。蝕刻率均勻度（etch rate uniformity）可表示為：

$$\text{蝕刻率的均勻度 (\%)} = \frac{\left(\text{最大蝕刻率} - \text{最小蝕刻率}\right)}{\text{最大蝕刻率} + \text{最小蝕刻率}} \times 100\% \tag{8}$$

範例 3

計算 300 mm 的矽晶圓上，鋁的平均蝕刻率與蝕刻均勻度，假設晶圓在中間、左邊、右邊、上邊、下邊的蝕刻率分別為 750、812、765、743 與 798 nm/min。

解

鋁的平均蝕刻率 ＝ (750 + 812 + 765 + 743 + 798) ÷ 5 = 773.6 nm/min

蝕刻均勻度 ＝ (812 − 743) ÷ (812 + 743) × 100% = 4.4%

13.3.1　矽的蝕刻

對半導體材質而言，濕式化學蝕刻通常先進行氧化，之後再將氧化層以化學反應加以溶解。對矽而言，最使用的蝕刻劑為硝酸（HNO_3）與氫氟酸（ HF ）的混合溶液，再加入水或醋酸（ CH_3COOH ）。硝酸先將矽氧化形成 SiO_2 層[19]。此氧化反應為：

$$Si + 4HNO_3 \longrightarrow SiO_2 + 2H_2O + 4NO_2 \qquad (9)$$

再利用氫氟酸將 SiO_2 溶解，反應式為：

$$SiO_2 + 6HF \longrightarrow H_2SiF_6 + 2H_2O \qquad (10)$$

水可以作為上述蝕刻劑的稀釋劑。然而，醋酸較水為優，因為它可減緩硝酸的分解。

　　一些蝕刻劑溶解某個單晶矽晶面的速率比其他晶面快，因而導致與晶向相依的蝕刻 [18]。對矽晶格而言，（111）－的晶面每單位面積比（110）－與（100）－晶面有較多的鍵結，因此，（111）－晶面預期有較慢的蝕刻率。通常在對矽做晶面相依蝕刻（orientation dependent etching）時，會用氫氧化鉀（KOH）與水和異丙醇（isopropyl alcohol）的混合溶液。例如，一重量百分比濃度為 19 wt%的 KOH 去離子（deionized，DI）水溶液，在約 80℃ 時，蝕刻（100）－晶面的速率比（110）－與（111）－晶面要快許多。（100）－、（110）－、與（111）－晶面的蝕刻率比為 100：16：1。

　　利用圖案化二氧化矽當遮罩，對 <100>－晶向（oriented）的矽做晶向相依蝕刻，會產生清晰的 V 型溝槽 [10]，溝槽的邊緣為（111）－晶面，且與（100）－表面呈 54.7° 的夾角，如圖 18a 中之左圖。如果遮罩上的圖案窗夠大或是蝕刻時間短，則會形成一個 U 型的溝槽，如圖 18a 中之右圖。底部表面的寬度為：

$$W_b = W_0 - 2l \cot 54.7°$$

或

$$\boxed{W_b = W_0 - \sqrt{2}\, l} \qquad (11)$$

其中 W_0 為晶圓表面圖案窗的寬度，l 為蝕刻深度。如果使用的是 $<\overline{1}10>$－晶向的矽，基本上會形成邊緣為（111）－晶面的直立側壁溝槽，如圖 18b 所示。我們可以用大的晶向相依蝕刻率，來製作次微米特徵長度的元件結構。

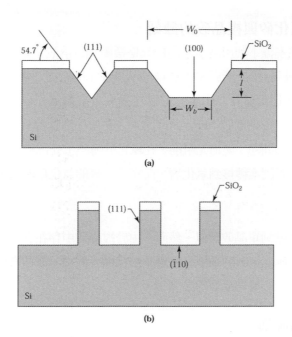

圖 18　晶向相依蝕刻：(a)經由 <100>–晶向矽上的圖案窗，(b)經由<110>–晶向矽上的圖案窗 [18]。

13.3.2　二氧化矽的蝕刻

二氧化矽的濕式蝕刻通常利用氫氟酸的稀釋溶液，其中也可加入氟化銨（NH_4F）。加入氟化銨一般稱為緩衝的 HF 溶液（BHF），又稱做緩衝氧化層蝕刻（buffered-oxide-etch，BOE）。HF 中加入 NH_4F 可以控制酸鹼值，並且可以補充氟化物離子的缺乏，因而維持穩定的蝕刻性能。二氧化矽蝕刻的整體反應式與式（10）一樣。SiO_2 蝕刻的蝕刻率由蝕刻溶液、蝕刻劑的濃度、攪動與溫度相關。另外，密度、多孔性、微結構、與氧化層內含的雜質皆會影響蝕刻率。例如，氧化層中含有高濃度的磷會導致蝕刻率快速的增加；鬆散結構的 CVD 氧化層或是濺鍍的氧化層，會比熱成長氧化層的蝕刻率快。

二氧化矽也可利用氣相的 HF 來蝕刻。氣相的 HF 氧化層蝕刻技術對於圖案低於 100nm 下的蝕刻深具潛力，因為此製程控制容易。

13.3.3 氮化矽與複晶矽的蝕刻

氮化矽薄膜可以在室溫下利用高濃度 HF 或是緩衝 HF 溶液，或是利用沸騰的磷酸（H_3PO_4)溶液來蝕刻。由於濃度 85% 的磷酸溶液在 180°C 對二氧化矽的侵蝕非常慢，所以可利用它來作氮化矽對氧化層的選擇性蝕刻。它對氮化矽的蝕刻率一般為 10 nm/min，而對二氧化矽則低於 1 nm/min。然而，在使用沸騰的 H_3PO_4 蝕刻氮化矽時，將會遭遇光阻附著的問題。塗佈光阻前，在氮化矽薄膜上先沉積一薄氧化層可達到較佳的圖案，先將光阻圖案轉移到氧化層，而在接下來的氮化矽蝕刻中，此氧化層將當成遮罩使用。

蝕刻複晶矽與蝕刻單晶矽類似。然而，由於複晶矽中存在許多晶界，因此蝕刻速率快了許多。為了確保下方的閘極氧化層不被侵蝕，蝕刻溶液通常可加以調整。摻質的濃度和溫度也可能影響複晶矽的蝕刻率。

13.3.4 鋁蝕刻

鋁和鋁合金薄膜通常利用加熱的磷酸、硝酸、醋酸和去離子水混合溶液來蝕刻。典型的蝕刻劑為 73% 的 H_3PO_4、4% HNO_3、3.5% CH_3COOH，以及 19.5% 去離子水的溶液，而溫度則控制在 30 至 80°C 之間。鋁的濕式蝕刻依下列步驟進行：HNO_3 先將鋁氧化、H_3PO_4 接著溶解氧化鋁。鋁的蝕刻率仰賴蝕刻劑的濃度、溫度、晶圓的攪動、及鋁薄膜內的雜質或合金類型，例如，將銅（copper）加入鋁中，會使鋁的蝕刻率降低。

介電質與金屬薄膜的濕式蝕刻通常利用類似於溶解這些材質在塊材形態時的化學溶液來達成。通常薄膜材料的蝕刻率要比塊材快許多。再者，差的微結構、內建應力、或背離化學組成比、或經放射線照射等，都將使薄膜的蝕刻率變快。表 1 列出一些有用的絕緣與金屬薄膜的蝕刻劑。

表 1　絕緣體與導體的蝕刻劑

材質	蝕刻劑成分	蝕刻率（nm/min）
SiO_2	28 ml HF 170 ml HF } Buffered HF 113 g NH_4F	100
	15 ml HF 10 ml HNO_3 } P – Etch 300 ml H_2O	12
Si_3N_4	Buffered HF	0.5
	H_3PO_4	10
Al	4 ml HNO_3 3.5 ml CH_3COOH 73 ml H_3PO_4 19.5 ml H_2O	30
Au	4 g KI	1000
Mo	1 g I_2 40 ml H_2O 5 ml H_3PO_4 2 ml HNO_3 4 ml CH_3COOH 150 ml H_2O	500
Pt	1 ml HNO_3 7 ml HCl 8 ml H_2O	50
W	34 g KH_2PO_4 13.4 g KOH 33 g $K_3Fe(CN)_6$ H_2O 製成1升溶液	160

13.3.5　砷化鎵的蝕刻

多種砷化鎵（gallium arsenide）的蝕刻已經被廣泛的研究；然而，其中只有少數幾種為真正的等向性蝕刻[19]，此乃由於（111）—鎵晶面與（111）—砷晶面的表面活性迥異。大多數的蝕刻會在砷的晶面上形成拋光的表面，然而對鎵的晶面通常會有晶格缺陷產生的傾向，且蝕刻率較慢。最常使用的砷化鎵蝕刻劑為 H_2SO_4-H_2O_2-H_2O 與 H_3PO_4-H_2O_2-H_2O 系統。體積比為 8:1:1 的 H_2SO_4-H_2O_2-H_2O 蝕刻劑，對＜111＞—鎵晶面蝕刻率為 0.8 μm/min，對其他晶面則為 1.5 μm/min。而體積比為 3:1:50 的 H_3PO_4-H_2O_2-H_2O 蝕刻劑，對＜111＞—鎵晶面蝕刻率為 0.4 μm/min，對其他晶面則為 0.8 μm/min。

13.4　乾蝕刻

在圖案轉移的操作過程中，由微影製程所形成的光阻圖案，是用來當作蝕刻下層材質的遮罩 （圖 19）[20]。大部分的下層材質為非晶或複晶的薄膜（例如：SiO_2、Si_3N_4 與沉積金屬）。當它們以濕式化學蝕刻劑蝕刻時，蝕刻率一般為等向性（isotropic，亦即水平方向與垂直方向的蝕刻率一樣），如圖 19b 所示。假設 h_f 為下層材質的厚度，l 為光阻底下的側面蝕刻距離，我們可以定義非等向性（anisotropy）的程度 A_f 為：

$$A_f \equiv 1 - \frac{l}{h_f} = 1 - \frac{R_l t}{R_v t} = 1 - \frac{R_l}{R_v} \tag{12}$$

濕式化學蝕刻用於圖案轉移的主要缺點為遮罩層下面的底切（undercut）現象，導致蝕刻圖案的解析度降低。實際上，就等向性蝕刻而言，薄膜的厚度必須為所需解析度的三分之一，或是更小，如果圖案要求的解析度遠小於薄膜的厚度，就必須使用非等向性蝕刻（anisotropic etching，亦即 $1 \geq A_f > 0$）。實際上，A_f 的值儘量選擇靠近 1。圖 19c 顯示當 $A_f = 1$ 時的極限情形，相當於 $l = 0$（或 $R_l = 0$）。

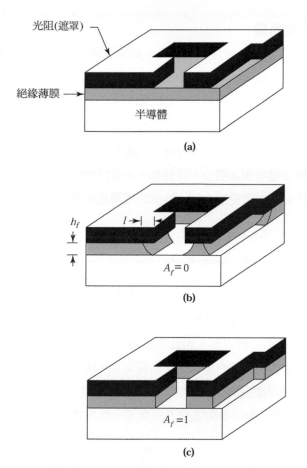

光阻(遮罩)

絕緣薄膜

半導體

(a)

h_f

l

$A_f = 0$

(b)

$A_f = 1$

(c)

圖 19　(a)光阻圖案的行程 (b)濕式化學蝕刻與 (c)乾式蝕刻的圖案轉移比較[20]。
其中 t 為時間，而 R_l 與 R_v 則分別為水平方向與垂直方向的蝕刻率，對等向性
蝕刻而言，$R_l = R_v$ 且 $A_f = 0$。

　　在極大型積體電路中，為了達到光阻圖案的高準確度轉移（$A_f = 1$），於是發展出
乾式蝕刻方法。乾式蝕刻與電漿輔助蝕刻其實是同義詞，這表示多種電漿輔助蝕刻技
術是利用低壓放電型形式的電漿。乾式蝕刻法包含了電漿蝕刻、活性離子蝕刻（reactive
ion etching，RIE）、濺鍍蝕刻、磁場增強活性離子蝕刻（magnetically enhanced RIE，
MERIE）、活性離子束蝕刻與高密度電漿（high-density plasma，HDP）蝕刻。

13.4.1 基本電漿理論

電漿是部分或完全游離的氣體，包含等數的正、負電荷與一些不同數目的未游離分子。一個簡單電容式耦合射頻（rf）電漿蝕刻機用在說明電漿的基本原理，其示意圖顯示在圖20。陰極為電容耦合連接射頻產生器而陽極為接地，同樣地濺鍍在前面幾章討論過。射頻頻率是典型的 13.56MHz。因為它不會干擾無線電傳輸信號。電漿是始於自由電子一直存在於氣體中，藉由宇宙射線、熱激發或其他方式產生。自由電子的震動而獲得動能是從射頻電場和氣體分子碰撞來。在碰撞中能量的轉移引起氣體分子離子化。當施加電壓比氣體崩潰電壓大時，持續的電漿產生整個反應爐。離子化速率約為 10^{-4} 到 10^{-6}。

鞘層

在乾式蝕刻中鞘層的形成類似於在第 12 章所討論的射頻濺鍍。電漿在腔體的中心區域裡為電中性。電子比正離子更多的移動，在正半週中的正離子比在負半週期中的正離子更多的電子吸引到電極的前表面。因此在正週期中的電流大於在負週期中的電流。將所得電子電流充電於電容耦合電極中（供電電極）因為沒有電荷能傳送通過電容。供電電極（陰極）在連續週期中獲得增加負偏壓直到負平均電壓 V_{DC}（也叫「自我偏壓」）足夠高去減緩電子與淨電荷達到表面為零。供電電極自我偏壓的量取決於

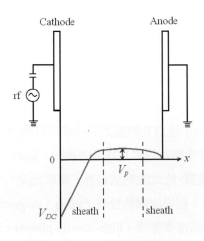

圖 20 示意圖系統和電容式耦合射頻電漿系統的約略時間平均位能分佈。

振幅與電壓應用於電極的頻率。因為供電電極發展為負自我偏壓，所以電漿形成補償正電位 V_P 與陽極接地有關，顯示在圖 20 下半部。

電壓梯度在陰極與陽極附近形成強烈的電場，在電漿電極介面附近被稱為鞘層（也叫作暗的空間，因為高能量的電子比光產生激發更容易引起離子化），在電漿蝕刻過程中扮演重要的角色。由於典型的鞘層是薄的（約 10μm 到 1mm）和適形在電極表面上，正離子能量獲得主要在表面垂直的方向，而離子束本質上為單向的存在。非等向性蝕刻依賴於在基板表面上單向高能離子的轟擊，它能被放置在陰極或陽極。這達到在電漿蝕刻爐中，藉由在基板表面上的鞘層來加速正離子。在陰極和陽極中非對稱的電壓分佈引起在陰極前非常大的場，類似在陽極前的場或是在發光區域。非等向性蝕刻在陰極表面上是很強大的由於那裡有很強的場，而在陽極表面上較弱由於較低的弱場。

13.4.2 表面化學

用於蝕刻的電漿是不在熱平衡狀態下。結果，電子的溫度是電漿最亮成分，是比中性氣體與離子溫度大幅增加。電子溫度大約在 20000~100000K 範圍內；離子溫度可能高於 2000K 而中性自由基與分子低於 1000K。這些高能電子能因此產生反應自由基和離子與增強化學反應，而不能以其他方式達到。自由基在過程中產生解離，傾向於比母體氣體更多的反應物，而這些自由基可以進一步增強表面處理和電漿化學。

電漿蝕刻必須同時地滿足很多嚴格的需求，包含特徵側壁的控制和底表面的輪廓、其它曝光材料的蝕刻選擇比、蝕刻過程在大的基板表面上的均勻度、之前和之後處理步驟的交互作用。關鍵點有關於基本表面處理為物理濺鍍、活性離子蝕刻（RIE）、化學性蝕刻和聚合物的沉積。

物理蝕刻

一種簡單材料轉移過程是物裡濺鍍，物裡濺鍍包括藉由高能離子或中子來做靶材材料的轟擊。然而，濺鍍傾向於為非選擇性。

活性離子蝕刻

大部分電漿蝕刻過程主要依靠在活性離子蝕刻作為材料轉移。活性離子蝕刻包含高能離子與反應中性自由基同時轟擊在材料表面。離子轟擊基板表面幾乎正常地，而藉由反應中性自由基發生非等向性蝕刻。活性離子蝕刻相似於濺鍍，但比物理濺鍍更多選擇由於它的部分化學性質從反應中性自由基來。

化學蝕刻

一個簡單的例子在化學電漿蝕刻是使用氟蝕刻矽，在室溫下有高的蝕刻速率：

$$Si（固體） + 4F \rightarrow S_iF_4（氣體）$$

化學蝕刻是等向性蝕刻如進來的中性蝕刻劑具有統一的角分佈。然而，對於一些晶體材料，化學蝕刻可以是敏感的晶體取向。在 CMOS 元件中次微米尺寸形貌的製程期間，化學蝕刻時常不能被容許的由於它是等向性的性質。因此製程情形以盡量減少化學蝕刻的選擇。

聚合物沉積

產生小的形貌，非等向性蝕刻也需要蝕刻發生在垂直方向同時沒有蝕刻在水平方向。雖然電漿蝕刻反應和蝕刻氣體適當選擇的精心設計能幫助達到這些目標，而一個表面上的機制已被證明不可缺少的是聚合物沉積，這些薄膜的存在垂直表面上用來限制材料表面的接觸隨著蝕刻劑種類去抑制水平蝕刻。

至少有兩個機制能產生側壁鈍化的發展。第一個為聚合材料的沉積已知會與含碳源氣體在電漿中放電。在含氟的情況下氟利昂作為源氣體，這聚合物沉積被連結到非飽和 CF_2 自由基產生的形成是藉由電漿。第二材料源特點側壁在於暴露在水平表面上物質做離子轟擊所得到的蝕刻產物。這些產物經常非揮發性與能黏住性，使反應與垂直表面沒有暴露在離子轟擊。側壁源建造被稱為再沉積。

一系列連續的截面描述特徵的非等向性蝕刻隨著側壁的再沉積如圖 21 所示，六個連續剖面造成五個蝕刻－再沉積－蝕刻的步驟。

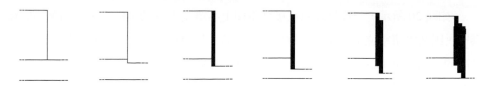

圖 21　在再沉積時，蝕刻從左到右連續形成的特徵分佈圖。水平表面與再沉積的垂直表面的蝕刻假定順序地發生。

基板溫度

許多上面提到的基本表面處理在蝕刻過程中同時進行。電漿操作條件必須小心地偵測以增強或減弱個別表面流程及控制最後結果的貢獻。基板溫度是特別有用的一個參數，因為和許多基本的表面流程存在強的溫度相關性。例如，化學蝕刻速率一般隨著表面溫度上升而增加。因此，對於現在物理和化學蝕刻元素的流程，藉由改變基板溫度控制線寬輪廓可以改變非等向性或等向性蝕刻的程度。

13.4.3　電容耦合電漿蝕刻機

自從電漿製程應用在電阻剝除後，乾式蝕刻技術在積體電路產業中改變的相當劇烈。用於乾式蝕刻的反應器包含了真空腔體、抽氣系統、壓力偵測器、氣體流量控制單元以及終點蝕刻偵測器。每個反應器使用了特定電源供應產生器、電極組態和類別、以及電壓源頻率之組合，以控制兩種主要的蝕刻機制－物理的和化學的。用在 IC 產業的大多蝕刻機上，高的蝕刻速率和自動化是必須的。基本上有兩種乾式蝕刻機，由電漿產生方式區分：電容耦合蝕刻機和電感耦合蝕刻機 [1]。

在形態最簡單的電容耦合蝕刻機中，蝕刻氣體注入兩片平行金屬電極，並施加電壓在對稱的大小和位置。橫跨氣體的電位差將氣體擊穿並產生電漿。藉由在鞘層中的離子加速而消耗了明顯一部分的輸入功率，而離子轟擊中於電極表面（或是置於其上的基板)上消散。因此，只有一小部分的輸入功率用在電漿產生。氣體解離部分很少且電子密度也很低（～每立方公分 10^9 到 10^{10} 個）。除此，簡單的商用電容耦合蝕刻機一般操作在適當的氣壓（～50 到 500mTorr），且氣體的散射免於極小線寬的製作。

如圖 20 所示，一片晶圓放在接地電極上。這是電漿蝕刻模式，伴隨著高能離子轟擊，因為電漿電位永遠在接地電位之上。若一片晶圓放在供電電極（陰極）上，因為高的自偏電壓 V_{DC}，它便操作在反應性離子蝕刻（Reactive Ion Etching），伴隨著較高的高能離子轟擊。物理性和化學性的蝕刻機制會在電漿蝕刻和反應性離子蝕刻兩者模式中發生。然而，轟擊離子的能量在反應性離子蝕刻中高了 10 倍。

反應性離子蝕刻機

操作在反應性離子蝕刻模式的電容耦合電漿蝕刻機稱為反應性離子蝕刻機（Reactive ion etcher，簡稱 RIE）或者反應性濺鍍蝕刻機（Reactive sputter ether，簡稱 RSE）。反應性離子蝕刻機大量用在微電子產業。晶圓放在供電電極（陰極）上。這使接地電極有相當大面積，如圖 22 所示，並在晶圓表面有相當高的電漿鞘層電位（20-500 伏特）。這流程在接下來的解釋。

電漿的輝光區域是好的電傳導體。電漿中的暗區是限制導電性的區域並可做電容的模型化，也就是 $C = A/d$，其中 A 是電極面積，且 d 是暗區的鞘層厚度。電壓可以跨在兩個串聯電容上。也就是

$$V_C / V_A = C_A / C_C = (A_A / d_A)(A_C / d_C) \tag{14}$$

其中 VC(CC)和 VA(CA)是電位降（電容值）在陽極和陰極上的暗區鞘層厚度，且 AC 和 AA 是陽極和陰極的面積。在電容耦合電漿系統中，兩片電極中的電流由空間電荷限制電流（space-charge-limited current）主導。正離子的電荷限制電流（在 2.7 節中有描述）在陽極和陰極上必須相等，也就是

$$V_C^{3/2} / d_C^2 = V_A^{3/2} d_A^2) \tag{15}$$

因此，

$$V_C / V_A = (A_A / A_C)^4 \tag{16}$$

換句話說，在每片電極上若電極面積相等，跨在暗區的電壓差會相同。在供電的電極上，相對的接地電極表面積增加可以使鞘層電壓上升。蝕刻速率可以有相當大的提

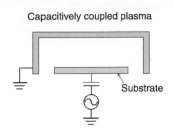

圖 22 有較大接地電極電容耦合電漿蝕刻機。

升，但是系統的蝕刻選擇比會因強的物理性濺度而相對較低。然而，選擇比可以藉由選擇合適的蝕刻化學材料而增大，例如由氟碳聚合物來聚合矽表面以得到二氧化矽對矽的選擇比。

磁場增強活性離子蝕刻

在磁場增強活性離子蝕刻中，電磁場交叉使朝向電極的電子遷移率在電極處下降。對於相同的輸入功率，因而電子和其他電漿中物質的密度會較大。對於特定功率，在 MERIE 反應器中較高的電子（和離子）密度會消耗更多功率，而在鞘層中用以加速離子的功率便較少。所以，在基板和電極表面離子轟擊導致的傷害會下降。蝕刻均勻性在 MERIE 反應器中，會藉由改變施加磁場的型態或是物理性或電性旋轉而提升。磁場增強活性離子蝕刻在半導體工業被大量用來蝕刻介電質。

三極型反應性離子蝕刻系統

在電容耦合電漿蝕刻機設計的其他革新是兩個（或多個）不同頻率電壓源的使用，如圖 23 所示。在相同的輸入功率，電容耦合的電漿在較高的頻率下，因為較高的碰撞頻率而更有效率的產生，較高的電子密度會在低頻率下累積並導致陰極上有較高的自偏電壓。高頻電壓源（25MHz）因此使用在雙頻（dual-frequency）電漿系統，用來有效率的產生電漿，而低頻電壓源（通常是幾個 MHz 或更低）用來加速離子。三極型反應性離子蝕刻系統因此用來獲得比簡易電容耦合電漿相對高的電漿密度，並也獨立地控制離子能量。

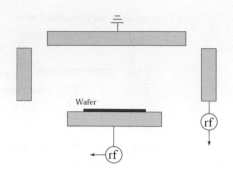

圖 23 有兩種不同射頻電源的三極型反應性離子蝕刻系統示意圖。

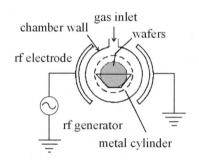

圖 24 典型桶式蝕刻機示意圖。

桶式蝕刻機

桶式電漿蝕刻機最早用來剝除光阻,如十二章中所討論。它是最早的電漿系統之一。桶式蝕刻機有圓柱形設計,操作在約 0.1 到 1 Torr。施加在電極上的電源放置在圓柱的兩邊。鑿洞的內部金屬圓柱可以將電漿限制在金屬圓柱和腔體之間的區域(圖 24)。在電漿中的蝕刻物質會經過洞而擴散到蝕刻區域,然而電漿中高能的離子和電子無法進入此區域。晶圓垂直擺放在石英舟上,在晶圓間有隔開一小段,並平行電場放置以減少物理蝕刻。此蝕刻幾乎是純化學的等向性蝕刻且有高的選擇比。

13.4.4　電感耦合電漿蝕刻機

電感耦合電漿蝕刻機（ICP）在 1990 年代早期為了具有高選擇比的高深寬比氧化物蝕刻之困難製程需求而發展。電容耦合電漿蝕刻機可以在比電容耦合電漿蝕刻機還低壓下操作（~3 到 50mtorr）。低壓會減低導致損失蝕刻輪廓的氣體碰撞。同時也增加蝕刻劑和蝕刻副產物的平均自由路徑，且它們較易移動進出高深寬比的線（feature）。然而，低壓會使蝕刻速率因離子密度的下降。因此，高密度電漿（HDP）需要產生足夠的反應性物質為了在低壓下有可接受的蝕刻速率。高密度電漿和電感耦合電漿蝕刻機的0.1%相比，可以達到約 10%氣體解離速率。

電感耦合電漿蝕刻機使用一組線圈，由穿過介電質窗的氣體物理性地隔開。如圖 25。射頻電流通過線圈產生可穿透電漿腔體，按照方位角加速電子並產生電漿的電磁波。因為電子消耗最多輸入功率，電子密度在 ICP 蝕刻機（約為 10^{11}-10^{12} cm^{-3}）比電容耦合電漿蝕刻機還顯著地大。因此，ICP 蝕刻機是高密度電漿蝕刻機。

此外，ICP 蝕刻機也採用第二個電壓源，用以在蝕刻及給予使蝕刻速率增加的轟擊離子能量時分別偏壓基板。因為分開的電壓源用來產生電漿和加速離子，使高深寬比的氧化物蝕刻成為可能。雖然高程度的解離增加蝕刻速率，在許多情況下對材料選擇比有不良影響。

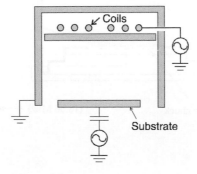

圖 25　電感耦合電漿蝕刻機。

電子迴旋共振蝕刻機

電子迴旋共振蝕刻機如圖 26，和 ICP 蝕刻機類似，使用共振的波－電漿交互作用。在 ECR 蝕刻機中，微波（一般使用 2.45GHz）在低壓時（<10mTorr）發射進包含蝕刻氣體的附磁腔體。電子迴旋共振發生在局部電子迴旋頻率（eB/m）和使用的微波頻率匹配時的空間區域。藉著小心設計磁場輪廓，在基板表面可以得到高密度均勻電漿。在 ECR 蝕刻機中的電漿密度比 ICP 反應器還高。故 ECR 蝕刻機也是高密度蝕刻機。電子迴旋共振蝕刻機同時操作在比電容式耦合電漿蝕刻機還低的氣壓下並且可以做基板獨立偏壓。和 ICP 相似，ECR 蝕刻機的特色在於高的氣體解離程度。

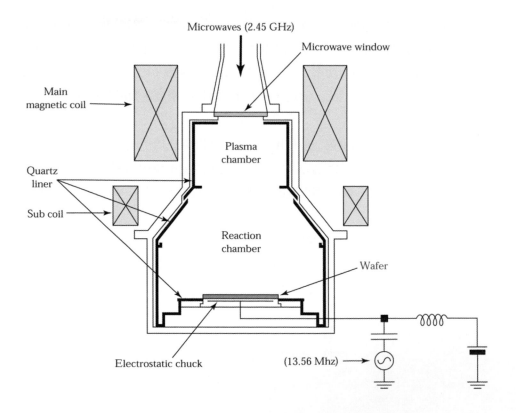

圖 26　電子迴旋共振蝕刻機示意圖 [21]。

中子束電漿蝕刻機

因為帶電物質或紫外線放射在電漿中的存在，基板上電路的電性傷害在電漿蝕刻中有待經常的關注。為了減緩這個問題，仰賴高能中子束的電漿蝕刻源在近幾年被發展出來。典型中子束如圖 27 所示，且相似設計過去也用在離子研磨應用中。藉由傳統方法產生出合適氣體的電漿可以滲入電極中的孔洞。離子便能在轟擊到基板前被加速並成為電中性，導致高能中性物質在基板上的轟擊。中子束源當前還在發展，尚未用在大量生產。已經用在減緩電漿電荷傷害的其他技術是遠距產生電漿，遠距指的是遠離基板，並傳輸中性物質到基板，則離子不是被排除就是變成電中性。遠距電漿源或化學下流式蝕刻機用在許多電漿清潔或材料處理應用。這些蝕刻機也用在高速去除無圖形線寬的覆層薄膜（blanket films）上。這些用於非等向應蝕刻的應用因為中性物質的廣角分布而受限。

單片晶圓蝕刻機

對於奈米線寬的先進電路而言，蝕刻過程更加關鍵。較垂直的輪廓、較佳線寬控制、較高選擇比，以及較佳均勻性是有必要的。一個方法是使用單片晶圓蝕刻機一次蝕刻一片晶圓。單片晶圓蝕刻機可以製訂電極幾何形狀和氣流達到整片晶圓最大蝕刻均勻性。這些機器輕易地自動展現晶圓盒對盒操作，故不需要操作員處理。它可以合併裝載鎖定，故不一定要在正常使用情況下排出製程腔體。這對於增強均勻性、結合自動終點偵測與微處理器的控制，也能提供好的製程控制。

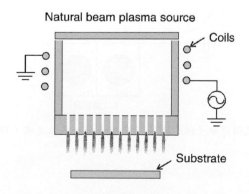

圖 27　中子束電漿蝕刻機。

　　單片晶圓蝕刻機的缺點在於它們必須在較高的速率下蝕刻，才能與批量蝕刻機競爭生產率。這個約束迫使商業化的單片晶圓片蝕刻機操作在更高的射頻功率密度與有時會在較高的壓力下，使製程控制與選擇性更難達到。由於這個原因，使一些製造商提供混合式反應爐來結合一些的單片晶圓片蝕刻機在同一台機器上。

集結式電漿製程

半導體晶圓都是在無塵室裡製作，以減少暴露於氛圍的塵粒污染。當元件尺寸縮小，塵粒的污染成為一更嚴重的問題。為了減少塵粒的污染，集結式（clustered）電漿機台利用晶圓操作機將晶圓在真空環境中，從一個反應腔移到另一個反應腔。集結式電漿製程機台同時也可以增加產出。圖 28 為一多層金屬內連線（TiW/AlCu/TiW）之蝕刻製程，利用集結式機台的 AlCu 蝕刻反應腔、TiW 蝕刻反應腔與剝蝕護佈（strip passivation）反應腔進行。集結式機台提供了經濟上的優勢，因為晶圓暴露於較少污染的環境中，且只須較少的操作，所以有較高的晶方良率。

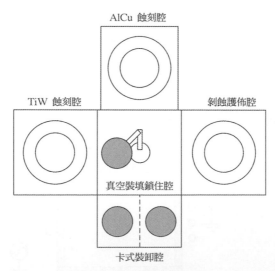

圖 28　集結式活性離子蝕刻機台，用來對多層金屬內連線（TiW/AlCu/TiW）的蝕刻 [2]。

電漿診斷

大多數製程中的電漿所發出輻射線為紅外光到紫外光之間，一個簡單的分析技巧為利用光學發射光譜（optical emission spectroscopy，OES）的幫助，來量測這些放射的強度與波長之關係。利用觀察到的光譜峰值，並與之前已知的光譜序列比較，通常可以決定出中性或離子物種的存在。物種相對的濃度，也可以經由將電漿參數與強度的改變相關連而得到。這些由主要蝕刻劑或副產物所引起之放射訊號在蝕刻周期終點時開始上升或下降。

13.4.5　電漿診斷和終點控制

終點控制

乾式蝕刻與濕式化學蝕刻的不同點，在於乾式蝕刻對下層材質無法呈現足夠的選擇比。因此，電漿反應器必須配備一個用來指出何時必須終止蝕刻製程的監視器，亦即終點偵測（end point detection）系統。晶圓表面的雷射干涉度量法（laser interferometry）是用來持續監控蝕刻率並決定終止點。在蝕刻過程中，從薄膜表面反射的雷射光強度會來回振盪，是因為蝕刻層上界面與下界面所反射的光之間的相位干涉。因此這一層材質在光學上必須是可透光或是半透光，才能觀察到振盪現象。圖 29 顯示矽化物／複晶矽閘極蝕刻的典型訊號。振盪週期與薄膜厚度的變化關係為：

$$d/\overline{n} \tag{17}$$

其中Δd為一個反射光週期中薄膜的厚度變化，λ 為雷射光的波長，$\overline{n}$ 為蝕刻層的折射率（refractive index）。例如，對複晶矽而言，利用波長λ ＝632.8 nm 的氦氖雷射光源，所測得的Δd ＝80 nm。蝕刻終點的表示藉由反射振動的終止。

13.4.6　蝕刻化學與應用

除了蝕刻機台外，蝕刻化學也是影響蝕刻製程性能的關鍵角色。表 2 列舉了不同蝕刻製程所用到的一些蝕刻化學。

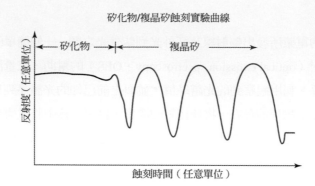

矽化物/複晶矽蝕刻實驗曲線

圖 29　矽化物／複晶矽組合層之蝕刻表面的相對反射度。蝕刻的終止點可由反射度振盪的終止顯示。

表 2　不同蝕刻製程所使用的蝕刻化學

待蝕刻材質	蝕刻化學
深矽塹渠	溴化氫（HBr）/三氟化氮（NF_3）/O_2/六氟化硫（SF_6）
淺矽塹渠	$HBr/Cl_2/O_2$
Poly Si	$HBr/Cl_2/O_2$, HBr/O_2, 三氯化硼（BCl_3）/Cl_2, SF_6
Al	BCl_3/Cl_2, 四氯化矽（$SiCl_4$）/Cl_2, HBr/Cl_2
AlSiCu	$BCl_3/Cl_2/N_2$
W	SF_6 only, NF_3/Cl_2
TiW	SF_6 only
WSi_2, $TiSi_2$, $CoSi_2$	二氟二氯甲烷（CCl_2F_2）/NF_3, 四氟化碳（CF_4）/Cl_2, Cl_2/N_2/六氟乙烷（C_2F_6）
SiO_2	CF_4/三氟甲烷（CHF_3）/Ar，C_2F_6，八氟丙烷（C_3F_8），八氟環丁烷（C_4F_8）/CO，八氟環戊烯（C_5F_8），二氟甲烷（CH_2F_2）
Si_3N_4	CHF_3/O_2, CH_2F_2, 二氟乙烷（CH_3CHF_2）, SF_6/He

矽塹渠蝕刻

當元件特徵尺寸縮小時，晶圓表面用作隔離電路元件與 DRAM 記憶胞之儲存電容的區域，也會相對減少。這些表面區域可以利用在矽基板蝕刻塹渠，再填入適當的介電質或導體材質，來減少其所佔的面積。深塹渠深度通常比 5 μm 深，主要是用於形成儲存電容。而一般用於元件間隔離之淺塹渠，其深度通常不會超過 1 μm。

氯基或溴基的化學劑，對矽有高蝕刻率，且對作為遮罩的二氧化矽有高選擇比。$HBr + NF_3 + SF_6 + O_2$ 混合氣體可用於形成深度約為 7 μm 的塹渠電容，此混合氣體也用於淺塹渠隔離的蝕刻。次微米的深矽塹渠蝕刻時，常可觀察到與高寬比相依的蝕刻（亦即蝕刻率隨高寬比改變），此乃因塹渠中的離子與中性原子，其傳送會受到限制。大高寬比（aspect ratio）的塹渠較小高寬比的塹渠，其蝕刻率要來的慢。

複晶矽與複晶矽化物閘極蝕刻

複晶矽與複晶矽化物（即複晶矽上覆蓋有低電阻金屬矽化物，稱為 polycide）常用為MOS 元件的閘極材質。非等向性蝕刻與對閘極氧化層的高蝕刻選擇比，為閘極蝕刻時最重要的需求。例如對 1G DRAM 而言，其選擇比須超過 150（亦即複晶矽化物與閘極氧化層的蝕刻率比為 150：1）。要同時得到高選擇比與非等向性蝕刻，對大部分的離子增強式蝕刻製程是困難的。因此可使用多重步驟的製程，其中製程中各個不同的蝕刻步驟可分別針對非等向性蝕刻、或選擇比來最佳化。另一方面，為符合非等向性蝕刻與高選擇比，因此電漿技術的趨勢為利用相對低功率產生低壓與高密度電漿。大多數氯基與溴基化學劑可用於閘極蝕刻，而得到所需求的非等向性蝕刻與選擇比。

介電質蝕刻

定義介電層（尤其是二氧化矽與氮化矽）的圖案，為現代半導體元件製造中之關鍵製程。因為其具有較高的鍵結能量，介電質的蝕刻必須利用強勢的離子增強式之氟基電漿化學。垂直的圖案輪廓可藉邊壁護佈（sidewall passivation）來達成。像在 13.4.2 中討論的，通常會將含碳的氟化物種加入電漿中（如 CF_4、CHF_3、C_4F_8），必須使用較高的離子轟擊能量，才能將此聚合物層從氧化層上移除，並將反應物種與氧化物表面混合，以形成 SiF_x 的產物。

低壓與高電漿密度，有利於與高寬比相依之蝕刻。然而，高密度電漿蝕刻機 (HDP，例如 ICP 和 ECR) 會產生高溫電子，並接著產生高度分解的離子與自由基（radical）。它比 RIE 或是 MERIE 電漿產生更多的活性自由基與離子。特別是高濃度的氟，會使對於矽的蝕刻選擇比變差。各種不同的方法都被嘗試來增強高密度電漿的選擇比。高 C/F 比之氣體源，如 C_2F_6、C_4F_8、或 C_5F_8 曾成功地被試過；此外清除氟自由基的其他方法也已經被發展出來 [22]。

內連線之金屬蝕刻

IC 製造中，金屬鍍膜層的蝕刻是一個相當重要的步驟。鋁、銅與鎢為內連線最常用的材質。這些材質通常需要非等向性蝕刻。氯基（如 Cl_2/BCl_3 的混合物）化學劑有極高的化學蝕刻率，並且在蝕刻時容易產生底切（undercut）現象。在鋁蝕刻時，將含碳氣體（如 CHF_3）或 N_2 加入反應氣體中，可產生邊壁護佈，而得到非等向性蝕刻。

銅備受吸引是因為有較小的電阻係數（約 1.7μohm-cm），而且銅比起鋁或鋁合金有較佳的抵抗電子遷移的能力。然而，銅的鹵化物揮發性很低，室溫的電漿蝕刻並不容易。蝕刻銅膜需在製程溫度高於 200℃。因此，銅的內連線製作使用鑲嵌（damascene）製程，而不用乾式蝕刻。鑲嵌製程在第 12 章中討論包含先在平坦的介電層上蝕刻出塹渠或渠道，然後將金屬（如銅或鋁）填入塹渠中來形成內連線之導線。在雙層鑲嵌法（dual damascene）製程中，在第 12 章 12.5.4 部分圖 26 中顯示，牽涉了另一層，即除了上述塹渠外，還須將一系列的洞（亦即接觸或層間引洞）蝕刻出來，並以金屬填入。填完後，再以化學機械研磨（CMP）將金屬與介電質的表面平坦化。鑲嵌製程的優點為免掉金屬蝕刻的步驟，而銅蝕刻正為 IC 工業從鋁改成銅的內連線時最擔心的技術問題。

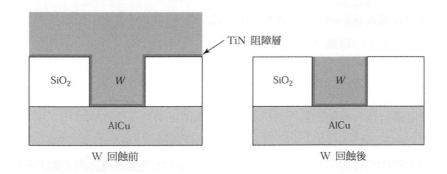

圖 30　利用 LPCVD 全面性沉積鎢，再用 RIE 回蝕，以於接觸孔內形成鎢插栓。

低壓 CVD（LPCVD）的鎢（W）已廣被用於接觸孔的填充與第一層金屬鍍膜，此乃因鎢有極佳的沉積均覆性。氟基與氯基化合物均可蝕刻鎢，且生成揮發性產物。利用全面性鎢回蝕（blanket W etchback）來形成鎢插栓（W plug），是一項重要的鎢蝕刻製程。圖 30 所示，為以 LPCVD 全面性將鎢沉積在 TiN 的阻障層上。此製程常使用兩段式步驟：首先 90%的鎢以高蝕刻率來蝕刻，然後利用有高 W 對 TiN 選擇比的蝕刻劑，以較低的蝕刻率，將其餘的鎢去除。

總結

半導體工業的持續成長，是因為可將越來越小的電路圖案，轉移至半導體晶圓上。轉移圖案的兩個主要製程為微影與蝕刻。

目前絕大部分的微影設備為光學系統。限制光學微影解析度的主要原因為繞射。然而，因為準分子雷射、光阻化學及解析度增加技術如：PSM、OPC 與浸入式技術的進步，光學微影至少在 32 nm 世代前，將維持為主流技術。

電子束微影是作為光罩製作和用於探索新元件概念的奈米製作之最佳選擇。其他微影製程技術為 EUV 與離子束微影。雖然這些技術都具有 100nm 或更高的解析度，但每一個製程都有其限制：電子束微影中的鄰近效應、EUV 微影中光罩空片的製作困難與離子束微影中的隨機空間電荷。

目前仍無法明確指出，誰才是光學微影的明顯接班人。然而，採用混合搭配的方式，可以擷取每一種微影製程的特殊優點，來改善解析度與增大產出。濕式蝕刻在半導體製程中被廣泛的採用。它特別適用於全面性的蝕刻。我們討論了對矽、砷化鎵、絕緣體與金屬內連線的濕式蝕刻製程。光罩下層的底切現象將導致蝕刻圖形的解析度損失。

乾式蝕刻法是用來達到高精確度的圖案轉移。我們探討了電漿的基本原理與各種乾式蝕刻系統，從早期相當簡單的平行板結構，進展到由多個頻率產生器與各式各樣製程控制感測器組合而成的複雜反應腔。

未來蝕刻技術的挑戰為：高的蝕刻選擇比、更好的臨界尺寸控制、高的高寬比相依性蝕刻與低電漿引致損壞。為了達到這些要求，低壓、高密度電漿反應器是必要的。當製程由 300 mm 進展到甚至更大的晶圓，對於晶圓上的蝕刻均勻度，更需要不斷的改進。而對於更先進的積體化方案，必須發展更新的氣體化學，以提供更好的選擇比。

微機電系統（MEMS）是一個新的領域。MEMS 採用 IC 製作中的微影和蝕刻技術。MEMS 本身也發展出特殊的蝕刻技術：本體微細加工使用晶向相依的蝕刻製程、表面微細加工使用犧牲層，而 LIGA 製程則使用高聚光之 X 光微影。

參考文獻

1   For a more detailed discussion on lithography, see (a) K. Nakamura, " Lithography," in C. Y. Chang and S. M. Sze, Eds., *ULSI Technology*, McGraw-Hill, New York, 1996. (b) P. Rai-Choudhurg, *Handboolk of Microlithography, Micromachining, and*

Microfabrication, Vol. 1, SPIE, Washington, 1997. (c) D. A. McGillis, "Lithography," in S. M. Sze. Ed, *VLSI Technology*, McGrow Hill, New York, 1983.

2   For a more detailed discussion on etching, see Y. J. T. Liu, "Etching," in C. Y. Chang and S. M. Sze, Eds, *ULSI Technology*, McGraw-Hill, New York, 1996.

3   J.M. Duffalo and J. R. Monkowski, "Particulate Contamination and Device Performance," *Solid State Technol.* **27**, 3, 109 (1984).

4   H. P. Tseng and R. Jansen, "Cleanroom Technology," in C. Y. Chang and S. M. Sze, Eds., *ULSI Technology*, McGraw Hill, New York,1996.

5   M. C. King, "Principles of Optical Lithography," in N. G. Einspruch, Ed., *VLSI Electronics*, Vol. 1, Academic, New York, 1981.

6   J. H. Bruning, "A Tutorial on Optical Lithography," in D. A. Doane, et al., Eds. *Semiconductor Technology*, Electrochemical Soc., Penningston, 1982.

7   R. K. Watts and J. H. Bruning, "A Review of Fine-Line Lithographic Techniques: Present and Future, " *Solid State Technol.*, **24**, 5, 99 (1981).

8   W. C. Till and J. T. Luxon, *Integrated Circuits, Materials, Devices, and Fabrication*, Princeton-Hall, Englewood Cliffs, NJ, 1982.

9   M. D. Levenson, N. S. Viswanathan, and R. A. Simpson, "Improving Resolution in Photolithography with a Phase-Shift Mask," IEEE Trans. Electron Dev., **ED-29,** 18-28 (1982).

10   D. P. Kern, et al., "Practical Aspects of Microfabrication in the 100-nm Region," *Solid State Technol.*, **27**, 2, 127 (1984).

11   J. A. Reynolds, "An Overview of e-Beam Mask-Making," *Solid State Technol.*, **22**. 8, 87 (1979).

12   Y. Someda, et al., "Electron-beam Cell Projection Lithography: Its Accuracy and Its Throughput," *J. Vac. Sci. Technol.*, **B12** (6), 3399 (1994).

13   W. L. Brown, T. Venkatesan, and A. Wagner, "Ion Beam Lithography," *Solid State Technol.*, **24**, 8, 60 (1981).

14   D. S. Kyser and N. W. Viswanathan, "Monte Carlo Simulation of Spatially Distributed

Beams in Electron–Beam Lithography," *J. Vac. Sci. Technol.*, **12**, 1305 (1975).

15 Charles Gwyn, et al., *Extreme Ultraviolet Lithography-White Paper*, Sematech, Next Generation Lithography Workshop, Colorado Spring, Dec. 7-10, 1998.

16 L. Karapiperis, et al., "Ion Beam Exposure Profiles in PMMA-Computer Simulation," *J. Vac. Sci. Technolo.*, **19**, 1259 (1981).

17 H. Robbins and B. Schwartz, "Chemical Etching of Silicon II, The System HF, HNO_3, H_2O and $HC_2H_3O_2$, " *J. Electrochem. Soc.*, **107**, 108 (1960).

18 K. E. Bean, "Anisotropic Etching in Silicon," *IEEE Trans. Electron Devices*, **ED-25**, 1185 (1978).

19 S. Iida and K. Ito, "Selective Etching of Gallium Arsenide Crystal in H_2SO_4-H_2O_2-H_2O System," *J. Electrochem. Soc.*, **118**, 768 (1971).

20 E. C. Douglas, "Advanced Process Technology for VLSI Circuits," *Solid State Technol.*, **24**, 5, 65 (1981).

21 M. Armacost et. al., "Plasma-Etching Processes for ULSI Semiconductor Circuits," *IBM, J. Res. Develop.*, **43,** 39 (1999).

22 C. O. Jung, et al., "Advanced Plasma Technology in Microelectronics," *Thin Solid Films*, **341,** 112, (1999).

習題（*指較難習題）

13.1 節　光學微影

1 對等級為 100 的無塵室，試依粒子大小計算每單位立方公尺中灰塵粒子總數（a） 0.5 到 1 μm 之間，（b）1 到 2 μm 之間，（c）比 2 μm 大。

2 試找出一有 9 道光罩製程的最後良率？其中有 4 道之平均致命缺陷密度為 0.1/每平方公分，另 4 道為 0.25/每平方公分，另 1 道為 1.0/每平方公分。晶方面積為 50 m m² 。

3. 為何必須要光罩完全無缺陷的使用在晶片步進機上？然而，為何有些缺陷能容忍在系統中暴露整個晶圓？

4.　（a）對波長為 193 nm 的 ArF 準分子雷射光學微影系統，其 NA = 0.65，k_1 = 0.60 與 k_2 = 0.50。此曝光機台理論的解析度與聚焦深度為何？（b）實際上我們可以如何修正 NA，k_1，與 k_2 參數來改善解析度？（c）相移光罩 (PSM) 技術改變哪一個參數而改善解析度？

5.　投影系統的分辨率 l_m 通常藉由透鏡的品質決定，但被限制在繞射與給的：$l_m = (k_1 \lambda)/NA$ 而 λ 為曝光波長，k_1 是過程相關參數，與 NA 為數值孔徑。所以這似乎是能藉由減少波長來簡單達到較小的分辨率。然而，是否有任何減少該波長的實際缺點？

6.　一個430nm波長的鄰近曝印法操作在10 μm 光罩與晶圓之間空隙。另一個250nm波長的鄰近曝印法操作在40μm 光罩與晶圓之間空隙。哪一個提供較好的操作？

7.　圖 9 為微影系統的*反應曲線*（*response curves*）：（a）使用較大 γ 值的光阻有何優缺點？（b）傳統的光阻為何不能用於 248 nm 或 193 nm 微影系統？

13.2 節　下世代的微影技術

8.　（a）解釋在電子束微影中為何可變形狀電子束比高斯電子束擁有較高的產能，（b）電子束微影如何作圖案對準？

9.　為何光學微影系統的操作模式，由鄰近曝印法演化到 1：1 投影曝印法，最後演化到 5：1 的步進重複投影法？

13.3 節　濕式化學蝕刻

10.　如果遮罩與基板不能被某一蝕刻劑蝕刻，試畫出厚度為 h_f 的薄膜經等向性蝕刻後，其圖案的邊緣輪廓，當（a）剛好完全蝕刻，（b）100% 過度蝕刻，（c）200% 過度蝕刻。

11.　一個 <100>–晶向矽晶圓，經由定義於二氧化矽上的 1.5 μm × 1.5 μm 窗口，以 KOH溶液蝕刻。垂直於 (100)–晶面的蝕刻率為 0.6 μm/min。而 (100)：(110)：(111)–晶面的蝕刻率比為 100：16：1。試畫出 20 秒、40 秒與 60 秒後的蝕刻輪廓。

12.　重複上題，一個 <$\bar{1}$10>–晶向矽晶圓利用薄的 SiO_2 當遮罩，在 KOH 溶液中蝕刻。畫出在 <$\bar{1}$10>–矽上的蝕刻圖案輪廓。

13.4 節　乾式蝕刻

13. (a) 矽的蝕刻速率 R 為 OH 濃度的函數，其大致可視為 $R = \text{k}[H_2O]^4$ $[\text{KOH}]^{1/4}\exp[-E_a/(kT)]$。基於此，你期望矽蝕刻是一個擴散限制反應或是活化限制？(b) 你可期望的蝕刻速率的影響存在於適當的波長光照射下？(c) 已知蝕刻速率在 KOH 中{111}矽遠慢於在{100}表面上。可能是什麼原因？

14. 氟原子（F）蝕刻矽的蝕刻率為

$$蝕刻率（\text{nm/min}）= 2.86\times10^{-13} \times n_F \times T^{1/2}\, e^{-E_a/RT}$$

其中 n_F 為氟原子的濃度（cm^{-3}），T 為絕對溫度（K），E_a 與 R 分別為活化能（2.48 kcal/mol）與氣體常數（1.987 cal-K）。如果 n_F 為 3×10^{15}，試計算室溫時矽的蝕刻率。

15. 重複上題，以氟原子蝕刻 SiO_2 的蝕刻率也可表示為

$$蝕刻率（\text{nm/min}）= 0.614\times10^{-13} \times n_F \times T^{1/2}e^{-E_a/RT}$$

其中 n_F 為 3×10^{15}（cm^{-3}），E_a 為 3.76 kcal/mol。計算室溫時 SiO_2 的蝕刻率，及 SiO_2 對 Si 的蝕刻選擇比。

*16. 粒子碰撞間平均移動的距離稱為平均自由徑（λ），$\lambda = 5 \times 10^{-3}/P$（cm），其中 P 為壓力單位為 Torr。一般可能用到的電漿，其反應腔壓力範圍為 1 Pa 到 150 Pa。其相關的氣體分子密度（cm^{-3}）與平均自由徑為何？

17. 蝕刻 400 nm 複晶矽，而不會移去超過 1 nm 厚的底部閘氧化層，試找出所需的蝕刻選擇比？假設複晶矽的蝕刻製程有 10% 的蝕刻率均勻度。

18. 1 μm 厚的 Al 薄膜沉積在平坦的場氧化層區域上，並且利用光阻來定義圖案。接著金屬層利用 Helicon 蝕刻機，以 BCl_3/Cl_2 混合氣體，在溫度 70 °C 蝕刻。Al 對光阻的蝕刻選擇比維持在 3。假設有 30%的過度蝕刻，試問為確保金屬上表面不被侵蝕，所需的最薄光阻厚度為多少？

19. 在 ECR 電漿中，一個靜磁場 B 驅使電子沿著磁力線以一個角頻率 ω_e 做圓周運動，

$$\omega_e = qB/m_e$$

其中 q 為電子電荷、m_e 為電子質量。如果微波的頻率為 2.45 GHz，試問所需的磁場大小為多少。

20. 傳統的活性離子蝕刻與高密度電漿（ECR，ICP 等）蝕刻最大的區別為何？

21. 敘述如何消除 Al 金屬線在氯基電漿蝕刻後所造成的腐蝕問題。

第十四章　雜質摻雜

所謂雜質摻雜（impurity doping）是將數量受監控的雜質摻質引入半導體內。雜質摻雜的實際應用主要在改變半導體的電性。*擴散*（diffusion）及*離子佈植*（ion implantation）是雜質摻雜的兩種主要方式。一直到一九七〇年代初期，雜質摻雜主要是經由高溫的擴散方式來達成，如圖 1a 所示。在這種方式中，摻質原子經由摻質之氣態源或摻雜過的氧化物之沉積，來置於晶圓表面。這些摻質濃度將從表面單調減少，而摻質分佈的側圖（profile）主要是由溫度與擴散時間來決定。

從七〇年代初開始，許多摻雜的操作已改由離子佈植來達成，如圖 1b 所示。在此製程中，摻質離子（dopant ion）經由離子束（ion beam）的方式，佈植入半導體內。摻質濃度在半導體內會有個峰值分佈，同時摻質分佈的側圖主要由離子質量和佈植離子能量而定。擴散與離子佈植兩者都被用來製造分立元件與積體電路，因為二者可互補不足，相得益彰[1,2]。舉例而言，擴散可用於形成深接面（deep junction），如 CMOS 中的雙井（twin well）；而離子佈植可用於形成淺接面（shallow junction），如 MOSFET 中的源極與汲極。

具體而言，本章包括了以下幾個主題：

- 在高溫與高濃度梯度情況下，雜質原子於晶格中的運動。
- 在固定擴散係數及與濃度相依之擴散係數下的摻質側圖。

- 橫向擴散與摻質再分佈（redistribution）對元件特性的影響。
- 離子佈植的製程與優點。
- 晶格中的離子分佈，與如何移除因佈植而造成的晶格損壞（lattice damage）。
- 與離子佈植相關之製程如遮罩，高能量佈植及高電流佈植。

14.1　基本擴散製程

雜質擴散通常是將半導體晶圓置入經仔細控溫的高溫石英爐管中，並通入含有所需摻質（dopant）之氣體混和物來完成。溫度範圍對矽而言，通常在 800°到 1200℃；對砷化鎵而言，則在 600°到 1000℃。擴散進入半導體內部的摻質原子數量與氣體混和物中的摻質雜質分壓有關。

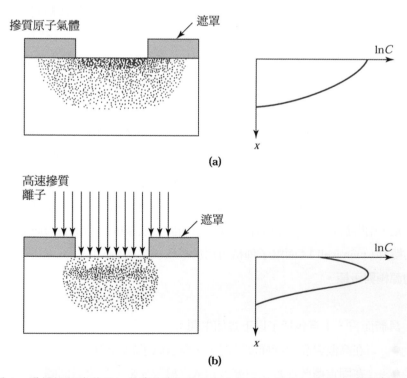

圖 1　選擇性將摻質引入半導體基板的技術比較（a）擴散，與（b）離子佈植。

對矽的擴散而言，硼是引入 p 型雜質最常用的摻質，而砷與磷則被廣泛使用為 n 型摻質。這三種元素在矽中，都能高度溶解，因為在擴散溫度範圍內，其溶解度高於 5×10^{20} cm^{-3}。這些摻質可由數種方式引入，包含固態源（如氮化硼（BN）之於硼、三氧化二砷（As_2O_3）之於砷及五氧化二磷（P_2O_5）之於磷）、液態源（三溴化硼（BBr$_3$）、三氯化砷（AsCl$_3$）與氧氯化磷（POCl$_3$））及氣態源（乙硼烷（B_2H_6）、砷化氫（AsH$_3$）及磷化氫（PH$_3$））。然而，液態源是最常使用的。圖 2 是用於液態源的爐管與氣流設置的示意圖。這種設置與用於熱氧化的相似。使用液態源的磷擴散之化學反應範例如下

$$4POCl_3 + 3O_2 \rightarrow 2P_2O_5 + 6Cl_2 \uparrow \tag{1}$$

P_2O_5 在矽晶圓上形成一層玻璃（glass），並經由矽還原出磷

$$2P_2O_5 + 5Si \rightarrow 4P + 5SiO_2 \tag{2}$$

磷被釋放出並擴散進入矽中，而 Cl$_2$ 則被排走。

對砷化鎵的擴散而言，因為砷的高蒸汽壓，所以需要特別的方法，來防止砷的分解或蒸發所造成的損失[2]。這些方法包括在含過壓砷的封閉安瓿（ampule）中之擴散，及在含有被摻雜之氧化物覆蓋層（如氮化矽）的開放爐管（open-tube furnace）中擴散。大部分有關 p 型擴散的研究被侷限在封閉法中以鋅－鎵－砷（Zn-Ga-As）合金和砷化鋅（ZnAs$_2$），及開放安瓿法中氧化鋅－二氧化矽（ZnO-SiO$_2$）的鋅之使用。砷化鎵中的 n 型摻質包含硒（selenium）與碲（tellurium）。

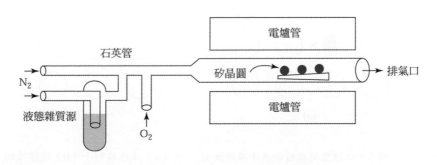

圖 2　典型的開放式爐管擴散系統示意圖。

14.1.1 擴散方程式

半導體中的擴散可以視為在晶格中藉著缺位（vacancy）、或間隙（interstitial，或譯插空隙）的擴散物（摻質原子）之原子移動。圖 3 顯示在固體中二種基本的原子擴散模型[1,3]。空心圓圈代表佔據平衡晶格位置的主原子（host atom），而實點代表雜質原子。在提高溫度時，晶格原子將繞著平衡晶格位置振動。此時主原子有可能獲得足夠的能量，而離開晶格位置，成為間隙原子，因而產生一個缺位。當一個鄰近的雜質原子移進缺位時，如圖 3a 所示，這種機制稱作*缺位擴散*（vacancy diffusion）。若一個間隙原子從某位置移動到另一個間隙裡，而不佔據一個晶格位置（圖 3b），這種機制稱為*間隙擴散*（interstitial diffusion）。小於主原子的原子通常經由間隙移動。

此外，還有延伸的間隙擴散，有時稱作 interstitial diffusion。在間隙的主原子（自我間隙）將取代主原子的雜質原子推進一個間隙位置。接下來，雜質原子取代其它主原子並創造了新的自我間隙。然後過程便重複。interstitialcy diffusion 比取代性的擴散還快。缺陷擴散和 interstitialcy diffusion 被認為是磷、硼、砷和銻在矽中擴散的主要機制。磷和硼是由雙擴散機制（缺陷和 interstitialcy），然而 intersitialcy 機制為主要。砷和銻則由缺陷機制主導[1]。

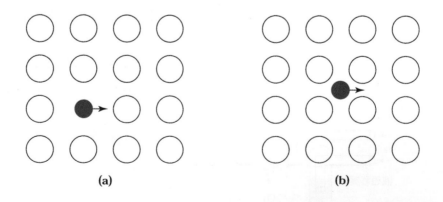

圖 3　二維空間晶格的原子擴散機制[1,3]。（a）缺位機制，（b）間隙機制。

　　雜質原子的基本擴散過程與第二章中討論的帶電載子擴散（電子與電洞）類似。因此我們定義通量 F 為單位時間內通過單位面積的摻質原子數量，而 C 為每單位體積的摻質濃度。由第二章的式（27），可得

$$F = -D\frac{\partial C}{\partial x}$$ (3)

其中我們以 C 代替載子濃度，而比例常數 D 為擴散係數或擴散率（diffusion coefficient 或 diffusivity）。注意擴散過程的基本驅動力為濃度梯度 dC/dx。通量正比於濃度梯度，而摻質原子將從高濃度區流向低濃度區。

　　如果把式（3）代入第二章的一維連續方程式（式（56）），同時考慮在主半導體中並無物質生成或消耗（即 $G_n = R_n = 0$），可得

$$\frac{\partial C}{\partial t} = -\frac{\partial F}{\partial x} = \frac{\partial}{\partial x}\left(D\frac{\partial C}{\partial x}\right)$$ (4)

在低摻質原子濃度時，擴散係數可視為和摻質濃度無關，則式（4）可變為

$$\boxed{\frac{\partial C}{\partial t} = D\frac{\partial^2 C}{\partial x^2}}$$ (5)

式（5）通常被稱為*費克擴散方程式*（Fick's diffusion equation）。

　　圖 4 顯示在矽及砷化鎵中不同摻質雜質在低濃度時所量測到的擴散係數[4,5]。在大部分的情況下，擴散係數的對數跟絕對溫度倒數的作圖為一直線。此暗示在此溫度範圍內，擴散係數可表示為

$$\boxed{D = D_0 \exp\left(\frac{-E_a}{kT}\right)}$$ (6)

其中 D_0 是外插至無限大溫度時所得的擴散係數（單位為 cm^{-2}/s），而 E_a 是活化能（activation energy，其單位為 eV）。

對於間隙擴散模型而言，E_a 和將摻質原子從某間隙移動至另一間隙所需的能量有關。在矽與砷化鎵中，E_a 之值介於 0.5 至 2 eV 之間。對缺位擴散模型而言，E_a 和缺位移動所需能量與形成缺位之能量都有關。因此對缺位擴散而言，E_a 之值大於間隙擴散 E_a 之值，通常介於 3 至 5 eV 之間。

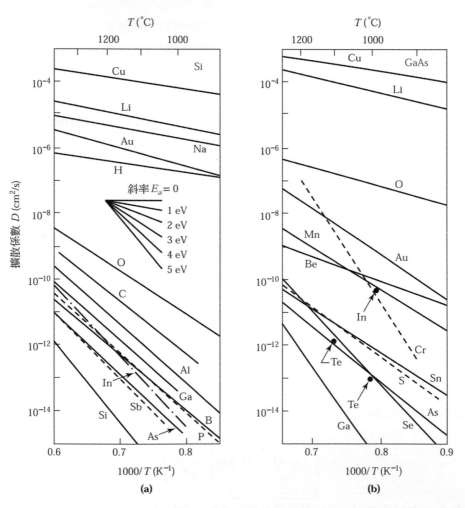

圖 4　擴散係數（也稱擴散率）在（a）矽，與（b）砷化鎵中以溫度倒數為函數[4,5]。

對於快速擴散物，像在矽（Si）和砷化鎵（GaAs）中的銅（Cu），如圖 4a 和 4b 的上半部所示，其所量測到的活化能少於 2 eV，因此間隙原子移動是其主要的擴散機制。對於較慢的擴散物，像在 Si 和 GaAs 中的砷（As），如圖 4a 和 4b 的下半部所示，其 E_a 大於 3 eV，因此缺位擴散是主控的機制。對於 Interstitialcy 主導的擴散，如磷在矽中，Ea 也大於 3eV，但擴散係數是砷的 4 倍大，其在一段溫度中的變化展示在圖 4a 中。

14.1.2　擴散側圖

摻質原子的擴散側圖與初始及邊界條件有關。在這小節裡我們考慮兩個重要的例子，即固定表面濃度擴散（constant-surface-concentration diffusion）與固定總摻質量擴散（constant-total-dopant diffusion）。在第一個例子，雜質原子經由氣態源，傳送到半導體表面，然後擴散進入半導體晶圓。在整個擴散過程期間，氣態源維持一固定的表面濃度。在第二例中，一定量的摻質沉積於半導體的表面，接著擴散進入晶圓中。

固定表面濃度擴散

在 $t = 0$ 的初始條件為

$$C(x, 0) = 0 \tag{7}$$

上式描述在主半導體（host semiconductor）的摻質濃度一開始時為零。邊界條件為

$$C(0, t) = C_s \tag{8a}$$

及

$$C(\infty, t) = 0 \tag{8b}$$

其中 C_s 為表面濃度（在 $x = 0$ 處），與時間無關。第二個邊界條件陳述在距離表面極遠處，並無雜質原子。

符合初始與邊界條件之擴散方程式（式（5））的解為[6]

$$\boxed{C(x, t) = C_s \operatorname{erfc}\left(\frac{x}{2\sqrt{Dt}} \right)} \tag{9}$$

其中 erfc 為互補誤差函數（complementary error function），而 $\sqrt{Dt}$ 是擴散長度。互補誤差函數的定義與此函數的一些特性列於表 1。圖 5a 為固定表面濃度擴散情況的擴散側圖，我們同時以線性（上圖）和對數（下圖）刻度，畫出在一固定擴散溫度與一固定擴散係數下，對應三個擴散時間之三種不同擴散長度 $\sqrt{Dt}$ 的深度函數之歸一化濃度。注意摻質將隨時間增加而更深入半導體內部。

在半導體的每單位面積之摻質原子總數為

$$Q(t) = \int_0^\infty C(x, t)dx \tag{10}$$

表 1　誤差函數代數

$$\mathrm{erf}(x) \equiv \frac{2}{\sqrt{\pi}} \int_0^x e^{-y^2} dy$$

$$\mathrm{erfc}\,(x) \equiv 1 - \mathrm{erf(x)}$$

$$\mathrm{erf}(0) = 0$$

$$\mathrm{erf}(\infty) = 1$$

$$\mathrm{erf}\,(x) \cong \frac{2}{\sqrt{\pi}} x \quad \text{於 } x \ll 1$$

$$\mathrm{erfc}(x) \cong \frac{1}{\sqrt{\pi}} \frac{e^{-x^2}}{x} \quad \text{於 } x \gg 1$$

$$\frac{d}{dx}\mathrm{erf}\,(x) = \frac{2}{\sqrt{\pi}} e^{-x^2}$$

$$\frac{d^2}{dx^2}\mathrm{erf}\,(x) = -\frac{4}{\sqrt{\pi}} x e^{-x^2}$$

$$\int_0^x \mathrm{erfc}\,(y')dy' = x\,\mathrm{erfc}\,(x) + \frac{1}{\sqrt{\pi}}(1 - e^{-x^2})$$

$$\int_0^\infty \mathrm{erfc}\,(x)dx = \frac{1}{\sqrt{\pi}}$$

將式（9）帶入式（10）可得

$$Q(t) = \frac{2}{\sqrt{\pi}} C_s \sqrt{Dt} \cong 1.13 C_s \sqrt{Dt} \tag{11}$$

這表示式可如下解釋。$Q(t)$ 代表圖 5a 中用線性刻度所繪之某一擴散側圖圖下之面積。這些側圖可用高為 C_s 底為 $2\sqrt{Dt}$ 的三角形近似之。由此得 $Q(t) \cong C_s \sqrt{Dt}$，很接近由式（11）所得之精確結果。

一個相關量是擴散側圖的梯度 dC/dx。這個梯度可經由對式（9）微分而得。

$$\left.\frac{dC}{dx}\right|_{x,t} = -\frac{C_s}{\sqrt{\pi Dt}} e^{-x^2/4Dt} \tag{12}$$

範例 1

在 $1000°C$ 下於矽中的硼擴散，表面濃度維持在 $10^{19}\,cm^{-3}$，而擴散時間為 1 小時。試求在 $x = 0$ 及在摻質濃度達 $10^{15}\,cm^{-3}$ 處的 $Q(t)$ 與梯度。

解

從圖 4 可得，硼在 $1000°C$ 時的擴散係數約為 $2\times10^{-14}\ cm^2/s$，所以擴散長度為

$$\sqrt{Dt} = \sqrt{2\times10^{-14} \times 3600} = 8.48\times10^{-6}\,cm$$

$$Q(t) = 1.13 C_s \sqrt{Dt} = 1.13\times10^{19} \times 8.48\times10^{-6} = 9.5\times10^{13}\ 原子／平方公分$$

（atoms/cm^2）

$$\left.\frac{dC}{dx}\right|_{x=0} = -\frac{C_s}{\sqrt{\pi Dt}} = \frac{-10^{19}}{\sqrt{\pi} \times 8.48\times10^{-6}} = -6.7\times10^{23}\,cm^{-4}$$

當 $C = 10^{15}\,cm^{-3}$，由式（9）可得相對應的 x_j

$$x_j = 2\sqrt{Dt}\ \text{erfc}^{-1}\left(\frac{10^{15}}{10^{19}}\right) = 2\sqrt{Dt}\ (2.75) = 4.66 \times 10^{-5}\,\text{cm} = 0.466\,\mu\text{m}$$

$$\left.\frac{dC}{dx}\right|_{x=0.466\,\mu m} = -\frac{C_s}{\sqrt{\pi Dt}}\,e^{-x_j^2\big/4Dt} = -3.5 \times 10^{20}\,\text{cm}^{-4}$$

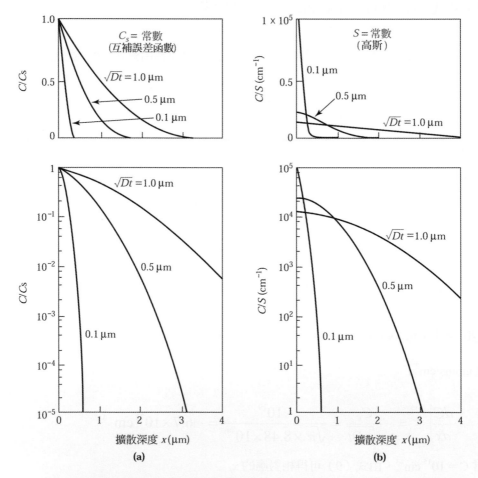

圖 5　擴散側圖（a）歸一化互補誤差函數在連續擴散時間下對距離作圖，（b）歸一化高斯函數對距離作圖。

固定總摻質量擴散

在此例中，一固定量的摻質以一層薄膜的形式，沉積於半導體表面，而摻質接著擴散進入半導體。初始條件與式（7）相同。邊界條件為

$$\int_0^\infty C(x,t)dx = S \qquad (13a)$$

與

$$C(\infty, t) = 0 \qquad (13b)$$

其中 S 為每單位面積摻質總量。

符合上述條件之式（5）的擴散方程式之解為

$$\boxed{C(x,t) = \frac{S}{\sqrt{\pi Dt}}\exp\left(-\frac{x^2}{4Dt}\right)} \qquad (14)$$

此表示式為一高斯分佈（Gaussian Distribution）。因為這些摻質將隨時間增加而進入半導體，為了要保持總摻質量 S 固定，表面濃度必須下降。而事實也是如此，因為表面濃度為式（14）於 $x = 0$ 處之值：

$$C_s(t) = \frac{S}{\sqrt{\pi Dt}} \qquad (15)$$

圖 5b 顯示出一高斯分佈的摻質側圖，我們對三個遞增之擴散長度畫出以距離為函數的歸一化濃度（C/S）。注意隨擴散時間的增加，表面濃度將減少。對式（14）微分，可得擴散側圖的梯度:

$$\left.\frac{dC}{dx}\right|_{x,t} = -\frac{xS}{2\sqrt{\pi}(Dt)^{3/2}}e^{-x^2/4Dt} = -\frac{x}{2Dt}C(x,t) \qquad (16)$$

梯度（或斜率）在 $x = 0$ 與 $x = \infty$ 處為零，同時最大梯度將發生在 $x = \sqrt{2Dt}$ 。

在積體電路製程中，通常採用兩段式擴散製程。首先在固定表面濃度擴散條件下，形成一*預沉積*（predeposition）擴散層，接著在固定總摻質量擴散條件下，進行

驅入（*drive-in*）擴散（也稱作*再分佈*擴散）。就大部分實際情況而言，預沉積擴散之擴散長度 $\sqrt{Dt}$ 比驅入擴散之擴散長度小得多。因此我們可將預沉積側圖視為在表面處之脈衝函數。而且與驅入階段所產生的最後側圖相比，預沉積側圖的穿入範圍小到可以忽略。

範例 2

經由氫化砷氣體將砷預沉積，而每單位面積的總摻質量為 1×10^{14} atoms/cm^2。要花多少時間才能將砷驅入，以達 1 μm 的接面深度？假設背景摻雜為 1×10^{15} 原子／立方公分（atoms/cm^3），驅入溫度為 1200℃。對砷而言，$D_0 = 24$ cm^2/s，$E_a = 4.08$ eV。

解

$$D = D_0 \exp\left(\frac{-E_a}{kT}\right) = 24 \exp\left(\frac{-4.08}{8.614\times10^{-5}\times1473}\right) = 2.602\times10^{-13}\,\text{cm}^2/\text{s}$$

$$x_j^2 = 10^{-8} = 4Dt\ln\left(\frac{S}{C_B\sqrt{\pi Dt}}\right) = 1.04\times10^{-12}\,t\ln\left(\frac{1.106\times10^5}{\sqrt{t}}\right)$$

t・log t − 10.09 t + 8350 = 0

上式的解可經由方程式 y= t˙logt 與方程式 y = 10.09 t − 8350 之交點解出。因此，t = 1190 秒 ≅ 20 分鐘。

14.1.3　擴散層的估算

擴散製程的結果可由三種量測方式估算－即擴散層的接面深度、片電阻與摻質側圖。如圖 6a 所示，在半導體內切一凹槽，並用溶液（對矽而言為 100 cm^3 HF 與數滴 HNO$_3$）蝕刻表面，使 *p* 型區染成較 *n* 型區為暗，因而描繪出接面深度。如果 R_0 是用來形成凹槽之工具的半徑，則可得接面深度（junction depth）

$$x_j = \sqrt{R_0^2 - b^2} - \sqrt{R_0^2 - a^2} \tag{17}$$

其中 *a* 和 *b* 如圖中所示。此外，如果 R_0 遠大於 *a* 和 *b*，則

$$x_j \cong \frac{a^2 - b^2}{2R_0} \tag{18}$$

如圖 6b 所示，接面深度 x_j 是摻質濃度等於基板濃度 C_B 之位置，或

$$C(x_j) = C_B \tag{19}$$

所以，如果接面深度和 C_B 為已知，則只要擴散側圖遵行如 14.1.2 節所推導的公式，表面濃度 C_s 和雜質分佈（impurity distribution）就能計算出來。

　　擴散層的電阻可由如第二章所描述的四點探針法來量測。*片電阻*（*sheet resistance*）R 和接面深度 x_j，載子移動率 μ（其為總載子濃度的函數）及載子分佈 $C(x)$ 有下列關係[7]：

$$R = \frac{1}{q \int_0^{x_j} \mu C(x) dx} \tag{20}$$

　　對一個給定的擴散側圖，其平均電阻係數 $\overline{\rho} = Rx_j$ 和假定側圖的表面濃度 C_s 與基板濃度有特定關係。對一些簡單的擴散側圖如互補誤差函數，和高斯分佈來說，C_s 和 $\overline{\rho}$ 之設計曲線關係已被計算出來[8]。要正確使用這些曲線，我們必須先確定擴散側

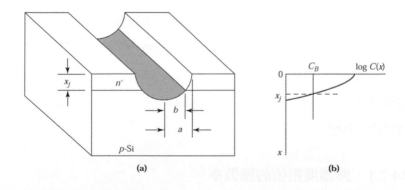

圖 6　接面深度量測（a）凹槽及染色，（b）摻質與基板濃度相等之處。

669

圖和這些假定側圖相合。對低濃度及深擴散而言,其擴散側圖一般可以前面提及的簡單函數表示。然而,如我們將在下一節所討論,對高濃度與淺擴散而言,擴散側圖就不能以這些簡單函數來表示。

　　擴散側圖也可由第七章所描述的電容－電壓關係方法來測得。如果雜質完全離子化,等同於雜質側圖的主要載子側圖可經由量測 p-n 接面,或蕭特基能障二極體在不同外加偏壓下的逆向偏壓電容而得。一個更為精確的方法為二次離子質量分析(secondary-ion-mass spectroscope,SIMS),這種技術可以分析總雜質側圖。在 SIMS 技術中,一離子束將濺擊開半導體表面的物質,同時離子分量將被測得,質量會被分析。此技術對多種元素如硼和砷都有極高的敏感度,故為一種在高濃度或淺接面擴散的側圖量測時,可提供所需準確度的理想工具 [9]。

14.2　外質擴散

在 14.1 節中所述的擴散側圖是針對固定擴散率而言,這些側圖只發生在摻質濃度低於擴散溫度下之本質載子濃度 $n_i(T)$ 時。舉例而言,在 1000℃時, 對 Si 與 GaAs 而言,n_i 分別等於 5×10^{18} cm^{-3} 與 5×10^{17} cm^{-3}。低濃度時的擴散率通常被稱為本質擴散率 $D_i(T)$。當摻質側圖的濃度小於 $n_i(T)$ 時,是為如圖 7 左側的本質擴散區。在此區內,n 與 p 型雜質先後或同時擴散的最終摻質側圖可以疊加法決定,亦即各個擴散可獨立分開處理。然而,當基板或摻質的雜質濃度高於 $n_i(T)$,此半導體就變為外質,同時擴散率也視為外質。在外質擴散(extrinsic diffusion)區內,擴散率變成和濃度相依 [10]。在外質擴散區內,擴散側圖更為複雜,在先後或同時摻雜的各個擴散間,彼此會有交互作用及聯合的效應。

14.2.1　與濃度相依的擴散率

如先前所提,當一個主原子由晶格振動獲得足夠能量,離開晶格位置,一個缺位因而產生。晶格中缺陷的產生造成四個未飽和且擾動的鍵。這些鍵的電子也許會灑入缺陷中，中性的缺陷會藉著得到一個負電荷而表現的如同一個受體 $V^0+e^-=V^-$。依照一個缺位的電荷數，我們可有中性缺位 V^0，受體缺位 V^-，雙電荷受體缺位 V^{2-}，施體（donor）缺位 V^+ 等等。我們預期對一給定荷電態的缺位密度（即每單位體積的缺位數，C_V），有相似於載子密度的溫度相依性（參閱第一章的式（28）），即

$$C_V = C_i \exp\left(\frac{E_F - E_i}{kT}\right) \tag{21}$$

其中 C_i 是本質缺位密度，E_F 是費米能階，E_i 是本質費米能階。

　　如果摻質擴散是由缺位機制主導，則擴散係數依理要正比於缺位密度。在低摻雜濃度時（$n < n_i$），費米能階將與本質費米能階重合（$E_F = E_i$）。缺位密度將等於 C_i，且與摻雜濃度無關。正比於 C_i 的擴散係數也將和摻質濃度無關。在高濃度時（$n > n_i$），費米能階將會移向導電帶邊緣（對施體型的缺位），而 exp $(E_F\text{-}E_i)/kT$ 會大於一。這將使 C_V 增加，進而使擴散係數增加，如圖 7 右側所示。

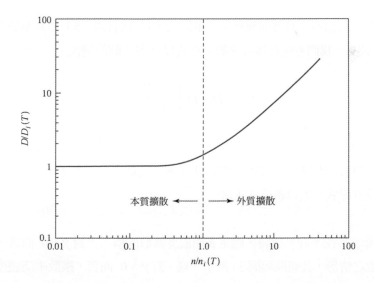

圖 7　施體雜質擴散率對電子濃度之作圖[10]。圖中顯示本質與外質擴散。

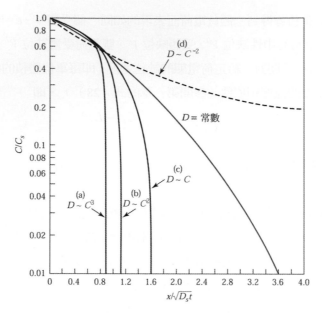

圖 8　外質擴散歸一化擴散側圖，其中擴散係數與濃度相依 [10,11]。

當擴散係數隨摻質濃度而變化時，須以式（4）代替式（5）作為擴散方程式，其中 D 與 C 無關。我們考慮當擴散係數可寫成以下方式時的情況

$$D = D_s \left(\frac{C}{C_s} \right)^{\gamma} \tag{22}$$

其中 C_s 為表面濃度，D_s 為表面的擴散係數，C 和 D 是在塊材中的濃度和擴散係數，γ 是用以描述與濃度相關性的參數。在此情況下，我們可將擴散方程式（式（4））寫成一常微分方程式，並以數值法求解。

圖 8 所示為在不同 γ 值時，固定表面濃度擴散的解 [11]。對 $\gamma = 0$ 而言，此即為固定擴散係數之情形，其側圖與圖 5a 所示一樣。對 $\gamma > 0$ 而言，擴散率隨濃度下降而下降，且漸增的 γ 導致漸形陡峭及盒狀的濃度側圖。所以高度陡接面在背景為相反雜質型態下的擴散形成。摻質側圖的陡峭將導致接面深度幾乎與背景濃度無關。注意接面深度可以下列式子（見圖 8）表示

$$x_j = 1.6\sqrt{D_s t} \quad 於 \ D \sim C(\gamma = 1)$$
$$x_j = 1.1\sqrt{D_s t} \quad 於 \ D \sim C^2(\gamma = 2). \tag{23}$$
$$x_j = 0.87\sqrt{D_s t} \quad 於 \ D \sim C^3(\gamma = 3)$$

在 $\gamma = -2$ 的例子中，擴散率隨濃度降低而增加，這將導致凹狀側圖，與其它例子中的凸狀側圖，恰異其趣。

14.2.2　擴散側圖

矽內之擴散

在矽內所量測到的硼與砷之擴散係數有一與濃度相關之參數，其 $\gamma \cong 1$。如圖 8 曲線 c 所標明，其濃度側圖確實非常陡峭。對金與白金在矽內的擴散而言，γ 近似於 -2，而它們的濃度側圖如圖 8 曲線 d 所示，呈一凹陷的形狀。

在矽內磷的擴散關係到帶雙電荷態的缺位 V^{2-}，同時在高濃度下擴散係數將隨 C^2 而變化。我們預期磷的擴散側圖（diffusion profile）會類似於圖 8 的曲線 b。然而，因為*分解效應*（*dissociation effect*），擴散側圖將展現出不規則的行為。

圖 9 顯示磷在不同表面濃度下，於 1000℃ 擴散進入矽一小時後的擴散側圖[12]。當表面濃度低時，相當於本質擴散區，擴散側圖將是一個互補誤差函數（曲線 a）。隨著濃度增加，側圖變得與簡單的表示法有所差異（曲線 b 及 c）。在非常高濃度時（曲線 d），在表面附近的側圖確實與圖 8 中的 b 曲線類似。然而在濃度為 n_e 時，會有一個扭結（kink）產生，接著在尾端會有一個快速的擴散。濃度 n_e 相當於費米能階低於導電帶 0.11 eV 時。在此能階，耦合的雜質－缺位對（$P^+ V^{2-}$）將會分解為 P^+，V^- 及一個電子。所以，這些分解會產生大量的單一荷電態受體缺位 V，進而加速在側圖尾端區的擴散。在尾端區擴散率超過 10^{-12} cm²/s，此值比 1000℃ 本質擴散率約大兩個數量級。由於它的高擴散率，磷通常被用來形成深接面，例如在 CMOS 中的 n 井（n-tub）。

673

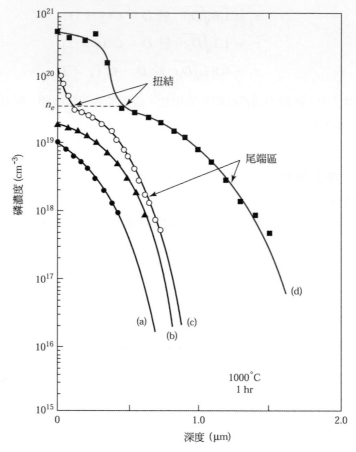

圖 9 磷在不同表面濃度下，於 1000℃，擴散進入矽 1 小時後之擴散側圖 [12]。

砷化鎵中的鋅擴散

我們預期在砷化鎵中的擴散會比在矽中要來得複雜，因為雜質的擴散可牽涉到在鎵與砷兩者晶格的原子移動。缺位在砷化鎵擴散過程中扮演了一個主導的角色，因為 p 和 n 型雜質最終都必須進駐於晶格位置上。然而缺位的帶電態迄今尚未被確立。

鋅是在砷化鎵中最廣為研究的擴散物。它的擴散係數被發現會隨 C^2 而變化。所以擴散側圖如圖 10 所示是陡峭的，而且與圖 8 曲線 b 相似 [13]。注意即使對最低表面濃度的情況，其擴散也是在外質擴散區，因為 GaAs 的 n_i 在 1000℃ 時少於 $10^{18}\,\mathrm{cm}^{-3}$。

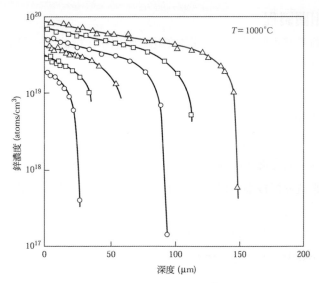

圖 10　在 1000℃，GaAs 中退火 2.7 小時的鋅擴散側圖 [13]。不同的表面濃度乃將 Zn 源保持
在 600 到 800℃的溫度範圍而得。

由圖 10 可見，表面濃度對接面深度有重大影響。擴散率會隨鋅蒸汽的分壓做線性變
化，而表面濃度正比於分壓的平方根。故從式（23）可知，接面深度會線性正比於表
面濃度。

應變矽中的擴散

應變矽因為載子的高遷移率而有希望用在金氧半電晶體的通道 [14,15]。同時，應變矽可
以改變許多含雜質摻雜，包含原生層缺陷的產生和雜質圓子的位移而形成的移動載子
複合物的許多步驟中的活化能。應變相關的能隙窄化也可以改變帶電的點缺陷濃度。
因此，和擴散相關的缺陷濃度是應變的強相關函數。這影響了街面深度和有效的通道
長度。應變相關的影響對於 MOSFET 在微縮到 65nm 以下時相當大。在壓應力中，靠
近表面的矽，其晶格常數會較小。為了緩和，靠近表面的矽原子會跳到表面，並且缺
陷也會在表面產生。如同 14.1.1 節所討論的。因為磷和硼主要都由間隙機制擴散，壓
縮的應力造成擴散變慢 [16]。張應力則和壓應力相反：矽的晶格常數變大且間隙傳輸的
增強。缺陷濃度因為晶格鬆弛而變少且缺陷傳輸擴散減弱。

14.3　擴散相關製程

在本節中我們將考慮兩個製程，而擴散在此二製程中，扮演了一個重要的角色。我們也將考慮此二製程對元件特性的影響。

14.3.1　橫向擴散

先前討論的一維擴散方程式可滿意地描述擴散過程，但在遮罩窗的邊緣例外，因為在邊緣處雜質會向下與旁邊（即橫向）擴散。在這種狀況下，我們必須考慮二維的擴散方程式並使用數值分析技術，以得到在不同初始與邊界條件下的擴散側圖。

　　圖 11 顯示對一固定表面濃度擴散情況之固定摻質濃度的輪廓線，其中我們假設擴散率與濃度無關 [17]。在此圖之極右端，摻質濃度從 $0.5C_s$ 到 $10^{-4}C_s$（其中 C_s 為表面濃度）的變化，乃是相當於式（9）所給的互補誤差函數。輪廓線實際上是擴散到不同背景濃度而生成的接面位置圖。舉例而言，在 $C/C_s = 10^{-4}$ 時（即背景摻雜低於表面濃度 10^4 倍），由此固定表面濃度曲線可見垂直穿入（vertical penetration）約為 2.8 μm，而橫向穿入（lateral penetration，即沿著遮罩與半導體界面擴散的穿入）約為 2.3 μm。因此，當濃度低於表面濃度達三個或更多的數量級時，其橫向穿入約為垂直穿入的 80%。對固定總摻質量擴散情況而言，也可得到類似的結果，橫向穿入對垂直穿入的比約為 75%。對濃度相依擴散係數而言，此比例略降至約 65% 到 70%。

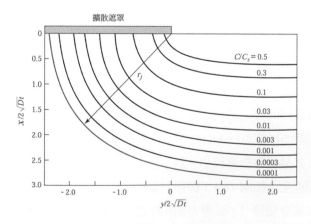

圖 11　氧化層窗邊緣的擴散輪廓線，r_j 為曲率半徑 [14]。

因為橫向擴散（lateral diffusion）效應，接面包含了一個中央平面（或稱平坦）區及近似於圓柱，曲率半徑為 r_j 的邊，如圖 11 所示。此外，如果擴散遮罩包含尖銳的角落，靠近角落的接面將因橫向擴散而近似於圓球狀。因為電場強度在圓柱與圓球接面處較強，該處雪崩崩潰電壓將遠低於有相同背景摻雜的平面接面。接面的「曲率效應」已在第三章討論過。

14.3.2 氧化過程中雜質的再分佈

在熱氧化過程中，靠近矽表面的摻質雜質將會再分佈。這種再分佈取決於幾個因素。當兩個固相接觸在一起時，在其一內的雜質會在此二固相內重新分佈，直到達成平衡。此與我們先前討論，由熔融液的晶格成長中之雜質再分佈類似。在矽內的雜質平衡濃度對二氧化矽內平衡濃度之比，稱為*分離係數*（*segregation coefficient*），定義為

$$k = \frac{\text{在矽內雜質的平衡濃度}}{\text{在 SiO}_2 \text{內雜質的平衡濃度}} \tag{24}$$

第二個影響雜質再分佈的因素是，雜質也可能會快速的擴散穿過二氧化矽，並逸入氣體氛圍中。如果在二氧化矽中雜質擴散率很大，這項因素將益形重要。再分佈的第三項因素是二氧化矽的成長，故矽與二氧化矽間的邊界將會隨時間更深入矽中。此邊界深入速率與雜質穿過氧化層擴散速率間之相對比率在決定再分佈程度時很重要。注意即使某一雜質的分離係數 k 等於一，此雜質在矽中的一些再分佈仍將發生。如第十二章圖 3 所指出，氧化層的厚度約為其所置換之矽的兩倍。因此，相同量的雜質會分佈在一較大的體積中，導致從矽而來雜質的空乏。

四種可能的再分佈過程描繪於圖 12[6]。這些製程可分為兩類。一類是氧化層吸納雜質，（圖 12a 和 b， $k < 1$），另一類是氧化層排斥雜質（圖 12c 和 d， $k > 1$）。在任一類中，所發生的情況將依雜質能多快速擴散通過氧化層而定。在第一類中，矽表面將會發生雜質空乏；一個例子就是 k 值近似於 0.3 的硼。雜質快速擴散穿過二氧化矽，將增強空乏的程度；一個例子就是硼摻雜矽於氫氛圍中加熱，因為氫會加強硼

在二氧化矽中的擴散率。在第二類中， k 大於一，所以氧化層會排斥雜質。如果雜質穿過二氧化矽的擴散是相對慢的，雜質會堆積在靠近矽表面；一個例子就是磷，其 k 值近似於 10；當擴散穿透二氧化矽層很快時，許多雜質也許會從固相中逸向氣相氛圍，多到整體效果將造成雜質的空乏，一個例子即為鎵，其 k 近似於 20。

二氧化矽中再分佈的摻質雜質很少在電性上為活化的。然而，在矽中的再分佈對製程與元件性能有重要的影響。舉例而言，不均勻的摻質分佈將會影響界面陷阱特性量測之闡釋（見第六章），而表面濃度的變化將會改變臨界電壓及元件的接觸電阻（見第七章）。

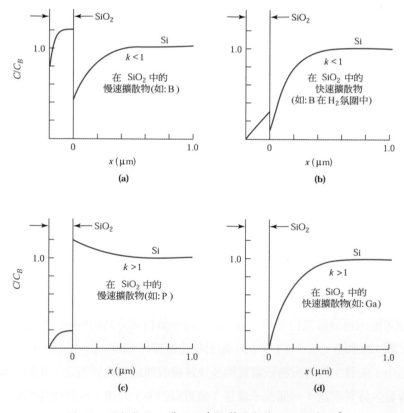

圖 12　因熱氧化而導致矽中雜質再分佈的四種情況[6]。

14.4 佈植離子射程

離子佈植是一種將具能量且帶電的粒子引入如矽之基板的過程。佈植能量介於 300eV 到 5 MeV，導致離子分佈的平均深度範圍由 10 nm 到 10 μm。離子劑量（dose）變動範圍，從用於臨界電壓調整的 10^{12} 離子／平方公分（ions/cm^2），到形成埋藏絕緣層的 10^{18} ions/cm^2。注意劑量的單位是以一平方公分的半導體表面面積上所植入的離子數表之。相較於擴散製程，離子佈植的主要優點在於雜質摻雜的更精準控制與再現性，以及有較低的製程溫度。

　　基本的 CMOS，每片晶圓通常使用 15 到 17 道的離子佈植。當今前沿的 CMOS 流程使用 20 到 23 道的佈植。而在特定的 CMOS 電路（即快閃記憶體）使用高達 30 道的佈植步驟。事實上現代 CMOS 元件的摻雜都藉著離子佈植完成。在摻雜的量和位置上，沒有其它技術提供可比擬的製程控制和重現性。

　　圖 13 所示，為一中等能量離子佈植機之示意圖 [18]。離子源有一加熱細絲，以分解氣體源如三氟化硼（BF$_3$）或砷化氫（AsH$_3$），成為帶電離子態（B$^+$或 As$^+$）。一萃取電壓，約在 40 kV 左右，造成這些帶電離子移出離子源腔體，並進入一質譜儀。可藉由選擇質譜儀的磁場，使只有合適的質量／電荷比之離子得以通過，而不被過濾掉。被選出來的離子接著進入加速管內，在此它們從高電壓移往接地點，因而被加速到佈植能量。孔徑（aperture）則用來確保離子束可以完整地保持準直。在佈植機內的壓力維持低於 10^{-4} Pa，以降低氣體分子散射。再利用靜電偏折盤，使這些離子束得以掃瞄晶圓表面，並植入半導體基板。

　　具能量的離子經由與基板中電子和原子核的碰撞，而失去能量，最後停在晶格內某一深度。平均深度可由調整加速能量來控制。摻質劑量可在佈植時監控離子電流來控制。主要副作用是由離子碰撞引起的半導體晶格中斷或損壞。因此，後續的退火（anneal）處理對移除這些損壞是必須的。

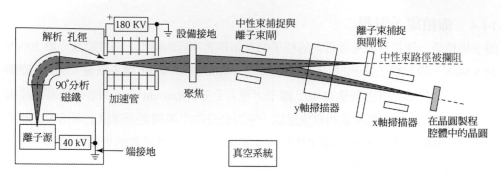

圖 13　中電流離子佈植機之示意圖。

14.4.1　離子分佈

一個離子在停止前所行經的總距離，稱為*射程*（*range*）R，如圖 14a 所示 [19]。此距離在入射軸方向上的投影稱為投影射程（projected range，R_p）。因為每單位距離之碰撞次數及每次碰撞之能量損失皆為隨機變數，故對相同質量且相同初始能量的離子會有一空間分佈。投影射程的統計變動稱為*投影散佈*（*projected straggle*，σ_p），沿著入射軸之垂直軸亦有一統計變動稱為*橫向散佈*（*lateral straggle*）$\sigma_\perp$。

圖 14b 顯示離子分佈。沿著入射軸，植入的雜質側圖可以一個高斯分佈函數來近似：

$$n(x) = \frac{S}{\sqrt{2\pi}\sigma_p} \exp\left[-\frac{(x - R_p)^2}{2\sigma_p^2} \right] \tag{25}$$

其中 S 為每單位面積的離子劑量。對固定總摻質量擴散而言，此式類似於式（14），除了 $4Dt$ 被 $2\sigma_p^2$ 所取代，同時分佈沿著 x 軸偏移了一個 R_p。

所以對擴散而言，最大濃度位在 x = 0；而對離子佈植來說，最大濃度位在投影射程 R_p。位在（x-R_p）=$\pm\sigma_p$ 處，離子濃度比其峰值降低了 40%，到了$\pm2\sigma_p$ 處則降為十分之一，在$\pm3\sigma_p$ 處降為二十分之一，在$\pm4.8\sigma_p$ 處降為五十分之一。

在沿著垂直於入射軸的方向上，其分佈亦為具有 $\exp(-y^2/2\sigma_\perp^2)$ 形式的高斯函數。因為這種分佈，將會有某些橫向佈植 [17]。然而從遮罩邊的橫向穿入（大小約為 $\sigma_\perp$），遠小於 13.3 節所討論的熱擴散製程之橫向穿入。

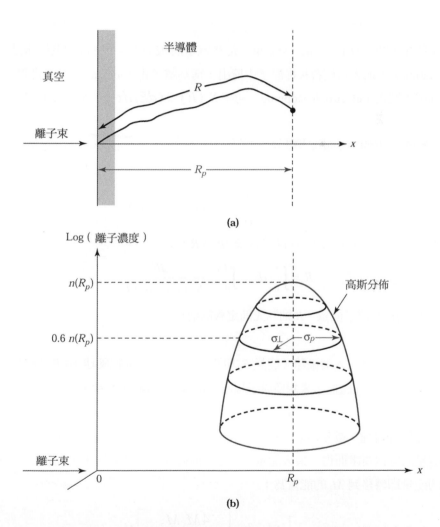

圖 14 （a）離子射程 R 和投影射程 R_p 之示意圖，（b）佈植離子的二維分佈 [19]。

14.4.2　離子制止

對一帶有能量的離子在進入半導體基板（亦稱射靶）時，有兩種制止機制可使其停止。第一種是將其能量轉給射靶原子核，這導致入射離子的偏折，同時也使許多射靶原子核偏離於它們原來的晶格位置。如果 E 是某離子位於其路徑上任一點 x 時的能量，我們可以定義一原子核制止（nuclear stopping）功率 $S_n(E) \equiv (dE/dx)_n$，來描述此一過程。第二種制止機制是入射離子與環繞在射靶原子間之電子雲的交互作用，離子將因庫倫作用與電子碰撞，而喪失能量。這些電子將被激發至更高的能階（稱為激發，excitation），或者它們會被從原子中撞出（稱為離子化，ionization）。我們可以定義一個電子制止（electronic stopping）功率 $S_e(E) \equiv (dE/dx)_e$，來描述此過程。

　　隨著距離的平均能量損失率，可由上述兩個制止機制的疊加（superposition）而得：

$$\frac{dE}{dx} = S_n(E) + S_e(E) \tag{26}$$

如果離子在停下來之前，所行經的總距離為 R，則

$$R = \int_0^R dx = \int_0^{E_0} \frac{dE}{S_n(E) + S_e(E)} \tag{27}$$

其中 E_0 為初始離子能量。R 則為先前定義的射程。

　　我們以考慮一入射硬球（能量 E_0 與質量 M_1）與一射靶硬球（初始能量為零與質量 M_2）間的彈性碰撞，來想像原子核制止過程，如圖 15 所示。

　　當圓球碰撞，動量沿著各球的中心而轉移。偏折角 θ 與速度 v_1 及 v_2 可經由動量與能量的守恆要求而得。最大能量損失是正面碰撞。在此情況下，入射粒子 M_1 所損失的能量即轉移到 M_2 的能量為：

$$\frac{1}{2} M_2 v_2^2 = \left[\frac{4 M_1 M_2}{(M_1 + M_2)^2} \right] E_0 \tag{28}$$

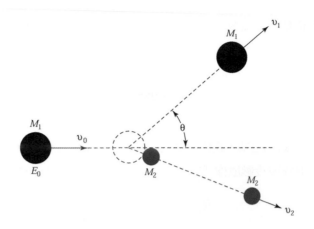

圖 15　硬球的碰撞。

因為通常 M_2 與 M_1 有相同的數量級，故在原子核制止過程中，可有大量的能量被轉移。

經由詳細的計算顯示，原子核制止功率在低能量時，隨能量的增加而線性增加（與式（28）類似），同時 $S_n(E)$ 會在某一中等能量時，達到最大值。在高能量時，$S_n(E)$ 變得較小，這是因為快速的粒子和射靶原子間也許沒有足夠的交互作用時間，以達到有效的能量轉移。對砷、磷與硼於矽中，在不同能量下所算出的 $S_n(E)$ 將如圖 16 所示（實線，下標則代表原子量）[18]。注意較重的原子，如砷，有較大的原子核制止功率，也就是在每單位距離內，有較大的能量損失。

電子制止功率則被發現和入射離子的速度成比例，即

$$S_e(E) = k_e \sqrt{E} \tag{29}$$

其中係數 k_e 為一與原子質量和原子序相關的弱函數。k_e 的值對矽而言，約為 $10^7 \, (eV)^{1/2}$ /cm；對砷化鎵而言，約為 $3 \times 10^7 \, (eV)^{1/2}$ /cm。在矽中電子制止功率如圖 16 所繪（點線）。在此圖中同樣也顯示出交會能量（crossover energy），在這些點上 $S_e(E)$ 等於 $S_n(E)$。對硼而言，相較於射靶矽原子有較低的離子質量，其交會能量只有 10 keV。這

表示在大多數的佈植能量範圍內，如 1 keV 到 1 MeV 之間，主要的能量損失機制是由於電子制止。在另一方面，對擁有相對較高質量的砷來說，其交會能量為 700 keV。所以在大部分能量範圍原子核制止為主導。對磷而言，交會能量為 130 keV。對小於 130 keV 的 E_0 來講，原子核制止將主導 。對更高能量而言，電子制止則將取而代之。

　　一旦 $S_n(E)$ 與 $S_e(E)$ 已知，我們可從式（27）計算出射程。進而借助下述近似方程式，來求得投影射程與投影散佈[18]。

$$R_p \cong \frac{R}{1 + (M_2 / 3M_1)} \tag{30}$$

$$\sigma_p \cong \frac{2}{3} \left[\frac{\sqrt{M_1 M_2}}{M_1 + M_2} \right] R_p \tag{31}$$

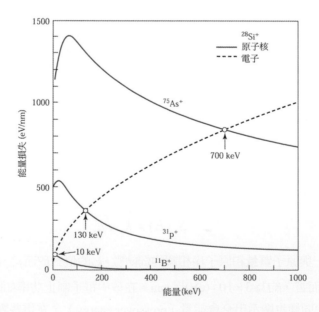

圖 16　在 Si 中 As、P 與 B 的原子核制止功率 $S_n(E)$ 與電子制止功率 $S_e(E)$。曲線交會處相當於原子核制止與電子制止兩者相等時的能量[21]。

圖 17a 顯示砷、硼與磷在矽的投影射程 (R_p)，投影散佈（σ_p）及橫向散佈（$\sigma_\perp$）[22]。一如預期的，能量損失越大者，射程就越小。同時，投影射程和散佈隨離子能量增加而增加。對某一元素在一定的入射能量下，σ_p 和 $\sigma_\perp$ 相差不多，通常約在 ±20% 內。圖 17b 顯示氫、鋅與碲在砷化鎵中之對應值[20]。

如果我們比較圖 17a 和圖 17b，我們可見大多數常用的摻質（氫例外），在矽中比在砷化鎵中有較大的投影射程。

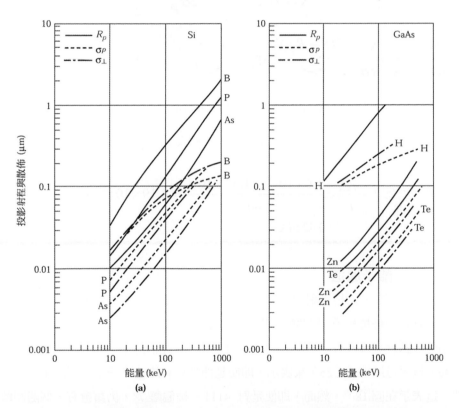

圖 17 （a）B、P 與 As 在 Si 中，與（b）H、Zn 與 Te 在 GaAs 中的投影射程、投影散佈與橫向散佈[20,22]。

範例 3

假設硼以 100 keV，5×10^{14} ions/cm^2 之劑量佈植於 200 mm 的矽晶圓。試計算峰值濃度與 1 分鐘佈植離子束所需的電流。

解

從圖 17a，我們分別可得投影射程為 0.31 μm 和投影散佈為 0.07 μm。

$$從式（25）\qquad n(x) = \frac{S}{\sqrt{2\pi}\sigma_p} \exp\left[\frac{-(x-R_p)^2}{2\sigma_p^2}\right]$$

$$\frac{dn}{dx} = -\frac{S}{\sqrt{2\pi}\sigma_p}\frac{2(x-R_p)}{2\sigma_p^2}\exp\left[\frac{-(x-R_p)^2}{2\sigma_p^2}\right] = 0$$

峰值濃度位於 $x = R_p$，而且 $n(x) = 2.85 \times 10^{19}$ ions/cm^3。

植入離子的總量為 $Q = 5 \times 10^{14} \times \pi \times (\frac{20}{2})^2 = 1.57 \times 10^{17}$ 個離子

所需的離子流為 $I = \dfrac{qQ}{t} = \dfrac{1.6 \times 10^{-19} \times 1.57 \times 10^{17}}{60} = 4.19 \times 10^{-4}$ A

$$= 0.42 \text{ mA}$$

14.4.3　離子通道

先前討論的高斯分佈之投影射程和散佈，可忠實描述對非晶性（amorphous）或小晶粒複晶矽基板的佈植離子。只要離子束偏離低指標（low-index）晶格方向（如<111>），則矽和砷化鎵就表現得有如非晶性的半導體一般。在此情況下，靠近峰值處的實際摻質側圖，幾乎可以用式（25）來表示，即使延伸到只有峰值十分之一至二十分之一處亦然。這表示在圖 18 [19]。然而，即使是對 <111> 軸偏離 7°，仍舊會有一個隨距離而成指數級 $\exp(-x/\lambda)$ 變化的尾端，其中 λ 典型的大小為 0.1 μm。

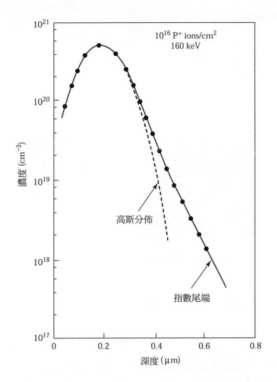

濃度 (cm^{-3})

10^{16} P$^+$ ions/cm^2
160 keV

高斯分佈

指數尾端

深度 (μm)

圖 18 在一特意不對準射靶內的雜質側圖。離子束從 <111> 軸偏斜 7°入射 [19]。

指數級尾端和離子通道（ion channeling）效應有關。當入射離子對準於一個主要的晶向，且被引導於晶體原子的列與列之間，通道效應就會發生。圖 19 所示，為一沿著 <110>方向望去的鑽石晶格 [23]。離子沿<110>方向植入，將沿著因無法很接近射靶原子，以致於無法以原子核制止機制來損失大量能量的軌跡。因此，對通道效應的離子來說，唯一的能量失去機制是電子制止，而長驅直入的離子射程將遠大於它在非晶性射靶中的射程。離子的通道效應對低能量佈植與重離子來講特別重要。

通道效應可藉幾個技巧降到最低：覆蓋一層非晶性的表面層，將晶圓偏向，或在晶圓表面製造一個被破壞的表層。常用的覆蓋非晶層只是一層薄的氧化層（圖 20a），此層可使離子束的方向隨機化，使離子以不同角度進入晶圓，而不直接進入晶體通道。

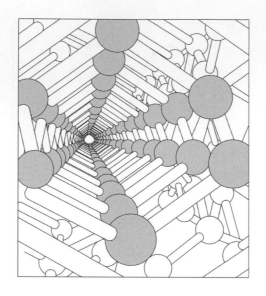

圖 19　沿 <110> 軸觀察的鑽石結構模型 [23]。

　　將晶圓偏離主平面 5°到 10°，也有防止離子進入通道的效果（圖 20b）。利用這種方法，大部分的佈植機器將晶圓傾斜 7°，並從平邊扭轉 22°，以防止通道效應。先以大量矽或鍺佈植，以破壞晶圓表面，可在晶圓表面產生一個隨機化層（圖 20c）。然而，這種方式增加了昂貴離子佈植機的使用並產生在隨後製程中成為漏電路境的點缺陷。

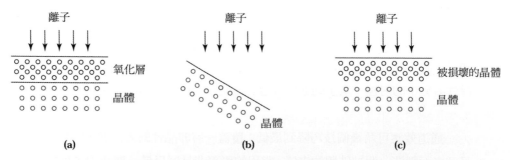

圖 20　（a）經過非晶氧化層的佈植，（b）對所有晶向軸的偏向入射，
　　　　（c）在晶體表面的預先損壞。

14.5　佈植損壞與退火

14.5.1　佈植損壞

當具能量的離子進入半導體基板時，經由一系列的原子核與電子碰撞而損失能量，最後停下來。電子能量的損失可以電子被激發至更高的能階，或產生電子電洞對來解釋。然而電子碰撞並不會使半導體原子離開它們的晶格位置。只有原子核碰撞可轉移足夠的能量給晶格，使主原子移位造成佈植損壞（亦稱晶格脫序，lattice disorder）[24]。這些移位的原子也許可獲得入射能量的大部分，接著造成鄰近原子的連串二度移位，而形成一個沿著離子路徑的*脫序樹*（*tree of disorder*）。當這些移位原子的單位體積數接近半導體的原子密度時，此一材質即成為非晶性。

輕離子的脫序樹與重離子的頗為不同。輕離子（如矽中的 $^{11}B^+$）大多數之能量損失是由於電子碰撞（見圖 16），並不造成晶格損壞。這些離子在更深入基板時才會失去能量。最後，離子的能量會減低至交會能量（對硼，約為 10 keV），而原子核制止會成為主導。因此大部分晶格脫序發生在最後的離子位置附近，如圖 21a 所示。

我們可以估算一個 100 keV 硼離子所造成的損壞。其投影射程為 0.31μm（圖 17a），而它的初始原子核能量損失只有 3 eV/Å（圖 16）。因為在矽中晶格平面的距離約為 2.5Å，這表示硼離子將因原子核制止而在每個晶格平面喪失 7.5 eV。要使一個矽原子從其晶格位置移位所需的能量為 15 eV，所以入射的硼離子在它剛進入矽基板時，並不會從原子核制止中放出足夠的能量，去移位一個矽原子。當離子能量降到約為 50 keV 時（在 1500 Å 深度），由於原子核制止的能量損失，對每一平面而言增加到 15 eV（即 6 eV/Å），足夠產生晶格脫序。假設在剩下的離子射程內，如果每一個移位原子從其原來位置約移動 25 Å，被損壞的體積則為 $V_D \cong \pi(25Å)^2(1500Å) = 3\times10^{-18}$ cm^3。損壞密度為 $600/V_D \cong 2\times10^{20}$cm^{-3}，大約只有原子的 0.4%，所以要產生非晶層，需要非常高劑量的輕離子。

對重離子而言，能量損失主要經由原子核碰撞，因此我們預期重大的損壞。考慮一個 100 keV 的砷離子，其投影射程為 0.06 μm 即 60 nm，在整個能量範圍內的平均原子核能量損失約為 1320 eV/nm（圖 16）。這表示在每一晶格平面砷離子平均損失約 330 eV，大部分的能量都給了一個首度的矽原子，每一首度原子隨後將產生 22 個移位目標原子（即 330 eV/15 eV），總共的移位原子數為 5280。假設移位原子有一 2.5 nm 的範圍，損壞的體積 $V_D \cong \pi (2.5nm)^2 (60\ nm) = 10^{-18}\ cm^3$，損壞密度則為 5280 $/V_D \cong 5 \times 10^{21}\ cm^{-3}$，約佔 V_D 體積內總原子的 10%。由於重離子佈植的結果，此材質變得幾乎已呈非晶性。圖 21b 解釋在整個投影射程內，損壞形成一個脫序群聚（disorder cluster）的情形。

要預估將一結晶材質轉換為非晶性所需的劑量，我們可利用能量密度和需要熔化此一材質之能量（即 10^{21} keV/cm^3）應是同一數量級的準則。對 100 keV 的砷離子來說，需要形成非晶矽的劑量為

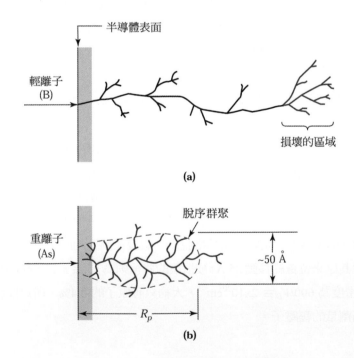

圖 21　因（a）輕離子，（b）重離子而導致的佈植脫序[2,18]。

$$S = \frac{(10^{21}\,\text{keV/cm}^3)R_p}{E_0} = 6 \times 10^{13}\,\text{ions/cm}^2 \tag{32}$$

對 100 keV 的硼離子而言，所需的劑量為 3×10^{14} ions/cm^2，因為其 R_p 是砷的五倍大。然而實際上，因為沿著離子路徑損壞的不均勻分佈，在室溫下的硼對目標的佈植來說，較高的劑量（$> 10^{16}$ ions/cm^2）是必須的。

14.5.2 退火

由於離子佈植所造成的損壞區及脫序群聚，如移動率和生命期等半導體參數將嚴重劣化。此外，大部分的離子在被植入時，並不處於置換位置。為活化被植入的離子，並恢復移動率與其他材料參數，我們必須在適當的時間與溫度下，將半導體退火。退火是改變材料微結構、在性質上產生改變的熱處理。

在傳統退火中，我們使用類似於熱氧化的整批式（batch）開放爐管系統。晶圓在等溫的環境:爐管管壁和晶圓等溫。此製程需要長時間與高溫，來移除佈植損壞。然而，傳統的退火可能造成重大的摻質擴散，而無法符合淺接面及窄摻雜側圖的要求。快速熱退火（rapid thermal annealing，RTA）是採用多種能量來源，有寬時間範圍（從 100 秒低到奈秒－與傳統退火相比都很短）的一種退火製程。RTA 可以在最小的再分佈下，完全活化摻質。

硼與磷的傳統退火

退火的特性與摻質種類及劑量有關。圖 22 顯示被植入矽基板的硼與磷的退火行為 [19]。在佈植時基板處於室溫。在一給定的離子劑量下，退火溫度被定義為在一傳統退火爐管中，退火三十分鐘可有 90% 的植入離子被活化的溫度。對硼佈植而言，較高的劑量需要較高的退火溫度。對磷來講，在較低劑量時，退火行為類似於硼。然而當劑量大於 10^{15} cm^{-2} 時，退火溫度降低到約 600℃。這種現象和固相磊晶（solid-phase epitaxy）過程有關。當磷的劑量大於 6×10^{14} cm^{-2} 時，矽的表面層變成非晶性。在非晶層下的單晶矽可作為非晶層再結晶時的晶種層。沿著<100>方向的磊晶成長率在 550℃ 為 10

nm/min，而在 600℃為 50 nm/min，其活化能為 2.4 eV。因此 100 nm 到 500 nm 的非晶層可在幾分鐘內被再結晶。在固相磊晶過程中，雜質摻質原子與主原子一塊被併入晶格位置，因此在相對低溫下，可以達成完全活化。

快速熱退火

一個具有瞬間燈管加熱的快速熱退火機台如圖 23 所示。RTA 系統中典型的燈管是鎢絲或弧光燈。製程腔是以石英、碳化矽、不鏽鋼或鋁做成，並有石英窗戶，以讓光輻射通過而照射晶圓。晶圓支撐架通常以石英做成，並以最少的接觸點和晶圓接觸。量測系統則被置於一控制回路中，以決定晶圓溫度。RTA 系統和氣體控制系統以及控制系統操作的電腦相連。一般來說，RTA 系統中的晶圓溫度是以非接觸式光學溫度計來量測，其原理是根據輻射出的紅外線能量來推算溫度。

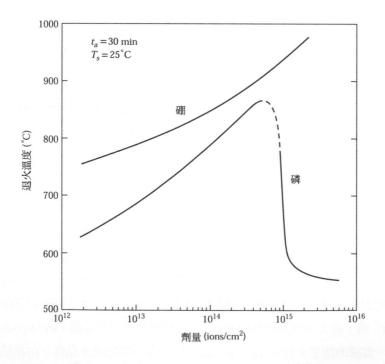

圖 22　硼與磷的 90%活化之退火溫度對劑量作圖。

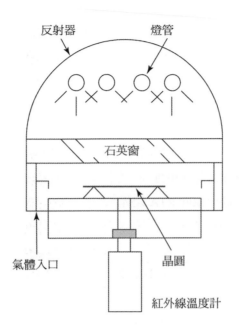

反射器 燈管

石英窗

氣體入口 晶圓

紅外線溫度計

圖 23 由光加熱的快速熱退火系統（RTA）。

在 RTA 系統中，晶圓可以在常壓或低壓下被快速加熱。鎢鹵燈管（1500~2500℃）比晶圓還熱（600~1100℃）[25,26] 且腔壁（25~500℃）通常比晶圓較低溫。這樣的溫差允許晶圓的快速加溫和降溫。因為晶圓和燈管的高溫，RTA 由放射熱傳遞的物理主導，且晶圓和腔體的光學性質在過程也扮演了重要的角色。

在離子佈植層，RTA 的關鍵優勢是降低暫態增強擴散（transient-enhanced diffusion）的能力。暫態增強擴散在離子佈植的矽中，其雜質擴散係數有相當大的提升，這來自於離子佈植過程中額外的大量點缺陷。這現象在硼摻雜中特別嚴重，因為硼已經擴散很快，它的擴散係數又經由矽間隙而提高。暫態增強擴散效應在低溫更明顯，因為低溫下的額外矽間隙程度在平衡值（超飽和）以上比高溫還高出許多。因此，在高溫退火會降低暫態增強擴散，同時加熱時間也足夠短。

表 2 所示為傳統爐管和 RTA 技術之比較。為達較短的製程時間而使用 RTA，則在溫度和製程的不均勻性，溫度量測與控制，晶片的應力與產能間須作取捨。此外，尚須顧慮在非常快速的溫度暫態（100 至 300 °C/s），可能造成電性活化的晶圓缺陷。因快速加熱而造成晶圓中的溫度梯度，會造成因熱應力而導致滑動差排（slip dislocation）形式之晶圓損壞。另一方面，傳統的爐管製程則與生俱來伴有諸如熱管壁產生的粒子，開放式系統對氛圍控制的侷限，及大熱質量迫使能掌控的加熱時間須長達數十分鐘之久的嚴重問題。事實上，在污染、製程控制及製程機台空間成本等之需求，已使得在作取捨時，偏向 RTA 製程。

表 2 技術比較

決定因素	傳統爐管	快速熱退火
製程	整批	單一晶圓
爐管	熱管壁	冷管壁
加熱率	低	高
週期	高	低
溫度監控	爐管	晶圓
熱預算	高	低
粒子問題	是	最小
均勻性與再現率	高	低
產能	高	低

其他快速熱處理的應用

快速熱處理（RTP），包含了 RTA，在先進積體電路製造中是關鍵的科技，有著廣大的應用。除此之外，對於離子佈植傷害退火和摻雜的活化，RTP 也用在金屬矽化物和氮化物的製造，介電質製造和退火，以及沉積氧化物的再流動[26]。典型 RTP 製程使用放射能量源，經常是鎢鹵燈管在小於一分鐘內將晶圓加熱至高溫。縮小的元件尺寸和增加的晶圓直徑，因為 RTP 有小的熱預算，快速的加熱周期，以及單一晶圓流程的相容性。新的應用，包含閘極介電質的製作和快速熱化學氣相沉積（RTCVD）興起。

毫微秒退火

當元件微縮到小於 40nm 的技術，對於超淺接面而言，即使 1nm 的擴散也是相當顯著的。在退火過程，極少的擴散需要使用毫微秒的加熱周期。毫微秒加熱中，適當的佈植傷害後退火和雜質活化推進了退火的峰值溫度，而這溫度稍低於矽的熔點。

傳統 RTP 系統的峰值溫度受限於晶圓的降溫以及熱源的轉換效率。這些因素通常會限制峰值溫度為 1 秒。在汞燈能量源的使用中，可使熱源的轉換效率，突峰的寬度更可以減少到 0.3 秒左右，但這對於未來需求仍嫌不夠短。

對於毫微秒的退火，晶圓經過快速的溫度爬升而急遽加熱到中間溫度，從強力水壁閃燈的陣列，一段極段又高溫的脈衝在晶圓的所有上表面產生溫度的跳躍。這樣的條件允許通過表面導熱到晶圓的塊材而有極速的降溫。加熱周期的性質由如圖 24 所示。調整中間溫度以及溫度跳躍強度的能力提供了調控和活化量相關的擴散量之彈性。

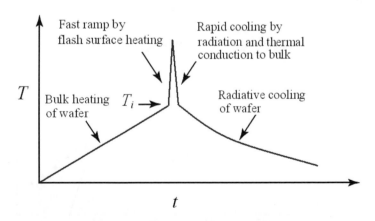

圖 24　毫微秒退火的加熱周期性質

14.6　佈植相關製程

在本節裡，我們將考慮一些與佈植相關的製程，如多次佈植（multiple implantation）、遮罩（masking）、大角度佈植（high-angle implantation）、高能量佈植及高電流佈植。

14.6.1　多次佈植及遮罩

在許多應用中，除了簡單的高斯分佈外其它的摻質側圖也是需要的。其中一例是在矽內預先佈植惰性離子，使矽表面變成非晶性。此方法使摻雜側圖有準確之控制，且如前述可讓近乎百分之百的摻質在低溫活化。在此情況下，深的非晶層是必須的。為了要得到這種區域，我們必須作一系列不同能量與劑量的佈植。

　　多次佈植也可如圖 25 所示，用於形成一平坦的摻雜側圖。在此四次的硼佈植入矽中以提供一合成的摻質側圖。量測和利用射程理論所預測的載子濃度如圖所示。其它不能經由擴散方法得到的摻質側圖，也可用不同雜質劑量與佈植能量的組合來達成。多次佈植也用來保持 GaAs 在佈植與退火時的化學組成完整性。這種方法以等量的鎵與 n 型摻質（或砷及 p 型摻質）於退火前先佈植入，可以產生較高的載子活化。

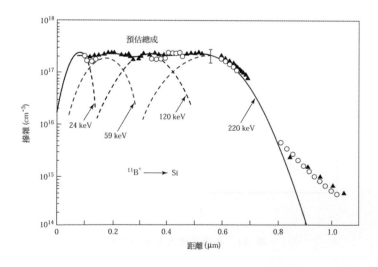

圖 25　使用多次佈植的合成摻雜側圖 [27]。

　　為了要在半導體基板中選出的區域形成 *p-n* 接面，佈植時須要一道適合的遮罩。因為佈植屬於低溫製程，有很多遮罩材質可以使用。要阻止一定比例的入射離子所需用的遮罩材質，其最小厚度可從離子的射程參數來估算。圖 26 的內插圖顯示在遮罩材質內的佈植側圖。在某一深度 *d* 之後的佈植量（陰影所示），可由對式（25）作積分而得：

$$S_d = \frac{S}{\sqrt{2\pi}\ \sigma_p} \int_d^\infty \exp\left[-\left(\frac{x - R_p}{\sqrt{2}\sigma_p} \right)^2 \right] dx \tag{33}$$

從表 1 我們可導出以下的表示式

$$\int_x^\infty e^{-y^2} dy = \frac{\sqrt{\pi}}{2}\, \text{erfc}\,(x) \tag{34}$$

因此「穿隧」深度 *d* 的劑量之百分比可由傳送係數（transmission coefficient，*T*）而得

$$T \equiv \frac{S_d}{S} = \frac{1}{2}\, \text{erfc}\left(\frac{d - R_p}{\sqrt{2}\ \sigma_p} \right) \tag{35}$$

一旦得知 *T*，對任一給定之 R_p 和 σ_p，我們都可求得遮罩厚度 *d*。

　　對 SiO_2，Si_3N_4 與光阻等遮罩材質，要阻擋 99.99% 的入射離子（$T = 10^{-4}$）所需之 *d* 值乃如圖 26 所示[19,25]。此圖所示之遮罩厚度適用於佈植於矽裡的硼、磷、與砷。這些遮罩厚度亦可用於砷化鎵的雜質遮罩之準則。摻質種類則示於括號內。因為 R_p 與 σ_p 大致皆隨能量作線性變化，遮罩材質的最低厚度也隨能量而增加。在某些應用時，這些遮罩並不完全阻擋離子束，而只是用來作入射離子的衰減器，來提供一層對入射離子而言的非晶層，以減低通道效應。

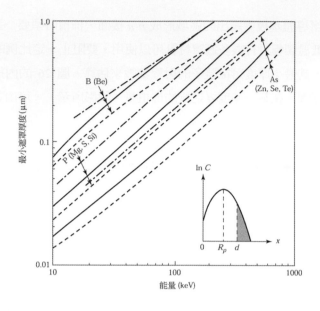

圖 26　用以產生 99.99%阻擋率的 SiO_2 (—)，Si_3N_4 (------)，及光阻 (—·—·)之最小厚度[28]。

範例 4

當硼離子以 200 keV 佈植時，需要多少厚度的 SiO_2，來阻擋 99.996%的入射離子（R_p = 0.53 μm，σ_p = 0.093 μm ）？

解

若自變數（argument）值很大（見表 1），則式（35）中的互補誤差函數可以近似如下

$$T \cong \frac{1}{2\sqrt{\pi}} \frac{e^{-u^2}}{u}$$

其中參數 u 代表 $(d - R_p)/\sqrt{2}\sigma$。若 $T = 10^{-4}$，我們可以解出上面的方程式，而得 u = 2.8。因此

$$d = R_p + 3.96\sigma_p = 0.53 + 3.96 \times 0.093 = 0.898 \text{ μm}$$

14.6.2　傾斜角度（Tilt-Angle）離子佈植

在元件微縮到次微米尺寸時，將摻質側圖垂直方向也微縮是很重要的。我們在 28nm 的技術需要作出小於 10 nm 的接面深度，這還包含摻質活化與後續製程步驟中不可避免的擴散。現代元件結構如淡摻雜汲極（lightly-doped drain，LDD），需要垂直與橫向摻質分佈的精確控制。

　　垂直於表面的離子速度決定佈植離子分佈的投影射程。如果晶圓相對於離子束傾斜了一個很大的角度，則等效離子能量將大為減少。圖 27 闡明傾斜角對 60 keV 砷離子的關係，顯示以高傾斜角度（86°）可得到一極淺的分佈。在傾斜角度離子佈植時，我們須考慮有圖案化（patterned）晶圓的陰影效應（shadow effect，圖 27 之內插圖）。較小的傾斜角度導致一個小陰影區。舉例來說，若圖案化遮罩的高度為 0.5 μm，具垂直側壁，7°的入射離子束將導致一個 61 nm 的陰影區。此種陰影作用可能使元件產生一個未預期的串聯電阻。

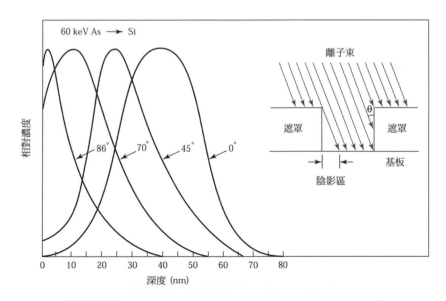

圖 27　60 keV 砷佈植入矽中，其與離子束傾斜角度之函數。內插圖所示乃傾斜角度離子佈植的陰影區。

14.6.3　高能量與高電流佈植

能量可高至 1.5 至 5 MeV 的高能量佈植機已是可行，且已用於多種新穎用途。這些用途主要依賴其能摻雜半導體內達許多微米深之能力，而不需高溫下長時間的擴散。高能量佈植機也可用於製造低電阻埋藏層（buried layer）。舉例而言，CMOS 元件中距離表面深達 1.5 到 3 μm 的埋藏層即可由高能量佈植來達成。

　　高電流佈植機（10-20 mA）操作在 25 到 30 keV 範圍下，被例行地用於擴散技術中的預沉積步驟，這是因為總摻質量能夠精確的控制。在預沉積後，摻質雜質可以高溫擴散步驟驅入，同時表面區的佈植損壞也一併被修補。另一用途為 MOS 元件中的臨界電壓調整，精確控制的摻質量（如硼）經由閘極氧化層，佈植入通道區[29]，如圖 28a。因為硼在矽與二氧化矽中的投影射程相近，如果我們選擇適當的入射能量，離子將會只穿過薄的閘極氧化層，而不會穿過較厚的場氧化層。臨界電壓將隨植入的劑量，以近似線性的關係而變化。在硼佈植後，即可沉積並圖案化複晶矽，以形成 MOSFET 的閘極電極。圍繞閘極電極的薄氧化層隨後被去掉，接著如圖 28b 所示，利用另一次的高劑量砷佈植，以形成汲極和源極區域。

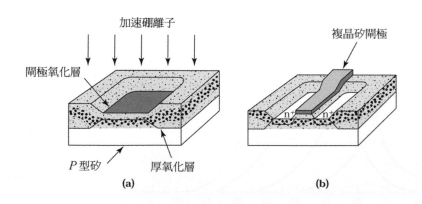

圖 28　以硼離子佈植作為臨界電壓調整[28]。

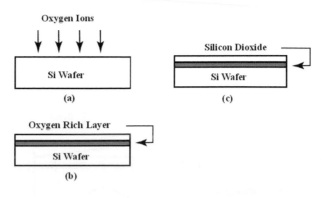

圖 29 利用 SIMOX 做 SOI 晶圓。

目前能量範圍介於 150 到 200 keV 的高電流離子佈植機已是可行。這些機台的主要用途是藉著摻雜氧離子到矽基板後續熱退火過程以製作二氧化矽層。此種氧佈植隔絕（separation by implantation of oxygen，SIMOX）是一種絕緣層上矽 (silicon on insulator，SOI) 的關鍵技術。圖 29，SIMOX 製程使用高能量 O^+ 離子束，通常在 150 到 200 keV 的範圍，所以這些氧離子有 100 到 200 nm 的投影射程。再加上 1–2×10^{18} ions/cm^2 的重劑量，來製出 100 到 500 nm 厚的 SiO_2 絕緣層。SIMOX 材質的使用導致 MOS 元件中源極／汲極電容的顯著減少。更有甚者，它降低了元件間的耦合，因此可以容許更緊密的包裝而無閂鎖問題。所以對更先進的高速 CMOS 電路而言，它廣被認為是不二選擇。

現在 10%到 20%的 SOI 晶圓由 SIMOX 製作，而 80~90%的由智慧型分離技術製作，它從一片施體或晶種的晶圓，利用晶圓鍵結且層轉換去支撐握把的晶圓。智慧型分離技術如圖 30 所示。一片晶種晶圓氧化到所要的厚度。接下來的步驟是經過氧化物並進入矽的氫氣佈植，使用的劑量通常比 $5x10^{16}$cm^{-2} 還多。在佈植之後，晶種晶圓和握把晶圓為了避免任何的微粒和表面汙染，會仔細清洗過，並使兩種晶圓表面呈親水性。這對晶圓對準後接在一起。晶圓的鍵結仰賴氫鍵和水分子的化學協助。有一些單層水分子在晶圓融合後馬上被捕捉在兩層原生氧化層間。當鍵結的晶圓對被加熱到高溫，水分子將會擴散通過薄氧化物到矽介面形成更多氧化物。最後，完整的介面包覆，藉由聯結介面氫氧族，接著釋放氫氣到矽塊材中而形成。

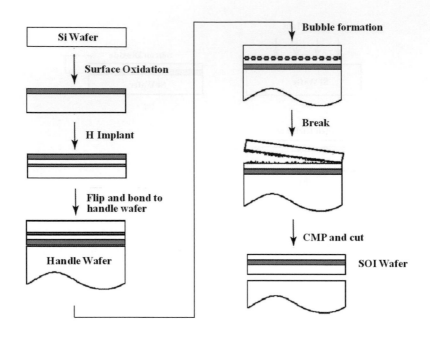

圖 30 利用智慧型分離技術做 SOI 晶圓。

　　鍵結的一對晶圓被放置進爐管並加熱到 400℃~600℃，晶圓在此溫度下會沿著氫氣佈植的平面而分裂。其分裂機制是足夠高的氫佈植劑量產生充分的高密度 platelet 或 microcavity。microcavity 成長而產生微裂縫，最終導致薄層從主基板分裂。作為分割的晶圓表面有薄薄幾個奈米的粗糙程度。輕度的接觸拋光或其他的表面處理帶來相同的表面粗糙情形，如同標準的矽塊材。SOI 技術同時降低寄生元件的電阻和通道效應。並加強了微縮元件的表現。

總結

擴散與離子佈植是雜質摻雜的兩種關鍵方法。我們先考慮固定擴散率的基本擴散方程式，分別得到適用於固定表面濃度狀況，與固定總摻植量狀況的互補誤差函數與高斯函數。擴散製程的結果可經接面深度、片電阻、摻質側圖的量測來評估。

當摻雜濃度在擴散溫度下高於本質載子濃度 n_i，擴散率變得和濃度相依，此種相依性對摻雜側圖的結果有深遠的影響。舉例而言，在矽中砷與硼的擴散率隨雜質濃度做線性變化，它們的摻雜側圖遠比互補誤差函數來得陡峭。在矽中磷的擴散率隨濃度的平方而變化，這種相依性與分解效應使得磷的擴散率比其本質擴散率高出 100 倍。

遮罩邊緣的橫向擴散與氧化過程中的雜質再分佈是擴散對元件性能有重大影響的兩個過程。前者會大量降低崩潰電壓，後者則會影響臨界電壓與接觸電阻。離子佈植的關鍵參數為投影射程 R_p 與標準差 σ_p，後者也稱為投影散佈。佈植側圖可由高斯分佈近似，其峰值位在距離半導體基板表面 R_p 之處。相較於擴散製程，離子佈植製程的好處在於更精確控制的摻質量，更具再現性的摻雜側圖與較低的製程溫度。

我們考慮了不同元素在矽與在砷化鎵中的 R_p 和 σ_p，同時也討論了通道效應與減低此效應的方法。然而佈植可能對晶體晶格造成嚴重損壞，為了要移除佈植損壞，並恢復移動率與其他元件參數，我們必須以適當的時間與溫度組合，對半導體退火。目前，快速熱退火（RTA）比傳統爐管退火更廣被採納，因為 RTA 可移除佈植損壞，且不因過熱而加寬摻雜側圖。

離子佈植對先進半導體元件可說用途廣泛，包括 (a) 多次佈植以形成新穎分佈，(b) 選擇適當遮罩材質與厚度，以阻擋一定比例的入射離子進入基板，(c) 傾斜角度佈植，以形成超淺接面，(d) 高能量佈植以形成埋藏層及 (e)高電流佈植以作為預沉積、臨界電壓調整，以及作為絕緣層上矽應用的絕緣層。

參考文獻

1. S. M. Sze, Ed., VLSI Technology, 2nd Ed., McGraw-Hill, New York, 1988, Ch. 7, 8.
2. S. K. Ghandhi, VLSI Fabrication Principles, 2nd Ed., Wiley, New York, 1994, Ch. 4, 6.

3. W. R. Runyan and K. E. Bean, Semiconductor Integrated Circuit Processing Technology, Addison-Wesley, Massachusetts, 1990, Ch. 8.

4. H. C. Casey, and G. L. Pearson, "Diffusion in Semiconductors," in J. H. Crawford, and L. M. Slifkin, Eds., Point Defects in Solids, Vol. 2, Plenum, New York, 1975.

5. J. P. Joly, "Metallic Contamination of Silicon Wafers," Microelectron. Eng., 40, 285 (1998).

6. A. S. Grove, Physics and Technology of Semiconductor Devices, Wiley, New York, 1967.

7. ASTM Method F374-88, "Test Method for Sheet Resistance of Silicon Epitaxial, Diffused, and Ion-Implanted Layers Using a Collinear Four-Probe Array," V10, 249 (1993).

8. J. C. Irvin, "Evaluation of Diffused Layers in Silicon," Bell Syst. Tech. J., 41, 2 (1962).

9. ASTM Method E1438-91, "Standard Guide for Measuring Width of Interfaces in Sputter Depth Profiling Using SIMS, " V10, 578 (1993).

10. R. B. Fair, "Concentration Profiles of Diffused Dopants," in F. F. Y. Wang, Ed., Impurity Doping Processes in Silicon, North-Holland, Amsterdam, 1981.

11. L. R. Weisberg and J. Blanc, "Diffusion with Interstitial-Substitutional Equilibrium, Zinc in GaAs, " Phys. Rev., 131, 1548 (1963).

12. A. F. W. Willoughby, "Double-Diffusion Processes in Silicon," in F. F. Y. Wang, Ed., Impurity Doping Processes in Silicon, North-Holland, Amsterdam, 1981.

13. F. A. Cunnell and C. H. Gooch, "Diffusion of Zinc in Gallium Arsenide" J. Phys. Chem. Solid, 15, 127 (1960).

14. M.V. Fischetti, F.Gamiz, and W.Hansch,"On the enhanced electron mobility in strained-silicon inversion layers,"J.Appl. Phys, 92, 7320(2002)

15. M.L. Lee and E.A. Fitzgerald," Hole mobility enhancement in

nanometer-scale strain-silicon heterostructures grown on Ge-rich relaxed Si1-xGex,"J.Appl. Phys, 94,2590(2003)

16. L. Lin, T.Kirichenko, S.K. Banerjee and G.S. Hwang,"Boron Diffusion in Strained Si: A First-Principles Study," J.Appl. Phys, 96, 5543(2004)

17. D. P. Kennedy and R. R. O'Brien, "Analysis of Impurity Atom Distribution Near the Diffusion Mask for a Planar p-n Junction, " IBM J. Res. Dev., 9, 179 (1965).

18. I. Brodie, and J. J. Muray, The Physics of Microfabrication, Plenum, New York, 1982.

19. J. F. Gibbons, "Ion Implantation," in S. P. Keller, Ed., Handbook on Semiconductors, Vol. 3, North-Holland , Amsterdam, 1980.

20. S. Furukawa, H. Matsumura, and H. Ishiwara, "Theoretical Consideration on Lateral Spread of Implanted Ions," Jpn. J. Appl. Phys., 11, 134 (1972).

21. B. Smith, Ion Implantation Range Data for Silicon and Germanium Device Technologies, Research Studies, Forest Grove, OR., 1977.

22. K. A. Pickar, "Ion Implantation in Silicon," in R. Wolfe, Ed., Applied Solid State Science, Vol. 5, Academic, New York, 1975.

23. L. Pauling and R. Hayward, The Architecture of Molecules, Freeman, San Francisco, 1964.

24. D. K. Brice, "Recoil Contribution to Ion Implantation Energy Deposition Distribution," J. Appl. Phys., 46, 3385 (1975).

25. C. Y. Chang and S. M. Sze, Eds., ULSI Technology, McGraw-Hill, New York, 1996, Ch. 4.

26. R. Doering and Y. Nishi, handbook of Semiconductor Manufacturing Technology, 2nd Ed., CRC Press, FL, 2008.

27. D. H. Lee and J. W. Mayer, "Ion-Implanted Semiconductor Devices," Proc. IEEE, 62, 1241 (1974).

28. C. Dearnaley, et al., Ion Implantation, North-Holland, Amsterdam, 1973.

29. W. G. Oldham, "The Fabrication of Microelectronic Circuit," in Microelectronics, Freeman, San Francisco, 1977.

習題（*指較難習題）

14.1 節 基本擴散製程

1. 試計算在中性氛圍中，950℃、30 分鐘之硼預沉積後的接面深度與摻質總量。假設基板為 n 型矽，$N_D = 1.8 \times 10^{16}$ cm^{-3}　且硼的表面濃度為 $C_s = 1.8 \times 10^{20}$ cm^{-3}。

2. 如果習題 1 的樣本放入 1050℃、60 分鐘的中性氛圍進行驅入，試計算擴散側圖與接面深度。

3. 硼擴散進入摻雜濃度為 10^{15}atoms/cm^3 的 n 型矽單晶基板。假設擴散側圖可以用高斯分佈描述，經過 60 分鐘後，產生 2μm 的接面深度和 10^{18}cm^{-3}的表面濃度。求硼的擴散係數。

4. 假設測得的磷側圖可以一高斯函數表示，其擴散係數 $D = 2.3 \times 10^{-13}$ cm^2/s。測得的表面濃度為 1×10^{18} atoms/cm^3，在基板濃度為 1×10^{15} atoms/cm^3 下測得的接面深度為 1 μm。請計算擴散時間與在擴散層中全部摻質量。

5. 將砷於 1100 °C 擴散到摻雜有 10^{15} 硼 atoms/cm^3 之一片厚矽晶圓中，歷時 3 小時。如果表面濃度保持固定於 4×10^{18} atoms/cm^3，則砷之最後分佈為何？擴散長度及接面深度為何？

*6. 為防止突然降溫而引起的晶圓彎翹，擴散爐管之溫度在 20 分鐘內自 1000°C 線性地下降至 500 °C。就矽內之磷擴散而言，在初始擴散溫度之有效擴散時間為何？

*7. 對 1000 °C 下矽中低濃度磷的驅入，若擴散時間與溫度有 1%變動的話，試找出表面濃度變化的比例。

14.2 節　外質擴散

8. 如果砷在 900°C 擴散進入一個摻雜有 10^{15} boron atoms/cm^3 的一片厚矽晶圓中，達 3 小時，若表面濃度固定在 4×10^{18} atoms/cm^3，則接面深度為何？假設

$D = D_0 e^{\frac{-E_a}{kT}} \times \frac{n}{n_i}$，$D_0$ = 45.8 cm2/s，E_a = 4.05 eV $x_j = 1.6\sqrt{Dt}$ 。 解釋本質與外質擴散的意義。

9. 假設濃度超過矽本質濃度 n_i 的磷薄層引入矽中，在高濃度下，擴散係數和區域磷濃度的平方成正比：$D = D_0(C/n_i)2$。濃度側圖 $C(x,t)$ 給定為：$C(x,t) = C_s(t)[1-x^2/x_f^2]^{1/2}$。這邊 $C_s(t)$ 和 $x_F(t)$ 給定為：$C_s(t) = [(4Q^2 n_i^2)/(\pi^2 D_0 t)]^{1/4}$。$x_F(t) = [(64Q^2 D_0 t)/(\pi^2 n_i^2)]^{1/4}$。這邊的 Q 表示為原子總數，是一個常數。參數 $x_F(t)$ 表示擴散係數停止與 C^2 成正比的區域，且圖 9 中討論到的 Kink 顯示 $x < x_F$。定量地描繪出上述中，在任意特定的時間參數 t_o 下，和一般高斯側圖相關的濃度側圖 $C(x,t_o)$。

14.3 節 擴散相關製程

10. 定義分離係數。

11. 假設在氣相沉積之後並以原子吸收儀量測在二氧化矽中銅的濃度為 5×10^{13} atoms/cm^3。在 H$_F$/H$_2$O$_2$ 內溶解之後矽層內的銅濃度是 3×10^{11} atoms/cm^3。計算在二氧化矽與矽層之銅的分離係數。

14.4 節 佈植離子射程

12. 假設直徑為 100 mm 的砷化鎵晶圓在固定離子束電流 10 μA 下，被均勻地佈植 100 keV 鋅離子達五分鐘，請問在每單位面積上的離子劑量與離子濃度的峰值？

13. 一個矽 p-n 接面經由穿過氧化層上所開的窗，佈植 80 keV 之硼。如果硼的劑量為 2×10^{15} cm^{-2}，而 n 型基板的濃度為 10^{15} cm^{-3}，試找出冶金接面的位置。

14. 在一 200mm 晶圓硼離子佈植系統中，假設離子束電流為 10 μA。對 p 通道電晶體來說，試計算將臨界電壓由 –1.1 V 降低到–0.5 V 所需的佈植時間。假設被佈植入的受體在矽表面的下方形成一負電荷層，而氧化層厚度是 10 nm。

15. 對於一個 100keV 的硼原子（M_1=11m$_p$）垂直入射在矽上（M_2=28m$_p$），求硼離子的能量損失。

16. 100keV 的硼離子以電流 0.5mA，植入圓半徑為 10cm 的矽基板上達 2 分鐘。若投射範圍和遊走距離分別為 0.31μm 和 0.07μm，求入射硼離子通量（單位為 離子數/每平方公分－每秒），並且硼密度進入晶圓 0.2m。

17. 通過厚度為 25 nm 的閘極氧化層,作一臨界電壓調整佈植。基板為 <100> 方向的 p 型矽,其電阻係數為 10 Ω-cm。如果 40 keV 硼佈植的臨界電壓增量為 1 V,試問每單位面積的總佈植劑量?並預估硼濃度的峰值位置。

14.5 節　佈植損壞與退火

18. 解釋為何高溫 RTA 比低溫 RTA 較適於無缺陷淺接面的形成。

19. 如果 50 keV 的硼佈植入矽基板,試計算損壞密度。假設矽原子密度為 5.02×10^{22} atoms/cm^{-3},而矽的移位能量為 15 eV,範圍為 2.5 nm,矽晶格平面間距離為 0.25 nm。

20. 一「調整用佈植(adjust implant)」用在改變通過 150Å 的 MOSFET 之臨界電壓。摻雜種類是在 30keV 下的硼。計算植入氧化層的硼其比例為何。假設投影範圍為 0.1μm 而遊走距離為 0.04μm。

21. 如果閘極氧化層厚度為 4 nm,試計算將 p 通道臨限電壓降低 1 V 所需的佈植計量。假設佈植電壓被調整到可使分佈的峰值發生在氧化矽與矽的界面,因此只有一半的佈植進入矽中。進而假設 90% 矽中的佈植離子經由退火製程而被電性活化。這些假設使 45% 被佈植的離子可用於臨界電壓調整。同時也假設所有在矽中的電荷都位於矽－二氧化矽界面。

14.6 節　佈植相關製程

22. 我們要在次微米 MOSFET 的源極與汲極形成一個 0.1 μm 深,重摻雜的接面。試比較在此一應用中,能夠引入並活化雜質的幾種選擇。你會推薦哪一種選擇?為什麼?

23. 當使用 100 keV 的砷佈植,而光阻的厚度為 400 nm。試推算此光阻遮罩防止離子傳送的有效度($Rp = 0.6$ μm,$\sigma_p = 0.2$ μm)。如果光阻厚度改為 1 μm,請計算遮罩的有效度。

24. 參考範例 4。試問需遮蔽 99.999% 的入射離子,則 SiO$_2$ 的厚度需為多少?

第十五章　積體元件

在微波、光電及功率的應用上通常是採用分立元件（discrete devices）。例如，衝渡（IMPATT）二極體用作微波產生器，雷射當作光源，閘流體（thyristor）作為高功率的切換開關。然而，大部分的電子系統是將主動元件（如電晶體）及被動元件（如電阻，電容和電感）一起構建在一單晶半導體基板（substrate）上，並藉由金屬鍍膜圖案彼此相互連接，而形成的積體電路（integrated circuit，IC）[1]。積體電路有須藉由打線接合（wire bonding）的分立元件所沒有的巨大優勢。這些優點包括：（a）降低內連線（interconnection）間的寄生問題，因為具有多層金屬鍍膜（metallization，或譯金屬化）的積體電路，可大幅降低全部的繞線長度。（b）可充分利用半導體晶圓（wafer）上的建地（real estate），因為元件可以緊密的佈局在 IC 晶方（chip，或譯晶粒）內。（c）大幅度降低製造成本，因為打線接合是一項既耗時又易出錯的工作。

在本章，我們將結合在前面章節中所提及製作主動和被動組件的基本 IC 製程。因為電晶體是 IC 中的關鍵元件，所以須開發特定的製程順序，使元件的特性最佳化。在此我們將考慮分屬於三種電晶體家族：雙載子（bipolar）電晶體、金氧半電晶體（MOSFET）及金半場效電晶體（MESFET）的三種主要 IC 技術。

具體而言，本章包括了以下幾個主題：

- IC 電阻、電容及電感的設計與製作。
- 標準雙載子電晶體及先進雙載子元件的製程順序。

- 金氧半場效電晶體（MOSFET）製程順序；其中我們將特別強調互補式金氧半電晶體（CMOS）及記憶體元件的製程順序。

- 高性能金半場效電晶體（MESFET）和單石（monolithic）微波積體電路的製程順序。

- 未來微電子的主要挑戰，包含超淺接面（ultra-shallow junction）、超薄氧化層（ultra-thin oxide）、新的內連線材料、低功率消耗（low power dissipation）及隔離（isolation）問題。

　　圖 1 闡釋 IC 製造主要製程步驟間的相互關係。使用具有特定阻值和晶向的拋光晶圓（polished wafers）當作起始材料。薄膜形成的步驟包含熱氧化成長的氧化層、藉由沉積形成的複晶矽、介電層及金屬薄膜（第十二章）。薄膜的形成通常在微影製程（lithography）（第十三章）或雜質摻雜（impurity doping）（第十四章）之前。在微影製程之後，一般是接著進行蝕刻（etching）的步驟，接下來則通常是另一雜質摻雜或是薄膜形成。經由光罩依序地將圖樣（pattern）一層一層的移轉到半導體晶圓的表面上，IC 製程終於大功告成。

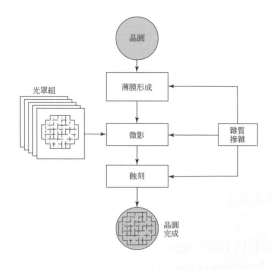

圖 1　積體電路製造流程圖。

經過製程之後，每片晶圓包含著數以百計或千計的相同長方形的晶方（die）（或晶粒）。晶方通常每邊介於 1 到 20 mm，如圖 2a 所示。這些晶方經由鑽石鋸或是雷射切割分隔開；圖 2b 所示為一已切割的晶方。圖 2c 為單一個金氧半場效電晶體及雙載子電晶體的上視圖。圖中可以看出，一個元件在一個晶方所佔的相對大小。在分離晶方之前，每個晶方都要經過電性測試。有缺陷的晶方通常以無墨水的圖檔標識。好的晶方則被選出來封裝，以便在電子應用時，提供適當的溫度、電性和內連線的環境[2]。

IC 晶方可能只含有少量組件（如電晶體、二極體、電阻、電容等等），但也往往含有超過十億以上的組件。自從 1959 年單石的積體電路發明以來，最新（state of the art）IC 晶方上的組件數量一直呈指數成長。我們通常言及一個 IC 的複雜性，如具有 100 個組件的晶方稱為小型積體電路（SSI），達 1000 個組件者稱為中型積體電路（MSI），達 100,000 個組件以上稱為大型積體電路（LSI），高達 10^7 個組件為超大型積體電路（VLSI），而含有更多數目的組件數量的晶方則稱為極大型積體電路（ULSI）。在 15.3 節中，我們將顯示兩個 ULSI 晶方，一個為包含超過十三億個組件的 48 核心微處理器晶方（45 奈米技術），及一個則是具有超過 160 億個元件的 80 億位元動態隨機存取記憶體（DRAM）晶方。

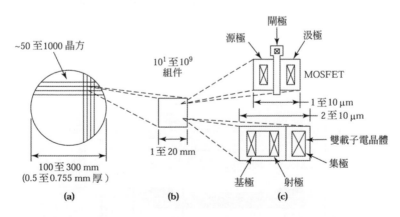

圖 2　晶圓和單一組件的大小比較。（a）半導體晶圓，（b）晶方，（c）MOSFET 和雙載子電晶體。

15.1　被動組件

15.1.1　積體電路電阻

為了形成積體電路電阻，我們可以沉積一層具有阻值的薄膜在矽基板上，然後利用微影技術和蝕刻定出其圖樣。我們也可以在成長於矽基板上的熱氧化層上開窗，然後佈植（或是擴散）相反導電型雜質到晶圓內。圖 3 顯示利用後者方法形成的兩個電阻的上視圖和剖面圖：一個是曲折型，另一個為棒型。

　　首先考慮棒型電阻。在距表面為 x 之深處，平行於表面，厚度 dx 的 p 型材料薄層的微分電導 dG（如 B–B 截面所示）為

$$dG = q\mu_p\, p(x)\,\frac{W}{L}\,dx \tag{1}$$

式中 W 是棒的寬度，L 是棒的長度（假設先忽略端點的接觸面積），μ_p 是電洞移動率，$p(x)$為摻雜的濃度。這個棒型電阻的整個佈植區的電導（conductance）為

$$G = \int_0^{x_j} dG = q\,\frac{W}{L}\int_0^{x_j} \mu_p\, p(x)\,dx \tag{2}$$

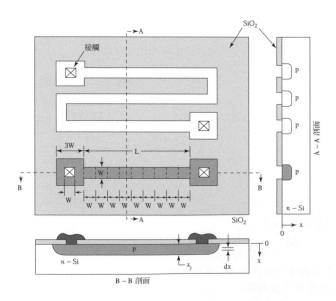

圖 3　積體電路電阻。在大正方形面積內的所有細線具有同樣的寬度 W，且所有接觸大小相同。

其中 x_j 是接面深度。假如 μ_p 的值（為電洞濃度的函數）和 $p(x)$ 分佈為已知，則由式（2），我們可以求得整個電導，可寫成

$$G \equiv g\frac{W}{L} \tag{3}$$

其中 $g \equiv q\int_0^{x_j} \mu_p p(x)dx$ 是正方形電阻的電導，亦即當 $L=W$ 時，$G=g$。

因此，電阻 R 為

$$\boxed{R \equiv \frac{1}{G} = \frac{L}{W}\left(\frac{1}{g}\right)} \tag{4}$$

其中 1/g 通常用符號 $R_\square$ 定義，稱之為片電阻（sheet resistance）。片電阻的單位是歐姆（ohm），但習慣上以歐姆／正方（Ω/□）為單位。

經由如圖 3 的光罩定義出不同的幾何圖樣，可同時在一個積體電路中製造出許多不同阻值的電阻。因為對所有電阻而言製程步驟是相同的，因此將電阻值的大小分成兩部分是很方便的：由離子佈植（或是擴散）製程決定片電阻（$R_\square$）；由圖樣尺寸決定的 L/W 比例。一旦 $R_\square$ 已知，電阻值可以由 L/W 的比例，亦即電阻圖樣中的正方形數目得知（每個正方形的面積為 $W \times W$）。端點接觸面積會引入額外的電阻值至積體電路電阻中。就圖 3 中的此型電阻，每個端點接觸對應到大約 0.65 個正方。對曲折型電阻而言，在彎曲處的電場線分佈不是均勻地跨過電阻的寬度，而是密集於內側的轉角處。因此在彎曲處的一個正方形並不正確地等於一個正方形，而是約為 0.65 個正方形。

範例 1

試求出一個如圖 3，長 90 μm，寬 10 μm 棒型電阻的阻值。片電阻為 1 KΩ/□。

解

此電阻包含九個正方形（9 □）。兩端點接觸相當於 1.3 □。

電阻值為（9 + 1.3）× 1 KΩ/□ = 10.3 KΩ

15.1.2　積體電路電容

基本上在積體電路中有兩種電容：MOS 電容和 *p-n* 接面電容。金氧半（metal-oxide
-semiconductor，MOS）電容的製造是利用一個高濃度區域（如射極區域）作為一個
電極板，上端的金屬電極作為另一個電極板，中間的氧化層當作介電層。MOS 電容
的上視圖和剖面圖，如圖 4a 所示。為了形成 MOS 電容，一層利用熱氧化的厚氧化層
成長在矽基板上。接著，利用微影技術在氧化層上定義出一個窗口，然後進行蝕刻氧
化層。以周圍的厚氧化層當作遮罩，以擴散或是離子佈植在窗口區域內形成 p^+ 區域。
然後，一層熱氧化的薄氧化層成長在窗口區域，接下來則是金屬鍍膜的步驟。每單位
面積的電容值是

$$C = \frac{\varepsilon_{ox}}{d} \ \text{法拉/平方公分（F/cm}^2\text{）}$$

(5)

其中 ε_{ox} 是二氧化矽介電係數（dielectric permittivity）（介電常數（dielectric constant）
$\varepsilon_{ox}/\varepsilon_0$ 為 3.9），*d* 則是薄氧化層的厚度。為了更進一步增加電容值，大家開始研究具有
較高介電常數的絕緣體，如 Si_3N_4（氮化矽）及 Ta_2O_5（五氧化二鉭），其介電常數分
別為 7 和 25。因為電容的下電極板是高濃度材料，因此 MOS 電容值與所加偏壓無關，
這也可同時降低了串聯電阻。

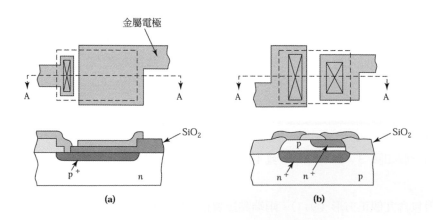

圖 4　（a）積體 MOS 電容，（b）積體 *p-n* 接面電容。

在積體電路中，有時使用 *p-n* 接面當作電容。n^+-*p* 接面電容的上視圖與剖面圖，如圖 4b 所示。我們將在 15.2 節考慮其詳細的製程，因為這個結構形成部分的雙載子電晶體。作為一個電容時這個元件通常為逆向偏壓，亦即 *p* 區域對 n^+ 區域而言是逆向偏壓。正負接面的電容值並非為一常數，而是隨著 $(V_R + V_{bi})^{-1/2}$ 變化，此處 V_R 是外加的逆向偏壓，而 V_{bi} 為內建電位。串聯電阻則比 MOS 電容高得多，因為 *p* 區域具有較 p^+ 區域高的電阻係數。

範例 2

一個面積為 4 μm^2 的 MOS 電容，具有介電層（a）厚度為 10 nm 的 SiO_2 和（b）厚度為 5 nm 的 Ta_2O_5 而言，其所儲存的電荷和電子數目為多少？假設對於這兩種情況，外加電壓皆為 5 V。

解

(a) $\quad Q = \varepsilon_{ox} \times A \times \dfrac{V_s}{d}$

$$= 3.9 \times 8.85 \times 10^{-14} F/cm \times 4 \times 10^{-8} cm^2 \times \dfrac{5V}{1 \times 10^{-6} cm}$$

$$= 6.9 \times 10^{-14} C$$

或

$$Q_s = 6.9 \times 10^{-14} C/q = 4.3 \times 10^5 \text{ 電子}$$

(b) 改變介電常數由 3.9 到 25 及厚度由 10 nm 到 5 nm 後，我們得到

$$Q_s = 8.85 \times 10^{-13} C \text{ 及 } Q_s = 8.85 \times 10^{-13} C/q = 5.53 \times 10^6 \text{ 電子}$$

15.1.3 積體電路電感

積體電路電感已被廣泛地應用在 III-V 族的單石微波積體電路上（MMIC）[3]。隨著矽元件速度的增加及多層內連線技術的進步，在矽基（silicon-based）無線電射頻（rf）和高頻應用上，積體電路電感已經越來越受到注意。利用 IC 製程可以製作出各式各

樣的電感,其中最普遍的為薄膜螺旋形電感。圖 5a 與 b 為在矽基,雙層金屬螺旋形電感的上視圖和剖面圖。為了形成一個螺旋形的電感,可利用熱氧化或是沉積方式在矽基板上形成一厚氧化層。然後,沉積並定義第一層金屬做為電感的一端。接著,沉積另一層介電層在第一層金屬上。利用微影方式定義出層間引洞(via hole),並蝕刻氧化層。沉積第二層金屬並且將介層洞填滿。螺旋形圖案可以在第二層金屬上定義及蝕刻出,以作為電感的第二端。

為了評估電感,品質因子(quality factor)Q 是一個重要的指標。Q 被定義為 $Q = L\omega /R$,此處 L、R 及 ω 分別為電感、電阻值及頻率。Q 值越高,來自電阻的損失就越小。因此電路的特性較佳。圖 5c 顯示等效電路模型。R_1 是金屬本身的電阻,C_{P1} 和 C_{P2} 是金屬線和基板間的耦合電容(coupling capacitance),R_{sub1} 和 R_{sub2} 分別為金屬線下矽基板之電阻值。一開始 Q 值隨著頻率成線性增加,接著在較高頻率下由於寄生電阻與電容,Q 值會下降。

有一些方法可以用來改善 Q 值。第一種方法是使用低介電常數材料(<3.9)來降低 C_P。第二種方法為使用厚膜金屬或是低電阻係數金屬(例如:銅、金去取代鋁)來降低 R_1。第三種方法是使用絕緣基板,例如藍寶石上矽(silicon-on-sapphire),玻璃上矽(silicon-on-glass),或石英(quartz),來降低 R_{sub} 損失。

為了得到薄膜電感的正確值,必須使用複雜的模擬軟體,如電腦輔助設計來做電路模擬及電感最佳化。薄膜電感的模型必須考慮金屬的電阻、氧化層的電容、金屬線與線間的電容、基板電阻,對基板的電容及金屬線本身和金屬線互相的電感。因此,和積體電容或電阻相比,更難以計算積體電感的大小。然而,一個用來估計方形平面螺旋形電感的簡單方程式如下 [3]:

$$L \approx \mu_0 n^2 r \approx 1.2 \times 10^{-6} n^2 r \tag{6}$$

其中 μ_0 是真空中之介磁係數($4\pi \times 10^{-7}\,\text{H/m}$),$L$ 單位為亨利(henry),n 為電感圈數,r 為螺旋半徑(單位為公尺)。

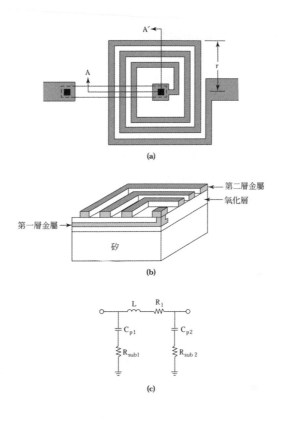

圖 5 （a）在矽基板上螺旋型電感的圖示，（b）沿 A–A'的透視圖，（c）積體電感的等效電路模型。

範例 3

對一個具有 10 nH 電感值的積體電感而言，如果電感圈數為 20，則所需的半徑為何？

解

根據式(6)，$r = \dfrac{10 \times 10^{-9}}{1.2 \times 10^{-6} \times 20^2} = 2.08 \times 10^{-5} \,(\mathrm{m}) = 20.8 \, \mu\mathrm{m}$

15.2 雙載子（Bipolar）電晶體技術

在 IC 的應用上，特別是在 VLSI 與 ULSI 方面，為了符合高密度的要求，雙載子電晶體的尺寸必須縮小。圖 6 說明近年來雙載子電晶體尺寸的縮小[4]。在 IC 上的雙載子電晶體和分立的電晶體相比，最主要的差別在於所有電極的接觸皆位於 IC 晶圓的*上表面*，且每個電晶體必須在電性上*隔離*以免元件間的交互作用。1970 年之前，利用 *p-n* 接面（圖 6a）提供橫向和垂直隔離，此橫向 *p* 隔離區域對 *n* 型集極始終為逆向偏壓。在 1971 年，熱氧化層被用作橫向隔離，因為基極與集極的接觸可緊鄰隔離區域，造成元件在尺寸上的大幅縮小（圖 6b）。在 1970 年代中期，射極延伸到氧化層的邊界上，造成面積更為縮減（圖 6c）。目前，所有橫向和垂直尺寸已經縮小，射極長條寬度的尺寸則已進入次微米範圍（圖 6d）。

15.2.1 基本製作程序

大部分用於 IC 的雙載子電晶體為 *n-p-n* 型，因為在基極區域的少數載子（電子）有較高的移動率，造成較 *p-n-p* 型具有較快的速度表現。圖 7 顯示一個 *n-p-n* 雙載子電晶體的透視圖，其中氧化層作為橫向隔離，n^+-*p* 接面作為垂直隔離。橫向氧化層隔離方法

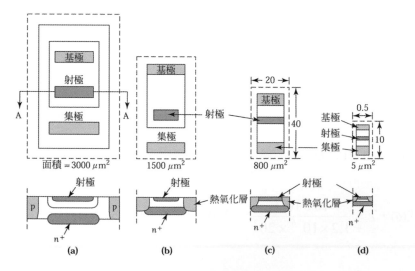

圖 6　雙載子電晶體在水平和垂直尺寸的縮減（a）接面隔離，（b）氧化層隔離，（c）和（d）縮小的氧化隔離[4]。

不只降低元件尺寸，也降低了寄生電容，此乃因二氧化矽有較低的介電常數（3.9，矽為 11.9）。接著我們將討論用來製作圖 7 中元件的主要製程步驟。

對於 n-p-n 雙載子電晶體而言，其初始材料為 p 型、輕摻雜（$\sim 10^{15}$ cm^{-3}）、<111> 或 <100> 晶向、拋光的矽晶圓。因為接面形成在半導體內，所以晶格方向的選擇不像 MOS 元件那般重要。第一步是先形成埋藏層（buried layer）。這一層主要目的是減少集極的串聯電阻。接著利用熱氧化法，在晶圓上形成一厚氧化層（0.5 到 1 μm），然後在氧化層上開出一個窗。將控制精確的低能量砷離子（~ 30 keV，$\sim 10^{15}$ cm^{-2}）佈植入開窗區域，作為預沉積（predeposit）（圖 8a）。接著，藉一高溫（1100℃）驅入（drive-in）的步驟，形成具有 20 Ω/□ 典型片電阻的 n^+ 埋藏層。

第二步是沉積 n 型磊晶層。在去除表面氧化層後，將晶圓放入磊晶反應爐，進行磊晶成長。磊晶層的厚度和摻雜濃度取決於元件最終的應用。類比電路（具較高電壓作放大用）需要較厚的磊晶層（~ 10 μm）和較低的摻雜（$\sim 5 \times 10^{15}$ cm^{-3}），然而數位電路（具較低電壓作為開關）則需要較薄的磊晶層（~ 3 μm）和較高的摻雜（$\sim 2 \times 10^{16}$ cm^{-3}）。圖 8b 顯示經過磊晶製程後元件的剖面圖。要注意的是從埋藏層有雜質外擴（outdiffusion）到磊晶層的現象產生。為了將外擴減至最低，應該使用低溫磊晶製程，及在埋藏層內使用低擴散率的雜質（如：砷）。

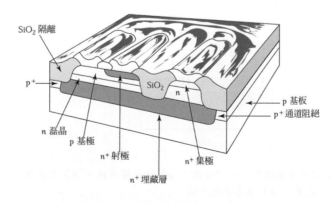

圖 7　氧化層隔離的雙載子電晶體透視圖。

　　第三步是形成橫向氧化層隔離區域。一層薄的氧化層（~50 nm）先以熱氧化方式成長在磊晶層上，接著沉積氮化矽（~100 nm）。如果氮化矽直接沉積在矽上，而沒有一層薄的氧化層作墊層（pad），在後續的高溫製程中氮化矽會對矽晶圓表面造成傷害。接著使用光阻作為遮罩，將氮化矽－氧化層及約一半的磊晶層蝕刻掉（圖 8c 和 8d）。然後，將硼離子植入裸露出的矽晶圓區域（圖 8d）。

　　隨後，除去光阻，並將晶圓置入氧化爐管內。因為氮化矽有非常低的氧化率，所以厚氧化層只會在未受氮化矽保護的區域內成長。隔離的氧化層通常長到某個厚度，使得氧化層表面和原本矽晶圓表面形成同一平面，藉以降低表面不平。這個氧化層隔

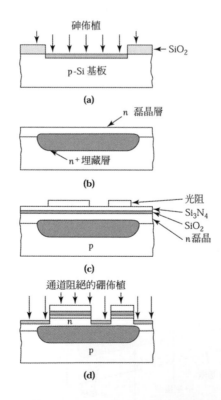

圖 8　雙載子電晶體製造的剖面圖。（a）埋藏層佈植，（b）磊晶層，（c）光阻式遮罩，（d）通道阻絕佈植。

離製程稱做矽的局部氧化（local oxidation of silicon，LOCOS）。圖 9a 顯示在去除氮化矽之後的隔離氧化層的剖面圖。由於分離效應（segregation effect），植入的硼離子大部分在隔離氧化層下被推擠形成一 p^+ 層。這層被稱為 p^+ 通道阻絕（channel stop 或簡稱 chanstop），因為高濃度的 p 型半導體可以防止表面反轉（surface inversion）及消除在相鄰埋藏層間可能的高導通路徑（或通道）。

　　第四步是形成基極區域。用光阻作為遮罩去保護元件的右半邊，然後佈植硼離子（~10^{12} cm^{-2}）形成基極區域，如圖 9b 所示。另一個微影製程則用來除去基極中心附近小面積區域之外的所有薄氧化層（圖 9c）。

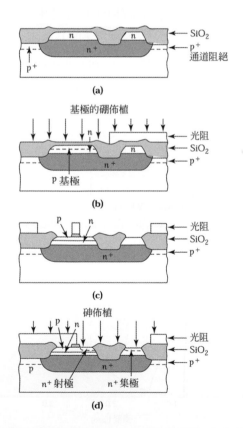

圖 9　雙載子電晶體製造的剖面圖（a）氧化層隔離，（b）基極佈植，（c）去除薄氧化層，（d）射極與集極佈植。

第五步是形成射極區域。如圖 9d 所示，基極接觸區域被光阻所形成的遮罩保護，然後低能量、高砷劑量（~10^{16} cm^{-2}）的佈植形成 n^+ 射極和 n^+ 集極接觸區域。接著將光阻除去，最後一道金屬鍍膜步驟形成基極、射極和集極的接觸，如圖 7 所示。

在這基本的雙載子電晶體製程中，有六道薄膜形成步驟、六道微影步驟、四次離子佈植及四次蝕刻步驟。每個步驟必須精準地監控。任何一步的失敗，通常會導致晶圓報廢。

圖 10 所示，為一製作完成的電晶體沿著垂直於表面且經過射極、基極、和集極座標之摻雜側圖。射極的側圖是相當陡的，這是由於砷的濃度相依擴散率（concentration-dependent diffusivity）。在射極之下的基極摻雜側圖可藉由用於定源擴散（limited-source diffusion）的高斯分佈（gaussian distribution）來估計。對於一個典型的切換電晶體，集極摻雜側圖取決於磊晶層的摻雜量（~2×10^{16} cm^{-3}），然而在較大的深度時，集極摻雜濃度會因埋藏層的外擴現象而增加。

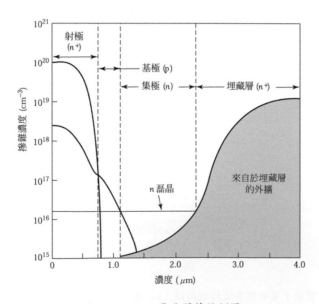

圖 10　*n-p-n* 電晶體摻雜側圖。

15.2.2　介電層隔離

在前面所描述用於雙載子電晶體的隔離方法中，元件間的隔離是經由在其周圍的氧化層，而元件與其共同基板的隔離則是經由一個 n^+-p 接面（埋藏層）。但在高電壓的應用時，另一種稱做介電層隔離（dielectric isolation）的方式，則被用來形成隔離區，去隔離很多個小區域的單晶半導體。在這個方法中，藉由一介電層來隔離元件與其共同基板及其周遭相鄰之元件。

在介電層隔離的製程順序中。利用在第十四章中 14.6.3 節討論的氧佈植隔絕（*se*paration by *im*planted *o*xygen，SIMOX）或智慧型分離技術（Smart Cut technology）。在<100>晶向的 n 型矽基板上形成一層氧化層。因為上面的矽薄膜很薄，因此藉由圖 8c 的 LOCOS 製程；或是先蝕刻出一個塹渠（trench，或譯溝槽、溝渠）另一種製程方法是形成 p 型基極，n^+射極和集極與圖 8c 到圖 9 的方法幾乎相同。

這個技術的主要優點，是在射極與集極間的高崩潰電壓（breakdown voltage），可以超過數百伏特。這個技術也和現今 CMOS 製程整合相容。這項與 CMOS 相容的製程在混合性的高電壓和高密度積體電路上是非常有用的。

15.2.3　自我對準雙複晶矽雙載子結構

在圖 9c 中的製程，需要另一道微影製程，去定義用以分離基極與射極接觸區域的氧化層區域。這會造成在隔離區域內有一大塊不起作用的元件面積，不但會增加寄生電容也增加電阻，而導致電晶體特性的衰退。降低這些不利效應的最佳方法，為使用自我對準（self-aligned）的結構。

最常用的自我對準結構，具有雙複晶矽層結構，並採用複晶矽填滿塹渠的先進隔離技術[5]，如圖 11 所示。圖 12 則為自我對準雙複晶矽（n-p-n）雙載子結構的詳細製作步驟[6]。電晶體是建構在 n 型磊晶層上。利用活性離子蝕刻（reactive-ion etching），蝕刻出一個穿過 n^+次集極區到 p^- 基板區、深 5.0 μm 的塹渠。然後長一層薄熱氧化層，來作為在塹渠底部，硼離子通道阻絕佈植的屏蔽氧化層（screen oxide）。接著，用無摻雜的複晶矽填滿塹渠，再用厚的平面場氧化層（planar field oxide）蓋住塹渠。

接著沉積第一複晶矽層，並以硼離子加以高摻雜。此 p^+ 複晶矽（複晶矽 1）將被當作固態擴散源（solid-phase diffusion source），來形成外質基極（extrinsic base）區域與基極電極。之後，以化學氣相沉積（CVD）的氧化層與氮化矽來覆蓋此複晶矽層（圖 12a），並使用射極光罩定義出射極面積區域，及利用乾式蝕刻製程在 CVD 氧化層與複晶矽 1 上產生一個開口（圖 12b）。隨後，以熱氧化法在被蝕刻過的結構上成長一層熱氧化層。此時高摻雜複晶矽的垂直邊壁上，也將同時成長一個較厚的邊壁氧化層（大約 0.1 到 0.4μm）。這邊壁氧化層的厚度決定了在基極與射極接觸邊緣之間的間距。在熱氧化層成長的步驟時，由於來自複晶矽 1 的硼外擴到基板（圖 12c）也形成了外質的 p^+ 基極區域。因為硼會橫向與縱向擴散，所以外質的基極區域能夠與接下來在射極接觸下方形成的本質基極區域（intrinsic base）接觸。

在上述成長氧化層的步驟之後，接著利用硼的離子佈植形成本質基極區域 （圖 12d）。這步驟可用來自我對準本質與外質基極區域。在去除接觸位置上的任何氧化層後，接著沉積第二複晶矽層並佈植砷或磷。這 n^+ 複晶矽 （稱為複晶矽 2）將作為形成射極區域與射極電極的固態擴散源。 之後經由摻質自複晶矽 2 外擴形成一個淺的射極區域。用於基極與射極外擴的快速熱退火（rapid thermal annealing）步驟有助於形成淺的射極－基極與集極－基極接面。最後，沉積鉑（Pt）薄膜，並且進行燒結（sinter），以在 n^+ 複晶矽射極與 p^+ 複晶矽基極的接觸上形成矽化鉑（PtSi）（圖 13e）。

這種自我對準的結構可用以製作小於最小微影尺寸的射極區域。此乃因當邊壁氧化層形成時，因為邊壁熱氧化層佔據大於原先複晶矽的體積，此邊壁氧化層將會填充部分接觸孔（contact hole）。因此，如果在每邊成長 0.2 μm 厚的邊壁化層，0.8 μm 寬的開口將可大約縮至 0.4 μm。

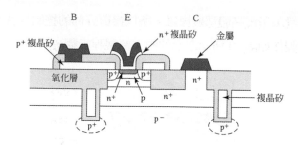

圖 11 具先進塹渠隔離的自我對準雙複晶矽雙載子電晶體之剖面圖[5]。

15.3 金氧半場效電晶體（MOSFET）技術

目前，MOSFET 為 ULSI 電路中最主要元件，因為它可比其他種類元件微縮至更小的尺寸。MOSFET 的主要技術為 CMOS（互補式 MOSFET，complementary MOSFET）技術，用此技術 n 通道與 p 通道 MOSFET（分別稱為 NMOS 與 PMOS）可以製作在同一晶方內。CMOS 技術對 ULSI 電路而言，特別具有吸引力，因為在所有 IC 技術中，它具有最低的功率消耗。

　　圖 13 顯示近年來 MOSFET 的尺寸縮減趨勢。在 1970 年代初期，閘極長度為 7.5 μm，其對應的元件面積大約 6000 μm^2。隨著元件微縮後，元件面積也巨幅地縮小。對於一個閘極長度為 0.5μm 的 MOSFET 而言，元件面積可以縮小至小於早年 MOSFET 面積的 1%。我們預期元件的縮小化將會持續下去。在 2020 年左右，閘極長度將會達到 10~20nm。我們將在 15.5 節討論元件的未來趨勢。

15.3.1 基本製程

圖 14 顯示一個尚未進行最後金屬鍍膜製程的 n 通道 MOSFET 之透視圖[7]。最上層為摻雜磷的二氧化矽（P-glass），它通常用來作為複晶矽閘極與內連線間的絕緣體，及移動離子的誘捕（gettering）層。將圖 14 與表示雙載子電晶體的圖 7 做比較，可注意到在基本結構方面 MOSFET 較為簡單。雖然這兩種元件都使用橫向氧化層隔離，但 MOSFET 不需要垂直隔離，而雙載子電晶體則需要一個埋藏層 n^+-p 接面。MOSFET

的摻雜側圖不像雙載子電晶體那般複雜，所以摻質分佈的控制也就比較不那麼重要。我們將討論用來製作如圖 14 所示之元件的主要製程步驟。

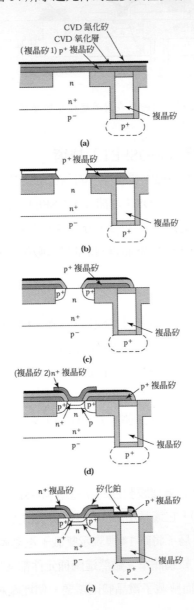

圖 12　製造雙複晶矽、自我對準 *n-p-n* 電晶體之製程順序[6]。

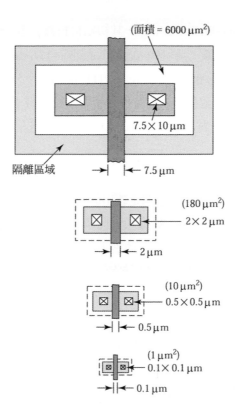

(面積 = 6000 μm²)

7.5×10 μm

隔離區域

7.5 μm

(180 μm²)

2×2 μm

2 μm

(10 μm²)

0.5×0.5 μm

0.5 μm

(1 μm²)

0.1×0.1 μm

0.1 μm

圖 13 閘極長度（最小特徵長度）縮減以縮小 MOSFET 面積。

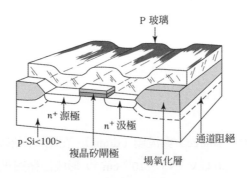

P 玻璃

n⁺ 源極

n⁺ 汲極

p-Si<100>

複晶矽閘極

場氧化層

通道阻絕

圖 14 *n* 通道 MOSFET 的透視圖 [7]。

製作一個 n 通道 MOSFET（NMOS），其初始材料為 p 型、輕摻雜（~10^{15} cm^{-3}）、具<100>晶向、拋光的矽晶圓。具<100>晶向的晶圓較<111>晶向的晶圓為佳，因為其界面陷阱密度（interface trap density）大約是<111>晶向的十分之一。第一步製程是利用 LOCOS 技術形成氧化層隔離。這道製程程序與用於雙載子電晶體上是類似的，都是先長一層薄的熱氧化層作為墊層（~35 nm），接著沉積氮化矽（~150 nm）（圖 15a）[7]。

主動元件區域是利用光阻作為遮罩定義出的，然後將硼通道阻絕層佈植穿過氮化矽－氧化層的組成物（圖 15b）。接著，以蝕刻去除未被光阻覆蓋的氮化矽層。在剝除光阻之後，將晶圓置入氧化爐管，在氮化矽被去除的區域長一氧化層（稱為場氧化層，field oxide），同時也驅入硼佈植。場氧化層的厚度通常為 0.5 至 1 μm。

第二步是成長閘極氧化層及調整臨界電壓（threshold voltage）（參考 5.2.3 節）。先去除在主動元件區域上的氮化矽－氧化層的組成物，然後長一層薄的閘極氧化層（小於 10 nm）。如圖 15c，對一個增強型 n 通道的元件而言，佈植硼離子至通道區域，來增加臨界電壓至一個預定的值（例如：+ 0.5 V）。對於一個空乏型 n 通道元件而言，佈植砷離子至通道區域，用以降低臨界電壓（例如：–0.5 V）。

第三步是形成閘極。先沉積一層複晶矽，再用磷的擴散或是離子佈植，將複晶矽加以重摻雜，使其片電阻達到典型的 20–30 Ω/□。這樣的阻值對於閘極長度大於 3 μm 的 MOSFET 而言是適當的。但是對於更小尺寸的元件而言，複晶矽化物（polycide）（複晶矽化物為金屬矽化物與複晶矽的組成物，如鎢的複晶矽化物，W-polycide），可用來當作閘極材料以降低片電阻至約 1 Ω/□。

第四步是形成源極（source）與汲極（drain）。在閘極圖形完成後（圖 15d），閘極可當成砷離子佈植（~30 keV，~5 × 10^{15} cm^{-2}）形成源極與汲極時的遮罩（圖 16a），因此對閘極而言，也具有自我對準的效果[7]。在此階段，唯一造成閘極－汲極重疊（overlap）的因素是由於佈植離子的橫向散佈（lateral straggling）（對於 30 keV 的砷，$\sigma_\perp$ 只有 5nm）。如果在後續製程步驟中，使用低溫製程將橫向擴散降至最低，則寄生閘極－汲極電容與閘極－源極耦合電容將可比閘極－通道電容小很多。

　　最後一步是金屬鍍膜。先沉積摻雜磷的氧化層（P-glass）於整片晶圓上，接著藉由加熱晶圓，使其流動以產生一個平坦的表面（圖 16b）。之後，在 P-glass 上定義和蝕刻出接觸窗。然後沉積一金屬層，如鋁，加以圖案化。完成後的 MOSFET 其剖面圖，如圖 16c 所示。圖 16d 為對應的上視圖。閘極的接觸通常被安置在主動元件區域之外，以避免對薄閘極氧化層產生可能的損壞。

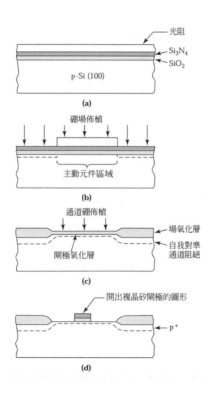

圖 15　NMOS 製造順序之剖面圖 7。（a）SiO$_2$、Si$_3$N$_4$ 氮化矽及光阻層之形成，（b）硼佈植，（c）場氧化層，（d）閘極。

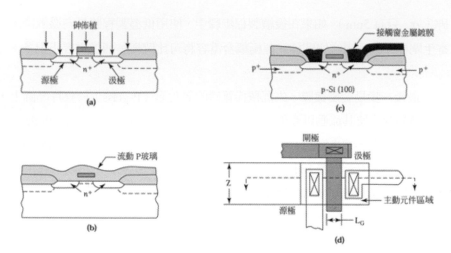

圖 16　NMOS 製造順序[7]。(a) 源極與汲極，(b) P 玻璃層沉積，(c) MOSFET 之剖面圖，(d) MOSFET 之上視圖。

範例 4

對一個閘極氧化層為 5 nm 的 MOSFET，可承受的最大的閘極－源極間的電壓為何？假設氧化層崩潰在 8 MV/cm 及基板電壓為零。

解

$V = E \times d = 8 \times 10^6 \times 5 \times 10^{-7} = 4$ V

15.3.2　互補式金氧半導體（CMOS）技術

圖 17a 為一 CMOS 反向器。上方 PMOS 元件的閘極與下方 NMOS 元件的閘極相連。兩種元件皆為增強型 MOSFET；對 PMOS 元件而言，臨界電壓 V_{Tp} 小於零，而對 NMOS 元件而言，臨界電壓 V_{Tn} 大於零（通常臨界電壓約為 1/4 V_{DD}）。當輸入電壓 V_i 為接地，PMOS 元件的 V_{GS} 是 $-V_{DD}$（較 V_{Tp} 更負），而 NMOS 元件為關閉狀態。因此，輸出電壓 V_o 非常接近 V_{DD}（logic 1）。當輸入為 V_{DD} 時，PMOS（$V_{GS} = 0$）為關閉狀態，而 NMOS 為導通狀態（$V_i = V_{DD} > V_{Tn}$）。所以，輸出電壓 V_o 等於零（logic 0）。CMOS 反向器有一個獨特的特性：即在任一邏輯狀態，從 V_{DD} 到接地間的串聯路徑上，其中有一個元件是不導通的。因此在任一穩定邏輯狀態下，只有小的漏電流；且只有在切換

狀態時，兩個元件才會同時導通，也才會有明顯的電流流過 CMOS 反向器。因此，平均功率消耗相當小，只有幾奈瓦（nanowatt）。當每個晶方上的元件數目增多時，功率消耗變成一個主要限制因素。低功率消耗就成為 CMOS 電路最吸引人的特色。

　　圖 17b 為 CMOS 反向器的佈局。圖 17c 則為沿著 A–A'的元件剖面圖。在這個製程中，先佈植入一個 p 型槽（或 p 型井），並驅入 n 型基板內。p 型摻質濃度必須夠高，才能過度補償（overcompensate）n 型基板的背景摻雜（background doping）。接下來對在 p 型槽的 n 通道 MOSFET，後續製程則與前面所提過的相同。對於 p 通道 MOSFET 而言，佈植 $^{11}B^+$ 或 $^{49}(BF_2)^+$ 離子至 n 型基板，形成源極與汲極。而 $^{75}As^+$ 離子則可用於通道離子佈植，來調整臨界電壓，以及在 p 通道元件附近的場氧化層下形成 n^+ 通道阻絕。因為製作 p 通道 MOSFET 需要 p 型槽和其他的步驟，所以製作 CMOS 電路的製程步驟數幾乎是 NMOS 電路的兩倍。因此，我們在製程複雜性與降低功率耗損間，須有所取捨。

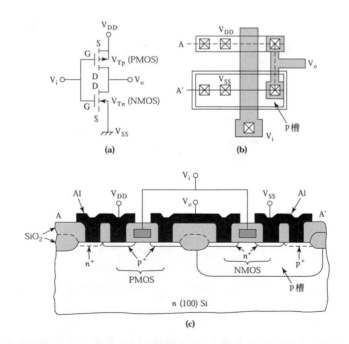

圖 17　CMOS 反向器。（a）電路圖，（b）電路佈局，（c）圖（b）中沿 A–A'之剖面圖。

除了上述的 p 型槽，另一個替代方法是在 p 型基板內形成 n 型槽，如圖 18a 所示。在這個情況下，n 型摻質濃度必須夠高，才能過度補償 p 型基板的背景摻雜（即 $N_D > N_A$）。不管用 p 型槽或 n 型槽，在槽中的通道移動率會衰退，因為移動率是由全部摻質濃度（$N_A + N_D$）決定。最近有個方法為在輕摻雜的基板內植入兩個分離的槽，如圖 18b 所示。這個結構稱為雙槽（twin tub）[1]。因為在任一槽中都不需要過度補償，所以可以得到較高的通道移動率。

所有 CMOS 電路都有寄生雙載子電晶體所引起的閂鎖（latchup）問題（欲了解這個問題如何發生，請參考第五章）。一個可有效消除閂鎖問題的製程技術為使用深塹渠隔離（deep trench isolation），如圖 18c 所示[8]。在此技術中，利用非等向活性離子濺鍍蝕刻（anisotropic reactive-sputter etching），蝕刻出一個比井還要深的塹渠。接著

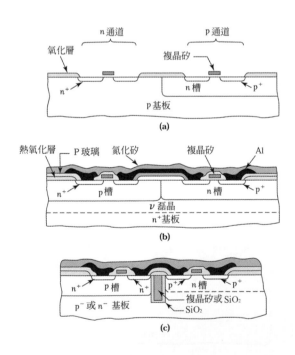

圖 18　各種 CMOS 結構。(a) n 型槽，(b) 雙槽[1]，(c) 填滿的塹渠[8]。

在塹渠的底部和邊壁上成長一熱氧化層。然後沉積複晶矽或二氧化矽,以將塹渠填滿。這個技術可消除閂鎖現象,因為 n 通道與 p 通道元件實質上被填滿的塹渠隔離開來。以下將討論關於的相關 CMOS 製程的詳細步驟。

井形成技術

在 CMOS 中,井可為單井(single well)、雙井(twin well)或是倒退井(retrograde well)。雙井製程有一些缺點,如需高溫製程(超過 1050℃)及長擴散時間(超過八小時),來達到所需 2–3μm 的深度。在這個製程,表面的摻雜濃度是最高的,且摻雜濃度隨著深度呈單調遞減。為了降低製程溫度和時間,可利用高能量的離子佈植,將離子直接植入到想要的深度,而不須從表面擴散。因為深度是由佈植的能量來決定,因此我們可用不同的佈植能量,來設計不同深度的井。在這個製程下,井的摻雜側圖峰值可位於矽基板中的某個深度,因而被稱為倒退井。圖 19 顯示在倒退井與一般傳統熱擴散

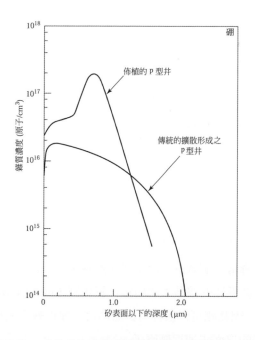

圖 19　倒退式 p 型井中佈植雜質濃度側圖。圖中也顯示傳統之擴散井[9]。

井中雜質側圖的比較[9]。對於 n 型倒退井與 p 型倒退井而言，所需的能量分別為 700 keV 及 400 keV。如之前所提，高能量佈植的優點在於可在低溫及短時間的條件下形成井，故可降低橫向擴散及增加元件密度。倒退井優於傳統井的地方有：(a) 由於在底部的高摻雜，倒退井的電阻係數較傳統井為低，所以可以將閂鎖問題降至最低，(b) 通道阻絕可與倒退井的離子佈植同時形成，減少製程步驟與時間，(c) 在底部較高的井摻雜可以降低源極與汲極產生碰穿（punchthrough，或譯貫穿，碰透）的機率。

閘極工程技術

如果我們用 n^+ 複晶矽做為 PMOS 與 NMOS 的閘極，PMOS 的臨界電壓（$V_{Tp} \cong -0.5$ 到 -1.0 V）必須用硼佈植來調整。這會使得 PMOS 的通道變為埋藏式（buried channel），如圖 20a 所示。當元件尺寸縮小至 0.25μm 或以下時，埋藏式 PMOS 將會遭遇很嚴重的短通道效應（short channel effect）。最值得注意的短通道效應現象為 V_T 下滑（V_T roll-off）、汲極引致能障下降（drain-induced barrier lowering，DIBL），及在關閉狀態時大的漏電流，以致於即使閘極電壓為零，也有漏電流經過源極與汲極。為減輕這個問題，對於 PMOS 而言，可以 p^+ 複晶矽來取代 n^+ 複晶矽。由於功函數（work function）的差異（n^+ 複晶矽到 p^+ 複晶矽有 1.0eV 的差異），可得到表面 p 型通道元件而不需硼的 V_T 佈植調整。因此，當技術縮至 0.25 μm 及以下時，需要採用雙閘極（dual-gate）結構，即 p^+ 複晶矽用於 PMOS，n^+ 複晶矽用於 NMOS（圖 20b）。表面通道與埋藏通道的 V_T 比較如圖 21 所示。可以注意到在深次微米時，表面通道元件的 V_T 下滑比埋藏通道元件來得緩慢。這使得具有 p^+ 複晶矽的表面通道元件，很適合用於深次微米元件的操作。

為了形成 p^+ 複晶矽閘極，通常用 BF_2^+ 的離子佈植。然而，在高溫時硼很容易由複晶矽穿過薄氧化層到達矽基板，造成 V_T 偏移。此外，氟原子的存在會增加硼的穿透。有幾種方法可以降低這個效應：使用快速熱退火（rapid thermal annealing），減少在高溫的時間，因此減低硼的擴散；使用氮化氧化層（nitrided oxide），以抑制硼穿透（boron penetration），因為硼可以很容易與氮結合而變得較不易移動；製作多層的複晶矽，利用層與層間的界面去捕捉硼原子。

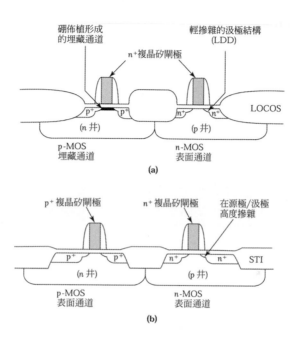

圖 20　（a）具單一複晶矽閘極（n^+）之傳統長通道 CMOS 結構，（b）具雙複晶矽閘極之先進 CMOS 結構。

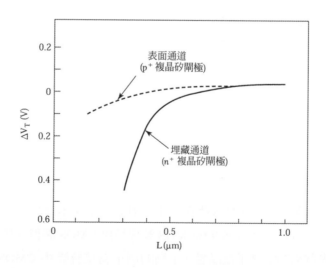

圖 21　埋藏式通道與表面式通道的 V_T 下滑。當通道長度小於 0.5 μm 時，V_T 下滑非常快。

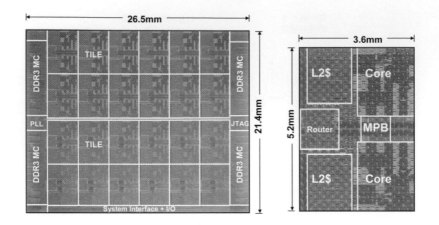

圖 22　48 核心微處理器晶方的顯微照相，(a)整顆晶片(b)一個區塊顯微結構（照片來源：Intel）。

　　圖 22 顯示一個面積約為 567 mm^2、內含 48 核心的微處理器晶方，包含 13 億顆的電晶體 [10]。這個 ULSI 晶方採用的是 45nm CMOS 技術、九層鋁金屬鍍膜。

15.3.3　雙載子–互補式金氧半（BiCMOS）技術

雙載子－互補式金氧半（BiCMOS）是一種結合 CMOS 與雙載子元件結構在單一積體電路內的技術。結合這兩種不同技術的目的，乃在製造同時具有 CMOS 與雙載子元件優點的 IC 晶方。我們知道 CMOS 在功率耗損、雜訊寬裕度（noise margin）、及封裝密度上有優勢；而雙載子的優點則在於切換速度、電流驅動能力及類比方面的能力。因此，在一特定的設計準則下，BiCMOS 的速度可較 CMOS 快，在類比電路方面較 CMOS 有較佳的表現，比雙載子元件具有較低的功率耗損及較高的組件密度。

　　BiCMOS 已被廣泛地使用在許多應用上。早期它被用於 SRAM。目前 BiCMOS 技術則已成功地應用在無線通訊設備上的收發機（transceiver）、放大器（amplifier）及振盪器（oscillator）。大部分的 BiCMOS 製程是以 CMOS 製程為基礎，加上一些修改，如增加光罩來製造雙子電晶體。下列的例子為基於雙井 CMOS 製程的高性能 BiCMOS 製程，如圖 23 所示 [11]。

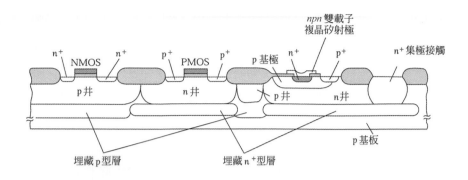

圖 23　最佳化 BiCMOS 元件結構。主要特徵包含為改善封裝密度的自我對準之 p 與 n^+ 埋藏層，在本質背景摻雜的磊晶層上形成分別最佳化的 n 型與 p 型井（雙井 CMOS），及用來改善雙載子性能的複晶矽射極 [11]。

　　初始材料為 p 型矽基板，然後形成一 n^+ 埋藏層，用以降低集極的電阻。之後利用離子佈植，形成 p 型埋藏層，藉以增加摻雜濃度，以防止碰穿（punchthrough）產生。接著，在晶圓上成長一輕摻雜的 n 型磊晶層及完成 CMOS 所需的雙井製程。為了達到雙載子電晶體的高性能，需要四道額外的光罩。這些光罩為 n^+ 埋藏層光罩，深 n^+ 集極光罩，p 型基極光罩及複晶矽射極光罩。在其他製程步驟方面，用於基極接觸的 p^+ 區域，可利用 PMOS 中源極與汲極的 p^+ 離子佈植同時形成。n^+ 射極則可利用 NMOS 中源極與汲極的離子佈植同時完成。和標準 CMOS 製程相比，這些額外的光罩及較長的製造時間是 BiCMOS 的主要缺點。額外的成本則有賴於 BiCMOS 增強的性能來使其合理化。

15.3.4　鰭狀場效電晶體（FinFET）技術

為了克服短通道效應，三維空間的金氧矽電晶體被發展出來，如 6.3.3 節中所討論。其中鰭狀場效電晶體是典型的結構，如圖 24 所示 [12]。它的通道在矽鰭的垂直表面形成，並且電流平行流過晶圓的表面。鰭狀場效電晶體的核心在薄的矽鰭，它提供了金氧矽電晶體的基底。重摻閘的多晶矽薄膜包覆了鰭，其垂直面和鰭也形成電性上的接觸。多晶矽薄膜大量減少了源／汲極的串聯電阻並對區域的內連線和金屬間的連線提供了便利的方法。在通過多晶矽薄膜時有蝕刻出一個間隙將源汲和汲極分隔。此間隙的寬度更藉由介電質隔離層進一步下降，遠遠的決定了閘極長度。通道寬度基本上是鰭高的兩倍（再加上鰭寬）。導電的通道被鰭的表面所包覆住（因此稱作鰭狀場效電晶體）。因為源／汲極和閘極遠比鰭還厚，此元件結構是類平面的。

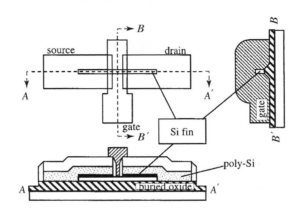

圖 24 鰭狀場效電晶體的部分示意圖[11]。

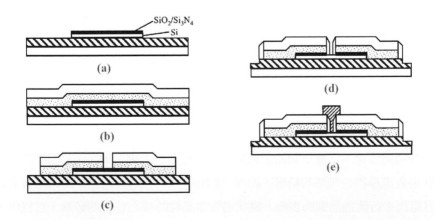

圖25 鰭狀場效電晶體的製作流程： (a)在沉積氮化矽和二氧化矽的堆疊層之後，矽鰭被製作出來；(b)磷摻雜多晶矽層和二氧化矽層沉積；(c)當矽鰭被遮蔽層覆蓋時，源極和汲極被蝕刻；(d)空間二氧化矽層往下蝕刻進入埋藏氧化層，以及(e)在沉積硼摻雜的矽鍺後，閘極圖案被確認。

典型的製作流程如圖 25 所示。

1. 除了晶圓的對準切口和晶圓對稱軸偏好相差 45 度,傳統的 SOI 晶圓有著 400nm 厚的埋藏氧化層和 50nm 厚的薄膜,可用來作為起始材料。角度的偏移 將提供矽鰭{100}平面。

2. 化學氣相沉積的氮化矽和二氧化矽在矽薄膜上沉積,用以在製造過程中做出 保護矽鰭的覆蓋層。精密的矽鰭由電子束微影而成。

3. 掺雜磷的非晶矽(用來做源極和汲極的襯墊)在 480℃ 沉積,並在接下來的步 驟中多晶矽化。非晶矽的沉積後,二氧化矽在 450℃ 下沉積。這樣的製程溫度 夠低,以壓抑矽鰭的雜質擴散。

4. 利用電子束微影,源/汲極襯墊之間的窄間隙被劃定。二氧化矽和非晶矽層 被蝕刻也產生了間隙。當覆蓋層保護矽鰭,非晶矽完全從矽鰭邊移除。非晶 矽和矽鰭的接觸面上逐漸成為雜質擴散源並形成了電晶體的源/汲極。

5. 化學氣相沉積的二氧化矽沉積在源/汲極襯墊周圍形成空間層(spacer)。矽 鰭的高度是 50nm,總襯墊的厚度為 400nm。利用高度差,在矽鰭邊緣的二氧 化矽空間層藉由蝕刻二氧化矽而完全移除,但覆蓋層會保護矽鰭。矽表面又 再次在矽鰭邊緣上進行曝光。在過蝕刻(over-etching)期間,源/汲極襯墊 上的二氧化矽和在源/汲極間的埋藏層會被蝕刻掉。

6. 藉由氧化矽的表面,薄如 2.5m 的閘極氧化層將長出來。在閘極的氧化過程中, 源/汲極襯墊的非晶矽會結晶化。同樣,磷從源/汲極襯墊擴散進入矽鰭並 在氧化層的隔離層下形成源/汲極的延伸。接下來便是閘極的沉積。

15.3.5 記憶體元件

記憶體是可以由位元(bit,即 binary digit 二進位)來儲存數位資訊(或資料)的元件。 多種記憶體晶方都利用 CMOS 技術來設計與製造。MOS 結構在第六章 6.4 節中介紹 過。在一個 RAM 中,記憶體細胞(簡稱記憶胞,cell)以矩陣結構組織,可在任意順 序下存取資料(也就是儲存、擷取或是抹除),而和它們的實際位置無關。靜態隨機 存取記憶體(static random access memory,SRAM)只要有電源供應,就可以一直維 持儲存的資料。SRAM 基本上是一個可以儲存一位元資料的正反器(flip-flop)電路。

一個 SRAM 記憶胞包含四個增強型 MOSFET 和兩個空乏型 MOSFET。空乏型
MOSFET 可用無摻雜的複晶矽電阻取代，以減小功率耗損 [13]。

為了降低記憶胞面積與功率耗損，而發展出動態隨機存取記憶體（dynamic
random access memory，DRAM）。圖 26a 顯示由一個電晶體所構成之 DRAM 記憶胞
的電路圖，其中電晶體作為開關，而一位元的資訊則可存於儲存電容中。儲存電容的
電壓位階代表記憶體的狀態。例如，+1.5 V 可定義成邏輯 1 而 0 V 定義成邏輯 0。通
常儲存的電荷會在數毫秒內消失，這主要是由於電容的漏電流所造成的。因此，動態
記憶體需要週期性的再更新（refresh）儲存的電荷。

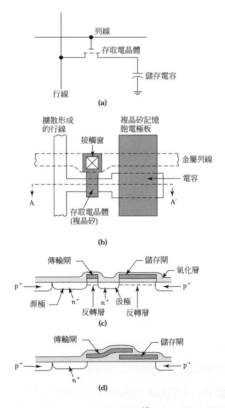

圖 26　具儲存電容之單電晶體 DRAM 記憶胞 [13]。（a）電路圖，（b）記憶胞佈局，
　　　（c）經過 A–A' 之剖面圖，（d）雙層複晶矽。

圖 26b 顯示 DRAM 記憶胞的佈局（layout），圖 26c 則為沿 AA'方向所對應的剖面圖。儲存電容利用通道區域作為下電極，複晶矽閘極作為上電極，閘極氧化層則為介電層。列線（row line）為一內連線，用以減小由於寄生電阻（R）與寄生電容（C）產生的 RC 延遲。行線（column line）則由 n^+ 擴散所組成。MOSFET 內部汲極區域用來作為儲存下與傳輸電晶體下之反轉層間的導電連接。藉由使用雙層複晶矽（double-level polysilicon）的方法，可省去此連接用的汲極區域，如圖 26d 所示。第二層複晶矽電極經由一層熱氧化層與第一層複晶矽隔開，這層熱氧化層是在第二層電極被沉積前就先成長在第一層複晶矽之上。因此，經由在傳輸與儲存下的連續反轉層，從行線來的電荷可以直接傳輸至位於儲存下的儲存區域。

為了符合高密度 DRAM 的要求，DRAM 結構已經發展成為具有堆疊式（stack）或是塹渠式（trench）電容的三度空間架構。圖 27a 顯示一個簡單的塹渠式記憶胞結構[14]。塹渠式的優點為記憶胞的電容可藉由增加塹渠深度而增加，不需增加記憶胞的在矽晶圓上的表面積。製作塹渠式記憶胞時，最主要的困難在於如何蝕刻深塹渠（deep trench），同時深塹渠需要圓形的底部轉角，以及在塹渠壁上成長均勻的薄介電層。圖 27b 為一堆疊式記憶胞結構。因為在存取電晶體（access transistor）上堆疊儲存電容，所以儲存電容得以增加。利用熱氧化或是 CVD 氮化矽的方法可在兩層複晶矽電極中間形成介電層。因此，堆疊式結構的製程較塹渠式簡單。

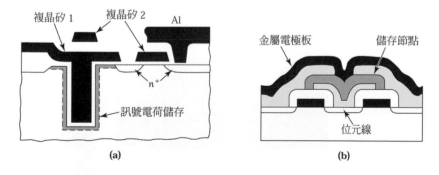

圖 27 （a）具有塹渠之 DRAM 記憶胞結構[14]，（b）具單層堆疊式電容之 DRAM 記憶胞。

　　圖 28 顯示八十億位元（8Gb）DRAM 晶方[15]。此記憶體晶方為了達到高速低功率的 DRAM 而採用 50nm 的製程。此記憶體晶方的面積為 98 mm^2，操作電壓為 1.5 V。打線處用了低電阻的銅線及低介電質薄膜（k=2.96）。

　　SRAM 與 DRAM 兩者都是揮發性（volatile）記憶體，亦即當電源關掉後，所儲存的資料將會喪失。非揮發性記憶體會在第 6.4.3 節中討論。相形之下，非揮發性（nonvolatile）記憶體則可在電源關掉後，仍保留資料。圖 21a 顯示一個浮停閘（floating-gate；或譯懸浮閘極，浮動閘極）的非揮發性記憶體，基本上它為一個具有修改過的閘極之傳統 MOSFET。此複合式閘極由一個一般閘極（控制閘）與一個被絕緣體包圍的浮停閘所構成。當外加大的正電壓至控制閘，電荷會由通道區域穿過閘極氧化層注入到浮停閘內。當外加電壓移去時，注入的電荷可以長期儲存於浮停閘內。要移除這個電荷，必須施加一個大的負電壓到控制閘上，使得電荷可以注入回通道區域內。

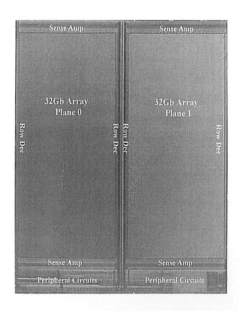

圖 28　包含超過一百六十億個元件的八十億位元動態隨機存取記憶體
　　　　（照片來源：Samsung）[15]。

另一種非揮發性記憶體是金屬－氮化矽－氧化層－半導體（metal-nitride-oxide -semiconductor，MNOS），同樣在 6.4.3 節中討論。當加上正電壓時，電子可以穿隧（tunnel，或譯穿透）過薄氧化層（~2 nm），在氧化層－氮化矽界面被捕捉，而成為儲存電荷。儲存於 C_1 的電荷會造成臨界電壓的偏移，使元件處於較高臨界電壓狀態（logic 1）。對於一個設計良好的記憶體元件，電荷的保留時間（retention time）可以超過一百年。為了抹除（erase）記憶（即將儲存電荷移除），而將元件回復到較低的臨界電壓狀態（logic 0），可使用閘極電壓或是其他方法（如紫外線）。

非揮發性半導體記憶體（nonvolatile semiconductor memory，NVSM）已被廣泛地運用在攜帶式電子系統上，如行動電話與數位相機。另一個有趣的應用則為晶方卡，也稱做 IC 卡。圖 29 展示一個每秒 5.6MB 傳輸速度，容量 64GB，每個記憶胞中含 4bits 的 NAND 快閃記憶體 [16]。與傳統磁碟片的有限容量（1 k 位元組，1 kbyte）相比，非揮發性記憶體的容量可以依其應用增大（如儲存個人相片或指紋）。透過 IC 卡的讀寫機，儲存的資料可應用於多方面，如通訊（插卡式電話、行動無線電通訊）、帳款處理（電子錢包、信用卡）、付費電視、交通運輸（電子票、大眾運輸），醫療（病歷卡）及門禁控制。IC 卡將在未來的全球資訊與服務業扮演舉足輕重的角色 [17]。

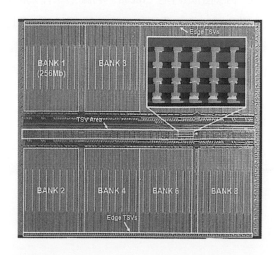

圖 29　每秒傳輸 5.6 MB、具備 64 Gb，每個記憶胞中含 4bits 的 NAND 快閃記憶體 [16]。

15.4 金半場效電晶體 (MESFET) 技術

砷化鎵（gallium arsenide）製程技術的新進展，及結合新的製造與電路方法，使得發展與矽相似（silicon-like）的砷化鎵 IC 技術變為可能。與矽相比，砷化鎵本身有三項優點：較高的電子移動率，故在同樣元件尺寸時，其具有較低的串聯電阻；在相同電場下，有較高的漂移速度（drift velocity），所以有較快的元件速度；可以製成半絕緣性（semi-insulating），可以提供一個晶格匹配的介電絕緣基板。然而，砷化鎵也有三個缺點：少數載子生命期（lifetime，或譯活期）非常短；缺少穩定的護佈俱生氧化層；晶體缺陷較矽高上好幾次方。短暫的少數載子活期與缺少高品質的絕緣薄膜使砷化鎵雙載子元件無法發展，也使以砷化鎵為基板的 MOS 技術後延。因此，砷化鎵 IC 技術的重點在於 MESFET；在 MESFET 中主要的考量為多數載子傳輸與金半接觸（metal-semiconductor contact）。

高性能 MESFET 結構落在兩種主要範疇內：凹陷通道（或凹陷閘極）及離子佈值平面結構。典型凹陷通道的製作流程 MESFET 如圖 30 所示 [18,19]。主動層是磊晶在半絕緣的基板上（圖 30a）。首先成長本質緩衝層，而後是主動 n 型通道層。緩衝層是用來消除半絕緣的基板的缺陷。最後，在 n 型通道層上長 n^+ 接觸層（圖 30a）以降低源極和汲極的接觸電阻。蝕刻出如台地（mesa）的圖形，作為隔離之用（圖 30b），然後蒸鍍（evaporate）一層金屬，作為源極和汲極的歐姆接觸（圖 30c）。蝕刻出通道凹處（channel recess）後，即進行閘極凹處（gate recess）蝕刻與閘極蒸鍍（圖 30d 和 e）。有時候蝕刻過程會藉由測量源極和汲極間的電流來偵測，製程結束後的通道電流方可較準確的控制。凹陷通道有一個好處在於表面遠離 n 型通道層，所以表面效應如暫態響應和其他穩定度問題都會減少。但有一個缺點在於電性隔離需要額外的步驟，可能是台地蝕刻的過程（如圖所示）或將半導體轉換成高電阻材料的隔離佈值。在光阻舉離（lift off）的製程之後（圖 30e），即完成 MESFET 的製作（圖 30f）。

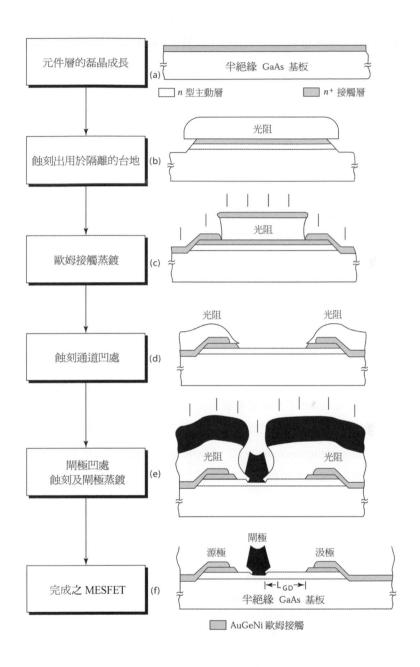

圖 30 砷化鎵 MESFET 之製造順序 [18] 。

要注意的是，閘極特意向源極偏移，以減少源極電阻。足夠厚的磊晶層可降低在源極與汲極電阻上的表面空乏效應。閘極有 T 型或蘑菇狀兩種。在閘極下方較短的尺寸是電流通道長度，用以將 f_T 和 g_m 最佳化，而較長的上方部分可使閘極電阻下降而讓 f_{max} 提升。此外，長度 L_{GD} 也設計成大於閘極－汲極崩潰時空乏區的寬度。

離子佈值的平面結構對於 MESFET 積體電路製作程序較有幫助，如圖 31 所示 [20]。由離子佈值產生的主動區用來過度補償（overcompensate）在半絕緣基板中的深層雜質，使用相當輕的通道離子佈植於增強型切換元件上，較濃的離子佈植用於空乏型負載元件，為了縮小源／汲極間的寄生電阻，較深的 $n+$佈值源極和汲極區域應該要盡可能的靠近閘極。這由許多自我對準的程序完成。在閘極優先的自我對準程序中，閘極先形成，則源／汲極的離子佈值便自我對準於閘極。

在這個製程中，因為離子佈植需高溫退火以活化雜質，閘極需要使用耐高溫的材料。例如，Ti-W 合金（例：TiWN）、WSi_2 和 $TaSi_2$。第二個方法是歐姆優先，此程序是在閘極製作前先完成源／汲極和退火。這個程序放寬了先前提到的閘極材料之需求。對於數位 IC 製造而言，通常不使用上述的閘極凹處方式，因為每個凹處深度的均勻性不易控制，將導致無法接受的臨界電壓變異。這個製程順序也可用於單石微波積體電路上（monolithic microwave IC，MMIC）。要注意的是砷化鎵 MESFET 製程技術類似於矽基的 MOSFET 製程技術。

複雜性達到大型積體電路（～每晶方上有 10,000 個組件）的砷化鎵 IC 已被製造出。因為較高的漂移速度（～高出矽 20%），在一樣的設計準則下，砷化鎵 IC 擁有高出矽 IC 20%的速度。然而，砷化鎵在晶體品質與製程技術上，仍須有長足的改善，才有可能挑戰矽在 ULSI 應用上的獨霸地位。

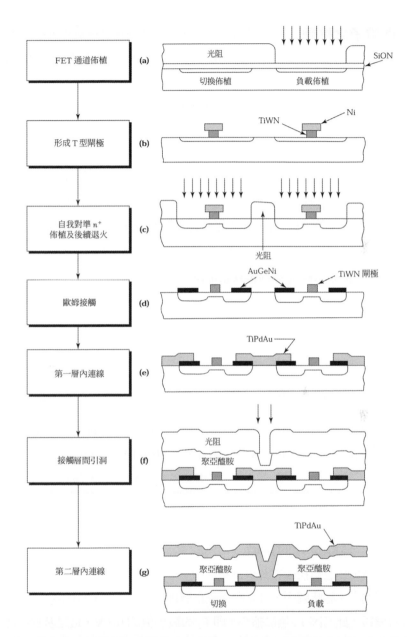

FET 通道佈植 **(a)**

形成 T 型閘極 **(b)**

自我對準 n^+ 佈植及後續退火 **(c)**

歐姆接觸 **(d)**

第一層內連線 **(e)**

接觸層間引洞 **(f)**

第二層內連線 **(g)**

光阻
切換佈植　負載佈植
SiON

TiWN　Ni

光阻

AuGeNi　TiWN 閘極

TiPdAu

光阻
聚亞醯胺

TiPdAu
聚亞醯胺　聚亞醯胺
切換　負載

圖 31　具主動負載之 MESFET 直接耦合（direct-coupled）FET 邏輯（DCFL）的製程。注意 n^+ 源極與汲極是自我對準於閘極[20]。

15.5 微電子之挑戰

自從 1959 年開啟了積體電路時代，最小元件尺寸，也稱做最小特徵長度（feature length），一直以大約每年 13%的速度在縮小（即每三年減少 35%）。根據國際半導體技術藍圖 [21]（Iinternational Technology Roadmap for Semiconductors）的預測，最小的特徵長度將由 2002 年的 130 nm（0.13 μm）縮小至約 2014 年的 35 nm（0.035 μm），如表 1 所示。DRAM 的尺寸也顯示在表 1。DRAM 每三年增加其記憶胞容量四倍，在 2011 年以 50 nm 的設計準則，製作出六百四十億位元（64 Giga）的 DRAM。這表也顯示了在 2014 年，晶圓尺寸將會增加到 450 mm（18 吋直徑）。除了特徵尺寸的縮小外，來自於元件方面、材料方面與系統方面的挑戰將在接下的章節討論。

表 1 自 1997 年到 2014 年的製程技術世代 [16]

初次產品 出貨年份	1997	1999	2002	2005	2008	2011	2014
特徵尺寸 (nm)	250	180	130	100	70	50	35
DRAM[a] 尺寸 (bit)	256M	1G	—	8G	—	64G	—
晶圓尺寸 (mm)	200	300	300	300	300	300	450
閘極氧化層 (nm)	3–4	1.9–2.5	1.3–1.7	0.9–1.1	<1.0	—	—
接面深度 (nm)	50–100	42–70	25–43	20–33	15–30	—	—

[a]DRAM，動態隨機存取記憶體

15.5.1 製程整合的挑戰

圖 32 顯示 CMOS 邏輯技術電源供應電壓 V_{DD}、臨界電壓 V_T、閘極氧化層厚度 d 對通道長度的趨勢 [17]。從此圖中，可見閘極氧化層即將接近 2 nm 的穿隧電流極限。V_{DD} 的降低將會變緩，此乃因 V_T 無法縮小（即 V_T 的最小值約 0.3 V，這是基於次臨界漏電流與電路雜訊免疫力的考量）。一些 180nm 技術及其後所面臨的挑戰如圖 33 所示 [23]。其中最嚴格的要求為：

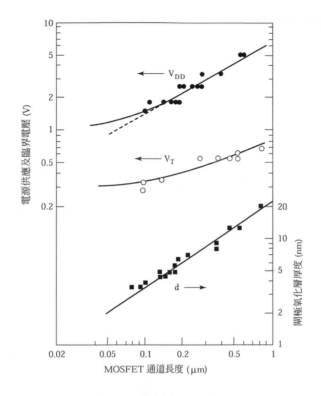

圖 32　對 CMOS 邏輯技術，電源供應電壓 V_{DD}，臨界電壓 V_T，及閘極氧化層厚度 d 對通道長度關係的趨勢。圖中的點是收集自近年發表的資料 [22]。

超淺接面的形成

如第六章所提，當通道長度縮小，會發生短通道效應。當元件尺寸小於 100 nm 時，這個問題變的很重要。為了達到低阻值的超淺接面，必須使用高劑量、低能量（小於 1 keV）佈植技術，來降低短通道效應。表 1 顯示所需的接面深度對技術世代間的關係。對 100 nm 技術而言，所需的接面深度約為 20~33 nm，摻雜濃度為 1×10^{20} /cm^3。

超薄氧化層

當閘極長度縮小至 100nm 以下，為了維持元件性能，閘極介電層的等效氧化層厚度必須降至約 2nm。然而，如果只使用 SiO$_2$（介電常數為 3.9），經由閘極的漏電流會變得太大，這是由於直接穿隧之故。基於這個原因，具有較低漏電流、且較厚的高介電常數的介電材料被建議用來取代氧化層。就短期而言，這些候選材料有氮化矽（介電常數 7）， Ta_2O_5（介電常數 25），$HfO_2(20\sim25)$ 及 TiO_2（介電常數 $60\sim100$）。

矽化物的形成

為了降低寄生電阻，改善元件與電路性能，與矽化物相關的技術已成為次微米元件不可或缺的一部分。傳統的鈦－矽化物（Ti-silicide）製程已廣泛使用於 350~250 nm 技術。然而，矽化鈦（$TiSi_2$）的片電阻會隨著線寬的減少而增加，因而限制矽化鈦在 150 nm 以下 CMOS 的應用。矽化鈷（$CoSi_2$）或矽化鎳（NiSi）的製程將在 180 nm 以下的技術中取代矽化鈦。

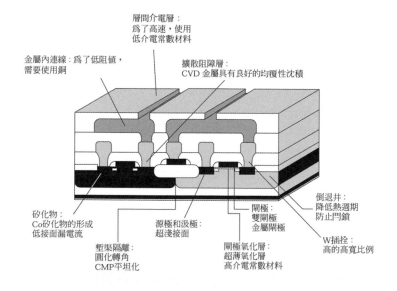

圖 33　180 nm 及更小之 MOSFET 的挑戰 [23]。

內連線的新材料

為了達到高速度操作，內連線的 *RC* 時間延遲必須要降低 [24]。在第十二章中的圖 12，我們已經表示，延遲為元件特徵尺寸的函數。很明顯地，閘極延遲隨著通道長度縮短而減少；然而來自內連線的延遲則隨著元件尺寸縮小，而顯著地增加。這會導致當元件尺寸小於 100 nm 以下時，全部的延遲時間會增加。因此高導電性金屬，如銅及低介電常數絕緣體，如有機（聚亞醯胺，polyimide）或無機（摻雜氟的二氧化矽）材料，將提供重大的性能增益。銅具有優異的表現，這是因為其高導電性（1.7 μΩ-cm，相較於鋁之 2.7 μΩ-cm）及抵抗電子遷移（electromigration）的能力高出 10 至 100 倍。利用銅與低介電常數材料的延遲，與使用傳統的鋁與氧化層比較，有明顯的減少。因此，在未來的深次微米技術，銅和低介電常數材料在多層連線上是不可或缺的。

功率限制

在積體電路中單純用來充放電之電路節點的功率，是正比於閘極數目及切換頻率（clock frequency）。功率可以表示成 $P \cong (1/2)CV^2nf$，其中 C 為每個元件的電容，V 為外加電壓，n 為每個晶方上元件的數目，f 為切換頻率。除非使用輔助的液態或氣體冷卻，否則在 IC 封裝內因上述功率散逸所造成的溫度上升將受限於封裝材料的熱傳導性。而所能承受的最大溫度上升則是受限於半導體能隙（對於能隙 1.1 eV 的矽，約為 100℃）。對於這樣的溫度上升，典型的高性能封裝的最大功率散逸約為 10 W。因此，我們必須限制最大切換速率（clock rate）、或是每一晶方上的閘極數目。例如在一包含 100 nm MOS 元件的 IC，$C = 5 \times 10^{-2}$ fF，在 20 GHz 切換速率下操作時，若假設 10% 的工作週期，則可以擁有的最大閘極數目約為 10^7 個。這是基本材料參數所造成在設計上的限制。

SOI 製程整合

我們在 15.2.2 節曾提及 SOI 晶圓的隔離。最近 SOI 技術越來越受重視。在最小特徵長度接近 100 nm 時，SOI 製程整合的優點將變得更為顯著。就製程觀點而言，SOI 不需要複雜的井結構及隔離製程。此外，淺接面可以直接由 SOI 的厚度獲得。由於在接面底部的氧化層隔離，在接觸區域沒有矽和鋁不均勻互擴散（interdiffusion）的風險。

因此，接觸能障（contact barrier）是不需要的。從元件觀點而言，目前作於矽基板上的矽元件需要較高的汲極與基板摻雜，以消除短通道效應與碰穿。當接面逆向偏壓時，高的摻雜濃度造成高的電容值。相形之下，在 SOI 中，接面與基板間最大的電容是埋藏絕緣體的電容，埋藏絕緣體的介電常數比矽小三倍（3.9 比 11.9）。以環形振盪器（ring oscillator）的性能為例，130 nm SOI CMOS 技術與類似的本體（bulk）技術相比，速度上可快 25%、或是只需一半的功率[20]。SRAM、DRAM、CPU 及 rf CMOS 都已成功地利用 SOI 技術製造出。因此，對於下節要討論的未來系統單晶方（system-on-a-chip，或譯系統單晶片）技術而言，SOI 是一個主要的候選技術。

範例 5

對於等效氧化層厚度為 1.5 nm，當使用高介電常數材料氮化矽（$\varepsilon_i/\varepsilon_0 = 7$），$Ta_2O_5$（25）或 TiO_2（80）時，其實際厚度為何？

解

對於氮化矽：

$$\left(\frac{\varepsilon_{ox}}{1.5}\right) = \left(\frac{\varepsilon_{nitride}}{d_{nitride}}\right)$$

$$d_{nitride} = 1.5\left(\frac{7}{3.9}\right) = 2.69 \quad nm$$

利用一樣的計算，我們可以得到等效厚度對 Ta_2O_5 為 9.62 nm，對 TiO_2 為 30.75 nm。

15.5.2　系統單晶方（System-On-A-Chip，SOC）

組件密度的增加與製造技術的改善，使系統單晶方的實現變為可行。SOC 即一個 IC 晶方包含完整的電子系統。設計者可以將一個完整電路所需的所有電路，如照相機、收音機、電視或是個人電腦（PC），建構在單一晶方上。圖 34 顯示 SOC 在主機板上的應用。傳統主機板上的組件（在本例中有 11 個晶方）可簡化成右邊 SOC 晶方中的虛擬組件（virtual component）[26]。除此之外，SOI 的晶片可以整合到 3D 系統中，可以有較高層次的功能 [27]。

在實現 SOC 時，有兩個障礙存在。第一個是設計的高度複雜性。因為目前電路板是不同公司用不同設計工具設計而成，因此要將它們都整合到一個晶方上，難度相當高。另一個是製造上的困難。一般而言，DRAM 製程很明顯的與邏輯 IC 不同（如CPU）。對於邏輯電路而言，速度是第一優先，然而對記憶體而言，儲存電荷的漏電流是須優先考慮的。因此，為了改善速度，使用五至八層金屬的多層內連線對邏輯 IC而言是必須的。然而，DRAM 只需二至三層金屬。此外，為了增加速度，必須使用矽化物製程降低串聯電阻，及需要超薄閘極氧化層來增加驅動電流。這些要求對記憶體而言並非那麼重要。

為了達成 SOC 的目標，須引進一個嵌入式（embedded）DRAM 技術，即用相容的製程將邏輯電路與 DRAM 結合在一個晶方內。圖 35 顯示嵌入式 DRAM 的剖面示意圖，其中包含 DRAM 記憶胞與邏輯 CMOS 元件 [28]。為了折衷，將修改一些製程步驟。例如採用塹渠式電容，而捨棄堆疊式電容，使得在 DRAM 記憶胞結構中沒有高度差異。此外，在同一片晶圓上，存在多種閘極氧化層厚度，以便適應多種供應電壓，同時或是同一晶方上結合記憶體與邏輯電路。

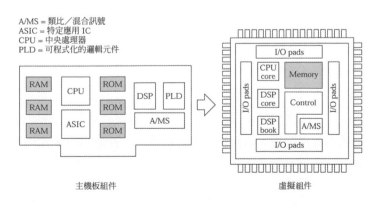

圖 34　傳統個人電腦主機板上的系統單晶方 [26]。

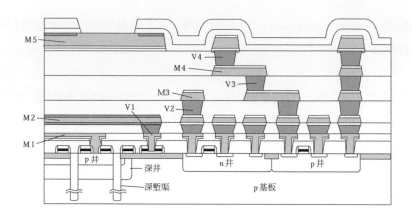

圖 35　嵌入式 DRAM 之剖面示意圖，包含 DRAM 記憶胞與邏輯 MOSFET。因為採用
　　　塹渠式電容記憶胞，所以沒有高度差。$M1$ 到 $M5$ 是金屬內連線，$V1$ 到 $V4$ 是層
　　　間引洞 [28]。

總結

在本章中，我們討論了被動組件、主動元件與積體電路的製程技術。包括雙載子電晶
體、MOSFET、MESFET 的三種主要 IC 技術都已在本章詳加討論。由於遠較雙載子
電晶體優異的性能，MOSFET 主流技術至少在可預見的未來，將會保持其盟主地位。
對於次級 100 nm CMOS 技術，一個甚佳的候選技術為結合 SOI 基板和銅及低介電常
數材料的內連線技術。

　　由於特徵長度的快速微縮，當通道長度微縮至 20 nm 附近時，製程技術即將達到
其實際極限。取代 CMOS 的元件為何仍然眾說紛紜。主要的候選者包含許多基於量子
力學效應的創新元件。此乃因橫向尺寸降至 100nm 以下時，電子結構會因材料及操作
溫度，表現出非古典物理的行為。這些元件的操作將屬於單電子傳輸的範疇，並已經
由單電子記憶體胞獲得驗證。如何製作具有數兆個元件的單電子元件系統將會是繼
CMOS 之後的一項主要挑戰 [29]。

參考文獻

1. For a detailed discussion on IC process integration, see C. Y. Liu and W. Y. Lee, "Process Integration," in C. Y. Chang and S. M. Sze, Eds., *ULSI Technology*, McGraw-Hill, New York, 1996.

2. T. Tachikawa, "Assembly and Packaging," in C. Y. Chang and S. M. Sze, Eds., *ULSI Technology*, McGraw-Hill, New York, 1996.

3. T. H. Lee, *The Design of CMOS Radio-Frequency Integrated Circuits*, Cambridge University Press, Cambridge, U.K., 1998, Ch.2.

4. D. Rise, "Isoplanar-S Scales Down for New Heights in Performance," *Electronics*, 53, 137 (1979).

5. T. C. Chen, et al., "A submicrometer High-Performance Bipolar Technology," *IEEE Electron Device Lett.*, 10(8), 364, (1989).

6. G. P. Li et al., "An Advanced High-performance Trench-Isolated Self-Aligned Bipolar Technology," *IEEE Trans. Electron Devices*, 34(10), 2246 (1987).

7. W. E. Beasle, J. C. C. Tsai, and R. D. Plummer, Eds., *Quick Reference Manual for Semiconductor Engineering*, Wiley, New York, 1985.

8. R. D. Rung, H. Momose, and Y. Nagakubo, "Deep Trench Isolation CMOS Devices," *IEEE Tech. Dig. Int. Electron Devices Meet.*, p. 237, 1982.

9. D. M. Brown, M. Ghezzo, and J. M. Primbley, "Trends in Advanced CMOS Process Technology," *Proc. IEEE*, p. 1646, (1986).

10. J. Howard ed al., "A 48-Core IA-32 Message-Passing Processor with DVFS in 45nm CMOS", *Int. Solid-State Circuits Conference*, p.108,2010.

11. H. Higuchi, et al., "Performance and Structure of Scaled-Down Bipolar Devices Merge with CMOSFETs," *IEEE Tech. Dig. Int. Electron Devices Meet.*, 694, 1984.

12. D. Hisamoto, W.C. Lee, J. Kedzierski, H. Takeuchi, K.Asano, C.Kuo, E. Anderson, T. J. King, J.Bokor, and C.Hu, "FinFET – A Self-Aligned

Double-Gate MOSFET Scalable to 20nm," *IEEE Trans. Electron Devices,* 47, 2320(2000).

13. R. W. Hunt, "Memory Design and Technology," in M. J. Howes and D. V. Morgan, Eds., *Large Scale Integration*, Wiley, New York, 1981.

14. A. K. Sharma, *Semiconductor Memories—Technology, Testing, and Reliability*, IEEE, New York, 1997.

15. U. Kang et al., "8Gb 3D DDR3 DRAM Using Through-Silicon-Via Techlogy", *Int. Solid-State Circuits Conference*, p.130, 2009.

16. C. Trinh et al., "A 5.6 MB/s 64Gb 4b/cell NAND Flash Memory in 43nm CMOS", *Int. Solid-State Circuits Conference*, p.246, 2009.

17. U. Hamann, "Chip Cards-The Application Revolution," *IEEE Tech. Dig. Int. Electron Devices Meet.*, p. 15, 1997.

18. M. A. Hollis and R. A. Murphy, "Homogeneous Field-Effect Transistors," in S. M. Sze, Ed., *High- Speed Semiconductor Devices*, Wiley, New York, 1990.

19. S. M. Sze and K. K. Ng, *Physics of Semiconductor Devices*, 3rd Ed., Wiley Interscience, Hoboken, 2007.

20. H. P. Singh, et al., "GaAs Low Power Integrated Circuits for a High Speed Digital Signal Processor," *IEEE Trans. Electron Devices*, 36, 240 (1989).

21. *International Technology Roadmap for Semiconductor (ITRS)*, Semiconductor Ind. Assoc., San Jose, 1999.

22. Y. Taur and E. J. Nowak, "CMOS Devices below 0.1 μm: How High Will Performance Go?" *IEEE Tech. Dig. Int. Electron Devices Meet.*, 215, 1997.

23. L. Peters, "Is the 0.18 μm Node Just a Roadside Attraction, " *Semicond. Int.*, 22, 46, (1999).

24. M. T. Bohr, "Interconnect Scaling – The Real Limiter to High Performance ULSI," *IEEE Tech. Dig. Int. Electron Devices Meet.*, p. 241, 1995.

25. E. Leobandung, et al., "Scalability of SOI Technology into 0.13 μm 1.2 V CMOS Generation," *IEEE Tech. Dig. Int. Electron Devices Meet.*, p. 403,

1998.

26. B. Martin, "Electronic Design Automation," *IEEE Spectr.*, 36, 61 (1999).

27. K. Banerjee et al., "3-D ICs: A Novel Chip Design for Improving Deep-Submicrometer Interconnect Performance and Systems-on-Chip Intergration", *Proc. IEEE*, 89, 602(2001)

28. H. Ishiuchi, et al., "Embedded DRAM Technologies," *IEEE Tech. Dig. Int. Electron Devices Meet.*, p. 33, 1997.

29. S. Luryi, J. Xu, and A. Zaslavsky, Eds, *Future Trends in Microelectronics*, Wiley, New York, 1999.

習題(*指較難習題)

15.1 節 被動組件

1. 已知片電阻為 $1 \text{ k}\Omega/\square$，找出可以在一 $2.5 \times 2.5 \text{ mm}$ 晶方上，以長 2 μm 的線，4 μm 的間距（即在平行線中心間的距離）所能製造的最大電阻。

2. 試完整地繪出在基板上製作具有三圈螺旋形電感所需的光罩組中之每一道光罩。

3. 請設計一個 10 nH 方形螺旋型電感，其內連線的全長為 350 μm，每圈間的間距為 2 μm。

15.2 節 雙載子電晶體技術

4. 試繪出一個箝制電晶體的電路圖與元件剖面圖。

5. 請確認下列用於自我對準之雙複晶矽雙載子電晶體結構中的步驟，其目的為何：（a）圖 12a 中，位於塹渠內的未摻雜複晶矽，（b）圖 12b 中的複晶矽 1，（c）圖 12d 中的複晶矽 2。

15.3 節 金氧半場效電晶體技術

*6. 在 NMOS 製程中，初始材料為 p 型，$10 \text{ Ω-cm} <100>$ 晶向的矽晶圓。利用 30 keV，$10^{16} /\text{cm}^2$ 的砷離子佈植，經過 25 nm 閘極氧化層，形成源極與汲極。（a）估計元

件的臨界電壓變化。（b）試繪出沿著垂直於表面且經過通道區域或是源極區域之座標上的摻雜側圖。

7. （a）為何在 NMOS 製程中，偏好<100> 晶向的晶圓？（b）若用於 NMOS 元件的場氧化層太薄，會有何缺點？（c）複晶矽閘極用於閘極長度小於 3 μm 時，會有何問題產生？可用其他材料取代複晶矽嗎？（d）如何得到自我對準的閘極及其優點為何？（e）P 型玻璃的用途為何？

8. 動態記憶體必須操作在最低 4ms 的刷新時間。儲存電容在每個單元（10 米平方）的電容值 510^{-15}F，並在 5V 下充電完全。(a) 計算每個單元儲存的電子數(b) 預測最糟情形下，動態電容節點可忍受的漏電流。

*9. 對一個浮停閘非揮發性記憶體而言，下端絕緣層之介電常數為 4，厚度為 10 nm。在浮停閘上方之絕緣層其介電常數為 10，厚度為 100 nm。如果在下端的絕緣層中電流密度 J 為 $J = \sigma E$，其中 $\sigma = 10^{-7}$ S/cm，而在另一絕緣層中的電流小到可以忽略，試找出因外加電壓 10 V 於控制閘（a）0.25 μs 及（b）足夠長的時間以致於在下端絕緣層的 J 變為可忽略不計時，所產生的元件臨界電壓漂移。

10. 試完整地繪出圖 17 中 CMOS 反向器的光罩組中之每一個光罩。特別注意以圖 17c 中的剖面圖為作圖比例。

* 11. 考慮一個 n 型通道浮停閘記憶元件。若電荷 Q（負值）藉由載子入射而改變，描述任何可預期出現在 MOSFET 汲極電導 g_D 中的電荷。

12. 繪出下列製程步驟中，雙井 CMOS 結構的剖面圖。（a）n 型槽佈植；（b）p 型槽佈植；（c）雙槽驅入；（d）非選擇性 p^+ 源極與汲極佈植；（e）以光阻作為遮罩時，選擇性 n^+ 源極與汲極佈植；（f）沉積 P 型玻璃。

13. 為何在 PMOS 中，使用 p^+ 複晶矽閘極？

14. PMOS 的 p^+ 複晶矽閘極中，什麼是硼穿透問題？要如何消除此問題？

15. 鰭狀場效電晶體結構的優點有哪些？

16. 為了得到好的界面性質，在高介電常數材料與基板間需沈積一層緩衝層。試計算出其等效氧化層厚度，如果堆疊閘極介電層結構為（a）0.5 nm 氮化矽的緩衝層；及（b）10 nm 的 Ta_2O_5。

17. 試描述 LOCOS 技術的缺點及淺塹渠隔離技術的優點。

15.4 節　　金半場效電晶體技術

18.用於圖 31*f* 中的聚亞醯胺其目的為何？

19.在 GaAs 上，不易製作雙載子電晶體與 MOSFET 的理由為何？

15.5 節　　微電子之挑戰

20.（a）試計算位於 0.5 μm 厚的熱氧化層上，0.5 μm 厚的鋁導線的 *RC* 時間常數。導線長度與寬度分別為 1 cm 和 1 μm。導線電阻係數為 10^{-5} Ω-cm。（b）對於相同尺寸的複晶矽導線（$R_\square = 30$ Ω/□），*RC* 時間常數為何？

21.絕緣層上覆矽技術的優點有哪些？

22.為何對於一個系統單晶方（SOC），我們需要多種的氧化層厚度？

23.通常我們需要一層緩衝層位於高介電常數的 Ta_2O_5 與矽基板間。試計算當堆疊閘極介電層為一位於氮化矽緩衝層（$k = 7$，厚度 10 Å）上之 75 Å 厚的 Ta_2O_5（$k = 25$）時，等效氧化層厚度（effective oxide thickness，EOT）為何？也試計算對於一緩衝層為氧化層（$k = 3.9$，厚度 5 Å）時，等效氧化層厚度又為何？

附錄 A
符號表

符號	敘述	單位
a	晶格常數	Å
B	磁感應	Wb/m^2
c	真空光速	cm/s
C	電容	F
D	電位移	C/cm^2
D	擴散係數	cm^2/s
E	能量	eV
E_C	導電帶底層能量	eV
E_F	費米能階	eV
E_g	能隙	eV
E_V	價電帶頂層能量	eV
E	電場強度	V/cm
E_c	臨界電場強度	V/cm
E_m	最大電場強度	V/cm
f	頻率	Hz(cps)
$F(E)$	費米狄拉克分布函數	
h	普朗克常數	J-s
hv	光子能量	eV
I	電流	A
I_c	集極電流	A

續下頁

符號	敘述	單位
J	電流密度	A/cm^2
J_{th}	臨界電流密度	A/cm^2
k	波茲曼常數	J/K
kT	熱能	eV
L	長度	cm 或 μm
m_o	電子靜止質量	kg
m_n	電子有效質量	kg
m_p	電洞有效質量	kg
$\overline{n}$	折射率	
n	自由電子密度	cm^{-3}
n_i	本質載子密度	cm^{-3}
N	摻雜濃度	cm^{-3}
N_A	受體雜質密度	cm^{-3}
N_C	導電帶之有效態位密度	cm^{-3}
N_D	施體雜質密度	cm^{-3}
N_V	價電帶之有效態位密度	cm^{-3}
P	自由電洞密度	cm^{-3}
P	壓力	Pa
q	電荷量	C
Q_{it}	界面陷阱密度	charges/cm^2
R	電阻	Ω
t	時間	s
T	絕對溫度	K

續下頁

符號	敘述	單位
υ	載子速度	cm/s
υ_s	飽和速度	cm/s
υ_{th}	熱速度	cm/s
V	電壓	V
V_{bi}	內建電位	V
V_{EB}	射基極電壓	V
V_B	崩潰電壓	V
W	厚度	cm 或 m
W_B	基極厚度	cm 或 m
ε_0	真空介電係數	F/cm
ε_s	半導體介電係數	F/cm
ε_{ox}	絕緣體介電係數	F/cm
$\varepsilon_s/\varepsilon_0$ 或 $\varepsilon_{ox}/\varepsilon_0$	介電常數	
τ	生命期或衰減時間	s
θ	角度	rad
λ	波長	m 或 nm
ν	光頻率	Hz
μ_0	真空介磁係數	H/cm
μ_n	電子移動率	cm^2/V•s
μ_p	電洞移動率	cm^2/V•s
ρ	電阻係數	Ω-cm
ϕ_{Bn}	n 型半導體的蕭基能障高度	V

續下頁

符號	敘述	單位
ϕ_{Bp}	p 型半導體的蕭基能障高度	V
$q\phi_m$	金屬功函數	eV
ω	角頻率 ($2\pi f$ 或 $2\pi v$)	Hz
Ω	歐姆	Ω

附錄 B
國際單位系統 (SI Units)

度量	單位	符號	單位
長度§	meter	m	
質量	kilogram	kg	
時間	second	s	
溫度	kelvin	K	
電流	ampere	A	
光強度	candela	Cd	
角度	radian	rad	
頻率	hertz	Hz	$1/s$
力	newton	N	$kg\text{-}m/s^2$
壓力	pascal	Pa	N/m^2
能量§	joule	J	N-m
功率	watt	W	J/s
電荷	coulomb	C	A·s
電位	volt	V	J/C
電導	siemens	S	A/V
電阻	ohm	Ω	V/A
電容	farad	F	C/V
磁通量	weber	Wb	V·s
磁感應	tesla	T	Wb/m^2
電感	henry	H	Wb/A
光通量	lumen	Lm	Cd-rad

§ 在半導體領域中常用公分 cm 表長度、用電子伏特 eV 表示能量。（$1\ cm = 10^{-2}\ m$，$1\ eV = 1.6\times10^{-19}\ J$）

附錄 C
單位字首

次方	字首	符號
10^{18}	exa	E
10^{15}	peta	P
10^{12}	tera	T
10^{9}	giga	G
10^{6}	mega	M
10^{3}	kilo	k
10^{2}	hecto	h
10	deka	da
10^{-1}	deci	d
10^{-2}	centi	c
10^{-3}	milli	m
10^{-6}	micro	μ
10^{-9}	nano	n
10^{-12}	pico	p
10^{-15}	femto	f
10^{-18}	atto	a

* 取自國際度量衡委員會 (不採用重複字首的單位，例如：用 p 表示 10^{-12} 次方，而非$\mu\mu$。)

附錄 D
希臘字母

	小寫字母	大寫字母
Alpha	α	A
Beta	β	B
Gamma	γ	Γ
Delta	δ	Δ
Epsilon	ε	E
Zeta	ζ	Z
Eta	η	H
Theta	θ	Θ
Iota	ι	I
Kappa	κ	K
Lambda	λ	Λ
Mu	μ	M
Nu	ν	N
Xi	ξ	Ξ
Omicron	o	O
Pi	π	Π
Rho	ρ	P
Sigma	σ	Σ
Tau	τ	T
Upsilon	υ	Υ
Phi	φ	Φ
Chi	χ	X
Psi	ψ	Ψ
Omega	ω	Ω

附錄 E
物理常數

度量	符號	值
埃	Å	$10 \text{ Å} = 1 \text{ nm} = 10^{-3} \text{ μm} = 10^{-7} \text{ cm}$
		$= 10^{-9} \text{ m}$
亞佛加厥常數	N_{av}	6.02214×10^{23}
波耳半徑	a_B	0.52917 Å
波茲曼常數	k	$1.38066 \times 10^{-23} \text{ J/K } (R/N_{av})$
基本電荷	q	$1.60218 \times 10^{-19} \text{ C}$
靜止電荷質量	m_0	$0.91094 \times 10^{-30} \text{ kg}$
電子伏特	$e\text{V}$	$1 \text{ eV} = 1.60218 \times 10^{-19} \text{ J}$
		$= 23.053 \text{ kcal/mol}$
氣體常數	R	$1.98719 \text{ cal/mol-K}$
真空介磁係數	μ_0	$1.25664 \times 10^{-8} \text{ H/cm } (4\pi \times 10^{-9})$
真空介電係數	ε_0	$8.85418 \times 10^{-14} \text{ F/cm } (1/\mu_0 c^2)$
普朗克常數	h	$6.62607 \times 10^{-34} \text{ J•s}$
約化之普朗克常數	$\hbar$	$1.05457 \times 10^{-34} \text{ J•s } (h/2\pi)$
靜止光子質量	M_p	$1.67262 \times 10^{-27} \text{ kg}$
真空中光速	c	$2.99792 \times 10^{10} \text{ cm/s}$
標準大氣壓		$1.01325 \times 10^5 \text{ Pa}$
300 K 的熱電壓	kT/q	0.025852 V
1-電子伏特量子的波長	λ	1.23984 μm

附錄 F

300 K 時主要元素和
二元化合物半導體的特性

半導體		晶格常數 (Å)	能隙 (eV)	能帶[a]	移動率[b] (cm²/V-s)		介電常數
					μ_n	μ_p	
元素	Ge	5.65	0.66	I	3900	1800	16.2
	Si	5.43	1.12	I	1450	505	11.9
IV-IV	SiC	3.08	2.86	I	300	40	9.66
III-V	AlSb	6.13	1.61	I	200	400	12.0
	GaAs	5.65	1.42	D	9200	320	12.4
	GaP	5.45	2.27	I	160	135	11.1
	GaSb	6.09	0.75	D	3750	680	15.7
	InAs	6.05	0.35	D	33000	450	15.1
	InP	5.86	1.34	D	5900	150	12.6
	InSb	6.47	0.17	D	77000	850	16.8
II-VI	CdS	5.83	2.42	D	340	50	5.4
	CdTe	6.48	1.56	D	1050	100	10.2
	ZnO	4.58	3.35	D	200	180	9.0
	ZnS	5.42	3.68	D	180	10	8.9
IV-VI	PbS	5.93	0.41	I	800	1000	17.0
	PbTe	6.46	0.31	I	6000	4000	30.0

a I,間接,D,直接。
b 該值為目前技術所能獲得最完美之材質的漂移移動率。

附錄 G
300 K 時矽和砷化鎵的特性

特性	矽	砷化鎵
原子密度（Atoms/cm³）	5.02×10^{22}	4.42×10^{22}
原子重量	28.09	144.63
崩潰電場（V/cm）	$\sim 3 \times 10^{5}$	$\sim 4 \times 10^{5}$
晶體結構	鑽石	閃鋅礦
密度（g/cm³）	2.329	5.317
介電常數	11.9	12.4
導電帶之有效態位密度（cm⁻³）	2.86×10^{19}	4.7×10^{17}
價電帶之有效態位密度（cm⁻³）	2.66×10^{19}	7.0×10^{18}
有效質量（導電）		
電子（m_n/m_0）	0.26	0.063
電洞（m_p/m_0）	0.69	0.57
電子親和力 χ(V)	4.05	4.07
能隙（eV）	1.12	1.42
折射率	3.42	3.3
本質載子濃度（cm⁻³）	9.65×10^{9}	2.25×10^{6}
本質電阻係數（Ω-cm）	3.3×10^{5}	2.9×10^{8}
晶格常數（Å）	5.43102	5.65325
熱膨脹的線性係數 $\Delta L/L\Delta T$（℃⁻¹）	2.59×10^{-6}	5.75×10^{-6}
熔點（℃）	1412	1240
少數載子生命期（s）	3×10^{-2}	$\sim 10^{-8}$

續下頁

重要參數	矽	砷化鎵
移動率（cm^2/V-s）		
μ_n （電子）	1450	9200
μ_p （電洞）	505	320
比熱（J/g -℃）	0.7	0.35
熱傳導係數（W/cm-K）	1.31	0.46
蒸氣壓（Pa）	1 在 1650℃	100 在 1050 ℃
	10^{-6} 在 900 ℃	1 在 900 ℃

附錄 H
半導體態位密度（density of state）之推導

三維態位密度

對三維結構的半導體而言，為計算導電帶和價電帶的電子與電洞濃度，我們須要知道態位密度，亦即每單位體積每單位能量可容許的態位數目（態位密度的單位為：態位數/電子伏特－立方公分，states/eV-cm^3）。

當半導體材質中的電子沿著 x 方向來回移動時，此種移動可以駐波震盪來表示，駐波波長λ和半導體長度 L 之關係可表示成：

$$\frac{L}{\lambda} = n_x \tag{1}$$

其中 n_x 為整數。由德布羅依假設，波長可表示成：

$$\lambda = \frac{h}{p_x} \tag{2}$$

其中 h 為普朗克常數，p_x 為 x 方向的動量。將式（2）代入式（1）可得：

$$Lp_x = hn_x \tag{3}$$

n_x 增加 1 時，p_x 的動量增量 dp_x 為

$$L\,dp_x = h \tag{4}$$

對一邊長 L 的三維正方體而言，可得

$$L^3\,dp_x\,dp_y\,dp_z = h^3 \tag{5}$$

由上式可知對一單位正方體（$L=1$）而言，動量空間中 $dp_x dp_y dp_z$ 的體積等於 h^3。每一個 n 的增量對應到唯一一組（n_x, n_y, n_z），也對應到一個容許的態位。所以，動量空間中一個態位所佔的體積為 h^3。下圖顯示出球型座標的動量空間，在兩個同心圓球之間（從 p 到 $p+dp$）的體積為 $4\pi p^2 dp$，所以在此體積中含有的態位數目為 $2\,(4\pi p^2 dp)$ $/h^3$，其中 2 的因子是由電子自旋造成的。

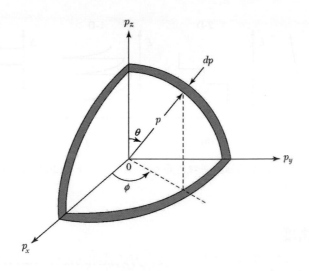

圖 1　動量空間以球座標方式表示。

電子的能量（在此我們只考慮動能）可表示為

$$E = \frac{p^2}{2m_n} \tag{6}$$

或
$$p = \sqrt{2m_n E} \tag{7}$$

其中 p 代表總動量（由直角座標的 p_x，p_y 和 p_z 三分量組成），而 m_n 表示有效質量。由式（7）我們可以用 E 取代 p，得到

$$N(E)dE = \frac{8\pi p^2 dp}{h^3} = 4\pi\left(\frac{2m_n}{h^2}\right)^{\frac{3}{2}} E^{\frac{1}{2}} dE \tag{8}$$

和
$$N(E) = 4\pi\left(\frac{2m_n}{h^2}\right)^{\frac{3}{2}} E^{\frac{1}{2}} \tag{9}$$

其中 $N(E)$ 就稱為態位密度。圖 2a 顯示 $N(E)$ 對 $\sqrt{E}$ 做圖。

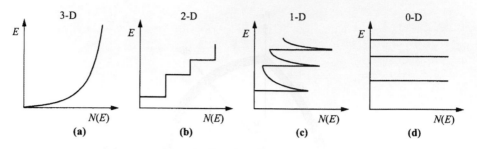

圖 2　態位密度 N(E)的示意圖(a)整塊半導體(3-D)，(b)量子井(2-D)，(c)量子線(1-D)，與(d)量子點(0-D)。

二維態位密度

在量子井的二維結構中，推導二維態位密度的方式就如同推導三維結構的方式一樣，但是固定其中一方向的動量空間分量。除了找出在球面座標下 p-states 的個數外，我們亦計算介於半徑 p 到 $p+dp$ 之間的 p-states 個數。對一均勻增加的 n_x 而言，所增加的動量 dp_x 為

$$Ldp_x = h \tag{10}$$

對一個二維且邊長為 L 的正方形而言，可得

$$L^2 dp_x dp_y = h \tag{11}$$

在單位正方形（$L=1$）下，$dp_x dp_y$ 的動量空間面積等於 h^2。圖 3 顯示動量空間在圓形座標下的示意圖。兩同心圓（從 p 到 $p+dp$）之間的面積為 $2\pi pdp$。因此，在此面積中所包含的能量狀態數目為 $2(2\pi pdp)/h^2$，其中前面的因子 2 表示考慮電子自旋。

$$N(E)dE = \frac{4\pi pdp}{h^2} = 4\pi \left(\frac{m_n}{h^2} \right) dE \tag{12}$$

$$N(E) = \frac{4\pi m_n}{h^2} = \frac{m_n}{\pi \hbar^2} \tag{13}$$

二維的態位密度與能量無關。當到達頂部的能隙後，將可決定有效的狀態數目個數。當考慮其他量子井的能階時，其態位密度將成為如圖 2b 所示的階梯狀含數分佈。

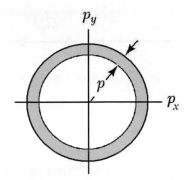

圖 3　　圓形座標下的動量空間示意圖。

一維態位密度

在如同量子線的一維結構當中,兩個動量空間分量被固定住。與二維的結構相比較,動量空間將變成一條線。且在長度為 L 的半導體中,所對應駐波的波長 λ 表示為

$$\frac{L}{\lambda/2} = n_x \tag{14}$$

對一個均勻增加的 n_x 而言,動量變化 dp_x 可寫成

$$2LdP_x = h \tag{15}$$

在單位長度($L=1$)的情況下,動量空間中得動量變化 dp_x 等於 $h/2$。

圖 4 顯示出在直線座標下的動量空間圖。從動量 p 到 $p+dp$ 的長度為 dp,因此包含在此線上的能量狀態個數為 $2dp/(h/2)$,其中前面的因子 2 表示考慮電子自旋。

$$N(E)dE = \frac{sdp}{h/2} = 2\left(\frac{2m_n}{E}\right)^{1/2}\frac{1}{h}dE = \frac{1}{\pi}\left(\frac{2m_n}{\hbar}\right)^{1/2}\frac{1}{E^{1/2}}dE \tag{16}$$

$$N(E) = \frac{1}{\pi}\left(\frac{2m_n}{\hbar^2}\right)^{1/2}\frac{1}{E^{1/2}} \tag{17}$$

N(E)對 $E^{-1/2}$ 做圖如圖 2c 所示。

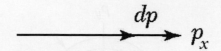

圖 4　線性座標下的動量空間。

零維態位密度

在如量子點的一維結構當中，在任何方向下所得的動量值微量子化的。所有的有效狀態只存在於不連續的能量中，並且可以利用如圖 2d 的 delta 函數來表示。處在量子點中的態位密度是一連續且與能量無關的。然而，在一個現實的量子點中，尺寸分佈導致了一個更寬的線性函數。

附錄 I
間接復合之復合率推導

第三章的圖 12 顯示了透過復合中心之不同復合轉換過程的示意圖，如果半導體之復合中心密度為 N_t，則尚未被填滿的復合中心之密度可表示成 $N_t(1-F)$。其中 F 是費米分佈方程式，它表示一個能階被電子填滿的機率。在平衡狀態下，

$$F = \frac{1}{1 + e^{(E_t - E_F)/kT}} \tag{1}$$

其中 E_t 表示復合中心的能階位置，而 E_F 為費米能階。

故如第三章之圖 12a 所示，電子被復合中心捕捉的速率可表示成

$$R_a \approx nN_t(1-F) \tag{2}$$

其中比例常數可以 $\upsilon_{th}\sigma_n$ 表示，故

$$R_a = \upsilon_{th}\sigma_n nN_t(1-F) \tag{3}$$

$\upsilon_{th}\sigma_n$ 可視為每單位時間內一具有截面積 σ_n 的電子所掃過的體積，若復合中心位在此體積內，則電子就會被復合中心所捕捉。

另外，圖 12b 所示，電子離開復合中心的放射率恰為捕捉電子過程的相反，放射率會正比於已填滿電子的復合中心之密度 N_tF，可得

$$R_b = e_n N_t F \tag{4}$$

比例常數 e_n 即稱為放射機率（emission probability）。在熱平衡狀態下，電子被捕捉和放射的速率必須相等（$R_a = R_b$），所以放射機率可以套用式（3）表示成下式：

$$e_n = \frac{\upsilon_{th}\sigma_n n(1-F)}{F} \tag{5}$$

因為熱平衡下的電子濃度為

$$n = n_i e^{(E_F - E_i)/kT} \tag{6}$$

我們可得

$$e_n = \upsilon_{th}\sigma_n n_i e^{(E_t - E_i)/kT} \tag{7}$$

在價電帶和復合中心之間的轉換過程則和上述的類似，如圖 12c 所示，電洞被一個已被佔據的復合中心捕捉之速率為

$$R_c = \upsilon_{th}\sigma_p p N_t F \tag{8}$$

與電子放射的機制相似，電洞的放射率（圖 12d）為

$$R_d = e_p N_t (1 - F) \tag{9}$$

考慮熱平衡狀態即 $R_c = R_d$，電洞的放射機率 e_p 可以用 υ_{th} 和 σ_p 表示成

$$e_n = \upsilon_{th}\sigma_p n_i e^{(E_i - E_t)/kT} \tag{10}$$

現在讓我們討論在非平衡狀態下的情形，假設 n 型半導體在光的均勻照射下，其產生率為 G_L，則除了圖 12 所示之過程外，電子電洞對還會因為光照而產生。在穩定態時，進入和離開導電帶的電子數必須相同，此即為 *詳細平衡定律*（*principle of detailed balance*），可得：

$$\frac{dn_n}{dt} = G_L - (R_a - R_b) = 0 \tag{11}$$

價電帶的電洞在穩定態之下也有相似的關係

$$\frac{dp_n}{dt} = G_L - (R_c - R_d) = 0 \tag{12}$$

在平衡條件下，$G_L = 0$、$R_a = R_b$ 且 $R_c = R_d$。但在非平衡狀態時，$R_a \neq R_b$ 且 $R_c \neq R_d$。由式（11）和式（12）可得

$$G_L = R_a - R_b = R_c - R_d \equiv U \tag{13}$$

由式（3）、（4）、（8）和（9），我們可得淨復合率 U（net recombination rate）：

$$U \equiv R_a - R_b = \frac{\upsilon_{th}\sigma_n\sigma_p N_t \left(p_n n_n - n_i^2\right)}{\sigma_p [p_n + n_i e^{(E_i - E_t)/kT}] + \sigma_n [n_n + n_i e^{(E_t - E_i)/kT}]} \tag{14}$$

附錄 J
對稱共振穿隧二極體之傳送係數
（Transmission Coefficient）計算

要計算傳送係數，我們可利用第八章圖 13a 中以座標（x_1, x_2, x_3, x_4）表示的五個區域（I, II, III, IV, V），其中電子在任一區域的薛丁格（Schrödinger，或譯水丁格）方程式可表示成

$$-\frac{\hbar^2}{2m_i^*}\left(\frac{d^2\psi_i}{dx^2}\right)+V_i\psi=\mathrm{E}_i\psi_i,\quad i=1,2,3,4,5 \tag{1}$$

其中 $\hbar$ 為約化（reduced）普朗克常數，m_i^* 為在第 i 個區域的有效質量，E 是入射能量，V_i 和 ψ_i 則是第 i 個區域的電位能和波函數。波函數 ψ_i 可表示成

$$\psi_i(x) = A_i \exp(jk_ix) + B_i \exp(-jk_ix) \tag{2}$$

其中 A_i 和 B_i 為由邊界條件決定之常數，而 $k_i = \sqrt{2m_i^*(E-V_i)}/\hbar$。因為在電位的不連續處，波函數和其一次微分（即 $\psi_i/m_i^* = \psi_{i+1}/m_{i+1}^*$）仍必須連續，所以我們可求得傳送係數（若五個區域有相同的有效質量）如下：

$$T_t = \frac{1}{1 + E_0^2(\sinh^2 \beta L_B)H^2/[4E^2(E_0-E)^2]} \tag{3}$$

其中

$$\mathrm{H} \equiv 2\left[E(E_0-E)\right]^{\frac{1}{2}}\cosh\beta L_B\cos kL_W - (2E-E_0)\sinh\beta L_B\sin kL_W$$

且

$$\beta \equiv \frac{\sqrt{2m^*(E_0-E)}}{\hbar}\ ,\qquad k = \frac{\sqrt{2m^*E}}{\hbar}$$

共振條件發生在 $H = 0$ 時，此時 $T_t = 1$。共振穿隧能階 E_n 可由超越函數方程式（transcendental equation）解出：

$$\frac{2\left[E(E_0-E)\right]^{\frac{1}{2}}}{(2E-E_0)} = \tan kL_W \tanh \beta L_B \tag{4}$$

要初估能階，可引用具無限高能障之量子井之結果

$$E_n \approx \left(\frac{\pi^2 \hbar^2}{2m^* L_W^2} \right) n^2 \tag{5}$$

當量子井具有雙層能障結構，且其能障高度和寬度為有限時，其能階（對給定的 n 值而言）會比較低，不過它對有效質量和量子井寬度也有類似關係，亦即 E_n 會隨 m^* 或 L_W 的減少而增加。

附錄 K
基本氣體動力理論

理想氣體定律告訴我們

$$PV = RT = N_{av}kT \tag{1}$$

其中 P 為壓力，V 是一莫耳氣體的體積，R 則為氣體常數（1.98 cal/mole-K，或 82 atm-cm³/mole-K），T 為凱氏絕對溫度，N_{av} 為亞佛加厥常數（6.02×10^{23} 分子數/莫爾，molecules/mole），k 為波茲曼常數 1.38×10^{-23} 焦耳／凱氏溫度（J/K），或 1.37×10^{-22} 大氣壓－平方公分/凱氏溫度（atm-cm²/K）。由於實際氣體的行為在越低壓時會越接近理想氣體，所以式（1）對大部分的真空製程而言是有效的，我們可用式（1）來計算分子濃度 n（每單位體積內的分子數）：

$$n = \frac{N_{av}}{V} = \frac{P}{kT} \tag{2}$$

$$= 7.25 \times 10^{16} \frac{P}{T} \quad \text{分子/立方公分} \tag{2a}$$

其中 P 的單位為 Pa。氣體密度 ρ_d 為其分子量與濃度之乘積：

$$\rho_d = \text{分子量} \times \left(\frac{P}{kT}\right) \tag{3}$$

氣體分子一直在移動，其速度和溫度有關，速度的分佈可用馬克士威爾－波茲曼分布定律來描述，對速度 v 而言

$$\frac{1}{n}\frac{dn}{dv} \equiv f_v = \frac{4}{\sqrt{\pi}}\left(\frac{m}{2kT}\right)^{3/2} v^2 \exp\left(-\frac{mv^2}{2kT}\right) \tag{4}$$

其中 m 是分子質量。此式子表示，當體積內有 n 個氣體分子時，將會有 dn 個分子具有 v 到 $v + dv$ 的速度。平均速度可由式（4）而得

$$v_{av} = \frac{\int_0^\infty v f_v\, dv}{\int_0^\infty f_v\, dv} = \frac{2}{\sqrt{\pi}}\sqrt{\frac{2kT}{m}} \tag{5}$$

　　對真空技術而言，一個很重要的參數為分子撞擊率（molecular impingement rate），亦即單位時間內有多少個分子撞擊到單位面積上。為求得此參數，首先只考慮在 x 方向上的分子速度分佈 f_{v_x}，它可以類似式（4）來表示：

$$\frac{1}{n}\frac{dn_x}{dv_x} \equiv f_{v_x} = \left(\frac{m}{2\pi kT}\right)^{\frac{1}{2}} v_x^2 \exp\left(\frac{-mv_x^2}{2kT}\right) \tag{6}$$

分子撞擊率 ϕ 定義成

$$\phi = \int_0^\infty v_x \, dn_x \tag{7}$$

將式（6）的 dn_x 代入，並積分可得

$$\phi = n\sqrt{\frac{kT}{2\pi m}} \tag{8}$$

分子撞擊率和氣體壓力的關係可由式（2）推導出：

$$\phi = P(2\pi m kT)^{-1/2} \tag{9}$$

$$= 2.64 \times 10^{20}\left(\frac{P}{\sqrt{MT}}\right) \tag{9a}$$

其中 P 為壓力（單位 Pa），而 M 為分子量。

附錄 L
奇數題的解答

在此提供具有數值解的奇數題答案。

第一章

1. (a) 2.35 Å；(b) 6.78×10^{14} (100), 9.6×10^{14} (100), 7.83×10^{14} (111) atoms/cm^2

3. (643)plane

5. Length of diagonal = $[a^2 + a^2 + a^2]^{1/2} = r + 2r + r$

    $[3a^2]^{1/2} = 4r$

    Thus: $a = 4r/[3]^{1/2}$

7. For Si, E_g(100K) = 1.163 eV, E_g(600K) = 1.032 eV

    For GaAs, E_g(100K) = 1.501 eV, and E_g(600K) = 1.277 eV.

11. At 77K, E_i = 0.583 eV

    At 300K, E_i = 0.569 eV

    At 373K, E_i = 0.557 eV

13. (a) λ = 72.7 Å

    (b) λn = 1154 Å

17. (i) $n = 1.2668 \times 10^{16}$ cm^{-3}

    $p = 7350.45$ cm^{-3}

    (ii) $N_D \sim n = 1.2668 \times 10^{16}$ cm^{-3}

19. (1)$N_D = 2N_A$; (2)$2N_A$.

21. 0.876.

第二章

1. 3.31×10^5 Ω-cm (Si), 2.92×10^8 Ω-cm (GaAs)

3. (a) $p = 5 \times 10^{15}$ cm^{-3}, $n = 1.86 \times 10^4$ cm^{-3}

　　$\mu_p = 410$ cm^2/V-s, $\mu_n = 1300$ cm^2/V-s, $\rho = 3$ Ω-cm

　(b) $p = 5 \times 10^{15}$ cm^{-3}, $n = 1.86 \times 10^4$ cm^{-3}

　　$\mu_p = 290$ cm^2/V-s, $\mu_n = 1000$ cm^2/V-s, $\rho = 4.3$ Ω-cm

　(a) $p = 5 \times 10^{15}$ cm^{-3}, $n = 1.86 \times 10^4$ cm^{-3}

　　$\mu_p = 150$ cm^2/V-s, $\mu_n = 520$ cm^2/V-s, $\rho = 8.3$ Ω-cm

5. (a) 8.058×10^{-32} Kg.

　(b) $E_g = 1.1245$ eV.

　(c) $E_F = -0.56228$ eV with respect to the conduction band.

　(d) $v_{th} \sim 3.9261 \times 10^5$ m/s.

7. $\rho = 0.226$ Ω-cm

9. $N_A = 50\, N_D$

11. (a) E(x) = a (kT/q)

　(b) 259 V/cm

13. $\Delta n = 10^{11}$ cm^{-3}, $n = 10^{15}$ cm^{-3}, $p = 10^{11}$ cm^{-3}

15. (i) 5×10^{16}

　(ii) 5×10^{10}s^{-1}

17. (a) $J_{p,\text{diff}} = 1.6\exp(-x/12)$ A/cm^2

　(b) $J_{n,\text{drift}} = 4.8 - 1.6\exp(-x/12)$ A/cm^2

　(c) E = 3 - exp(-x/12) A/cm

19. $\Delta p(x) = 10^{14}(1 - 0.9e^{-1/Lp})$　where $L_p = 31.6$μm

25. $T(10^{-10}) = 0.403$, $T(10^{-9}) = 7.8 \times 10^{-9}$

27. As E = 10^3 V/s　$t \approx 77$ ps (Si) and $t \approx 11.5$ ps (GaAs)

As E = 5×10^4 V/s $t \approx 10$ ps (Si) and $t \approx 12.2$ ps (GaAs)

第三章

1. $V_{bi} = 25.8\ln[2 \times 10^{15} \times 2 \times 10^{18}/(1.45 \times 10^{10})^2]$

    $x_n = 7.19 \times 10^{-5}$ cm

    $x_p = 10^{-7}$ cm

    $E_{max} = 2.1847 \times 10^4$ V/cm

5. $N_D = 1.755 \times 10^{16}$ cm^{-3}

9. $N_d = 3.43 \times 10^{15}$ cm^{-3}

    We can select the n-type doping concentration of 3.43×10^{15} cm^{-3}.

13. (a) $I_s = 8.244 \times 10^{-17}$A.

     (b) $I_{0.7V} = 4.51 \times 10^{-5}$A.

       $I_{0.7V} = 8.244 \times 10^{-17}$A.

17. $Q_p = 8.784 \times 10^{-3}$ C/cm^2

19. The cross-sectional area A is 8.6×10^{-5} cm^2.

21. (a) $V_B = 587$ V, (b) $V_B = 42.8$ V

23. W = 0.82μm

第四章

1. (a) $\alpha_0 = 0.995$, $\beta_0 = 199$

    (b) $I_{CEO} = 2 \times 10^{-6}$ A.

5. (a) $I_{EP} = 1.596 \times 10^{-5}$A, $I_{CP} = 1.596 \times 10^{-5}$A

      $I_{En} = 1.041 \times 10^{-7}$A, $I_{Cn} = 3.196 \times 10^{-14}$A

      $I_{BB} = 0$.

9. $Q_B = 3.678 \times 10^{-15}$C.

13. $\beta_0 = 2L_P^2/W^2$

15. $\mu_{pE} = 87.6$, $D_E = 2.26$ cm/s

17. $\alpha_0 = 0.99246$, $\beta_0 = 131.6$

23. (a) Neutral base width $W = 5.1826 \times 10^{-5}$cm

   (b) Emitter dfficiency = 0.00085

      Base transport factor = 0.9986

   (c) $\alpha_0 = 0.99845$, $\beta_0 = 644$

   (d) $a_{11} = 9.27 \times 10^{-12}$ Amps

      $a_{12} = 9.264 \times 10^{-12}$ Amps

      $a_{21} = 9.264 \times 10^{-12}$ Amps

      $a_{22} = 1.21 \times 10^{-11}$ Amps

23. 0.252μm

27. 0.29

29. 44.4 cm^2

第五章

3. $V_{FB} = -0.93$ V

5. $W_m = 0.15$ μm

7. $C_{min} = 6.03 \times 10^{-8}$F/cm^2

9. 1/2

11. 0.12 V

13. 7.74×10^{-2} V

15. 0.88V

17. 1.72×10^{-3}S

19. 0.33V

23. $F_B = 1.7 \times 10^{12} \text{ cm}^{-2}$

25. $V_{BS} = 0.83$ V

第六章

1. (a) Switching energy = 1/2000.

   (b) 1 mJ.

5. $L = 0.7\mu\text{m}$, $W = 7\mu\text{m}$, $t_{ox} = 17.5\text{nm}$, $N_A = 7.14 \times 10^{15} \text{ cm}^{-3}$

   And voltage = 2.1V.

9. $d_{si} \leqslant W_m = 49$ nm

11. $V_T = 0.18$ V.

13. $I = 3 \times 10^{-11}$A

15. $\Delta V = 7 - (-2) = 9$ V.

17. $\Delta V_T = 10$V

19. $V_T = 4.43$ V.

第七章

1. $\phi_{Bn} = 0.54$ eV, $V_{bi} = 0.352$ V

3. $\phi_b = 0.751$ V, $A^* = 110.0525 \text{ A/cm}^2\text{K}^2$

5. $V_{bi} = 0.74$ V, $\phi_{Bn} = 0.901$ eV, $N_D = 5.6 \times 10^{15} \text{ cm}^{-3}$

7. The barrier height ϕ_b equals: 0.45V

   The built-in potential ϕ_I equals: 0.3V

9. 0.108 μm

11. (b) $I_{Dsat} = 5.38$ mA

    (c) $f_T = 1.75 \times 10^{12}$ Hz

13. 0.0496μm

15. 16.8 nm

17. ϕ_{Bn} =0.79 eV, $n_s = 1.29 \times 10^{12}$ cm^{-2}

19. d_l = 44.5 nm, V_T = -0.93 V

第八章

1. 25 Ohms

3. 5×10^9 Hz

5. 75°C, 95.5 V

7. (a) length of drift region = 2.375×10^{-4} cm

(b) avalanche region length = 1.25×10^{-5}cm

9. (a) 10^{16} cm^{-3}；(b) 10 ps；(c) 2.02 W

第九章

1. 0.15μm

3. W = 0.231μm, 1.57mW.

5. Power reaching surface = 0.4977mW.

7. f = 0.28 × 10^{10} Hz.

9. 103.1 mW, 11.5 mW

13. $\Delta\lambda \cong$ 0.828 nm, 147 GHz.

17. $\Delta\lambda$ = 0.97nm.

19. L = 0.4mm, the gain = 9.981

第十章

1. (1) η = 0.645 A/W, (2) η = 0, (3) η = 0.645 A/W, (4) η = 0.

3. (a) Δn = 10^{13} cm^{-3}

(b) 120μm

(c) 2.5×10^9 cm^{-3}

5. $R = 0.149$ A/W, $I_{opt} = 0.745$μA

9. 2.86×10^{10} s or 0.3 ns.

13. 0.514 V

15. 83%.

17. $P1$ (Rs = 0) = 35.6 mW

$P2$ (Rs = 5Ω) = 9.0 mW

第十一章

3. 4.2×10^{22} boron atoms

7. $l = 6.56$ m

11. 2

13. $f = 0.56$

15. $n_s = 1.23 \times 10^{-16}$ cm$^{-3} \approx 0$ at 27°C 300 K

$= 6.7 \times 10^{12}$ cm^{-3} at 900 °C 1173 K

$= 6.7 \times 10^{14}$ cm^{-3} at 1200 °C 1473 K

19. $P = 4.4 \times 10^{-3}$ Pa

21. $N_s = 6.7 \times 10^{14}$ atoms/cm^2

23. The x value is about 0.25

第十二章

1. 44 min

3. $t = 24.63$ hours.

5. $D = 4.79 \times 10^{-9}$ cm^2/s

7. 5.37

9. $d = 0.468t$.

11. $757\,^{\circ}\text{C}$

15. 306 nm/hr

17. 400Ω.

21. (a) RC = 0.93 ns

    (b) RC = 0.42 ns

    (c) Ratio =0.45

第十三章

1. (a) 2765particles/m^3 between 0.5 and 1μm;

    (b) 578 particles/m^3 between 1 and 2μm;

    (c) 157 particles/m^3 above 2μm;

11. 20sec $W_b = 1.22$ μm ;

    40sec $W_b = 0.93$ μm ;

    60sec $W_b = 0.65$ μm

15. SiO$_2$ Etch Rate (nm/min) = 5.6 nm/min

    Etch selectivity of SiO$_2$ over Si = 0.025

19. 224.7 nm/min

第十四章

1. $L = 2.73 \times 10^{-6}$cm

    Q(t) = 2.73×10^{-6}atoms/cm^2

3. 4×10^{-13} cm^2/s

5. The distribution of arsenic is C(x) = 4×10^{18}erfc[x/(4×10^{-13})]

The diffusion length is 0.232μm

The junction depth is 1.2μm

7. 1% change in diffusion temperatre will cause 16.9% change in surface concentration.

11. k = 0.006

13. x_j = 0.53 μm

15. Energy lost $\sim$81keV.

17. Dose per unit area = 8.6×10^{-11} cm^{-2}

The peak concentration occurs at 140 nm from the surface.

Also, it is at (140 – 25) = 115nm from the Si-SiO$_2$ interface.

19. Damage density = 2×10^{20} cm^{-3}

20. Total implant dose = 1.2×10^{13}ions/cm^2

第十五章

1. The maximum resistance is 781 MΩ.

13. To solve the short-channel effect of devices.

23. (a) 17.3 Å

(b) EOT = 16.7 Å.

半導體元件物理與製作技術 / 施敏, 李明逹著 ;
曾俊元譯. -- 三版. -- 新竹市 : 陽明交大出版社,
民102.08
　　面；　　公分
譯自 : Semiconductor devices, physics and
technology, 3rd ed.
ISBN 978 - 986 - 6301 - 56 - 8(平裝)

1.半導體

448.65　　　　　　　　　　　　　　102009911

半導體元件物理與製作技術 第三版

Semiconductor Devices Physics and Technology THIRD EDITION

著　　者：施敏、李明逹

譯　　者：曾俊元

出 版 者：國立陽明交通大學出版社

發 行 人：林奇宏

社　　長：黃明居

執行編輯：程惠芳

封面設計：蘇品銓

地　　址：新竹市大學路 1001 號

讀者服務：03-5131542 分機50503

　　　　　（週一至週五上午 8:30 至下午 5:00）

傳　　真：03-5731764

網　　址：http://press.nycu.edu.tw

e-mail：press@nycu.edu.tw

初版日期：2013年8月一刷、2022年8月六刷

定　　價：900 元

ISBN：9789866301568

GPN：1010201183

展售門市查詢：國立陽明交通大學出版社 http://press.nycu.edu.tw

全華圖書股份有限公司（新北市土城區忠義路 21 號）網址：http://www.opentech.com.tw

電話：02-22625666

或洽政府出版品集中展售門市：

國家書店（臺北市松江路 209 號 1 樓）網址：http://www.govbooks.com.tw

電話：02-25180207

五南文化廣場臺中總店（臺中市台灣大道二段 85 號）網址：http://www.wunanbooks.com.tw

電話：04-22260330